机械工程系列规划教材

Creo 3.0 产品设计与项目实践

金　杰　吴立军　张慧明　常晓俊　秦立庆　编著

图书在版编目（CIP）数据

Creo 3.0 产品设计与项目实践 / 金杰等编著. —杭州：浙江大学出版社，2015.9
ISBN 978-7-308-14790-3

Ⅰ. ①C… Ⅱ. ①金… Ⅲ. ①产品设计—计算机辅助设计—图形软件 Ⅳ. ①TB472-39
中国版本图书馆 CIP 数据核字（2015）第 127513 号

内容简介

本书以 Creo 3.0 中文版为蓝本，详细介绍了三维产品建模技术的基础知识和相关技巧。全书共 12 章，分别介绍 Creo 3.0 软件的基础知识和基本操作、二维草绘设计、基准特征、零件设计、曲面和曲线设计、装配和工程图、关系式和族表、Creo 3.0 软件的系统规划与配置以及机构和结构分析等内容。

本书将 Creo 3.0 软件操作的相关知识和实际运用结合起来，每一章开始都会有一个"项目导入"，使读者对本章的知识点有一个大概的认识，并穿插有针对性的操作技巧和实例，以帮助读者切实掌握用 Creo 3.0 软件来设计产品的方法和技巧。

针对教学的需要，本书由浙大旭日科技配套提供全新的立体教学资源库（立体词典），内容更丰富、形式更多样，并可灵活、自由地组合和修改。同时，还配套提供教学软件和自动组卷系统，使教学效率显著提高。

本书可以作为研究生、本科、高职高专等相关院校的 Creo 教材，同时为从事工程技术人员和 CAD/CAM/CAE 研究人员提供参考资料。

Creo 3.0 产品设计与项目实践

金　杰　吴立军　张慧明　常晓俊　秦立庆　编著

责任编辑　杜希武
责任校对　陈慧慧
封面设计　刘依群
出版发行　浙江大学出版社
（杭州市天目山路 148 号　邮政编码 310007）
（网址：http://www.zjupress.com）
排　　版　杭州好友排版工作室
印　　刷　德清县第二印刷厂
开　　本　787mm×1092mm　1/16
印　　张　29.5
字　　数　730 千
版 印 次　2015 年 9 月第 1 版　2015 年 9 月第 1 次印刷
书　　号　ISBN 978-7-308-14790-3
定　　价　58.00 元

版权所有　翻印必究　印装差错　负责调换

浙江大学出版社发行部联系方式：(0571) 88925591；http://zjdxcbs.tmall.com

《机械工程系列规划教材》

编审委员会

（以姓氏笔画为序）

丁友生　　王卫兵　　王丹萍

王志明　　王敬艳　　王翠芳

古立福　　江财明　　杨大成

吴立军　　苗　盈　　林华钊

罗晓晔　　周文学　　单　岩

赵学跃　　翁卫洲　　鲍华斌

前 言

作为制造业工程师最常用的、必备的基本技术，工程制图曾被称为“工程师的语言”，也是所有高校机械及相关专业的必修基础课程。然而，在现代制造业中，工程制图的地位正在被一个全新的设计手段所取代，那就是三维建模技术。

随着信息化技术在现代制造业的普及和发展，三维建模技术已经从一种稀缺的高级技术变成制造业工程师的必备技能，并替代传统的工程制图技术，成为工程师们的日常设计和交流工具。与此同时，各高等院校相关课程的教学重点也正逐步由工程制图向三维建模技术转移。

Creo 3.0 软件是 PTC 公司推出的一套最新的三维专业 CAD 软件，广泛应用于航天、汽车、模具、工业设计和玩具等行业，是目前主流的大型 CAD/CAM/CAE 软件之一。其版本在不断地更新，功能也越来越强大，对使用者的要求也越来越高。由于现代社会越来越注重效率的提高，因此如何在最短的时间内，使读者快速掌握该软件，并能快速绘制高质量的产品模型成了 Creo 3.0 教材追求的目标，本书正是为了满足这个需求而编写的。

本书以 Creo 3.0 为蓝本，在认真听取兄弟院校教师和读者意见的基础上，经编委会成员详细讨论编写而成，主要介绍了三维产品建模技术的基础知识和相关技巧。本书共分为 12 章。第 1、2 章主要介绍 Creo 3.0 软件的基础知识和基本操作，该部分全面覆盖知识点，使读者充分了解该软件；第 3 章详细介绍草绘的基础知识及其操作，草绘是三维建模的基础；第 4、5、6、7 章是本书的重点，讲解了零件设计及其变更、基准的创建和曲面、曲线的创建方法，该部分通过大量针对性的实例使读者对软件操作有更深入的理解与掌握；第 8、9 章介绍了在 Creo 3.0 进行虚拟装配和基于三维模型创建工程图的方法，这也是设计软件的关键部分；第 10、11 章介绍了 Creo 3.0 在企业中应用时的高级技巧，使读者能更高效、规范地运用 Creo 3.0 软件；第 12 章简单介绍了基于 Creo 3.0 的机构和结构分析，主要包括机构的运动分析（如位移、速度和加速度分析等）和应力、应变分析。

此外，我们发现，无论是用于自学还是用于教学，现有教材所配套的教学资源库都远远无法满足用户的需求，主要表现在：(1)一般仅在随书光盘中附以少量的视频演示、练习素材和 PPT 文档等，内容少且资源结构不完整；(2)难以灵活组合和修改，不能适应个性化的教学需求，灵活性和通用性较差。为此，本书特别配套开发了一种全新的教学资源：立体词典。所谓“立体”，是指资源结构的多样性和完整性，包括视频、电子教材、印刷教材、PPT、练习、试题库、教学辅助软件、自动组卷系统和教学计划等。所谓“词典”，是指资源组织方式，即把一个个知识点、软件功能和实例等作为独立的教学单元，就像词典中的单词。并围绕教学单元制作、组织和管理教学资源，可灵活组合出各种个性化的教学套餐，从而适应各种不同的教学需求。实践证明，立体词典可大幅度提升教学效率和效果，是广大教师和学生的得力助手。

本书第 1、5、8、10 章由金杰（浙江工业大学）编写，第 4、7、12 章由吴立军（浙江科技学院）编写，第 6、11 章由张慧明（华北机电学校）编写、第 2、3 由常晓俊（山西工程职业技术学院）、第 9 章由秦立庆（闽南理工学院）编写。本书可以作为研究生、本科、高职高专等相关院校的 Creo 3.0 教材，同时为从事工程技术人员和 CAD/CAM/CAE 研究人员提供参考资料。限于编写时间和编者的水平，书中必然会存在需要进一步改进和提高的地方。我们十分期望读者及专业人士提出宝贵意见与建议，以便今后不断加以完善。请通过以下方式与我们交流：

网站：www.51cax.com

邮箱：market01@sunnytech.cn

电话：0571-28811226，28852522

本书获得了浙江工业大学新材料与材料加工省重中之重学科资助，并由杭州浙大旭日科技开发有限公司为本书配套提供立体教学资源库、教学软件及相关协助，在此表示衷心的感谢。

最后，感谢浙江大学出版社为本书的出版所提供的机遇和帮助。

编　者

2015 年 4 月

目 录

第 1 章　Creo 3.0 的入门知识

学习单元:Creo 3.0 的入门知识	参考学时:1
学习目标	
◆ 掌握 CAD 技术的概念和三维造型的一般过程 ◆ 了解 Creo 3.0 系列软件的相关基础知识、优势及其特点 ◆ 了解 Creo 3.0 软件所能实现的功能 ◆ 认识 Creo 3.0 界面 ◆ 熟悉参数化三维建模的基本过程	
学习内容	学习方法
★ CAD 技术概况 ★ 三维造型基础 ★ Creo 3.0 软件模块 ★ Creo 3.0 最新版本特点及新增功能 ★ Creo 3.0 的工作环境 ★ 零件设计的基本流程	◆ 理解概念,熟悉环境 ◆ 联系实际,勤于练习
考核与评价	教师评价 (提问、演示、练习)

人们生活在三维世界中,采用二维图纸来表达几何形体显得不够形象、逼真。三维造型技术的发展和成熟应用改变了这种现状,使得产品设计实现了从二维到三维的飞跃,且必将越来越多地替代二维图纸,最终成为工程领域通用的语言。因此,三维造型技术也成为工程技术人员所必须具备的基本技能之一。Creo 3.0 是美国参数技术公司(Parametric Technology Corporation,简称 PTC)的重要产品。在目前的三维造型软件领域中占有重要地位,并作为当今世界机械 CAD/CAE/CAM 领域的新标准而得到业界的认可和推广,是现今最成功的 CAD/CAM 软件之一。

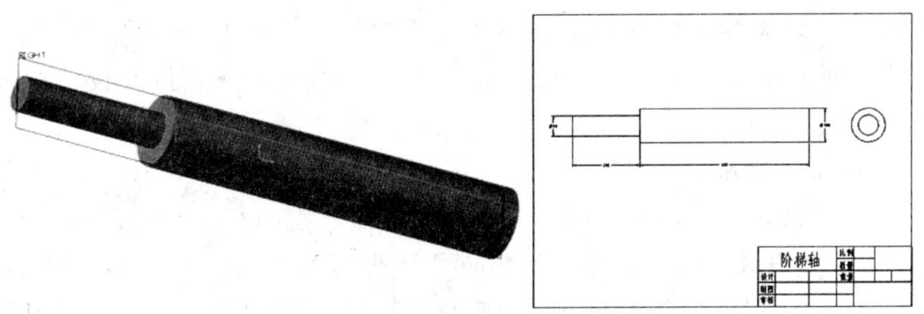

图 1-1　阶梯轴及其工程图

项目导入：

本章通过一个简单的实例(如图 1-1 所示)，介绍 Creo 3.0 的基本建模过程，使读者对用 Creo 3.0 进行产品设计有一个初步的认识。

1.1 Creo 3.0 的特性介绍

1.1.1 Creo 3.0 的软件背景

1. 所属公司

Creo 3.0 是美国 Parametric Technology Crop(PTC)公司的产品，官方网站为 http://www.ptc.com。

2. 技术特点

Creo 以其参数化、基于特征、全相关等概念闻名于 CAD 界，操作较简单，功能丰富。

3. 主要功能

Creo 主要功能包括三维实体造型和曲面造型、钣金设计、装配设计、基本曲面设计、焊接设计、二维工程图绘制、机构设计、标准模型检查及渲染造型等，并提供大量的工业标准及直接转换接口，可进行零件设计、产品装配、数控加工、钣金件设计、铸造件设计、模具设计、机构分析、有限元分析、产品数据管理、应力分析和逆向工程设计等。

4. 应用领域

Creo 广泛应用于汽车、机械及模具、消费品和高科技电子等领域，在我国应用较广。

5. 主要客户

Creo 的主要客户有空客、三菱汽车、施耐德电气、现代起亚、大长江集团、龙记集团、大众汽车、丰田汽车和阿尔卡特等。

1.1.2 Creo 3.0 的功能模块

1. Creo Parametric 模块

Creo Parametric 模块是 Creo 3.0 最基本的部分，是 Creo 3.0 软件的主体，包括构造基本三维造型所需要的全部功能，并增加了柔性建模等新功能。其最主要的功能是进行参数化的实体设计。

2. Creo Direct 模块

Creo Direct 模块是独立的可供企业中各类用户使用的 3D CAD 程序。利用 Creo Direct 可以轻松地创建和修改 3D 设计方案，并无缝地与其他设计人员及设计过程中使用的 Creo 应用程序共享数据。

3. Creo Simulate 模块

Creo Simulate 模块主要用于验证和分析产品性能。借助 Creo Simulate，设计工程师可以通过 3D 虚拟原型设计在制造首个实物零件之前便测试设计方案的各个结构和热特性，以便更好地了解产品性能，并相应地调整数字化设计，从而改善产品的检验和认证过程。

4. Creo Illustrate 模块

Creo Illustrate 模块将强大的 3D 插图功能与相关的 CAD 数据结合起来，提供特定于配置的图形化信息，这些信息准确反映了当前的产品设计，可用于操作、维修和维护产品。Creo Illustrate 模块为用户提供了一个专用环境，以及创建丰富的 3D 技术插图所需的功能。这些插图以图形方式清楚地表达复杂的产品和程序。Creo Illustrate 模块能识别不同的 CAD 格式，并且与 Windchill、Creo 和 Arbortext 产品完全集成，可快速提供最新的 3D 技术信息和维修信息，从而在产品的整个生命周期中支持产品。此外，这个功能强大的软件可以重新构建 CAD 工程 BOM，以便为零件和维修流程或其他插图用途创建信息结构。

5. Creo Schematics 模块

Creo Schematics 模块(以前称为 Pro/ENGINEER Routed Systems Designer)主要用于辅助布置 3D 电缆和管道。用户可以轻松地创建原理图设计，从而获取完整的系统文档。可以进行多种专业，包括针对布线、布管和液压示意图图表的功能，而且可以实现多用户并行设计。

6. Creo View MCAD 模块

Creo View MCAD 模块用于以可视化的方式使用机械信息开展协作，便于公司内外很多人查看和查询这些信息。Creo View MCAD 模块的运行速度非常快，且具有超强的伸缩性，还提供基于任务分配的直观界面，使用户能够快速轻松地查看产品和获得重要的工程设计认识。Creo View MCAD 模块支持来自所有主要 MCAD 工具的 3D 数据，以及各种来源的绘图、图像和文档，而这一切均无须使用原始的创作应用程序。

7. Creo View ECAD 模块

现在越来越多的产品包含电子元件，而 Creo View ECAD 模块能够以可视化的方式使用电子信息开展协作。用户可以快速轻松地单独查看与 PCB 相关的设计方案，或该方案与总体产品设计方案一起可视化。Creo View ECAD 模块支持来自所有主要 EDA 工具的 PCB 数据，以及各种来源的绘图等，而这一切均无须使用原始的创作应用程序。此外，由于 Creo View ECAD 模块和 Creo View MCAD 模块均使用相同的框架，因此，这两个应用程序的用户可以执行独特的功能，例如在 ECAD/MCAD 抽象概念之间执行交叉搜索。利用其紧凑但准确的可视格式，可以快速访问复杂的信息，从而减少返工并改善决策。工程、设计、制造、测试和装配部门的所有人都能实时地或通过使用标记来开展协作。

8. Creo Layout 模块

为了减少开发时间和成本，产品开发团队市场需要简化概念设计和详细设计过程。Creo Layout 是一个相对独立的 2D CAD 应用程序，它允许用户在设计过程中最有效地利用 2D 和 3D 各自的优点。用户可以在 2D 模式下快速地创建详细的设计概念，添加详细的信息(如尺寸、注释等)，然后使用 Creo Parametric 在 3D 设计中利用 2D 数据。设计数据将在应用程序之间无缝地移动，而设计意图将获得全面保留。

9. Creo Options Modeler 模块

Creo Options Modeler 模块是专门用于创建和验证各种复杂程度的 3D 模块化产品装配的应用程序。通过创建可重复使用的产品模块，以及定义它们如何结合和装配，设计师可以快速创建和验证任何特定于客户的产品。

在与 PTC 的 Windchill 产品生命周期管理软件配合使用时，制造商可以生成和验证由单个物料清单(BOM)定义的、准确的产品配置 3D 表示形式。

作为 Creo 产品系列的成员，Creo Options Modeler 能无缝地使用数据，并能在其他

Creo 应用程序之间，以及参加设计或其他过程的人员之间共享数据，从而进一步提高详细设计和下游过程的效率。

1.2 Creo 3.0 的参数化设计特性

1.2.1 三维实体模型

Creo 软件设计是基于三维实体模型的，而不是以往所看到的"二维"。在三维模型中，我们不仅能更加直观地看到物体的实体模型，而且可以计算出物体的质量、密度和受力等特性。

1.2.2 基于特征的参数化设计

在基于特征的造型系统中，特征是指构成零件的有形部分，如表面、孔和槽等。Creo 系统配合其独特的单一数据库设计，将每一个尺寸视为一可变的参数。例如，在草绘图形时，先只管图形的形状而不管它的尺寸，然后通过修改它的尺寸，使绘制的图形达到设计者的要求。充分利用参数式设计的优点，设计者能够减少人工改图或计算的时间，从而大大地提高工作效率。

1.2.3 数据库统一

单一数据库是指工程中的资料全部来自一个数据库，使得多个用户可以同时为一个产品造型工作。即在整个设计过程中，不管任何一个地方因为某种需要而发生改变，整个设计的相关环节也会随之改变。Creo 系统就是建立在单一数据库上的 CAD/CAM/CAE 系统，优点是显而易见的。如在零件图和装配图都已完成的情况下，又发现某一处需要改动，用户只需要改变零件图或者装配图上的相应部分，其他与之相应部分也会随之改变，包括数控加工程序也会自动更新。

1.2.4 全相关技术

Creo 一个很重要的特点就是有一个全相关的环境：在一个阶段所做的修改对所有的其他阶段都有效。例如，一组零件设计好，并装配在一起，并且将每个零件生成了工程图。这时，在任何一个阶段修改某个零件一处特征，则该修改在其他地方都有效，相应尺寸都会更改，这也是 Creo 单一数据库的具体体现。另外，设计者可利用尺寸之间的关系式来限定相关尺寸，特别是在机械设计中有需要配合的地方，利用参数关系式有很大的方便。例如，在冷冲模具设计中要求凸模和凹模有一定的配合关系，以圆形凸、凹模为例，凸模直径是 d_0，而凹模尺寸加上适当的间隙，假如单边间隙为 a，$d_1=d_0+2a$。用关系式限定 d_1 的尺寸后，凸模尺寸发生改变时，总能得到正确的凹模尺寸，两者之间总有符合设计要求的间隙，从而保证了设计的准确性。

1.3 Creo 3.0 的产品开发流程

Creo 3.0 的产品设计一般流程如图 1-2 所示。

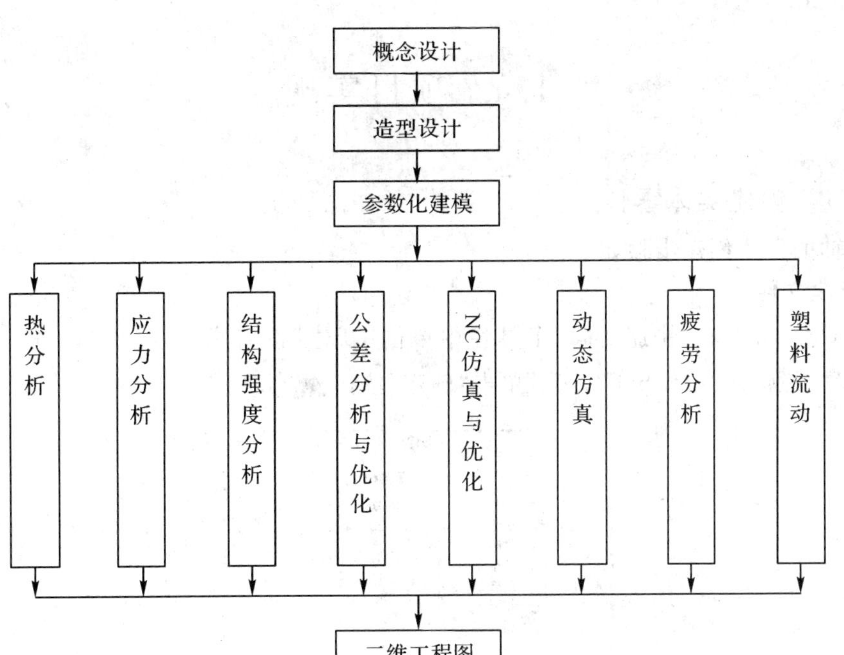

图 1-2 Creo 3.0 产品设计一般流程

1. 概念设计

每一个产品的制造之初，要对该产品作一个概念的设计，利用不同的特征类型构造出要求的产品模型，然后进行概念设计。

2. 造型设计

概念设计完成之后，要对产品的外形进行设计，以满足客户的要求，特别是民用产品，对外形要求特别高。

3. 参数化建模

建模过程是产品设计全周期中最主要的阶段，这个阶段耗时最多，工作量最大，直接影响产品的质量，是本书主要介绍的部分。建模要按照事先的分析结果进行，但是在建模过程中往往要调整原来的分析方案，调整建模过程和方式，另外还包括模型内的参数的传递。

4. 优化设计

这个步骤并不是必需的，对于简单的零件，建模完成即可，但是对于某些复杂的零件则需要对其进行优化设计。即完成零部件的三维建模后，针对产品在使用过程中的强度、运动、安装强度和密度的要求，对其产品的特性进行分析和研究，如进行运动仿真、结构强度分析、疲劳分析、塑料流动、热分析、公差分析和优化、NC 仿真及其优化、动态仿真等。

5. 二维工程图输出

有时为了更方便与其他工作人员交流，需要创建工程图。在 Creo 中，是基于三维模型来创建的，而不是重新绘制工程图。Creo 中创建的工程图，其视图和尺寸与三维模型完全相关联，即三维模型上的任何改变，包括尺寸、形状和位置，都会自动地反映到工程图上。

1.4　项目实现

1.4.1　创建实体零件

阶梯轴的具体创建步骤如下：

1. 新建文件

启动 Creo 3.0，在“快速访问”工具栏中单击“新建”按钮，弹出如图 1-3 所示的对话框，在“名称”栏输入“jietizhou”，然后单击“确定”按钮确定。

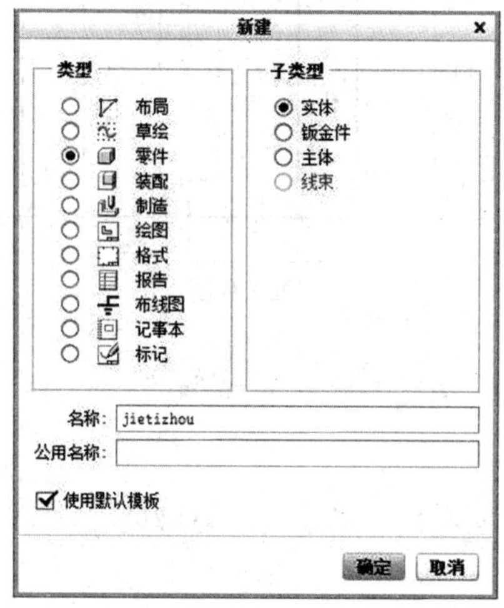

图 1-3　新建文件

2. 创建拉伸特征

（1）在功能区“模型”选项卡的“形状”面板中单击“拉伸”按钮，打开“拉伸”选项卡，如图 1-4 所示。

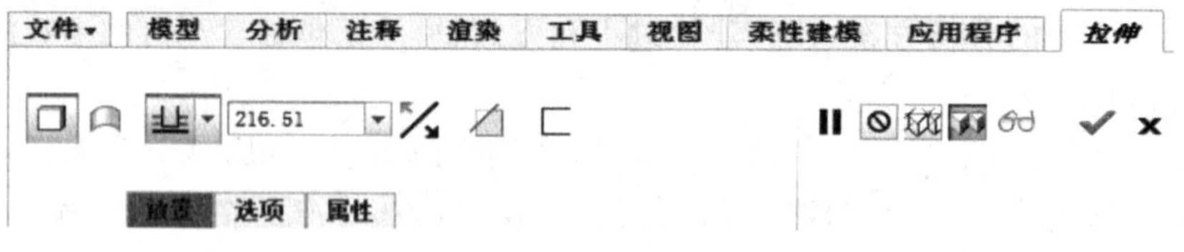

图 1-4　拉伸特征操作面板

（2）在拉伸选项卡中单击以红色显示的“放置”按钮，出现如图 1-5 所示的“草绘”面板。

（3）系统提示“选择 1 个项”，单击“定义”按钮，打开“草绘”对话框，如图 1-6 所示。

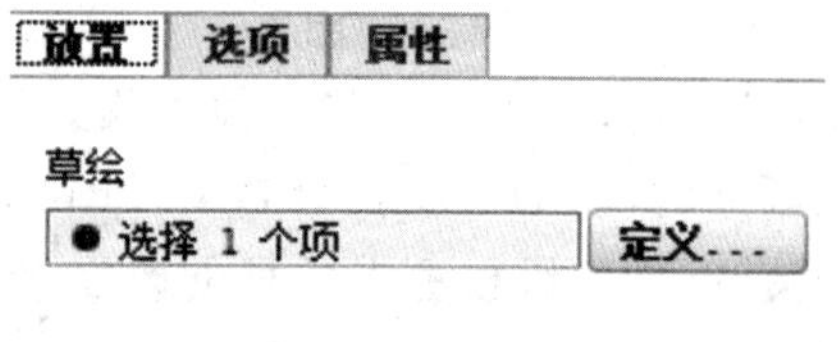

图 1-5　“草绘”下滑面板

(4)在工作区域或模型树中单击 TOP 平面作为草绘平面,如图 1-7 所示。

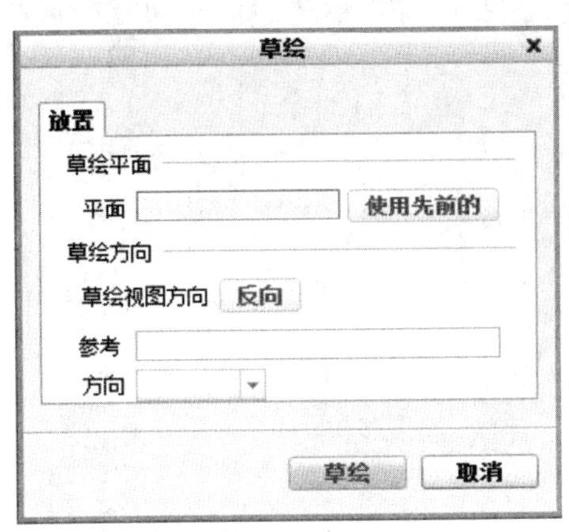

图 1-6 “草绘”对话框

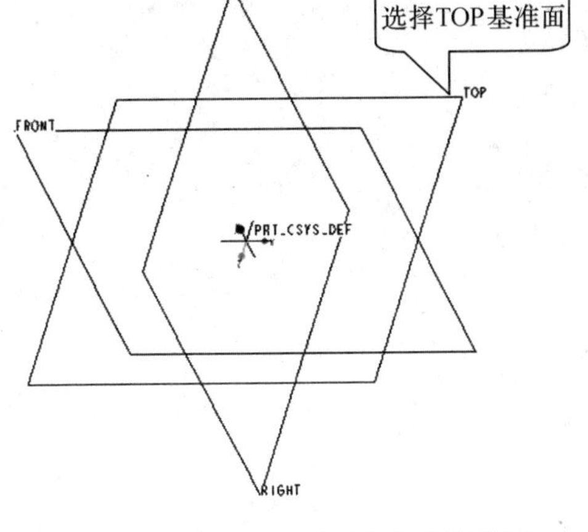

图 1-7 选择 TOP 平面作为草绘平面

(5)“草绘”对话框中显示出以 TOP 基准面为草绘平面,如图 1-8 所示,表示当前已经选择 TOP 基准面作为草绘平面。接受系统的默认设置,单击“草绘”按钮,激活草绘器,进入草绘环境,如图 1-9 所示。

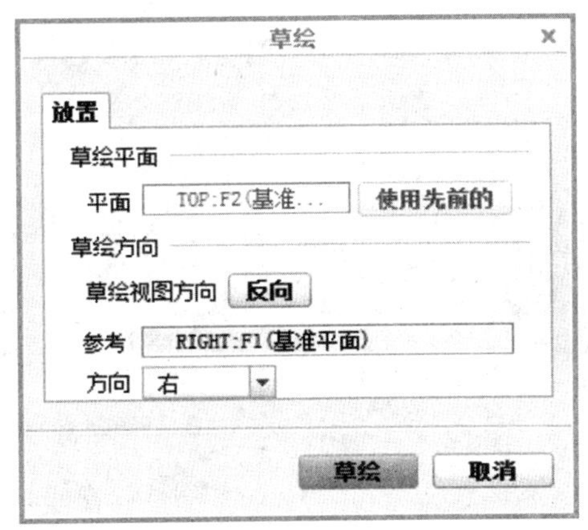

图 1-8 “草绘”对话框参数设置

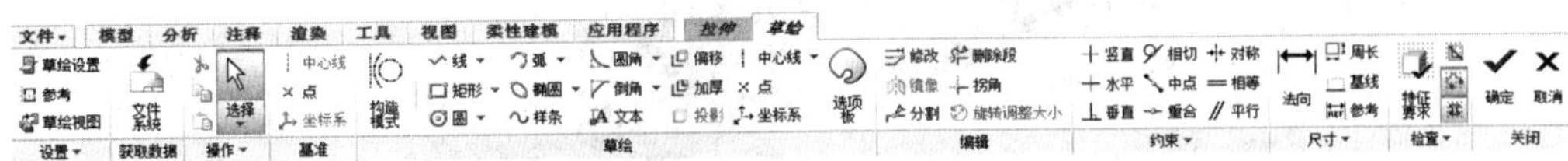

图 1-9 草绘环境

(6)在功能区“草绘”选项卡的“设置”面板中单击“草绘视图”按钮,使草绘平面(TOP 平面)正对电脑屏幕,接着在“草绘”面板中单击“圆心和点”按钮,在草绘平面鼠标左键单击原点作为圆心,移动鼠标,这时会出现一个圆并且随着鼠标的移动而改变直径;直到出现合适直径时,单击鼠标左键,就可绘制成一个圆形,如图 1-10 所示。

(7)在功能区“草绘”选项卡的“尺寸”面板中单击“法向”按钮⟷,接着用鼠标左键双击所绘制的圆,此时圆的直径处于可编辑状态,输入“20”,并按“回车”键,草图自动更新,如图 1-11所示。

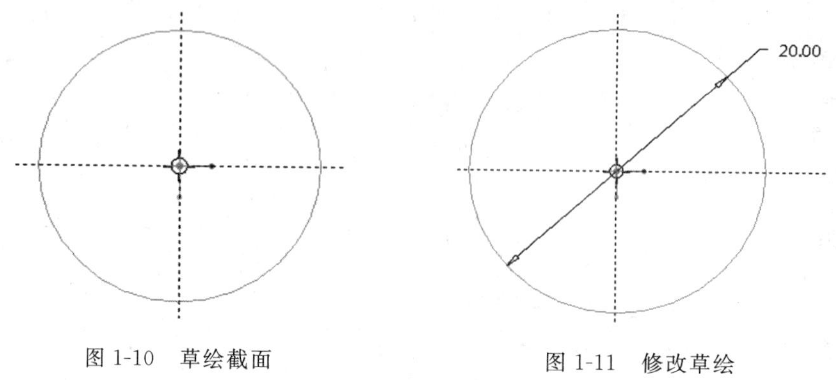

图 1-10　草绘截面　　　　图 1-11　修改草绘

(8)单击右侧工具栏上的“确定”按钮✔即可完成草绘操作,系统自动返回到拉伸特征操作面板,同时绘图区中显示出三维预览模型;按住鼠标中键不放并拖动,可以改变观察三维模型的视角,如图 1-12 所示。

(9)在拉伸特征操作面板的“深度值”框中输入“100”,如图 1-13 所示,然后按“回车”键;最后单击“确定”按钮☑,得到如图 1-14 所示的拉伸实体。

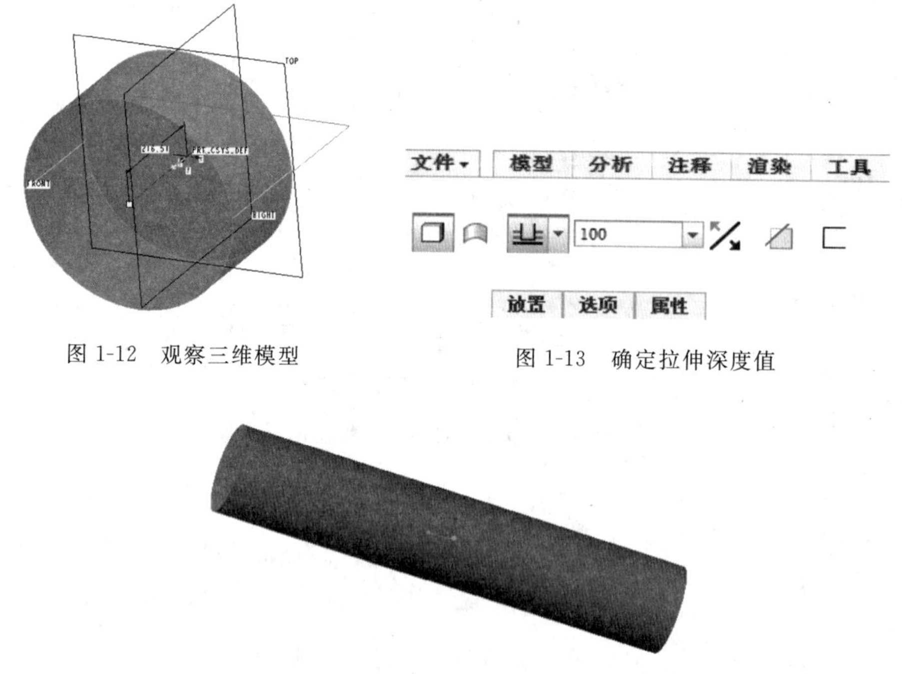

图 1-12　观察三维模型　　　　图 1-13　确定拉伸深度值

图 1-14　拉伸实体

3. 创建旋转特征

(1)在功能区“模型”选项卡的“形状”面板中单击“旋转”按钮,打开“旋转”选项卡,如图 1-15 所示。

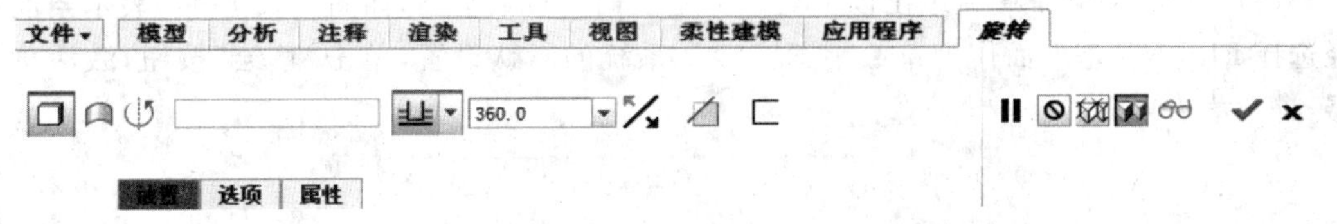

图 1-15 “旋转”操作面板

(2)在“旋转”选项卡中单击以红色显示的“放置”按钮,出现如图 1-16 所示的“草绘”面板。

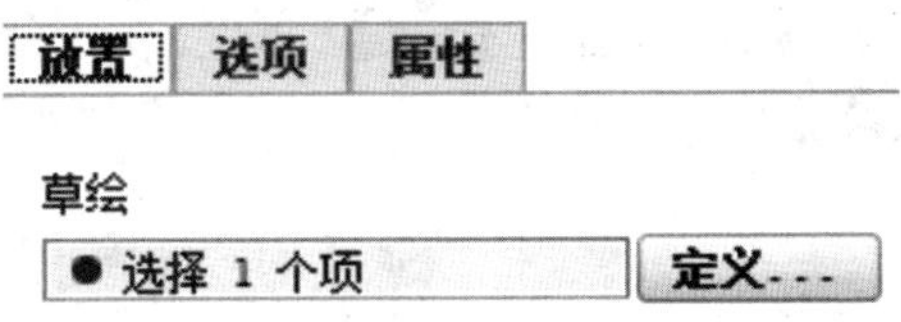

图 1-16 “草绘”下滑面板

(3)系统提示“选择 1 个项”,单击“定义”按钮,打开“草绘”对话框,如图 1-17 所示。

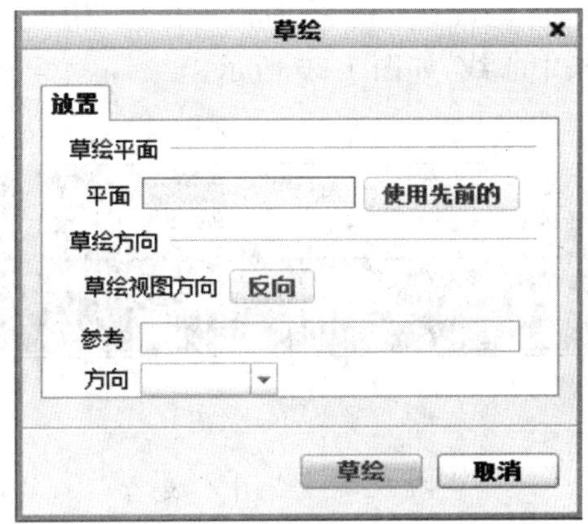

图 1-17 “草绘”对话框

(4)在工作区域或模型树中单击 FRONT 基准面作为草绘平面,如图 1-18 所示。

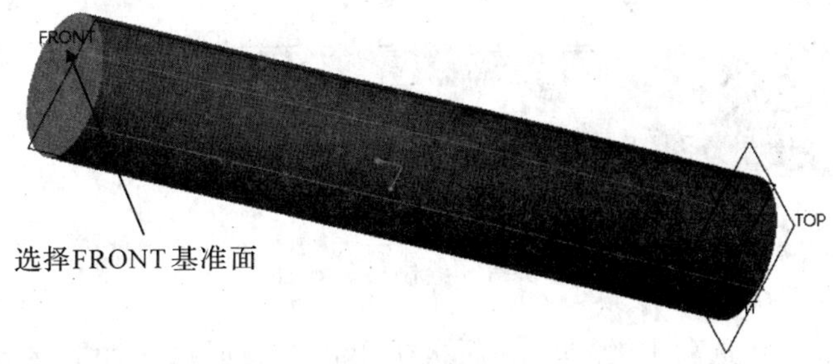

图 1-18 选择 FRONT 基准面作为草绘平面

(5)“草绘”对话框中显示出以 FRONT 基准面为草绘平面，如图 1-19 所示，表示当前已经选择 FRONT 基准面作为草绘平面。接受系统的默认设置，单击“草绘”按钮，激活草绘器，进入草绘环境。

图 1-19 “草绘”对话框参数设置

(6)在功能区“草绘”选项卡的“设置”面板中单击“草绘视图”按钮，使草绘平面(FRONT 平面)正对电脑屏幕，接着在“草绘”面板中单击“中心线”按钮，在草绘平面上用鼠标左键单击两点确定一条中心线，如图 1-20 所示。

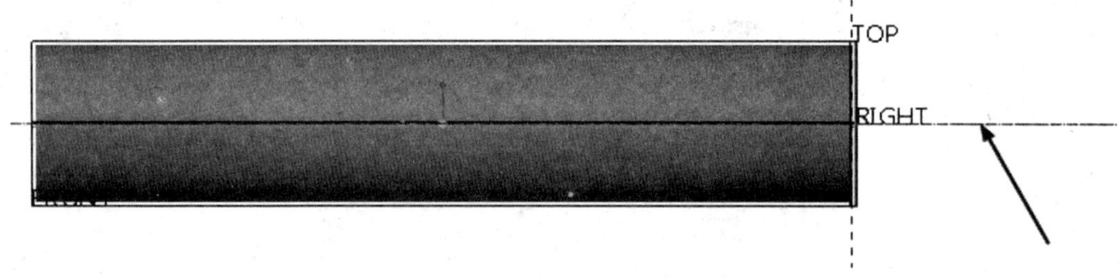

图 1-20 绘制中心线

(7)在“草绘”面板中单击“线链”按钮，单击鼠标左键，确定线段的一个端点，拖动鼠标到指定位置，再次单击左键，可完成线段的绘制。中键可以结束草绘，绘制如图 1-21 所示的封闭矩形。注意：图形的两个端点(方框内标出)要落在中心线上。

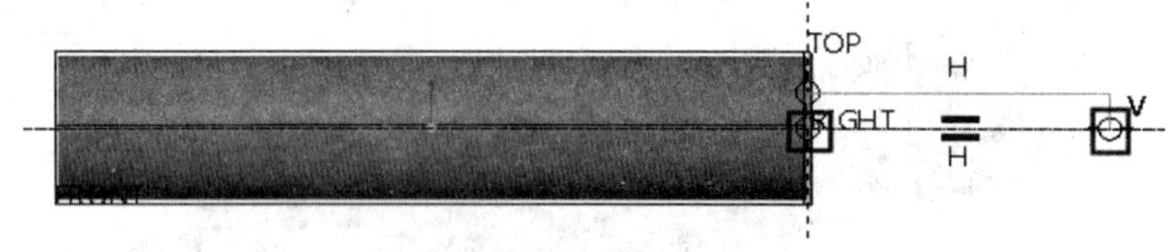

图 1-21 绘制旋转截面

(8)在功能区“草绘”选项卡的“尺寸”面板中单击“法向”按钮，接着用鼠标左键单击要修改尺寸的线段，用鼠标中键单击空白处以放置尺寸，输入数值后“回车”即可，尺寸修改后的图形如图 1-22 所示。

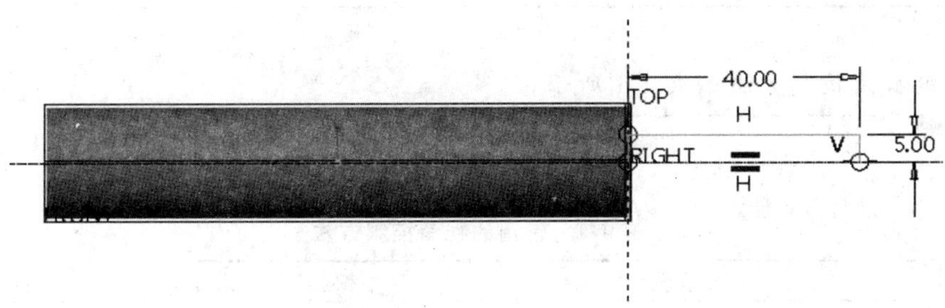

图 1-22　修改截面尺寸

(9)单击右侧工具栏上的“确定”按钮✔即可完成草绘操作,系统自动返回到旋转特征操作面板,同时绘图区中显示出三维预览模型;按住鼠标中键不放并拖动,可以改变观察三维模型的视角,如图 1-23 所示。

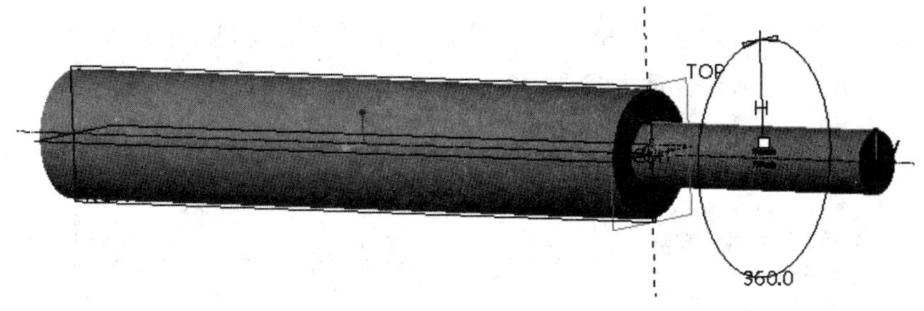

图 1-23　旋转实体

(10)在旋转特征操作面板的“深度值”框中输入“360”(默认是 360,不修改即可),如图 1-24 所示,然后按“回车”键;最后单击“确定”按钮☑,得到如图 1-25 所示的旋转实体。

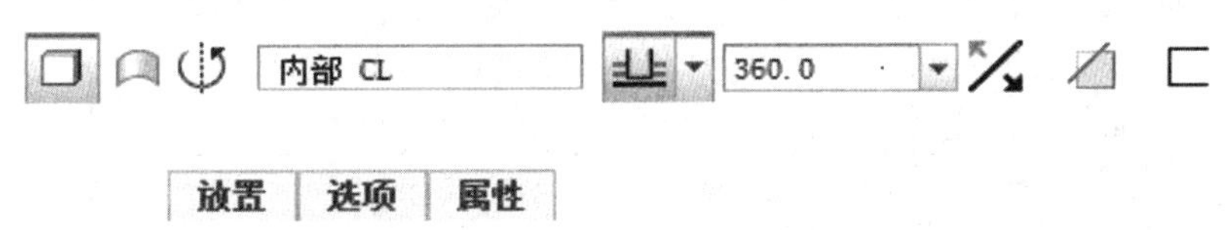

图 1-24　设置旋转参数

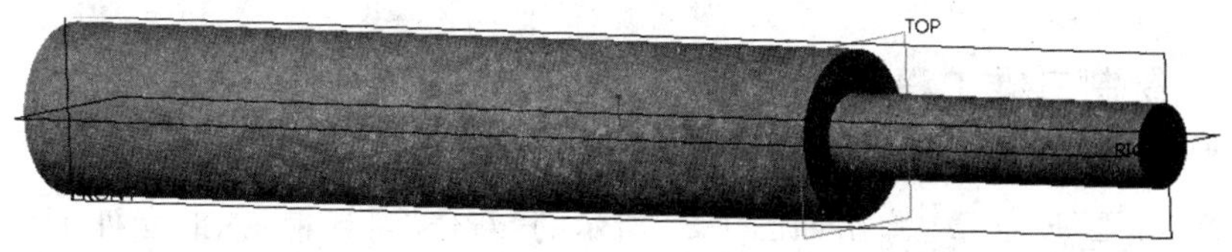

图 1-25　最终旋转实体

4. 观察模型

完整模型建立完成后,按住鼠标中键并移动,可以调整观察视角至合适的角度。

提示：

常用的视角控制方法如表 1-1 所示。

表 1-1 常用的视角控制方法

操作	三维模型	二维模型	说明
旋转	鼠标中键	无	按住鼠标中键拖动
平移	Shift+鼠标中键	鼠标中键	无
缩放	Ctrl+鼠标中键	Ctrl+鼠标中键	向下拖动放大
	滚动鼠标中键	滚动鼠标中键	向上拖动缩小
翻转	鼠标左键	无	无

5. 保存模型

选择"文件"|"保存"命令或者单击工具栏上的"保存"按钮 ，系统弹出"保存对象"对话框，如图 1-26 所示。选择合适的目录，单击"确定"按钮保存模型。

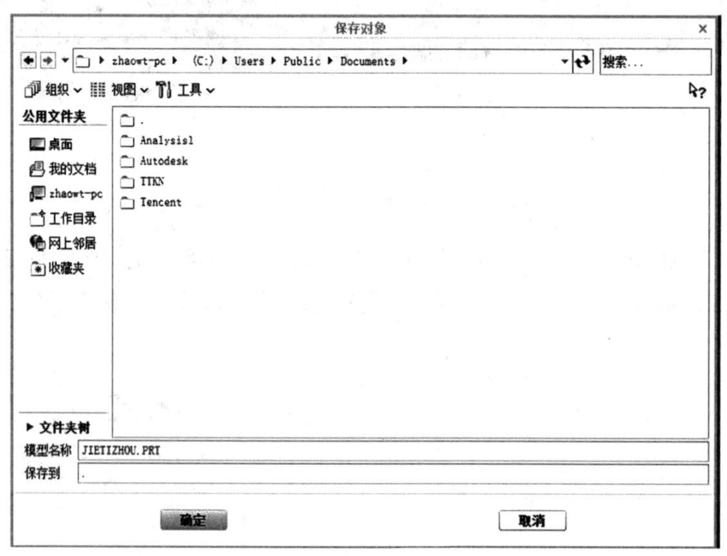

图 1-26 "保存对象"对话框

1.4.2 绘制二维工程图

1. 新建文件

(1)单击"新建"按钮 ，弹出如图 1-27 所示的"新建"对话框；选取文件类型，输入文件名，取消"使用默认模板"。

(2)单击"确定"按钮，弹出如图 1-28 所示的"新建绘图"对话框，单击按钮 浏览...，找到 jietizhou. prt，在该对话框中设置相关属性，图纸方向选择横向，单击"确定"按钮，进入工程图环境。

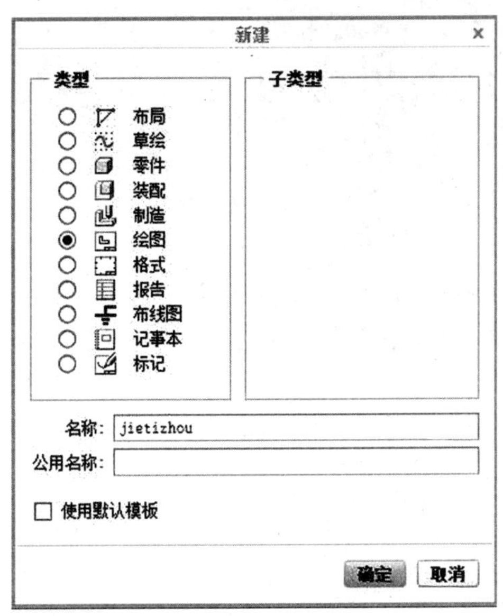

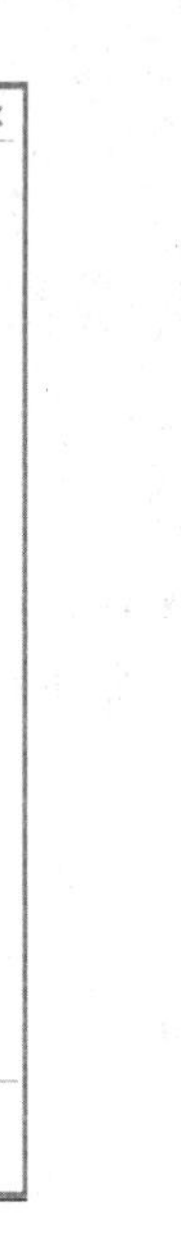

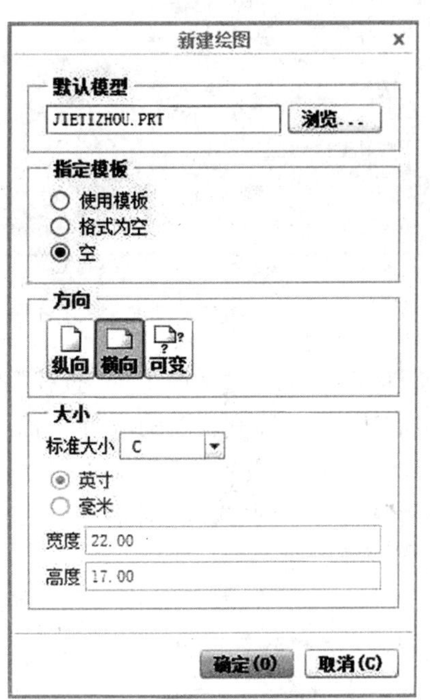

图 1-27　新建文件　　　　图 1-28　指定模板

2. 定制工程图投影法

目前，在三面投影体系中常用的投影方法有第一角投影法和第三角投影法，我国推荐采用第一角投影法，而国际上一些国家（如美国等）则采用第三角投影法，至于在 Creo 3.0 中采用何种投影法，可由用户自行设置。步骤如下：

(1)进入工程图环境以后，选择下拉菜单“文件”|“准备”|“绘图属性”命令，如图 1-29 所示，在弹出的如图 1-30 所示“绘图属性”对话框中，选择“详细信息选项”区域的“更改”命令。

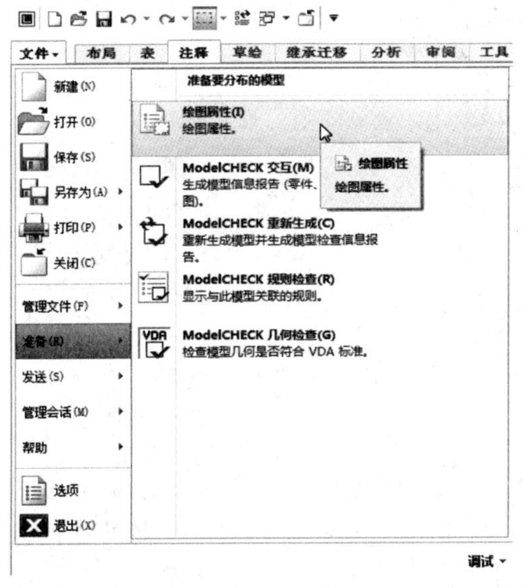

图 1-29　“绘图属性”命令

图 1-30 “绘图属性”对话框

(2)单击“选项”对话框下的“查找”按钮，在弹出的“查找选项”对话框中输入“type”，接着点击右边的“立即查找”按钮，在下面会显示包含“type”的设置选项，此处选择“projection_type”，然后在“3. 设置值”下拉列表中选择“first_angle”，最后单击“添加/更改”按钮，再单击“关闭”按钮，回到“选项”对话框，单击“确定”按钮，回到“绘图属性”对话框，单击“关闭”按钮完成设置，如图 1-31所示。

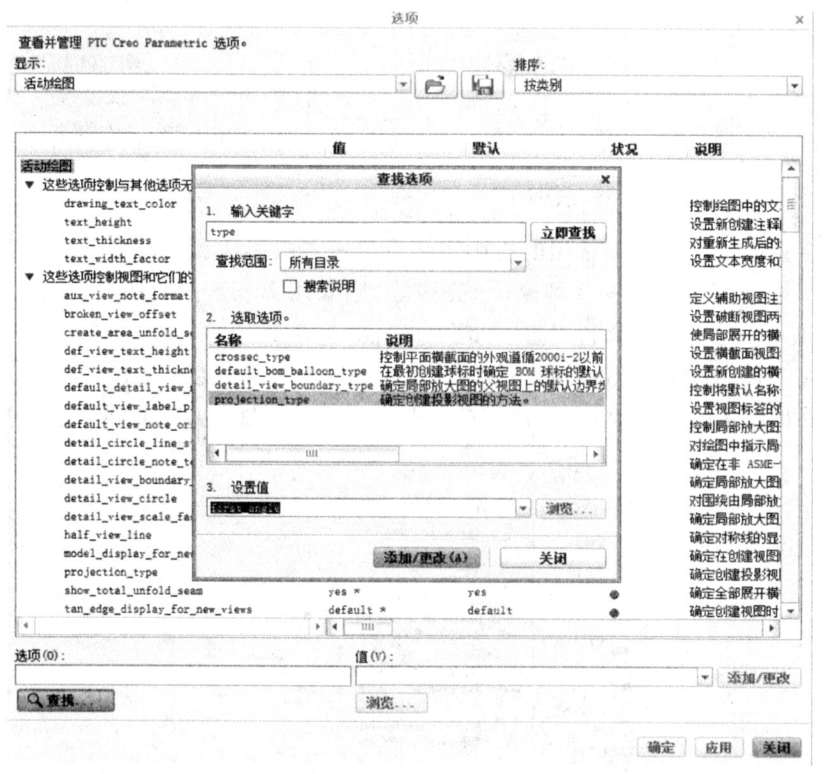

图 1-31 “选项”对话框

3. 创建一般视图

单击按钮，然后在绘图界面上单击确认放置的位置，弹出“绘图视图”对话框，如图 1-32 所示；在“绘图视图”对话框中根据需要修改视图的比例(此处设置为 0.4)，将显示设为“隐藏线”，并设置视图方向。

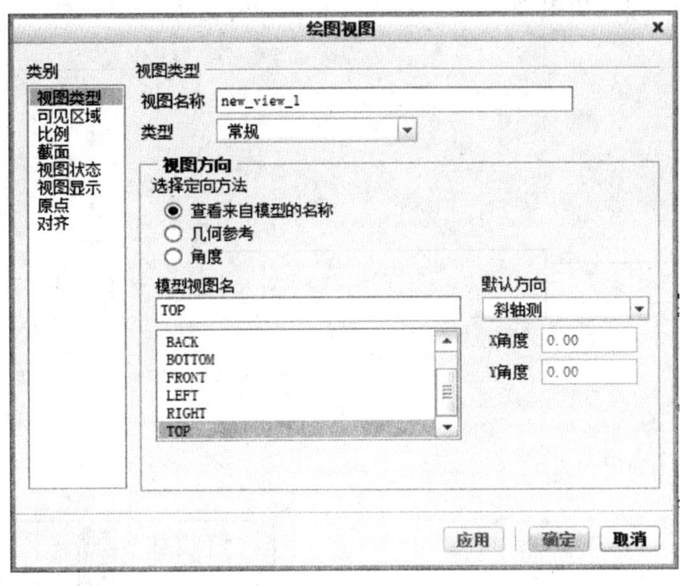

图 1-32 “绘图视图”对话框

4. 创建投影视图

单击投影按钮 投影...，然后在已创建好的一般视图上单击，拖动鼠标左键即可在视图的右方建立投影视图，如图 1-33 所示。

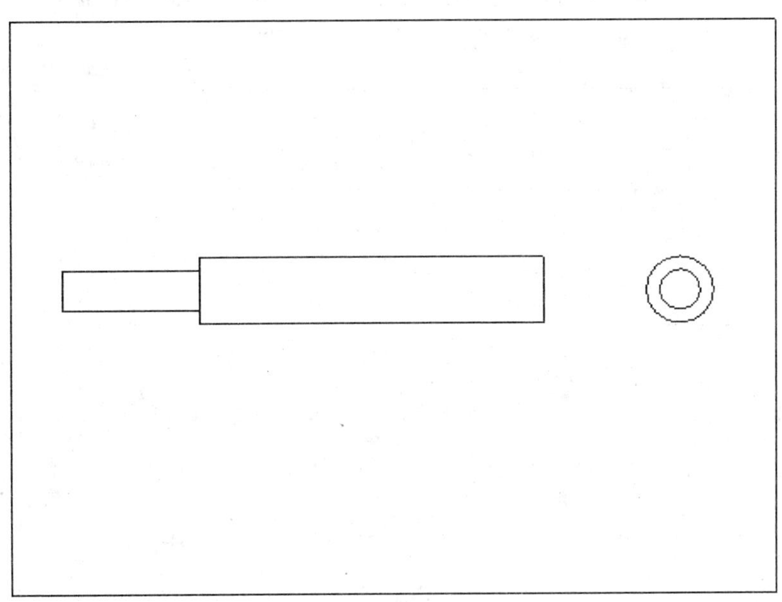

图 1-33 投影(三视图)

5. 插入表格

单击“表”按钮并通过合并单元格和设置表格宽度来创建标题栏表格，双击单元格添加注释和表格内容,完成如图 1-34 所示的表格和注释的创建。

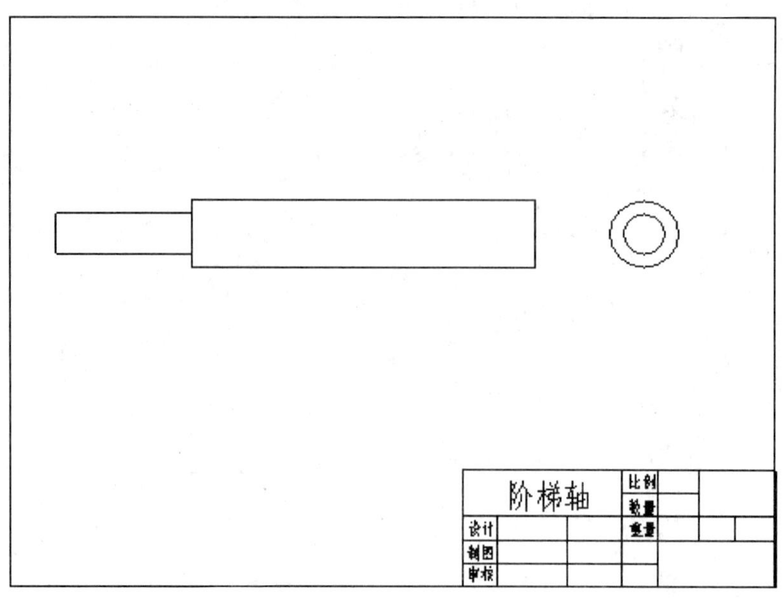

图 1-34　插入表格

6. 尺寸标注

选中视图,单击“显示模型注释”按钮,并在“显示模型注释”对话框中选择相应的“尺寸”项目,如图 1-35 所示,显示视图中的尺寸;单击“关闭”按钮结束操作。

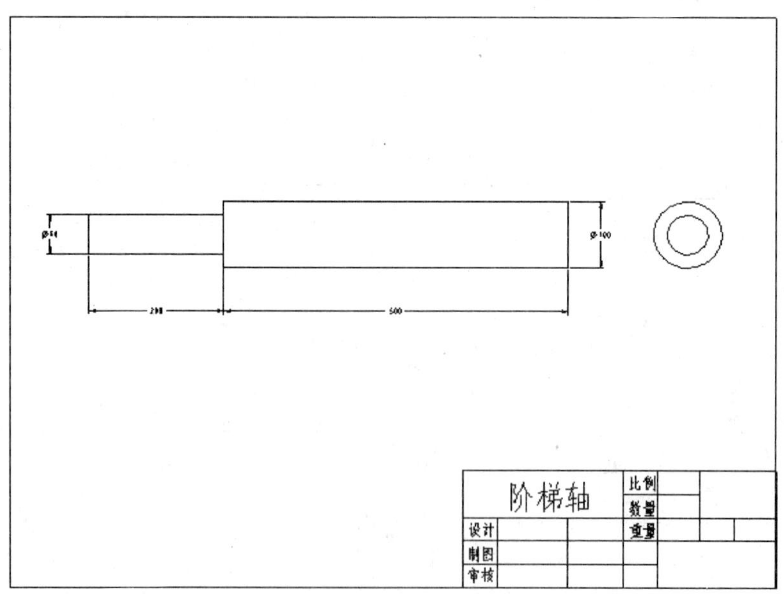

图 1-35　显示所有尺寸

7. 保存文件,以后直接调用

1.5 思考与练习

1. CAX 的产品设计流程分哪几个步骤？各有什么特点？

2. Creo 3.0 软件分几个模块？分别详细介绍。

3. Creo 3.0 软件的主要功能有哪些？

4. 三维参数化的特性有哪几点？

5. 实行统一数据库管理和参数化设计的显著优点是什么？

6. 通过举例仔细体会 Creo 3.0 软件的特性。

7. Creo 3.0 软件的特点是什么？

8. 在用 Creo 3.0 进行设计时应使用三键鼠标，在 Creo 3.0 中鼠标三键各有什么作用？

9. 绘制如图 1-36 所示的模型零件，要求长方形的长和宽均为 200mm，高为 100mm，凸出的圆柱体高为 40mm，圆柱体直径为 100mm。（提示：单击“拉伸”工具，草绘矩形，然后再单击“拉伸”工具；同理，圆柱体特征通过草绘圆，然后拉伸形成）

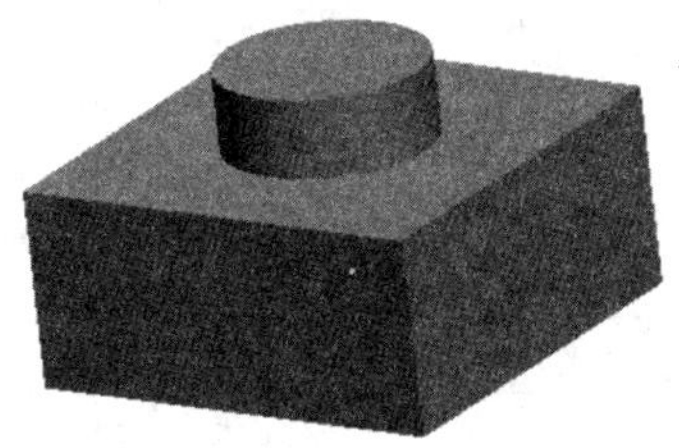

图 1-36　模型零件

10. 绘制如图 1-37 所示的模型零件，要求长方形的长和宽均为 200mm，高为 100mm，中心孔的直径为 100mm。

图 1-37　模型零件

第 2 章　Creo 3.0 的界面及基本操作

学习单元：Creo 3.0 的界面及基本操作	参考学时：2
学习目标	
◆ 熟悉 Creo Parametric 3.0 的界面 ◆ 掌握 Creo Parametric 3.0 的文件操作 ◆ 掌握 Creo Parametric 3.0 的视图操作 ◆ 熟悉 Creo Parametric 3.0 工作环境的设置方法	
学习内容	学习方法
★ Creo Parametric 3.0 的界面 ★ Creo Parametric 3.0 工作模式 ★ Creo Parametric 3.0 系统设置 ★ Creo Parametric 3.0 文件操作 ★ Creo Parametric 3.0 视图操作	◆ 理解概念，熟悉界面 ◆ 勤于操作，提高速度
考核与评价	教师评价 （提问、演示、练习）

项目导入：

本章案例要进行的主要操作包括“打开模型文件”、“调整视角”、“拭除文件”和“关闭 Creo Parametric 3.0”等操作。所用到的模型是如图 2-1 所示支座。（最终模型在“第 2 章/zhizuo”。）

图 2-1　支座模型

2.1　界面简介

Creo Parametric 3.0 软件界面包括标题栏、快速访问工具栏、文件菜单、功能区、导航区、图形窗口（或 Creo Parametric 浏览器）、“图形”工具栏和状态栏等，如图 2-2 所示。

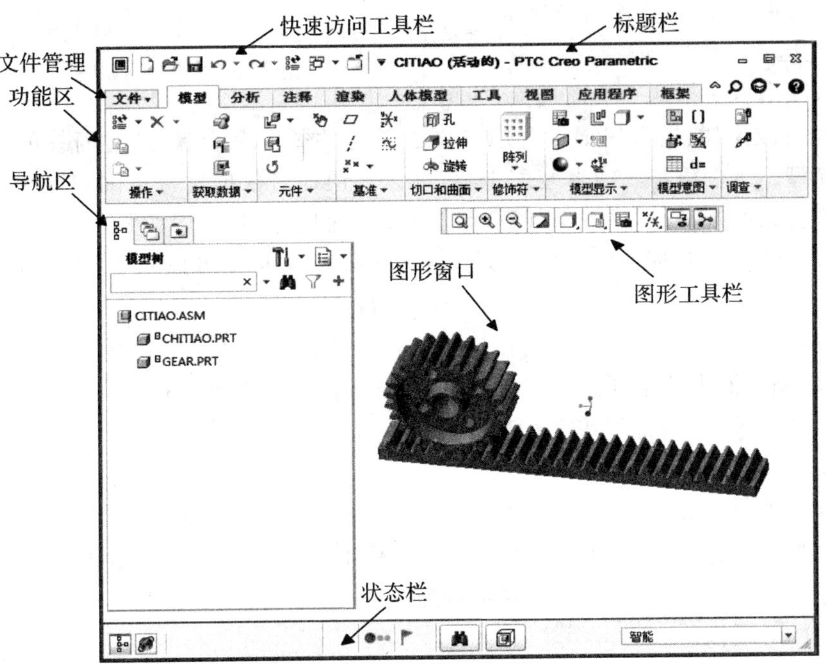

图 2-2 软件界面简单介绍

1. 标题栏

标题栏位于 Creo Parametric 3.0 用户界面的最上方。当新建或打开模型文件时，在标题栏中将显示软件名称、文件名和文件类型图标。当打开多个模型文件时，只有一个文件窗口是活动的。在标题栏的右侧部位，提供了实用的“最小化”按钮、“最大化”按钮、“向下还原”按钮和“关闭”按钮。

2.“快速访问”工具栏与“图形”工具栏

“快速访问”工具栏提供了对常用按钮的访问，比如用于新建文件、打开文件、保存文件和撤销等。此外，用户可以通过自定义“快速访问”工具栏来使它包含其他常用功能按钮，如图 2-3 所示。

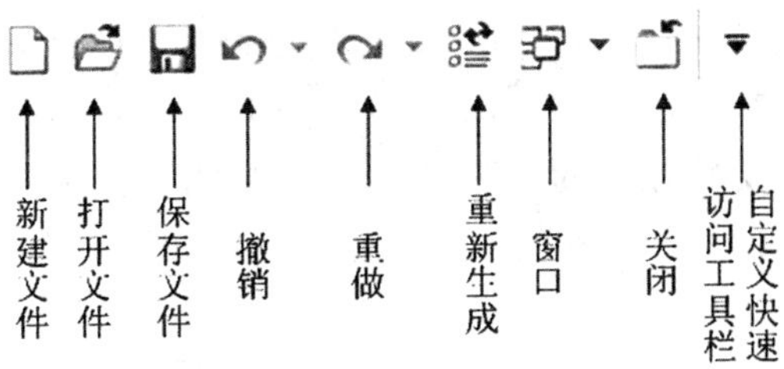

图 2-3 快速访问工具栏按钮

3. 文件菜单

在 Creo Parametric 3.0 窗口的左上角单击“文件”按钮，将打开一个菜单，即文件菜单，也被称为“应用程序菜单”。该菜单包含 3 项内容用于管理文件模型、为分布准备模型和设置 Creo Parametric 环境和配置选项的命令。

4. 导航区

导航选项卡区包括四个页面选项，如图 2-4 所示。

● 模型树或层树：模型树记录着用户创建模型的每一个步骤，通过简易的图形符号就可以了解模型整个创建步骤或者装配步骤，可以方便地对数据进行查询和变更。它是按照创建的顺序排列的，活动零件或组件显示在模型树的顶部，其从属的零件或特征位于其下。当该窗口处于活动状态时，才可以对该模型树操作。同时也可以对管理模型中的层进行管理。

● 文件夹浏览器：在浏览器中可以进行文件夹中内容和网络页面的浏览。通过双击文件夹，可以在浏览器中预览其内容；在地址栏中输入网址可以浏览相应的网页。

● 收藏夹：用于有效地组织和管理个人资源。

5. 功能区

功能区包含组织成一组选项卡的命令按钮。每个选项卡由若干个组（面板）构成，每个组（面板）由相关按钮组成，如图 2-5 所示。如果单击“组溢出”按钮，则会打开该组的按钮列表。如果单击位于一些组右下角的“对话框启动程序”按钮，则会弹出一个包含与该组相关的更多选项的对话框。

图 2-4 导航选项卡区页面选项

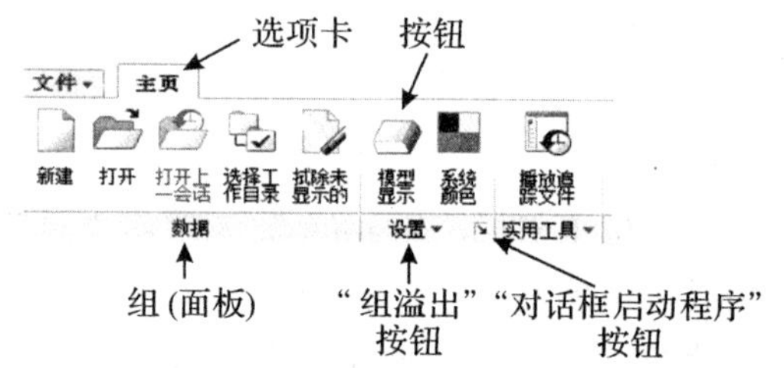

图 2-5 功能区的组成元素

6. 图形窗口与 Creo Parametric 浏览器

图形窗口也常被称为“模型窗口”或“图形区域”，它是设计工作最重要的区域之一。在没有打开具体文件时，或者查询相关对象的信息时，图形窗口通常由相应的 Creo Parametric 浏览器窗口代替。值得注意的是，单击状态栏上的“切换浏览器的显示”按钮，可以控制 Creo Parametric 浏览器的显示。另外，用户可以通过调整使图形窗口和 Creo Parametric 浏览器窗口同时出现，如图 2-6 所示。Creo Parametric 浏览器提供对内部和外部网站的访问功能，可用于浏览 PTC 官方网站上的资源中心，获取所需的技术支持等信息。当通过 Creo Parametric 查询指定对象的具体属性信息时，系统将打开 Creo Parametric 浏览器来显示对象的具体属性信息。

7. 状态栏

每个 Creo Parametric 窗口（用户界面）在其底部都有一个状态栏，如图 2-7 所示。使用时，状态栏将显示以下所述的一些控制和信息区。

● “显示导航器”：控制导航区的显示，即用于打开或关闭导航区。

● 消息区：显示与窗口中工作相关的单行信息。在消息区中单击右键，接着从弹出的快捷菜单中选择“消息日志”命令，可以查看过去的消息。

图 2-6　图形窗口与 Creo 浏览器同时显示

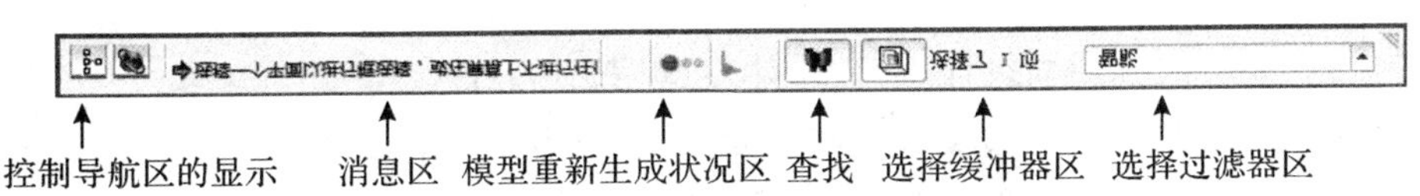

图 2-7　状态栏

- 模型重新生成状况区：指明模型重新生成的状况。 图标表示重新生成完成。
- ：单击此按钮弹出“搜索工具”对话框，在模型中按规则搜索、过滤和选择项。
- 选择缓冲器区：显示当前模型中选定项的数量。
- 选择过滤器区：显示可用的选择过滤器。从“选择过滤器”下拉列表中选择所需的选择过滤器选项，以便在图形窗口中快速而正确地选择对象。

2.2　文件操作

在零件或组件的设计过程中，最主要的就是对文件的操作。对文件的操作包括新建文件、打开文件、保存文件、备份文件、重命名文件、拭除文件、删除文件、复制、镜像文件、集成和实例操作等。“文件”菜单如图 2-8 所示。

2.2.1　新建文件

单击“文件”|“新建”，得到如图 2-9 所示的对话框。

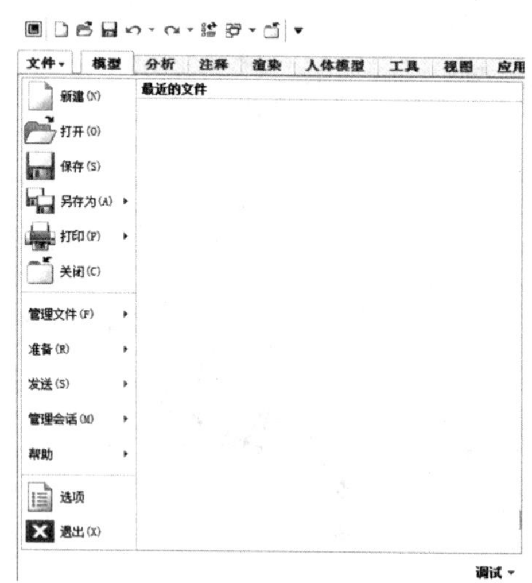

图 2-8 文件操作

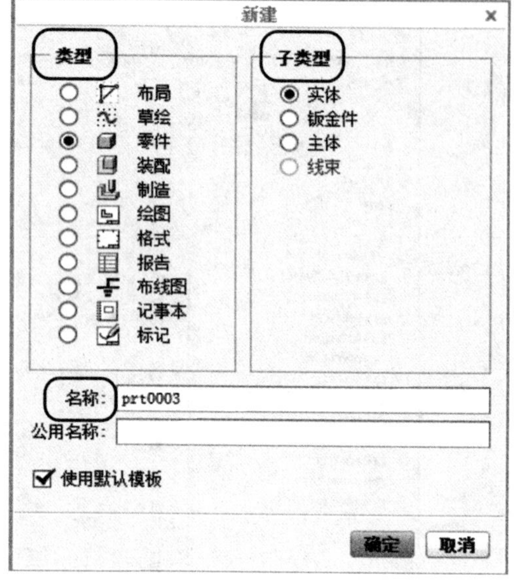

图 2-9 "新建"对话框

用户需要在此窗口选择"类型"、"子类型"，输入文件名。主要的文件类型包括以下方面：

- 布局：建立新产品组装布局，扩展名为.lay。
- 草绘：二维草图绘制，扩展名为.sec。
- 零件：三维零件、曲面设计、钣金设计等，扩展名为.prt。
- 装配：三维组件设计、动态机构设计等，扩展名为.asm。
- 制造：模具设计、NC加工程序制作等，扩展名为.mfg。
- 绘图：二维工程图制作，扩展名为.drw。
- 格式：二维工程图图框制作，扩展名为.frm。
- 报告：建立模型报表，扩展名为.rep。
- 布线图：建立电路、管路流程图，扩展名为.dgm。
- 记事本：建立新产品组装布局，扩展名为.lay。
- 标记：注解，扩展名为.mrk。

子类型栏是选择模块功能的子模块类型。输入的文件名只能是英文字母、数字和下划线，不能包含汉字和空格等。

模板是一个预先定义好特征、层、参数、命名的视图、默认单位和其他属性的标准的Creo 3.0模型，分为两种类型：模型模板和工程图模板。模型模板又分为零件模型模板、装配模型模板和模具模型模板等。模型模板具有两种类型：一种是公制模板，使用公制度量单位；一种是英制模板，使用英制单位。工程图模板是一个包含了要创建的工程图项目说明的特殊工程图文件，这些项目包括视图、表、格式、符号、捕捉线、注释、参数注释及尺寸等。另外，PTC标准工程图模板包括三个正交视图。

如果选中"使用缺省模板"复选框，则系统将采用英制单位标准。如果想要采用公制单位标准，则应取消勾选该方框，直接单击"确定"按钮，弹出如图2-10所示的对话框。

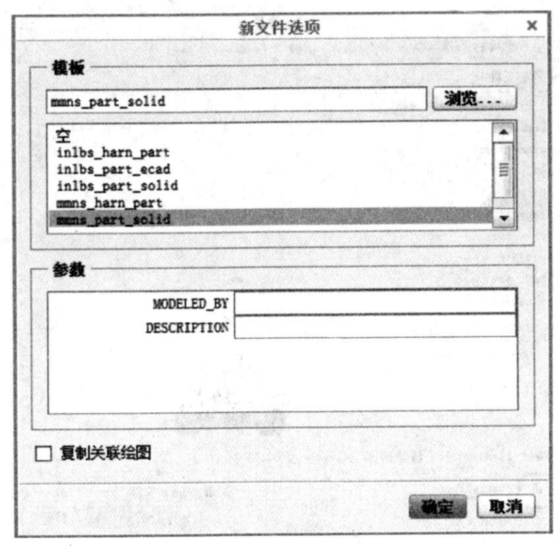

图 2-10　选择单位模板

说明：

inlbs_part_ecad：英制线路板文件；

inlbs_part_solid：英制零件文件；

mmns_part_solid：公制零件文件。

选择“mmns_part_solid”，选取“复制相关绘图”可自动创建新零件的绘图，用户可以根据自身需要选择。

2.2.2　打开文件

单击“文件”|“打开”或者在“快速访问”工具栏中单击“打开”按钮，弹出“文件打开”对话框，选择配套文件“rearseat. prt”并打开，如图 2-11 所示。

打开文件有以下几种方法：

- 单击“公用文件夹”下的文件夹找到要打开的文件。
- 单击地址栏中的任意目录，然后选取目录或文件。
- 单击“切换地址栏”，以显示可直接编辑的目录路径。
- 单击文件夹树并选取文件夹进行浏览。要将某文件夹添加到“公用文件夹”的列表中，请选取该文件夹，单击右键，然后从快捷菜单中选取“添加到公用文件夹”。

为了快速查找，可以指定类型过滤条件：单击“类型”下拉列表选择相关类型，“子类型”下拉列表中选择子类型。

单击“预览”，可以预览所选图形。

2.2.3　保存文件

单击菜单“文件”|“保存”或者在“快速访问”工具栏中单击“保存”按钮，将打开如图 2-12所示的对话框。

单击“确定”按钮，文件被自动保存到工作目录，如果还没有设置工作目录，则文件被保

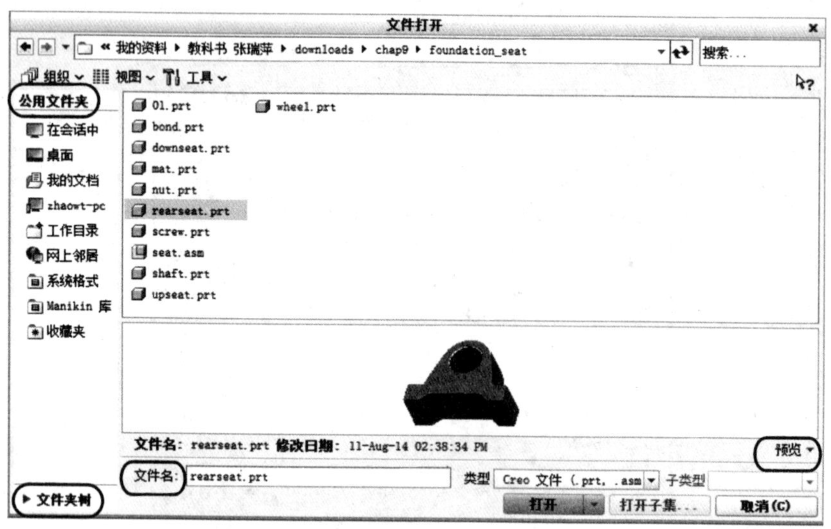

图 2-11 “文件打开”对话框

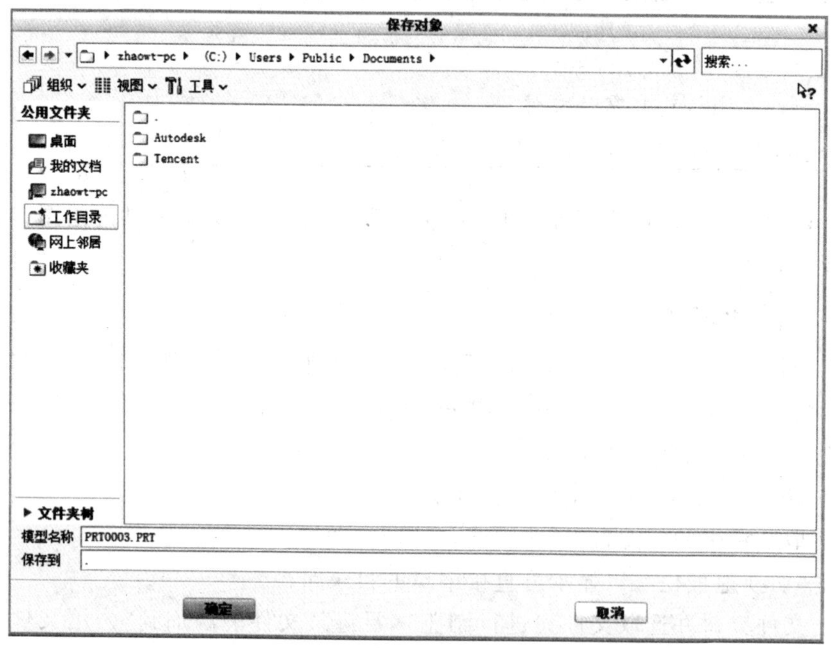

图 2-12 保存对象

存在缺省的文件夹“我的文档”。

如果文件不是第一次被执行保存，则文件名框右端没有更改目录的可用选项。如果文件保存在当前工作目录，则可以用保存文件副本形式保存：单击“文件”|“另存为”|“保存副本”，然后选取文件名，单击“确定”即可。

2.2.4 备份文件

与保存不同，备份文件是指在电脑上以相同的文件名进行备份，自动形成新版本。“保

存”只能将文件存在源目录,“备份”则可以将文件保存在工作目录或用户指定的目录下。其对话框如图 2-13 所示,操作与保存副本相同。

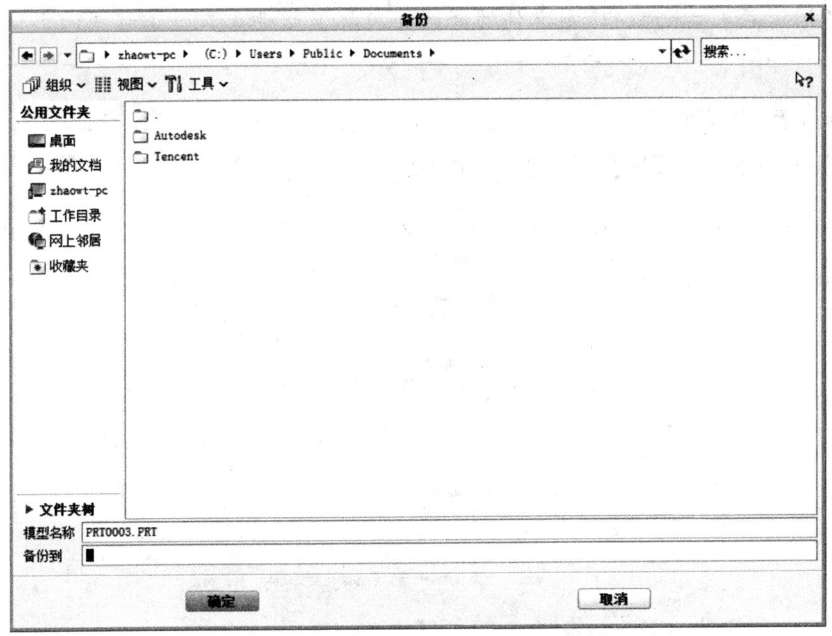

图 2-13　备份文件

提示:

- 备份零件或组件时,与其相关的二维图亦被备份。
- 当备份组件时,用户可选择是否要备份其所含的零组件。

2.2.5　重命名文件

单击菜单“文件”|“重命名文件”,弹出如图 2-14 所示的对话框。

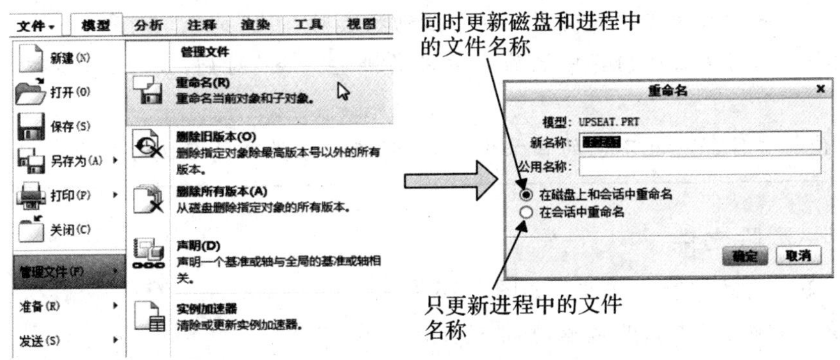

图 2-14　重命名文件

注意：

需要零件和组件或工程图同时存在于进程中，这样零件、组件或工程图会同时被修改，如果不同时存在于进程中，则零件的修改会破坏其组件或二维工程图的文件。

2.2.6 拭除文件

单击菜单“文件”|“管理会话”，弹出如图 2-15 所示的子菜单。

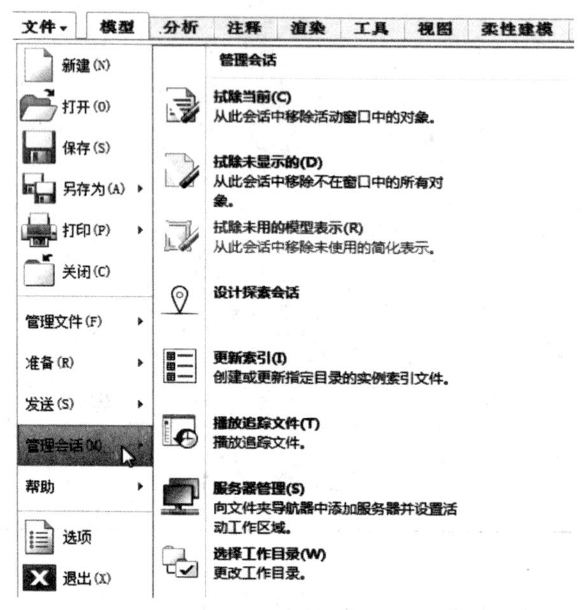

图 2-15 拭除文件

- 拭除当前：将当前窗口中的文件删除。
- 拭除未显示的：将不显示在窗口中，但存在于进程中的文件删除。

提示：

- 当参考该对象的组件或绘图仍处于活动状态时，不能拭除该对象。
- 拭除对象而不必从内存中拭除它参考的那些对象（例如，拭除组件而不必拭除它的元件）。
- 即使将文件保存在不同的目录中，也不能使用原始文件名保存或重命名文件。

2.2.7 删除文件

单击菜单“文件”|“管理文件”，如图 2-16 所示。

- 删除旧版本：除了新的版本，其他的全部删除。
- 删除所有版本：删除所有版本的文件。

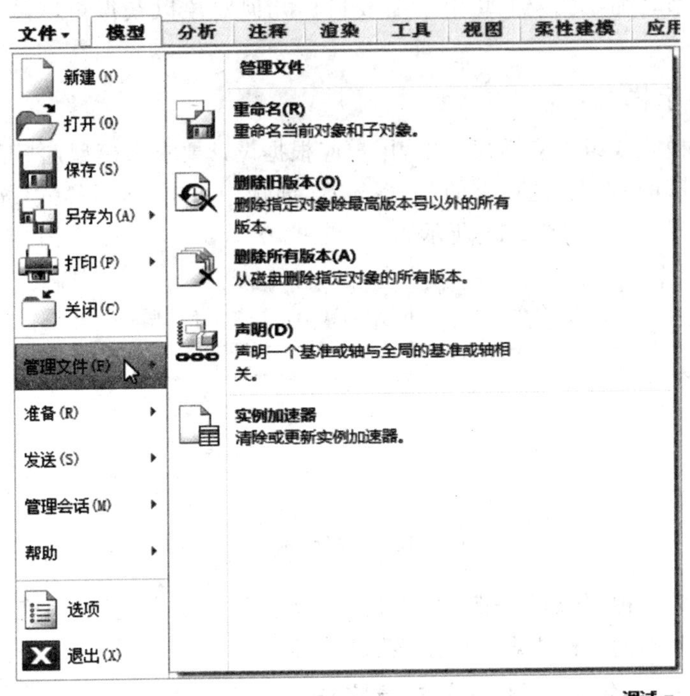

图 2-16　删除文件

2.3　模型视图操作与显示设置

本节介绍的是模型视图操作与显示设置，其中显示设置主要包括模型显示设置、图元显示设置和系统颜色显示设置等。

2.3.1　视图基本操作指令

为了在设计中更好地观察模型的结构，获得较佳的显示视角，提高设计效率，用户必须掌握一些基本的视图操作。

首先用户需要熟悉系统提供的视图控制工具按钮，它们位于功能区“视图”选项卡中，而在“图形”工具栏中可以找到一些常用的视图控制按钮，如图 2-17 所示。例如，“重新调整”按钮 用于调整缩放以及全屏显示对象，“放大”按钮 用于放大目标几何对象以查看几

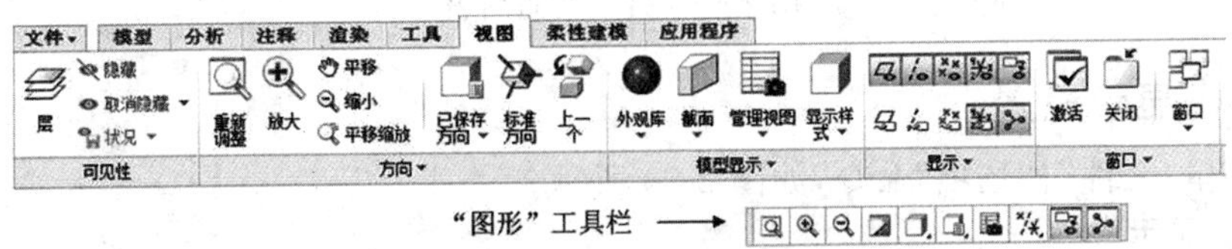

图 2-17　功能区“视图”选项卡和“图形”工具栏

何对象的更多细节,“缩小”按钮🔍用于缩放目标几何对象以获得更广阔的几何上下文透视图。

2.3.2 显示样式

在零件应用模式或组件应用模式中,用户应根据设计要求为模型选择合适的显示样式,其方法是在功能区的“视图”选项卡的“模型显示”面板中单击“显示样式”按钮,接着从打开的按钮列表中选择一个,如图 2-18 所示。

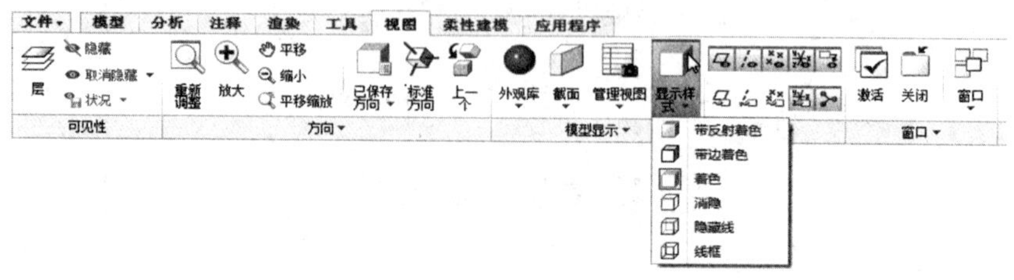

图 2-18 选择显示样式

显示样式分为 6 种,分别是“带反射着色”、“带边着色”、“着色”、“消隐”、“隐藏线”和“线框”,用户可以选择不同的样式观察模型显示的变化。

2.3.3 使用命名的视图列表与重定向

在设计中经常使用一些命名视图,如“标准方向”、“默认方向”、“BACK”、“BOTTOM”等,其方法是在功能区的“视图”选项卡的“方向”面板中单击“已保存方向”按钮,或者在“图形”工具栏中单击“已保存方向”按钮,打开列表,如图 2-19 所示,然后从中选择一个所需的视图命令,则系统以该视图指令设定的视角来显示模型。

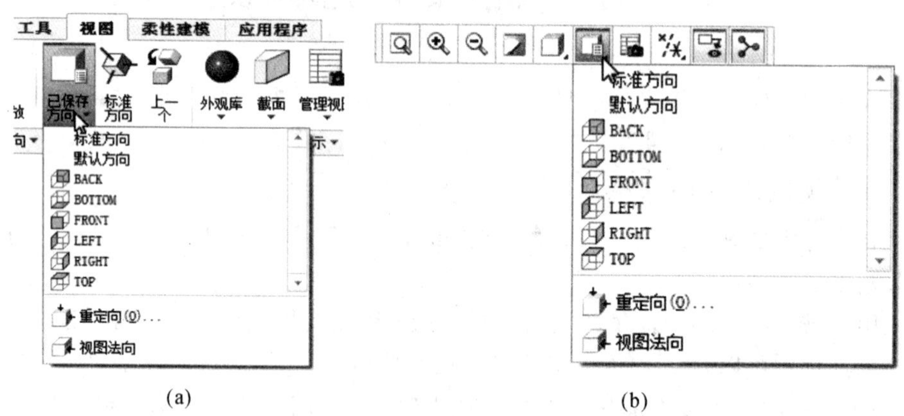

图 2-19 打开视图列表

2.3.4 显示设置

单击菜单“文件”|“选项”命令,如图 2-20 所示。

1. 基准显示

单击菜单栏中“文件”|“选项”|“图元显示”|“基准显示设置”,如图 2-21 所示。

在基准显示中,可以设置“显示”和“点符号”,在“显示”区中,如果勾选基准前的复选框,

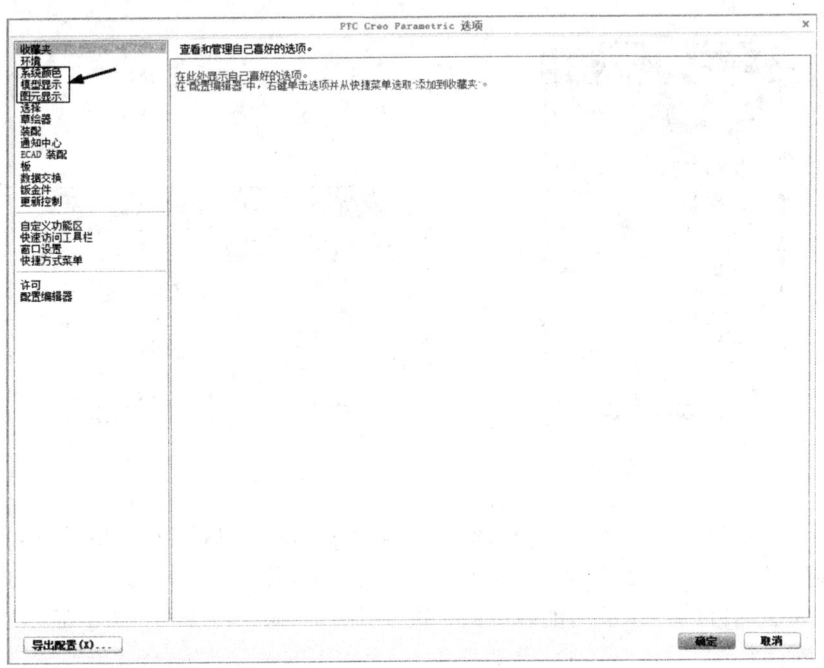

图 2-20　显示设置

视图中会显示该基准，否则不会显示。

点符号可以设置为十字型、点、圆、三角、正方形。单击“确定”即完成设置。

另外利用工具栏上的按钮，也可以控制“基准显示”，如图 2-22 所示。

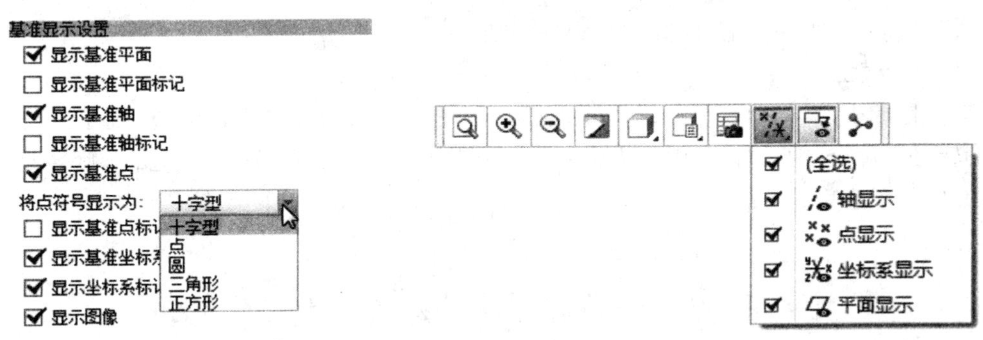

图 2-21　基准显示　　　图 2-22　基准显示工具栏

2. 性能

单击菜单“视图”|“显示设置”|“性能”命令，打开如图 2-23 所示的“视图性能”对话框。

在该对话框中可设置“隐藏线移除”、“旋转时的帧频”和“细节级别”三个项目。选择对应项目的“启用”复选框，即选中相应的项目。设置完成后，单击“应用”按钮，再单击“确定”按钮，即可完成设置。

3. 可见性

选择菜单“视图”|“显示设置”|“可见性”，弹出如图 2-24 所示的对话框。

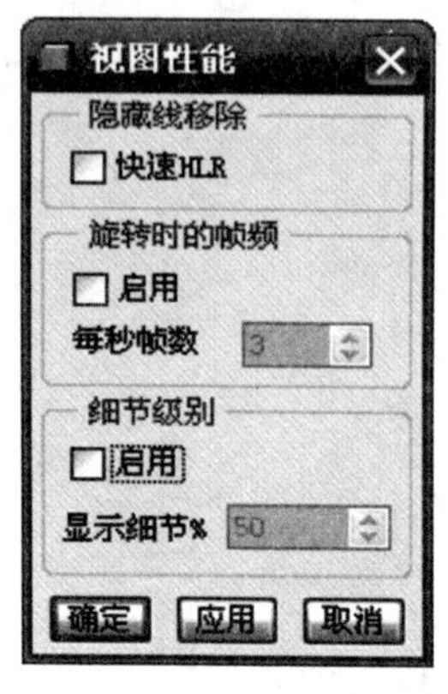

图 2-23　性能

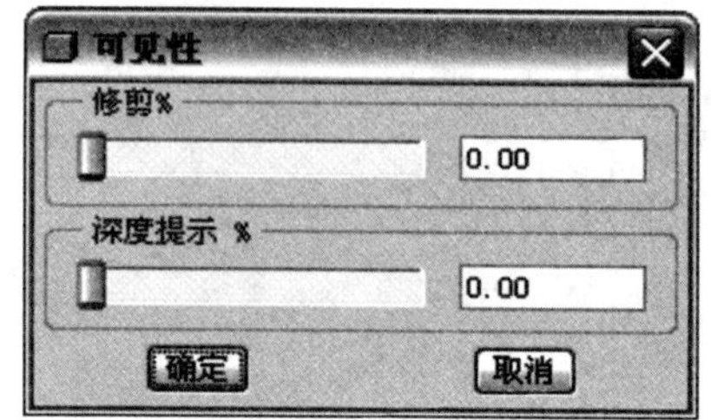

图 2-24　可见性

● 修剪：一个平面穿过一个着色模型，只能显示出此平面后面的模型部分，通过"修剪"可以更改修剪平面放置。范围是 0 到 100%，0 表示在模型前面（屏幕最前面），100%表示在模型后面。要启动"修剪"显示功能，选择菜单"视图"|"显示设置"|"模型显示"，然后利用"模型显示"对话框的"着色"页进行启动操作。

● 深度提示：更改线框线的粗细，这样当线框的线延伸进屏幕（背离您）时，线显得深；延伸出屏幕（朝着您）时，线显得浅。范围为 0 到 100%，0 时线条最亮，100%时线框线条被取消。要启动"深度提示"显示功能，选择"视图"|"显示设置"|"模型显示"，然后利用"模型显示"对话框的"边/线"页进行启动操作。设置完成后，再单击"确定"按钮，即可完成设置。

2.3.5　模型查看

模型的旋转、平移和缩放是由鼠标键控制的。

1. 旋转模型

按住鼠标中键，移动鼠标可以实现旋转。当图 2-25 所示的"旋转中心"处于"开"状态时，旋转是以旋转中心即模型中心为中心的，当"旋转中心"处于"关"的状态时，旋转是以鼠标所在的位置为旋转点的。

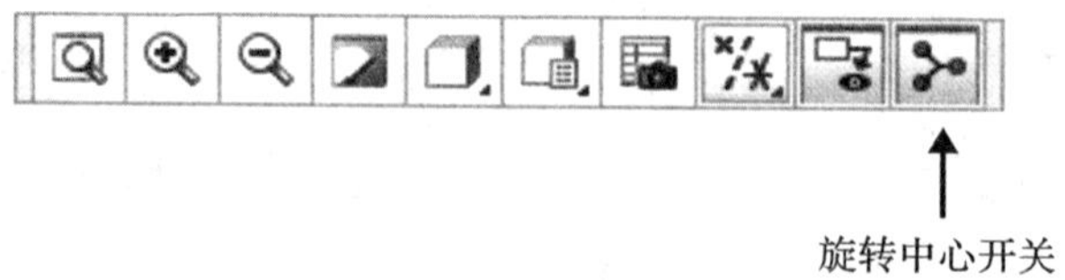

图 2-25　旋转中心开关

2. 平移模型

按住【Shift】键，同时按下鼠标的中键，移动鼠标就可以平移模型。当模型的大小、角度及其位置被改变以后，可单击工具栏上如图 2-26 所示图标，再单击"标准方向"，即可将模型恢复为默认的显示方式。

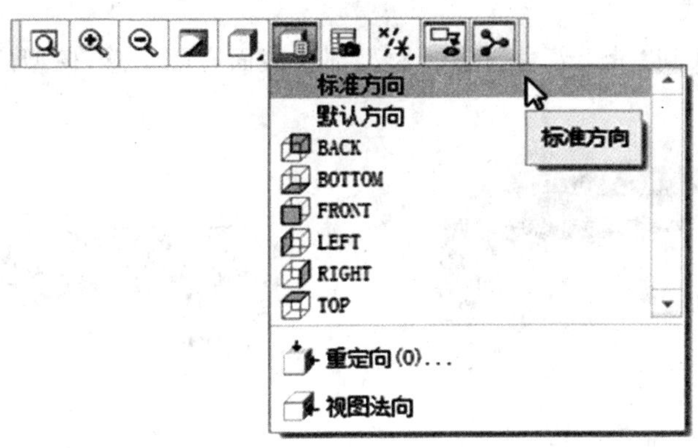

图 2-26　模型方向

3. 缩放模型

按中键滚动，即可实现缩放。也可以在如图 2-27 所示工具栏上单击放大或缩小按钮。

图 2-27　缩放按钮

2.3.6　模型显示方式

在 Creo 3.0 中，为了便于观察和操作，模型可以以 6 种方式进行显示，分别为带反射着色、带边着色、着色、消隐、隐藏线和线框。6 种显示方式可通过单击工具栏上如图 2-28 所示图标进行切换。

图 2-28　6 种显示方式

1. 带反射着色模式

在工具栏中切换到“带反射着色”模式，模型以带反射着色形式显示，增加环境光源的显示投影，此时的模型有反射倒影，如图 2-29 所示。

2. 带边着色模式

在工具栏中切换到“带边着色”模式，模型部分表面有阴影感，模型的棱边以黑色线框显示，如图 2-30 所示。

图 2-29　带反射着色模式

图 2-30　带边着色模式

3. 着色模式

在工具栏中切换到“着色”模式，模型以着色形式显示，是 Creo 默认的显示方式，如图 2-31 所示。

4. 消隐模式

在工具栏中切换到“消隐”模式，模型以线框形式显示，且不显示隐藏线，如图 2-32 所示。

图 2-31　着色模式

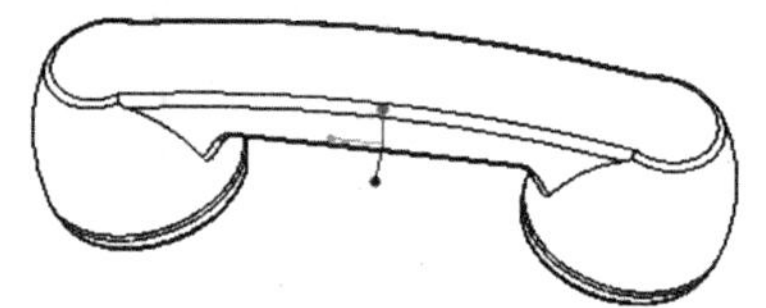

图 2-32　消隐模式

5. 隐藏线模式

在工具栏中切换到“隐藏线”模式，模型以线框形式显示，隐藏线以灰色显示，如图 2-33 所示。

6. 线框模式

在工具栏中切换到“线框”模式，模型以线框形式显示，不区分隐藏线，如图 2-34 所示。

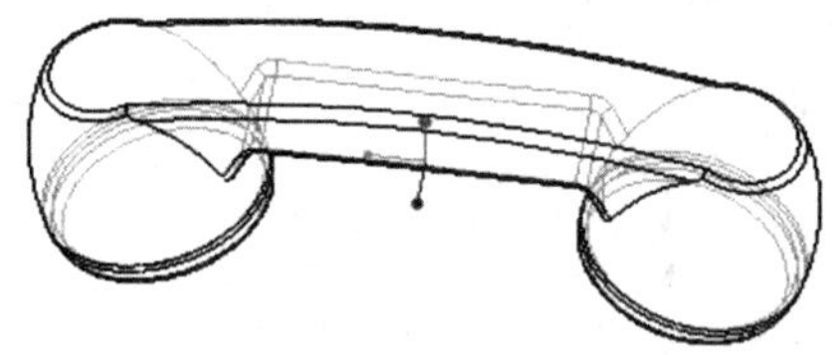

图 2-33　隐藏线模式

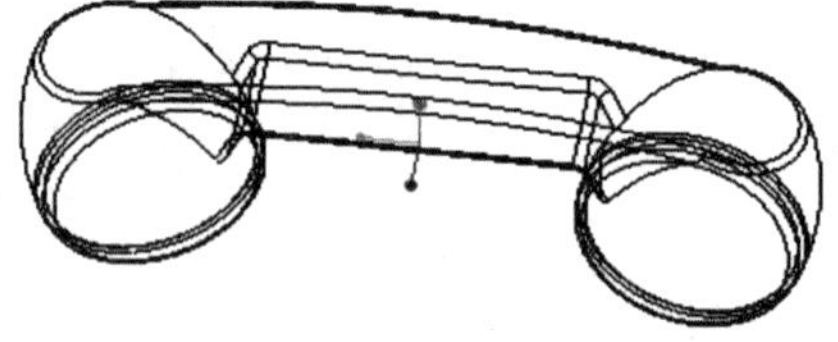

图 2-34　线框模式

2.3.7　视图方向

在模型设计过程中，三维视图的观察位置总会不停地改变，常常需要俯视、正视以及规定角度进行观察。通过功能区“视图”选项卡下的命令就可以完成所需要的功能，如图 2-35 所示。

图 2-35　视图选项卡

1. 标准方向

单击“标准方向”命令，系统将以默认视图显示模型。系统的默认视图有三种，分别为等轴测、斜轴测和用户定义。默认视图可以在主菜单的“文件”|“选项”|“模型显示”对话框中进行设置，也可以直接通过图标按钮进行操作，如图 2-36 所示。

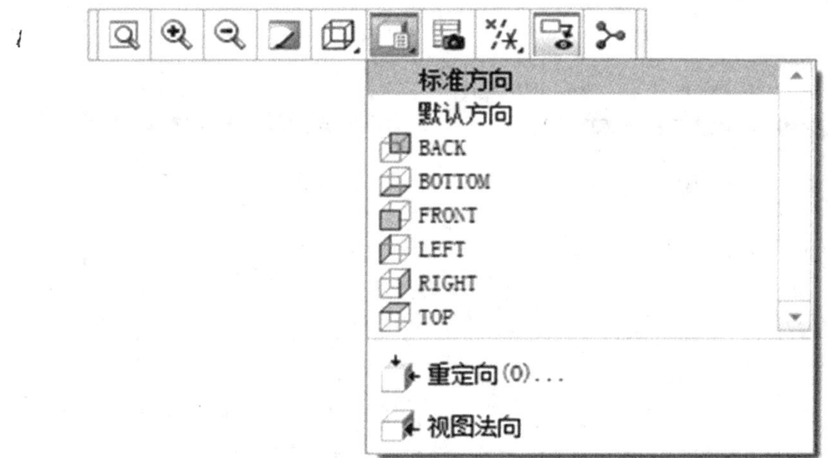

图 2-36　标准方向工具栏下拉列表

除了标准方向和默认方向外，还有 6 种方向供选择，分别是 BACK(后视图)、BOTTOM(仰视图)、FRONT(前视图)、LEFT(左视图)、RIGHT(右视图)和 TOP(俯视图)。

2. 上一个

单击“上一个”命令，视图会返回上一个视图。

3. 重新调整

可以调整视图的中心和比例，使整个零件完全显示(最大化)在视图边界内。

4. 重定向

选择“重定向”命令，弹出“方向”对话框。用三种方式来实现重定向：按参考定向、动态定向及首选项。

(1)参照定向方式：在“类型”列表中选择“按参照定向”选项，如图 2-37 所示。

该类型设置视角的方法是在模型上依次指定两个相互垂直的面作为参考 1 和参考 2，其中参考 1 的选取有 8 种方式：前、后、上、下、左、右、垂直轴和水平轴。

(2)动态定向方式：在“类型”列表中选择“动态定向”选项，如图 2-38 所示。

● 平移：在“平移”选区中分别拖动 H、V 中的滑块，或者在其后的数值框中输入数值，就可以改变模型在显示窗口中的水平和垂直位置。

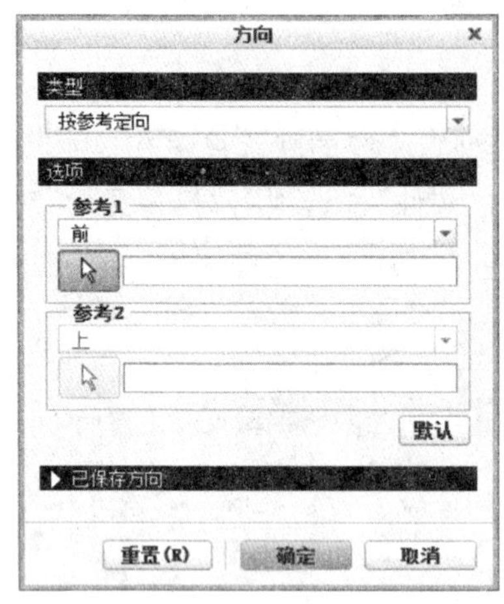

图 2-37　参照定向方式对话框

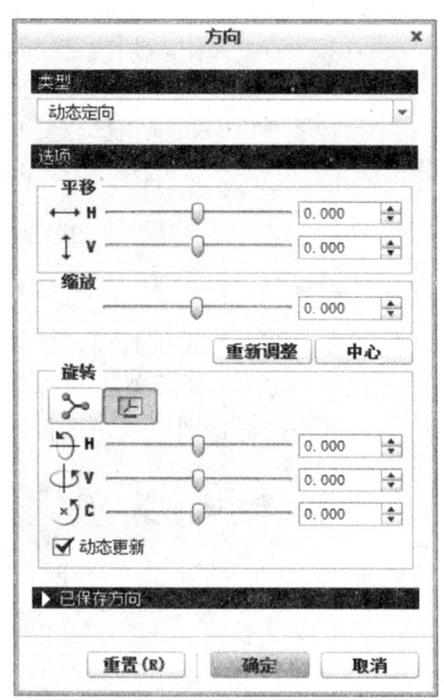

图 2-38　动态定向方式对话框

● 缩放：在“缩放”选区中拖动滑块，或者在其后的数值框中输入数值，就可以改变模型在显示窗口中的大小。

● 旋转：在“旋转”选区中单击“使用屏幕中心轴旋转”按钮，分别拖动 H、V、C 中的滑块，或者在其后的数值框中输入数值，模型就可以围绕视图中心轴的水平、垂直和正交轴进行旋转。如果单击“使用旋转中心轴旋转”按钮，分别拖动 X、Y、Z 中的滑块，或者在其后的数值框中输入数值，模型则可以围绕所选中心轴的水平、垂直和正交轴进行旋转。

垂直轴和水平轴在单一约束，无须配合参考 2 的情况下即可确定视角方向。而参考 1 的其他 6 种方式还需要与参照 2 配合使用。

(3)首选项定向方式：在“类型”列表中选择“首选项”选项，如图 2-39 所示。

该选项可以设置旋转中心和缺省方向。旋转中心有五种设置方式，其中，点或顶点是指设置基准点或者顶点作为旋转中心。边或轴是指以图形的边或轴线作为旋转中心。缺省方向有斜轴测、对轴测和用户定义三种方向。系统一般以斜轴测为系统的默认方向。

2.3.8　设置图层

在 CAD 系统中，图层是组织图形对象最有用的工具。单击工具栏上的图标，则“导航选项卡”区会出现图层树。用户可以将点、线和面放入图层，通过隐藏和取消隐藏操作来管理图层的显示。单击“隐藏”，则该图层不可见，放入该图层的点、线或者面是不可见的，当单击“取消隐藏”，该图层又恢复显示。如图 2-40 所示。

建立一个新零件时，系统会默认 8 个图层。各图层的用途如下：

● 01__PRT_ALL_DTM_PLN：为 Part all datum planes 的缩写，隐藏此图层可使所有的基准平面都不显示在画面上。

图 2-39　首选项方式设置对话框

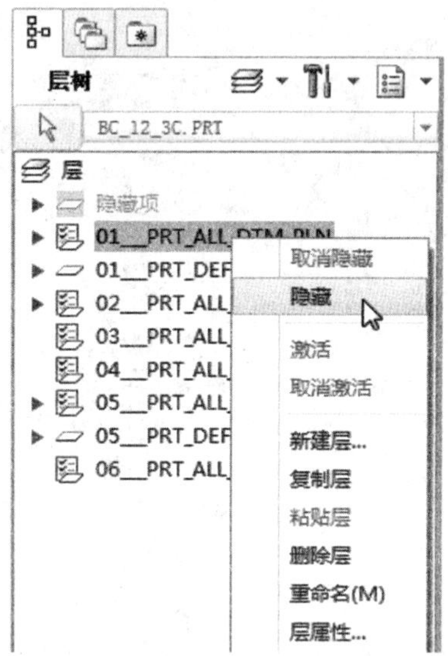

图 2-40　图层操作快捷菜单

- 01__PRT_DEF_DTM_PLN：为 Part default datum planes 的缩写，隐藏此图层可使零件默认的三个基准平面 RIGHT、TOP 以及 FRONT 都不显示在画面上。
- 02__PRT_ALL_AXES：隐藏此图层可使所有的基准轴都不显示在画面上。
- 03__PRT_ALL_CURVES：隐藏此图层可使所有的曲线都不显示在画面上。
- 04__PRT_DTM_PLN：隐藏此图层可使所有的基准点都不显示在画面上。
- 05__PRT_ALL_DTM_CSYS：为 Part all datum coordinate systems 的缩写，隐藏此图层可使所有的坐标系都不显示在画面上。
- 05__PRT_DEF_DTM_SYS：为 Part default datum coordinate systems 的缩写，隐藏此图层可使零件默认的坐标系都不显示在画面上。
- 06__PRT_ALL_SURFS：为 Part all surfaces 的缩写，隐藏此图层可使所有的曲面都不显示在画面上。

图层操作一般通过快捷菜单进行：在图层上单击鼠标右键，弹出如图 2-40 所示的快捷菜单。可以新建一个图层、删除图层、更改图层的名称和存储图层等。

2.4　系统设置

设置适合自己的工作环境可以大大提高工作效率。本节将介绍如何设置工作环境，包括在工具栏中调取工具、设置系统颜色、设置单位和设置质量属性。

2.4.1　在工具栏中调取工具

在 Creo 3.0 中，工具栏可以根据需要进行内容增减。

1. 执行“文件”|“选项”，弹出“选项”对话框，执行“快速访问工具栏”命令，打开“快速访

问工具栏”设置界面，如图 2-41 所示。

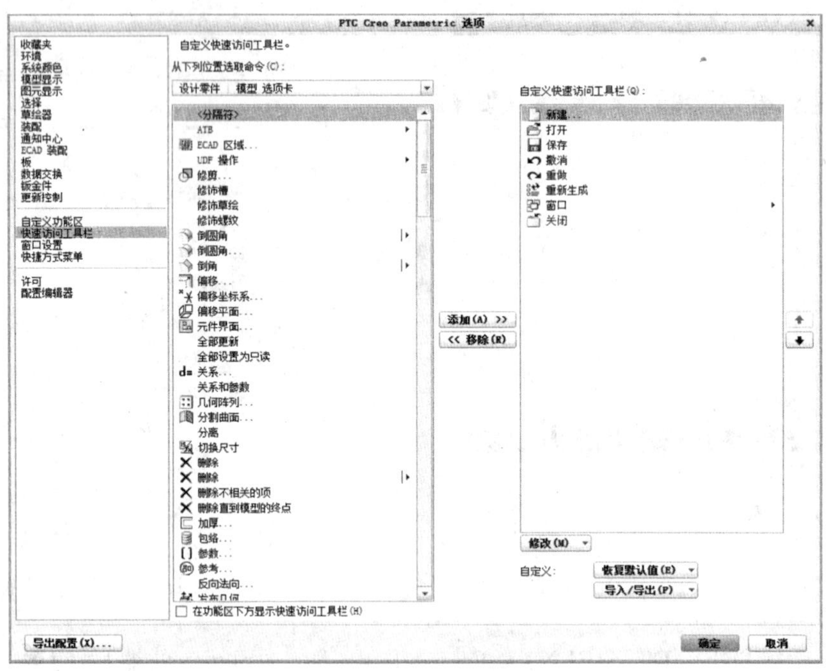

图 2-41 “快速访问工具栏”设置界面

2. 选择“所有命令”下的“外观库”，然后单击“添加”按钮即可添加，如图 2-42 所示。

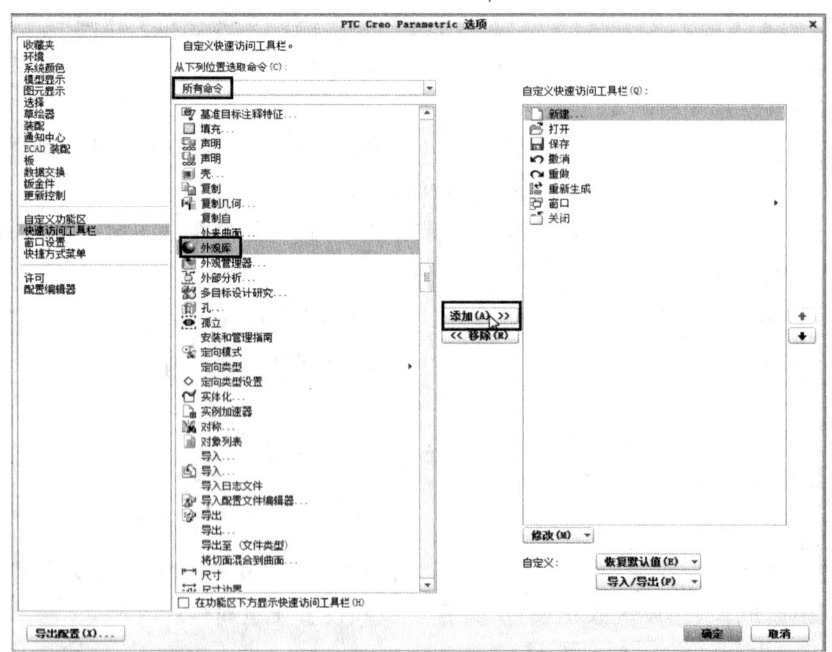

图 2-42 添加“外观库”

3. 执行完上面的命令后，工具栏中就出现了“外观库”的图标，如图 2-43 所示。

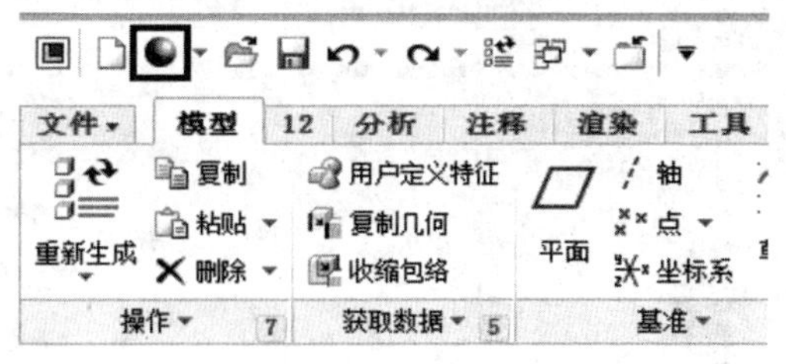

图 2-43 “外观库”图标

4. 在“快速访问工具栏”窗口中选择“外观库”，单击“移除”按钮，就可以将此项从工具栏中移除，如图 2-44 所示。

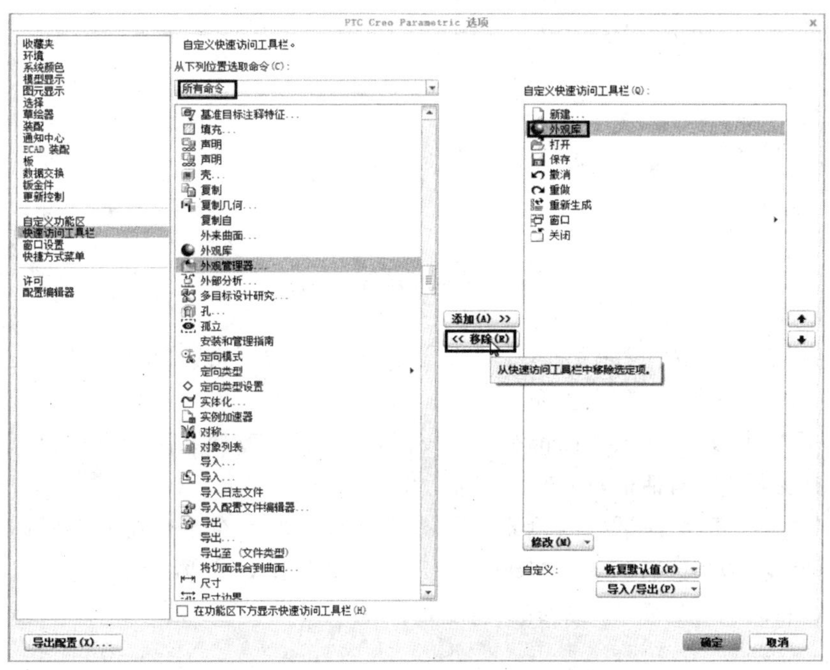

图 2-44 移除“外观库”

2.4.2 设置系统颜色

Creo 3.0 提供一整套完善的缺省系统颜色，利用它用户可以轻松地识别模型几何、基准和其他重要的显示元素。而且图元中颜色常常反映一些提示信息，如尺寸标注时多标注了一个尺寸，形成了过约束，系统将形成过约束的尺寸标注显示为红色，提示用户标注错误，必须删除一个红色的尺寸。

在主菜单依次选择“文件”|“选项”|“系统颜色”命令，切换到“系统颜色”面板，用于设置系统环境和各图元显示颜色，如图 2-45 所示。

- “基准”选项卡：设置基准平面、轴、点和坐标系的颜色。
- “图形”选项卡：显示图形元素的缺省颜色。

图 2-45 “系统颜色”对话框

● “几何”选项卡：为“参照”、“钣金件曲面”、“骨架曲面网格”、“电缆”、“面组边”、“模具和铸造曲面”和“ECAD 区域”设置颜色。

在该对话框中，每个选项前面都有一个按钮，用户若要改变某选项的颜色，只需要单击该按钮，系统就会弹出对话框，如图 2-46 所示。

另外，在“系统颜色”对话框的顶部还有“颜色配置”项。在“颜色配置”项则是几个由系统提供的颜色设置方案，Creo 3.0 提供 4 种颜色配置，如图 2-47 所示。

● 默认：将颜色配置重置为缺省颜色配置。

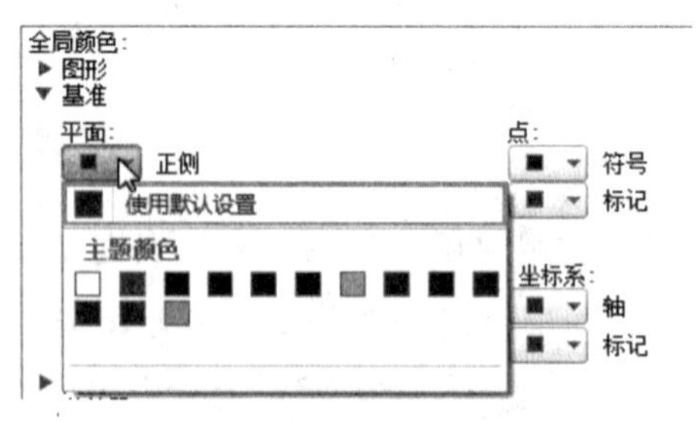

图 2-46 “颜色编辑器”对话框

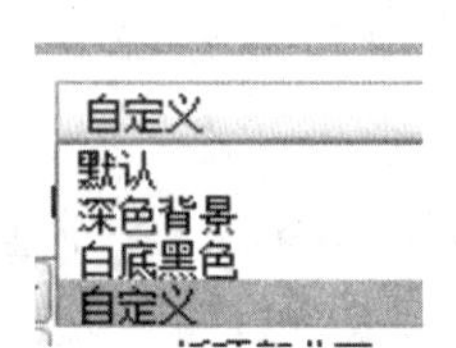

图 2-47 “系统颜色”设置

● 深色背景：系统自动将背景设置为深色。

● 白底黑色：在白色背景上显示黑色图元。

● 自定义：单击右边的“浏览”按钮可以打开保存的设置。

2.4.3 设置单位

每个模型都有一个公制的和非公制的单位系统，以确保该模型的所有材料属性保持测量和定义的一致性。所有 Creo 3.0 模型都定义了长度、质量/力、时间和温度的单位。

Creo 3.0 提供了 7 种预定义单位系统，其中一个是缺省的单位系统，如图 2-48 所示。可以更改指定的单位系统，也可以定义自己的单位和单位系统（称为定制单位和定制单位系统），但不能更改预定义的单位系统。

选择菜单栏中“文件”|“准备”|“模型属性”，系统将打开“模型属性”对话框，使用“单位”命令，可以设置、创建、更改、复核或删除模型的单位系统或定制单位。

选择“单位”命令会打开“单位管理器”对话框。此对话框列出了预定义的单位系统和所有定制单位系统，其中蓝色箭头表示的是模型当前单位系统。利用此对话框，还可以创建新的定制单位和单位系统。

图 2-48 “单位管理器”对话框

如果所用的模型不含有标准 SI 或英制单位，或者如果所用“材料”文件含有不能从单位系统衍生的单位，或者兼而有之时，才使用定制单位。Creo 3.0 使用定制单位的定义解释材料属性，也可以使用定制单位创建新的单位系统。

建议为模型创建一个模板，其中含有完整定义的单位系统。使用“文件”|“新建”，清除“新建”对话框中的“使用缺省模板”，然后使用“新文件选项”对话框，创建一个模板或修改一个 PTC 标准模板。需注意的是，在任何情况下，必须确保在设计模型之前有一个已定义的单位集。

2.4.4 设置质量属性

Creo 3.0 可根据对象的实际几何形状或用户指定的参数值计算零件或组件的质量。例如，为组件创建简化零件时，可能希望质量属性与全部零件相对应，可通过为其他质量参数指定值或使用质量属性文件，将质量属性分配到零件或组件中。

设置质量属性的步骤如下：

(1)在菜单栏中选择“文件”|“准备”|“模型属性”命令，系统将打开“模型属性”对话框。

(2)在“模型属性”对话框中选取质量属性，如图 2-49 所示。

(3)在“定义属性”下拉列表中，选取“几何和密度”、“几何和参数”或“完全分配”，处理零件或组件的质量属性时，可随时基于以下一种“定义属性”生成质量属性报告：

几何和密度：基于模型几何计算质量属性。

几何和参数：基于用户指定的其他参数值计算质量属性。如果未指定其他参数，系统会使用模型几何的参数值。

完全分配：基于质量属性文件中的参数值计算质量属性。文件必须包含全部参数值。如果文件不完整，系统不会生成报告。

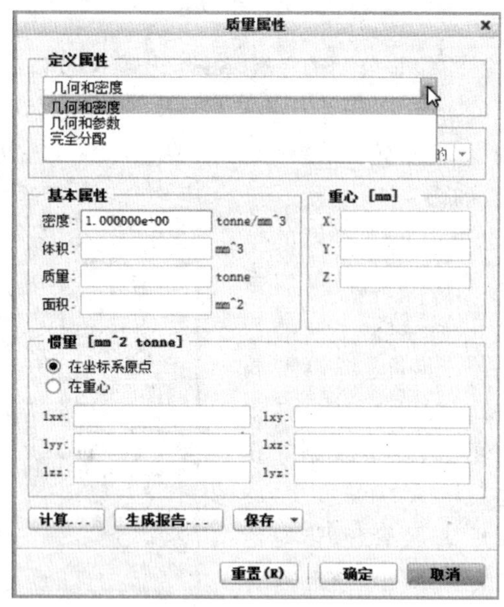

图 2-49 “设置质量属性”对话框

(4)单击“质量属性”对话框中的“生成报告”按钮，系统将计算质量属性，然后弹出“信息窗口”对话框，在其中显示结果，如图 2-50 所示。

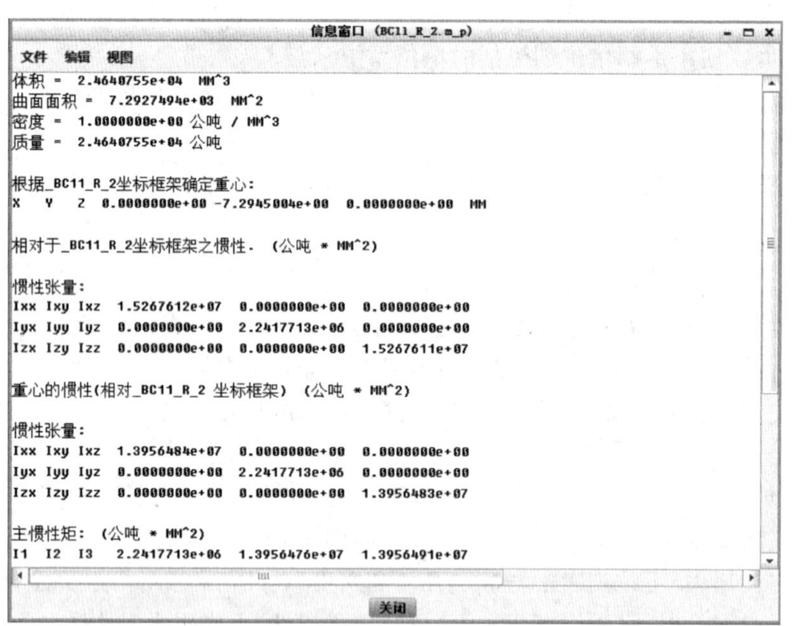

图 2-50 “信息窗口”对话框

(5)在“信息窗口”对话框中选择“文件”|“保存”可以将其保存。查看完毕后，单击“关闭”按钮，关闭窗口。

2.5　项目实现

本章案例的具体操作步骤如下。

1. 在桌面上双击 Creo Parametric 3.0 的桌面快捷方式图标，从而启动 Creo Parametric 3.0 软件。

2. 在“快速访问”工具栏中单击“打开”按钮，弹出“文件打开”对话框，选择配套文件“zhizuo.prt”并打开，该文件中已有的模型如图 2-51 所示。

3. 在“图形”工具栏中取消选中“全选”复选框，以设置关闭轴显示、点显示、坐标系显示和平面显示，如图 2-52 所示。

图 2-51　支座模型　　　　图 2-52　设置关闭相关基准特征显示

4. 在默认状态下，“图形”工具栏中的“旋转中心”按钮处于被选中状态，表示打开旋转中心。将鼠标指针置于图形窗口中，按住鼠标中键的同时移动鼠标，将模型旋转至如图 2-53 所示的视图状态。

5. 释放鼠标中键后，按【Ctrl＋D】组合键，则模型恢复为默认的标准方向视角来显示，如图 2-54 所示。

图 2-53　旋转模型视图

图 2-54　以默认的标准方向视角显示

6. 在“图形”工具栏中单击“重定向”按钮，打开“方向”对话框，从“类型”下拉列表中选择“动态定向”选项，接着在“选项”组中分别通过拖动相关的滑块来调整模型的视角，即分别调整平移、缩放和旋转参数来获得所需的模型视图，如图 2-55 所示。

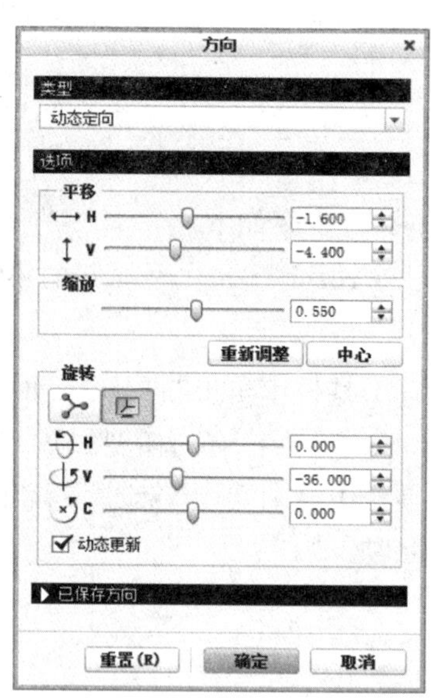

图 2-55　动态定向

7. 在“方向”对话框中展开“保存的视图”选项组，在“名称”文本框中输入“BC-自定义方向”，如图 2-56 所示，接着单击“保存”按钮。

8. 在“方向”对话框中单击“确定”按钮，接着按【Ctrl+D】组合键，系统将以标准方向来显示模型。

9. 在“图形”工具栏中单击“已命名视图”按钮，打开如图 2-57 所示的视图列表，然后从列表中选择“BC-自定义方向”，则模型以之前自定义的视角显示。

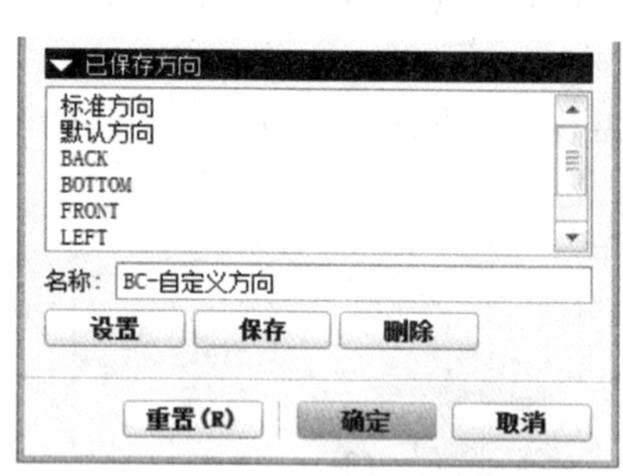

图 2-56　输入要保存的视图名称

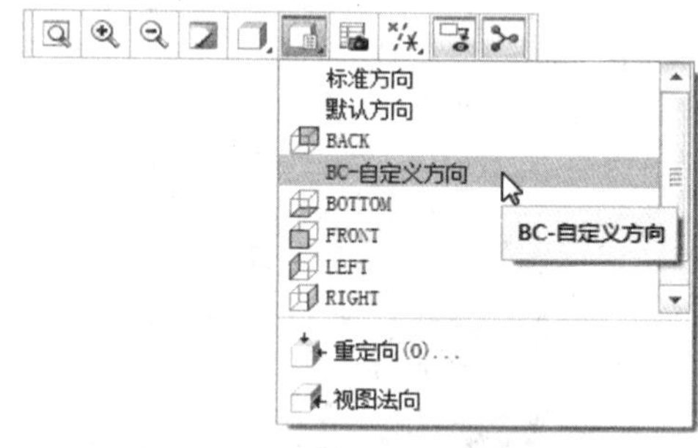

图 2-57　打开已命名视图列表

10. 再次按【Ctrl+D】组合键，接着在“图形”工具栏的显示样式列表中单击“带反射着色”按钮以来启动“带反射着色”显示样式，此时模型的显示效果如图 2-58 所示。

11. 在“快速访问”工具栏中单击“保存副本”按钮，或者单击“文件”按钮并从文件菜单中单击“另存为”命令旁边的“展开”按钮，接着选择“保存副本”命令，系统弹出“保存副本”对话框(如图 2-59 所示)，指定要保存到的文件目录，输入新文件名 zhizuo2(由读者自定)，然后单击“确定”按钮。

12. 在“快速访问”工具栏中单击“拭除当前”按钮，或者单击“文件”按钮并从文件菜

图 2-58 “带反射着色”显示

图 2-59 “保存副本”对话框

单中选择“管理会话”|“拭除当前”命令，系统弹出“拭除确认”对话框，如图 2-60 所示，然后单击“是”按钮。

图 2-60 “拭除确认”对话框

13. 在 Creo Parametric 3.0 软件工作界面右上角处单击“关闭”按钮，从而终止 Creo

Parametric 3.0 会话进程。

2.6 思考与练习

1. 对 Creo 3.0 软件界面进行简单介绍。
2. 文件存取包括哪些内容？分别有什么作用？
3. 保存文件和备份文件的操作上有什么不同？
4. 拭除文件有什么特点？与删除文件有什么本质的区别？
5. 显示设置包括哪几种？分别指什么？
6. 移动模型和缩放图形用到哪些快捷键？
7. 模型显示方式有哪几种？通过模型显示的操作来仔细说明。
8. 设置旋转中心有什么作用？不设置会造成什么样的结果？
9. 视图方向的调整方式有哪几种？分别介绍。
10. 设置工作目录有何好处？
11. 如何将模型文件输出为其他格式的图形文件？
12. 将绘图区的背景颜色设置为“白色”。

第 3 章　绘制草图

学习单元:绘制草图	参考学时:4
学习目标	
◆ 了解草绘环境的设置 ◆ 熟悉界面操作及其对常用图元的绘制和标注 ◆ 熟练使用绘图工具绘制参数化的平面图形 ◆ 掌握约束过冲突问题的解决和约束的操作问题	
学习内容	学习方法
★ Creo Parametric 草绘的各种设置 ★ 应用合适的约束方法 ★ 尺寸标注方法 ★ 常用图元的绘制和标注 ★ 约束过冲突问题的解决	◆ 理解概念,熟悉环境 ◆ 熟记方法,勤于操作
考核与评价	教师评价 (提问、演示、练习)

草绘专门用于绘制二维草图,它是三维建模的重要基础,草绘器是 Creo 软件中的草图绘制工具,利用该工具可以创建特征的剖面草图、轨迹线等。掌握草绘是创建实体的根本。

项目导入:

本章要完成的草绘项目如图 3-1 所示。在该项目中,首先利用“选项板”绘制出正五边形,然后在五边形的每个顶点绘制 1 个同心圆,再利用“3 相切”绘制圆弧的命令绘制与上面三个圆相切的圆弧,利用“公切线”命令绘制相关圆的公切线并进行“修剪”,最后绘制五边形中心的圆和每个顶点的小圆。

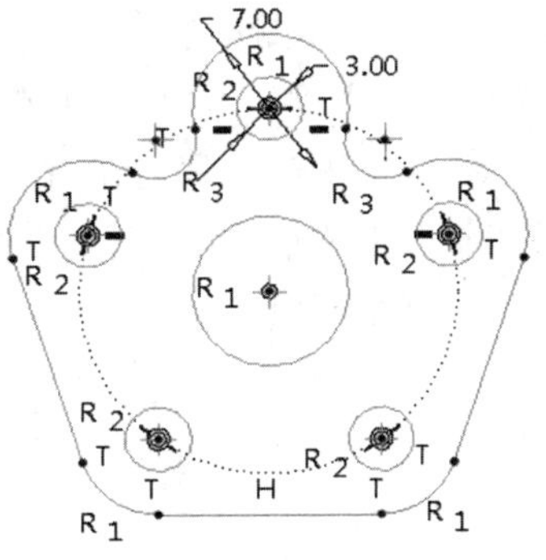

图 3-1　绘制复杂的二维图

3.1　草图绘制环境

Creo 软件提供的二维草图绘制环境是软件中一个独立的模块,是 Creo 软件实现参数化模型的基础。二维草绘环境也可融合于其他工作模式中。

3.1.1 熟悉草绘环境关键词

草绘环境关键词包括：

- 图元：截面几何的任何元素（如直线、圆弧、矩形、圆锥、样条、点或坐标系等）。
- 草绘：当分割或求交截面几何时，或者参照截面外的几何时，可创建图元。
- 参照图元：当参照截面外的几何时，在 3D 草绘器中创建的截面图元。
- 尺寸：图元或图元之间位置的测量，也就是通常所说的标注。
- 约束：图元间关系的条件。
- 参数：草绘器中的一个辅助数值。
- 关系：关联尺寸和（或）参数的等式。
- 弱尺寸或约束：在没有用户确认的情况下草绘器可以移除的尺寸或约束就被称为"弱"尺寸或"弱"约束。由草绘器创建的尺寸是弱尺寸。添加尺寸时，草绘器会自动移除多余的弱尺寸或约束。弱尺寸在缺省的配色方案中以蓝绿色出现，弱约束以蓝色出现。
- 强尺寸或约束：草绘器不能自动删除的尺寸或约束被称为"强"尺寸或"强"约束。由用户创建的尺寸和约束总是强尺寸或强约束。如果几个强尺寸或约束发生冲突，则草绘器要求移除其中一个。强尺寸和强约束在缺省的配色方案中以蓝色出现。
- 冲突：两个或多个强尺寸或约束出现矛盾或多余的情况。出现这种情况时，必须通过移除一个不需要的约束或尺寸来立即解决。通常用绿色表示有冲突的约束或尺寸。

3.1.2 进入草绘环境

在 Creo Parametric 3.0 中，既可以通过创建单一文件进入草绘器，也可以通过在一个零件中执行相应的特征创建工具进入内部草绘器。

1. 单一草绘模式

单击"文件"|"新建"，或单击"快速访问"工具栏"新建"按钮，弹出如图 3-2 所示的"新建"对话框；选择单选按钮，在"名称"后的文本框中输入文件名，在"公用名称"后的文本框中可以输入中文（在工程图里可用"&PTC_CONMON_NAME"来提取）；单击"确定"，即可进入草绘环境，如图 3-3 所示。

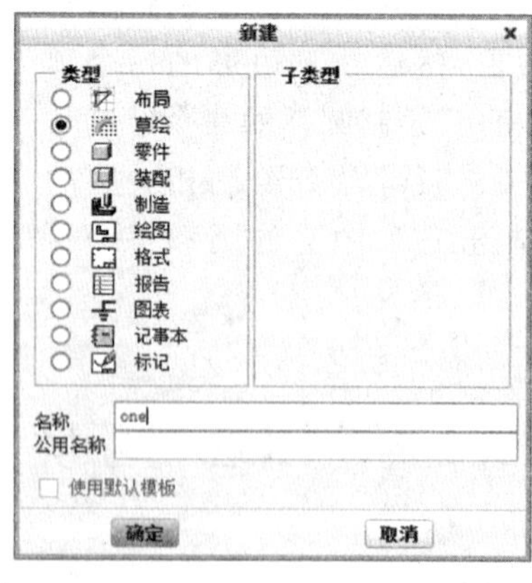

图 3-2 新建草绘文件

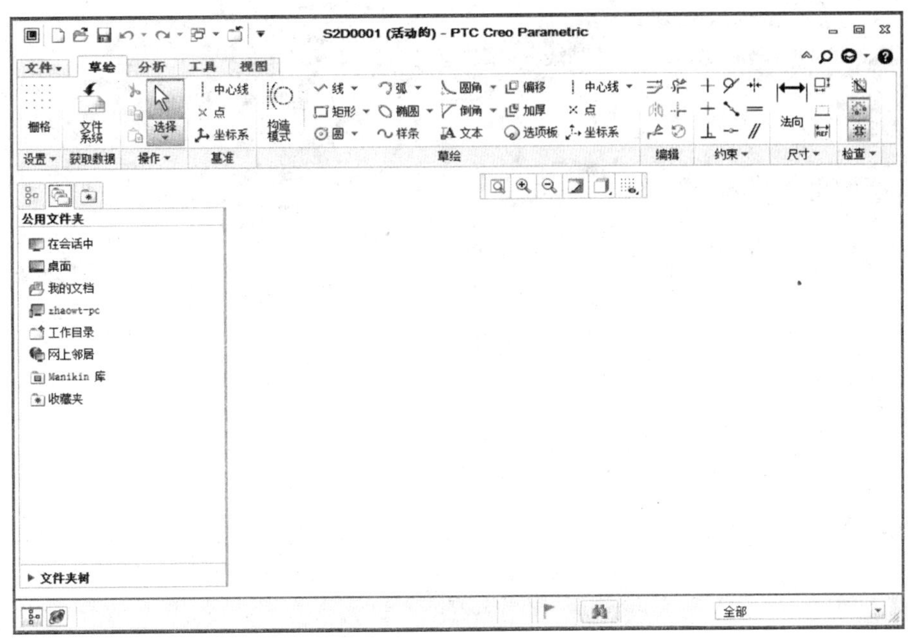

图 3-3　草绘模式

2. 创建特征进入内部草绘器

在创建某些特征的过程中，可以通过定义草绘平面和参照等自动进入内部草绘器，如图 3-4、图 3-5 所示。具体操作在后面章节中会详细讲述。

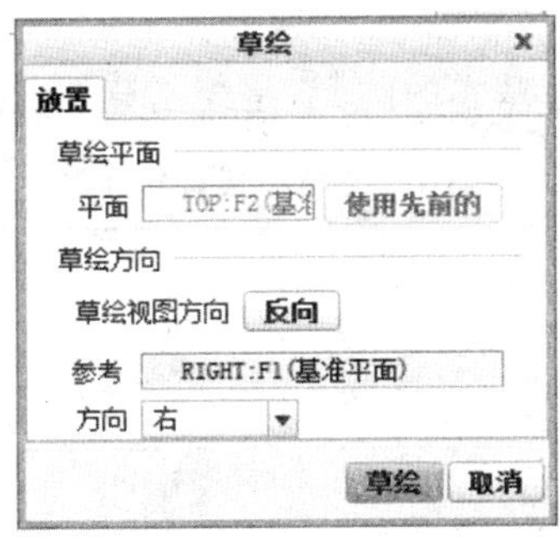

图 3-4　草绘对话框

3.1.3　单一模式草绘选项卡

1. 选项卡功能面板

用户进入草绘模式后，即可看到当前选项卡显示为“草绘”，包括设置、获取数据、操作、基准、草绘、编辑、约束、尺寸和检查等功能面板，如图 3-6 所示。

2. 各功能面板介绍

现在介绍各功能面板的按钮功能，有些按钮的右侧还有一个黑三角标记，这表示该按钮中还有与其类似的扩展工具，单击黑三角标记即可展开该工具。

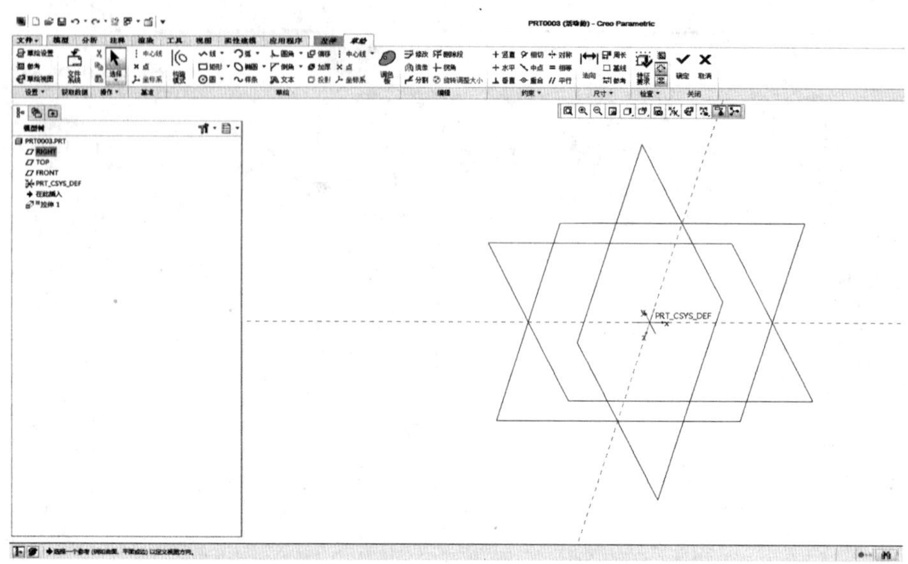

图 3-5　草绘模式

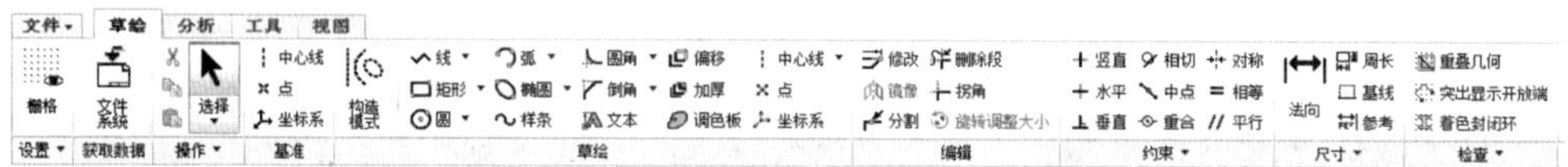

图 3-6　草绘面板

(1)草绘面板

该面板的主要功能是创建最基本的图元,是绘制草图最基本的操作,如表 3-1 所示。

表 3-1　草绘面板按钮功能

功能按钮	功能说明
	“图形选择”与“图形绘制”功能切换按钮,按下该按钮即进入选择模式,一次选取一个图元,按下【Ctrl】键可连续选取多个图元
线链 直线相切	第一个按钮用于创建直线;第二个按钮用于绘制一条与两图元(如圆弧、圆或样条曲线等)相切的直线
中心线 中心线相切	第一个按钮用于创建中心线,第二个按钮用于创建与两图元(如圆弧、圆或样条曲线等)相切的中心线
拐角矩形 斜矩形 中心矩形 平行四边形	第一个按钮通过定义矩形的两个对角顶点来创建矩形;第二个通过相邻两个顶点创建斜矩形;第三个通过中心和一个顶点创建矩形;第四个通过相邻两个顶点创建平行四边形

续表

功能按钮	功能说明
圆心和点 同心 3点 3 相切	第一个按钮通过圆心和半径创建圆；第二个按钮用于创建同心圆；第三个按钮用于通过选取圆上的三个点来绘制成一个圆；第四个按钮用于绘制一个与另外三个图元（如圆弧、圆或样条曲线等）相切的圆
3点/相切端 圆心和端点 3 相切 同心 圆锥	第一个按钮用于由三点创建圆弧，或创建一个在其端点相切于图元的圆弧；第二个按钮通过圆弧心和圆弧上两点创建圆弧；第三个按钮用于绘制一个与另外三个图元（如直线、圆、弧或样条曲线等）相切的圆弧；第四个用于创建同心圆弧；第五个按钮用于创建一个锥形弧
圆形 圆形修剪 椭圆形 椭圆形修剪	第一个按钮用于在两图元间创建有构造线的圆角；第二个按钮用于在两图元间创建没有构造线的圆角；第三个按钮用于在两图元间创建有构造线椭圆形圆角；第四个按钮用于在两图元间创建没有构造线椭圆形圆角
样条	创建样条曲线
中心线 ▾ 点 坐标系	第一个按钮（2 个扩展按钮在它的右边）用于创建中心线（或与另外两个图元（如圆弧、圆或样条曲线等）相切的中心线）；第二个按钮用于创建点；第三个按钮用于创建参照坐标系
偏移 加厚	第一个按钮用来利用实体边界来创建图元；第二个按钮用来利用实体边界并加一个偏移量来创建图元
倒角 倒角修剪	第一个按钮用于在两图元间创建有构造线的倒角；第二个按钮用于在两图元间创建没有构造线的倒角
IA	用于创建文本（作为截面的一部分）
	将选项板中的外部数据插入活动对象，可用于快速绘制多边形，特殊截面和星形等二维图形

（2）编辑面板

该面板的主要功能是对基本图元进行编辑，可以修改一些图元的形状、大小，也可以用于快速创建草绘，比如镜像等，如表 3-2 所示。

表 3-2　编辑面板按钮功能

功能按钮	功能说明
修改	用于修改尺寸值、样条几何或文本图元
镜像	用于绘制对称的二维图
分割	用来通过选取点分割图元
删除段	用来动态裁剪截面图元
拐角	用来将图元(切割或延伸项)裁剪为其他图元或几何
旋转调整大小	用于旋转或者按比例缩放图元

(3)约束面板

该面板的主要功能是对常见图元进行一些必要的约束，通过“约束”可以定义也可以修改几何特征之间的关系，使用户能精确地对图元进行定位和定形，保证绘图既准确又方便，如表 3-3 所示。

表 3-3　约束面板按钮功能

功能按钮	功能说明
竖直 水平 垂直	第一个按钮用于选取一条直线或两点，使线成为垂直；第二个按钮用于选取一条直线或两点，使线成为水平；第三个按钮用于选取两个图形，使其正交
相切 中点 重合	第一个按钮用于选取两个图形(其中一个图形为圆或圆弧)，使其相切；第二个按钮用于选取一条直线和一个点，使点落在直线的中点上；第三个按钮用于控制两图元重合
对称 = 相等 // 平行	第一个按钮用于选取中心线和两个顶点来使它们对称；第二个按钮用于选取两条直线(相等段)，或两个弧/圆/椭圆(等半径)，或一个样条曲线与一条线或弧(等曲率)；第三个按钮用于控制两条直线平行

(4)尺寸面板

该面板的主要功能是标注图元的尺寸，如长度、直径和角度等，也可以通过更改尺寸来改变图元大小，如表 3-4 所示。

表 3-4　尺寸面板按钮功能

功能按钮	功能说明
法向	用于标注常见尺寸，包括长度、直径和角度等。
周长 基线 参考	第一个按钮用来标注闭合图元的周长并指定一个边作为变量；第二个按钮用于创建基线尺寸；第三个按钮用于创建基准尺寸

(5)其他面板

主要包括设置面板、获取数据面板和检查面板，功能如表 3-5 所示。

表 3-5　其他面板(设置、获取数据、检查)按钮功能

功能按钮	功能说明
栅格	用于设置草绘面板的栅格类型、间距和方向
文件系统	用于将外部的截面数据文件导入草绘器中
重叠几何 突出显示开放端 着色封闭环	第一个按钮用于加亮显示图元相重叠的部分；第二个按钮用于加亮不为多个图元共用的顶点，如端点；第三个按钮用于以颜色填充封闭草图的内部区域，用以判别草图是否为封闭区域

(6)浮动工具栏按钮功能

主要用于在绘图过程中快速改变草绘视窗的状态，可以用于草绘图形的放大、缩小以及控制栅格的显示等，如表 3-6 所示。

表 3-6　浮动工具栏按钮功能

工具栏按钮	功能说明
	第一个用于调整缩放等级以全屏显示对象；第二个用于局部放大图元；第三个用于局部缩小图元；第四个用于重新绘制当前视图；第五个用于选择图元显示方式；第六个是草绘显示过滤器
扩展功能按钮	按钮功能
带边着色 带反射着色 着色 消隐 隐藏线 线框	图元显示方式有 6 种，具体含义见左边
(全选) 显示尺寸 显示约束 显示栅格 显示顶点	草绘显示过滤器有 4 个选项，具体含义见左边，打钩代表显示，不打钩代表不显示

3.1.4 内部草绘器选项卡

创建特征时，内部草绘器的草绘选项卡和绘制草图时的草绘选项卡内容和功能基本一样，如图 3-7 所示，只有设置面板、检查面板和浮动工具栏等有细微变化，现将不同之处讲解如下：

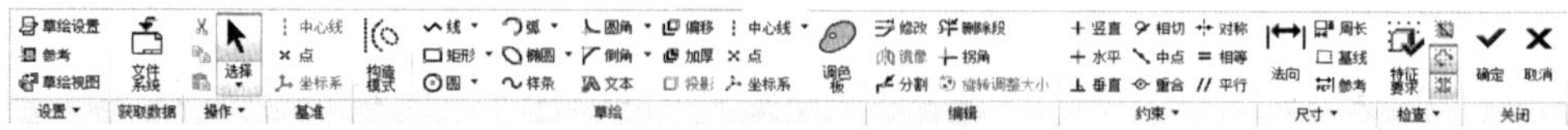

图 3-7 草绘模式

(1)控制面板

表 3-7 控制面板按钮功能补充

功能按钮	功能说明
草绘设置 参考 草绘视图	第一个按钮用于对草绘进行重新设置；第二个按钮用于设置草绘参照；第三个按钮用于将草绘平面正对电脑屏幕
确定 取消	第一个按钮表示完成当前草绘；第二个按钮表示取消当前草绘

(2)检查面板

特征要求 用于分析草绘是否适用于它所定义的特征。

(3)浮动工具栏

，比只绘制二维草图时的浮动工具栏多了几个按钮，多加的按钮及其功能如表 3-8 所示。

表 3-8 浮动工具栏按钮功能补充

功能按钮	功能说明
标准方向 默认方向 BACK BOTTOM FRONT LEFT RIGHT TOP 重定向(O)...	用于选择视图方向，具体含义见左边，有标准方向、默认方向、后视和前视等 8 个方向
	用于将草绘平面正对电脑屏幕
	打开或关闭 3D 注释及注释元素
	显示或隐藏旋转中心

提示：

用户如果不知道图标的功能，可以将鼠标移动到图标上，停留片刻后软件将在图标旁边显示相应的功能信息，该图标的功能信息也会同时显示在主界面的信息提示栏（最下方）。

3.2 绘制草绘

基本图元是指组成图形的基本元素，例如直线、矩形、圆、圆角和文本等，复杂的几何图形都是由这些基本元素组成的。Creo 软件高度的智能化，使得在草绘模式下绘制二维几何图形更为简单。本节着重介绍这些基本图元的绘制方法和技巧，为以后绘制复杂草图打下基础。

3.2.1 选择和删除操作

1. 选择操作

在功能区“草绘”选项卡的“操作面板”中单击“选择”旁边的三角按钮，可以看到选择命令面板中有 4 个选项，如图 3-8 所示。

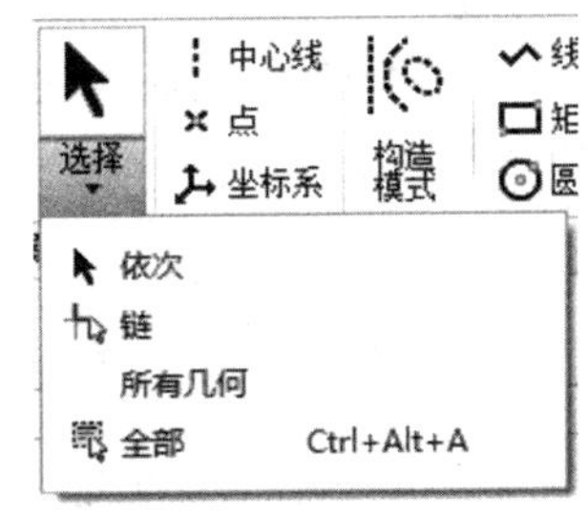

图 3-8 “选择”面板

其中，“依次”按钮用于选择项；“链”按钮用于选择成链的一系列图元；“所有几何”用于选择所有的几何图元；“全部”命令则用于选择截面中的所有项。实例如下：

按 ，然后用鼠标选取图元，如图 3-9 所示。

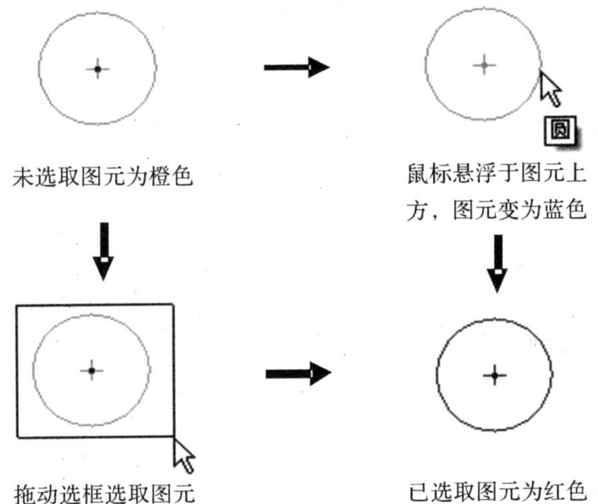

图 3-9 选择操作

2. 删除操作

对于不需要的图形，可以进行删除，有三种方法：

(1)选择图元后,直接按键盘上的【Delete】键;

(2)选择图元后,单击右键从弹出的快捷菜单中选择“删除”命令;

(3)选择图元后,在“草绘”选项卡的“操作”面板中单击溢出按钮,从中选择“删除”命令,如图 3-10 所示。

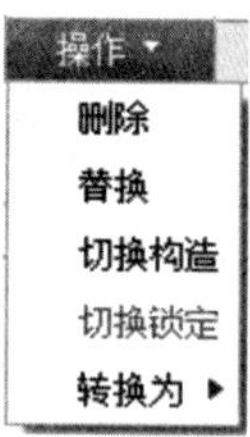

图 3-10 “操作”下拉菜单

3.2.2 绘制直线

1. 直线

单击线按钮,用鼠标左键点选两个点,即可产生一条直线,单击中键可以终止直线的绘制,如图 3-11 所示。

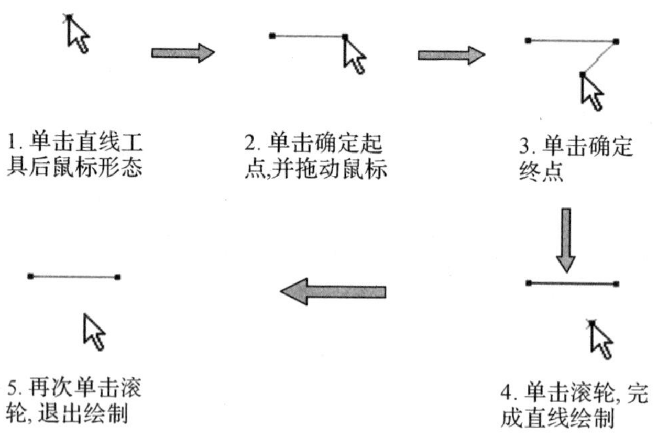

图 3-11 绘制直线

2. 公切线

单击按钮线,点选第一个圆的圆弧以选取第一个位置,再点选第二个圆的圆弧以选取第二个位置,即可产生与圆/圆弧的公切线,如图 3-12 所示。

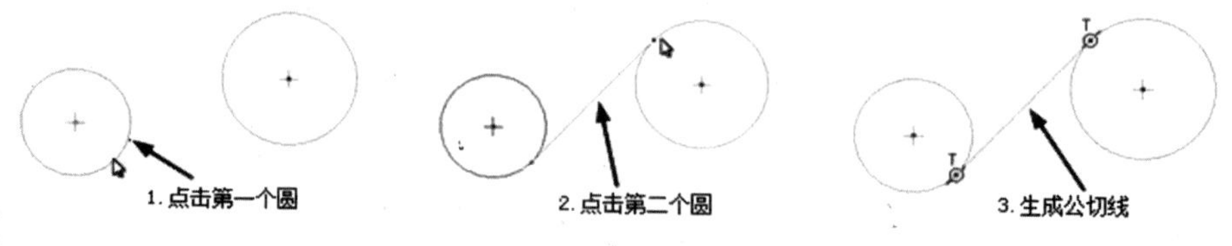

图 3-12 绘制公切线

3. 中心线

单击⁝按钮，用鼠标左键点选两个点，即可产生一条中心线，可以是竖直的、水平的或者倾斜的，如图 3-13 所示。

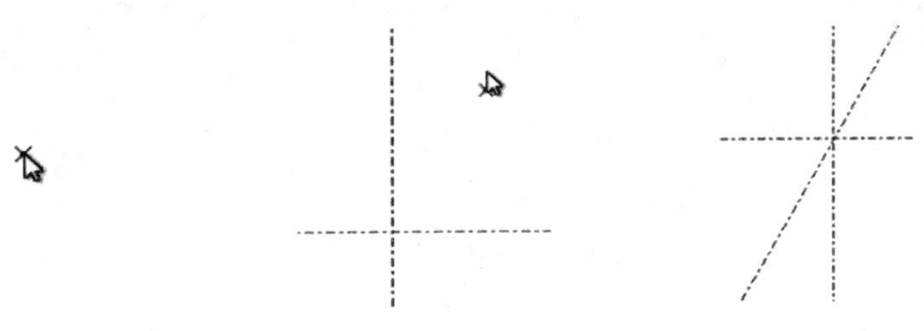

图 3-13　绘制中心线

3.2.3　绘制矩形

1. 绘制拐角矩形

单击□拐角矩形按钮，用鼠标左键指定矩形的两个对角，即可产生图形，如图 3-14 所示。

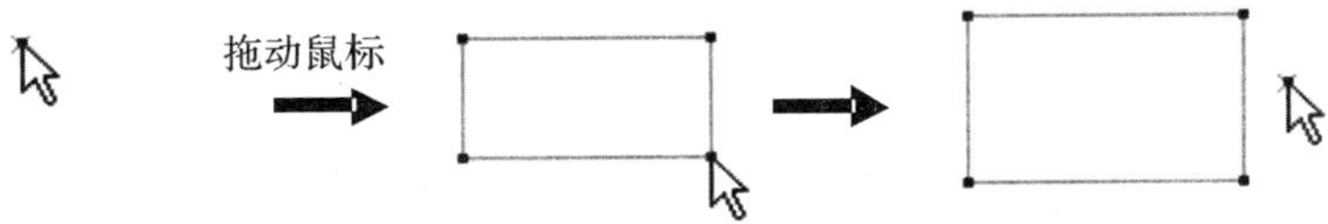

图 3-14　绘制拐角矩形

2. 绘制斜矩形

单击◇斜矩形 按钮，用鼠标左键指定矩形的两个相邻顶点，即可产生图形，如图 3-15 所示。

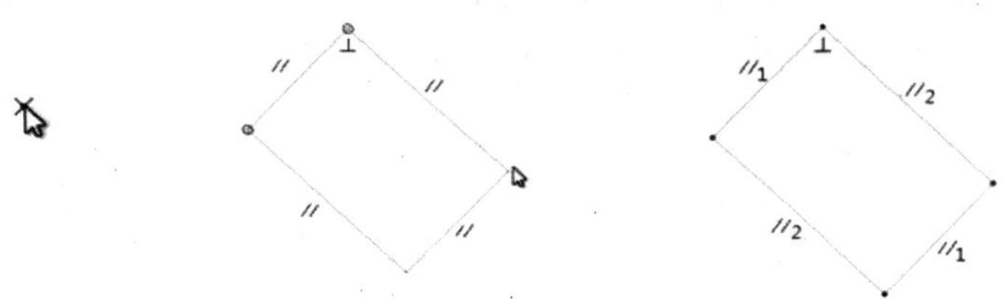

图 3-15　绘制斜矩形

3. 绘制中心矩形

单击▣中心矩形按钮，首先用鼠标左键指定矩形中心，再用左键指定其中一个顶点，即可产生图形，如图 3-16 所示。

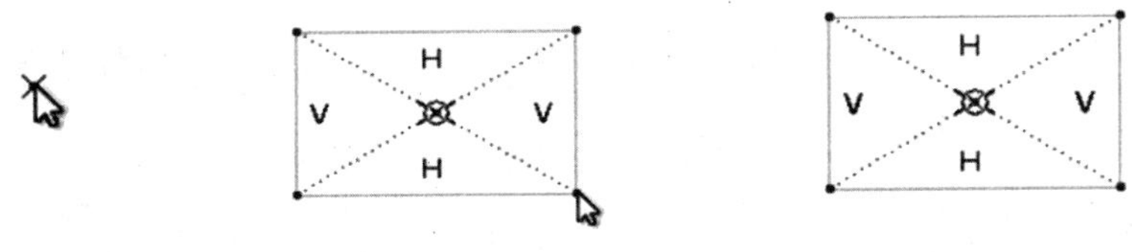

图 3-16　绘制中心矩形

4. 绘制平行四边形

单击 平行四边形按钮，用鼠标左键指定矩形的两个相邻顶点，即可产生图形，如图 3-17 所示。

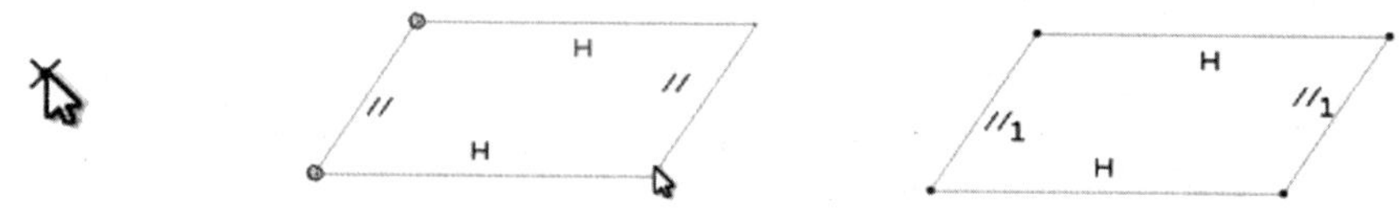

图 3-17 绘制平行四边形

3.2.4 绘制圆和椭圆

画圆的方法有 5 种：

1. 圆心及圆周上一点创作圆

单击 圆心和点 按钮，用鼠标左键点选圆心，然后移动光标，用鼠标左键指定出圆上的点，即可产生圆，如图 3-18 所示。

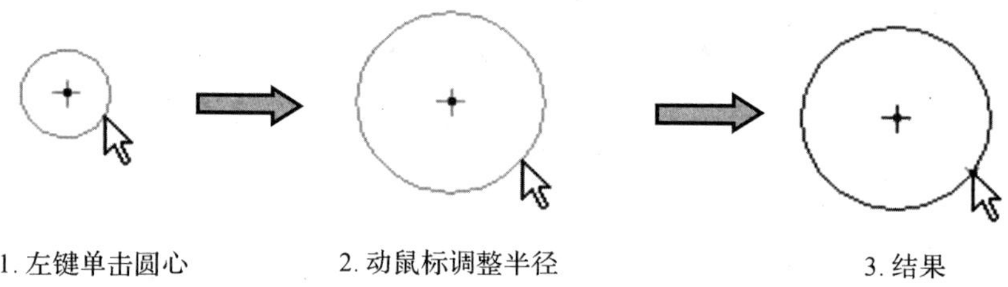

图 3-18 根据圆心及圆周上一点绘制圆

2. 同心圆

单击 同心 按钮，然后用鼠标左键单击已有圆或圆弧上的点或者圆心，即可产生同心圆或同心圆弧，可以连续产生多个，如图 3-19 所示。

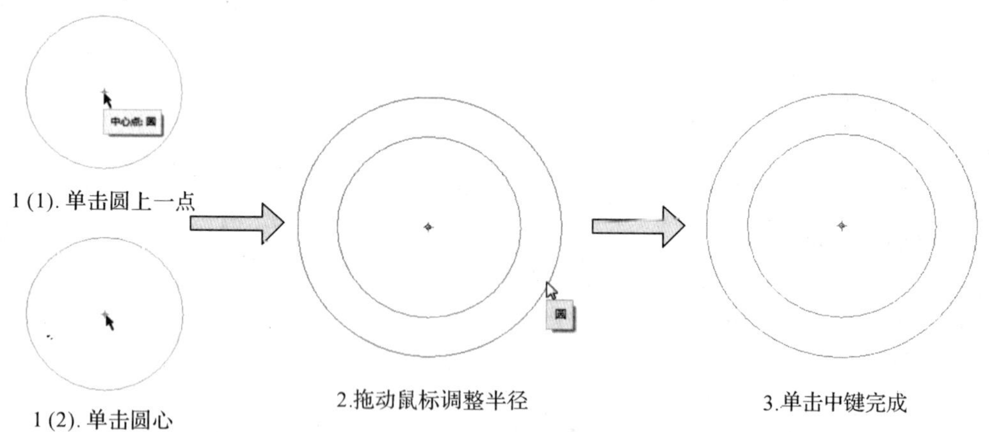

图 3-19 绘制同心圆

3. 三点画圆

单击 3点按钮，用鼠标左键任意点选三个点，即可产生通过此三点的圆，如图 3-20 所示。

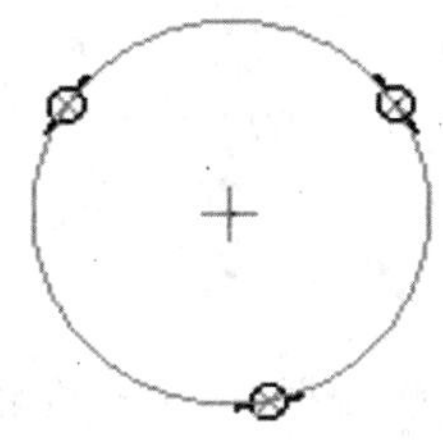

图 3-20　根据三点画圆

4. 三切圆

单击 3 相切 按钮，用鼠标左键点选三个图元，可为直线、圆和圆弧，即可产生与此三个图元相切的圆。如图 3-21 所示。

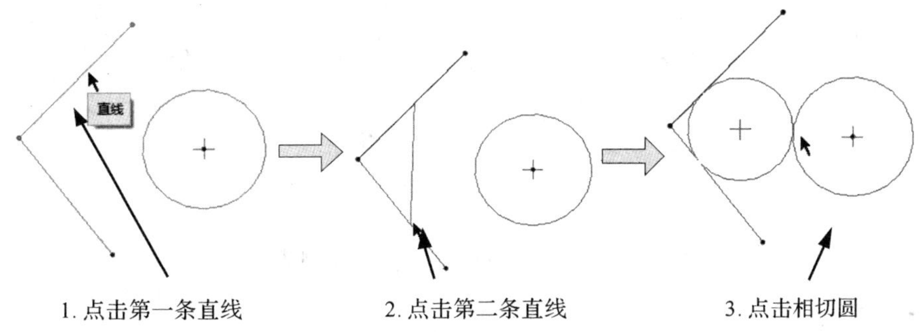

图 3-21　绘制 3 相切圆

5. 椭圆

画椭圆的方法有 2 种。

(1)轴端点椭圆

单击 轴端点椭圆 按钮，用鼠标左键点选第一个轴端点的位置，在该轴所需长度和方向上选择第二个端点，然后拖动指针在合适的位置处单击，以定义第二个轴的长度，创建完成，如图 3-22 所示。

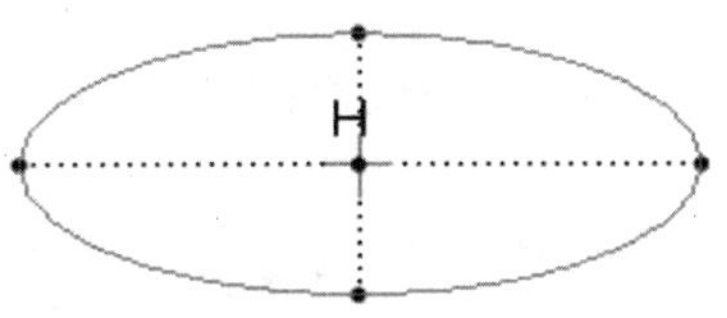

图 3-22　根据轴端点绘制椭圆

(2)中心和轴椭圆

单击 中心和轴椭圆 按钮，接着选取一点作为椭圆中心，在一个轴的所需方向上选取一个端点，然后移动光标到合适的位置处单击以定义另一个轴，创建完成，如图 3-23 所示。

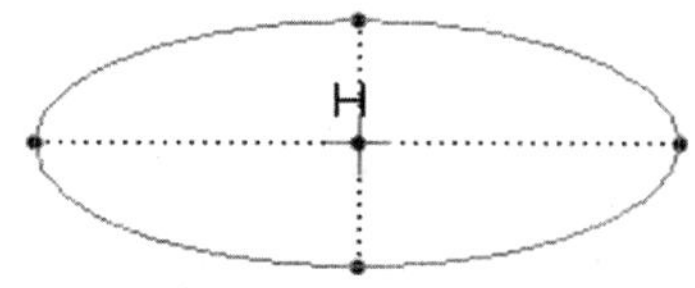

图 3-23　根据中心和轴绘制椭圆

3.2.5　绘制圆弧

画圆弧的方法有下列 5 种：

1. 三点画圆弧/端点相切圆弧

单击 3点/相切端按钮，用鼠标左键定出圆弧的起点及终点，然后移动光标，用鼠标左键定出圆弧上的点，即可产生圆弧。如图 3-24 所示。

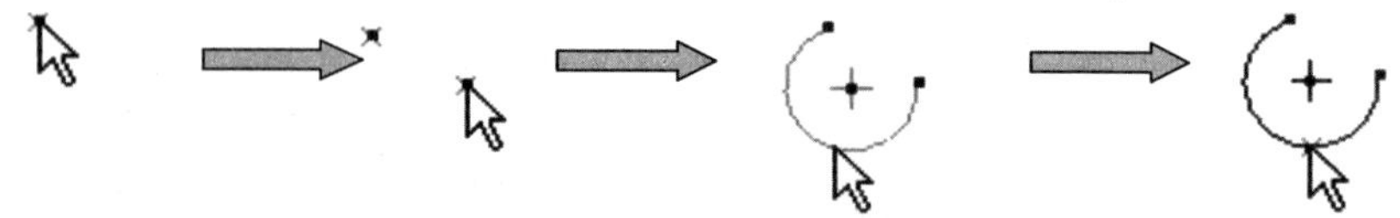

拖动鼠标，调整半径

图 3-24　三点画圆弧/端点相切圆弧

2. 同心圆弧

单击 同心 按钮，点选现有的圆或者圆弧，再用鼠标左键定出圆弧的起点，移动光标至适当的位置，用鼠标左键定出圆弧的终点，如图 3-25 所示。

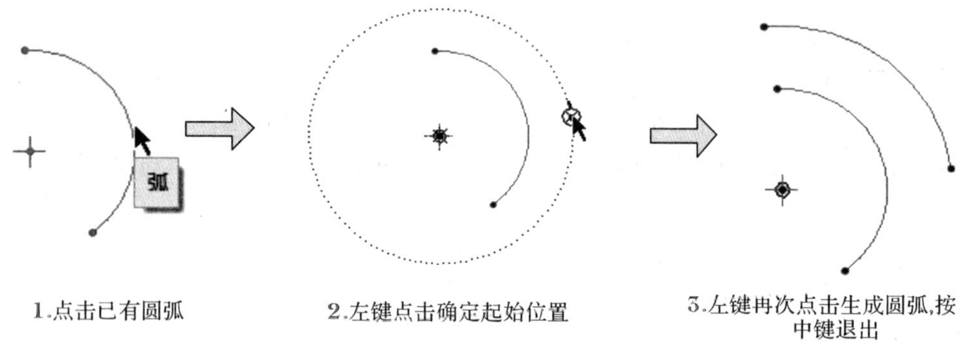

图 3-25　同心圆弧

3. 圆心及端点

单击 圆心和端点，用鼠标左键点选圆弧的圆心，再以左键定出圆弧的起点，移动鼠标，用鼠标左键定出圆弧的终点，如图 3-26 所示。

4. 公切圆弧

单击 3 相切按钮，用鼠标左键点选三个图元，即可产生与此三个图元相切的圆弧，如图 3-27 所示。

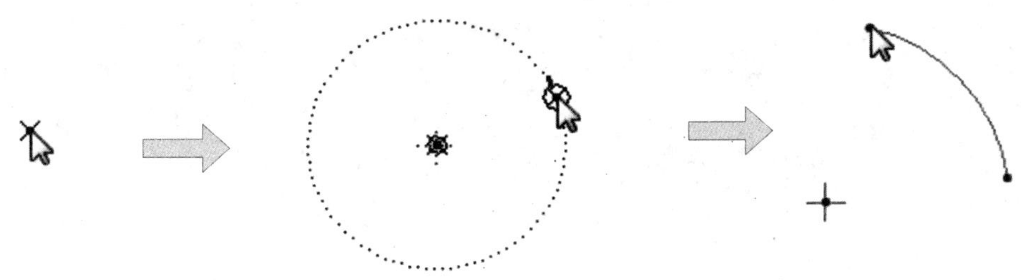

图 3-26　圆心及端点

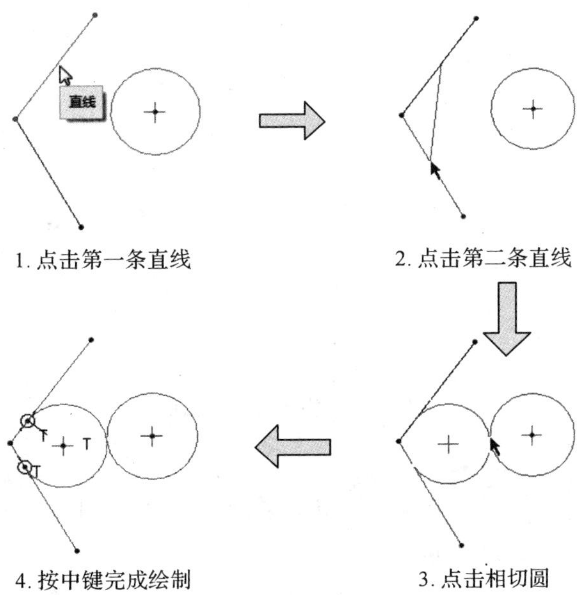

图 3-27　公切圆弧

5. 圆锥弧

圆锥弧为二次方多项式所形成的曲线，单击 圆锥 按钮，用鼠标左键定出圆锥弧的起点和终点，然后移动光标，用鼠标左键定出圆锥弧上的点，如图 3-28 所示。

3.2.6　绘制倒圆角

在 Creo Parametric 3.0 中，存在 4 种圆角工具，即“圆形”按钮 圆形、“圆形修剪”按钮 圆形修剪、“椭圆形”按钮 椭圆形 和“椭圆形修剪”按钮 椭圆形修剪，下面结合实例分别介绍这 4 种圆角工具的应用：

1. “圆形”按钮 圆形

单击 圆形 按钮，用鼠标左键点选两个图元，即可产生圆弧形的圆角，同时生成延伸到交点的构造线，如图 3-29 所示。

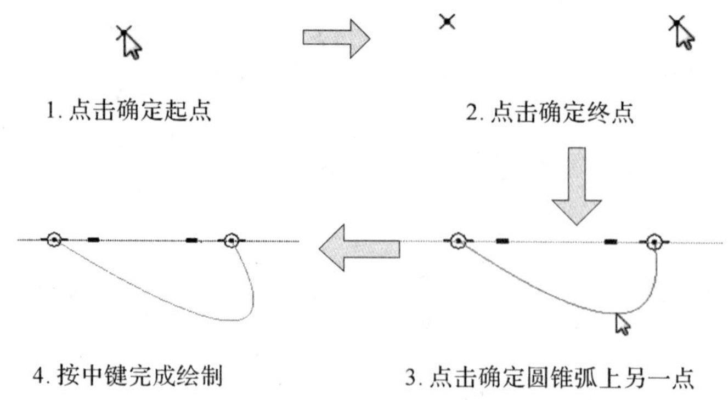

图 3-28　圆锥弧

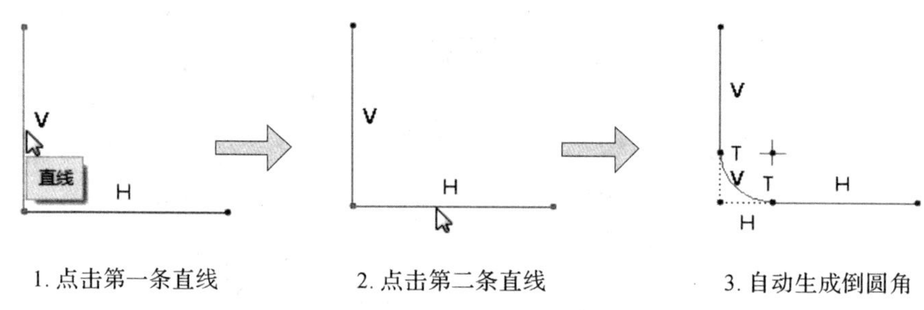

图 3-29　有构造线的圆弧倒角

2. "圆形修剪"按钮 圆形修剪

单击 圆形修剪按钮，用鼠标左键点选两个图元，即可产生圆弧形的圆角，注意不生成延伸到交点的构造线，如图 3-30 所示。

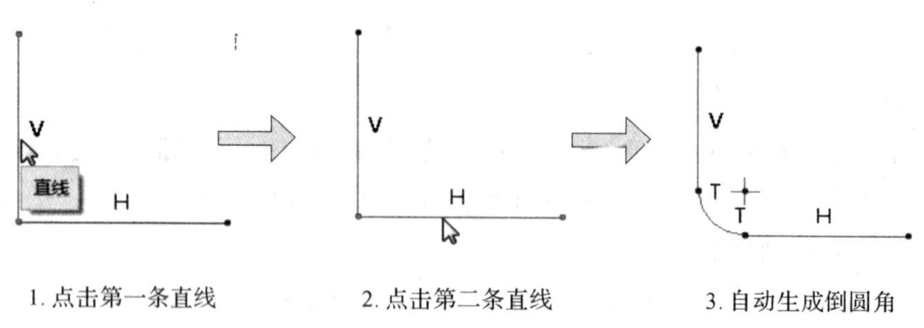

图 3-30　无构造线的圆弧倒角

3. "椭圆形"按钮 椭圆形

单击按钮，用鼠标左键点选两个图元，即可产生椭圆形的圆角，同时生成延伸到交点的构造线，如图 3-31 所示。

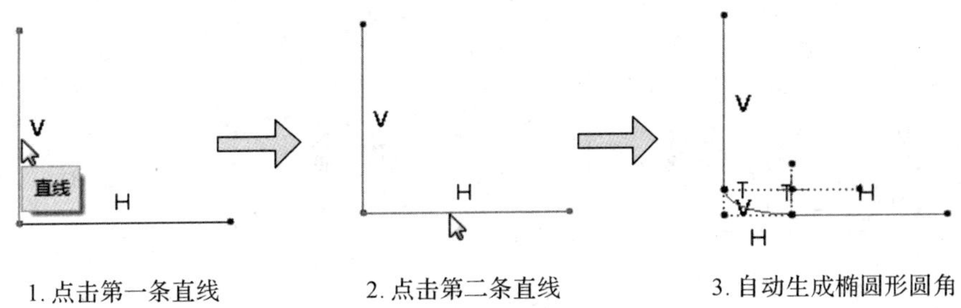

图 3-31　有构造线的椭圆倒角

4. "椭圆形修剪"按钮 椭圆形修剪

单击 椭圆形修剪 按钮，用鼠标左键点选两个图元，即可产生椭圆形的圆角，注意不生成延伸到交点的构造线，如图 3-32 所示。

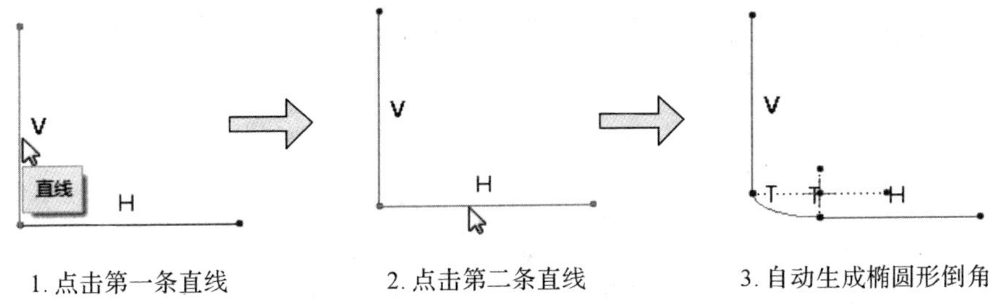

图 3-32　无构造线的椭圆倒角

3.2.7　绘制倒角

在草图中绘制倒角有两种方式，一种是在两个图元之间绘制常见倒角并创建构造线延伸至交点，另一种则是"倒角修剪"。

1. 倒角(带延伸构造线)

单击 倒角 按钮，用鼠标点选两条直线，即可创建倒角，并生成延伸至交点的构造线，如图 3-33 所示。

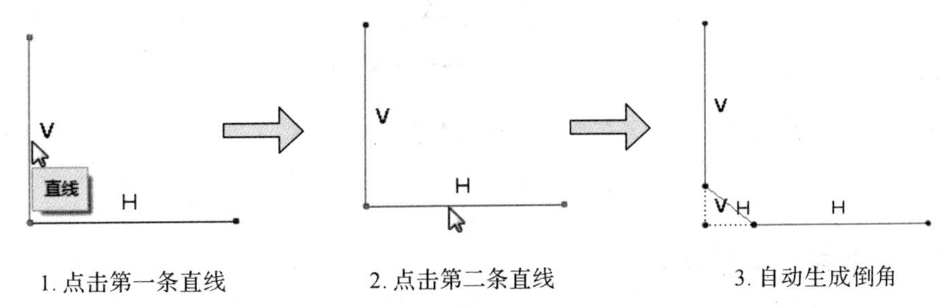

图 3-33　有构造线的倒角

2. 倒角修剪

单击 倒角修剪 按钮，用鼠标点选两条直线，即可创建倒角，注意不生成延伸至交点的构造线，如图 3-34 所示。

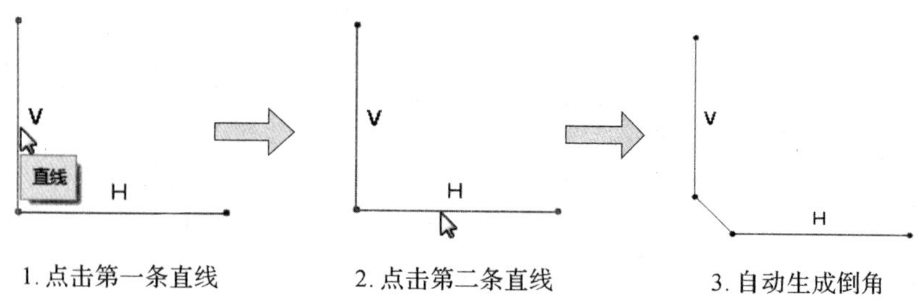

图 3-34　无构造线的倒角

3.2.8　绘制样条曲线

样条曲线为三次方或者三次方以上的多项式所形成的曲线。

单击 样条 按钮，用鼠标左键在画面上选取曲线通过的点，单击鼠标中键终止选取，即可产生曲线，这些点称为内插点，如图 3-35 和图 3-36 所示。

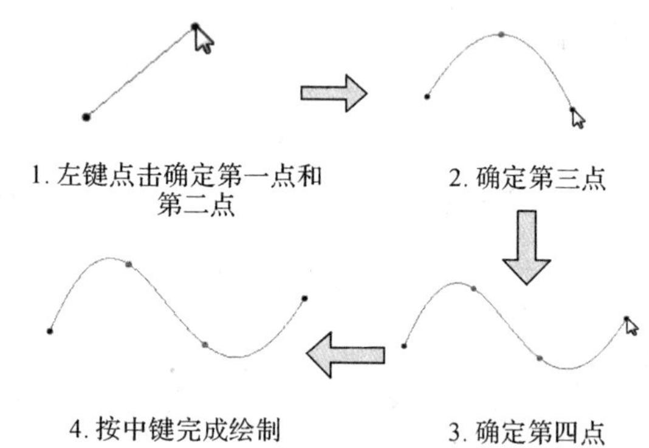

图 3-35　绘制样条曲线

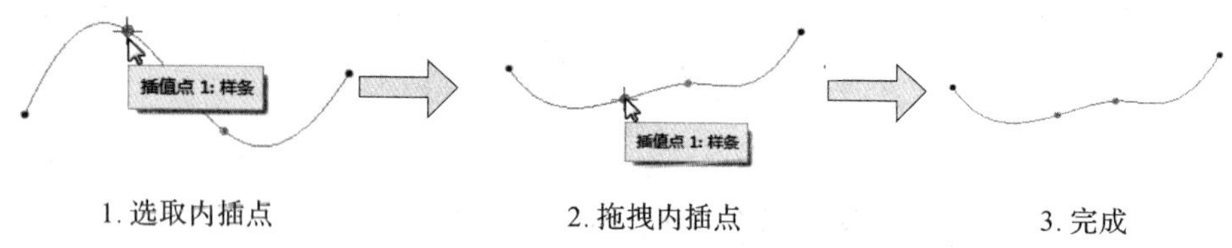

图 3-36　拖曳后的样条曲线

3.2.9　绘制点和坐标系

单击 × 点 按钮，用鼠标左键点选择放置点的位置，即可产生一个点，点多用于表示倒圆角的顶点，如图 3-37 所示。

单击 坐标系 按钮，用鼠标左键选择放置坐标系的位置，即可产生一个局部的坐标系，如图 3-38 所示。

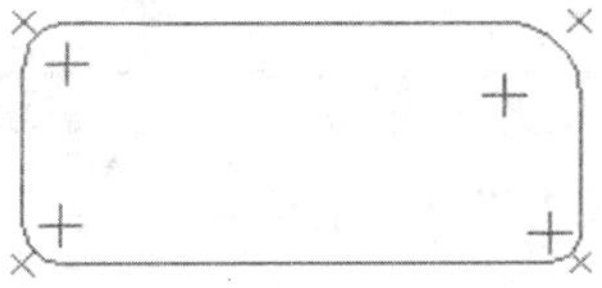

图 3-37　点 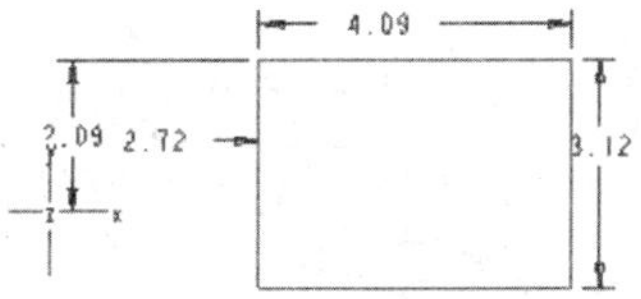　　　　图 3-38　坐标系

3.2.10　创建文本

单击[icon]，用鼠标左键拉出一条直线，在里面输入字，如图 3-39 所示。

此外，还可以双击字体，在“文本”对话框内控制字型、字宽与字高的比例及文件的高度，如图 3-40 所示。

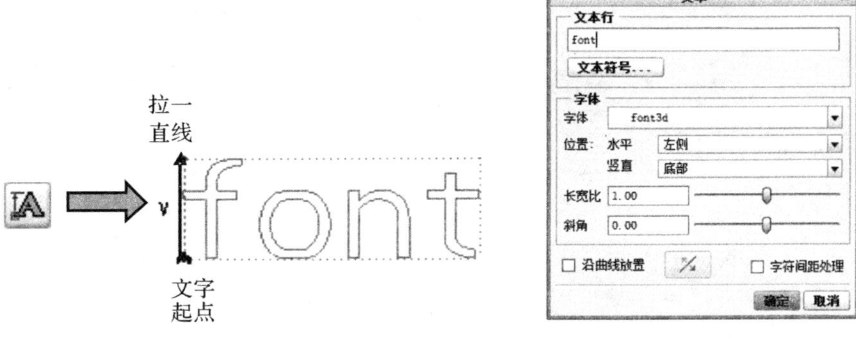

图 3-39　创建文本　　　　图 3-40　“文本”对话框

也可以将文字进行曲线放置，如图 3-41 所示。

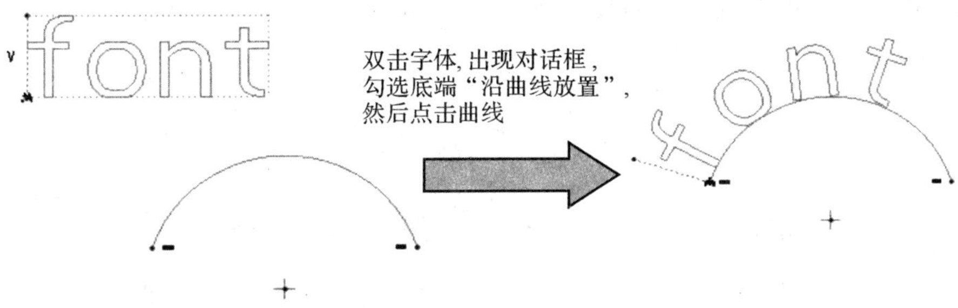

图 3-41　字体沿着曲线放置

3.2.11　从文件导入文本

可以将外部的截面数据文件导入草绘器中。其操作方法是：在功能区“草绘”选项卡的“获取数据”面板中单击“文件系统”按钮[icon]，弹出如图 3-42 所示的“打开”对话框，选择所需的文件类型，找到需要的文件后，单击“打开”按钮，接着在图形窗口中单击一个位置以放置导入的图形。可导入的文本格式包括草图格式(.sec)、绘图文件(.dwg)、工程图格式(.drw)、IGES 文件(.igs)以及 Adobe Illustrator 文件(.ai)，如图 3-42 所示。

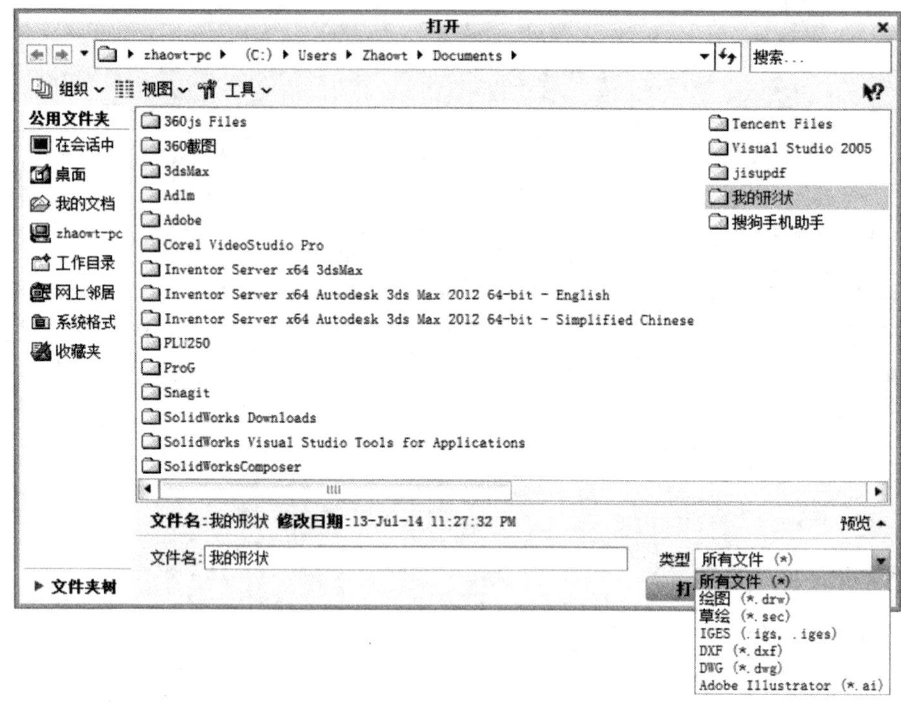

图 3-42　从外部导入截面

3.2.12　选项板

在“草绘”选项卡的“草绘”面板中单击选项板按钮 选项板，系统弹出“草绘器调色板”对话框，此对话框有多边形、轮廓、形状及星形共 4 个选项卡，如图 3-43 所示。

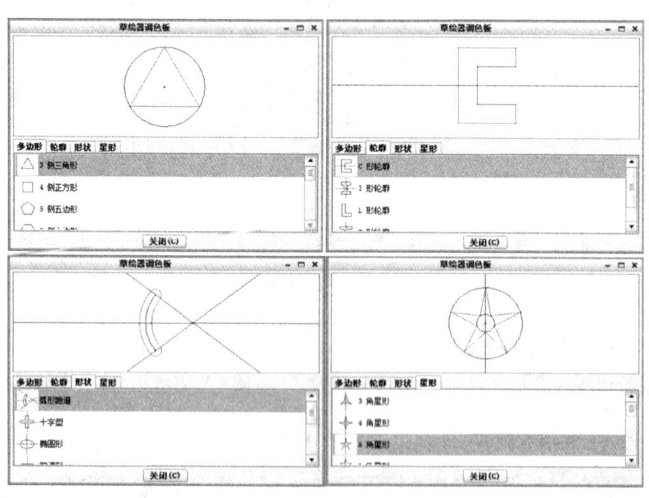

图 3-43　“草绘器调色板”选项板

3.3 草绘编辑

复杂图形可以看作是由基本二维图形经过组合和编辑而创建的。绘制好基本二维图形后，可以使用相关的编辑命令或工具对几何图形进行处理，以获得满足要求的复杂图形。经常使用的草绘编辑有：删除、移动、修改、缩放和旋转、复制和镜像、修剪等。

3.3.1 移动

单击按钮，选取图元，就可以移动图元。如果图元为直线，可用鼠标左键单击直线的端点围绕另一个端点做旋转；双击直线，则可以移动直线。如图 3-44 所示。

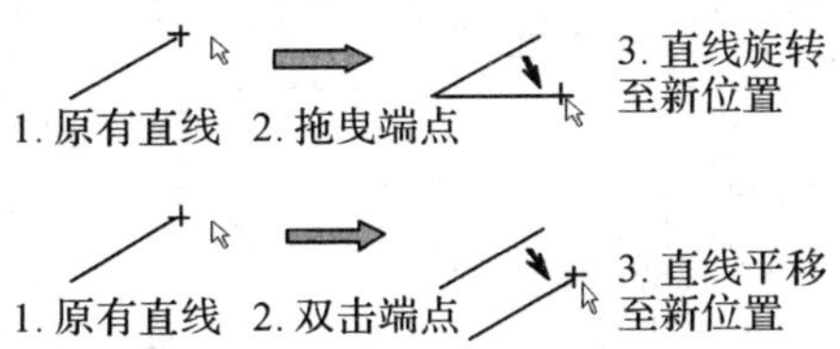

图 3-44　移动直线

如果图元为圆或圆弧，则移动中心会平移圆或者圆弧，移动圆或者圆弧会放大或者缩小圆或圆弧。如图 3-45 所示。

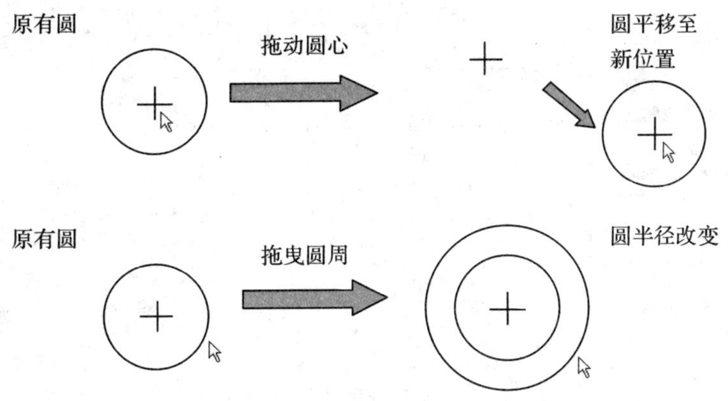

图 3-45　移动圆弧

3.3.2 修改

1. 修改尺寸

可以双击尺寸，然后修改数值。也可以单击“修改”修改按钮，再点击尺寸，出现如图 3-46 所示对话框，在对话框中对尺寸进行修改。

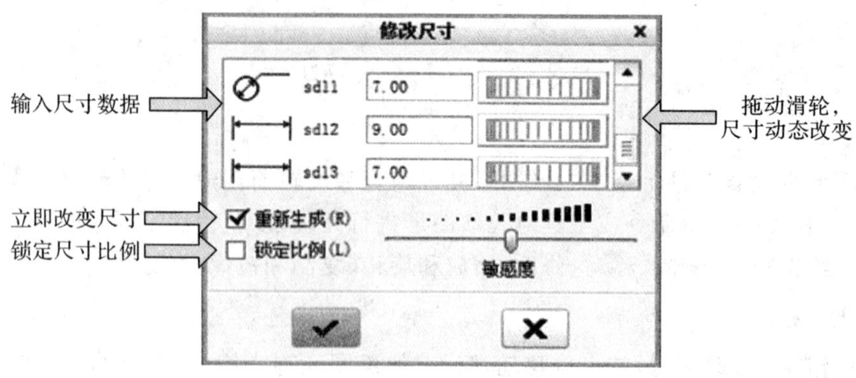

图 3-46 “修改尺寸”对话框

注意：修改成负尺寸则向反方向发生改变。

2. 修改样条几何

修改样条几何有两种方法：

(1)直接用鼠标左键按住内插点进行拖动，从而改变样条曲线的形状。

(2)单击“修改”修改按钮，然后单击样条曲线，弹出“样条”面板。如图 3-47 所示。

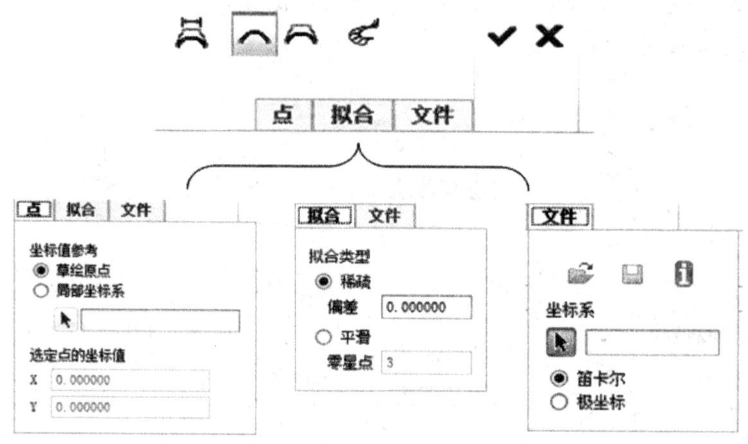

图 3-47 “修改样条几何”控制面板

上述各个按钮功能如下：

- 控制多边形：单击此按钮可在曲线上创建控制多边形。若已创建完控制多边形，单击之则可删除创建的控制多边形。
- 内插点：单击此按钮可使用内插值调整样条线。此按钮是软件默认的按钮。
- 控制点：单击此按钮可使用控制点调整样条线。
- 曲率分析：单击此按钮可显示样条线的曲率分析图。
- 点：单击点按钮和样条曲线就可以对点的坐标值进行修改。
- 拟合：单击此按钮可对样条线的拟合情况进行设置。

● 文件：单击此按钮并选取相关联的坐标系，可形成相对于该坐标的该样条线上所有点的坐标数据文件。

3.3.3 缩放和旋转

选取线条，单击按钮，弹出“旋转调整大小”功能面板（如图 3-48 所示），就可以对线条进行平移、旋转和缩放操作，如图 3-49 所示。

图 3-48 旋转比例设置面板

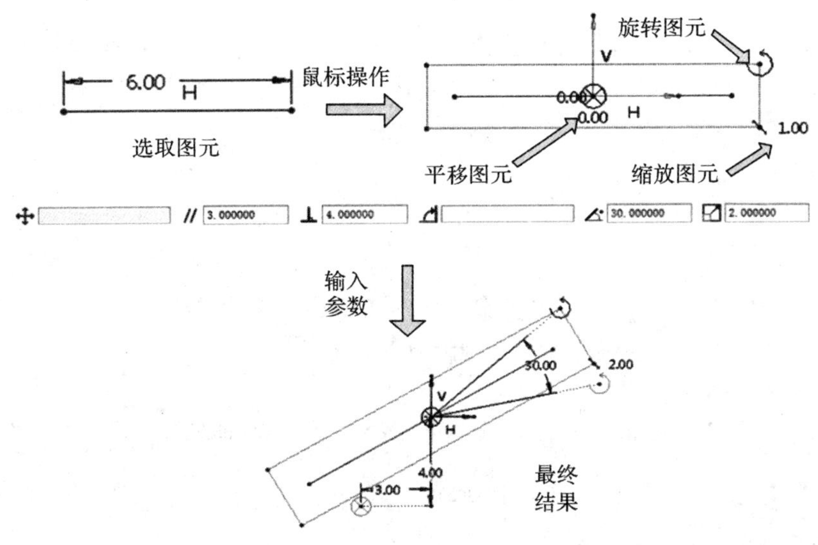

图 3-49 缩放和旋转

3.3.4 复制和镜像

对图形进行复制或镜像操作可以提高草绘效率。

1. 复制

选取图元，单击操作面板“复制”按钮，或者按快捷键【Ctrl＋C】，然后单击操作面板“粘贴”按钮，或者快捷键【Ctrl＋V】，此时单击鼠标左键可以决定副本的放置位置，并且显示图形的旋转中心、旋转标志和缩放标志，同时软件将弹出对话框，如图 3-50 所示。

2. 镜像

选中需要镜像的图元，在草绘工具条中选取图标，选取镜像中心线，软件将自动在中心线的另一边复制出选中的图元，同时显示一些对称标志。注意：进行镜像操作时，一定要有镜像中心线。如图 3-51 所示。

3.3.5 修剪

修剪图元包括动态修剪图元、修剪到其他图元、在选取点分割图元。如图 3-52 所示。

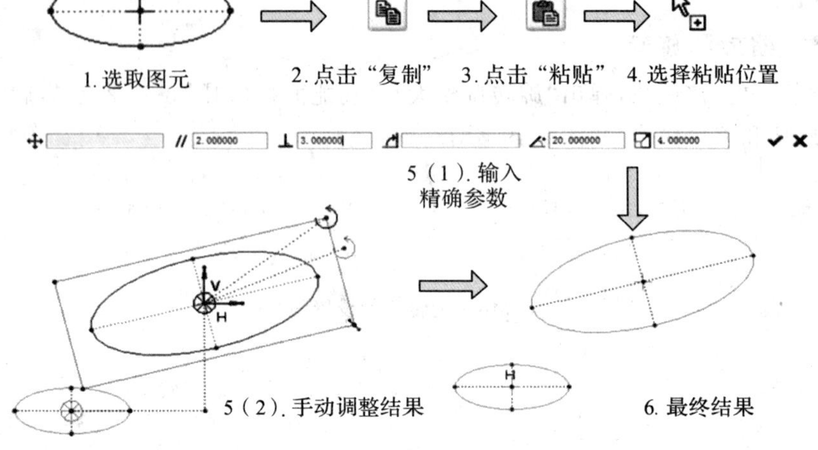

图 3-50 复制图元

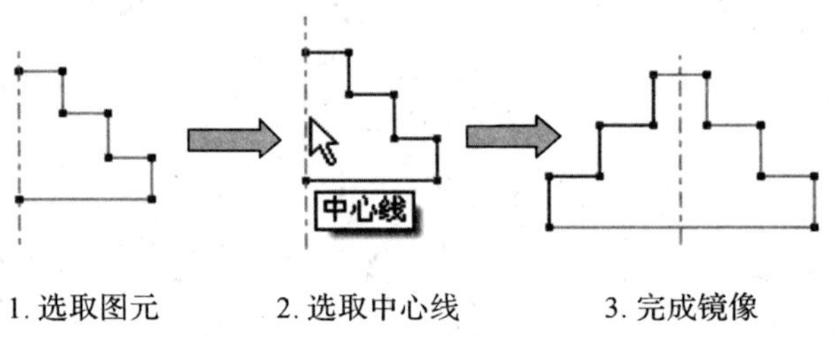

图 3-51 镜像图元

1. 动态修剪图元

单击按钮，选取线条，被选到的即被删除。实例如图 3-52 所示。

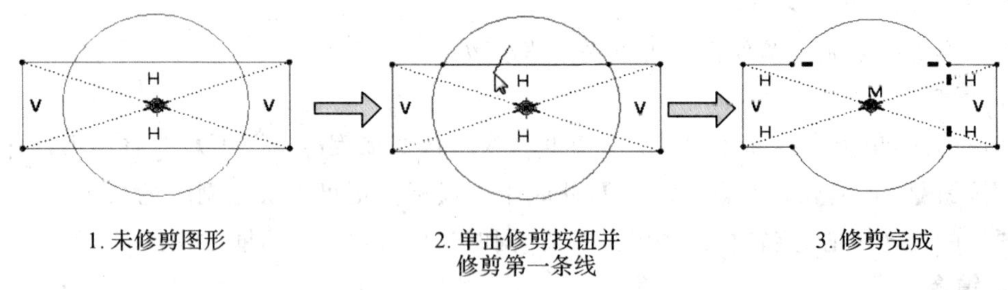

图 3-52 动态修剪图元

2. 修剪到其他图元

单击按钮，选取线条，软件会自动修剪或延伸到所选取的两条线，如图 3-53 所示。

3. 在选取点分割图元

单击按钮，在图元上选取一点，则图元在该点被分割，如图 3-54 所示。

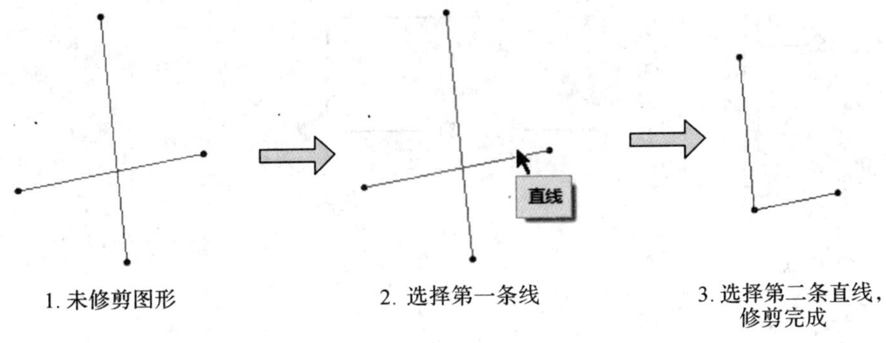

图 3-53　修剪到其他图元

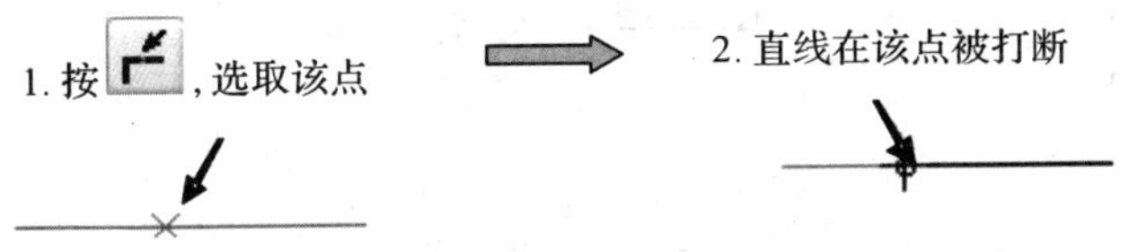

图 3-54　在选取点分割图元

3.4　尺寸标注

完成线条的绘制以后，软件会自动标注出所有的尺寸，这些是弱尺寸。如果不满意，可以修改成需要的尺寸，修改以后的尺寸是强尺寸，不会随着其他尺寸的修改而改变的。当强尺寸发生冲突时，表示标注是存在错误的。

3.4.1　标注距离和长度

标注距离和长度一共有 5 种标注方法。

1. 点到点的距离

用鼠标左键选取两个点，然后单击鼠标中键，即完成标注尺寸。

2. 点到直线的距离

用鼠标左键选一个点和一条直线，然后单击鼠标中键，即完成标注尺寸。

3. 直线到直线的距离

用鼠标左键选取两条直线，然后单击鼠标中键，即完成标注尺寸。

4. 线段长度

用鼠标左键选取一条线段，然后单击鼠标中键，即完成标注尺寸。

5. 圆弧到直线的距离

用鼠标左键选取圆弧一个点和一条直线，然后单击鼠标中键，即完成标注尺寸。

具体如图 3-55 所示。

3.4.2　标注圆和圆弧

圆与圆弧的尺寸标注有 5 种方式。

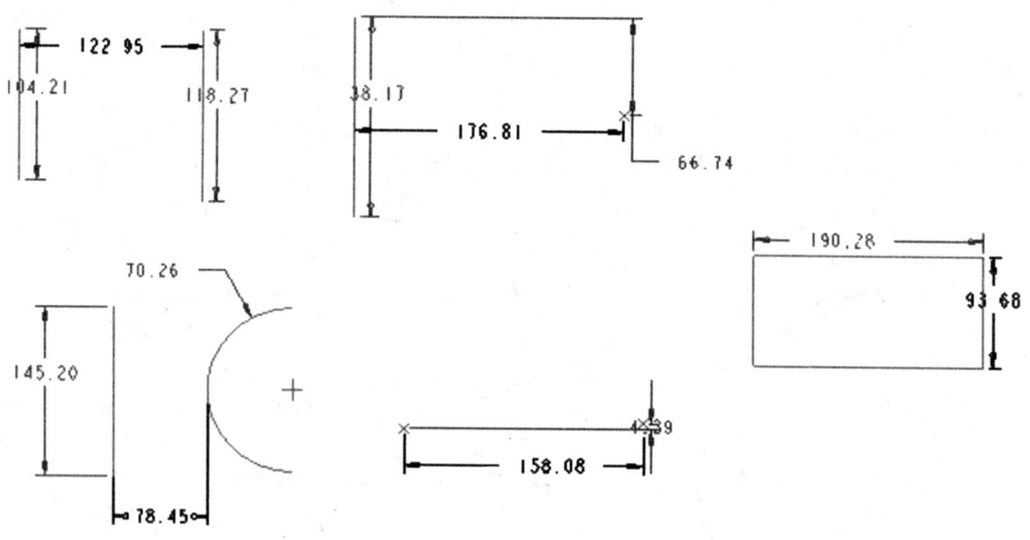

图 3-55　标注距离和长度

1. 标注圆弧半径尺寸

在"草绘"选项卡的"尺寸"面板中单击按钮，选择需要标注的圆或圆弧，然后单击鼠标中键确定标注位置。如图 3-56 所示。

2. 标注圆弧直径尺寸

在"草绘"选项卡的"尺寸"面板中单击按钮，点击两次需要标注的圆或圆弧，然后单击鼠标中键确定标注位置。如图 3-57 所示。

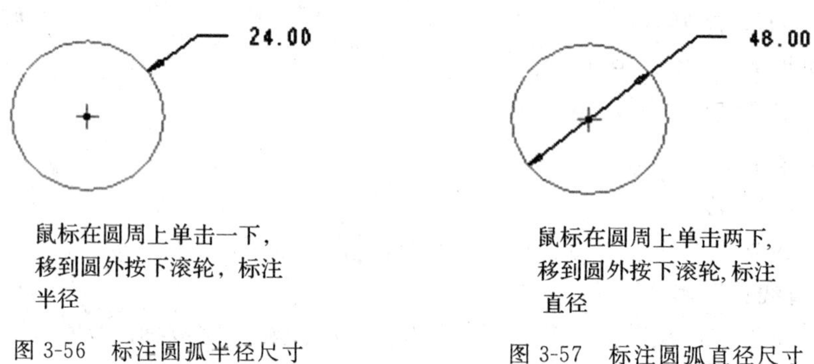

图 3-56　标注圆弧半径尺寸

图 3-57　标注圆弧直径尺寸

3. 标注圆锥曲线尺寸

在"草绘"选项卡的"尺寸"面板中单击按钮，选择需要标注的圆锥弧或椭圆弧，然后单击鼠标中键确定标注位置。

● 标注圆锥弧：一般需要标注两端点的相对位置尺寸以及两端点处与端点连线的夹角。用 ρ 值来控制圆锥的扁平度，ρ 值越小，则曲线越扁平，即越靠近两端点连线；ρ 值越大，则曲线越膨胀，曲线顶角就越尖。如图 3-58 所示。

● 标注椭圆弧：标注椭圆尺寸，只需要标注其水平和垂直端点及其中心点的距离即可，即标注椭圆的 X 半径和 Y 半径。软件会弹出如图 3-59 所示对话框。

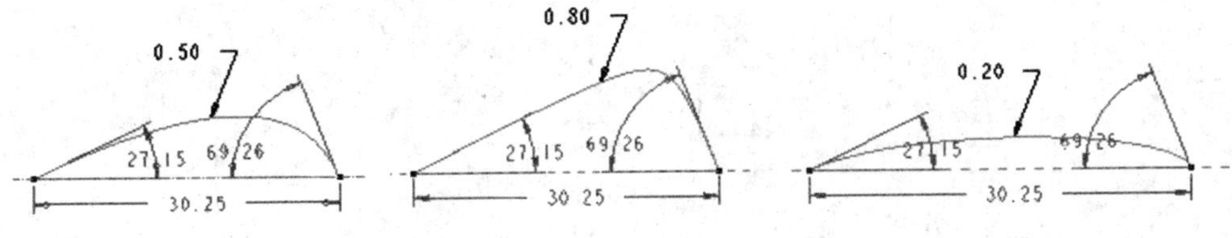

图 3-58　标注圆锥弧

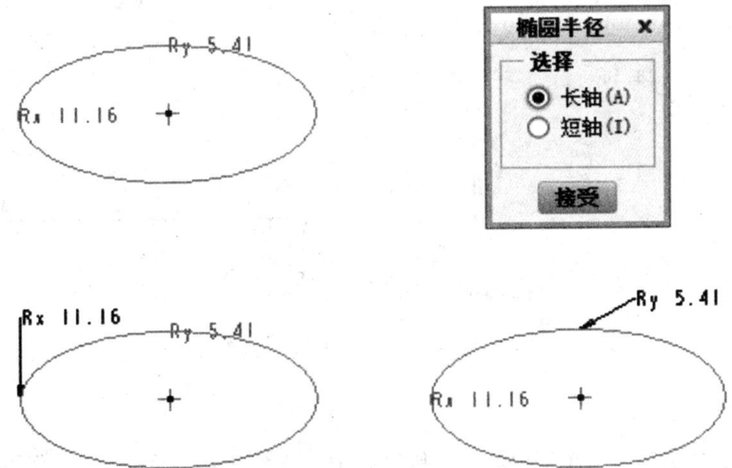

图 3-59　标注椭圆弧

4. 旋转体的直径

在“草绘”选项卡的“尺寸”面板中单击按钮，点选草图的边线，然后点选中心线，再点选草图的边线，移动光标，单击中键完成，如图 3-60 所示。

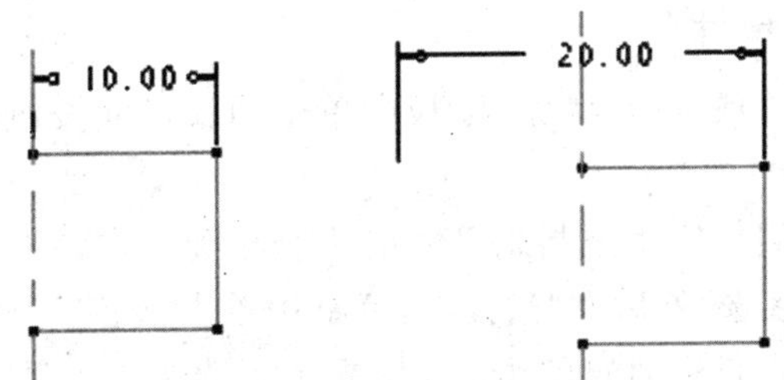

鼠标在矩形右边单击一下，然后单击中心线，
最后再次单击矩形右边，移到圆外按下滚轮

图 3-60　标注旋转体的直径

5. 两个圆心之间的距离

在“草绘”选项卡的“尺寸”面板中单击按钮，用鼠标左键选取两个圆或者两个圆的圆心，然后移动光标，按下鼠标中键，完成标注，如图 3-61 所示。

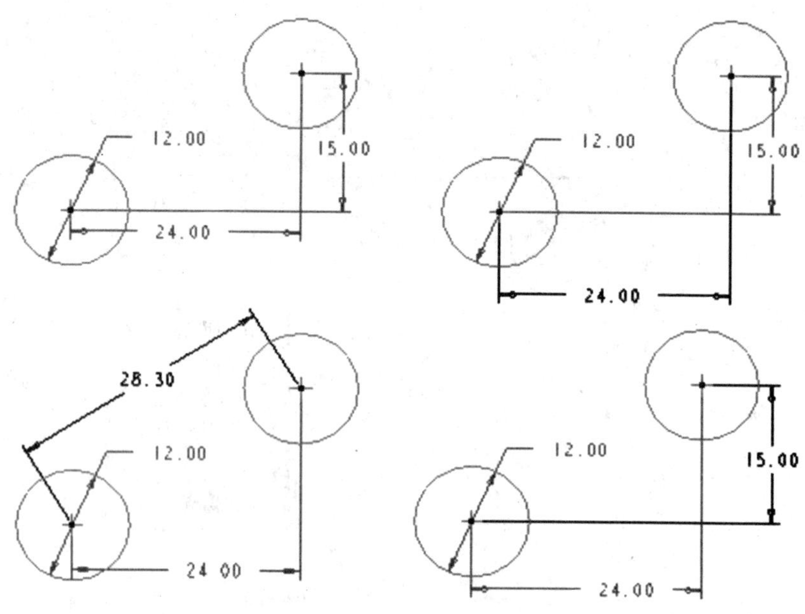

图 3-61 标注两个圆心之间的距离

3.4.3 标注角度

两条直线之间的夹角往往需要标注角度。在“草绘”选项卡的“尺寸”面板中单击按钮[按钮图标]，然后单击鼠标中键确定标注位置。

该标注有 5 种方法，如图 3-62 所示。

3.4.4 标注样条曲线

标注样条曲线，需要标注端点处角度尺寸，首先建立一条中心线，再选择曲线使曲线呈加亮显示，然后再选其端点和中心线，按中键完成标注，如图 3-63 所示。

3.4.5 标注周长尺寸

1. 在功能区“草绘”选项卡的“尺寸”面板中单击周长尺寸按钮**周长**，系统将弹出“选择”对话框。

2. 系统提示选取由周长尺寸控制总尺寸的集合单元。在该提示下选择要标注的图元链（结合【Ctrl】键可进行多选）然后在“选择”对话框中单击“确定”按钮。

3. 系统提示选取由周长驱动的尺寸。在该提示下选择一个现有尺寸作为可变尺寸，从而创建一个周长尺寸，周长尺寸带有“周长”文本标识，可变尺寸带有“变亮(var)”文本标识，如图 3-64 所示。

3.4.6 创建参照尺寸

参照尺寸是标注尺寸中的一个附件尺寸，主要是用来做参考的，其后带有“参考(REF)”字样；可以用专门的命令创建，也可以将现有尺寸转换为参考尺寸。

1. 使用命令创建

在“草绘”选项卡的“尺寸”面板中单击**参考**按钮，然后选取图元，按鼠标中键完成标注。如图 3-65 所示。

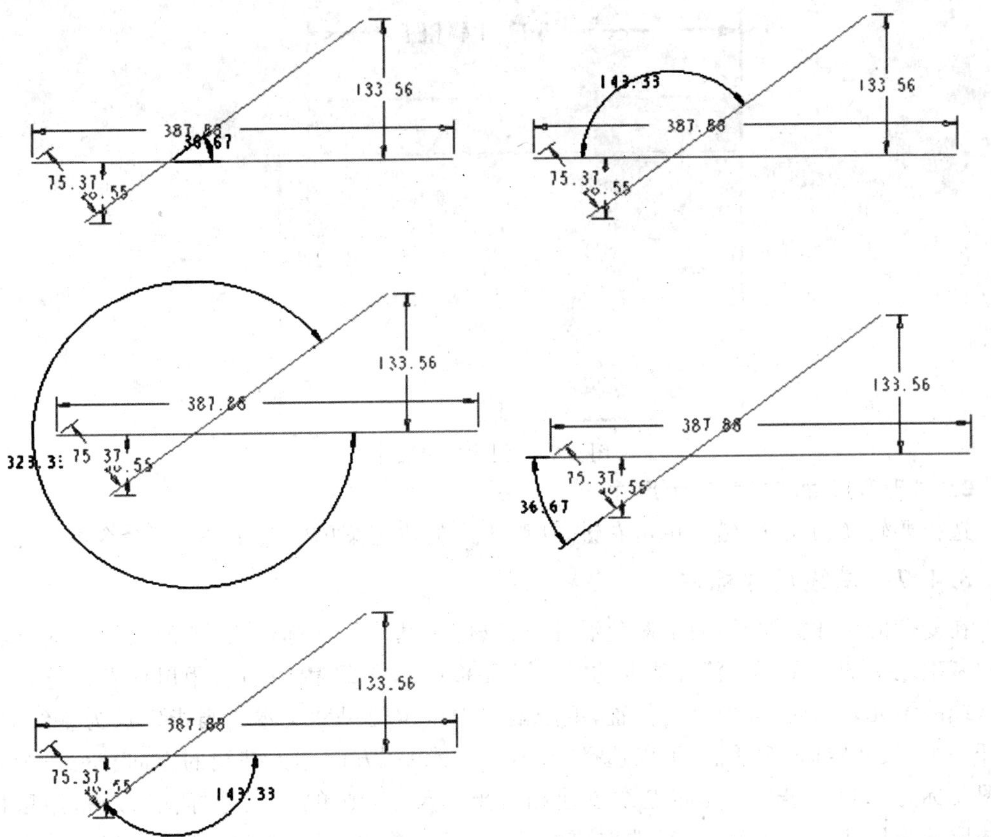

图 3-62 标注角度

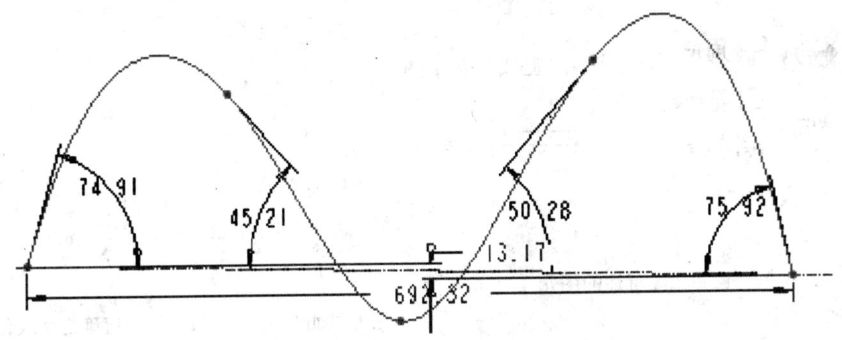

图 3-63 标注样条曲线

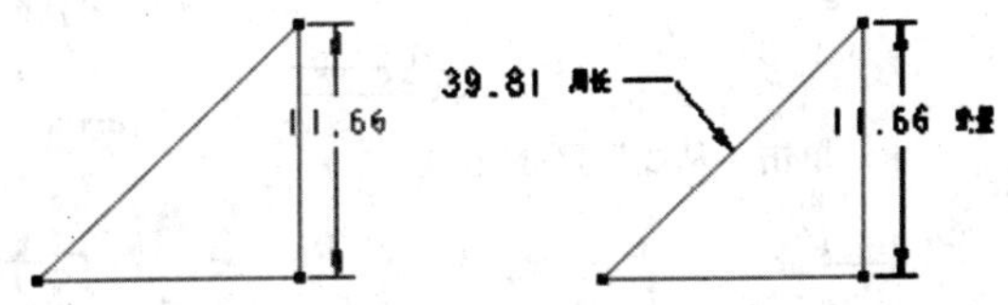

图 3-64 标注周长尺寸

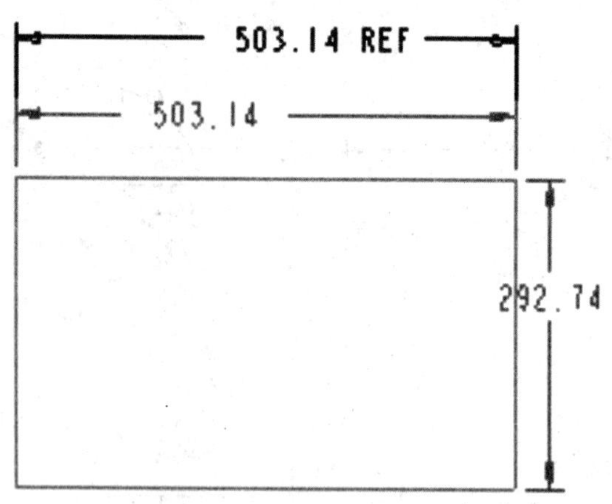

图 3-65　创建参照尺寸

2. 将现有尺寸转换为参考尺寸

选择要转换的尺寸，然后单击右键，从弹出来的快捷菜单中选择“参考”命令即可。

3.4.7　基线尺寸标注

在复杂的尺寸标注时，为了避免混乱，可以使用基线尺寸标注，其他的尺寸是建立在基线的基础之上的。在“草绘”选项卡的“尺寸”面板中单击 **基线** 按钮，用鼠标左键选择要作为基线的图元，移动鼠标到合适位置，单击鼠标中键定位尺寸文本。当指定点为基线时，会打开一个“尺寸定向”对话框，可以选择“竖直”或“水平”方向作为基线的方向。被作为基线的图元标为 0.00。若要对指定基线创建相对坐标尺寸，则单击“尺寸标注”按钮，用鼠标左键选取基线尺寸文字 0.00，然后选取要标注的图元，单击鼠标中键放置坐标尺寸。详细步骤如图 3-66 所示。

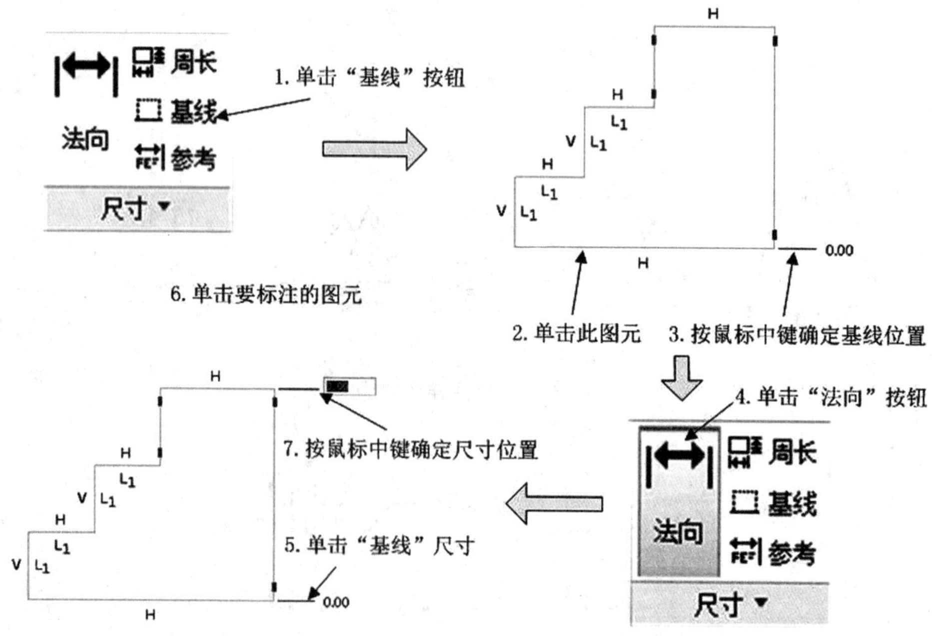

图 3-66　基线尺寸标注

3.5 约束应用

为了满足用户设计的一些特定要求，需要对图元做一些约束，当约束被设置后，不会随着用户的继续操作而变化，约束的含义在前面已经详细介绍，下面介绍约束的操作。

3.5.1 设置约束

1. 使垂直

单击“约束”面板的“＋竖直”按钮，然后单击直线，使直线成竖直位置，如图 3-67 所示。

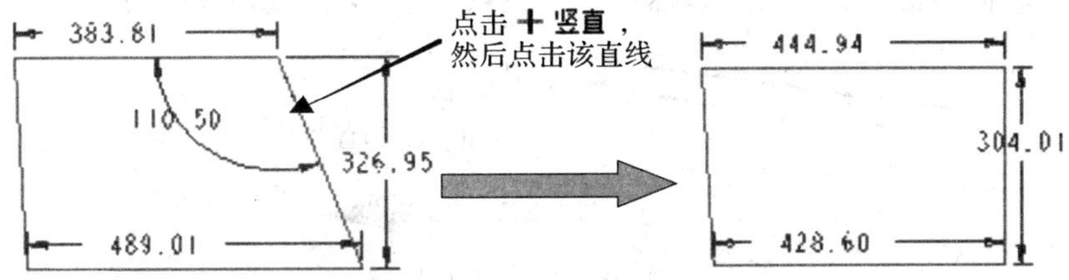

图 3-67 设置垂直约束

2. 使水平

单击“约束”面板的“＋ 水平”按钮，然后单击直线，使直线成水平位置，如图 3-68 所示。

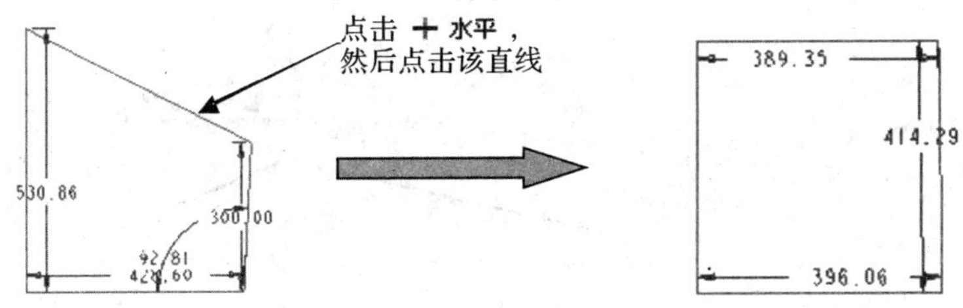

图 3-68 设置水平约束

3. 使正交

单击“约束”面板的“⊥ 垂直”按钮，然后单击两条直线，使直线正交。如图 3-69 所示。

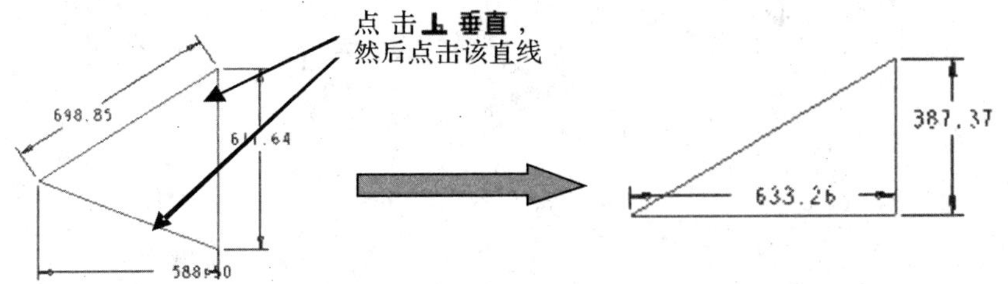

图 3-69 设置正交约束

4. 使相切

单击“约束”面板的“ 相切 按钮”,然后单击直线和弧,使它们相切,如图 3-70 所示。

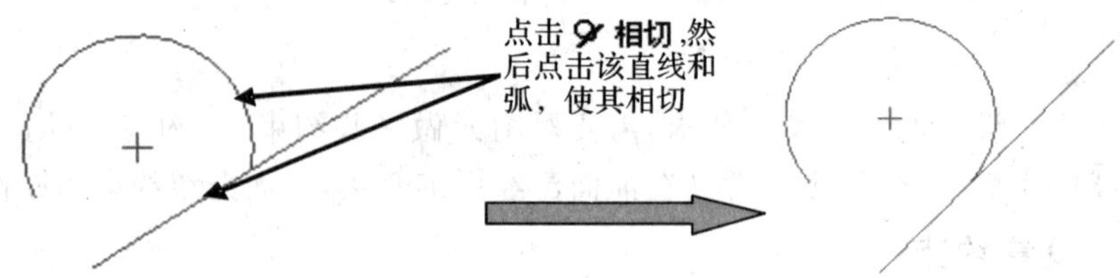

图 3-70 设置相切约束

5. 点在线条中间

单击“约束”面板的“ 中点”按钮,然后单击该点和直线,使点在线中间,如图 3-71 所示。

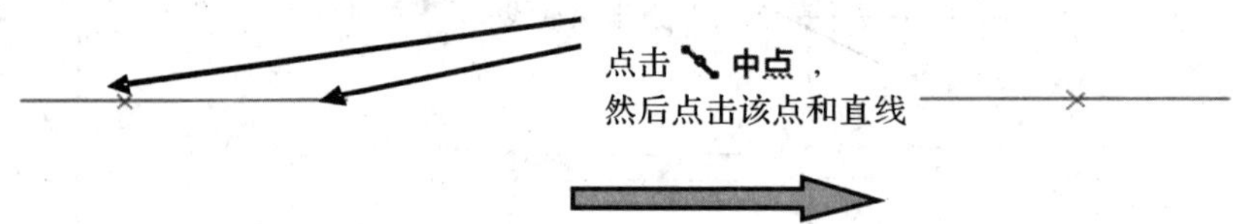

图 3-71 设置约束使点在线条中间

6. 使对齐

单击“约束”面板的“ 重合 ”按钮,然后单击两个圆,使它们对齐,如图 3-72 所示。

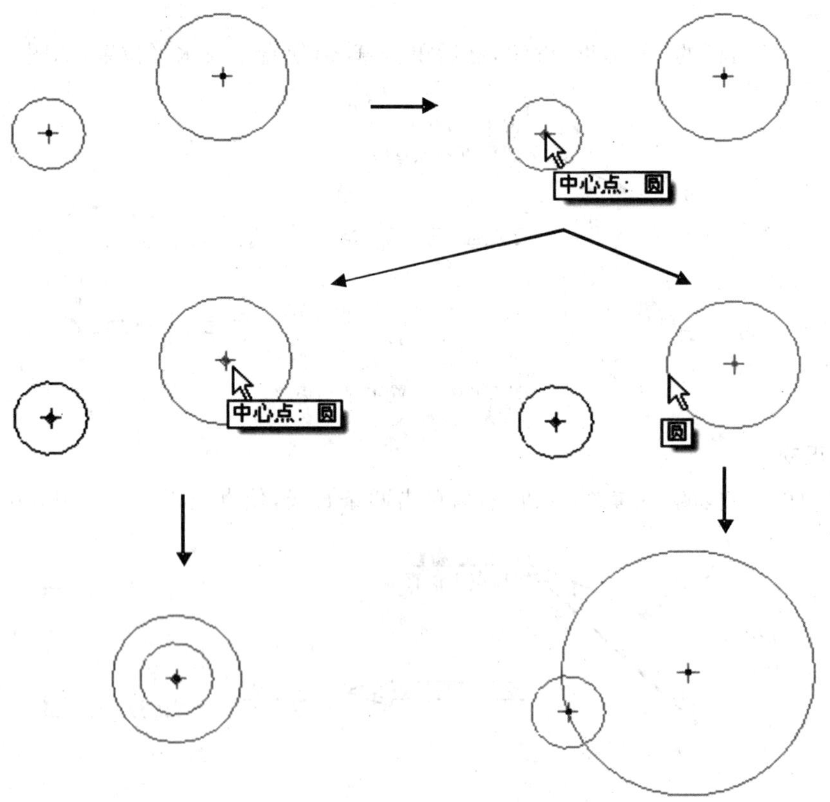

图 3-72 设置对齐约束

7. 使对称

单击“约束”面板的“ 对称 ”按钮，然后单击图元和对称轴，使它们对称，如图 3-73 所示。

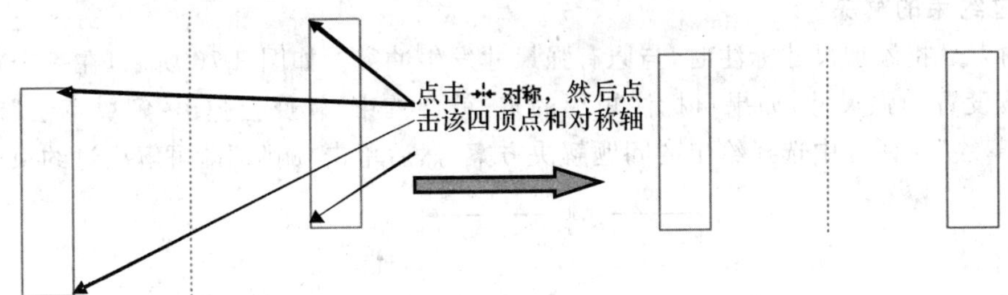

图 3-73　设置对称约束

8. 使相等

单击“约束”面板的“= 相等 ”按钮，然后单击两弧，使它们相等，如图 3-74 所示。

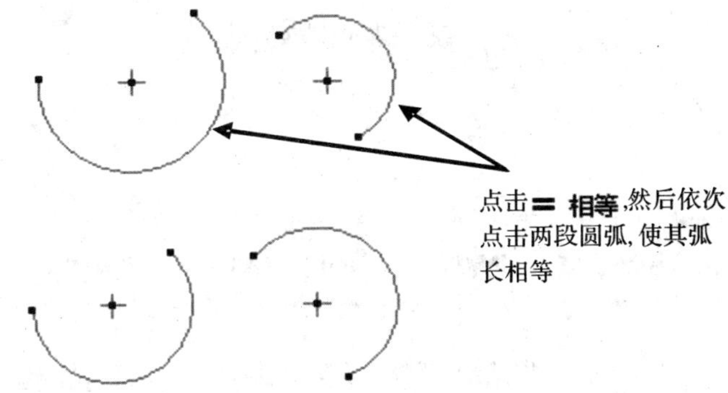

图 3-74　设置相等约束

9. 使平行

单击“约束”面板的“// 平行 ”按钮，然后单击两直线，使它们平行。如图 3-75 所示。

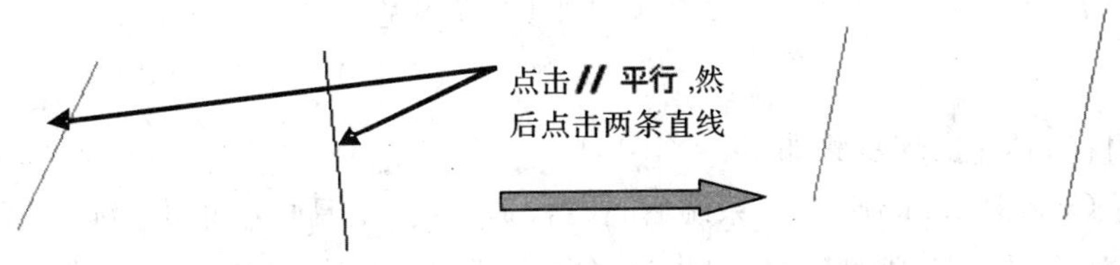

图 3-75　设置平行约束

3.5.2　关于约束的其他操作

当约束发生冲突时，软件会以颜色加亮显示，提醒用户约束发生冲突，需要解决。在解决约束冲突的对话框中，有下列选项。

- 撤销：撤销使截面进入刚好导致冲突操作之前的状态。当选择“撤销”之后，“重做”命令不可用，因为最后一次操作还没有完成。
- 删除：删除发生冲突的约束或尺寸。

- 尺寸|参照：发生冲突的一个解决办法是选取一个尺寸转换为一个参照。
- 说明：选取一个约束，获取该约束的说明。

1. 过约束的解决

过约束是指添加尺寸标注时，与原有强尺寸发生冲突。如图 3-76 所示，在一个矩形中，长宽均被设置为强尺寸，如果再标注矩形的宽，就会约束，软件会弹出“解决草绘”对话框。在“解决草绘”对话框中选择给出的问题解决方案，然后单击“删除”即可解决过约束。

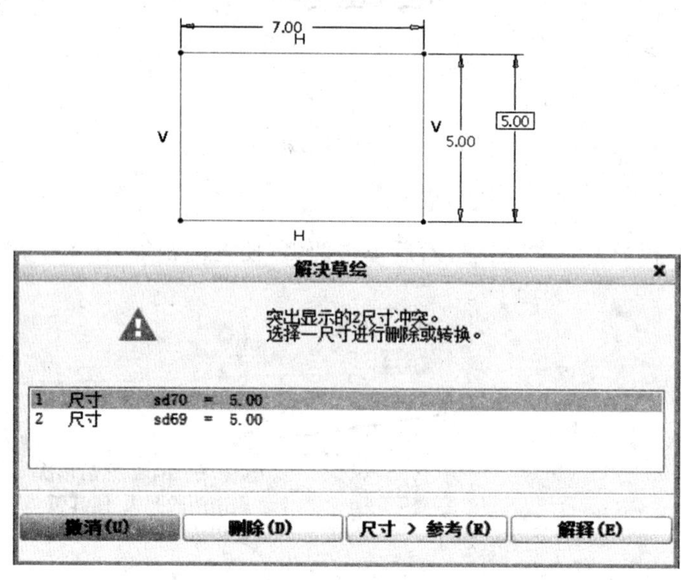

图 3-76 “解决草绘”对话框

2. 取消约束

如果想要取消约束，则单击该约束，单击右键“删除”即可。

3.6 项目实现

本章项目的具体实现步骤如下：

1. 运行 Creo Parametric 3.0 系统后，在“快速访问”工具栏中单击“新建”按钮，系统弹出“新建”对话框。在“类型”选项组中选择“草绘”，在“名称”中输入文件名“caohui”（也可以是其他的），然后单击“确定”按钮。

2. 在“草绘”选项卡的“草绘”面板中单击“选项板”按钮“”，打开“草绘器调色板”对话框，在“多边形”选项卡中，双击“5 侧五边形”选项，如图 3-77 所示。

在图形窗口的适当位置处单击，插入该五边形，在功能区中出现“旋转调整大小”选项卡。在“旋转调整大小”对话框中设置“旋转角度”为 0，设置“缩放因子”为 10，然后单击“完成”按钮✔，如图 3-78 所示。

3. 在“草绘器选项板”对话框中单击“关闭”按钮，此时正五边形的边长为 10。

4. 在“草绘”选项卡的“草绘”面板中单击“圆：圆心和点”按钮 圆心和点，在正五边形的

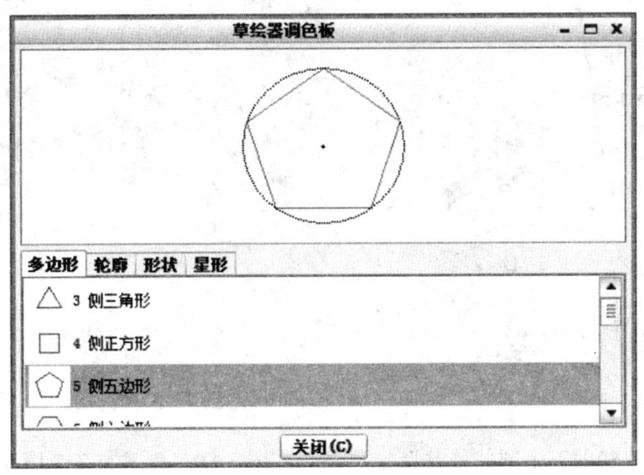

图 3-77 “选项板”对话框

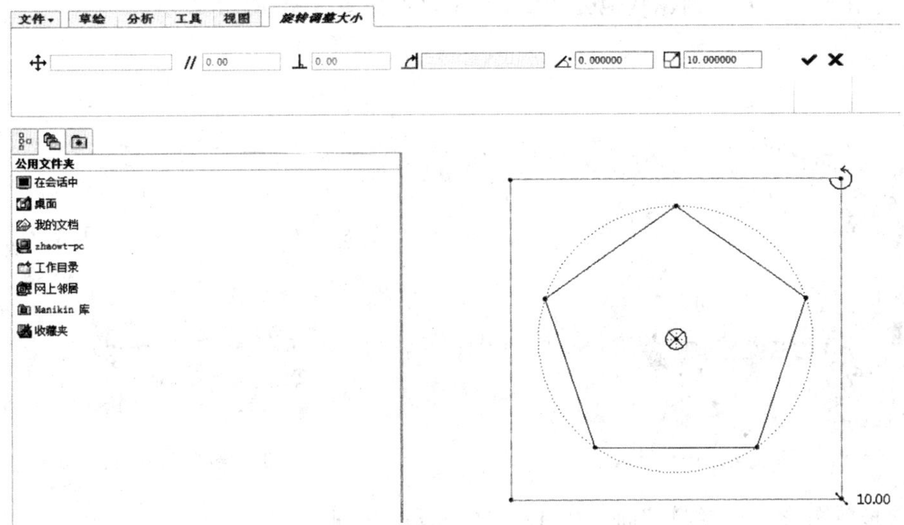

图 3-78 设置旋转角度和缩放比例

每个顶点处各创建一个圆，要求这些圆的半径相等，在绘制第二个及以后的圆时会出现红色“R”标志，表示两个圆尺寸相同。

5. 在“尺寸”面板中单击“法向”按钮⟷，双击任何一个圆，然后在合适的位置单击鼠标中键并标注圆的直径，如图 3-79 所示。

6. 绘制一条与三个图元相切的圆弧。在“草绘”面板中单击“圆弧:3 相切”按钮，接着分别在圆 1 和圆 2 的适当位置处单击，然后点击正五边形的一条边，绘制与指定三个图元相切的圆弧，如图 3-80 所示。

7. 用同样的方法绘制另一条 3 相切圆弧。

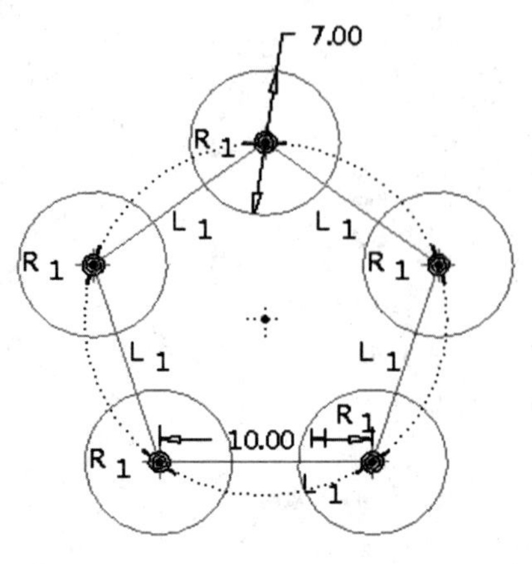

图 3-79　绘制等直径的五个圆并修改尺寸

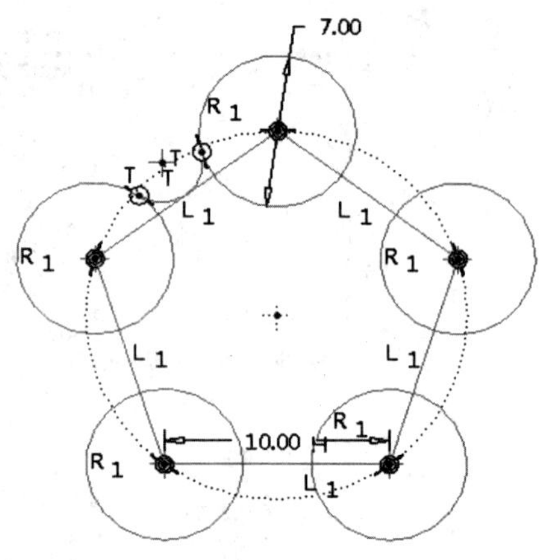

图 3-80　创建与 3 个图元相切的圆弧

8. 绘制公切线。单击“草绘”面板中线按钮右边的三角，选择“直线相切按钮”，然后点击草绘窗口中所需的两个圆(注意点击位置)，创建出一条公切线，如图 3-81 所示。

9. 使用同样的方法创建其他公切线，完成效果如图 3-82 所示。

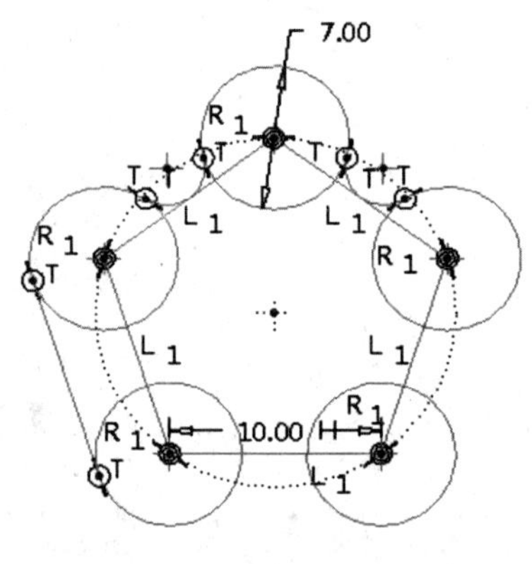

图 3-81　绘制公切线

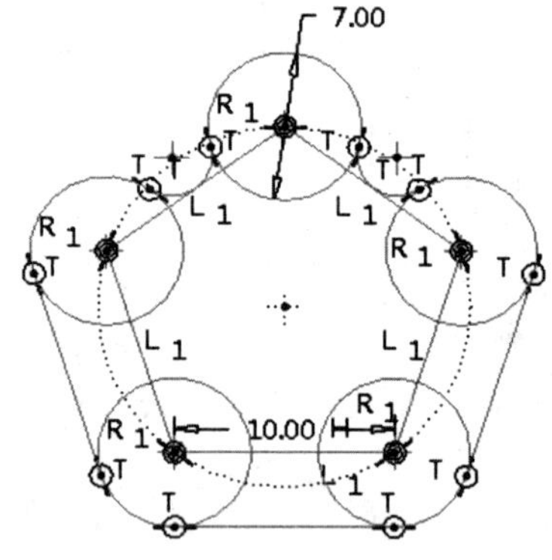

图 3-82　绘制好圆弧的公切线

10. 修剪图形。在“编辑”面板中单击“删除段”按钮，然后用鼠标左键逐一点击要删除的曲线段，最后得到修剪后的图形，如图 3-83 所示。

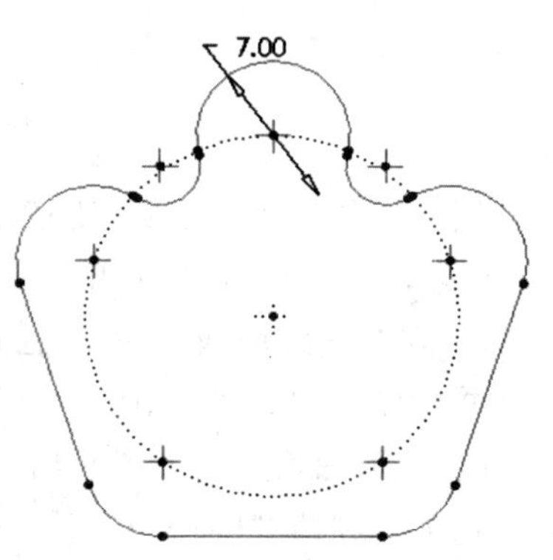

图 3-83　修剪图形的效果

11. 按照第 4 步的方法绘制其他圆并修改尺寸(中间圆的直径为 7，其他五个小圆直径为 3)，完成效果如图 3-84 所示。

如果在绘制圆时没有自动获得相关圆的半径相等约束，则在绘制圆后在“约束面板”中单击“相等”按钮，接着选择要应用半径相等约束的圆即可。也可以在编辑面板中单击“修改”按钮，选择相应的尺寸进行修改。

12. 在“草绘”选项卡的“检查”面板中单击“着色封闭环”按钮，此时效果如图 3-85 所示。

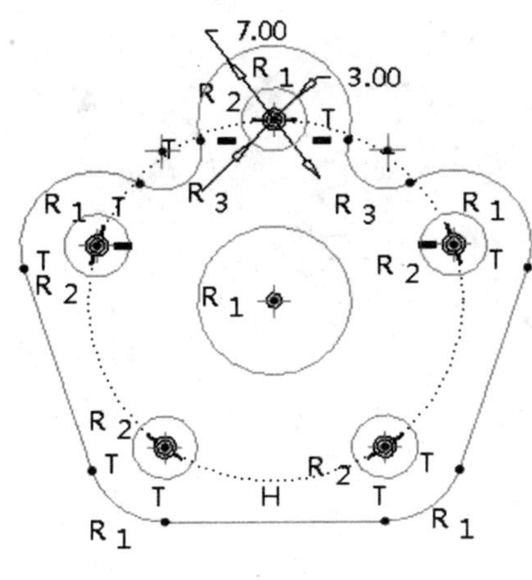

图 3-84　绘制其他 6 个圆

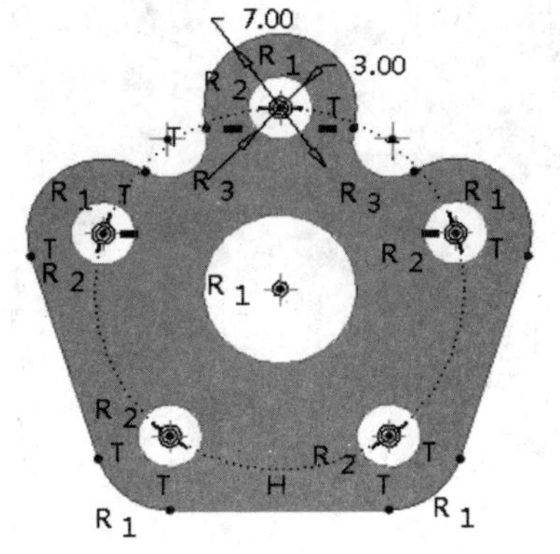

图 3-85　着色封闭环

3.7　拓展训练

本例绘制仪表指示盘草图，效果如图 3-86 所示。由于该图形是对称图形，因此可以先绘制一部分，再利用镜像命令，完成其他的绘制。用到的命令主要有："圆"、"尺寸"、"删除段"、"圆弧"、"镜像"等。（最终文件在"第 3 章/zhishipan. sec"）

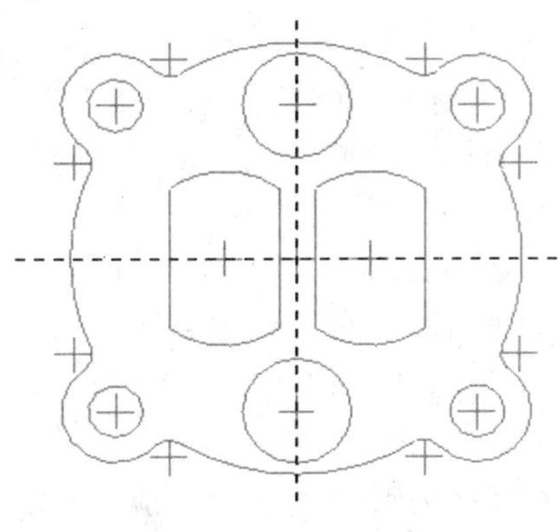

图 3-86　仪表盘

主要操作步骤如图 3-87 所示。

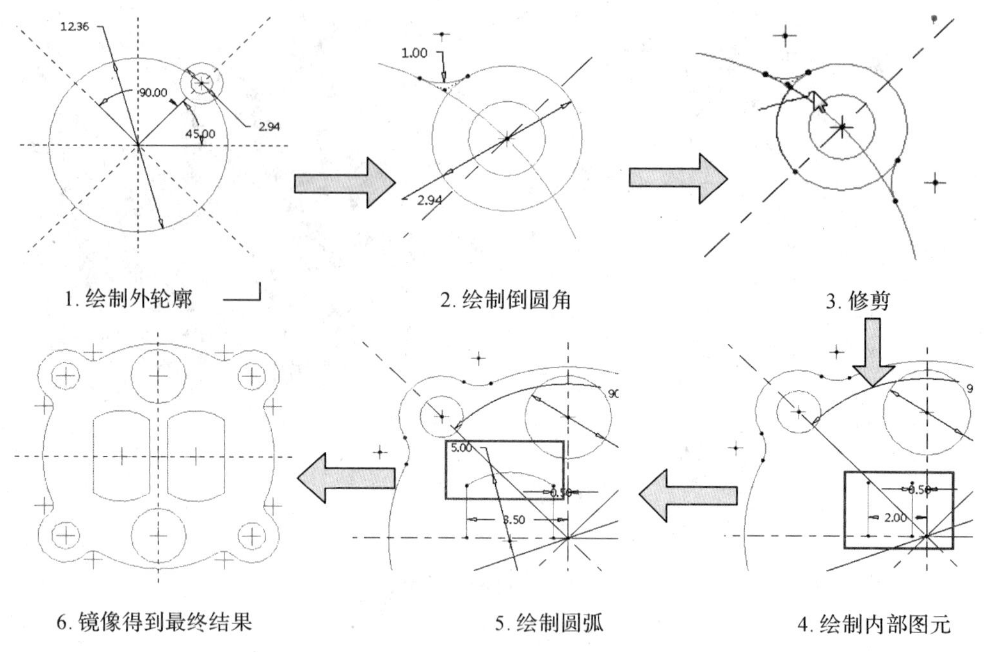

图 3-87　仪表盘绘制步骤

3.8　思考与练习

1. 熟悉草绘环境和草绘菜单的常用命令。

2. 中心线有哪些特性和作用?

3. 如何同时选取多个图元?

4. 对于小角度或者很短的线段,在绘图区不方便显示,应该采取何种操作?

5. 简述在 Creo 3.0 草绘环境中如何使用镜像工具。

6. Creo 3.0 草绘模块中,有哪些类型的约束? 实际意义是什么?

7. 如何设置草绘区域的大小?

8. “强尺寸”和“弱尺寸”有什么区别,操作过程中应注意哪些问题?

9. 如何解决约束发生冲突的问题?

10. 图形中有较多的尺寸标注和约束符号时,影响观察,这时应该采取何种操作?

11. 圆和圆弧有几种绘制方式? 圆锥曲线的绘制步骤是怎样的? 如何绘制一条抛物线?

12. 如何绘制样条曲线?

13. 绘制文字的操作步骤是怎样的? 如何实现沿指定的曲线放置文字?

14. 如何标注直径尺寸? 如何标注角度尺寸?

15. 如何建立结构线?

16. 在草绘环境下输入文本“Creo 3.0”,要求字体为 cal_alf,长宽比设定为 0.75,倾斜角设为 45.00。

17. 绘制并标注图 3-88 所示的草图。

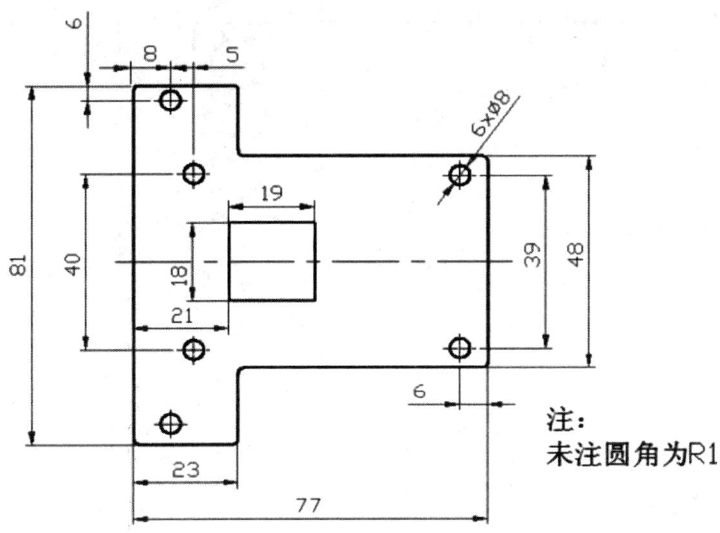

图 3-88　草图 1

18. 绘制并标注如图 3-89 所示的草图。

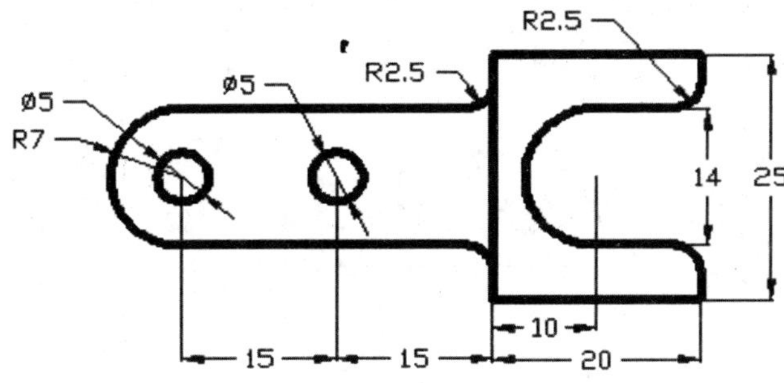

图 3-89　草图 2

19. 绘制并标注如图 3-90 所示的草图。

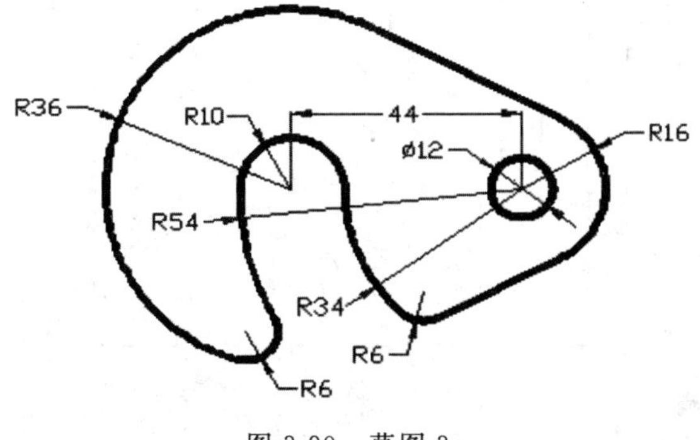

图 3-90　草图 3

20. 绘制并标注如图 3-91 所示的草图。

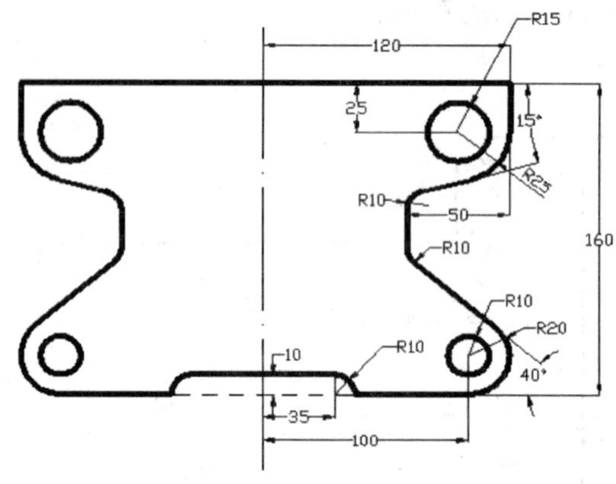

图 3-91　草图 4

21. 绘制并标注如图 3-92 所示的草图。

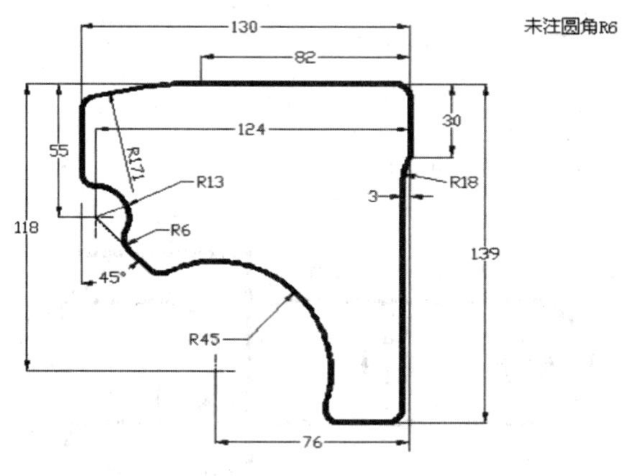

图 3-92　草图 5

22. 完成如图 3-93 所示的草图。

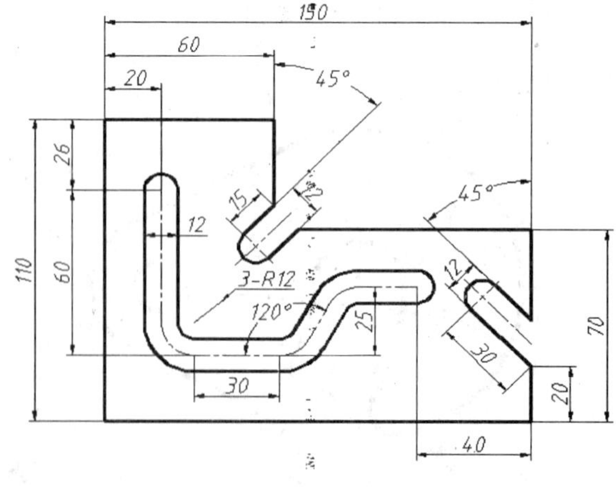

图 3-93　草图 6

23. 完成如图 3-94 所示的草图。

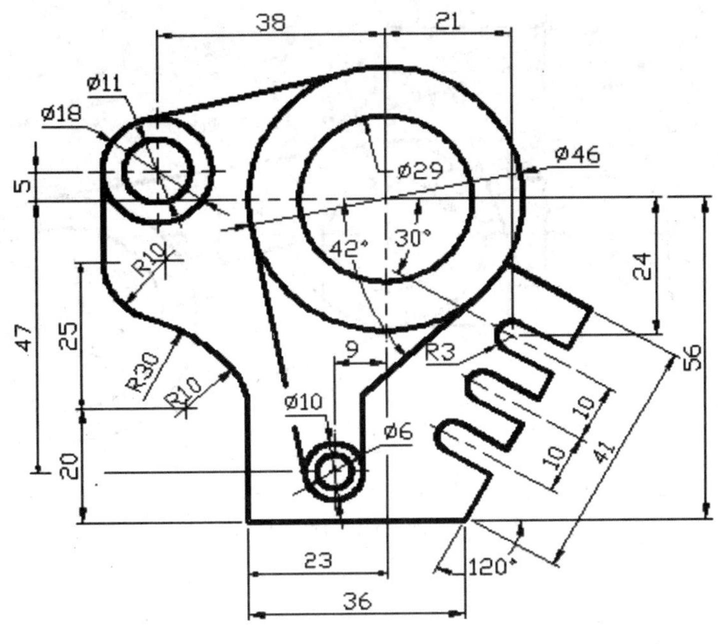

图 3-94 草图 7

24. 完成如图 3-95 所示的草图。

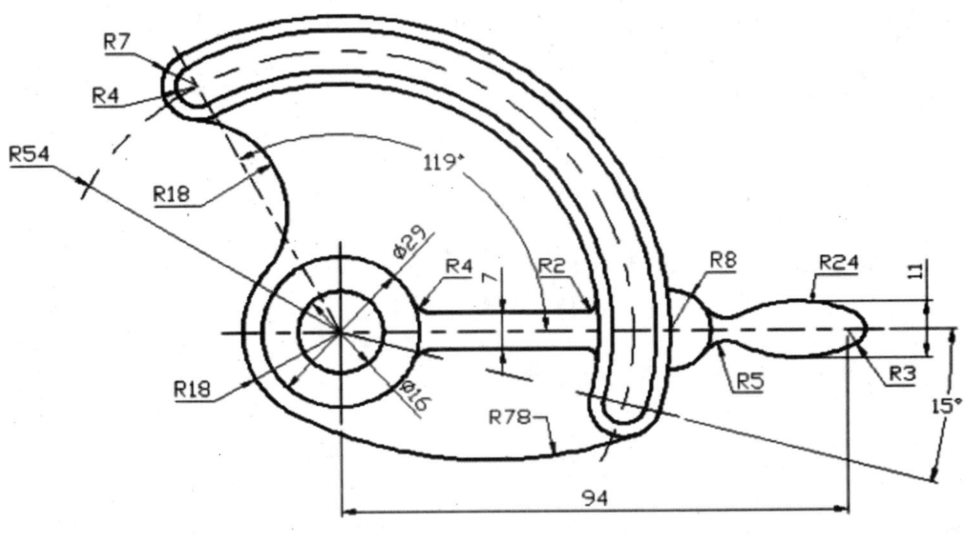

图 3-95 草图 8

25. 完成如图 3-96 所示的草图。

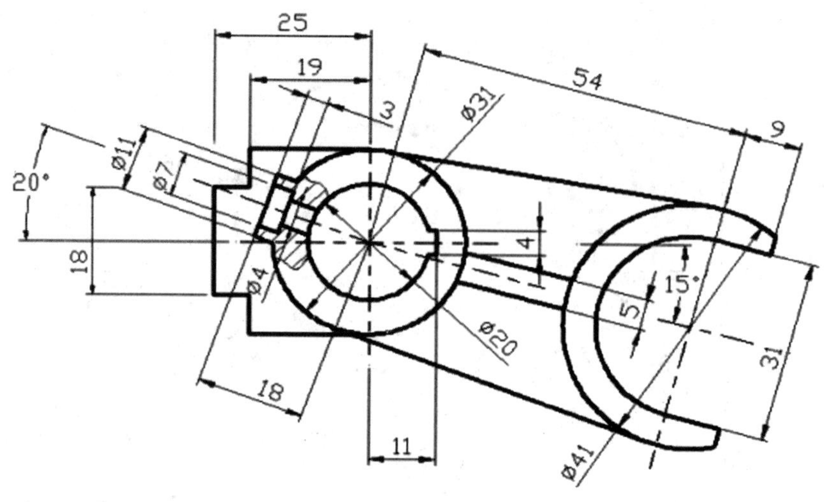

图 3-96　草图 9

第 4 章 实体特征与基准特征

学习单元:实体特征,基准特征	参考学时:12
学习目标	
◆ 理解并掌握基本特征,如拉伸特征、旋转特征、扫描特征、混合特征等的创建方法 ◆ 理解并掌握工程特征,如孔特征、圆角和倒角特征、筋特征和壳特征等的创建方法 ◆ 掌握基准特征的概念和各种基准的建立方法及应用 ◆ 理解并掌握层的概念和操作 ◆ 能综合应用基础特征、工程特征和基准特征工具,完成复杂零件的建模	
学习内容	学习方法
★ 拉伸特征、旋转特征和扫描特征等基础特征 ★ 孔特征、圆角和倒角特征、筋特征和壳特征等工程特征 ★ 基准点、基准轴、基准平面、基准坐标系和基准曲线的特性和创建方法 ★ 层的概念和操作	◆ 理解概念,掌握对象 ◆ 熟记方法,勤于操作
考核与评价	教师评价 (提问、演示、练习)

特征是 Creo 中的重要概念,它是构成模型实体的基本元素。根据特征的建模方式,可以分为多种类型:基础特征、工程特征和基准特征等。基础特征是创建所有实体模型的基础。在进行三维实体设计时,第一步的工作常常是从零开始创建基础特征,然后使用各种方法再添加其他各类特征。工程特征也称构造特征,它们不能单独生成,而只能在其他基础特征上生成,是一类具有特定几何形状的特征,它包括孔特征、壳特征、筋特征、倒圆角特征、倒角特征和拔模特征等。在设计产品的过程中,常常需要设计一些辅助的点、线和面来帮助设计,这些特征就是基准特征,使用基准特征,可以帮助设计者更好地完成设计任务。

项目导入:

本章要完成的项目如图 4-1 所示。创建该零件特征,首先通过“拉伸”创建盒体的基础轮廓实体,然后“拉伸剪切”创建盒体的壳部分和部分连接螺孔,并利用“拉伸”工具创建底部圆形凸台,接着通过“旋转剪切”创建出轴孔,并对模型的过渡边缘和突出棱边进行工艺性“倒圆角”。最后由模型的轮廓线偏移复制出轨迹线,并利用“扫描剪切”创建出盒体密封油槽即可。(最终文件在“第四章/youhe. prt”)

图 4-1　创建油盒实体模型

4.1　拉伸特征

拉伸特征是最简单也是最常用的特征，其拉伸的原理是：在某个平面上绘制一个截面，然后让截面沿垂直绘图的方向生长一定的深度，即可创建出一个等截面三维特征。

4.1.1　拉伸特征的用户界面

在功能区“模型”选项卡的“形状”面板中单击“拉伸”按钮，打开“拉伸”选项卡如图 4-2 所示。

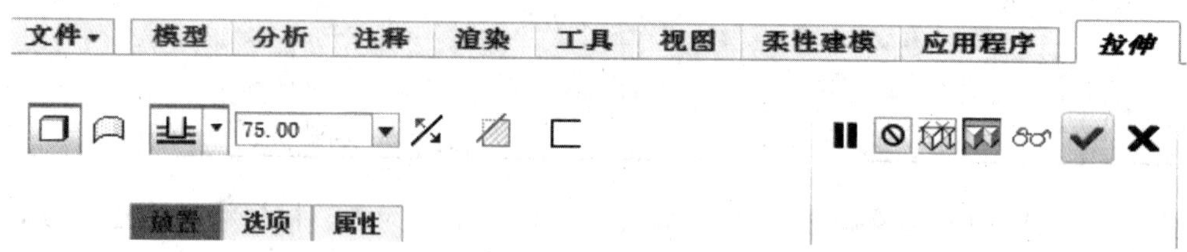

图 4-2　拉伸特征操作面板

1. 对话栏

“拉伸特征”对话栏包括以下元素：

(1)公共“拉伸”选项

- “实体拉伸”按钮：创建实体。
- “曲面拉伸”按钮：创建曲面。

(2)深度选项：约束特征的深度

- “深度”框和“参照”收集器：指定由深度尺寸所控制的拉伸的深度值。如果需要深度参照，文本框将起到收集器的作用，并列出参照摘要。
- “切换拉伸方向”按钮相对于草绘平面反转特征创建方向。

(3)用于创建切口的选项

- “切口拉伸”按钮：使用拉伸体积块创建切口。
- “切换切口方向”按钮：创建切口时改变要移除的方向。

(4)和“加厚草绘”选项一同使用的选项

- “加厚草绘”按钮：通过为截面轮廓指定厚度创建特征。
- “切换厚度方向”按钮：改变添加厚度的一侧，或向两侧添加厚度。
- “厚度”框：指定应用于截面轮廓的厚度值。

(5)用于创建“曲面修剪”的选项

- ：使用投影截面修剪曲面。
- ：改变要被移除的面组侧，或保留两侧。
- “面组”收集器：如果面组的两侧都被保留，则指定一侧来保留原始面组的面组标识。

2. 下滑面板

“拉伸”工具提供下列下滑面板：

(1)“放置”：使用该下滑面板重定义特征截面。单击“定义”创建或更改截面。

(2)“选项”：使用该下滑面板可进行下列操作：

- 重定义草绘平面每一侧的特征深度。
- 通过选取“封闭端”选项用封闭端创建曲面特征。

(3)“属性”：使用该下滑面板编辑特征名，并在 Creo 3.0 浏览器中打开特征信息。

3. 拉伸的截面

“拉伸”工具要求定义要拉伸的截面。可使用下列方法之一定义截面：

- 在激活“拉伸”工具前选取一条草绘的基准曲线。
- 激活“拉伸”工具并草绘截面。要创建截面，单击“放置”下滑面板，然后单击“编辑”。
- 在“拉伸”工具中时，创建要用作截面的草绘基准曲线。要创建基准曲线，单击“基础特征”工具栏中的。
- 激活“拉伸”工具并选取一条草绘基准曲线。

4.1.2 预选取草绘平面

在进入“拉伸”工具前可先选取一草绘平面。

选取基准平面或平曲面并激活“拉伸”工具后，选定的平面参照将会被用作缺省草绘平面。因此，进入“草绘器”后，“截面”对话框打开，其中带有定义的草绘平面。如果需要，可改变选定的草绘平面。

4.1.3 深度选项

通过选取下列深度选项之一可指定拉伸特征的深度：

- 盲孔：自草绘平面以指定深度值拉伸截面。指定一个负的深度值会反转深度方向。
- 对称：在草绘平面每一侧上以指定深度值的一半拉伸截面。
- 穿至：将截面拉伸，使其与选定曲面或平面相交。

对于终止曲面，可选取下列各项：

- 不要求零件曲面是平曲面。
- 不要求基准平面平行于草绘平面。
- 由一个或几个曲面所组成的面组。

在一个组件中，可选取另一元件的几何：

● 到下一个：拉伸截面至下一曲面。使用此选项，在特征到达第一个曲面时将其终止。注意：基准平面不能被用作终止曲面。

● 穿透：拉伸截面，使之与所有曲面相交。使用此选项，在特征到达最后一个曲面时将其终止。

● 到选定项：将截面拉伸至一个选定点、曲线、平面或曲面。

4.1.4 拉伸类型

使用“拉伸”工具，可创建下列类型的拉伸：

● 伸出项：实体、加厚；

● 切口：实体、加厚；

● 拉伸曲面；

● 曲面修剪：规则、加厚。

常见的拉伸特征类型如表 4-1 所示。

表 4-1 常见的拉伸特征类型

拉伸实体伸出项	
具有指定厚度的拉伸实体伸出项(加厚)	
用“穿至下一个”所创建的拉伸切口	
拉伸曲面	
拉伸曲面修剪 将截面投影到面组上，并可在此面组中切出一个孔	

续表

带有开放截面的曲面修剪 将截面投影到面组上，并可创建修剪线并切割该面组	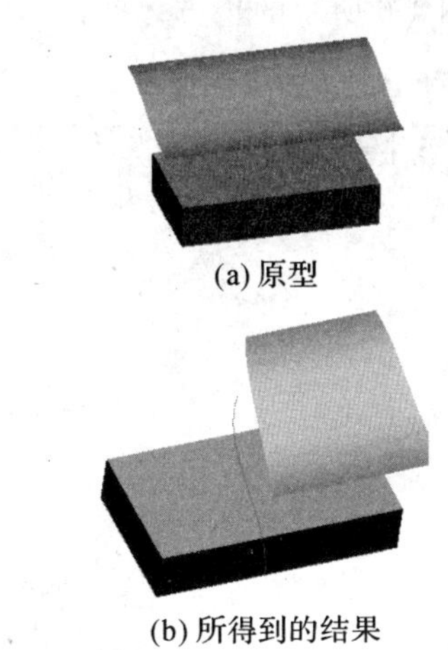 (a) 原型 (b) 所得到的结果

4.2 创建拉伸特征

【例 4-1】 拉伸特征实例。

1)新建零件：lashen. prt 文件。

2)单击“模型”选项卡“形状”面板上的按钮，默认选择为“实体拉伸”。

3)选择“放置”选项，打开放置下滑面板，单击“定义”，出现“草绘”对话框，如图 4-3 所示，“草绘平面”选择 TOP 平面，“参考”选择 RIGHT，“方向”选择“顶”。

4)单击“草绘”按钮后，进入草绘器，单击“设置”面板的按钮，使草绘平面正对电脑屏幕，然后绘制如图 4-4 所示的草绘。

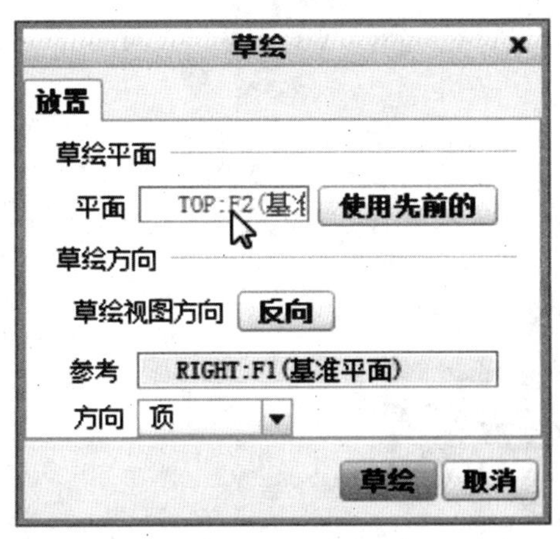

图 4-3 指定草绘参数

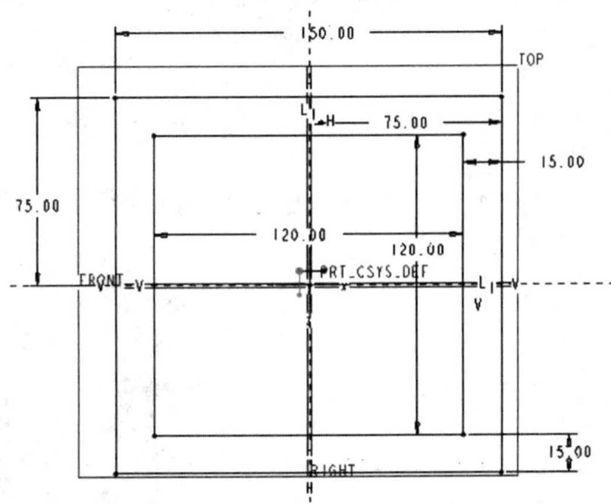

图 4-4 草绘二维截面线

5)在拉伸工具面板中输入拉伸深度是 200,深度选项为盲孔，然后打钩确定，如图 4-5 所示，得到如图 4-6 所示的长方体空桶。

图 4-5　拉伸面板

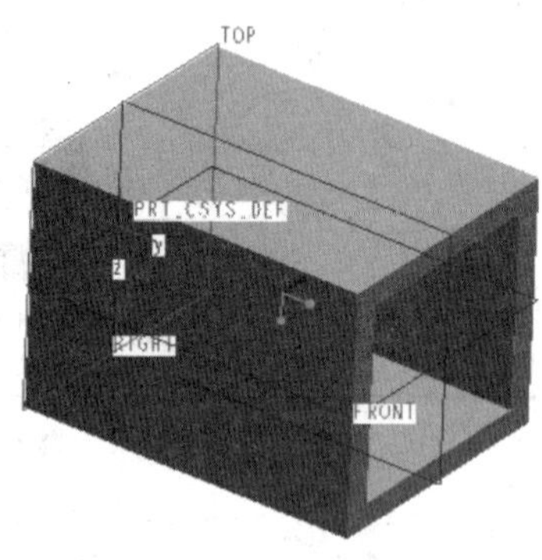

图 4-6　拉伸成实体

6)按照同样的方式建立另一个拉伸特征：在长方体上表面再定义草绘，此时草绘参考平面需要选择长方体上表面，如图 4-7 所示。

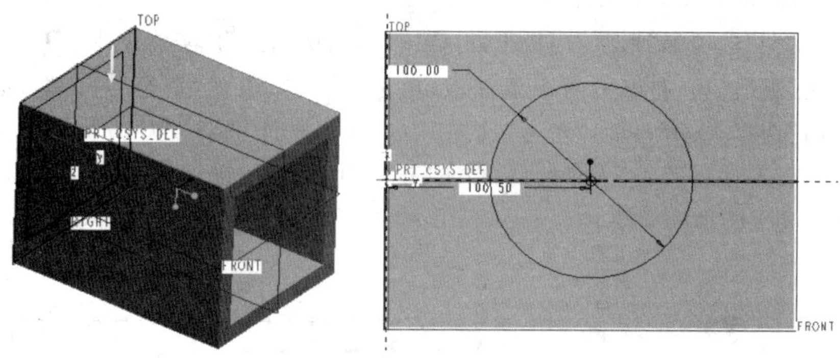

图 4-7　在长方体表面草绘一个圆

7)拉伸深度设置为 100,最后得到的零件如图 4-8 所示，由两个拉伸特征构成。

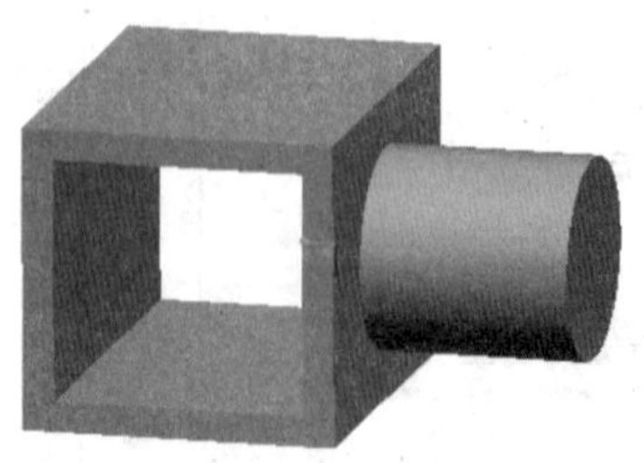

图 4-8　由两个拉伸特征构成的三维模型

4.3 旋转特征

旋转特征是指在草绘平面上，将一定形状的闭合曲线（即特征的截面）绕着一条中心线旋转一定角度而生成的特征。旋转特征主要用于生成回转类实体，例如回转轴、齿轮等，是另一种常用的实体创建方法。

4.3.1 旋转特征的用户界面

进入 Creo 3.0 零件模式，单击“模型”选项卡“形状”面板的“旋转”按钮，旋转特征操作面板如图 4-9 所示。

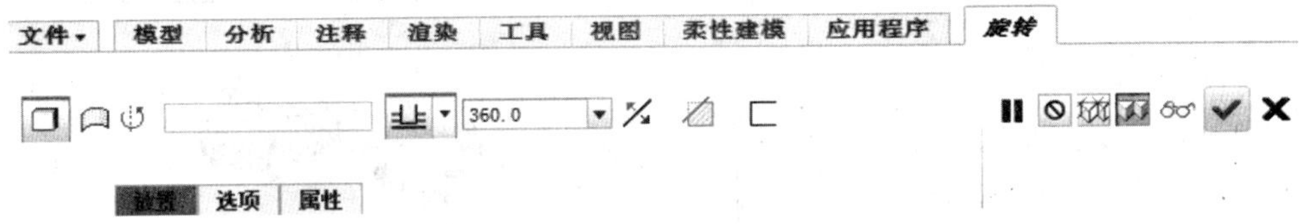

图 4-9 旋转特征操作面板

1. 对话栏

旋转特征对话栏包括以下元素：

(1)公共“旋转”选项

- “实体旋转”按钮：创建实体。
- “曲面旋转”按钮：创建曲面。

(2)角度选项：列出约束特征旋转角度的选项

选择以下选项之一：“可变”、“对称”或“到选定项”。

“角度”框/“参照”收集器：指定所旋转特征的角度值。如果需要参照，文本框将起到一个收集器的作用，并列出参照摘要。

：相对于草绘平面反转特征创建方向。

(3)用于创建切口的选项

- “切口旋转”按钮：使用旋转特征体积块创建切口。
- “切换切口方向”按钮：创建切口时改变要移除的侧。

(4)和“加厚草绘”选项一同使用的选项

- “加厚草绘”按钮：通过为截面轮廓指定厚度创建特征。
- “切换厚度方向”按钮：改变添加厚度的一侧或向两侧添加厚度。
- “厚度”框：指定应用于截面轮廓的厚度值。

(5)用于创建旋转曲面修剪的选项

- ：使用旋转截面修剪曲面。
- ：改变要被移除的面组侧或保留两侧。
- “面组”收集器：如果面组的两侧均被保留，则选取一侧以保留原始面组的面组标识。

2. 下滑面板

(1)"放置":使用此下滑面板重定义特征截面并指定旋转轴。单击"定义"创建或更改截面。在"轴"收集器中单击以定义旋转轴。

(2)"选项":使用该下滑面板可进行下列操作:

- 重定义草绘平面每一侧的旋转角度。
- 通过选取"封闭端"选项用封闭端创建曲面特征。

(3)"属性":使用该下滑面板编辑特征名,并在 Creo 3.0 浏览器中打开特征信息。

4.3.2 旋转类型

使用"旋转"工具可创建不同类型的旋转特征,常见的旋转特征类型如表 4-2 所示。

表 4-2 常见的旋转特征类型

旋转实体伸出项	
具有指定厚度的旋转伸出项(使用封闭截面创建)	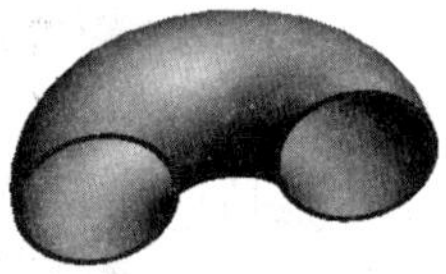
具有指定厚度的旋转伸出项(使用开放截面创建)	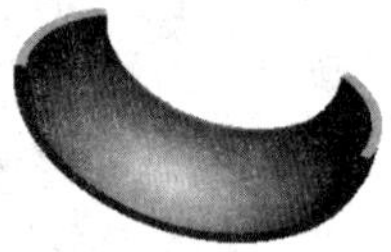
旋转切口	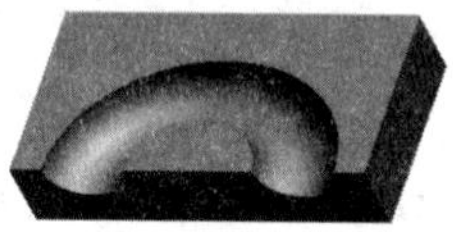
旋转曲面	

4.3.3 旋转轴和旋转角度

1. 旋转轴

使用旋转特征时必须要定义中心线,要定义旋转特征的旋转轴,可使用以下方法之一:

(1)外部参照。即使用现有的有效类型的零件几何,选取现有的线性几何作为旋转轴。

可将以下图元用作参照：

- 基准轴。
- 直边。
- 直曲线。
- 坐标系的轴

(2)内部中心线。即使用“草绘器”中创建的中心线。在“草绘器”中，可绘制中心线以用作旋转轴。注意下列关于中心线的信息：

- 如果截面包含一条中心线，则该中心线将被用作旋转轴。
- 如果截面包含一条以上的中心线，系统会将第一条中心线用作旋转轴。用户可声明将任一条中心线用作旋转轴。

(3)定义旋转特征时，可更改旋转轴，例如，选取外部轴代替中心线。注意以下针对定义旋转轴的规则：

- 必须只在旋转轴的一侧草绘。
- 旋转轴(几何参照或中心线)必须位于截面的草绘平面中。

2. 旋转角

在旋转特征中，将截面绕旋转轴旋转至指定角度。旋转角度共有三种设置方式。

(1)可变

即自草绘平面以指定角度值旋转截面。在文本框中键入角度值，或选取一个预定义的角度(90°,180°,270°,360°)。如果选取一个预定义角度，则系统会创建角度尺寸。可变角度操控旋转面板及旋转 270°形成的实体如图 4-10 所示。

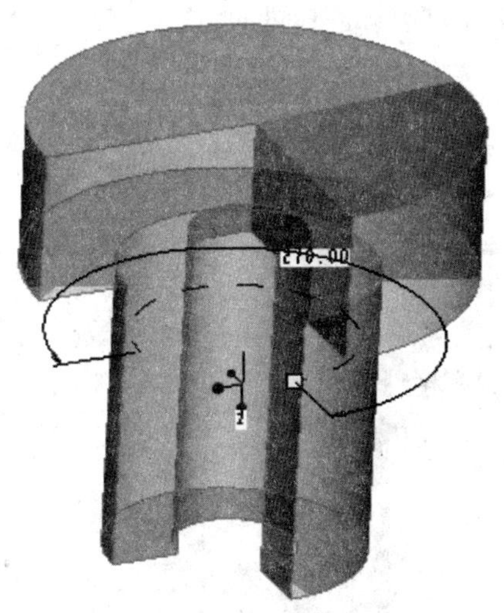

图 4-10　可变角度操控旋转面板及特征预览

(2)对称

即在草绘平面的每个侧面上以指定角度值的一半旋转截面。图 4-11 所示为旋转 200°，关于 TOP 平面对称即双侧旋转形成的实体，注意其与由可变方式形成的实体的区别。

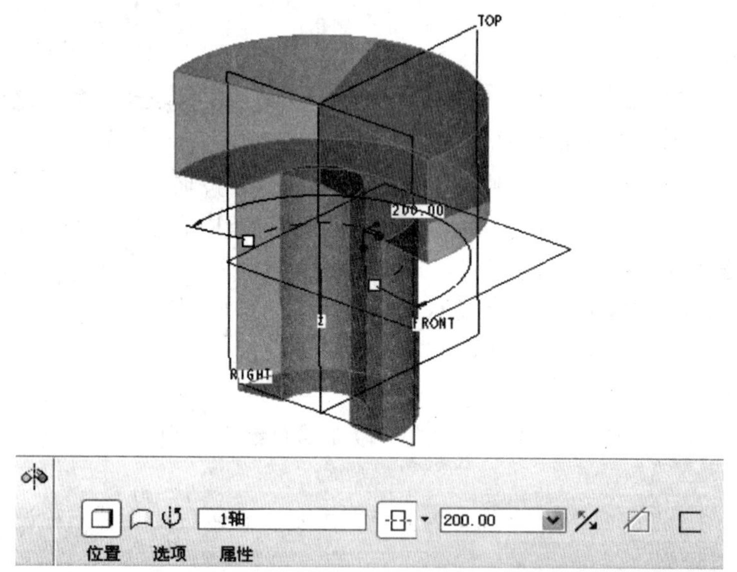

图 4-11　对称旋转操控面板及特征预览

(3)到选定项

即将截面一直旋转到选定基准点、顶点、平面或曲面。选择终止平面或曲面时，可分别指定两侧使用不同的旋转设置，或给定不同的旋转角度，如图 4-12 所示，RIGHT 面为选定项。

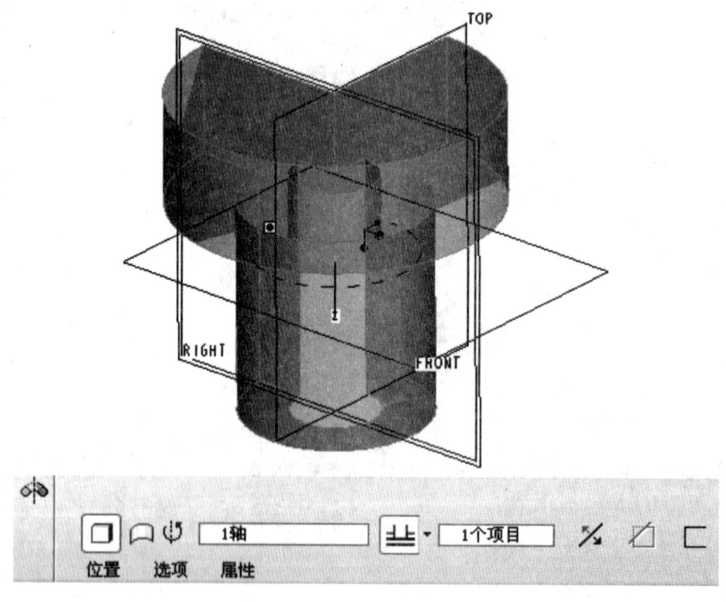

图 4-12　到选定项旋转操控面板及特征预览

4.4 创建旋转特征

旋转特征是由截面围绕中心轴线旋转所得的特征。因此,旋转特征的两要素为中心轴线和截面。

创建旋转特征的步骤为:定义截面放置属性,即草绘平面、参照平面和参照平面的方向→绘制中心轴线→绘制特征截面→确定旋转方向和角度。

【例 4-2】 创建如图 4-13 所示的旋转体。

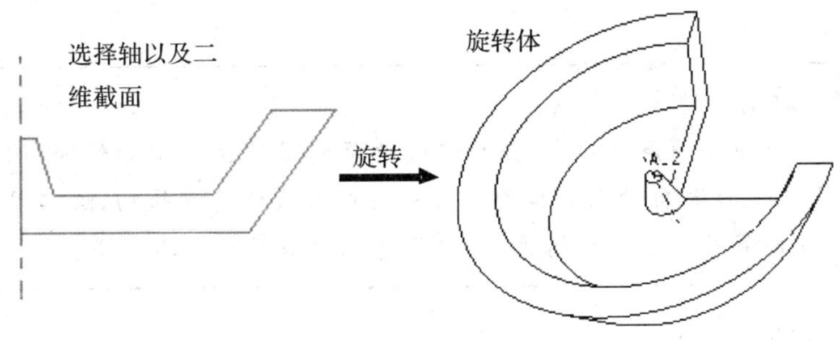

图 4-13 旋转体特征

(1)新建零件 xuanzhuan. prt。

(2)创建旋转特征的截面。

1)选取特征命令:进入 Creo 3.0 零件模式,单击"模型"选项卡"形状"面板的"旋转"按钮,弹出如图 4-14 所示的操控板。

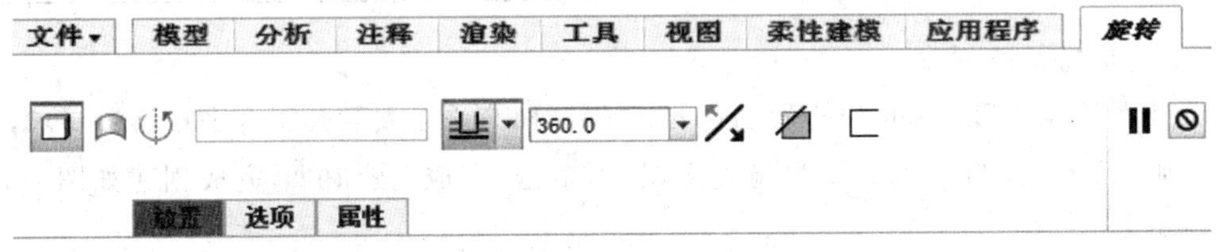

图 4-14 旋转操作面板

2)单击"旋转为实体"按钮,然后单击操控板上的"位置"按钮,弹出"下滑移板";单击"定义"按钮,系统弹出"草绘"对话框,如图 4-15 所示。

3)定义截面草图的放置属性:"草绘平面"选取 FRONT 面,"草绘视图方向"采用系统默认的方向;"参照平面"选取 RIGHT,方向为"右"。

4)单击"草绘"按钮,进入草绘环境,绘制如图 4-16 所示的截面草图。

图 4-15　草绘对话框

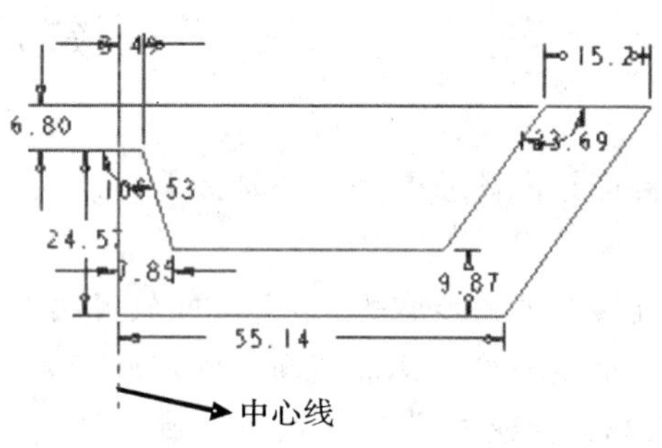

图 4-16　截面草图

草绘旋转特征需要遵守的规则：

- 旋转截面必须有一条中心线，并且旋转的草图必须位于中心线的一侧。若中心线多于一条，则 Creo 3.0 会自动选取草绘的第一条中心线作为旋转轴，除非用户自己选择。
- 实体特征的截面必须是封闭的，而曲面特征的截面可以不封闭。

---

(3)创建旋转特征的角度。

在操控板中，选取旋转角度类型 ⊥⊥；然后在角度文本框中输入角度值 270，并按【Enter】键。

说明：

⊥⊥：特征将从草绘平面开始按照所输入的角度值进行旋转。

⊟：特征将在草绘平面两侧分别从两个方向以输入角度值的一半进行旋转。

⊥⊥：特征将从草绘平面开始旋转至选定的点、线、平面或曲面。

---

(4)完成特征的创建。

单击预览按钮☑ ,可以查看创建的旋转特征，查看各要素是否合乎自己的要求，如需改动，则修改操控板上参数。如果检查无误，则单击“完成”按钮✔，完成创建如图 4-17 所示的旋转特征。

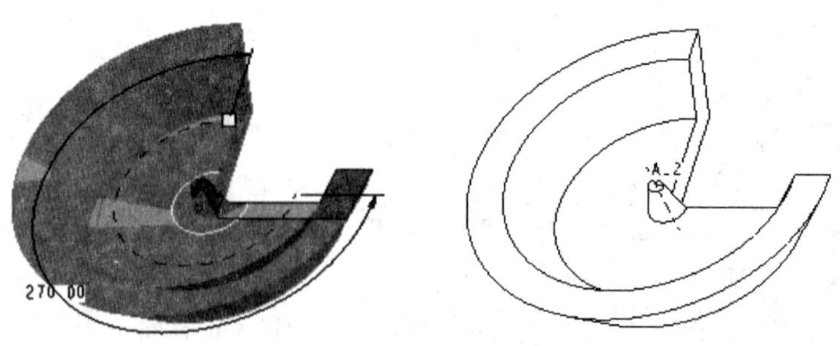

图 4-17　完成特征创建

4.5 扫描特征

使用扫描特征可创建实体或曲面特征。可在沿一个或多个选定轨迹扫描剖面时通过控制剖面的方向、旋转和几何来添加或移除材料。可使用恒定截面或可变截面创建扫描。

可变剖面扫描将草绘图元约束其他轨迹(中心平面或现有几何),或使用由“trajpar”参数设置的截面关系来使草绘可变。草绘所约束的参照可改变截面形状,以控制曲线或关系式(使用“trajpar”)定义标注形式,也能使草绘可变。草绘在轨迹点处再生,并相应更新其形状。

恒定剖面扫描在沿轨迹扫描的过程中,草绘的形状不变。仅截面所在框架的方向发生变化。可变剖面扫描工具的主元件是截面轨迹。草绘剖面定位于附加至原始轨迹的框架上,并沿轨迹长度方向移动以创建几何。原始轨迹以及其他轨迹和其他参照(如平面、轴、边或坐标系的轴)定义截面沿扫描的方向。

框架实质上是沿着原始轨迹滑动并且自身带有要被扫描截面的坐标系。坐标系的轴由辅助轨迹和其他参照定义。“框架”非常重要,因为它决定着草绘沿原始轨迹移动时的方向。“框架”由附加约束和参照(如“垂直于轨迹”、“垂直于投影”和“恒定法向”)定向(沿轴、边或平面)。

4.5.1 扫描工具面板

进入 Creo 3.0 零件模式,单击“模型”选项卡“形状”面板的“扫描”按钮即可调用“扫描”命令。其操作面板如图 4-18 所示。

图 4-18 “扫描”命令操作面板

1. 对话栏

扫描对话栏由下列元素组成:

- :扫描为实体。
- :扫描为曲面。
- :打开内部截面草绘器以创建或编辑扫描截面。
- :实体或曲面切口。
- :薄伸出项、薄曲面或曲面切口。
- :恒定截面扫描,即扫描时其草绘截面保持不变。
- :可变截面扫描,即允许截面根据参数变化或沿扫描的关系进行变化。

2. 下滑面板

(1)“参考”面板。

● “轨迹”列表:“轨迹”列表的“轨迹”列用于显示轨迹,包括用户选择作为轨迹原点和集类型的轨迹;“X”复选框可用于将轨迹设置为 X 轨迹,“N”复选框可用于将轨迹设置为法向轨迹(“N”复选框被选定时,截面垂直于轨迹),“T”复选框可用于将将轨迹设置为与“侧1”、“侧 2”或选定的曲面参考相切。

● “细节”按钮:单击此按钮,将打开如图 4-19 所示的“链”对话框,以便修改链属性。

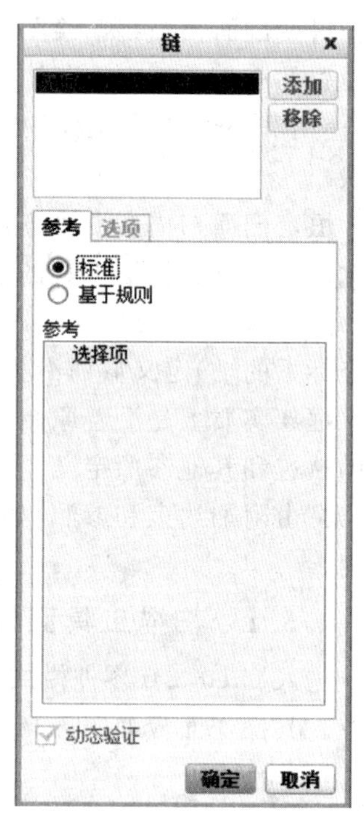

图 4-19 “链”对话框

● “截平面控制”下拉列表:用于设置定向截平面的方式。该下拉列表用于设置定向截平面的方式(扫描坐标系的 Z 方向),可供选择的选项有“垂直于轨迹”、“垂直于投影”和“恒定法向”。当选择“垂直于轨迹”选项时,截平面在整个长度上保持与原点轨迹垂直;当选择“垂直于投影”选项时,沿着投影方向看去,截平面保持与原点轨迹垂直,Z 轴与指定方向上的原点轨迹的投影相切,注意选择该选项时“方向参考”收集器被激活以用于选择方向参考;当选择“恒定法向”选项时,Z 轴平行于指定的方向参考矢量,同样“方向参考”收集器被激活,并提示选择方向参考。

● “水平/竖直控制”下拉列表:用于决定绕草图平面法向的框架旋转沿扫描如何定向。该下拉列表框可提供的选项有“自由”、“垂直于曲面”和“X 轨迹”,其中,“自动”为默认选项,表示由 XY 方向定向横截面。

● “起点的 X 方向收集器”:当在“截平面控制”下拉列表中选择“垂直于轨迹”或“恒定法向”选项,且“水平/竖直控制”设置为“自动”时,显示原点轨迹起点处的截平面 X 轴方向。

(2)“选项”面板:选取可变或恒定扫描。

“封闭端”复选框:向扫描添加封闭端点。请注意:要使用此选项,必须选取具有封闭截面的曲面参照。

“合并端”复选框:合并扫描端点。为执行合并,扫描端点处必须要有实体曲面。此外,扫描必须选中“恒定剖面”和单个平面轨迹。

“草绘放置点”:指定“原始轨迹”上想要草绘剖面的点。不影响扫描的起始点。如果“草绘放置点”为空,则将扫描的起始点用作草绘剖面的缺省位置。

(3)“相切”面板:用相切轨迹选取及控制曲面。

“轨迹”列表用于显示扫描特征中的轨迹,“参考”下拉列表用于用相切轨迹控制曲面,其中“无”:禁用相切轨迹。

(4)“属性”:重命名扫描特征或在 Creo 嵌入式浏览器中查看关于扫描特征的信息。

4.5.2 扫描特征的创建流程

1. 轨迹的创建

扫描轨迹的创建方式有两种，分别是：草绘轨迹和选取轨迹。

详细说明如下：

(1)草绘轨迹。选择草绘平面，绘制轨迹外形。使用草绘轨迹，当扫描轨迹绘制完成后，点击 草绘视图，系统会切换视角到该轨迹路径正交的平面上，以便进行 2D 剖面的绘制。

(2)选取轨迹。选择已经存在的曲线或实体上的边作为轨迹路径，该曲线可以是 3D 曲线。利用现存曲线作为扫描轨迹，系统会自动询问水平参考面的方向。

2. 开放型与闭合型轨迹

在 Creo 中，扫描轨迹可以是开放型也可以是闭合型的。如果轨迹平面是闭合型路径，则会有“增加内部因素”和“无内部因素”两个属性选项供我们选择。

(1)增加内部因素。由于增加内部面，会自动补充上、下表面以形成实体，故限用开放型剖面，且开口方向须朝封向闭轨迹内部。

(2)无内部因素。无内部部分，并不会补充上、下表面，故限用闭合型曲面。剖面可与轨迹路径相接，也可以不相接，因轨迹可看作是剖面移动扫描的参考路径。如果轨迹为开放型，并且该扫描特征的两开口端点附近有实体与之相接，则会有两项属性设置：合并端点与自由端点。

3. 创建可变截面扫描的流程

下面是使用“可变截面扫描”工具的基本流程：

(1)选取原始轨迹。

(2)按住【Ctrl】键选择其他轨迹，默认创建可变截面扫描，被激活。

(3)指定截面以及水平和垂直方向控制。

(4)草绘截面进行扫描。

(5)预览几何并完成特征。

4. 创建恒定截面扫描的流程

下面创建恒定截面扫描的基本流程：

(1)选取原始轨迹。

(2)指定截面以及水平和垂直方向控制。

(3)草绘截面进行扫描。

(4)预览几何并完成特征。

4.5.3 创建扫描特征

扫描特征是一个截面沿着给定的轨迹扫描而生成的。因此它的两个特征要素是扫描轨迹和扫描截面。

【例 4-3】 创建如图 4-20 所示的扫描特征。

(1)新建零件 saomiao. prt。

(2)打开扫描特征的创建面板。在功能区“模型”选项卡的“形状”面板中单击“扫描”按钮，出现如图 4-21 所示的选项。

(3)创建扫描轨迹。在功能区的右侧区域选择“基准”下的“草绘”命令，弹出“草绘”对话

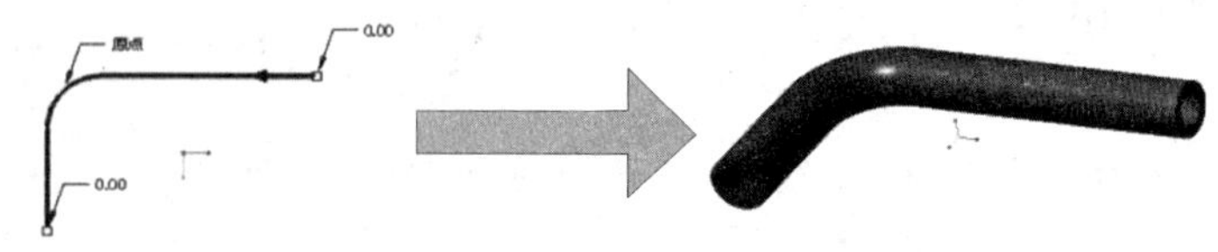

图 4-20　扫描特征

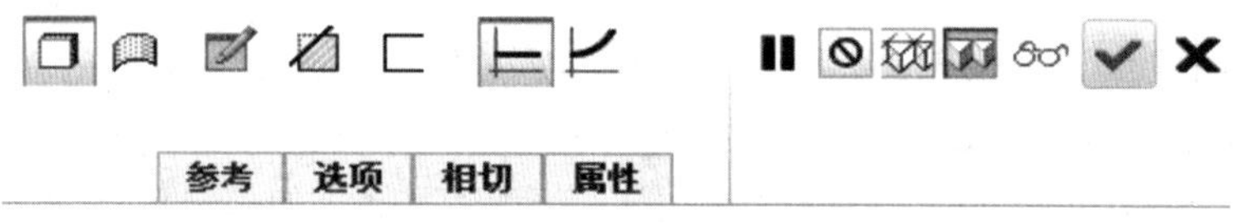

图 4-21　扫描特征创建面板

框，选择“TOP 基准平面”作为草绘平面，参照默认即可，如图 4-22 所示，然后单击“草绘”按钮进入草绘模式，绘制如图 4-23 所示的扫描轨迹，单击“确定”按钮✔。

图 4-22　草绘对话框

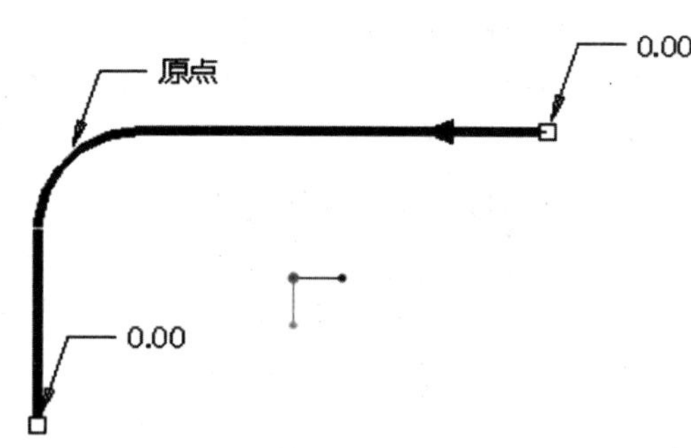

图 4-23　截面草图

特殊说明：

创建扫描轨迹时应注意下面的情况：

- 轨迹不能相交。
- 相对于扫描截面的大小，扫描轨迹中的弧或者样条半径不能太小，否则扫描特征在经过该弧时由于自身相交而出现特征生产失败。

---

(4)在功能区“扫描”选项卡中单击出现的“退出暂停模式，继续使用此工具”按钮，如图 4-24 所示。

(5)确保所绘制的曲线被选择为原点轨迹，在“扫描”选项卡中打开“参照”面板，默认“截平面控制”为“垂直于轨迹”。如果原始轨迹的起点箭头不在所需的端点处，可通过左键单击显示的起点箭头将它切换到另一端，或者右键，选择“反向链方向”，如图 4-25 所示。

图 4-24　继续扫描特征的绘制

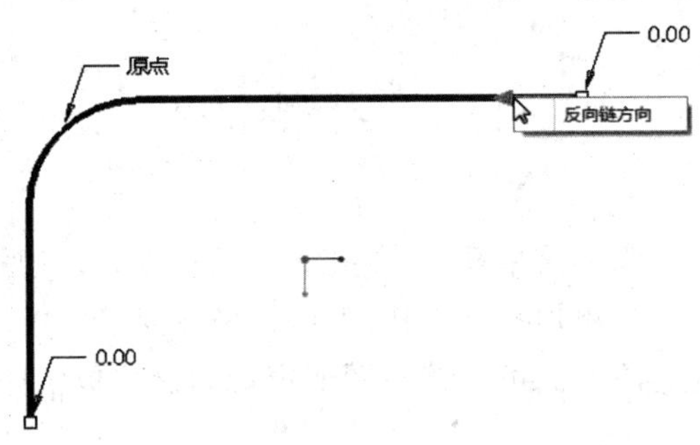

图 4-25　改变轨迹方向

(6)在功能区“扫描”选项卡中可以看到“生成实体”按钮 和恒定截面按钮 自动被选中，单击创建薄板按钮 ，并设置“薄板厚度”为“3”，如图 4-26 所示。

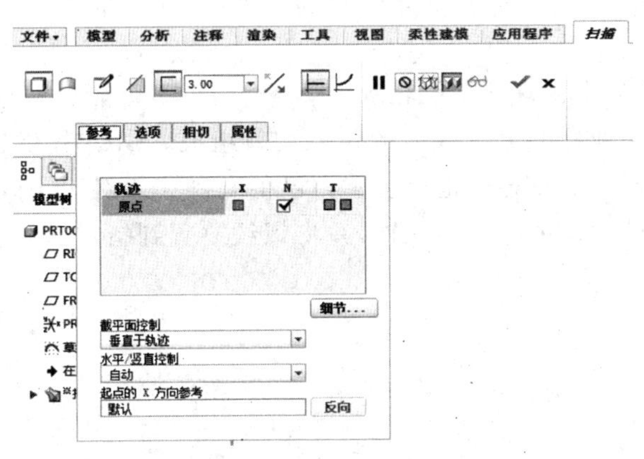

图 4-26　设置生成薄板及其参数

(7)绘制截面。在功能区“扫描”选项卡中单击“创建或编辑扫描截面”按钮 ，进入内部草绘器，绘制如图 4-27 所示的扫描截面，然后单击“确定”按钮✔。

(8)在功能区“扫描”选项卡中单击“完成”按钮✔，完成的模型如图 4-28 所示。

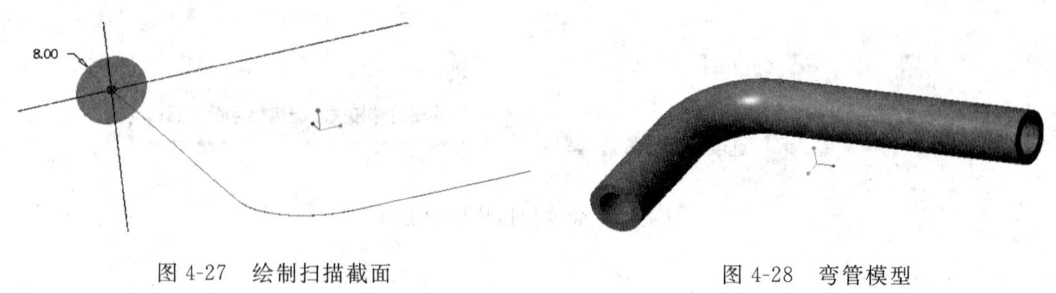

图 4-27　绘制扫描截面　　　　图 4-28　弯管模型

4.6　孔特征

利用孔特征可向模型中添加简单孔、定制孔和工业标准孔。通过定义放置参照、设置偏移参照及定义孔的具体特性来添加孔。操作时，Creo 会显示孔的预览几何。孔总是从放置参照位置开始延伸到指定的深度。可直接在图形窗口和操控板中操控并定义孔。

可创建以下孔类型：

“简单”孔由带矩形剖面的旋转切口组成。可创建以下直孔类型：

预定义矩形轮廓：使用 Creo 预定义的轮廓。缺省情况下，Creo 创建单侧“简单”孔。但是，可以使用“形状”下滑面板来创建双侧简单直孔。双侧“简单”孔通常用于组件中，允许同时格式化孔的两侧。

标准孔轮廓：使用标准孔轮廓作为钻孔轮廓。可以为创建的孔指定埋头孔、扩孔和刀尖角度。

草绘：使用“草绘器”中创建的草绘轮廓。

“标准”孔由基于工业标准紧固件表的拉伸切口组成。Creo 提供选取的紧固件的工业标准孔图表以及螺纹或间隙直径。也可创建自己的孔图表。对于“标准”孔，会自动创建螺纹注释。可以从孔螺纹曲面中分离出孔轴，并将螺纹放置到指定的层。可以创建下列类型的“标准”孔：

- ：螺纹孔
- ：锥形孔
- ：间隙孔
- ：钻孔

虽然都是去除材料的，但是孔特征与切口特征有着本质的不同，孔特征与切口特征的不同之处在于：

孔特征使用一个比切口标注形式更为理想的预定义放置形式。

与切口特征不同，简单“直”孔和“标准”孔不需要草绘。

4.6.1　创建简单孔

【例 4-4】　创建简单孔。

(1)打开光盘中的“jiandankong. prt”文件。

(2)在功能区"模型"选项卡的"工程"面板中单击"孔"按钮，打开"孔"选项卡，如图 4-29 所示。

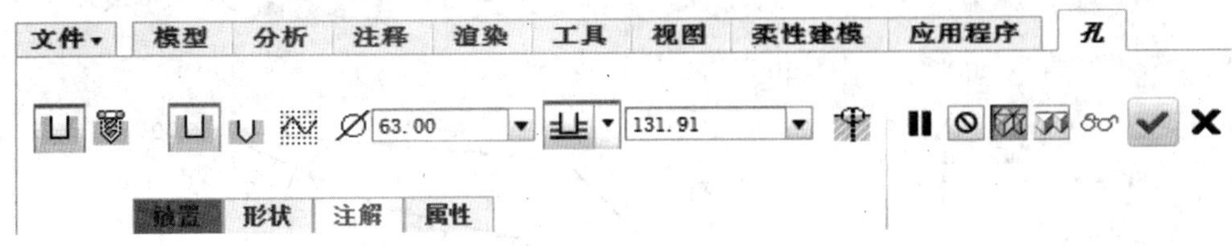

图 4-29 定义孔类型

(3)在"孔"选项卡中单击左侧的"创建简单孔"按钮，接着单击右侧的"使用预定义矩形定义钻孔轮廓"按钮。

(4)在文本框中输入"30"，以设置孔的直径值为 30。

(5)定义钻孔深度。在"孔"选项卡的"深度选项"下拉列表中选择"从放置参考已指定的深度值钻孔"命令。

- 【可变】：在第一方向上从放置参照钻孔到指定深度。对话栏及"形状"下滑面板中将显示"侧 1 深度参照"框。Creo 会缺省选取此选项。
- 【对称】：在放置参照两侧的每一方向上，以指定深度值的一半进行钻孔。"深度"(Depth) 框会显示在对话栏及"形状"下滑面板中。
- 【到下一个】：在第一方向上钻孔至下一曲面。此选项在"组件"中不可用。
- 【穿透】：在第一方向钻孔至与所有曲面相交。
- 【穿至】：在第一方向上钻孔至与选定曲面相交。对话栏及"形状"上滑面板中的"侧 1 深度参照"收集器会激活。此选项在"组件"中不可用。
- 【到选定项】：在第一方向上钻孔至选定点、曲线、平面或曲面。对话栏及"形状"上滑面板中的"侧 1 深度参照"收集器会激活。

---

(6)在模型上选择放置孔的大致位置，接着打开"放置"面板，定义孔的放置类型为"线性"。

- 线性：参照两边或两平面放置孔(须标注两线性尺寸)，需要选择参照边或者平面并输入距参照的距离。
- 径向：绕一中心轴及参照一个面放置孔(须输入半径)，需要选择中心轴及角度参照的平面。
- 直径：绕一中心轴及参照一个面放置孔(须输入直径)，需要选择中心轴及角度参照的平面。
- 同轴：创建一根中心轴的同轴孔，需要选择参照的中心轴。

---

(7)在"放置"面板中点击"偏移参考"，按住【Ctrl】键选择两个偏移参考，这里可以选择模型的两个面，也可以选择其他面，然后设置相应的偏移参考的数值，如图 4-30 所示。

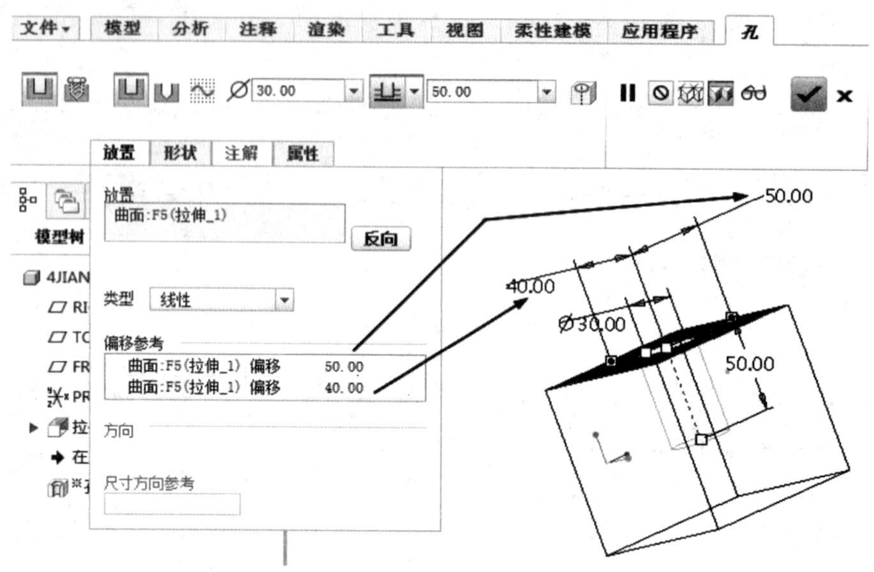

图 4-30　定义偏移参照及其尺寸

(8)在“形状”面板中可以看到孔的形状并进行修改,如图 4-31 所示。

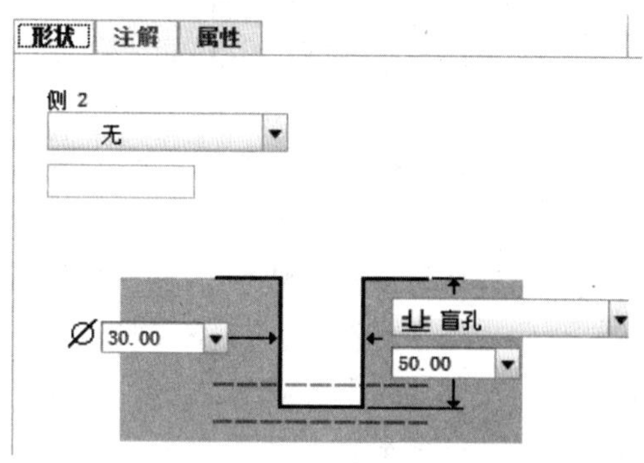

图 4-31　设置形状尺寸

(9)单击“孔”选项卡的“完成”按钮,完成该简单直孔的创建,如图 4-32 所示。

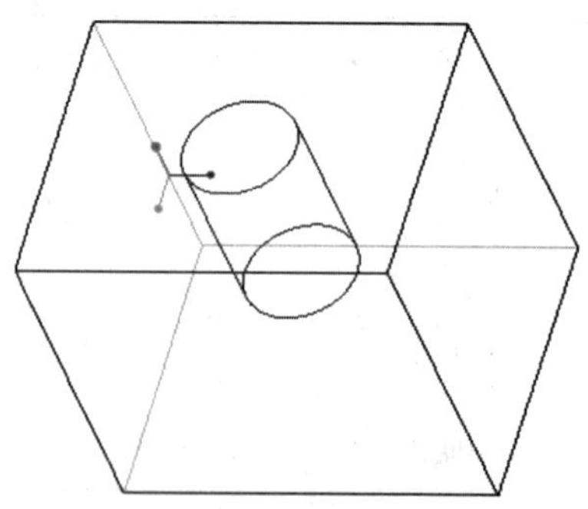

图 4-32　孔特征预览

4.6.2 创建草绘孔

要创建草绘孔，则必须进入内部草绘器中选取现有的草绘轮廓或者创建新的草绘轮廓。草绘轮廓要符合以下要求：

- 必须包含所需的几何图元且无相交图元，轮廓是封闭的。
- 包含垂直旋转轴(必须草绘一条几何中心线)。
- 使所有图元位于旋转轴的一侧，并且至少一个图元垂直于旋转轴。

具体操作步骤如下：

(1)在功能区“模型”选项卡的“工程”面板中单击“孔”按钮，打开“孔”选项卡。

(2)在“孔”选项卡中单击“创建简单孔按钮”，接着单击“使用草绘定义钻孔轮廓”按钮，如图 4-33 所示。

图 4-33 创建草绘孔

(3)在“孔”选项卡中单击“激活草绘器以创建剖面”按钮，进入草绘模式。

(4)为孔绘制一个新的草绘轮廓，如图 4-34 所示。

(5)单击“确定”按钮✔。

(6)在模型上选择放置孔的主放置参照位置，如图 4-35 所示。

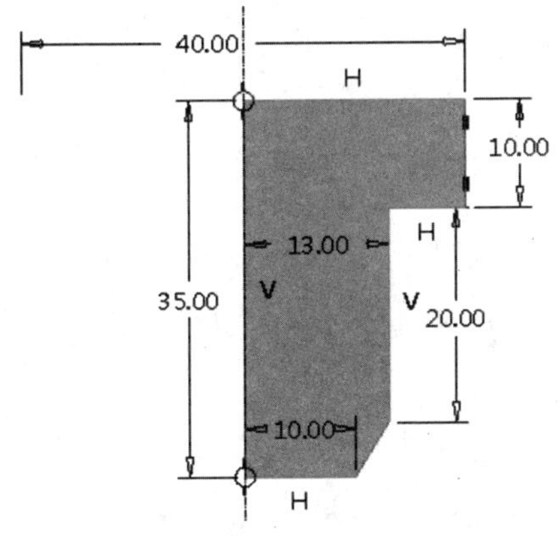

图 4-34 创建一个新草绘剖面

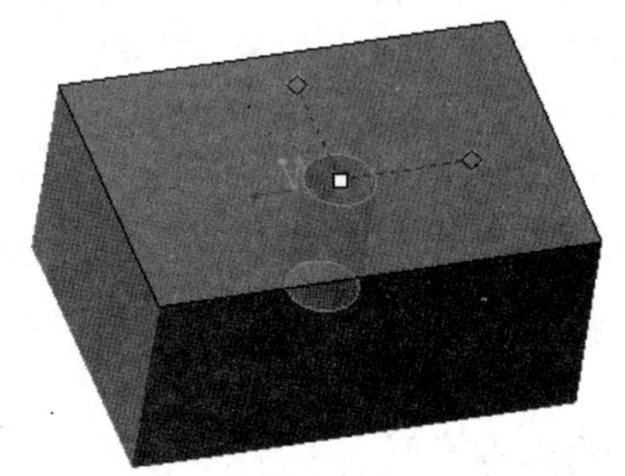

图 4-35 指定主放置参照

(7)打开“放置”面板，定义孔的放置类型为“线性”，接着分别将两个偏移放置控制滑块拖动到相应的偏移参照上，并在“偏移参考”收集器中设置相应的偏移距离尺寸，如图 4-36 所示。

(8)在“孔”选项卡中单击“完成”按钮✔，完成该草绘孔的创建，如图 4-37 所示。

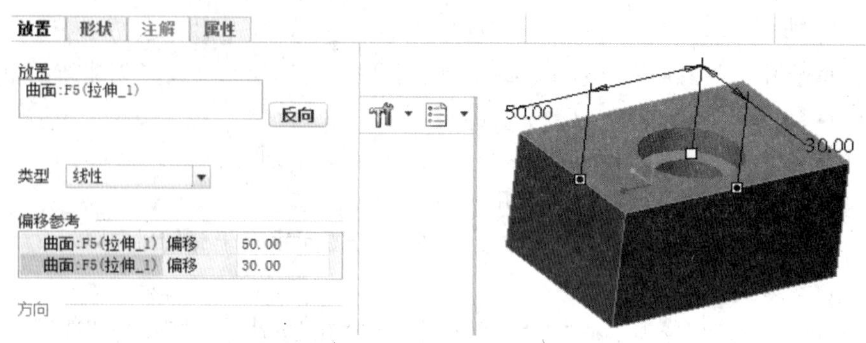

图 4-36　定义偏移参照及其偏移距离尺寸

图 4-37　完成草绘孔

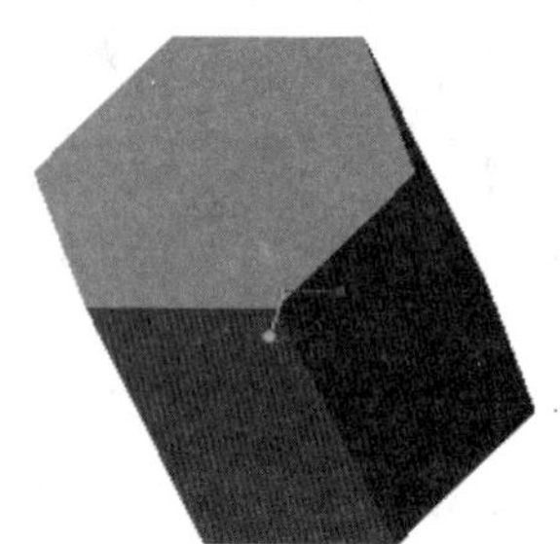

图 4-38　已有模型

4.6.3　创建标准孔

标准孔是采用工业标准的螺纹数据等参数来创建的孔，在创建过程中不需要草绘，下面结合实例说明创建标准孔的步骤。

【例 4-5】　创建标准孔。

(1)在“快速访问”工具栏中单击“打开”按钮，弹出“文件打开”对话框，选择配套文件“biaozhunkong. Prt”并打开，该文件中已有的模型如图 4-38 所示。

(2)在功能区“模型”选项卡的“工程”面板中单击“孔”按钮，打开“孔”选项卡。

(3)在“孔”选项卡中单击“创建标准孔”按钮，并取消选中“添加攻丝”按钮，接着单击“螺纹钻孔”按钮，如图 4-39 所示。

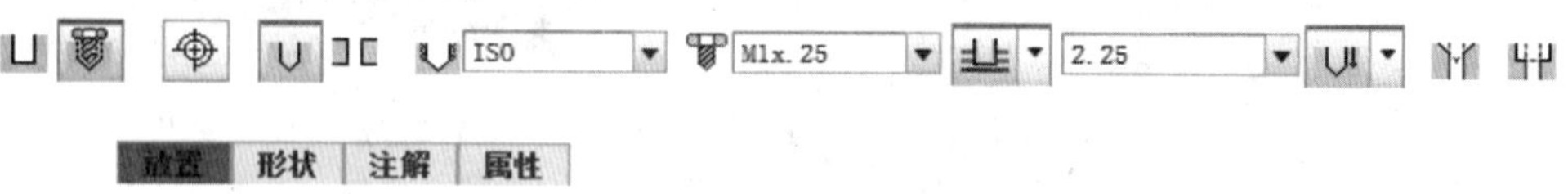

图 4-39　设置创建标准螺纹孔

(4)打开“放置”面板，选择六角柱的上端面作为放置孔的位置，按住【Ctrl】键，同时选择“FRONT(基准平面)”和“RIGHT(基准平面)”，确定孔的放置位置处在六角柱中心，如图 4-40 所示。

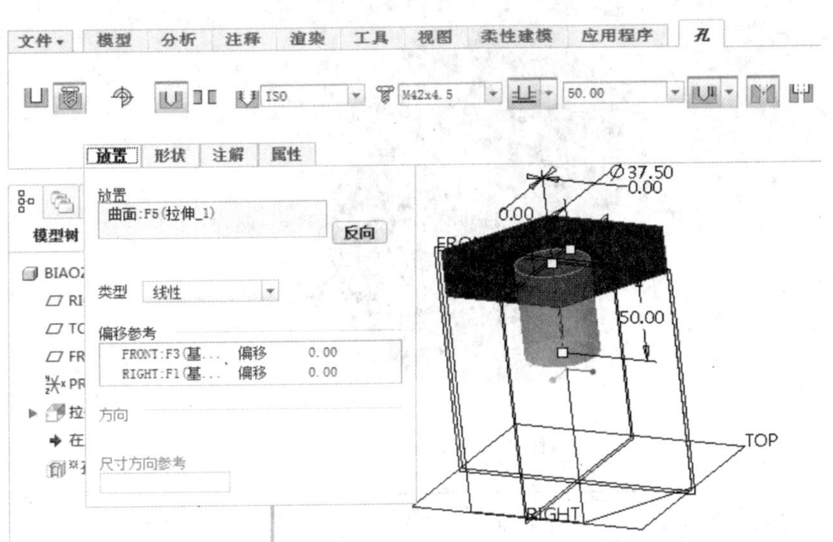

图 4-40　确定孔的位置

(5)在“孔”选项卡的“螺纹类型”下拉列表中选择所需要的孔图表，这里接受默认的 ISO 标准。

(6)在“螺钉尺寸”文本框中选择螺钉尺寸为“M42×4.5”，设置孔的深度值为“50”。

(7)向孔中添加埋头孔，可单击孔特征操控板。

(8)打开“形状”面板，设置孔的相关形状尺寸，如图 4-41 所示。

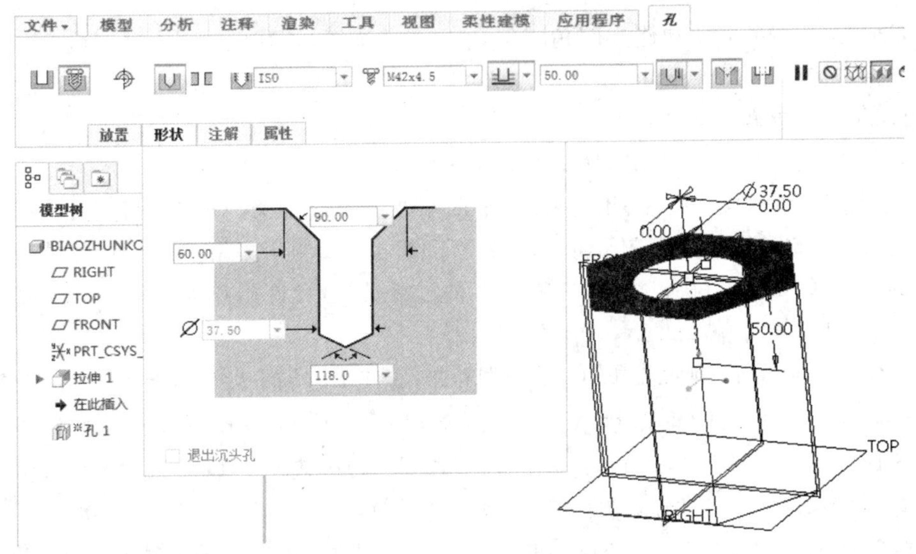

图 4-41　设置孔的尺寸和形状

(9)单击孔特征操控板上的完成创建，结果如图 4-42 所示。

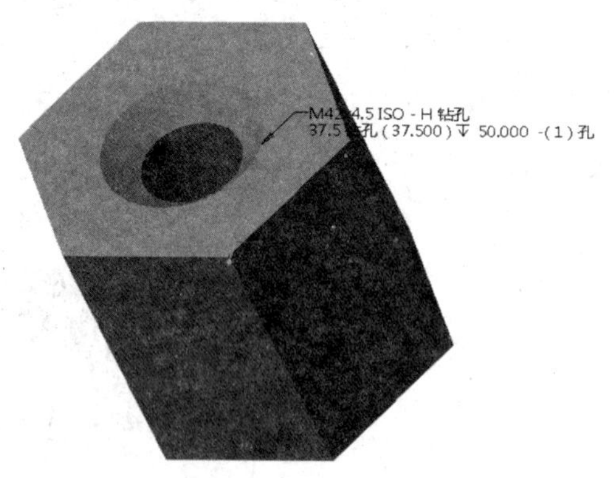

图 4-42　标准孔创建完成

要创建螺纹钻孔，请单击孔操控板上的[图标]。

要创建锥孔，请确保已选取[图标]并单击孔操控板上的[图标]。

要创建间隙孔，单击孔操控板上的[图标]。

4.7　倒角特征和倒圆角特征

4.7.1　倒角特征

在 Creo 3.0 中可创建和修改倒角。倒角是一类特征，该特征对边或拐角进行斜切削。曲面可以是实体模型曲面，也可以是常规的 Creo 零厚度面组和曲面。可创建两种倒角类型：拐角倒角和边倒角。

边倒角特征由以下内容组成(见表 4-3)：

- 集：倒角段，由唯一属性、几何参照、平面角及一个或多个倒角距离组成。
- 过渡：连接倒角段的填充几何。过渡位于倒角段或倒角集端点会合或终止处。在最初创建倒角时，Creo 使用缺省过渡，并提供多种过渡类型，允许用户创建和修改过渡。

1. 创建边倒角

要创建边倒角特征，则在功能区“模型”选项卡的“工程”面板中单击“边倒角”按钮[图标]，打开“边倒角”选项卡，默认时激活“集”模式[图标]，在“标注形式”下拉列表框中可以设置当前倒角集的标注形式，如图 4-43 所示。在“标注形式”下拉列表中会基于集合环境提供有效的标注形式，包括“D×D”、“角度×D”、“45×D”等。

系统默认的倒角创建方法是“偏移曲面”，用户可以在“边倒角”选项卡中打开“集”面板，接着从一个下拉列表中重新选择倒角创建方法，即选择另外一种创建方法为“相切距离”。“偏移曲面”创建方法是指通过偏移参照边的相邻曲面来确定倒角距离，默认选择此项；“相切距离”创建方法是使用与参照边的相邻曲面相切的向量来确定倒角距离。

表 4-3 边角特征

<table>
<tr><th>集模式显示</th><th>过渡模式显示</th></tr>
<tr><td>为倒角集选取两个边参照。Creo 显示两个倒角段的预览几何和距离值。
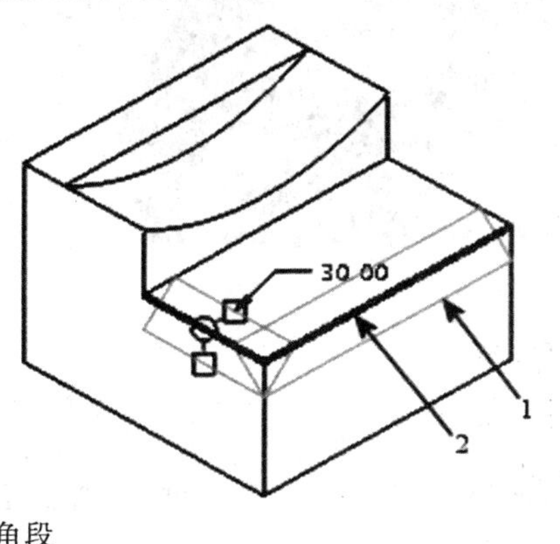

1 倒角段
2 边参照</td><td>显示整个边倒角特征的所有过渡。Creo 显示环境的两个倒角段。
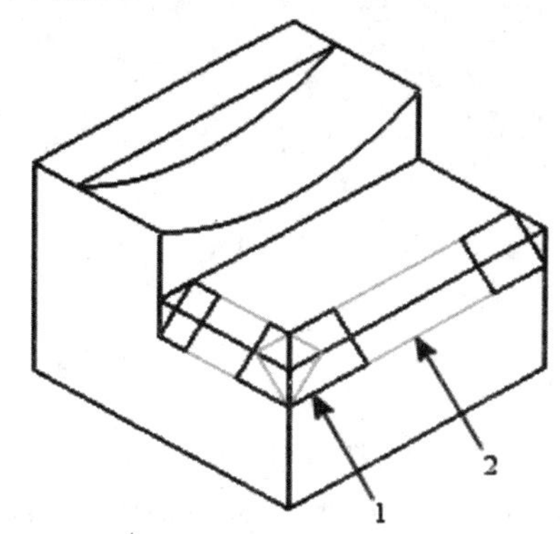

1 过渡
2 倒角段</td></tr>
</table>

图 4-43 “边倒角”选项卡

【例 4-6】 创建边倒角。

(1)在“快速访问”工具栏中单击“打开”按钮，弹出“文件打开”对话框，选择配套文件“biandaojiao. prt”并打开，该文件中已有的模型如图 4-44 所示。

图 4-44 已有零件

(2)添加倒角。

1)在功能区“模型”选项卡的“工程”面板中单击“边倒角”按钮，打开“边倒角”选项卡，默认时激活“集”模式。

2)选取模型中要倒角的边线，然后选择倒角的方案和倒角尺寸。此处选取 D×D 方案，倒角尺寸设为“20”，如图 4-45 所示。

(3)按【Enter】键完成。结果如图 4-46 所示。

2. 创建拐角倒角

拐角倒角是比较特殊的一种倒角，它的创建过程比较简单。要创建拐角倒角，则在功能区“模型”选项卡的“工程”面板中单击“拐角倒角”按钮，打开“拐角倒角”选项卡，使用该选项卡指定顶角和拐角角度即可。

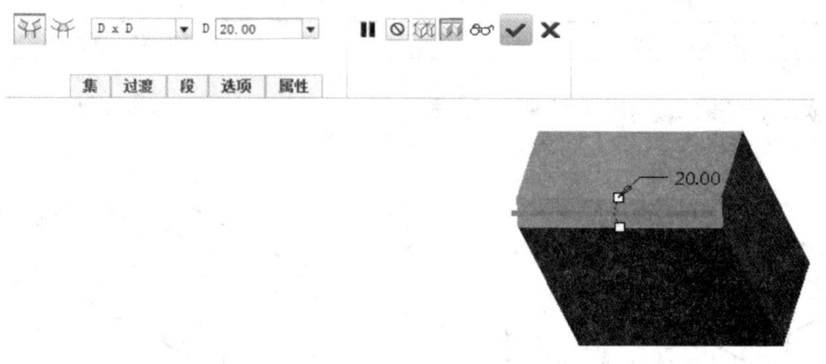

图 4-45　设置倒角尺寸

【例 4-7】 创建拐角倒角。

(1)在“快速访问”工具栏中单击“打开”按钮，弹出“文件打开”对话框，选择配套文件“guaijiaodaojiao.prt”并打开，该文件中已有的模型如图 4-47 所示。

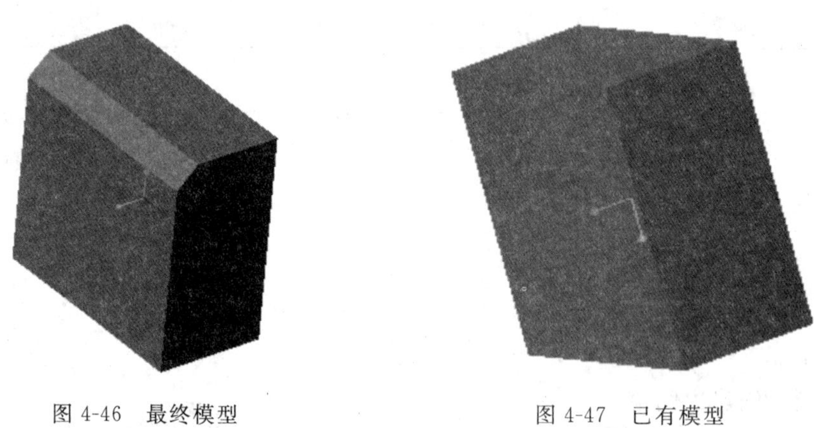

图 4-46　最终模型　　　　图 4-47　已有模型

(2)在功能区“模型”选项卡的“工程”面板中单击“拐角倒角”按钮，打开“拐角倒角”选项卡，如图 4-48 所示。

图 4-48　“拐角倒角”选项卡

(3)在图形窗口中选择要倒角的顶点，如图 4-49 所示。

(4)在“拐角倒角”选项卡中分别设置“D1”的值为“60”、“D2”的值为“30”、“D3”的值为“60”，如图 4-50 所示。

(5)单击“完成”按钮，最终结果如图 4-51 所示。

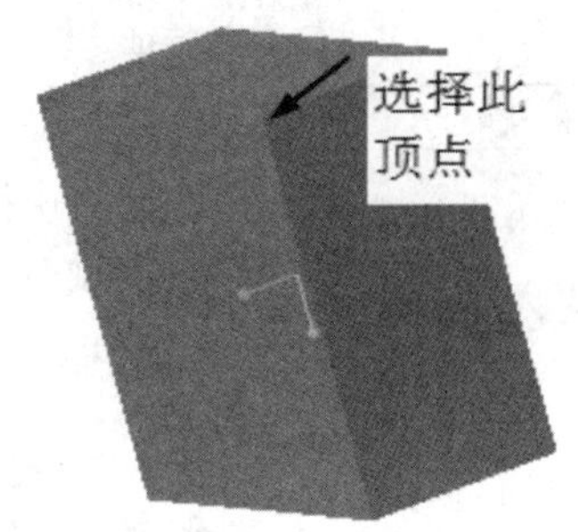

图 4-49　选择要创建拐角倒角的顶点

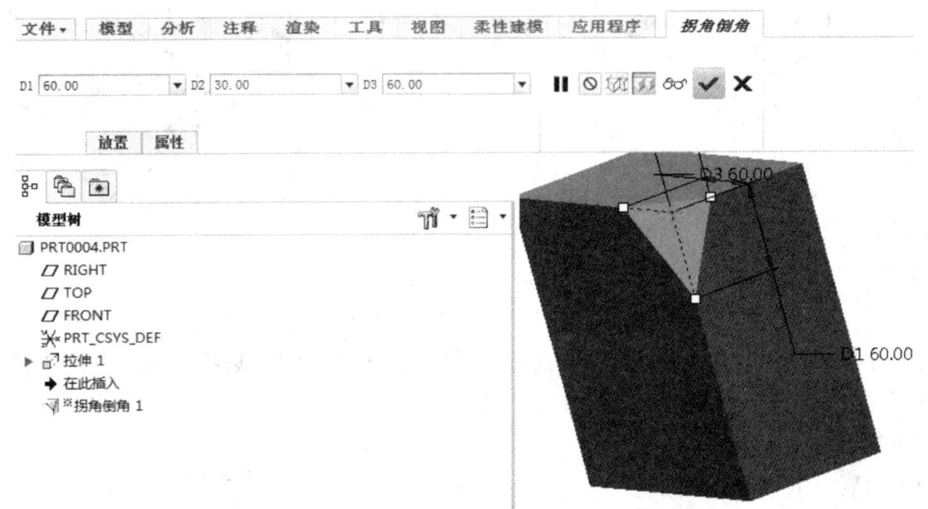

图 4-50　设置拐角倒角参数

4.7.2　倒圆角特征

图 4-51　最终模型

在 Creo 中可创建和修改倒圆角。倒圆角是一种边处理特征，通过向一条或多条边、边链或在曲面之间添加半径形成。曲面可以是实体模型曲面，也可以是常规的 Creo 零厚度面组和曲面。

要创建倒圆角，必须定义一个或多个倒圆角集。倒圆角集是一种结构单位，包含一个或多个倒圆角段(倒圆角几何)。在指定倒圆角放置参照后，Creo 将使用缺省属性、半径值以及最适于被参照几何的缺省过渡创建倒圆角。Creo 在图形窗口中显示倒圆角的预览几何，允许用户在创建特征前创建和修改倒圆角段和过渡。请注意：缺省设置适于大多数建模情况。但是，用户可定义倒圆角集或过渡以获得满意的倒圆角几何。

倒圆角由下列项目组成(见表 4-4)：

集：创建的属于放置参照的倒圆角段(几何)。倒圆角段由唯一属性、几何参照以及一个或多个半径组成。

过渡：连接倒圆角段的填充几何。过渡位于倒圆角段相交或终止处。在最初创建倒圆角时，Creo 3.0 使用缺省过渡，并提供多种过渡类型，允许用户创建和修改过渡。

表 4-4　倒圆角特征

<table>
<tr><th>集模式显示</th><th>过渡模式显示</th></tr>
<tr><td>为倒圆角集选取两个边参照。Creo 显示两个倒圆角段的预览几何和半径值。
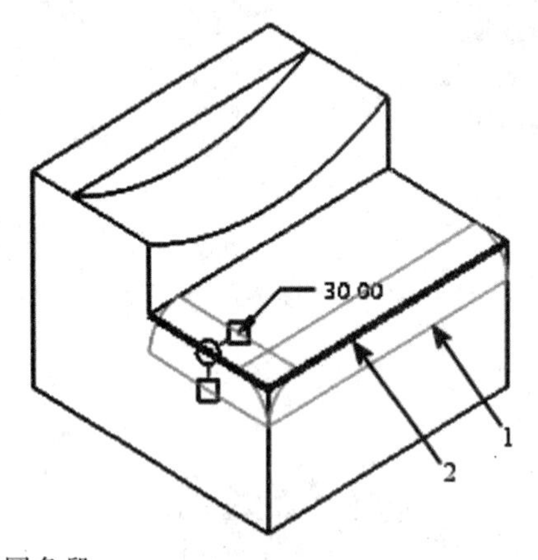

1 倒圆角段
2 边参照</td><td>显示整个倒圆角特征的所有过渡。Creo 显示环境的两个倒圆角段。
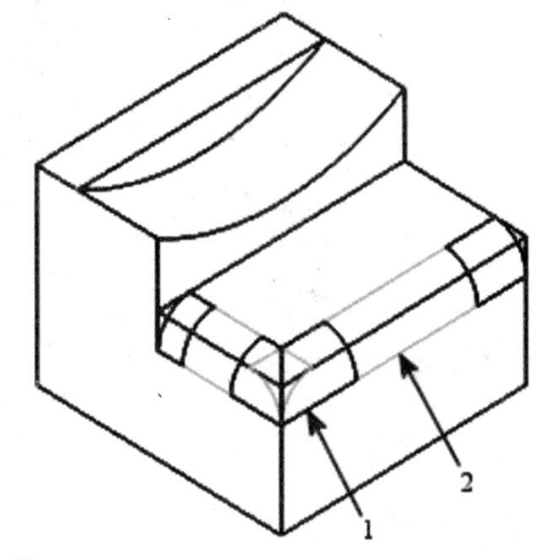

1 过渡
2 倒圆角段</td></tr>
</table>

倒圆角特征的类型主要包括恒定倒圆角、可变倒圆角、由曲线驱动的倒圆角和完全倒圆角等，下面结合实例介绍各种倒圆角的创建方法。

1. 创建恒定倒圆角

【例 4-8】 创建恒定倒圆角。

(1)在"快速访问"工具栏中单击"打开"按钮，弹出"文件打开"对话框，选择配套文件"daoyuanjiao. prt"并打开，该文件中已有的模型如图 4-52 所示。

(2)在功能区"模型"选项卡的"工程"面板中单击"倒圆角"按钮，打开"倒圆角"选项卡，如图 4-53 所示。

(3)在图形窗口中选择倒圆角的参照，此处选择"边"参照，按住【Ctrl】键可以选择多条边，并在圆角尺寸框中输入"3"，如图 4-54 所示。

(4)在"倒圆角"选项卡中单击"完成"按钮，最终结果如图 4-55 所示。

图 4-52　已有模型

图 4-53　"倒圆角"选项卡

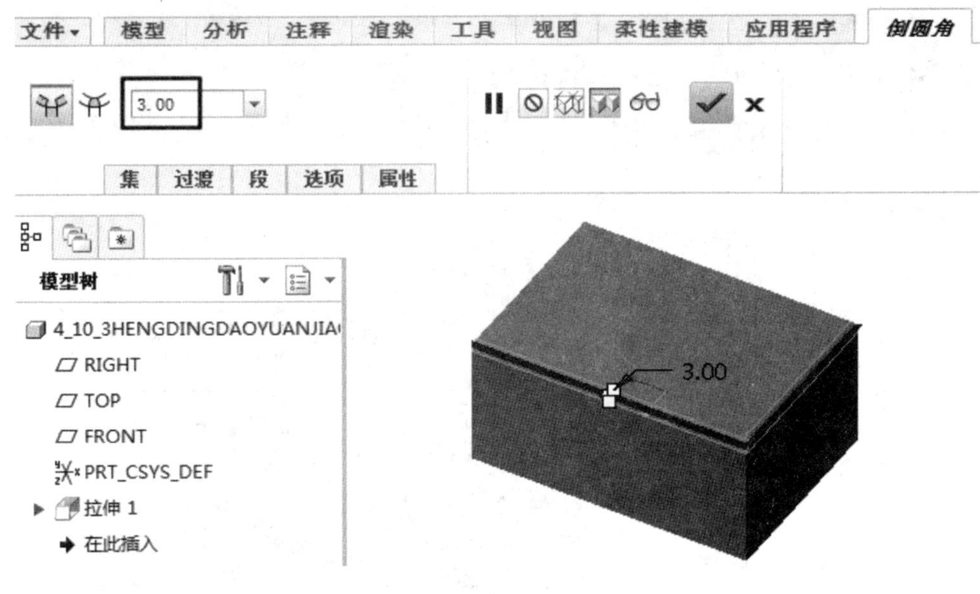

图 4-54　参数设置

2. 创建可变倒圆角

创建“可变倒圆角”是在“恒定倒圆角”的基础上，通过“添加半径”命令实现。

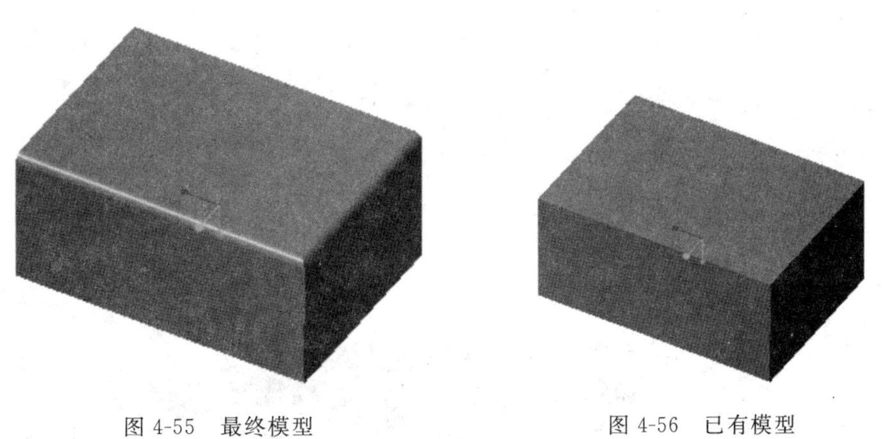

图 4-55　最终模型　　　　图 4-56　已有模型

【例 4-9】　创建可变倒圆角。

(1)在“快速访问”工具栏中单击“打开”按钮，弹出“文件打开”对话框，选择配套文件“kebiandaoyuanjiao. prt”并打开，该文件中已有的模型如图 4-56 所示。

(2)在功能区“模型”选项卡的“工程”面板中单击“倒圆角”按钮，打开“倒圆角”选项卡。

(3)在图形窗口中选择倒圆角的参照，此处选择“边”参照，接着打开“集”面板，在“半径”表格中单击鼠标右键，在弹出的快捷菜单中选择“添加半径”命令，可以添加多个，如图 4-57 所示。

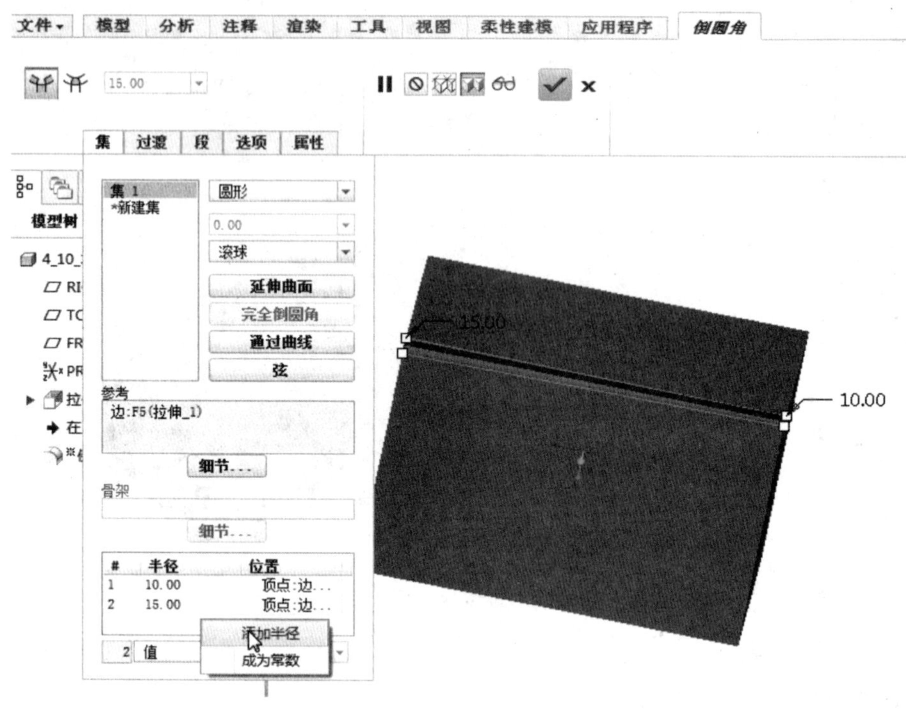

图 4-57　设置倒圆角半径

(4)添加 3 个半径并设置其尺寸和位置，如图 4-58 所示。

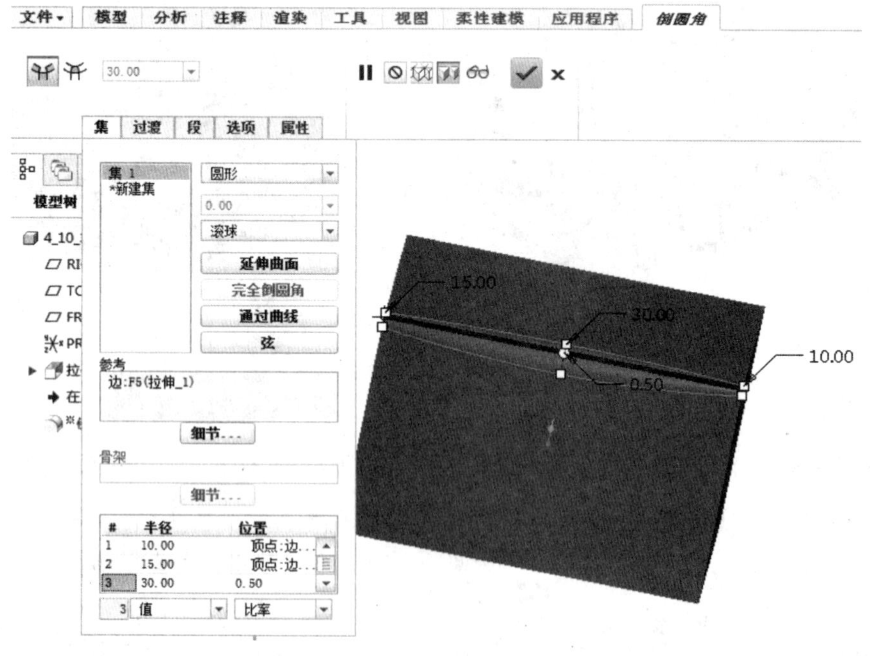

图 4-58　设置多个半径

(5)单击“确定”按钮,得到最终结果如图4-59所示。

图4-59 最终模型

4.8 壳特征

壳特征可将实体内部掏空,只留一个特定壁厚的壳。“壳特征”会移除所指定的一个或多个曲面,如果未选取要移除的曲面,则会创建一个“封闭”壳,将零件的整个内部都掏空,且空心部分没有入口。在这种情况下,可在以后添加必要的切口或孔来获得特定的几何。如果反向厚度侧(例如,通过输入负值或单击操控板上的%),壳厚度将被添加到零件的外部。

定义壳时,也可选取要指定不同厚度的曲面。可为每个此类曲面指定单独的厚度值。但是,无法为这些曲面输入负的厚度值或反向厚度侧。厚度侧由壳的缺省厚度确定。也可通过在“排除的曲面”收集器中指定曲面来排除一个或多个曲面,使其不被壳化。此过程称作部分壳化。要排除多个曲面,请在按住【Ctrl】键的同时选取这些曲面。不过,Creo不能壳化同在“排除曲面”收集器中指定的曲面相垂直的材料。还可以使用相邻的相切曲面来壳化曲面。

在功能区“模型”选项卡的“工程”面板中单击“壳”按钮,打开“壳”选项卡,有关“壳”选项卡的相关组成要素如图4-60所示。

注意:当Creo创建壳时,在创建“壳”特征之前添加到实体的所有特征都将被掏空。因此,使用壳时,特征创建的次序非常重要。

【例4-10】 壳特征的创建。

(1)在“快速访问”工具栏中单击“打开”按钮,弹出“文件打开”对话框,选择配套文件“ke.prt”并打开,该文件中已有的模型如图4-61所示。

(2)在功能区“模型”选项卡的“工程”面板中单击“壳”按钮,则在功能区中打开“壳”选项卡。

(3)在“厚度”文本中输入“5”。

(4)单击选择模型的上表面,上表面将作为要移除的曲面。此时,打开“参考”面板可以看到在“移除的曲面”收集器中已经显示所选的表面,如图4-62所示。

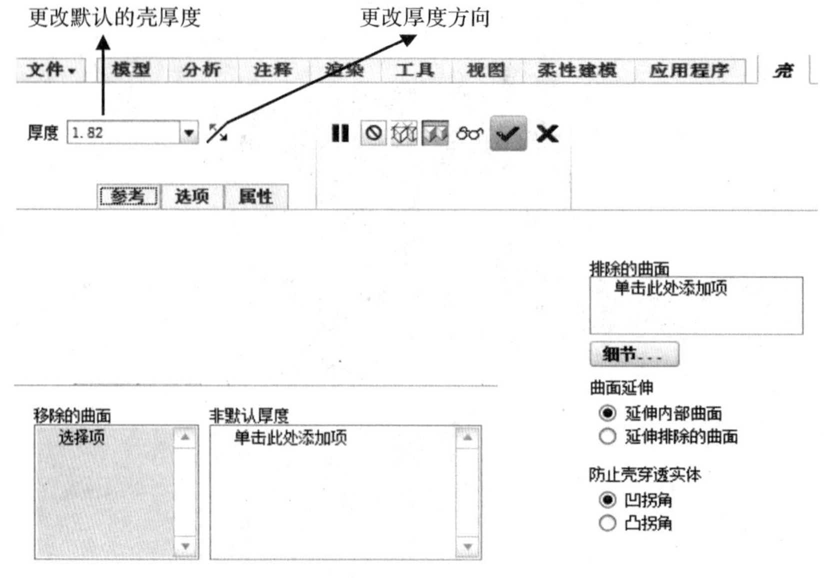

图 4-60 “壳”选项卡

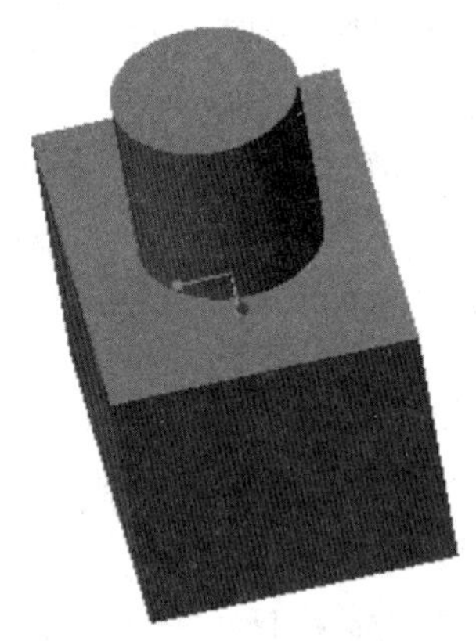

图 4-61 已有模型

(5)在“参考”面板中“非默认厚度”收集器的框中单击将其激活，选择模型左表面，然后在“非默认厚度”收集器中将该曲面要生成的厚度设置为“10”，如图 4-63 所示。

(6)排除圆柱实体的壳化，单击“选项”面板，然后单击“要移除的曲面”框将其激活，最后单击圆柱曲面即可，如图 4-64 所示。

(7)单击“确认”按钮☑，完成绘制，如图 4-65 所示。

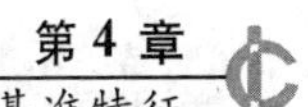

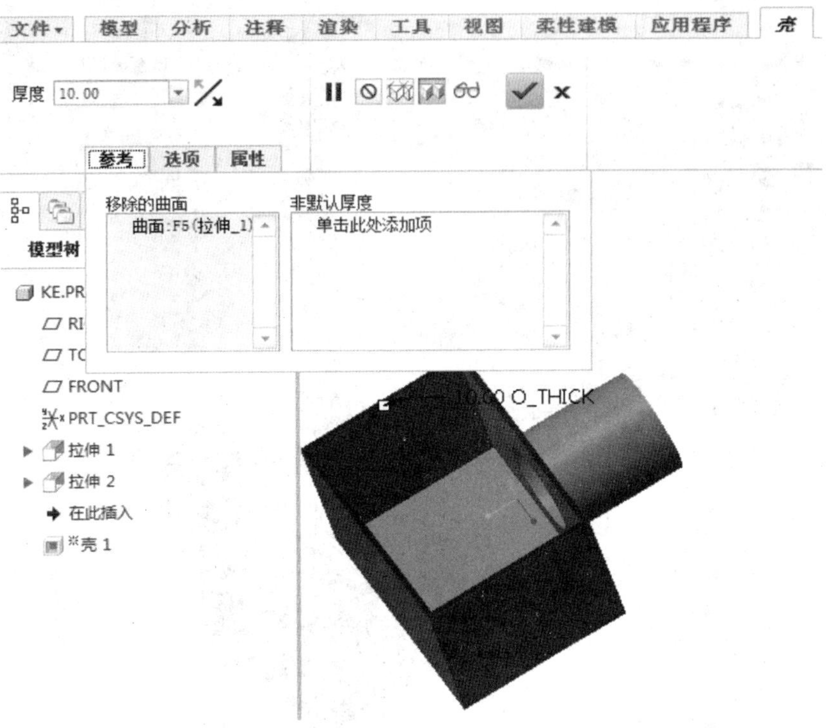

图 4-62 “参考”面板

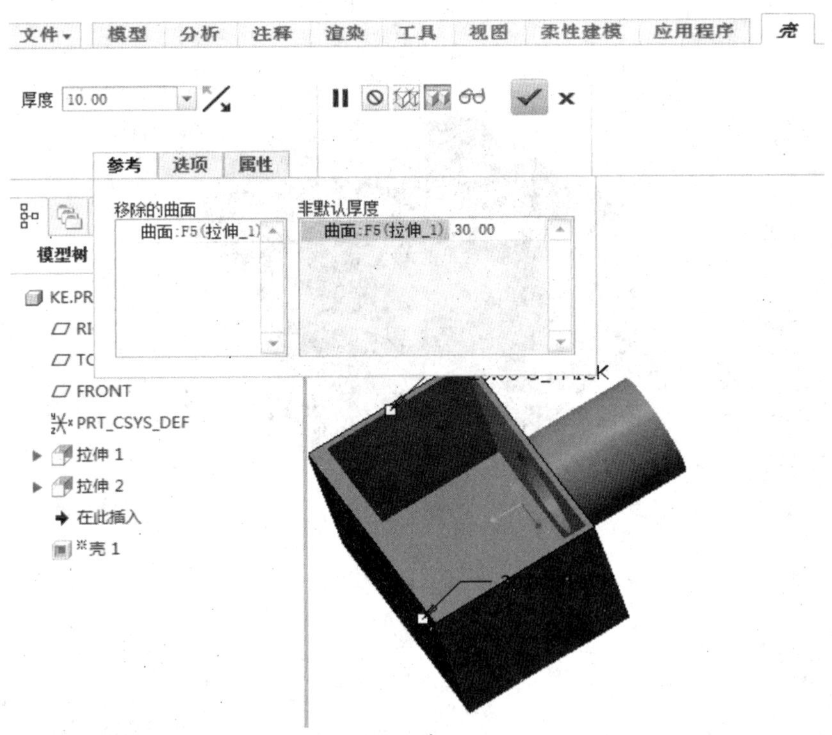

图 4-63 设置不同厚度

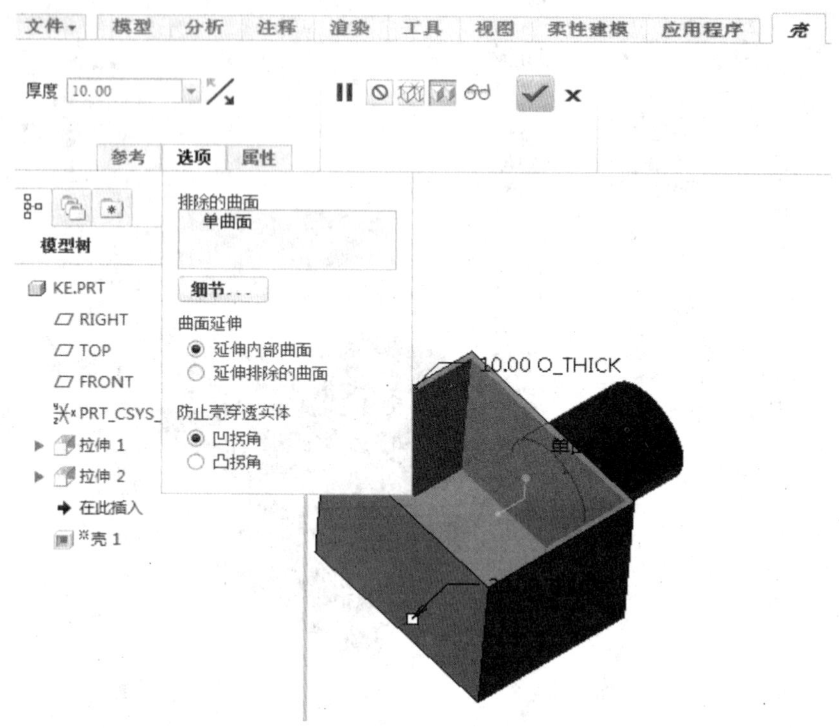

图 4-64　排除圆柱实体的壳化

图 4-65　最终模型

4.9　筋特征

在 Creo 3.0 中，筋特征主要分为轮廓筋和轨迹筋两大类。

4.9.1　轮廓筋

轮廓筋是指在设计中连接到实体曲面的薄翼或腹板伸出项。轮廓筋特征仅在零件模式中可用，可对其执行阵列、修改、编辑定义和重定参照等操作。

轮廓筋特征包括直的轮廓筋特征和旋转轮廓筋特征。直的轮廓筋特征是直接连接到直曲面上的，而旋转筋特征是连接到旋转曲面上的，如图 4-66 所示。

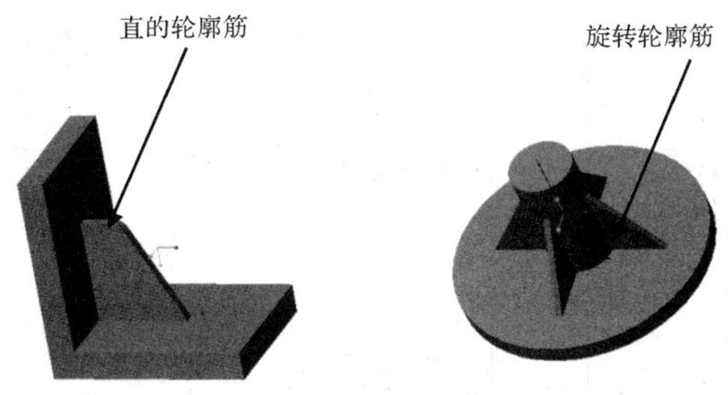

图 4-66　轮廓筋

1. 指定有效的轮廓筋草绘

通过从模型树中选取“草绘”特征（草绘基准曲线）来创建从属截面，或草绘一个新的独立截面。有效的筋特征草绘必须满足以下标准：

(1)单一的开放环；

(2)连续的非相交草绘图元；

(3)草绘端点必须与形成封闭区域的连接曲面对齐。

对于直的轮廓筋特征，其筋轮廓草绘要求为：可以在任意点上创建草绘，只需其线端点连接到曲面，形成一个要填充的区域，如图 4-67(a)所示。对于旋转筋特征，其筋轮廓草绘要求为：必须在通过旋转曲面的旋转轴的平面上创建草绘，其线端点必须连接到曲面，以形成一个要填充的区域，如图 4-67(b)所示。

2. 确定相对于草绘平面和所需筋几何的筋材料侧

相对于草绘平面和所需筋几何的材料侧（厚度侧）可以有分三种情况，即关于草绘平面对称（两侧）、侧一和侧二，如图 4-68 所示。默认的材料侧方向为对称，可以在“筋”选项卡中通过单击“材料侧方向”按钮 来更改筋特征的材料加厚方向。

3. 设置筋厚度

在“筋”选项卡的“厚度”尺寸框中控制筋特征的材料厚度。

下面以创建旋转轮廓筋特征为例介绍创建轮廓筋的一般方法及步骤。

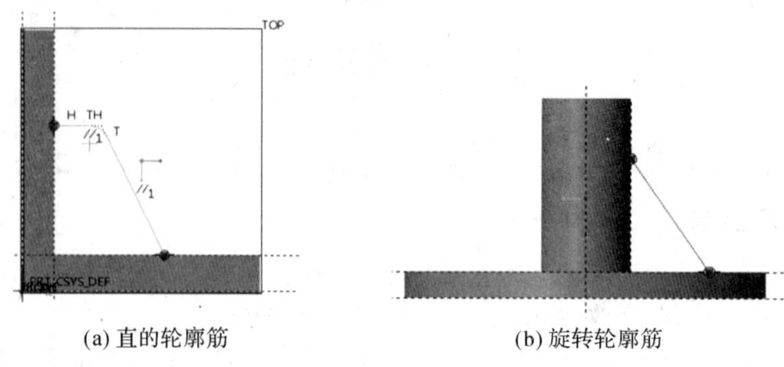

(a) 直的轮廓筋　　(b) 旋转轮廓筋

图 4-67　轮廓筋草绘

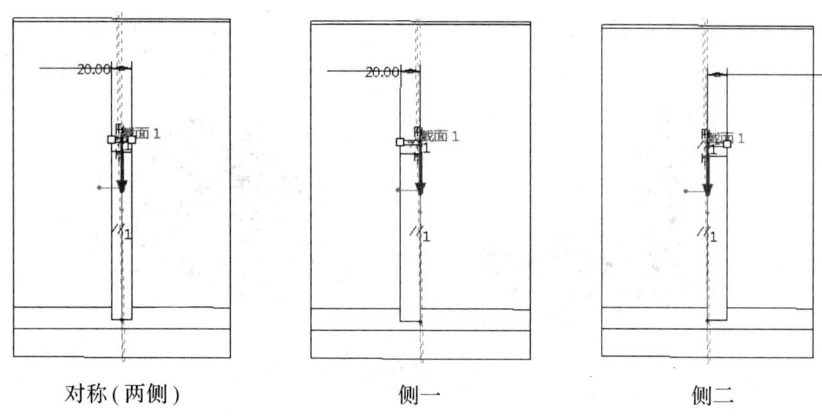

对称(两侧)　　侧一　　侧二

图 4-68　切换筋特征的厚度侧

【例 4-11】　轮廓筋特征的创建。

(1)在"快速访问"工具栏中单击"打开"按钮，弹出"文件打开"对话框，选择配套文件"lunkuojin. prt"并打开，该文件中已有的模型如图 4-69 所示。

图 4-69　已有模型

(2)在功能区"模型"选项卡的"工程"面板中单击"轮廓筋"按钮，打开轮廓筋选项卡如图 4-70 所示。

(3)在"轮廓筋"选项卡中单击"参考"面板，在该面板中单击"定义"按钮，弹出草绘对话框，选取 FRONT 基准面为草绘

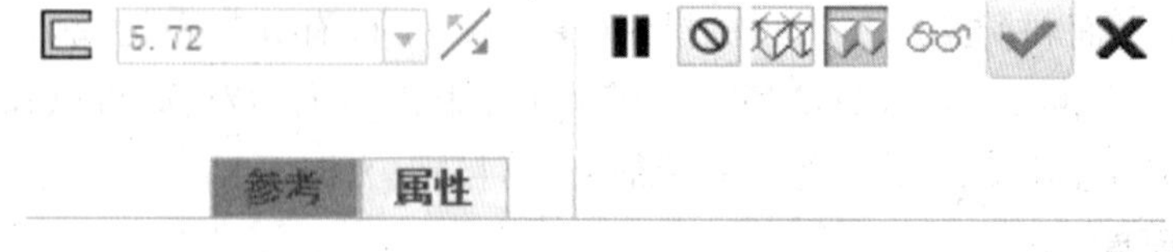

图 4-70　"筋"特征操控板

平面，采用模型默认的黄色箭头方向为草绘视图方向，选取TOP基准面为草绘平面的参照平面，进入草绘环境。

(4)绘制直线，如图4-71所示。完成绘制，单击“完成”按钮✔。

(5)定义加材料的方向。直接在模型中单击“方向”箭头即可，改变前的方向如图4-72所示，改变方向后如图4-73所示。

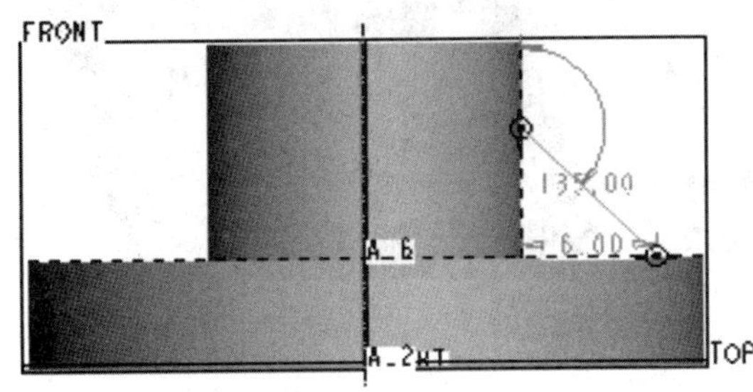

图4-71　设置直线

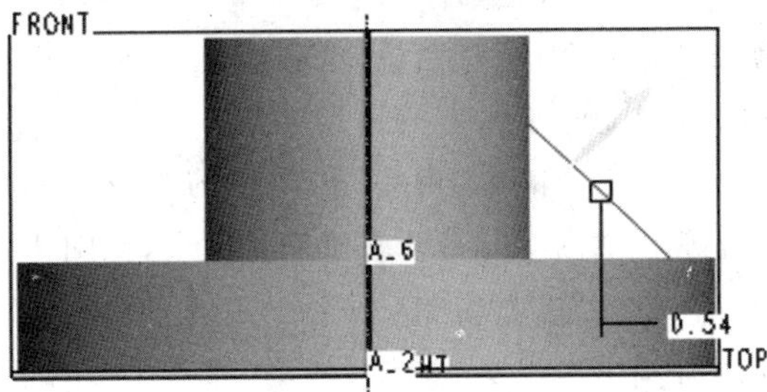

图4-72　改变前的方向

(6)定义筋的厚度值为1.0。

(7)在操控板中，单击“完成”按钮，完成筋的创建。结果如图4-74所示。

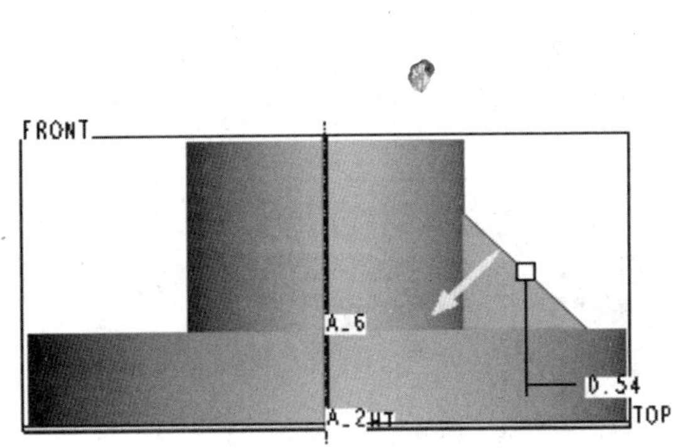

图4-73　改变后的方向

图4-74　完成创建

4.9.2　轨迹筋

轨迹筋特征包含由轨迹定义的段，还包含每条边的倒圆角和拔模。轨迹筋经常被用在塑料零件中，起加固结构的作用。这些塑料零件通常在腔槽曲面之间含有基础和壳或其他空心区域，腔槽曲面和基础必须由实体几何构成。可以通过在腔槽曲面之间草绘筋轨迹，也可以通过选取现有草绘来创建轨迹筋。

轨迹筋具有顶部和底部，底部是与零件曲面相交的一端，而筋顶部曲面由所选的草绘平面定义。轨迹筋的侧面会延伸至遇到的下一个可用实体曲面。轨迹筋草绘可包含开放环、封闭环、自交环或多环，可由直线、样条、弧或曲线组成。对于开放环，图元端点不必位于腔槽曲面上，系统会自动对它们进行修剪或延伸以符合腔槽曲面，但最好将草绘端点限制在实体几何内部。对于封闭环，则要求它必须位于腔槽中。

轨迹筋特征必须沿着筋的每一点与实体曲面相接，如果出现下列情况，则可能无法创建轨迹筋特征：

- 筋与腔槽曲面在孔或空白空间处相接；
- 筋路径穿过基础曲面的孔或切口。

下面介绍一个创建筋轨迹特征的操作实例。

【例 4-12】 轨迹筋特征的创建。

(1)在“快速访问”工具栏中单击“打开”按钮，弹出“文件打开”对话框，选择配套文件 guijijin. prt 并打开，该文件中已有的模型如图 4-75 所示。

图 4-75　已有模型

(2)在功能区“模型”选项卡的“工程”面板中单击“轨迹筋”按钮，打开轨迹筋选项卡，如图 4-76 所示。

(3)在“轨迹筋”选项卡中单击“放置”面板，接着点击其中的“定义”按钮，弹出“草绘”对话框，在模型中选择如图 4-77 所示的实体平面作为草绘平面，参考默认即可，点击草绘进入草绘模式。

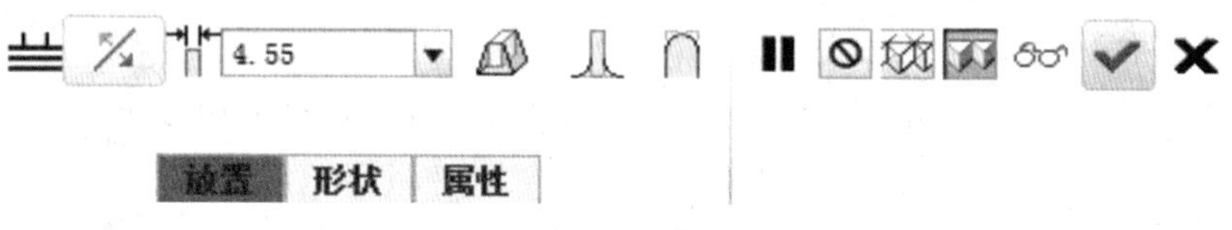

图 4-76　轨迹筋选项卡

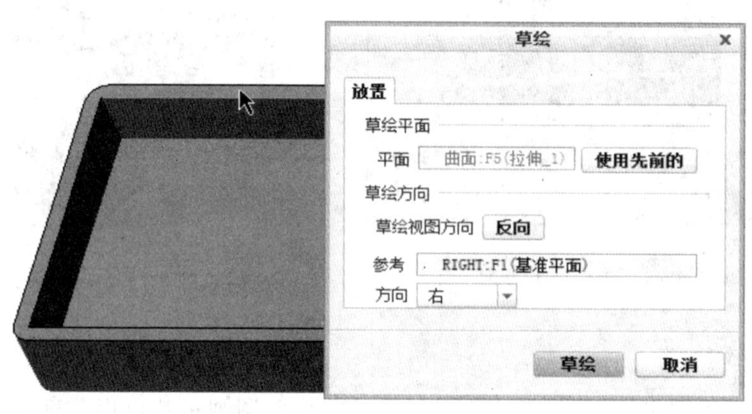

图 4-77　选择草绘平面

(4)在功能区“草绘”选项卡的“设置”面板中单击“草绘视图”按钮，使草绘平面与屏幕平行。在草绘平面中绘制轨迹筋的相应图元，如图 4-78 所示。图元端点不必位于腔槽曲面上，系统将自动对它们进行修剪或延伸。

(5)单击“确定”按钮✔，退出草绘模式。

(6)定义筋属性。在“宽度”文本框中输入“4”，选中“添加拔模”按钮、“在内部边上添加倒圆角”按钮和“在暴露边上添加倒圆角”按钮，打开“形状”面板可以对相关尺寸数值进行修改，如图 4-79 所示。

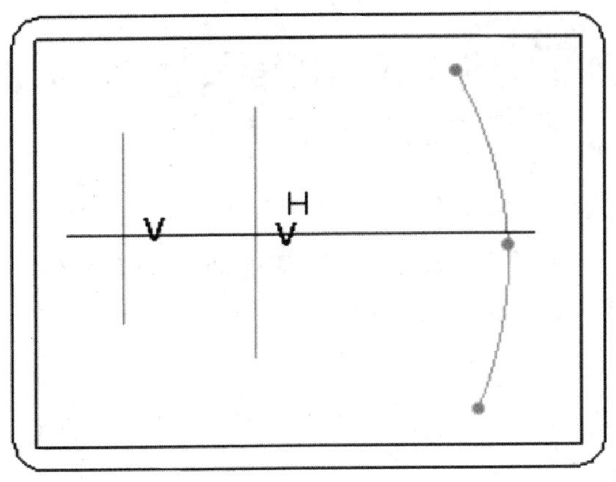

图 4-78　绘制轨迹筋图元

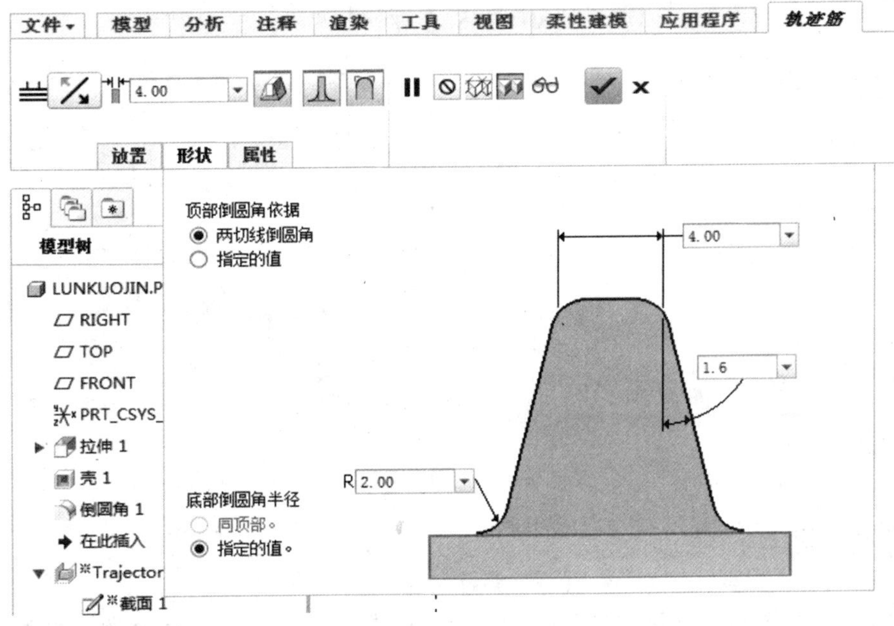

图 4-79　定义筋属性

(7)在“轨迹筋”选项卡中单击“完成”按钮✔,从而在模型中创建轨迹筋,最终结果如图 4-80 所示。

图 4-80　最终模型

4.10　基准特征

4.10.1　基准特征简介

基准特征包括基准点、基准轴、基准曲线、基准面和基准坐标系，是其他特征设计的基础，其主要作用是辅助3D特征的创建。

4.10.2　坐标系

可以根据需要在三维空间中创建用户基准坐标系，可以是笛卡尔坐标系、柱坐标和球坐标，其中最为常用的是笛卡尔坐标系。

1. 坐标系创建工具

在功能区“模型”选项卡的“基准”面板中单击“坐标系”按钮，打开“坐标系”对话框，如图4-81所示，可以看到对话框包括“原始”、“属性”和“定向”三个选项卡。

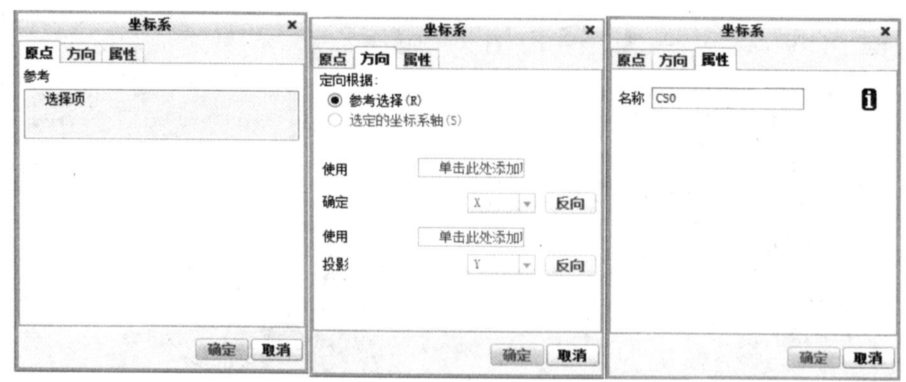

图4-81　“坐标系”对话框

(1)“原始”选项卡

“原始”选项卡主要用来对“参照”和“偏移类型”进行设置。

- “参照”：用来设置和更改参照(平面、边、轴、曲线、基准点、顶点或坐标系等)。单击列表框，然后在图形窗口中选取3个放置参照。软件根据所选定的放置参照，自动定位原点。若需要偏移坐标系原点，则可在“偏移类型”下拉列表中选择偏移类型，并指定偏移量。
- “偏移类型”：用来改变参数值来偏移坐标系。

(2)“属性”选项卡

主要用来对特征重命名，单击按钮可以在内嵌浏览里查看有关当前基准特征的信息。

(3)“定向”选项卡

主要用来确定新坐标系的方向，包括以下内容：

- “参考选取”：该选项允许通过为坐标系轴中的两个轴选取参照来定向坐标系。为每个方向收集器选取一个参照，并从下拉列表中选取一个方向名称。缺省情况下，软件假设坐

标系的第一方向平行于第一原点参照。如果该参照为一直边、曲线或轴，那么坐标系轴将被定向为平行于此参照。如果已选定某一平面，那么坐标系的第一方向将被定向为垂直于该平面。软件计算第二方向的方法是：投影将与第一方向正交的第二参照。

- “所选坐标轴”：该选项允许定向坐标系，方法是绕着作为放置参照使用的坐标系的旋转轴旋转该坐标系，为每个轴输入所需的角度值，或在图形窗口中单击右键，并从快捷菜单中选取“定向”，然后使用拖动控制滑块以手动定位每个轴。位于坐标系中心的拖动控制滑块允许绕参照坐标系的每个轴旋转坐标系。要改变方向，可将光标悬停在拖动控制滑块上方，然后向着其中的一个轴移动光标。在朝向轴移动光标的同时，拖动控制滑块会改变方向。如图 4-82 所示。
- “设置 Z 垂直于屏幕”：此按钮允许快速定向 Z 轴，使其垂直于查看的屏幕。

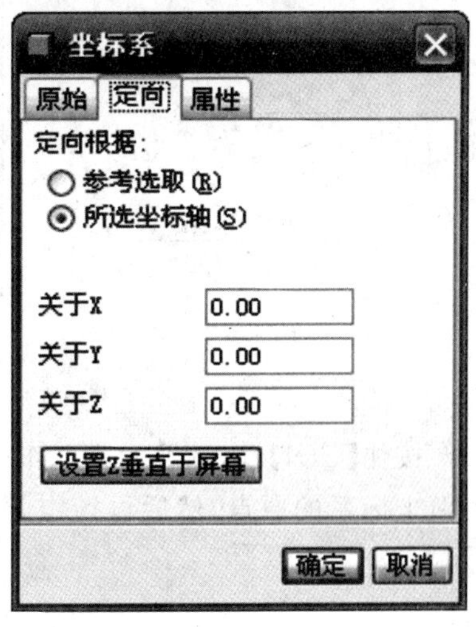

图 4-82　坐标系—定向选项卡

2. 建立坐标系

在特征的不同位置建立坐标系，首先需要建立原点，然后再确定坐标轴的方向。常见的创建方法有：三平面交点、点和两轴、两轴、偏移和从文件获得等。

(1)三平面交点

选择三个实体特征上的平面、基准平面或者曲面，即可创建一个坐标系，坐标系原点即为交点，并由软件默认方式确定坐标系各轴的正向。如图 4-83 所示。

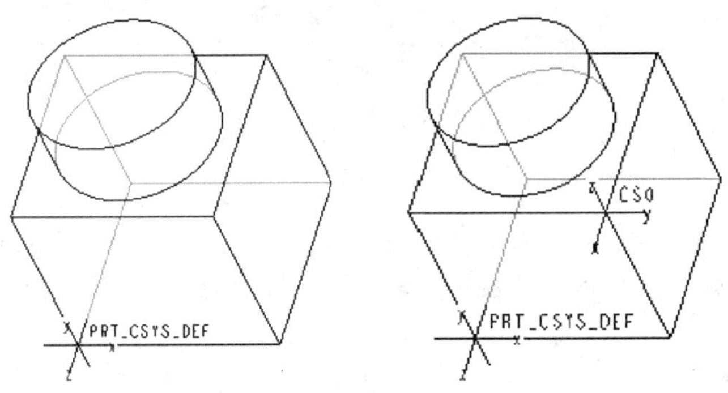

图 4-83　利用三平面交点建立坐标系

(2)点和两轴

选定一个基准点、顶点或某个坐标系的原点为新坐标系的原点，再按住【Ctrl】键在工作区选取两个基准轴、直线型实体边或者曲线，然后指定任意两个轴向(见图 4-84)，即可建立坐标系。

(3)两轴

“两轴”与“点和两轴”方法类似，只是坐标原点直接定位于两基准轴、直线型实体边或者曲线的交叉处或最短距离处（原点会落在所选的第一条线上)，无须重新指定坐标原点。

图 4-84　利用点和两轴建立坐标系

按住【Ctrl】键，选取两个基准轴、直线型实体边或者曲线，其相交点或最短距离处被定为新坐标系的原点，然后再指定两个轴向，如图 4-85 所示。

图 4-85　利用两轴建立坐标系

(4)偏移

通过平移或旋转已有坐标系得到。创建时，首先要选择使用平移方式还是旋转方式，然后根据软件的提示输入平移距离的数值或转角数值即可，或者用鼠标拖动滑块来移动，如图 4-86 所示。

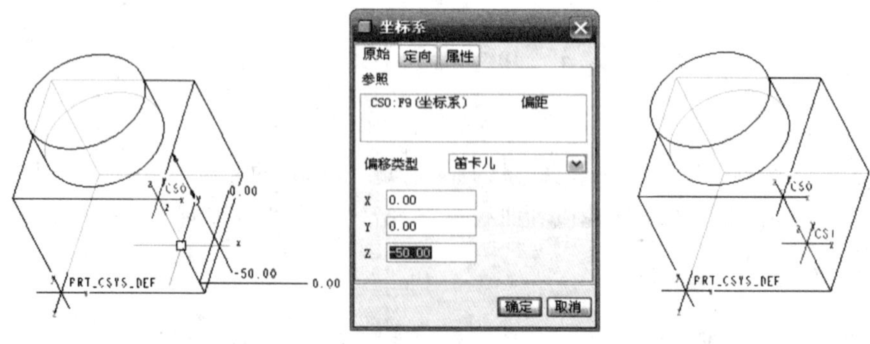

图 4-86　利用偏移建立坐标系

(5)从文件获得

使用数据文件创建新坐标系。数据文件中定义两个向量:第一个向量为 X 轴方向,第二个向量位于 XY 平面内(通常在 Y 轴方向上)。文件中也确定新坐标系的原点。软件会根据右手定则自动确定 Z 轴。

单击菜单"插入"|"模型基准"|"坐标系",打开"坐标系"对话框;在"原始"选项卡的"偏移类型"下拉列表中选择"自文件",如图 4-87 所示;单击"打开"对话框,选取要载入的转换文件(.trf),并单击"打开"按钮,软件就在文件中所指定的位置处显示新坐标系的预览;点击"确定",完成创建。

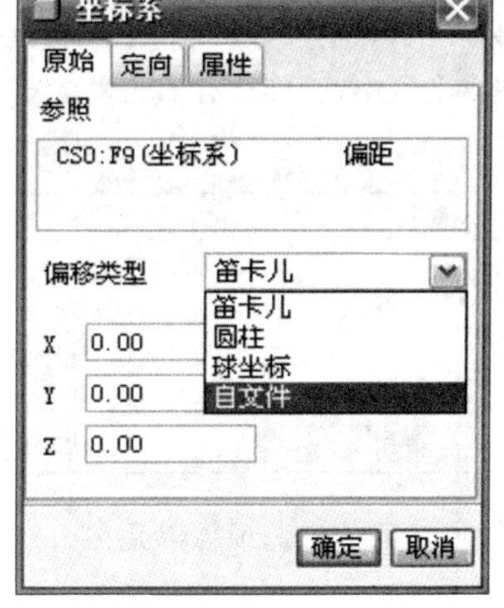

图 4-87　从文件获得建立坐标系

4.10.3　基准平面

1. 基准平面简介

基准平面在设计中是比较重要的,它是一个无限大的实际不存在的平面,其主要作用有以下几个方面:

(1)草绘时作为参照平面:在三维模型创建中,当没有其他合适的平面或曲面时,可以在基准平面上草绘或放置特征。

(2)标注尺寸时作为基准:用一个基准平面进行标注。

(3)装配时作为参照平面:零件在装配时可能需要利用多个平面来定义匹配、对齐或者插入,通常可以使用基准平面作为参考。

(4)绘制工程图时作为剖面:当建立零件的某个剖面图时,可以选择基准平面作为此剖面的放置位置。

(5)三维零件方向的参考:三维实体的方向需要两个相互垂直的面定义后才能决定,因此可用基准面作为三维实体方向决定的参考依据,而且还可以通过建立基准面来调整三维实体的视角。

2. 建立基准平面

在零件模式下,从功能区"模型"选项卡的"基准"面板中单击"平面"按钮,打开"基准平面"对话框,如图 4-88 所示。"基准平面"对话框有 3 个选项卡,下面介绍这三个选项卡的功能含义。

(1)"放置"选项卡:利用现有的参照如平面、曲面、边、点、坐标系、轴、顶点、基于草绘的特征、平面小平面、边小平面、顶点小平面或草绘基准曲线并设置偏距来创建新的基准平面。

(2)"显示"选项卡:可以控制正反向显示和对轮廓的调整。

(3)"属性"选项卡:通过单击方框右侧的,来查看软件默认浏览器里的关于基准平面的信息。

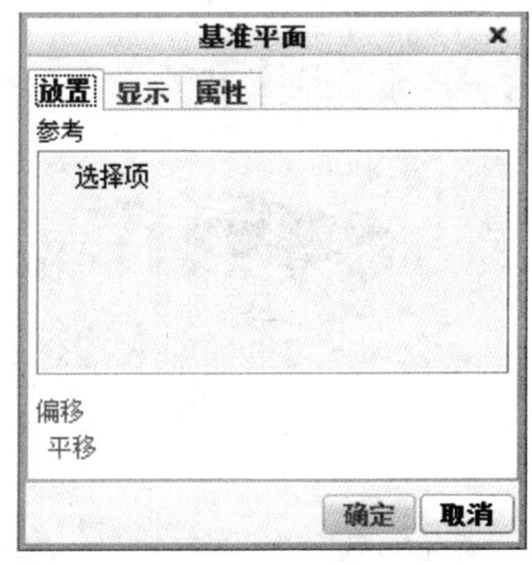

图 4-88　"基准平面"对话框

在“放置”选项卡“参考”内的约束列表中选择所需的约束选项。要将多个参照添加到选取列表中，可在选取时按下【Ctrl】键。选取参照后，参照出现在“基准平面”对话框内的“参考”收集器中，直到所有的约束选取完整为止。约束的使用如表 4-5 所示。

表 4-5　约束的使用

约束	条　件	需要选取的图元
穿过	基准平面穿过选取的图元	点、轴、边、平面、圆弧或曲线
垂直	基准平面垂直于选取的图元	轴、边、曲线或者平面
平行	基准平面平行于选取的图元	平面
偏移	基准平面平移或者旋转图元	平面、坐标
相切	基准平面相切于图元	圆弧面

所需的约束选项可以是一个或者多个，主要根据是：软件能根据设置的约束选项判断出确定的位置。下列基准参照约束只能单独使用：

(1)约束为“穿过”，创建一个与平面一致的基准平面参照。

(2)约束为“偏移”，创建一个平行于平面并以指定距离偏离该平面的基准平面参照。

(3)约束为“垂直”，创建一个垂直于一个坐标轴并偏离坐标原点的坐标系参照。

【例 4-13】 基准平面的创建。

(1)由“穿过”和“偏移”建立一个基准平面，如图 4-89 所示。

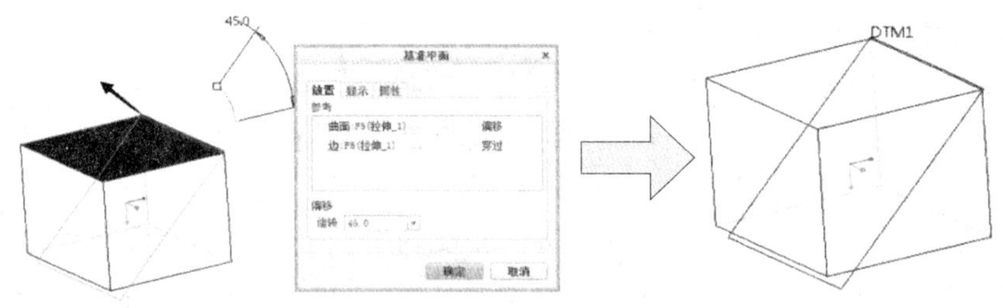

图 4-89　由“穿过”和“偏移”建立基准平面

- 由“垂直”和“穿过”建立一个基准平面，如图 4-90 所示。

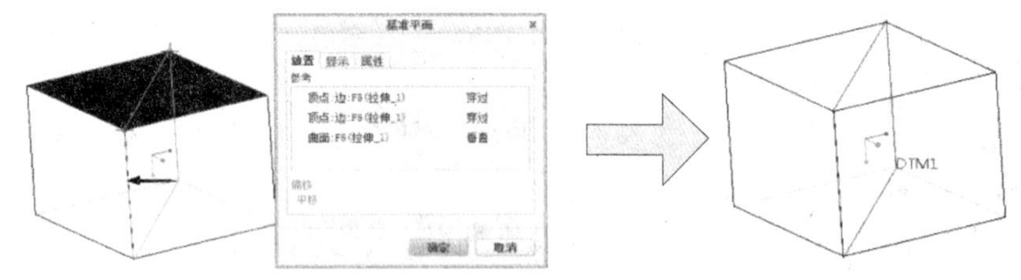

图 4-90　由“垂直”和“穿过”建立基准平面

- 由“偏移”建立一个基准平面，如图 4-91 所示。
- 由“垂直”和“相切”建立一个基准平面，如图 4-92 所示。

另外，在模型树中基准平面上右键单击“重命名”，可以对基准平面的名称进行修改。

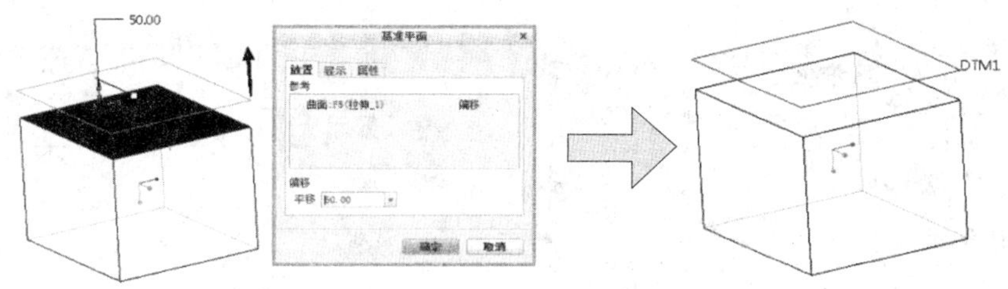

图 4-91　由“偏移”建立基准平面

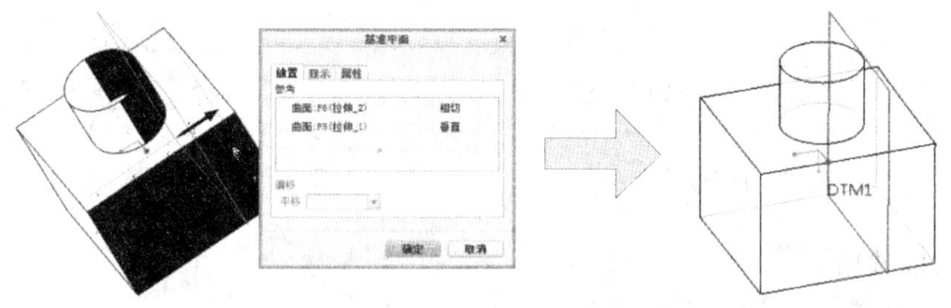

图 4-92　由“垂直”和“相切”建立基准平面

4.10.4　基准轴

1. 基准轴基础知识

基准轴是一条虚线，可以由软件自动产生(如创建旋转体时)，也可以由用户创建，用来创建圆孔或阵列，可以用作旋转轴。在功能区“模型”选项卡的“基准”面板中单击“轴”按钮，系统弹出“轴”对话框。“基准轴”对话框具有 3 个选项卡，下面分别介绍这三个选项卡的功能和含义。

(1)“放置”选项卡

“放置”选项卡如图 4-93 所示，主要包括“参考”收集器和“偏移参考”收集器。使用“参考”收集器选取要在其上放置的新基准轴的参照，然后选取所需的参照类型。要选择其他参照，则在选择时按住【Ctrl】键。常见的参照放置类型有如下几种：

“穿过”：表示基准轴延伸穿过选定参照。

“法向(垂直)”：放置垂直于选定参照的基准轴。

“相切”：放置与选定参照相切的基准轴。

“中心”：选定平面圆边或曲线的中心，且在垂直于选定曲线或边所在平面的方向上放置基准轴。

如果在“参考”收集器中选取“法向(垂直)”作为参照类型，那么将激活“偏移参考”收集器，使用该收集器选取偏移参照并设置相应的位置参数。

(2)“显示”选项卡

“显示”选项卡如图 4-94 所示。选中“调整轮廓”复选框时，可以通过指定长度来调整基准轴显示轮廓的长度，或者选定参照使基准轴轮廓与参照相拟合。

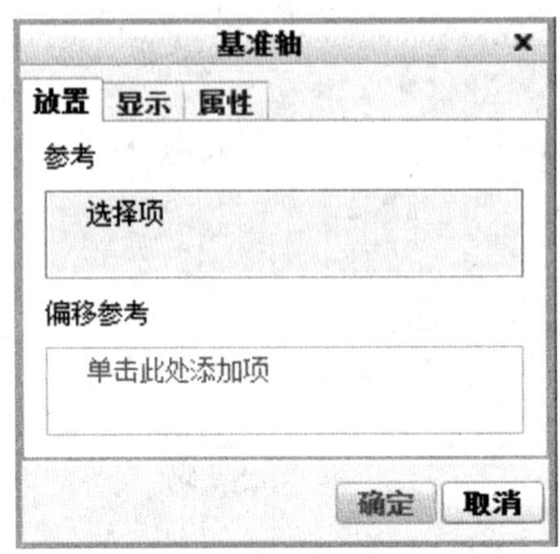

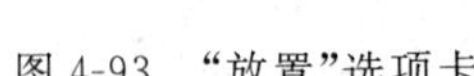
图 4-93 “放置”选项卡

图 4-94 “显示”选项卡

(3)“属性”选项卡

在“属性”选项卡中可以重命名基准轴特征，还可以单击“显示此特征的信息”按钮，从而在Creo Parametric 浏览器中查看当前基准轴特征的信息。

2. 建立基准轴

在功能区“模型”选项卡的“基准”面板中单击“轴”按钮，系统弹出“轴”对话框，如图 4-95 所示。

图 4-95 “基准轴”对话框

在“放置”选项卡中的“参考”收集器内的约束列表中选择所需的约束选项。要将多个参照添加到选取列表中，可在选取时按下【Ctrl】键。选取参照后，这些参照出现在“基准平面”对话框内的“参考”收集器中，直到所有的约束选取完整为止。约束的使用如表 4-6 所示。

表 4-6 约束的使用

约束	条 件	需要选取的图元
穿过	基准轴穿过选取的图元	点、边、平面或圆弧
法向	基准轴垂直选取的图元	平面
相切/中心	基准轴相切于图元/为图元的轴	圆弧面

【例 4-14】 穿过两个点创建基准轴。

(1)单击工具栏按键。

(2)选中一个点，如图 4-96 所示。

(3)按住【Ctrl】键选择第二个点。

(4)单击对话框“确定”按钮。

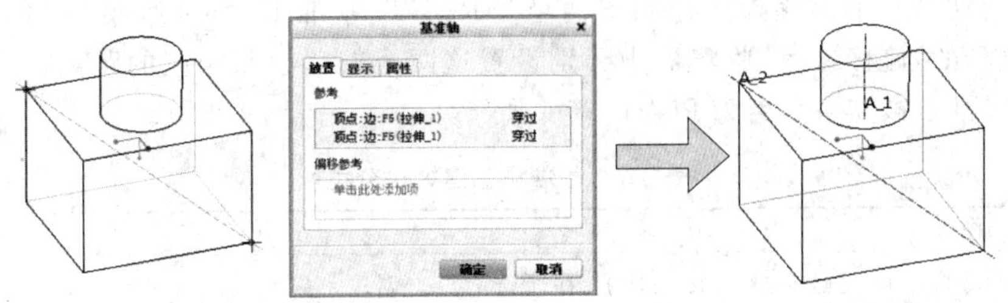

图 4-96　穿过两个点创建基准轴

【例 4-15】 通过圆弧中心创建基准轴。

(1)单击工具栏 按键。

(2)选中一段圆弧,如图 4-97 所示。

(3)在基准轴对话框中单击下拉列表框,选择“中心”。

(4)单击对话框“确定”按钮。

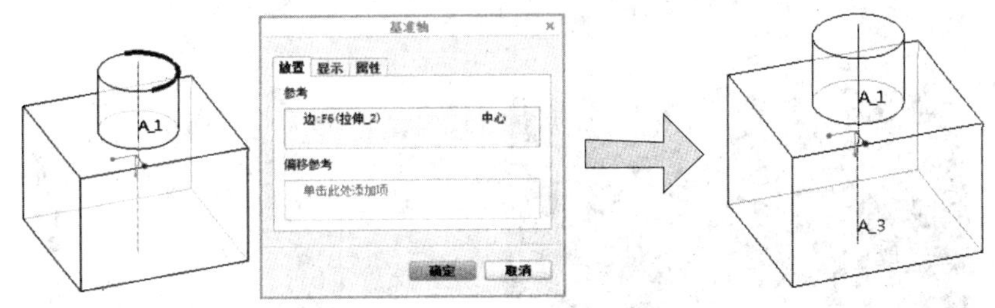

图 4-97　通过圆弧中心创建基准轴

4.10.5　基准点

基准点可以用作创建模型,也可以用作分析模型的工具,Creo Parametric 3.0 支持四种类型的基准点,这些点的创建方法和作用各不相同。具体类型如下:

- 一般点:在图元上、图元相交处或某一图元偏移处所创建的基准点。
- 草绘:在草绘器中创建的基准点。
- 自坐标系偏移:通过选定坐标系偏移所创建的基准点。
- 域点:在建模中用于分析的点,一个域点标识一个几何域。

前三种类型用在常规建模中,这里只介绍用得最多的一般基准点。

基准点的默认显示标志是×符号,按照创建的先后顺序,分别编号为 PNT0、PNT1、PNT2……

一般基准点就是从图元、图元交点或者图元偏移建立的基准点。其分类如表 4-7 所示。

【例 4-16】 基准点的创建。

(1)在功能区“模型”选项卡的“基准”面板中单击“基准点”按钮 ,打开“基准点”对话框。

(2)创建基准点 PNT0

在模型顶曲面的预定区域单击,接着拖拽其中的一个偏移参照控制图柄至“RIGHT”基准平面，再拖动另一个偏移参照控制图柄至“FRONT”基准平面，然后在“基准点”对话框“放置”选项卡的“偏移参考”收集器中分别设置这两个偏移参照相应的距离，如图 4-98 所示，第一个基准点被默认命名为 PNT0(箭头所指处)。

表 4-7　基准点创建方法分类

图　元	操　作
点(曲线/边线的端点或已有的基准点)	1. 在其上：在所选的点上创建 2. 偏移：将所选的点沿着平面的法线方向偏移
线(可为曲线或曲面的边)	在其上：在线上做一个点，点的位置可以由比率和实数两种方式其中之一来确定，比率是 0～1 的数值，实数是点到线条起始点的距离
面(可为平面或者曲面)	1. 在其上：在所选的面上用尺寸确定一个点 2. 偏移：将所选面上的点沿着平面的发现方向偏移
点以及平面/曲面	点：偏距；面：法向。偏距后的点向所选的面的法线方向偏移一段距离

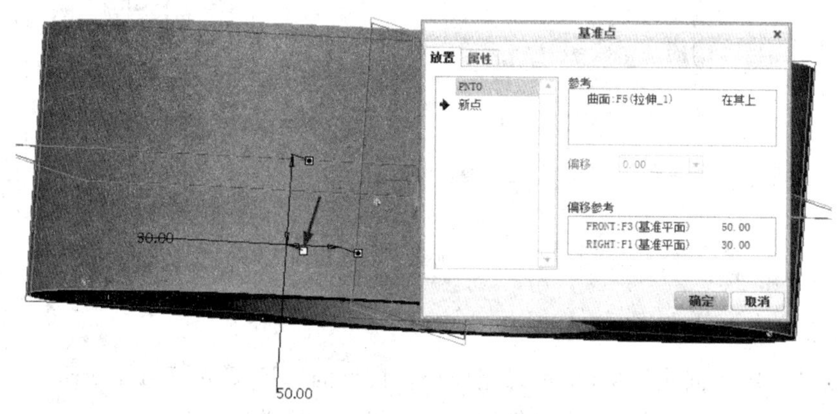

图 4-98　在曲面上创建基准点

(3)创建基准点 PNT1

在“放置”选项卡的点列表中单击“新点”，使➔符号指向“新点”，表示当前状态为新点创建状态。

在模型顶曲面的预定区域单击，接着在“放置”选项卡的“参考”收集器中，将该曲面参照的约束类型选项设置为“偏移”，然后在“偏移”尺寸文本框中输入 30，然后在对话框的“偏移参考”收集器内单击将其激活，选择“RIGHT”基准平面，按住【Ctrl】键的同时选择“FRONT”基准平面，所选的“RIGHT”基准平面和“FRONT”基准平面作为偏移参照列在“偏移参考”收集器中，修改偏移距离如图 4-99 所示，基准点 PNT1 在箭头所指处。

(4)创建基准点 PNT2

在“放置”选项卡的点列表中单击“新点”，使➔符号指向“新点”，表示当前状态为新点创建状态。

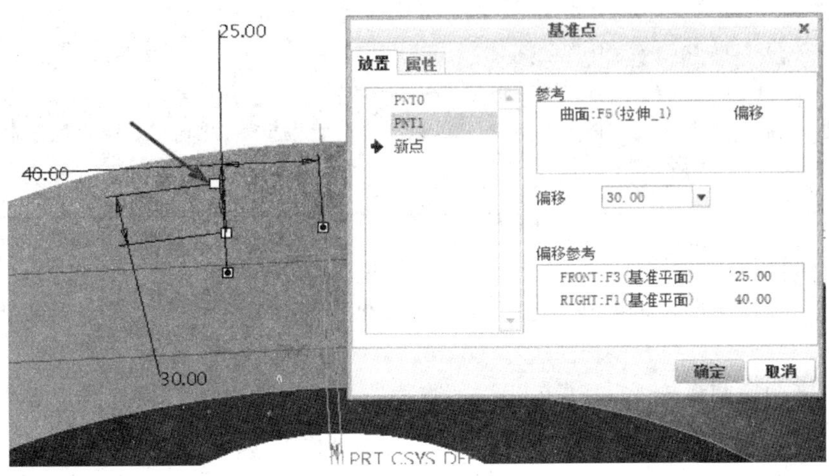

图 4-99　创建基准点 PNT1

在如图 4-100 所示的椭圆形边线上单击，系统根据该主放置参照给予默认的放置约束为“在其上”。在“偏移”尺寸框右侧的下拉列表框中选择“比率”选项，并设置偏移比率为 0.6，基准点 PNT2 在箭头所指处。

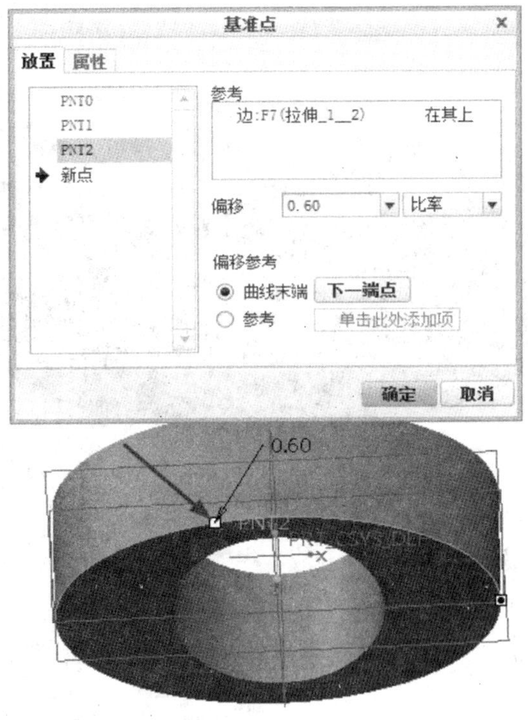

图 4-100　创建基准点 PNT2

可以有下列两种指定偏移距离的方式：

(1)通过指定偏移比率：在“偏移”尺寸框中输入偏移比率。偏移比率为由基准点到选定端点之间的距离与曲线或边总长的比值。

(2)通过指定实际长度：将“比率”选项，改为“实数”选项，此时在“偏移”尺寸框输入从基准点到端点或参照的实际曲线长度。

(5)创建基准点 PNT3

在“放置”选项卡的点列表中单击“新点”，使➧符号指向“新点”，表示当前状态为新点创建状态。

单击所需的椭圆形边线，接着在“参考”收集器中将所选边线的放置约束类型选项更改为“居中”，如图 4-101 所示，从而将新基准点放置在选定边参照的中心处。

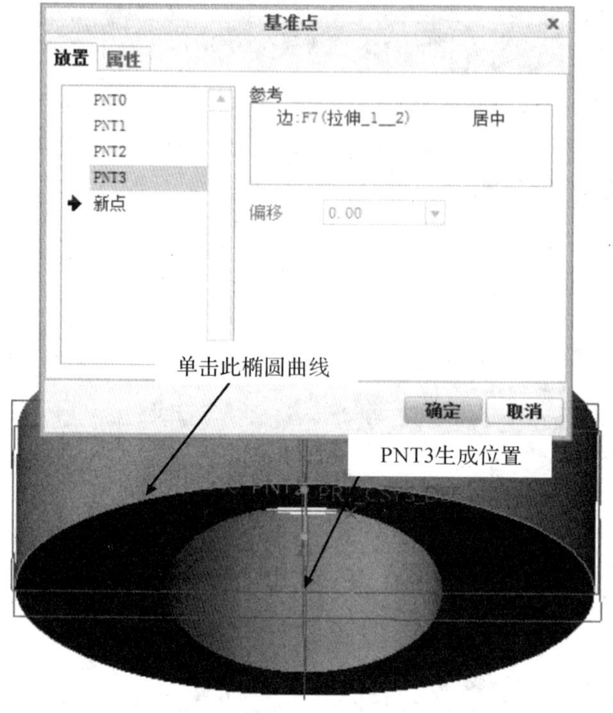

图 4-101　创建基准点 PNT3

4.10.6　基准曲线

基准曲线可以用来创建旋转等特征；用来创建扫描特征的轨迹；协助基准面，基准轴及基准点等基准特征的建立；倒圆角特征的参考；作为创建空间曲面的边界曲线；用于 skeleon 动态分析模型等。

创建基准曲线的方式主要分两种情形，一种用于插入空间基准曲线，另一种则用于在指定的草绘平面内草绘平面基准曲线。

1. 插入空间基准曲线

要插入空间基准曲线，则在功能区“模型”选项卡中单击“基准”面板溢出按钮，接着单击曲线旁边的“箭头”按钮，打开一个工具命令列表，如图 4-102 所示，其中提供了 3 种曲线选项，即“通过点的曲线”、“来自方程的曲线”和“来自横截面的曲线”。下面分别介绍创建基准曲线的这 3 种方法。

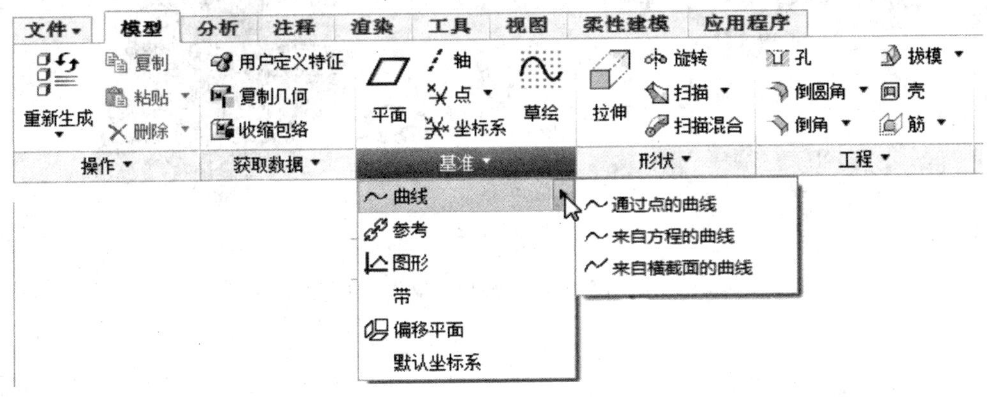

图 4-102　插入空间基准曲线

(1)通过点的曲线

使用“通过点的曲线”命令，可以创建一个通过若干现有点的基准曲线，其一般操作方法和步骤如下：

1)在功能区“模型”选项卡中单击“基准”面板溢出按钮，接着单击曲线旁边的“箭头”按钮，打开一个工具命令列表，从中选择“通过点的曲线”命令，打开“曲线:通过点”选项卡，如图 4-103 所示。

图 4-103　通过点的曲线

2)在“曲线:通过点”选项卡中打开“放置”面板，单击激活“点”收集器，在图形窗口中选择一个现有点、顶点或曲线端点，接着确保处于 **添加点** 状态，选择其他点到收集器中，如图 4-104 所示。

3)定义一个点与前面相邻点的连接方式。在收集器中选中该点，接着在“连接到前一点的方式”中选择“样条”或“直线”。选择直线时，使用一条直线将该点连接到上一点，并可以根据实际要求选择“添加圆角”，如图 4-105 所示。

4)要在曲线的端点定义条件，那么在“曲线:通过点”选项卡中打开“末端条件”面板，在“曲线侧”列表框中选择曲线的“起点”或“终点”，接着在下拉列表中选择其中一项，如图 4-106 所示。

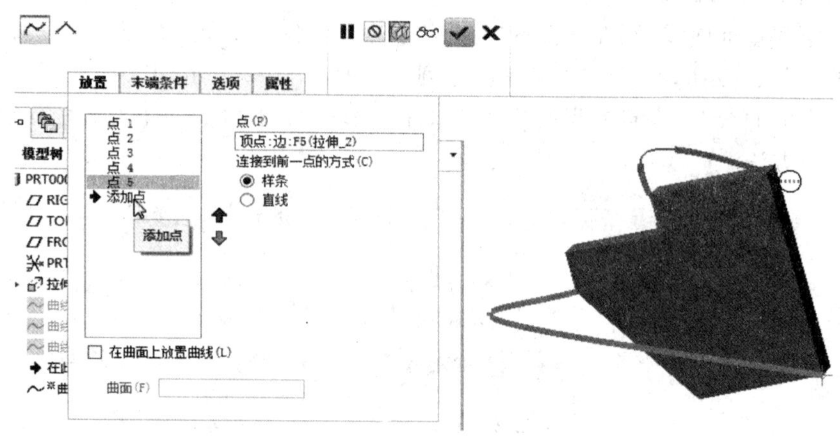

图 4-104　添加点操作

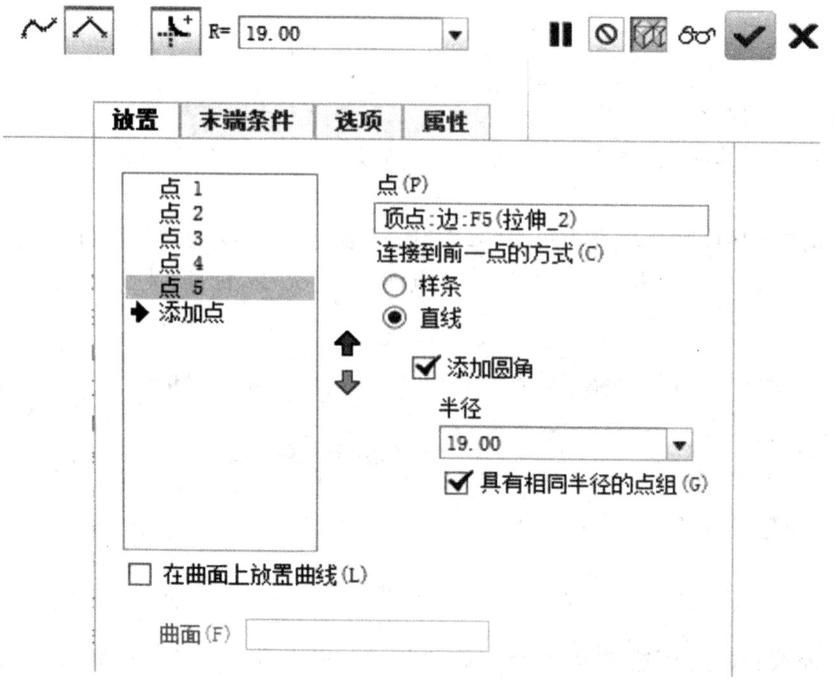

图 4-105　定义点的连接方式

说明：

(1)"自由"：在此端点使曲线无相切约束。

(2)"相切"：使曲线在该端点处与选定约束相切。

(3)"曲率连续"：使曲线在该端点处与选定参考相切，并将连续曲率条件应用于该点。

(4)"法向"：使曲线在该端点处与选定参考垂直。

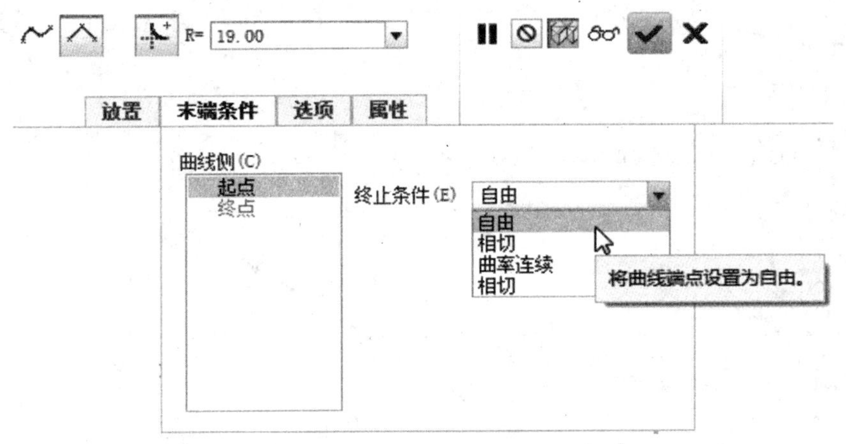

图 4-106　定义终止条件

5)在“曲线:通过点”选项卡中单击“完成”按钮☑,完成通过点来创建基准曲线,如图 4-107 所示。

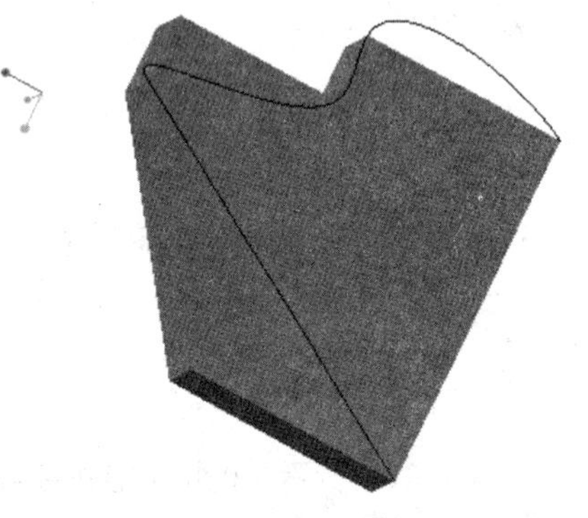

图 4-107　创建完成

(2)来自横截面的曲线

可以使用“来自横截面的曲线”命令从平面横截面边界创建基准曲线,如果横截面有多个链,则每个链都有一个复合曲线。注意不能使用偏移截面中心的边界创建基准曲线。

使用该方式创建基准曲线的步骤如下:

1)在功能区“模型”选项卡中单击“基准”面板溢出按钮,接着单击曲线旁边的“箭头”按钮,打开一个工具命令列表,从中选择“来自横截面的曲线”命令,打开“曲线:通过点”选项卡。

2)在“曲线”选项卡的“横截面”下拉列表中选择用来创建曲线的命名横截面。

3)在“曲线”选项卡中单击“完成”按钮☑。

(3)来自方程的曲线

只要曲线不特殊自交,便可以通过“来自方程的曲线”命令由方程创建基准曲线,创建步骤如下:

1)在功能区“模型”选项卡中单击“基准”面板溢出按钮,接着单击曲线旁边的“箭头”按钮,打开一个工具命令列表,从中选择“来自方程的曲线”命令,打开“曲线:通过点”选项卡。

2)单击“参考”面板,激活“坐标系”项,在图形窗口或模型树中,选择一个基准坐标系或目的基准坐标系以表示方程的零点,此处选择 PRT_CSYS_DEF 坐标系。

3)在⵿旁的下拉列表中选择一个坐标系类型,如“笛卡尔”、“圆柱”、“球”,此处选择“笛卡尔”。如图 4-108 所示。

4)在“自”下拉列表中默认独立变量的下限值为 0,在“至”下拉列表中默认其上限值为 1。

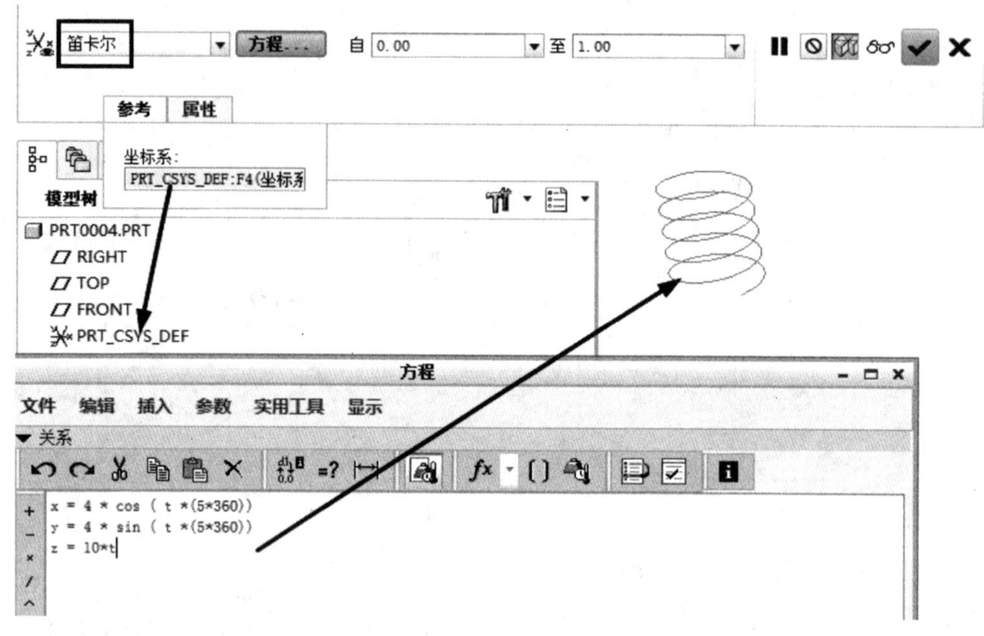

图 4-108　从方程创建曲线

5)单击“方程”按钮，打开方程对话框，输入螺旋线曲线方程如下：

x = 4 * cos (t *(5 * 360))

y = 4 * sin (t *(5 * 360))

z = 10 * t

如图 4-108 所示，单击确定按钮得到图中的螺旋线。

2. 草绘基准曲线

草绘基准曲线是指在一个零件的平面上或基准平面上绘制出二维曲线，其操作步骤如下：

(1)选取一个平面作为二维曲线的草绘平面。

(2)点击右侧工具栏的草绘工具图标，然后设定视图方向和参照平面，也可以采取默认。

(3)单击对话框的“草绘”按钮，进入草绘环境。

(4)绘制曲线，然后单击图标✔完成曲线的创建。

4.11　模型树

4.11.1　模型树概述

打开 Creo 3.0 中的一个文件以后，可以看到左侧有一个模型树，如图 4-109 所示。如果显示的为“图层”树，可以单击“模型树”中的显示按钮进行切换。

模型树以树的形式列出了创建过程中的所有特征和零件，根部显示为父特征，下面的为从属特征。在零件模型中，模型树列表顶部是零件名称，下方是每个特征的名称；在装配体模型中，顶部为总装配，下面是各子装配和零件。每个子装配下方是该子装配中各个零件的名称，每个零件下方是各个零件的特征。零件只显示活动的对象，也可以单击鼠标右键，隐藏不需要显示的零件或特征。

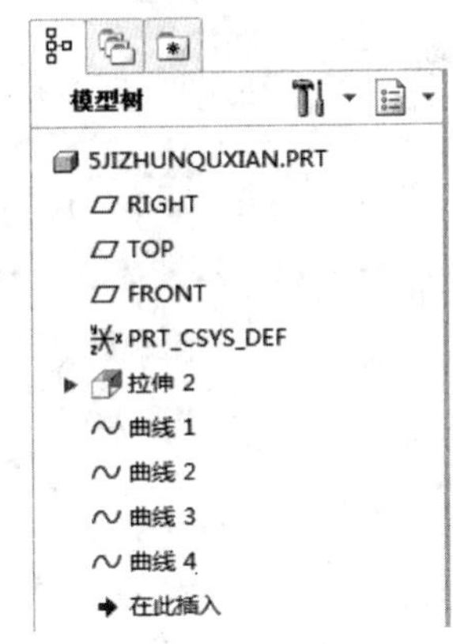

图 4-109　模型树

4.11.2　模型树界面简介

(1)模型树的操作界面如图 4-110 所示。

(2)模型树中“设置”按钮及其命令介绍如图 4-111 所示。

(3)模型树中“显示”按钮及其命令介绍如图 4-112 所示。

另外，模型树还可以显示特征、零件或者装配件的隐藏、显示及再生、未再生状态。

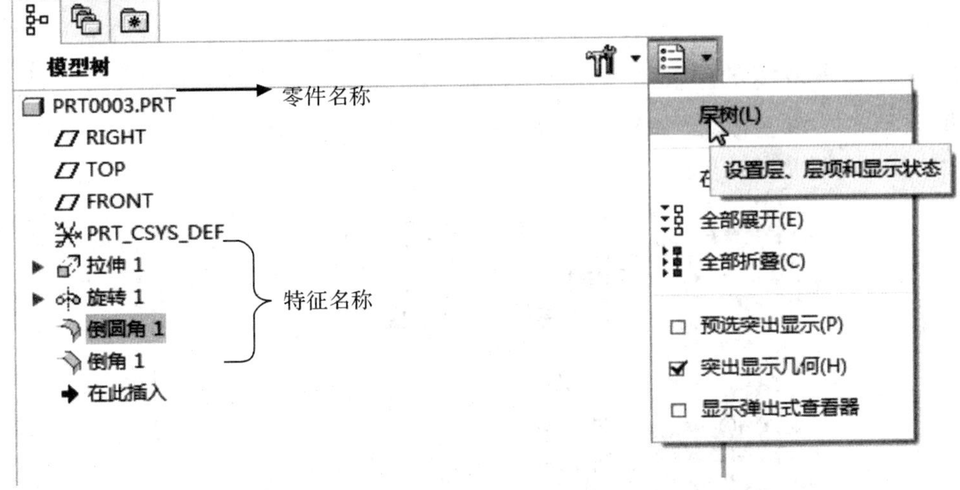

图 4-110　模型树操作界面

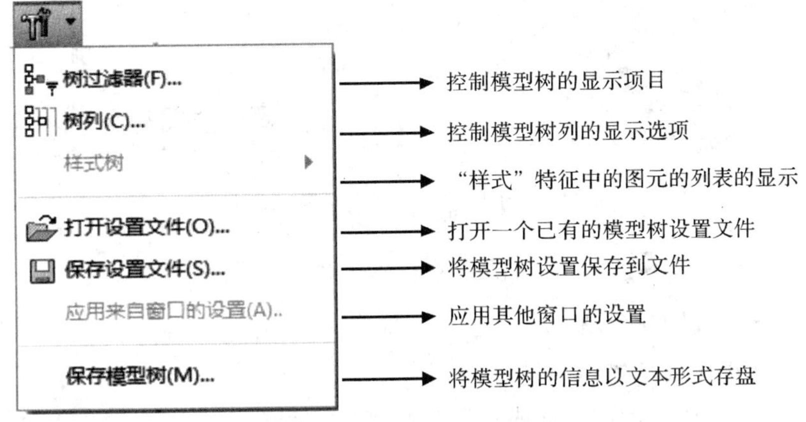

图 4-111　“设置”按钮及其命令

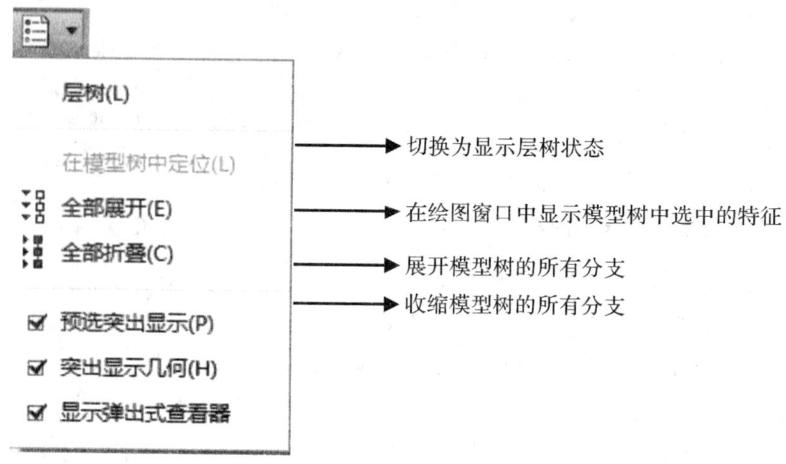

图 4-112 “显示”按钮及其命令

4.11.3 模型树的设置

单击“设置”|“树过滤器”命令，弹出如图 4-113 所示的对话框，通过该对话框可以控制模型中的各类项目是否在模型树中显示。

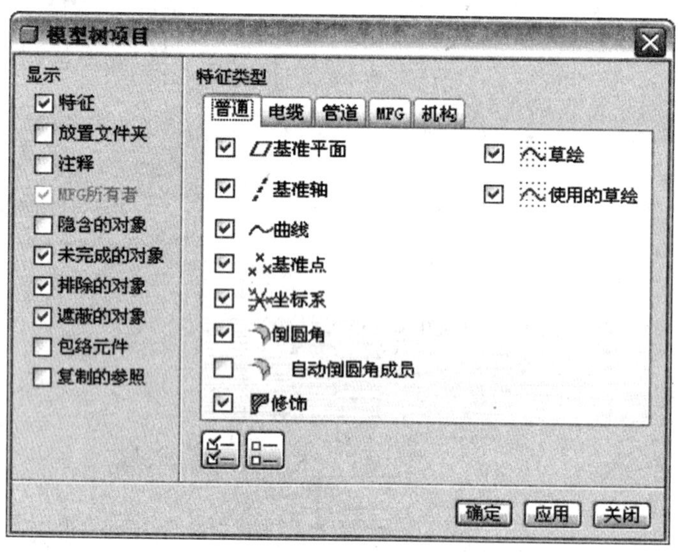

图 4-113 模型树项目

通过在项目前勾选“☑”，即可在模型树中显示，否则不显示。

4.11.4 模型树的作用

1. 在模型树中选取对象

可以通过单击模型树中的特征或者零件对象来直接选取。对于在图形区中不可见的特征或者零件，最好通过此选取方法来选取。对于在模型中禁止选取的特征或者零件，也可以在模型树中进行选取操作。

2. 在模型树中使用快捷命令

在特征或者零件上单击鼠标右键可以打开一个快捷菜单,从中可以选取相对于选定对象的特定操作命令。

3. 在模型树中出入定位符

在“模型树”中有一个带红色箭头的标识,该标识指明了创建特征时特征的插入位置。默认情况下,它总是在模型树列出的所有项目的最后。也可以上下拖动,将其放在其他的特征之间。将插入符移动到新位置后,插入符后面的项目将被隐含,这些项目将不在图形区的模型上显示。

4.11.5 模型搜索

在模型树中可以对零件或者特征按照一定的规则搜索。在功能区“工具”选项卡的“调查”面板中单击“查找”按钮,打开“搜索工具”选项卡,如图 4-114 所示。通过该对话框可以设定一些规则,搜索到的项目将会在“模型树”窗口中加亮。

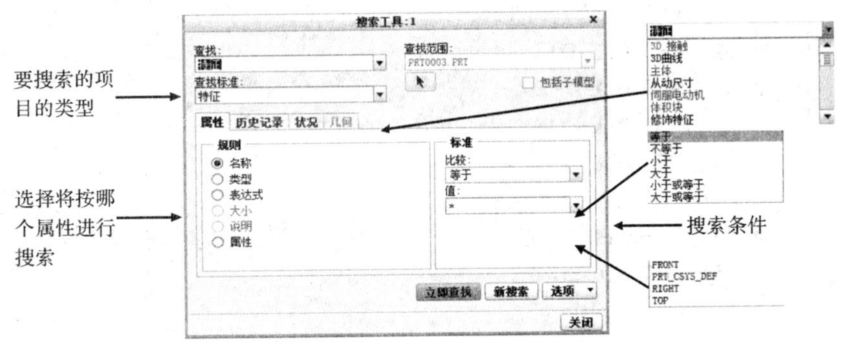

图 4-114 搜索工具

4.12 Creo 3.0 软件中的层

4.12.1 层的基本概念

Creo 3.0 中,层就是一组实体(模型项目、参考平面、绘制实体、绘制的尺寸)。在一些情况下,我们要隐藏某些不需要显示的内容,但又需要保留这些内容,这时需要用到层操作。层主要的应用也就是利用其隐藏功能(blank),来使某些内容不显示。

层的三个属性:名称、显示状态和包含元素。显示状态就是控制层中的内容是否显示。每一个层都可以包含下列内容:特征、尺寸、注释、几何公差(形位公差),甚至包含其他层,也就是说一个层还可以组织和管理其他许多的层。通过组织层中的模型要素并用层来简化,使任务流水化,大大地提高了工作效率。层是和模型同是局部存储的,不会影响其他的模型。

层操作的一般流程为:

1. 进入层的操作界面。
2. 选取活动层对象(在零件模式下无须此步操作)。

3. 进入层操作，比如创建新层、向层中增加项目或设置层的显示状态等。
4. 保存状态文件。
5. 保存当前层的显示状态。
6. 关闭层操作界面。

4.12.2 进入层的操作界面

单击“模型树”中的“显示”按钮，在其下拉菜单中选择“层树”即可打开如图 4-115 所示的层操作界面。

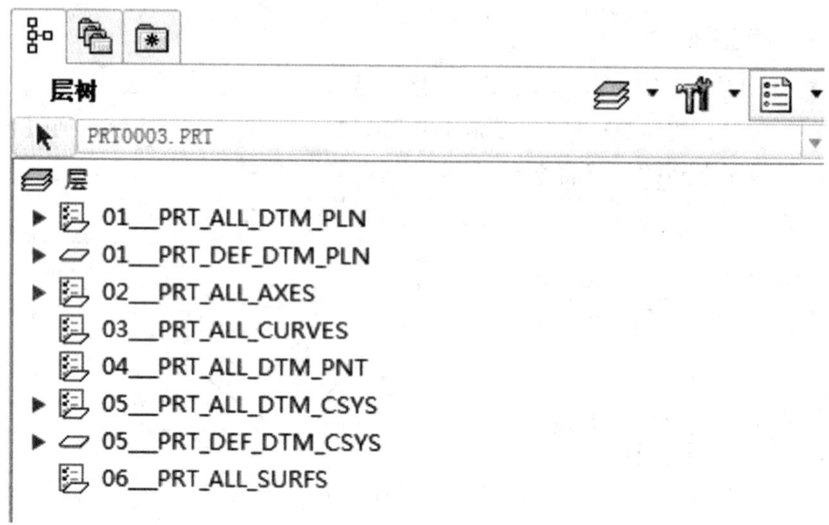

图 4-115　层的操作界面

4.12.3 选取活动模型

在一个总装配中，总装配和其下的各级子装配以及零件都有各自的层树，所以在装配模式下，在进行层操作前，要明确对哪一级的模型进行层操作，要进行层操作的模型称之为“活动层对象”。在操作之前，除了在零件模式下，其他操作层都需要选取活动层对象。具体操作如图 4-116 所示。

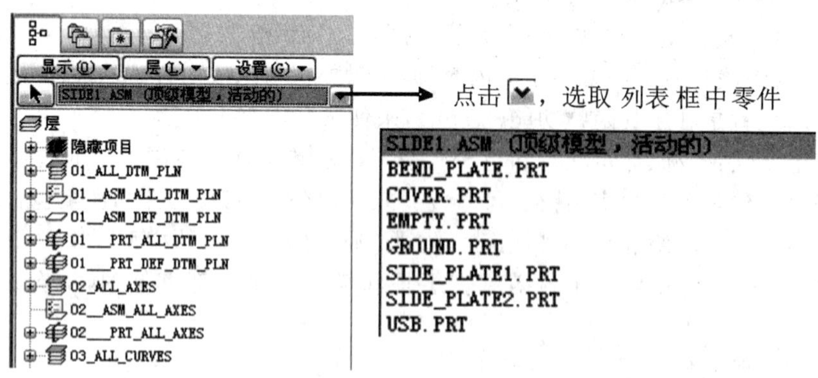

图 4-116　选取活动层

4.12.4 创建新层

创建新层的步骤如下：

(1)单击“层树”中的“层”|“新建层”，如图 4-117 所示。

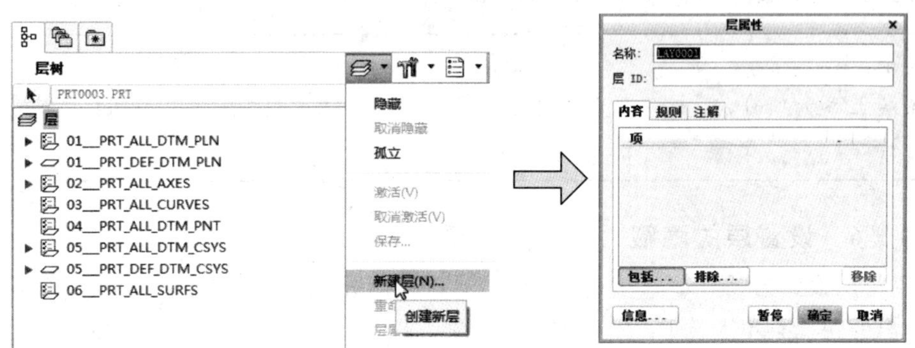

图 4-117 新建层

(2)在上述对话框的“名称”和“层 ID”右侧分别输入新层的名称和“层标识”号。单击“确定”按钮。

4.12.5 将项目添加到层中

单击欲向其中添加项目的层，然后在其上单击右键，在弹出的对话框中单击“层属性”，弹出如图 4-118 所示的对话框。

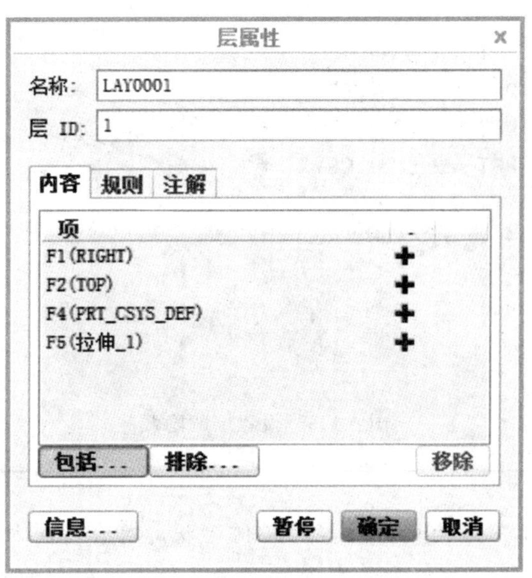

图 4-118 添加层

单击“包括”按钮，然后将鼠标指针移到图形区的模型上(此时要切换到模型树界面下操作)，可看到鼠标指针接触到基准面、基准轴、坐标系或伸出项特征等项目时，相应的项目变成天蓝色，单击鼠标左键即可添加到该层中。如果要从该层中删除项目，则单击“排除”按钮。如果想彻底删除该项目，则需要单击右侧“移除”按钮。

如果在装配模式下选取的项目不属于活动类型，则系统会打开“放置外部项目”对话框。在该对话框中，显示出外部项目所在模型的层的列表。选取一个或者多个层名，然后选择图中下部的选项之一，即可处理外部项目的放置。

提示：

在层上添加项目前，要将设置文件 drawing.dtl 中的选项 ignore_model_layer_status 设置为 no。

4.12.6 设置层的隐藏

可以将层设置为“隐藏”状态，此时层中项目在图元区将不可见。选择层，单击鼠标右键，在弹出的快捷菜单上选取“隐藏”命令，如图 4-119 所示。单击工具栏上的重绘按钮，可以查看效果。

图 4-119　设置层的隐藏

说明：

层的隐藏或者显示不影响模型的实际几何形状。对含有特征的层进行隐藏操作的话，只有特征中的基准和曲面被隐藏，特征的实体几何则不受影响。

4.12.7 层树的显示与控制

单击“层树”操作界面中的“显示”按钮，可以对层树中的层进行展开、收缩等操作，各部分的功能如图 4-120 所示。

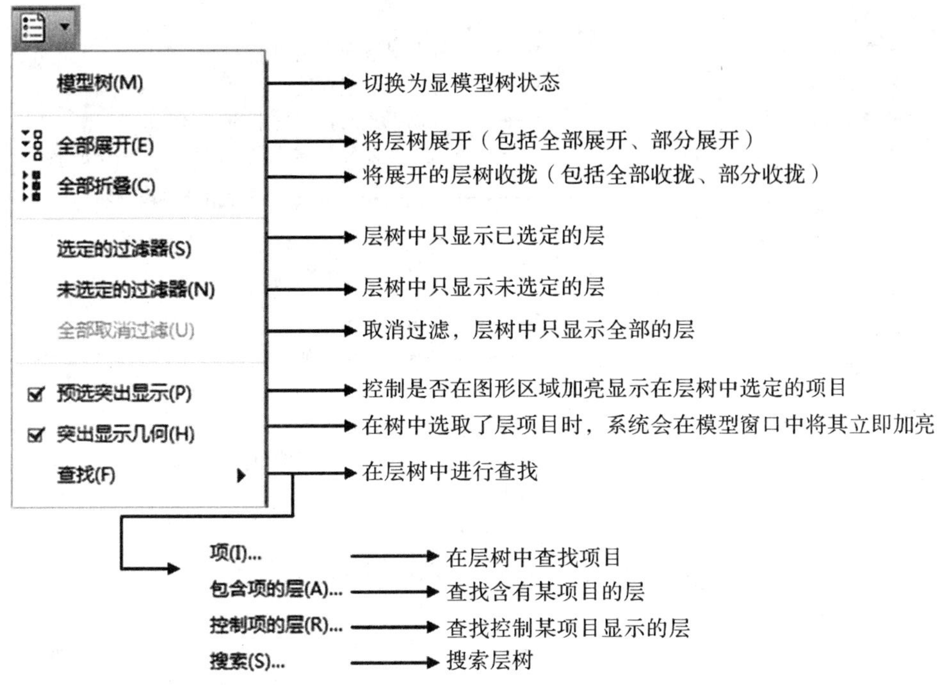

图 4-120　层的操作菜单

4.12.8　关于层的设置

单击导航选项卡中的“设置”下拉菜单，对不同的层在层树中的显示状态进行切换或者对设置文件进行操作。各部分的功能如图 4-121 所示。

4.13　设置零件模型的属性

4.13.1　零件模型属性的介绍

单击菜单“文件”|“准备”|“模型属性”命令，系统弹出如图 4-122 所示的“模型属性”对话框，通过该对话框可以设置零件模型的属性。

4.13.2　零件模型材料的设置

1. 定义新材料

(1)单击“材料”后面的“更改”按钮，弹出“材料”对话框，如图 4-123 所示。

(2)单击“创建新材料”按钮，出现如图 4-124 所示的“材料定义”对话框。在该对话框中，输入材料名称及材料的一些属性值，单击“保存到模型”按钮。

2. 将定义的材料写入磁盘

有两种方法将定义的材料写入磁盘。

- 在图 4-124 所示的“材料定义”对话框中，单击“保存到库”按钮。

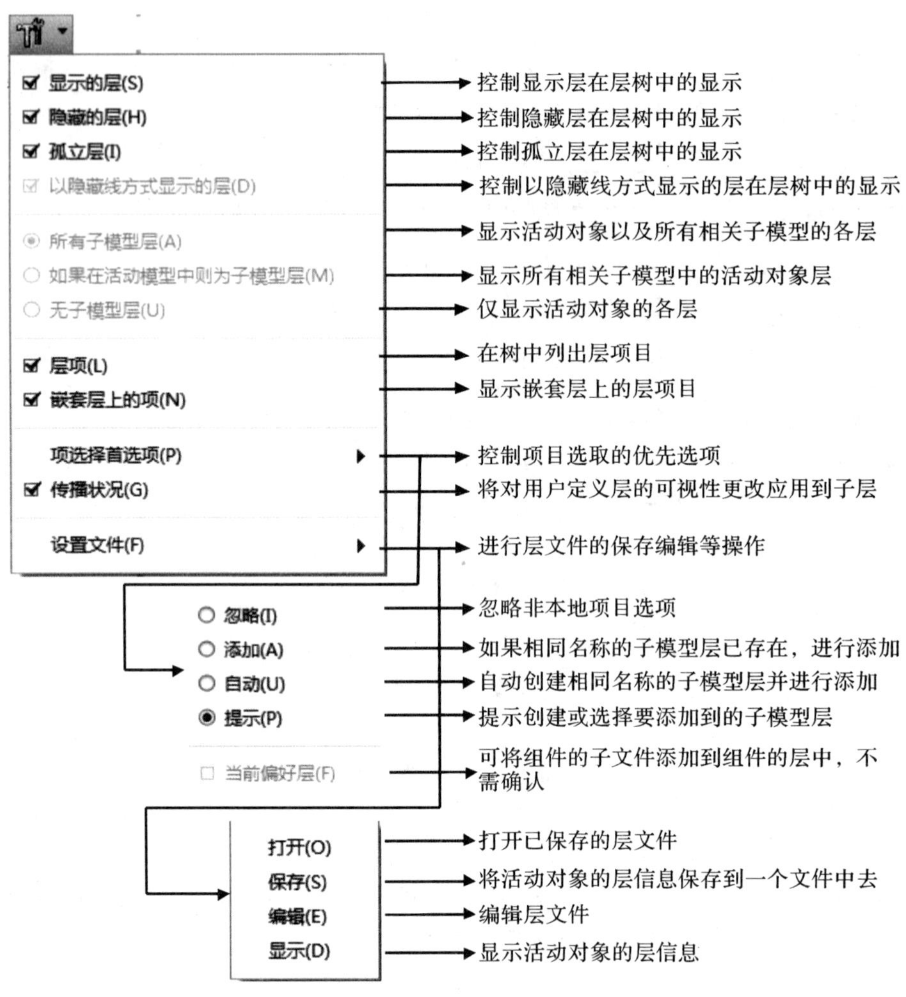

图 4-121　层的设置菜单

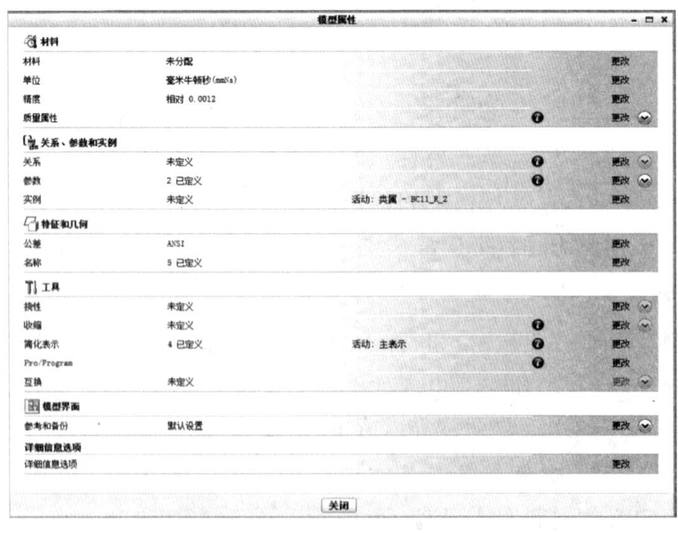

图 4-122　模型属性

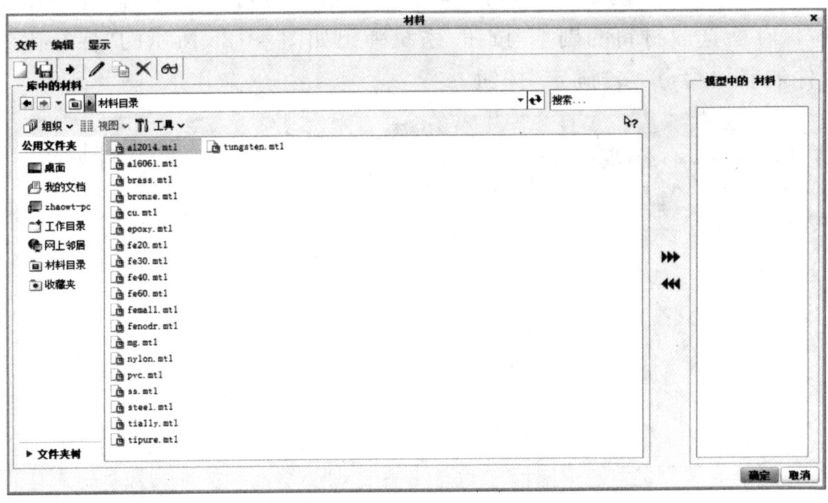

图 4-123 “材料”对话框

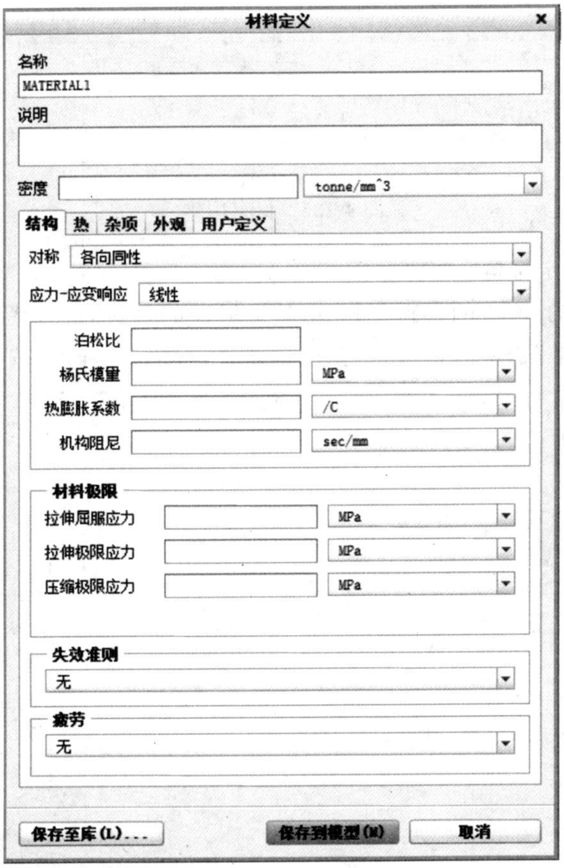

图 4-124 “材料定义”对话框

● 在“材料”对话框的“模型中的材料”列表中选取要写入的材料名称；然后在“材料”对话框中单击“保存所选取材料的副本”按钮，系统弹出如图 4-125 所示的“保存副本”对话框；输入材料文件的名称后，单击“确定”按钮。

图 4-125　保存副本

3. 为当前模型指定材料

在“材料”对话框的“库中的材料”列表中选取所需的材料名称，然后单击“将材料指定给模型”按钮，此时材料被放置到“模型中的材料”列表中；单击“确定”按钮。如图 4-126 所示。

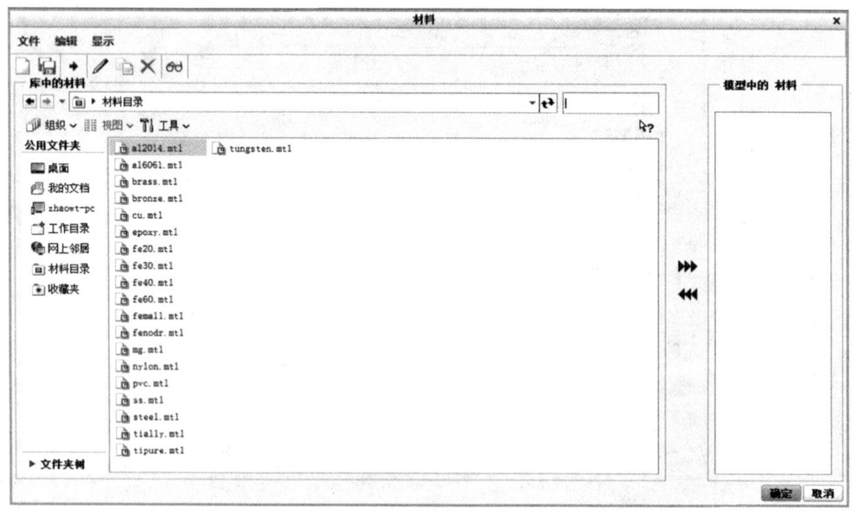

图 4-126　为当前模型指定材料

4.14 项目实现

创建油盒实体模型的具体操作步骤如下：

1. 创建油盒基础轮廓实体

(1)新建一名称为“youhe”的零件文件，然后单击“拉伸”按钮，选取“FRONT(基准平面)”为草绘平面，绘制如图 4-127 所示的拉伸截面。

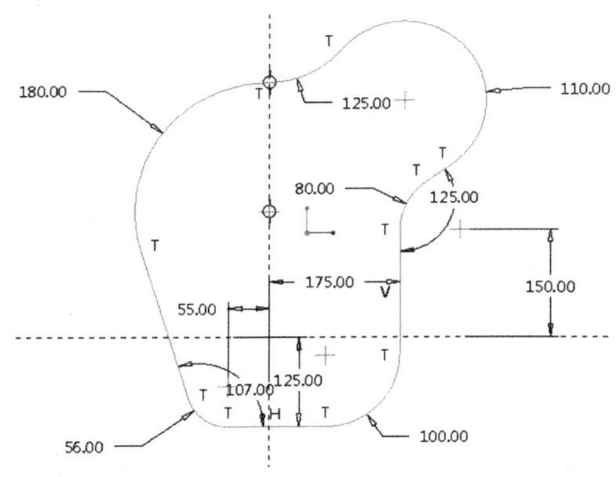

图 4-127 创建截面草绘

(2)退出草绘环境，回到特征操控面板，设置拉伸深度为“20”，创建的拉伸实体特征，如图 4-128 所示。

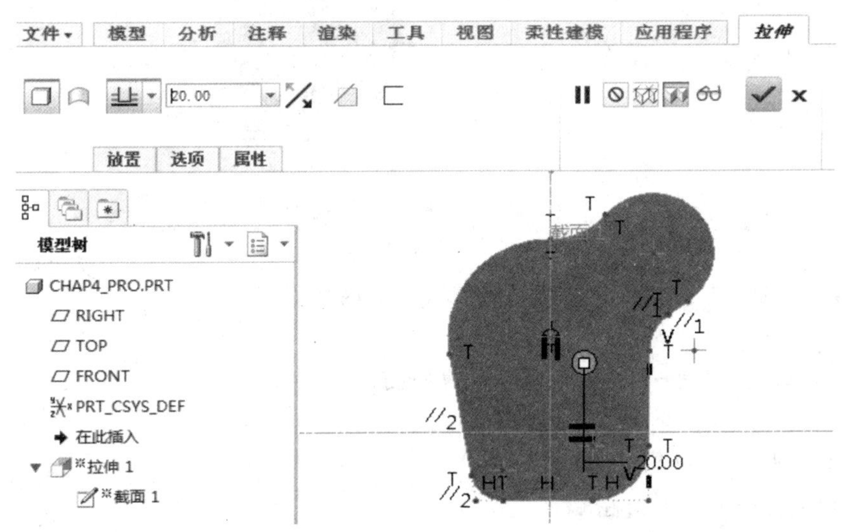

图 4-128 创建拉伸实体特征

(3)继续单击“拉伸”按钮，选取上一步创建的实体顶面为草绘平面，绘制截面草绘，如图 4-129 所示。

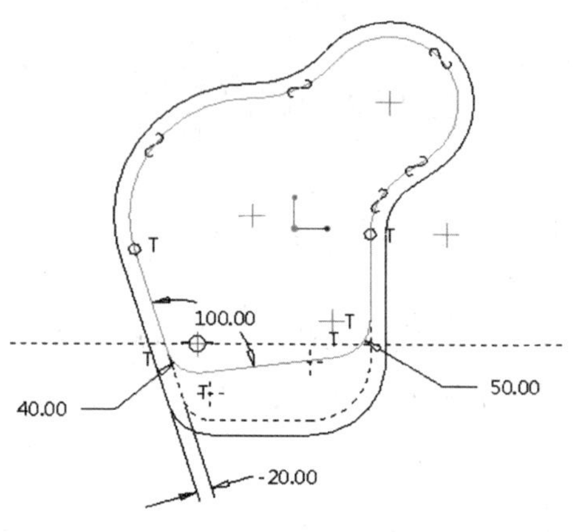

图 4-129　创建截面草绘

（4）单击“确定”按钮✔退出草绘模式，设置拉伸深度为“120”，创建拉伸实体特征如图 4-130 所示。

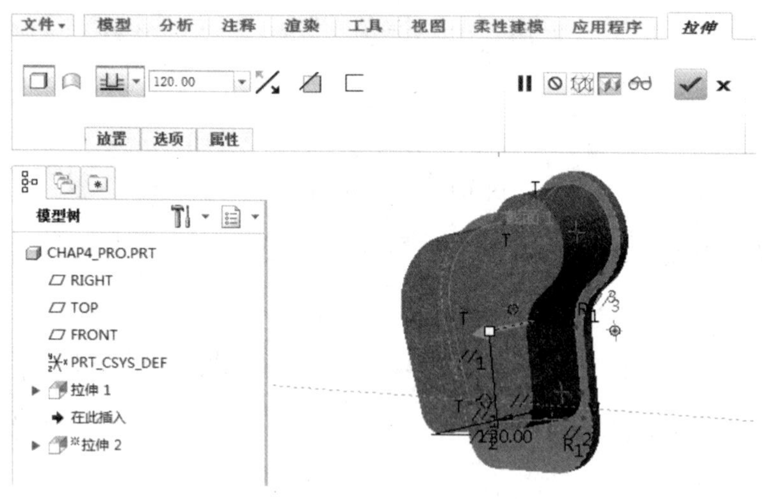

图 4-130　创建拉伸实体特征

（5）继续单击“拉伸”按钮，选取（2）创建的实体底面为草绘平面，选取（3）所绘截面草绘，将其向内偏移 10，如图 4-131 所示。

（6）单击“确定”按钮✔退出草绘模式，设置拉伸深度为“110”，并切换拉伸方向，单击去除材料按钮，创建拉伸剪切特征如图 4-132 所示。

2. 创建周围的 6 个小圆柱

（1）单击“拉伸”按钮，选取拉伸实体底面为草绘平面，绘制 6 个半径均为 R25 的圆，如图 4-133 所示。

（2）单击“确定”按钮✔退出草绘模式，设置拉伸深度为“50”，创建的拉伸实体特征如图 4-134 所示。

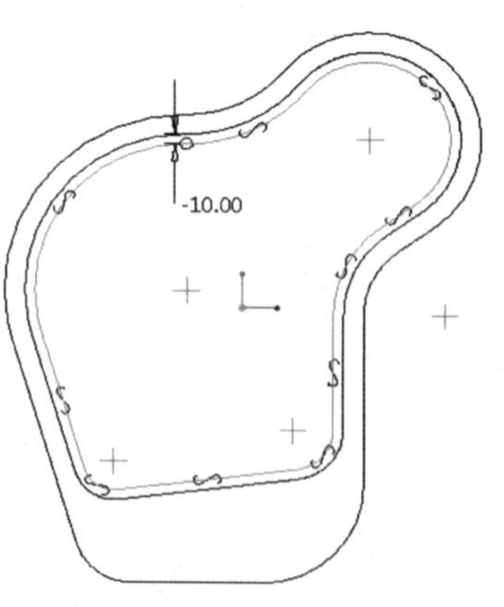

图 4-131　创建截面草绘

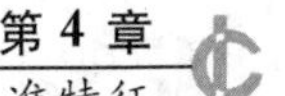

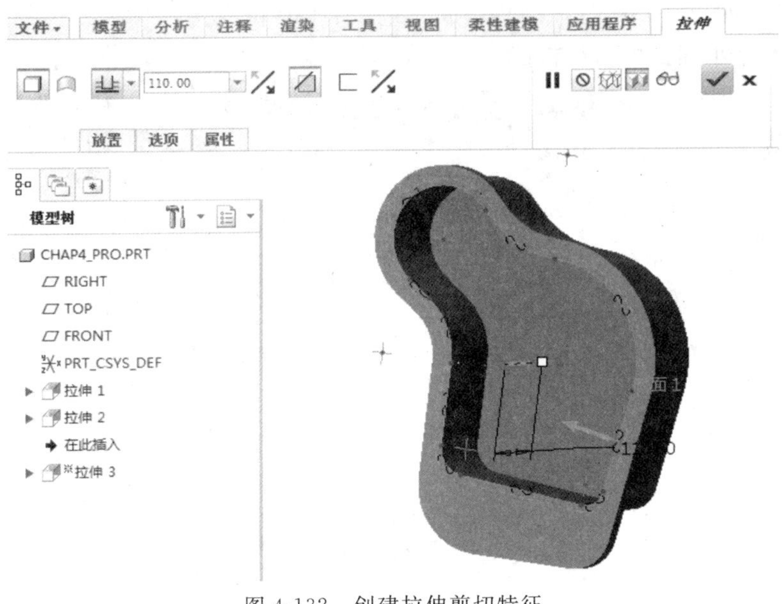

图 4-132　创建拉伸剪切特征

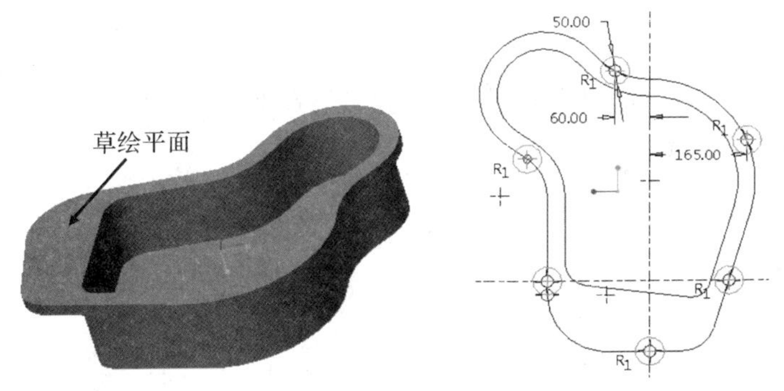

图 4-133　创建截面草绘

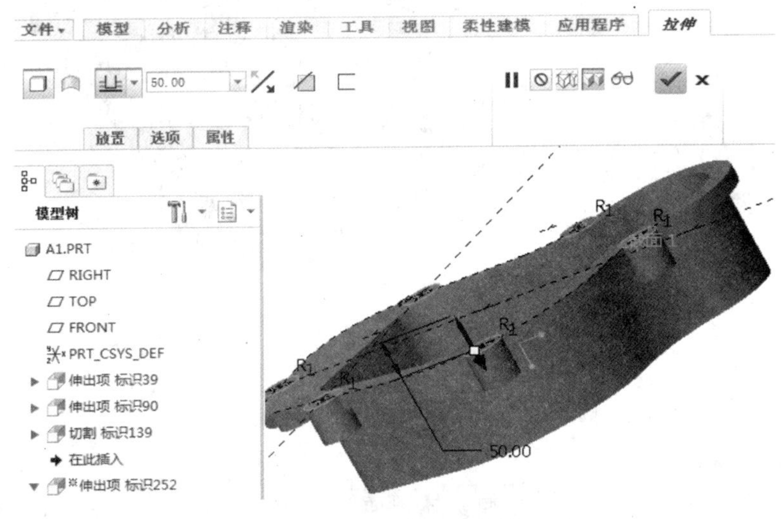

图 4-134　创建拉伸实体特征

(3)单击“确定”按钮✔,特征创建完成。

3. 创建6个小圆柱内的孔特征

(1)单击“拉伸”按钮,草绘平面和2中一样,绘制6个半径均为R13的圆,如图4-135所示。

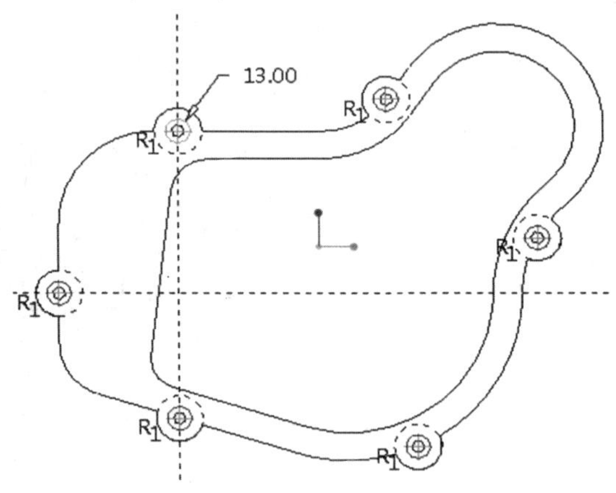

图4-135 创建截面草绘

(2)单击“确定”按钮✔退出草绘模式,设置拉伸深度为“50”,并单击去除材料按钮,创建的拉伸实体特征如图4-136所示。

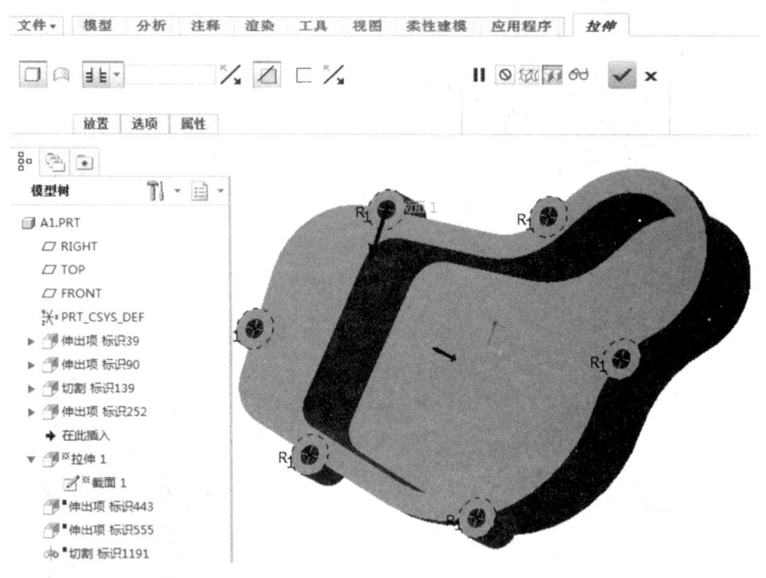

图4-136 创建孔特征

(3)单击“确定”按钮✔,特征创建完成。

4. 绘制底部突起

(1)单击“拉伸”按钮,选取拉伸实体顶面为草绘平面,绘制如图4-137所示的截面草绘。

(2)单击“确定”按钮✔退出草绘模式,设置拉伸深度为“10”,并调整拉伸方向,创建的拉伸实体特征如图 4-138 所示。

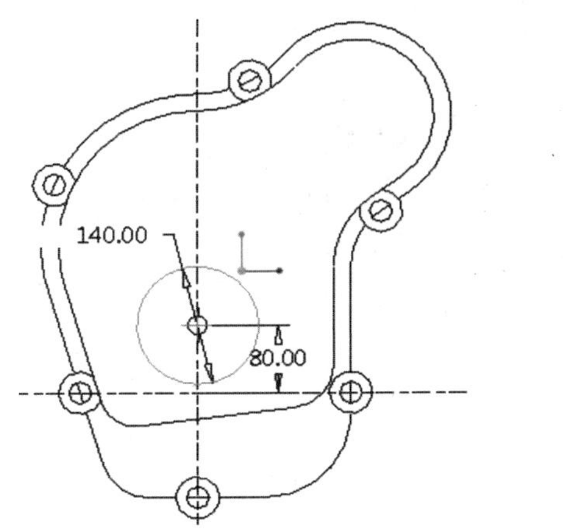

图 4-137　绘制截面草绘

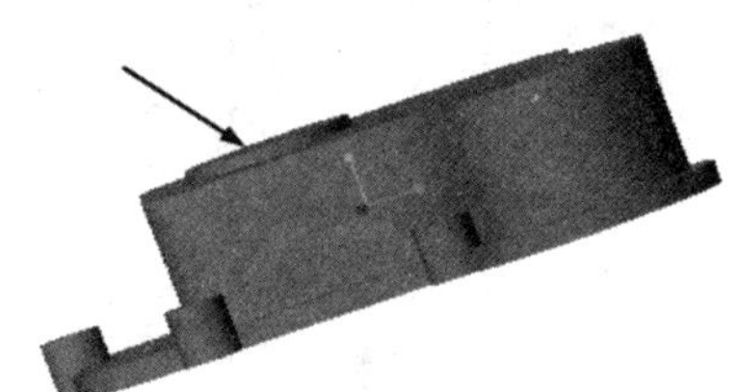

图 4-138　创建拉伸实体特征

5. 创建拉伸特征

(1)单击“拉伸”按钮,选取拉伸实体顶面为草绘平面,绘制如图 4-139 所示的截面草绘。

(2)单击“确定”按钮✔退出草绘模式,设置拉伸深度为“14”,并调整拉伸方向,创建的拉伸实体特征如图 4-140 所示。

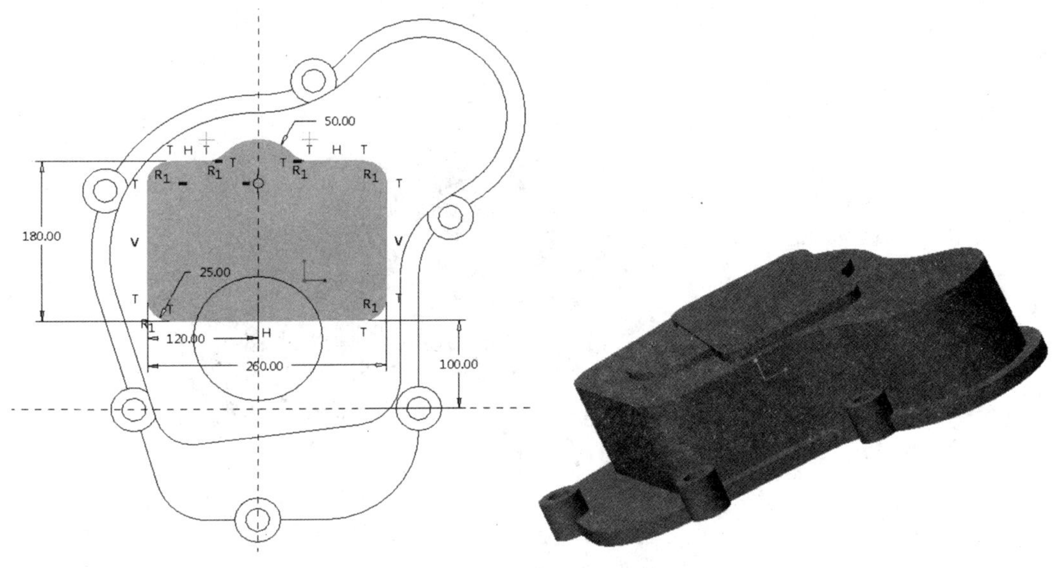

图 4-139　绘制截面草绘　　图 4-140　创建拉伸实体特征

6. 利用旋转剪切创建孔

(1)在功能区“模型”选项卡的“形状”面板中单击“旋转”按钮，打开“旋转”选项卡。接着选取“RIGHT(基准平面)”为草绘平面，绘制如图 4-141 所示的旋转截面。

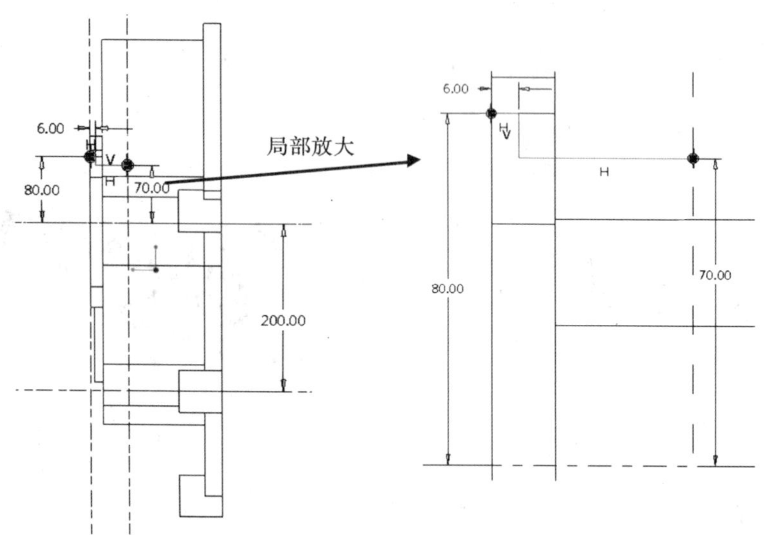

图 4-141　绘制旋转截面

(2)单击“确定”按钮✔退出草绘模式，设置旋转角度为 360 度，并单击去除材料按钮，创建旋转剪切特征，如图 4-142 所示。

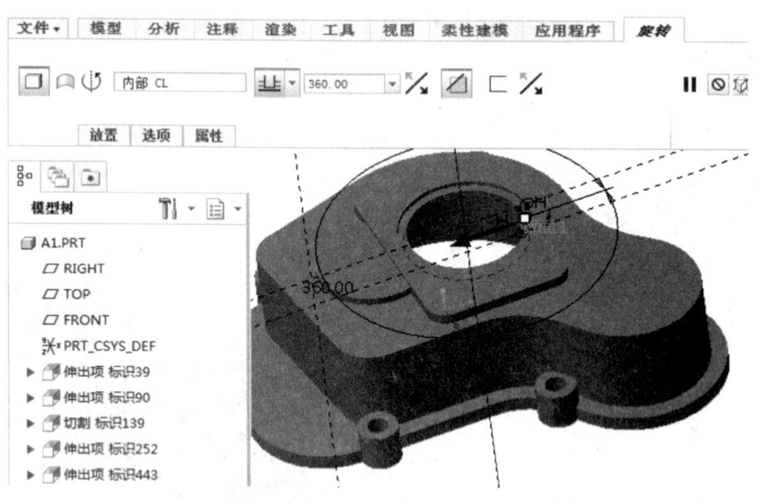

图 4-142　创建旋转剪切特征

7. 创建拉伸实体特征

步骤和方法和 3 相同，如图 4-143 和图 4-144 所示。

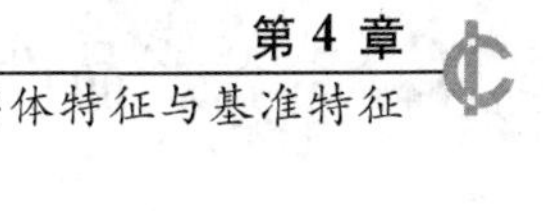

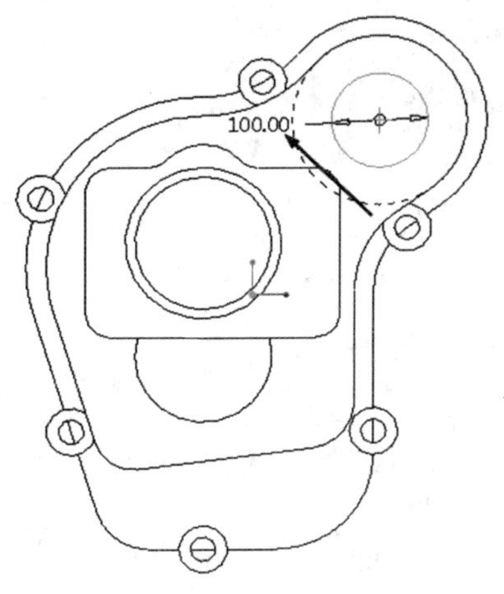

图 4-143　创建截面草绘

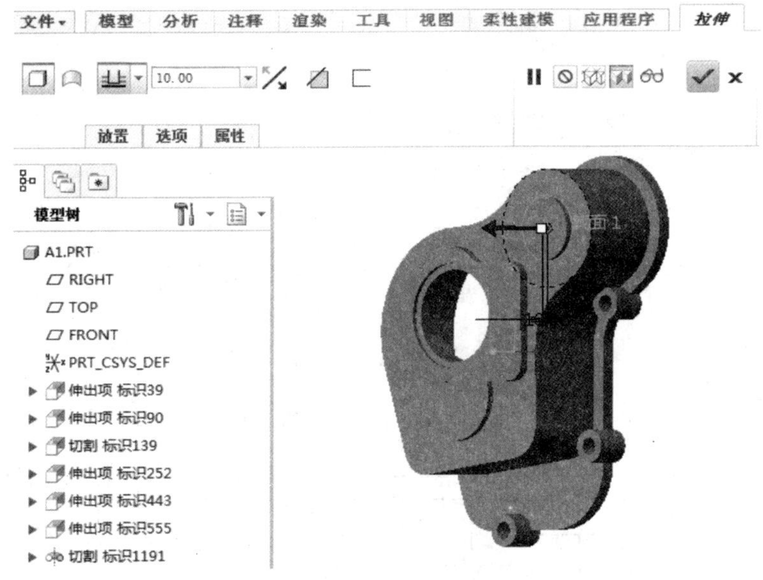

图 4-144　创建拉伸实体

8. 创建扫描剪切特征

(1)在功能区"模型"选项卡的"形状"面板中单击"旋转"按钮，打开"旋转"选项卡。选取模型底面为草绘平面，在草绘环境中选取已有的曲线链将其向外偏移 10，如图 4-145 所示。

(2)绘制如图 4-146 所示的扫描截面。

(3)选中"去除材料"按钮，其他扫描设置如图 4-147 所示。

(4)操作完成后，结果如图 4-148 所示。

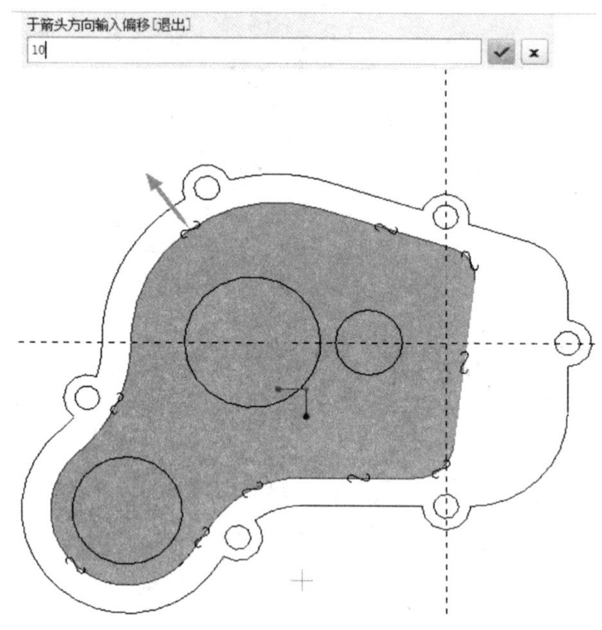

图 4-145　绘制扫描轨迹

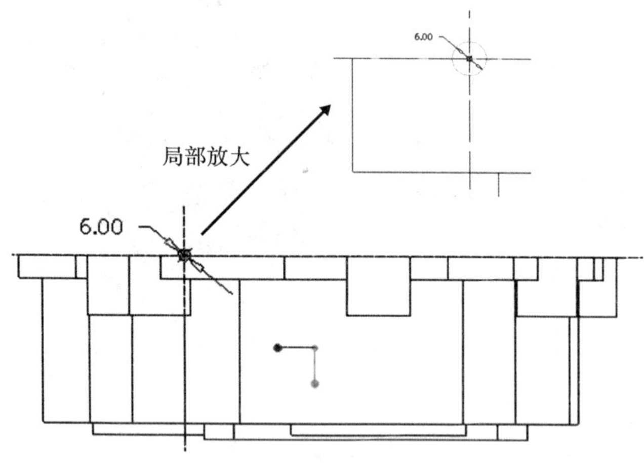

图 4-146　绘制扫描截面

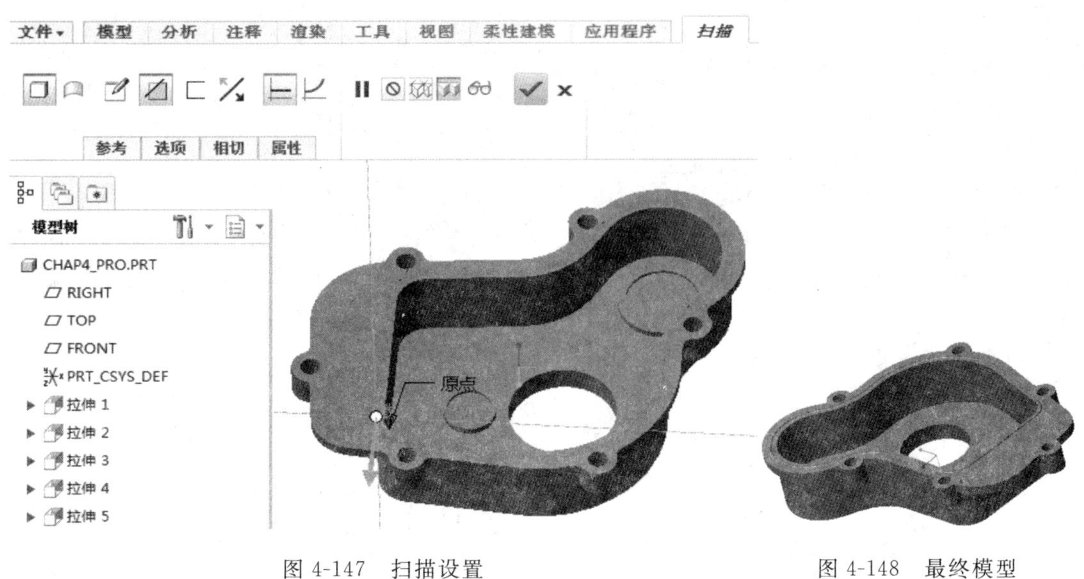

图 4-147　扫描设置　　　　图 4-148　最终模型

9. 倒圆角

(1)在功能区"模型"选项卡的"工程"面板中单击"倒圆角"按钮，打开"倒圆角"选项卡在如图 4-149 所示的棱边倒圆角，值为 3。

图 4-149　倒圆角

(2)在"倒圆角"选项卡中单击"完成"按钮，其他棱边处请读者自己完成(尺寸可自己设定)，完成后得到最终模型。

4.15 拓展训练

本节要创建的零件主要由扫描特征、拉伸特征和螺旋扫描特征3部分组成。其中，利用"扫描"工具可以创建管道实体，利用"拉伸"工具可以创建六角凸台实体，利用"螺旋扫描"工具可以创建内外连接的螺纹实体，在创建过程中可以按照由简单特征到复杂特征的顺序进行。

创建顺序如图4-150所示。

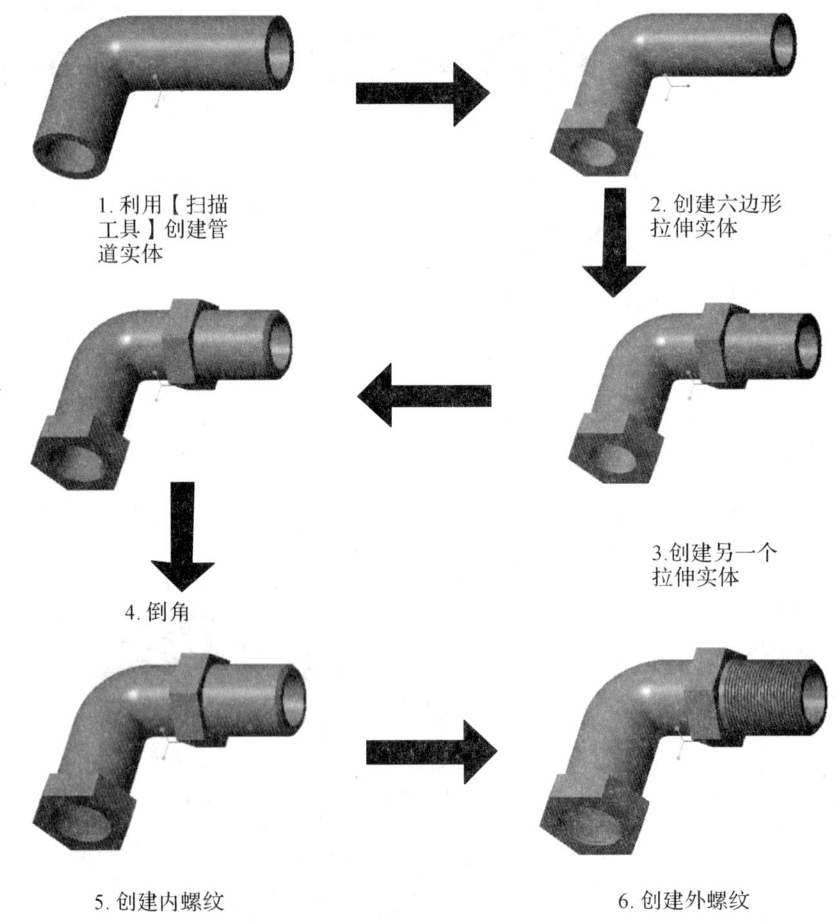

图4-150　接头创建顺序

4.16 思考与练习

1. 创建零件模型的一般过程是什么？

2. 模型树的概念和作用是什么？怎么进行设置？

3. 简述层的作用。

4. 伸出项特征和切削特征各有什么特点？

5. 孔特征分哪几种？分别如何创建？

6. 拉伸特征和扫描特征的草绘截面有什么不同？

7. 举例说明在什么情况下，旋转特征和拉伸特征能够实现同样的效果。

8. 孔与切口的不同之处有哪些？

9. 创建倒圆角特征时应该遵循哪些规则？

10. 草绘平面与参照面在设计过程中扮演着什么角色？

11. 试述拉伸、旋转和扫描特征的概念与操作步骤。

12. 在扫描特征中如何理解“自由端点”、“合并终点”、“增加内部因素”和“无内部因素”的含义？

13. 孔的定位方式有哪几种？如何具体操作？

14. 试说出几种常见的圆角类型，并简述其具体的实现步骤。

15. 简述筋特征的概念与操作步骤。如何变更筋特征的生成方向？

16. 坐标系的创建方法有哪些？如何创建？

17. 基准特征有哪些？分别有什么作用？

18. 基准平面有哪些特性？

19. 创建基准平面时，在参照收集器中添加约束时有哪些注意事项？

20. 基准点有哪几种创建方法？详细说明。

21. 基准曲线有哪几种创建方法？各有什么优点？

22. 简述至少五种建立基准平面的方法。

23. 简述至少五种建立基准轴的方法。

24. 在 Creo 3.0 系统中坐标系扮演着十分重要的角色，它一般用在哪些场合？

25. 创建如图 4-151 和图 4-152 所示的模型。

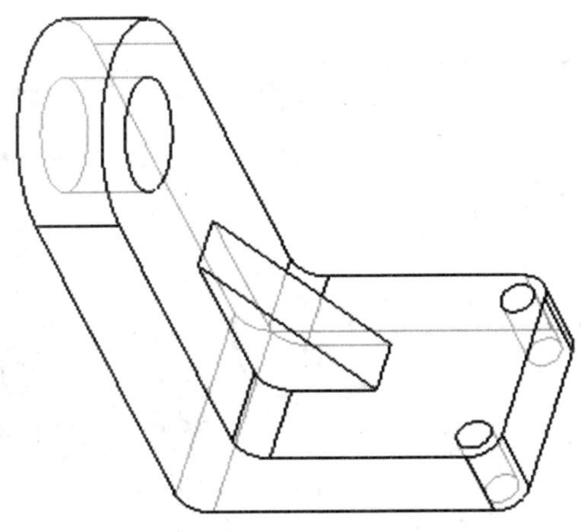

图 4-151　模型 1

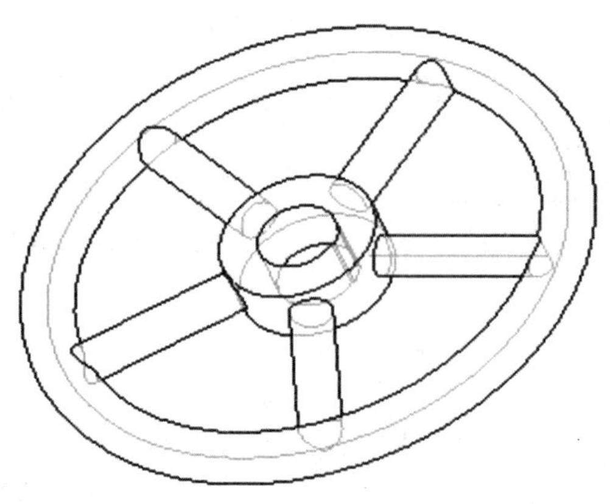

图 4-152 模型 2

模型 1 提示：运用拉伸、筋、孔和倒圆角等特征。

模型 2 提示：运用拉伸、扫描和阵列等特征。

26. 根据工程图中的尺寸绘制如图 4-153 所示的实体模型。

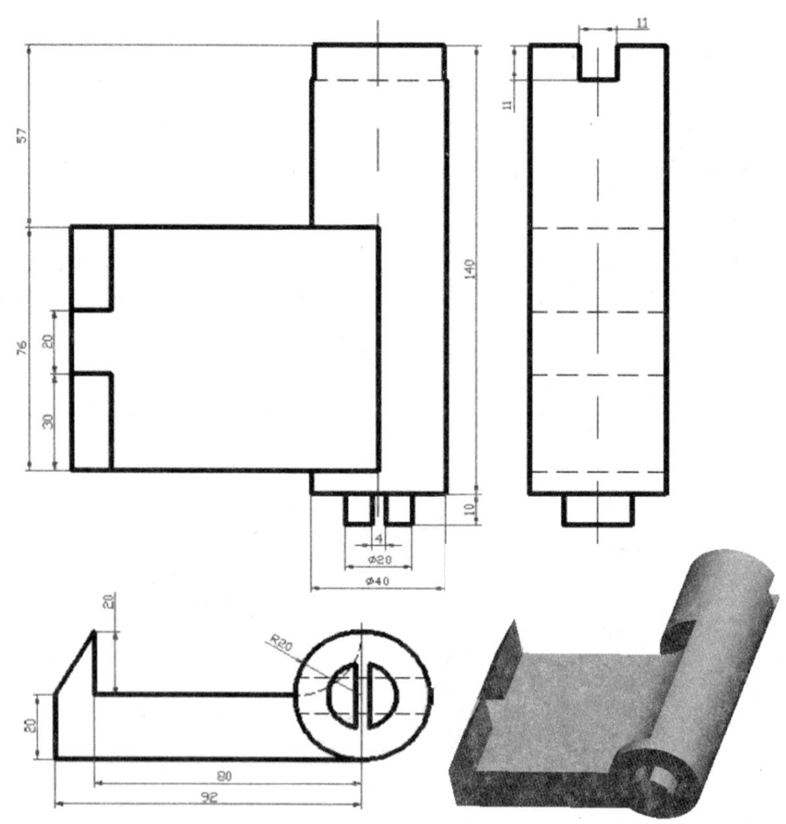

图 4-153 模型 3

27. 根据工程图的尺寸绘制如图 4-154 所示的实体模型。

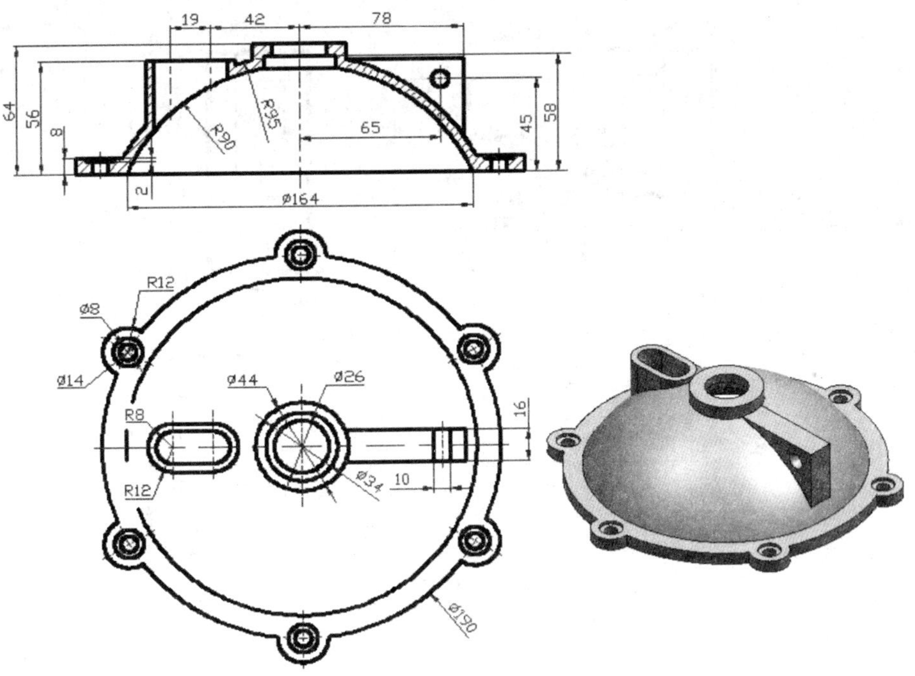

图 4-154　模型 4

28. 根据工程图的尺寸绘制如图 4-155 所示的实体模型。

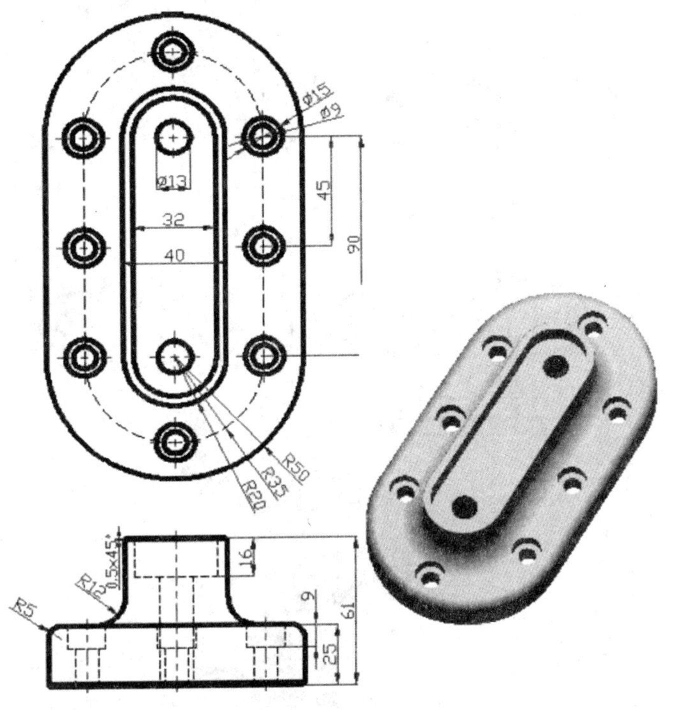

图 4-155　模型 5

29. 根据工程图的尺寸绘制如图 4-156 所示的实体模型。

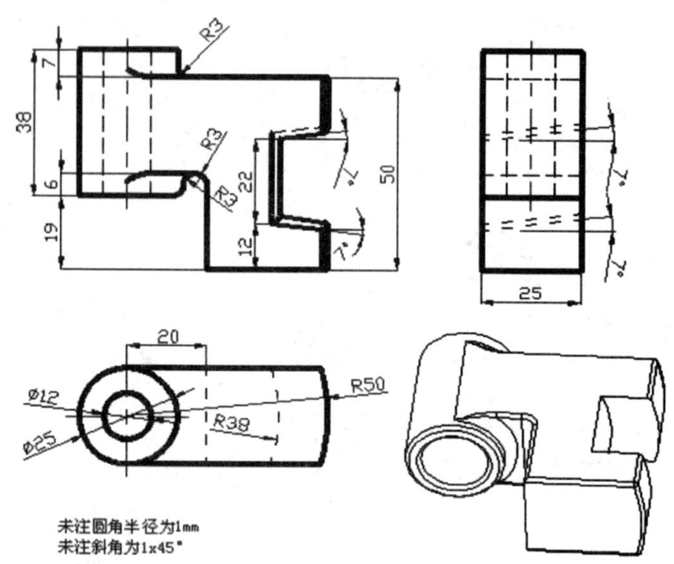

图 4-156　模型 6

30. 根据工程图的尺寸绘制如图 4-157 所示的实体模型。

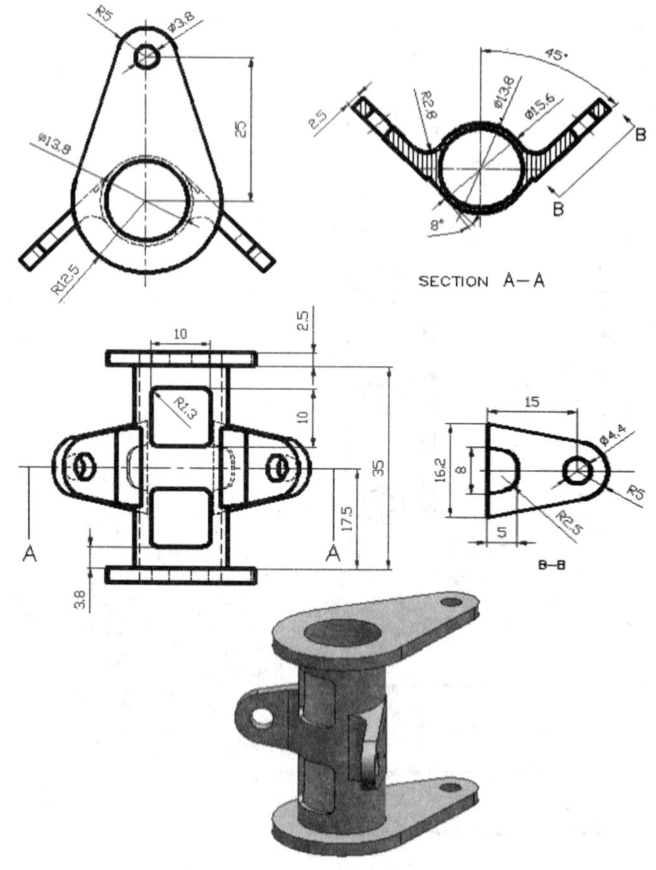

图 4-157　模型 7

31. 根据工程图的尺寸绘制如图 4-158 所示的实体模型。

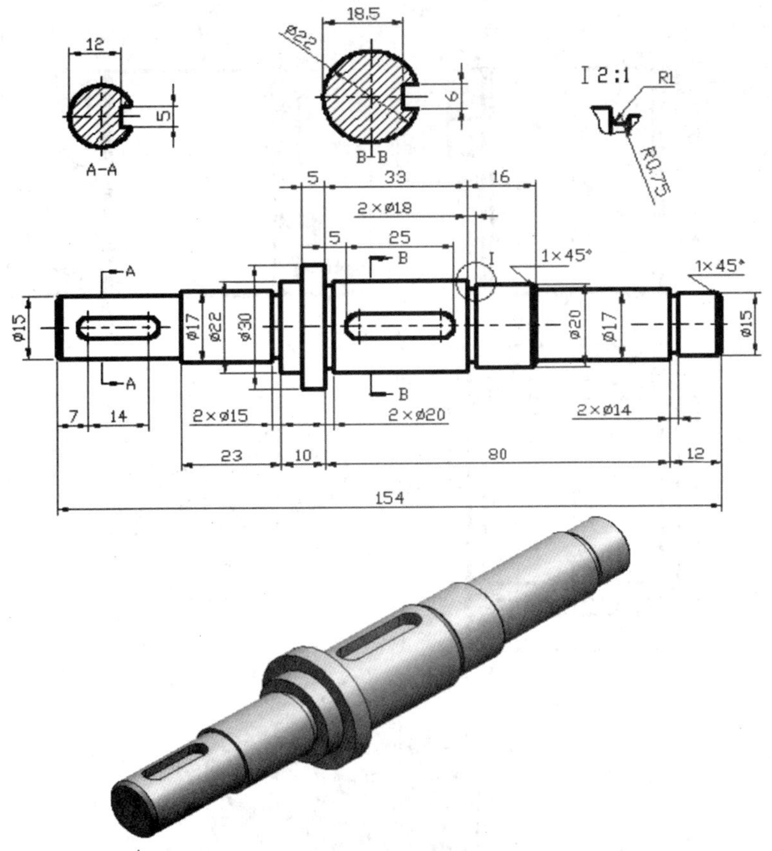

图 4-158 模型 8

32. 绘制如图 4-159 所示的实体模型。

图 4-159 模型 9

33. 根据工程图的尺寸绘制如图 4-160 所示的实体模型。

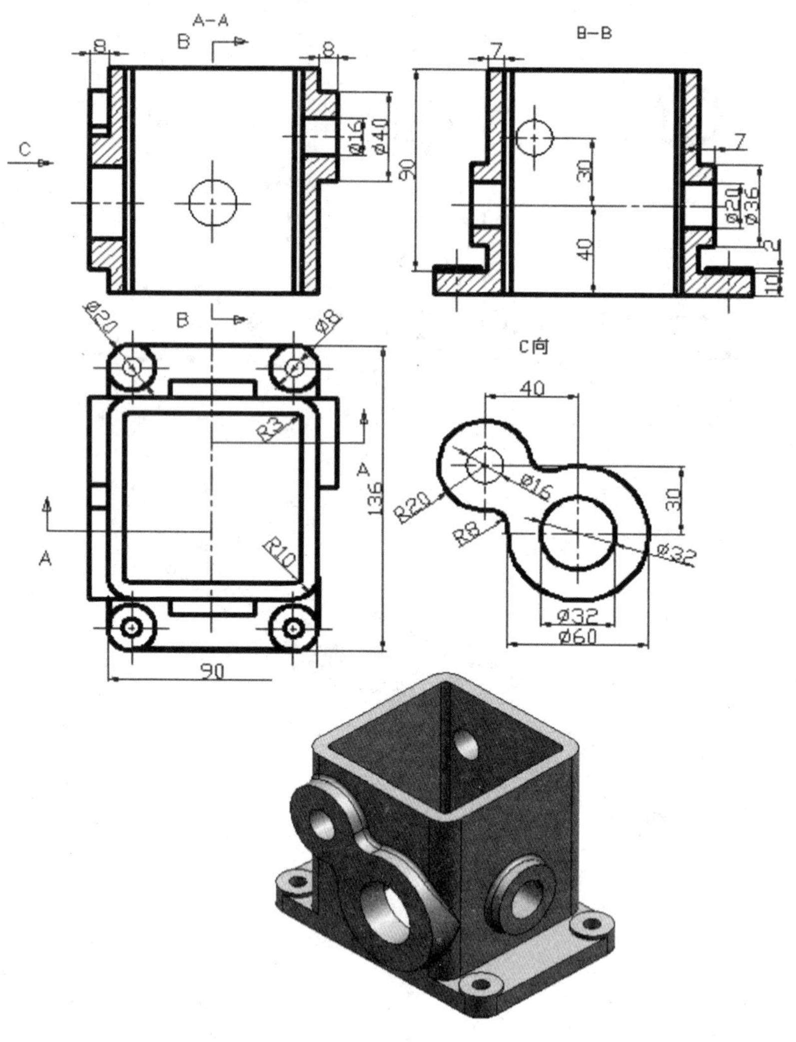

图 4-160 模型 10

第 5 章　高级特征

学习单元:高级特征	参考学时:7
学习目标	
◆ 掌握和运用修饰特征 ◆ 掌握和运用拔模特征 ◆ 掌握和运用混合特征 ◆ 掌握和运用扫描混合的建立方法 ◆ 掌握螺旋扫描的建立方法 ◆ 掌握和运用剖截面的建立方法	
学习内容	学习方法
★ 修饰特征的应用 ★ 拔模特征的应用 ★ 扫描混合特征的应用 ★ 可变截面扫描特征的应用 ★ 高级扫描特征的应用	◆ 理解概念,掌握应用 ◆ 熟记方法,勤于操作
考核与评价	教师评价 (提问、演示、练习)

项目导入:

本章要制作的模型是如图 5-1 所示的电源插头,要完成此模型,先用“混合”命令完成本体的创建,接着应用“旋转”和“螺旋扫描”命令绘制带螺旋特征的一段,然后“扫描”完成电线的创建,最后用“拉伸”和“拉伸切除”完成其他部分的绘制。

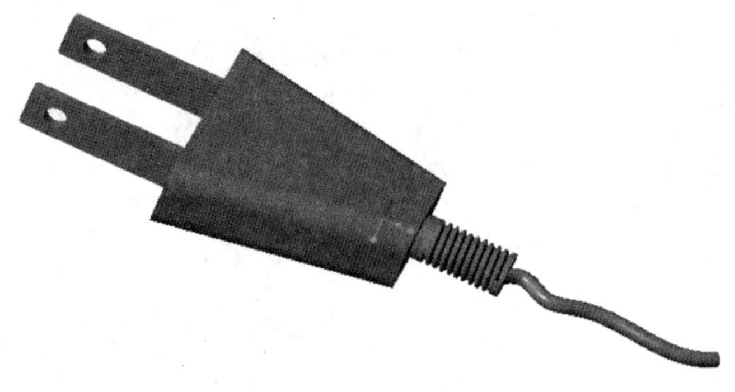

图 5-1　电源插头

5.1 修饰特征

修饰特征是在其他特征的基础上绘制的复杂的几何图形，使其能更清楚地在图形上显示出来。打开“模型”选项卡的“工程”面板，可得到如图 5-2 所示面板。

下面分别讨论螺纹和草绘两个修饰特征。

5.1.1 螺纹修饰特征

螺纹修饰特征是螺纹直径的修饰特征。用默认极限公差设置来创建，螺纹修饰特征不能修改修饰螺纹的线型，而且螺纹也不会受到“环境”菜单中隐藏线显示设置的影响。螺纹可以是内螺纹也可是外螺纹，可以是不通的或者贯通的。可通过制定螺纹的内径或者外径、起始曲面和螺纹长度或者终止边，来创建修饰螺纹。

【例 5-1】 创建螺纹修饰特征。

(1)设置工作目录，打开一个已有的零件文件 luowenxiushi. prt，如图 5-3 所示。

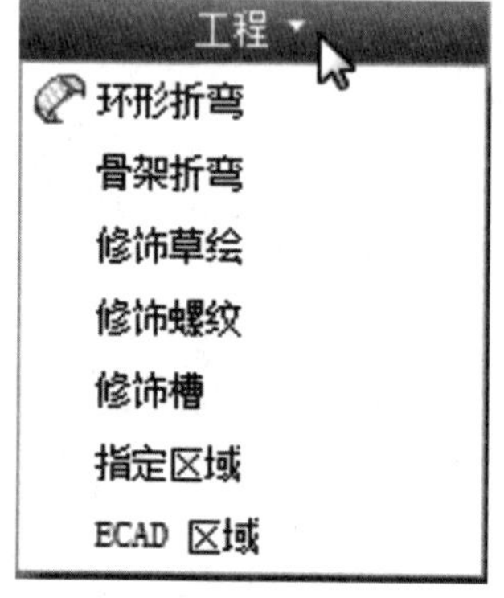

图 5-2 修饰特征

图 5-3 打开已有零件

(2)在功能区“模型”选项卡中单击“工程”面板溢出按钮，接着从打开的下拉命令列表中选择“修饰螺纹”命令，则可在功能区中打开“螺纹”选项卡，如图 5-4 所示。

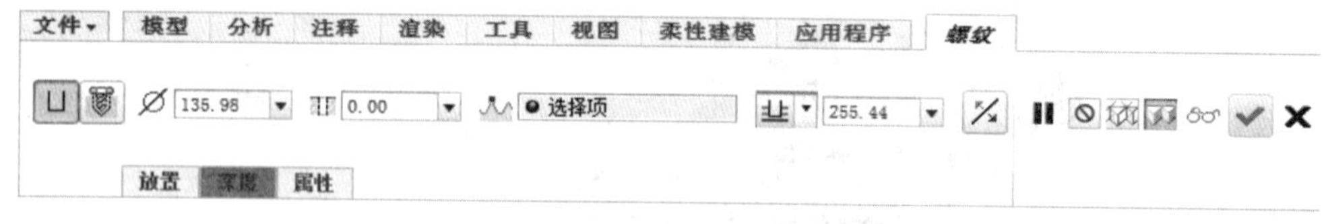

图 5-4 螺纹修饰对话框

(3)在“螺纹”选项卡中单击“定义标准螺纹”按钮，以使用标准系列和直径，并可显示标准螺纹选项。

(4)在“螺纹”选项卡中打开“放置”面板，确保单击激活“螺纹曲面”收集器，然后选择一个曲面。在本例中，选择模型的圆柱外表面作为螺纹曲面，如图 5-5 所示。

(5)在“标准螺纹的螺纹类型”下拉列表框中选择一个螺纹系列，在这里默认选择“ISO”。

(6)设置螺纹起点。在“螺纹”选项卡中单击“深度”面板,激活“螺纹起始自”收集器,然后选择一个参考(平面、曲面或面组),本例选择圆柱端面,如图 5-6 所示。

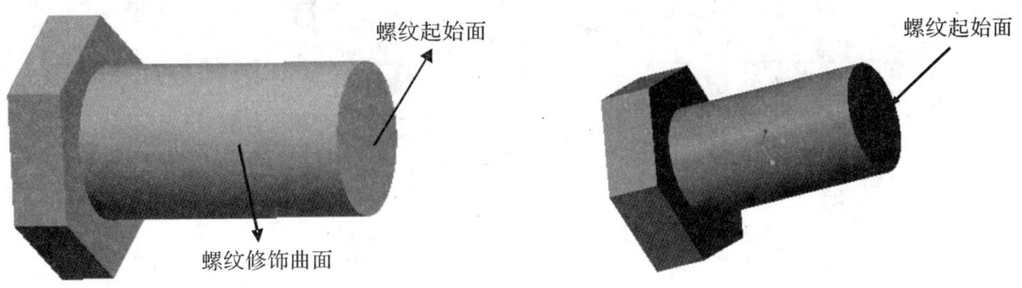

图 5-5　选取修饰曲面和起始曲面　　　　图 5-6　设置螺纹起点

(7)设置螺纹深度(距起点参考的距离)。在“螺纹”选项卡的“深度选项”下拉列表中选择“盲孔”,然后输入螺纹深度值为 70,如图 5-7 所示。

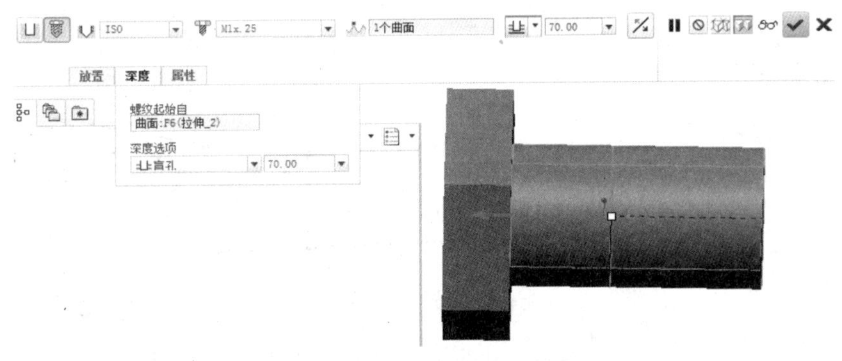

图 5-7　设置螺纹深度

(8)在“螺纹尺寸”下拉列表中选择所需的螺纹尺寸,此处选择 M68X6。

(9)此时,若打开“螺纹”选项卡的“属性”面板,则可以参看具体的螺纹参数值,如图 5-8 所示。如果需要,可以在该“属性”面板的“参数”表中修改相应的参数值。在“螺纹”选项卡中单击“完成”按钮✔,完成修饰螺纹特征的创建,效果如图 5-9 所示。

注:编辑螺纹的参数时,系统会分两次提示有关直径的信息,因此用户可将公制螺纹放置到英制螺纹单位的零件上,反之亦然。螺纹的参数介绍如表 5-1 所示。

表 5-1　螺纹的参数

参数名称	参数类型	参数描述
MAJOR_DIAMETER	数字	螺纹的公称直径
THREADS_PER_INCH	数字	每英寸的螺纹数(1/螺距)
THREAD FORM	字符串	螺纹形式
CLASS	数字	螺纹等级
放置	字符	螺纹放置(A—轴螺纹,B—孔螺纹)
METRIC	TRUE/FALSE	螺纹为公制

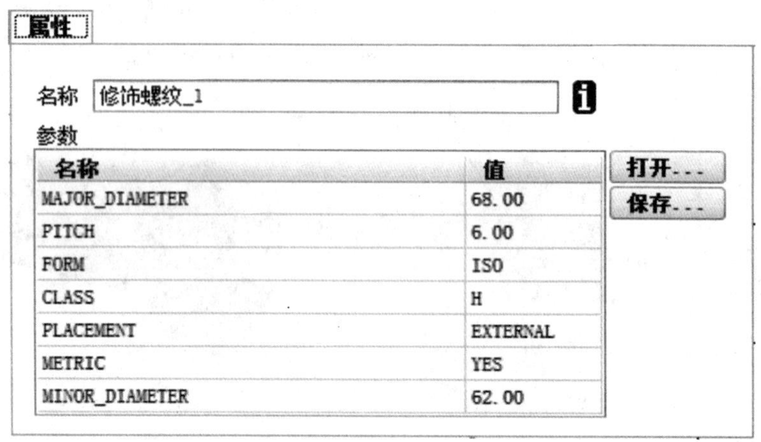

名称	值
MAJOR_DIAMETER	68.00
PITCH	6.00
FORM	ISO
CLASS	H
PLACEMENT	EXTERNAL
METRIC	YES
MINOR_DIAMETER	62.00

图 5-8 “螺纹”选项卡的“属性”面板

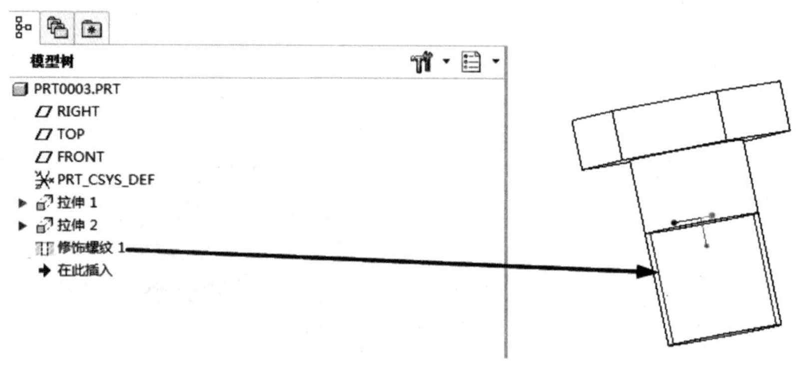

图 5-9 创建完成

5.1.2 草绘修饰特征

草绘修饰特征绘制在零件的曲面上。在进行“有限元”分析计算时，也可利用草绘修饰特征定义“有限元”局部负荷区域的边界。

注意：修饰特征不能用来做参照。

草绘修饰特征可以设置线体，特征的每个单独的几何段都可以设置不同的线体，操作方法为：在功能区“草绘”选项卡中单击“设置”|“设置线造型”命令，并使用打开的“线造型”对话框设置修饰特征的颜色、字体和线型，如图 5-10 所示。

草绘修饰分两种类型：规则截面和投影截面。

- 规则截面：这是一个平整特征。不论“在空间”还是在零件的曲面上，规则截面修饰特征位于草绘平面处。可以给截面加剖面线，剖面线将显示在所有模式中，但只能在“工程图”模式下修改。在“零件”和“装配”模式下，剖面线以 45°显示。
- 投影截面：被投影到单个零件曲面上，它们不能跨越零件曲面，不能对投影截面加剖

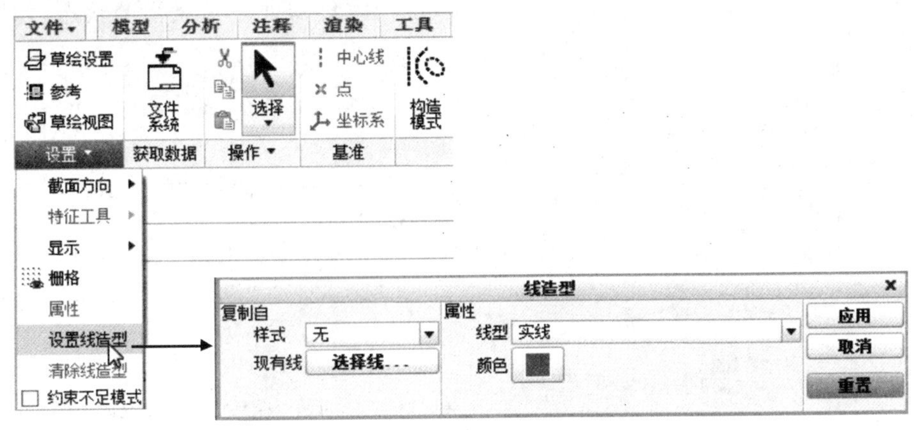

图 5-10 “线体”对话框

面线或者阵列。

5.2 拔模特征

创建拔模特征实际上就是向单独曲面或一系列曲面中添加一个介于－30°～30°的拔模角度。拔模特征一般用在注射件和铸件上，用于脱模。拔模就是用来创建模型的拔模斜面。

有关拔模特征的关键术语介绍如下：

- 拔模曲面：要进行拔模的模型曲面。
- 枢轴平面：拔模曲面可绕着枢轴平面与拔模曲面的交线旋转而形成拔模斜面。
- 枢轴曲线：拔模曲面可绕着一条曲线旋转而形成拔模斜面。这条曲面就是枢轴曲线，它必须在要拔模的曲面上。
- 拔模参照：用于确定拔模方向的平面、轴和模型的边。
- 拔模方向：拔模方向可用于确定拔模的正负方向，它总是垂直于拔模参照平面或平行于拔模参照轴或参照边。
- 拔模角度：拔模方向与生成的拔模曲面之间的角度。如果拔模曲面被分割，则分别为拔模的每个部分定义独立的拔模角度。
- 旋转方向：拔模曲面绕枢轴平面或枢轴曲线旋转的方向。
- 分割区域：可对其应用不同拔模角的拔模曲面区域。

【例 5-2】 创建拔模特征。

(1)在“快速访问”工具栏中单击“打开”按钮，弹出“文件打开”对话框，选择配套文件“bamo. prt”并打开，该文件中已有的模型如图 5-11 所示。

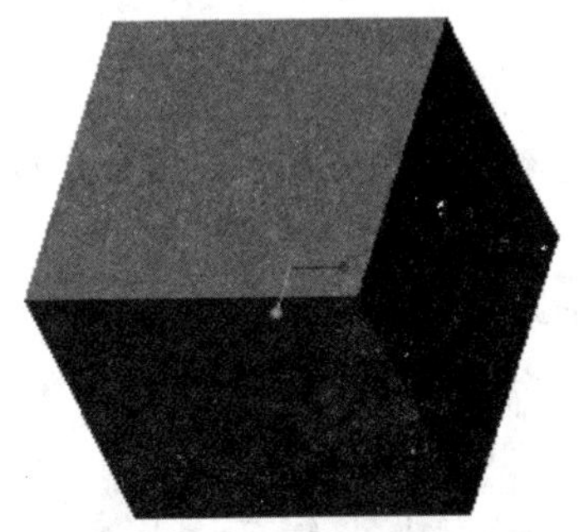

图 5-11 已有零件

(2)在功能区“模型”选项卡的“工程”面板中单击“拔模”按钮，打开“拔模”选项卡。

(3)此时打开“参考”面板,可以看到“拔模曲面”收集器处于被激活的状态,如图 5-12 所示。

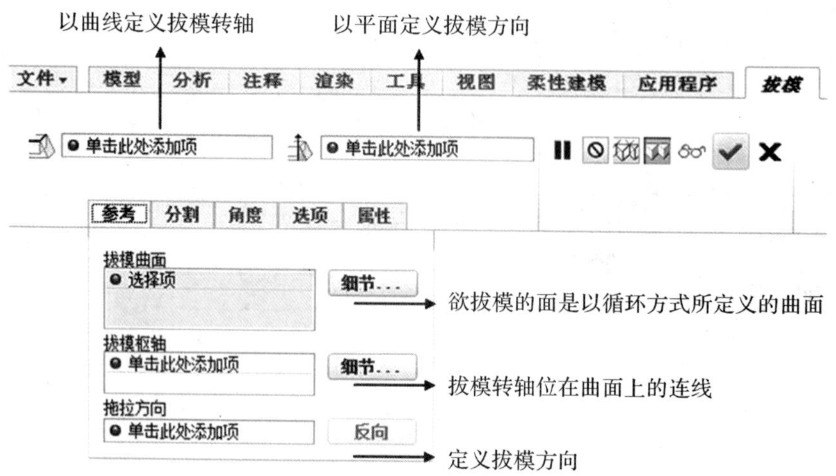

图 5-12 “拔模”特征操控板

(4)按住【Ctrl】键选取需要拔模的两个拔模面,如图 5-13 所示。

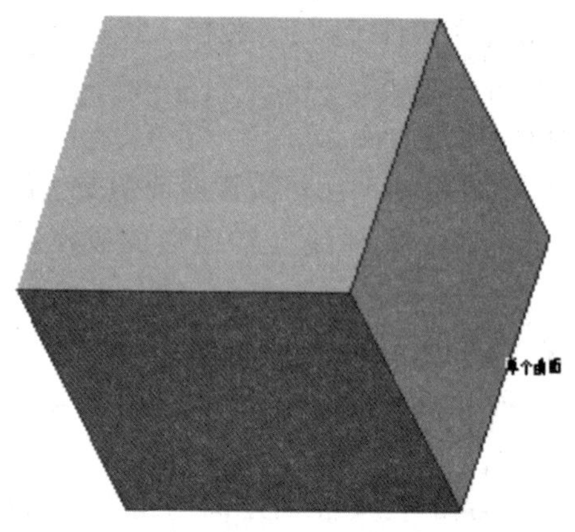

图 5-13 选取需要拔模的两个拔模面

(5)定义拔模枢轴。在“拔模”选项卡的“拔模枢轴”收集器中单击以将其激活,接着选择“TOP(基准平面)”定义拔模枢轴。

(6)由于选择了一个平面定义拔模转轴,则 Creo Parametric 3.0 自动使用它来确定拖动方向,拖动方向显示在预览几何中。

(7)设置拔模角度与拔模方向。在“角度 1”文本框中输入“5”,方向默认即可,如图 5-14 所示。

(8)在“拔模”选项中单击“完成”按钮,最终结果如图 5-15 所示。

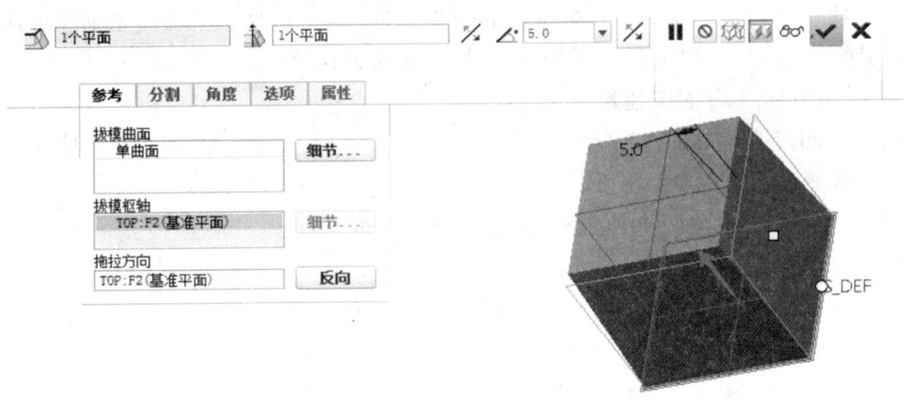

图 5-14　设置拔模角度与拔模方向

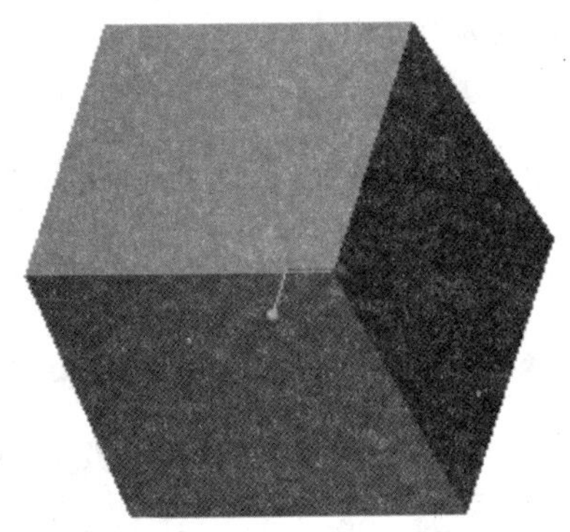

图 5-15　创建完成

5.3　混合特征

5.3.1　混合方式概述

混合特征就是将数个二维草图混合到一起，通过过渡曲面使其形成一个封闭曲面，再填入材料，形成实体。

混合特征的类型有以下三个：

- 平行：所有混合截面都位于草绘截面的多个平行平面上。
- 旋转：混合截面绕 Y 轴旋转，最大角度可达 120 度。每个截面都单独草绘并通过截面坐标系对齐。
- 一般：一般混合截面可以绕 X 轴、Y 轴和 Z 轴旋转，也可以沿这三个轴平移。每个截面都单独草绘，并通过截面坐标系对齐。

5.3.2　混合特征的创建

创建混合特征需要遵守的规则为：

● 不论使用哪种混合方式，基本原则都是相同的：每个截面的点数要相同，并且两个截面间有特定的连接顺序，根据每个截面的起点位置和方向而定。其中起点(有箭头的点)为第一点，顺箭头方向往后依次递增编号(第二点、第三点……)。

● 除了封闭混合外，每个混合截面包含的图元数都必须始终保持相同。对于没有足够几何顶点的截面，可以添加混合顶点。每个混合顶点相当于给截面添加一个图元。

● 使用草绘或选取截面上的混合顶点可使混合曲面消失。混合顶点可充当相应混合曲面的终止端，但被计算在截面图元的总数中。

● 可以在直的混合或光滑混合中使用混合顶点(包括平行光滑混合)，但只能用于第一个或最后一个截面中。

鉴于三种混合创建方式类似，在这里以平行混合特征为例进行说明。

【例 5-3】 创建混合特征。

(1)在“快速访问”工具栏中单击“新建”按钮，新建一个使用“mmns_part_solid”公制模板的实体零件文件，其文件名定为“hunhe”。

(2)在功能区“模型”选项卡中单击“形状”组溢出按钮，接着单击“混合”按钮，打开“混合”选项卡(如图 5-16 所示)，此时确保选中“实体”按钮和“与草绘截面混合”按钮。

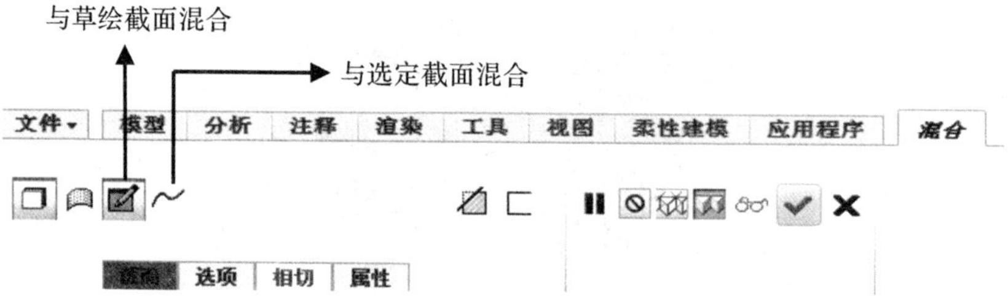

图 5-16 “混合”选项卡

(3)在“混合”选项卡中打开“截面”面板，确保选择“草绘截面”按钮，如图 5-17 所示，接着单击“定义”按钮，弹出“草绘”对话框。在图形窗口中选择“TOP(基准平面)”作为草绘平面，参考默认即可，单击“草绘”按钮。

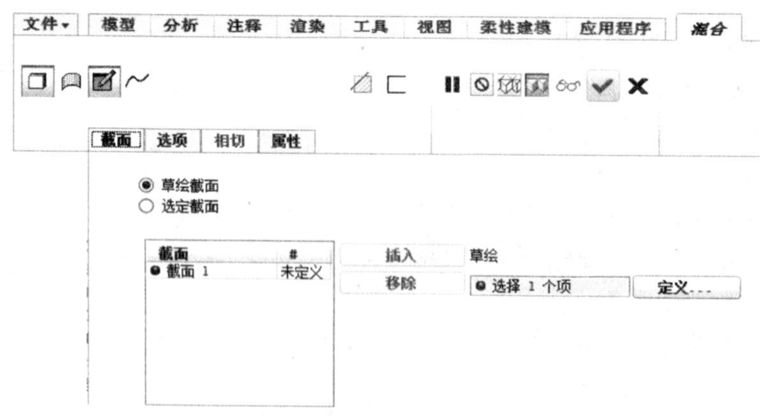

图 5-17 “截面”面板

(4)绘制直径为 30 的圆，然后用“编辑”面板的“分割”工具将其分为 4 段，如图 5-18 所示。注意设置一个合适的起点。单击“确定”按钮✔完成第一个混合截面绘制。

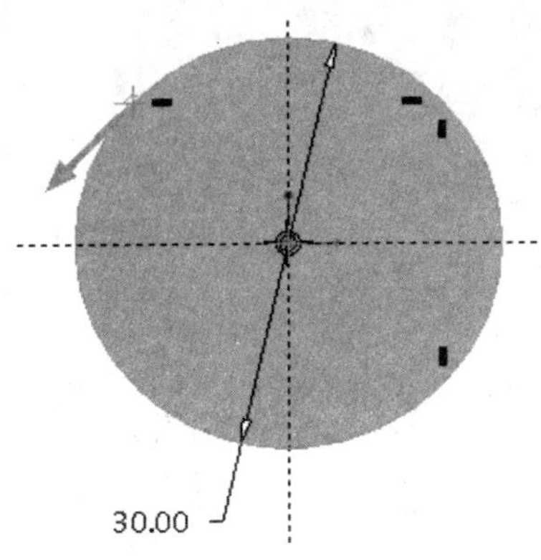

图 5-18　绘制截面并分段

(5)在“混合”选项卡的“截面”面板中，确保进入插入截面 2 的操作状态，“草绘平面位置定位方式”为“偏移尺寸”，从“偏移自”下拉列表中选择默认“截面 1”，输入自截面 1 的偏移值为 15，如图 5-19 所示，然后单击“草绘”按钮。

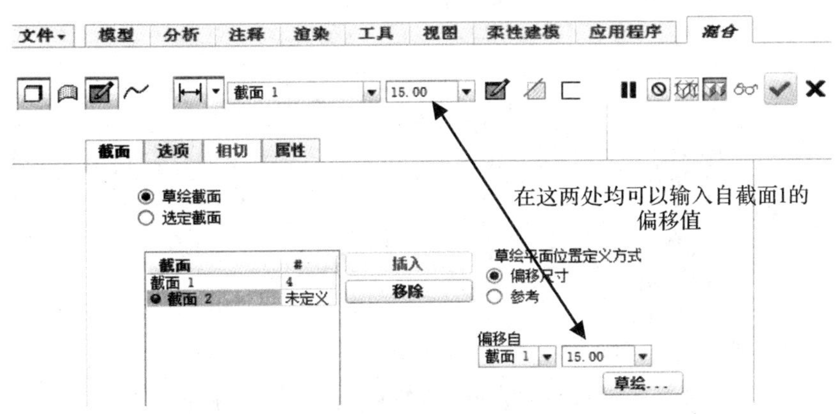

图 5-19　设置草绘二的绘制状态

(6)在截面 2 中绘制一个边长为 13 的正方形，接着选择要作为正确起点的顶点，在“设置”面板中单击“设置”组溢出按钮，选择“特征工具”|“起点”命令，完成截面 2 的绘制，如图 5-20 所示，然后单击“确定”按钮✔。

(7)在“混合”选项卡中打开“截面”面板，确保选中“草绘截面”单选按钮，单击“插入”按钮以插入截面 3，设置其“草绘平面位置定义方式”为“偏移尺寸”，从“偏移自”下拉列表中默认选择“截面 2”，距离为 20，单击“草绘”按钮，进入草绘状态，截面 3 如图 5-21 所示，然后单击“确定”按钮✔。

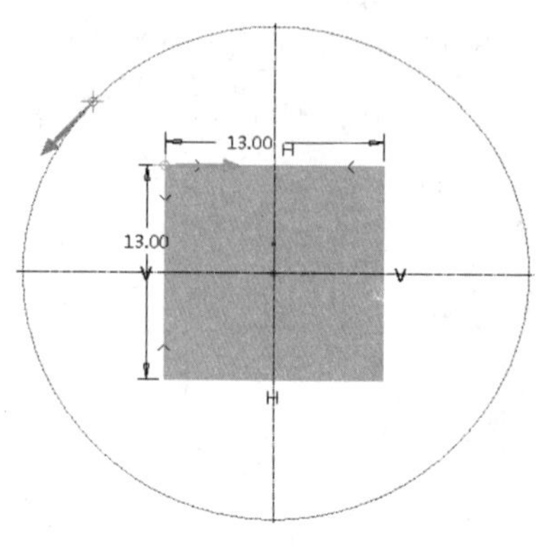

图 5-20　绘制草绘截面 2

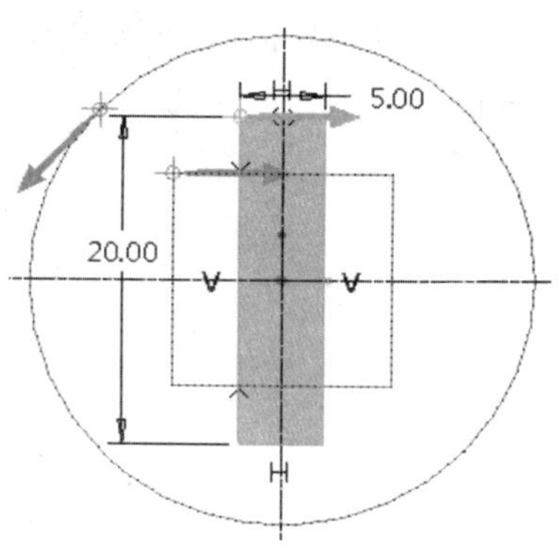

图 5-21　绘制截面 3

(8)打开“混合”选项卡中“选项”面板，默认选择“混合曲面”下的“平滑”单选按钮，此处改选为“直”，如图 5-22 所示。

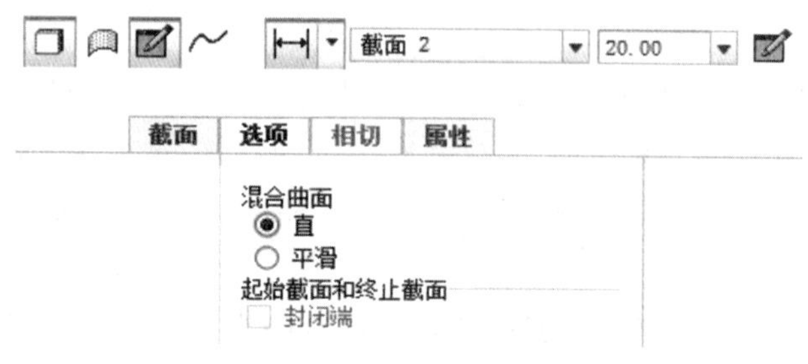

图 5-22　“混合”选项卡

(9)在“混合”选项卡中单击“确定”按钮✔，完成混合特征的创建，如图 5-23 所示。

5.4　扫描混合特征

扫描混合特征是将一组截面的边用过渡曲面沿某一条轨迹线连接起来，它既具有扫描特征的特点，又具有混合特征的特点，需要一条轨迹和至少两个截面。

【例 5-4】　创建扫描混合特征。

(1)打开零件文件 saomiaohunhe.prt，如图 5-24 所示。

图 5-23　创建完成

图 5-24　已有零件

(2)在功能区“模型”选项卡的“形状”面板中单击“扫描混合”按钮，打开“扫描混合”选项卡，在操控板中单击下“实体”类型按钮。

(3)在功能区的右侧区域单击“基准”按钮并从其下拉命令列表中单击“草绘”按钮，系统弹出“草绘”对话框，选择“TOP(基准平面)”作为草绘平面，参考默认即可，单击“草绘”按钮，进入内部草绘器。

(4)在功能区“草绘”选项卡的“设置”面板中单击“草绘视图”按钮，使草绘平面与屏幕平行。接着绘制作为原点轨迹的曲线，如图 5-25 所示，注意曲线端点设置重合约束在相应的轮廓投影边上，单击“确定”按钮，完成草绘。

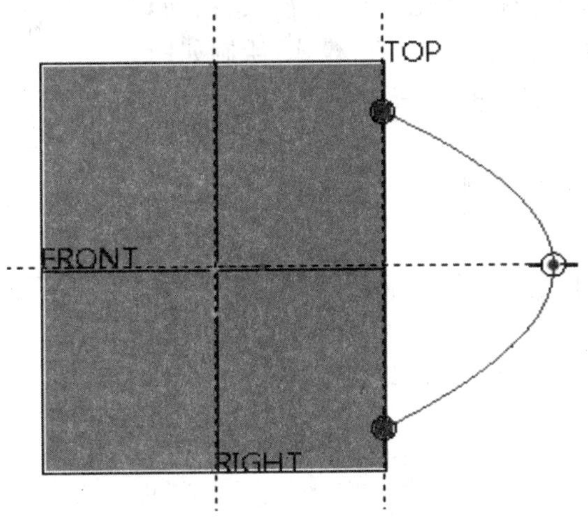

图 5-25　绘制原点轨迹

(5)在“扫描混合”选项卡中单击“退出暂停模式，继续使用此工具”按钮。

(6)刚绘制的曲线被默认为原点轨迹，注意原点轨迹的起始点位置(如图 5-26 所示)，并在“扫描混合”选项卡中打开“参考”面板，将“截平面控制”设置为“垂直于轨迹”，其他默认即可。

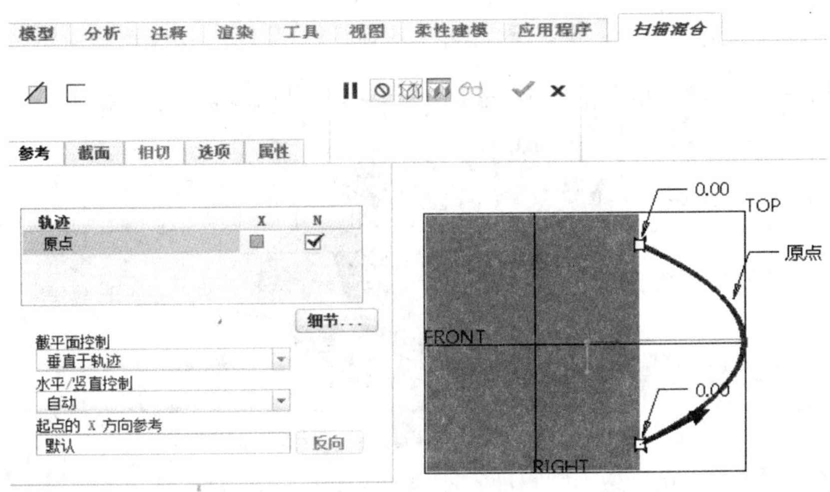

图 5-26　设置参考面板

(7)在"扫描混合"选项卡中单击"截面"选项标签以打开"截面"面板，选择"草绘截面"单选按钮。注意到开始截面位置在原点轨迹的链首，相对于初始截面X轴的旋转角度为"0"，如图5-27所示，单击"草绘"按钮。

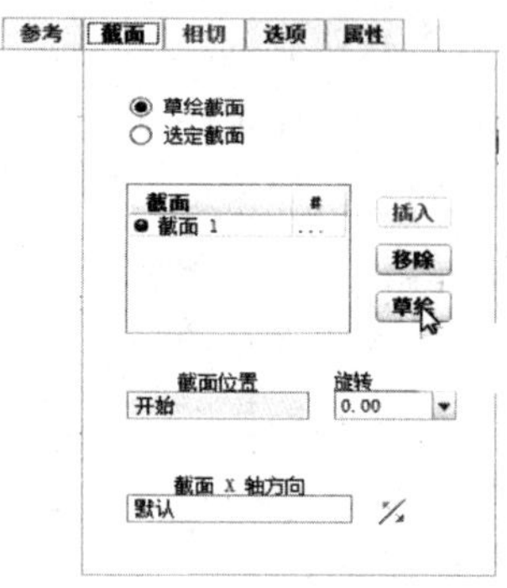

图5-27 "截面"选项标签

(8)绘制剖面1。在"草绘"选项卡的"设置"面板中单击"草绘视图"按钮，使草绘平面与屏幕平行。接着在"草绘"选项卡的草绘面板中单击"中心和轴椭圆"按钮，绘制如图5-28所示的椭圆作为剖面1，然后单击"确定"按钮✔。

(9)定义剖面2。在"截面"面板中单击"插入"按钮，单击"截面"面板中的"草绘"按钮，进入草绘模式，绘制如图5-29所示的剖面2，然后单击"确定"按钮✔。

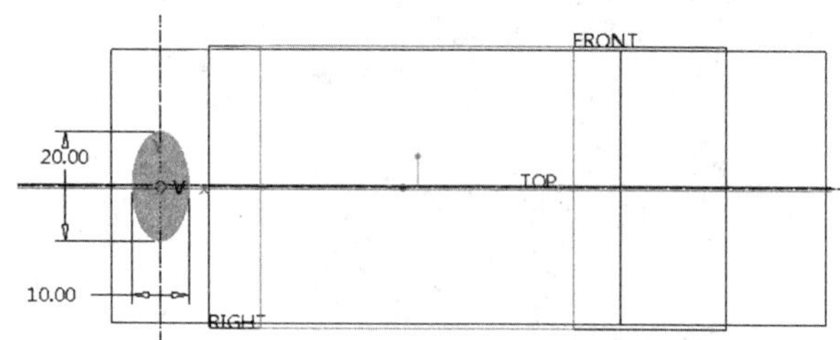

图5-28 绘制剖面1

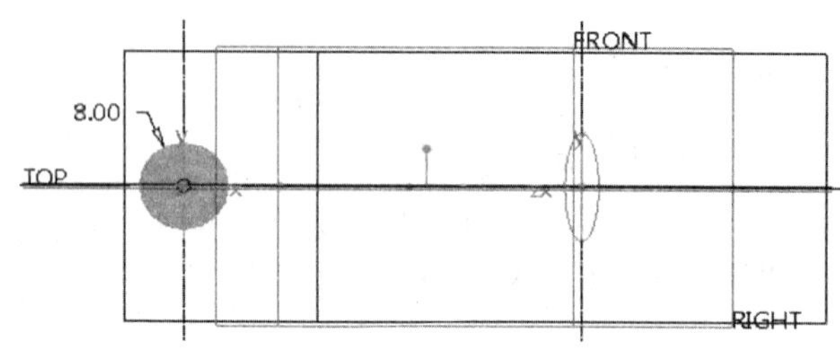

图5-29 定义剖面2

(10)在"扫描混合"选项卡中单击"完成"按钮✔，效果如图5-30所示。

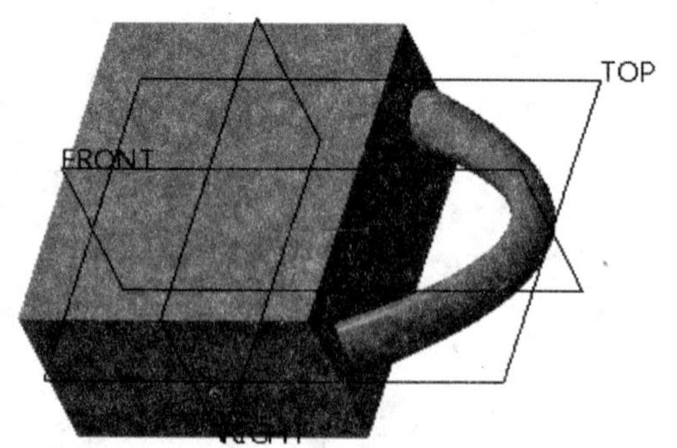

图5-30 创建完成

5.5　螺旋扫描特征

将一个截面沿着螺旋轨迹线进行扫描，可形成螺旋扫描特征。下面举例说明创建螺旋扫描特征的步骤。

【例 5-5】 螺旋扫描特征的创建。

(1)设置工作目录，新建文件，名称为“luoxuansaomiao”。

(2)在功能区“模型”选项卡的“形状”面板中单击“螺旋扫描”按钮（在“扫描”按钮的扩展面板下），打开“螺旋扫描”选项卡。

(3)在“螺旋扫描”选项卡中单击“实体”按钮和“使用右手定则”按钮，接着打开“选项”面板，并在“沿着轨迹”选项组中选择“保持恒定截面”选项。

(4)打开“参考”面板，在“截面方向”选项组中选择“穿过旋转轴”单选按钮。在“螺旋扫描轮廓”收集器右侧单击“定义”按钮，系统弹出“草绘”对话框。指定草绘平面为“TOP(基准平面)”，参考默认即可，单击“草绘”按钮进入草绘模式。

(5)绘制螺旋扫描轮廓和旋转轴几何中心，该几何中心线由通过“草绘”选项卡“基准”面板中的“中心线”按钮来创建，如图 5-31 所示，然后单击“确定”按钮✔。

(6)输入螺距值为“30”，如图 5-32 所示。

(7)在“螺旋扫描”选项卡中单击“创建或编辑扫描截面”按钮，在功能区“草绘”选项卡的“设置”面板中单击“草绘视图”按钮，使草绘平面与屏幕平行。接着根据可见的十字叉草绘弹簧横截面，如图 5-33 所示。然后单击“确定”按钮✔退出草绘模式。

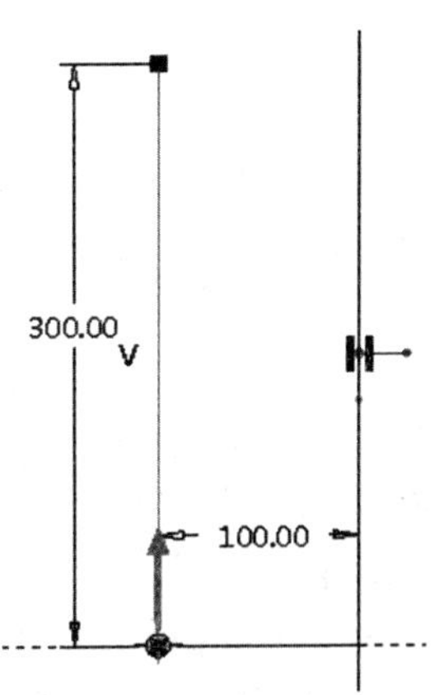

图 5-31　绘制螺旋扫描轮廓和旋转轴几何中心

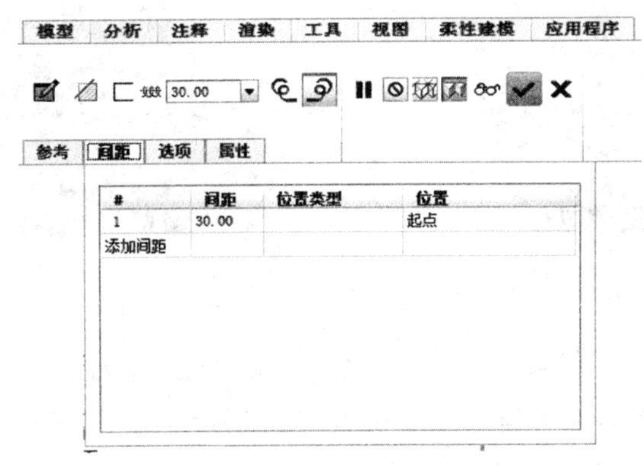

图 5-32　输入螺距值

(8)在“螺旋扫描”选项卡中单击“完成”按钮✔，完成此螺旋扫描模型的创建，结果如图 5-34 所示。

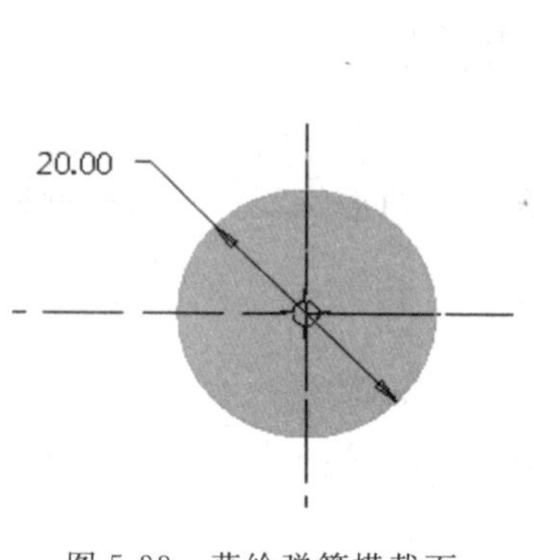

图 5-33　草绘弹簧横截面

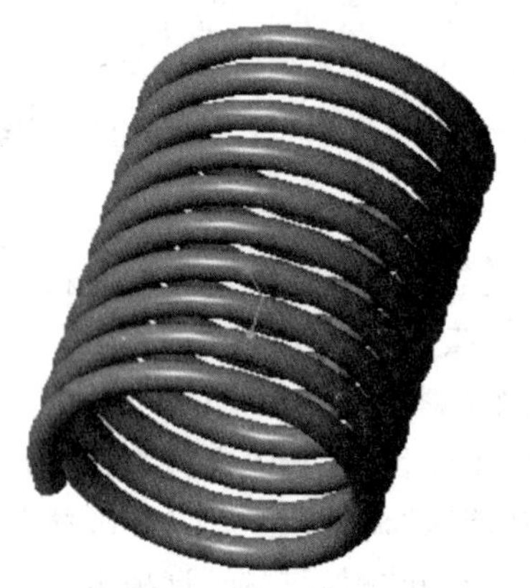

图 5-34　创建完成

5.6　创建剖截面

5.6.1　剖截面介绍

剖截面也称为 X 截面、横截面，它的主要作用是查看模型的内部形状。在零件模块或者装配模块中创建的剖截面，可用于在工程图模块中生成剖视图。它分为两种类型：平面剖截面和偏距剖截面。

- 平面剖截面：用平面对模型进行剖切。如图 5-35 所示。
- 偏距剖截面：用草绘的曲面对模型进行剖切。如图 5-36 所示。

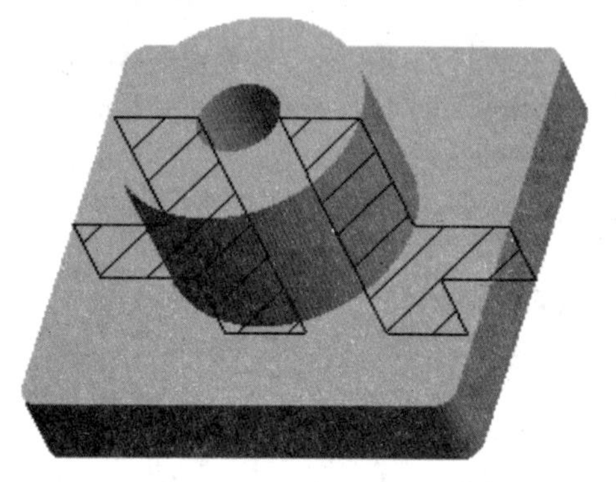

图 5-35　平面剖截面

图 5-36　偏距剖截面

单击下拉菜单"视图"|"视图管理器"命令，在弹出的对话框中单击 X 截面标签，可以进入剖截面操作界面，操作界面中的各命令如图 5-37 所示。

5.6.2　创建一个平面剖截面

下面以零件模型为例，说明创建平面剖截面的一般操作过程。

【例 5-6】　平面剖截面的创建。

(1)打开文件 cylinder. prt，得到如图 5-38 所示的零件。

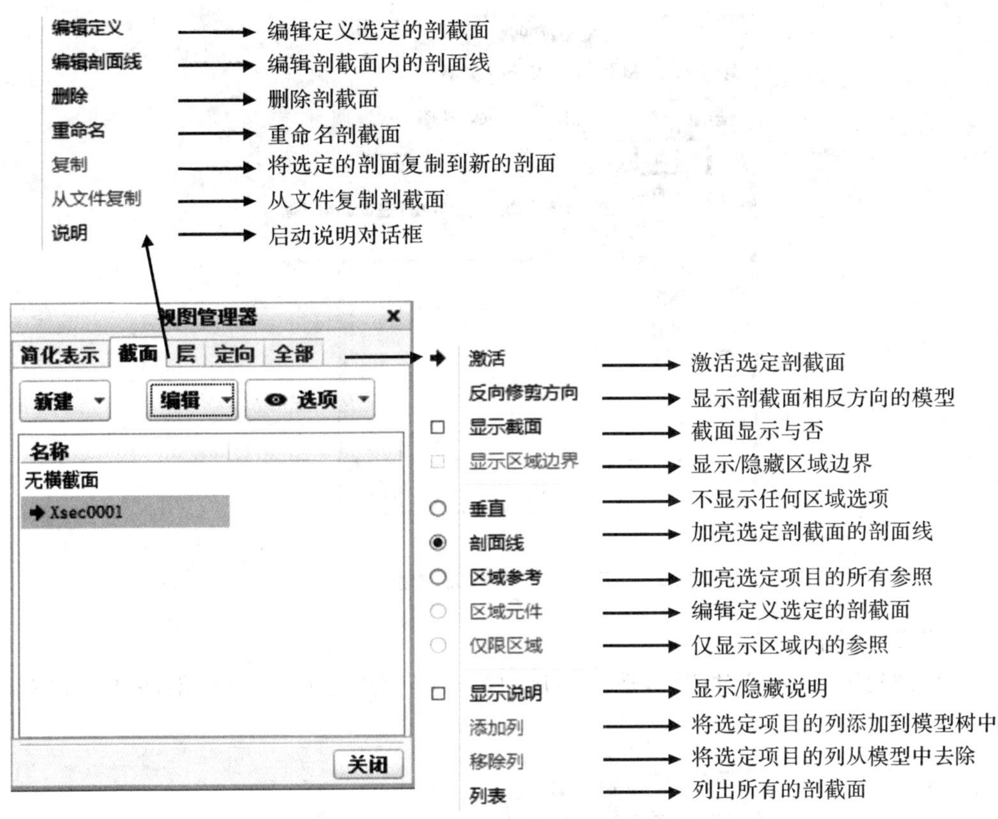

图 5-37　剖截面操作界面

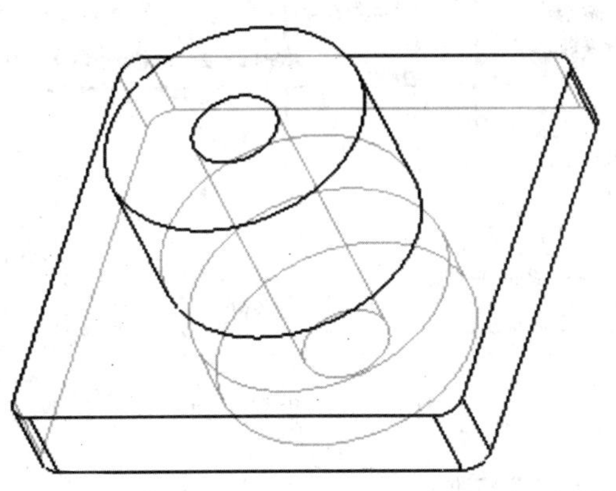

图 5-38　已有零件

(2)单击“视图”功能区“模型显示”工具栏中的“视图管理器”按钮。

(3)在弹出的对话框中单击“截面”标签，在弹出的如图 5-39 所示的剖面操作界面中，单击“新建”按钮，展开下拉菜单，选择“平面”选项，输入名称 sec_1，并按【Enter】键。

(4)进入截面操作界面后，在设计区单击选择基准平面，单击“确定”按钮，在“视图管理器”中单击“关闭”按钮，完成剖截面的创建。

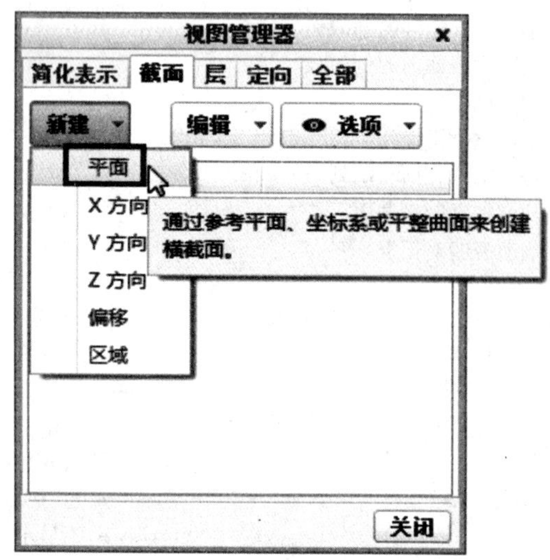

图 5-39 剖截面创建

(5)定义剖切平面。

1)打开“视图管理器”对话框,选择创建的截面,单击“编辑”|“编辑剖面线”,如图 5-40 所示。

图 5-40 设置平面

2)在模型中选取“FRONT”基准面。

3)此时系统返回剖面操作界面,右击剖面名称 sex_1,在弹出的快捷菜单中选取“可见性”命令,此时模型上显示新建的剖面。

(6)编辑剖面线。

在剖面操作界面中,选取要修改的剖截面名称 sec_1,然后选择“编辑”|“编辑剖面线”命令,在如图 5-41 所示的对话框中可以修改剖面线的图案、角度、比例和颜色。

(7)完成设置后,单击对话框中的“应用”按钮,并关闭对话框,返回“视图管理器”,单击“选项”按钮,在下拉菜单中选择“显示截面”选项,即可看到剖面线。

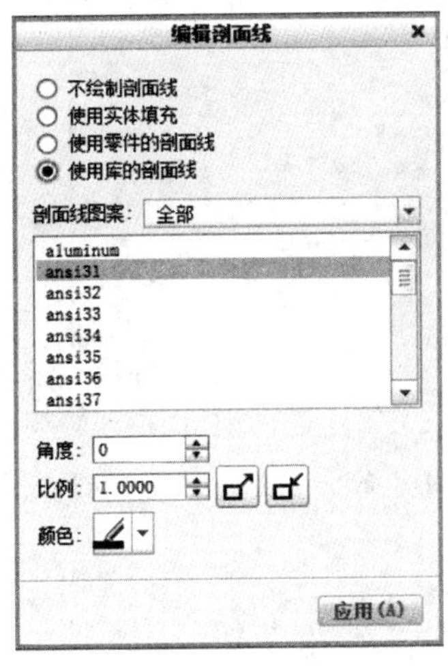

图 5-41 编辑剖截面

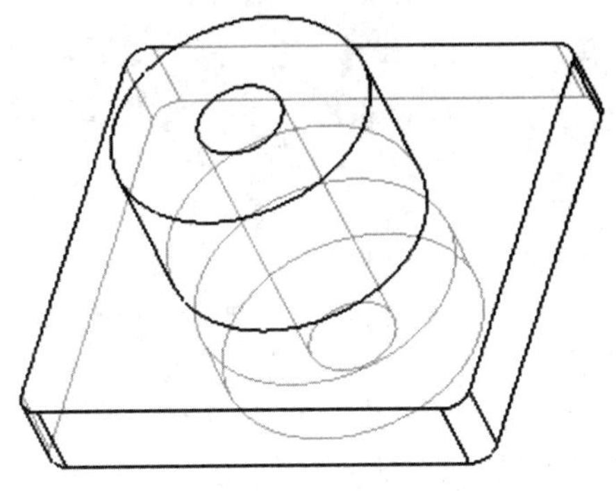

图 5-42 已有零件

5.6.3 创建一个偏距剖截面

【例 5-7】 创建平面剖截面。

(1)打开文件 pingpoujiemian.prt,得到如图 5-42 所示的零件。

(2)单击"视图"功能区"模型显示"工具栏中的"视图管理器"按钮。

(3)在弹出的对话框中单击"截面"标签,在弹出的如图 5-43 所示的操作界面中,单击"新建"按钮,展开下拉菜单,选择"偏移"选项,输入名称 sec_1,并按【Enter】键。

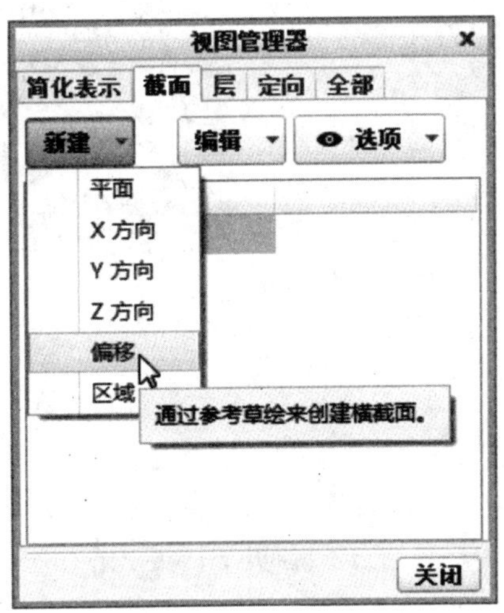

图 5-43 视图管理器

(4)绘制偏距剖截面草图。

1)单击操控板上的"草绘"按钮,展开"草绘"下拉面板,单击"定义"按钮,弹出草绘对话框,选取"RIGHT"基准平面为草绘平面,如图 5-44 所示。

2)在"方向"菜单中,选择"正向"命令。在"草绘视图"菜单中,选择"缺省"命令。选择草绘视图方向为"右"。

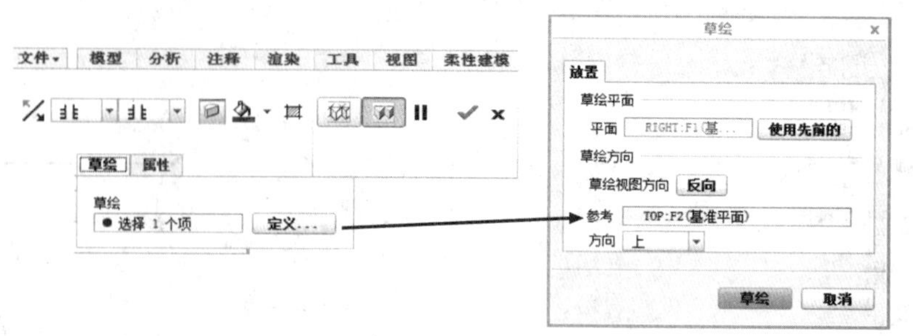

图 5-44 设置草绘平面和设置平面

3)选取“FRONT”基准面作为草绘参照。

4)绘制如图 5-45 所示的偏距剖截面草图,完成后单击“完成”按钮。

5)如有需要,按照例[5-6]方法修改剖面线间距。

6)在剖面操作界面中单击“关闭”按钮,结果如图 5-46 所示。

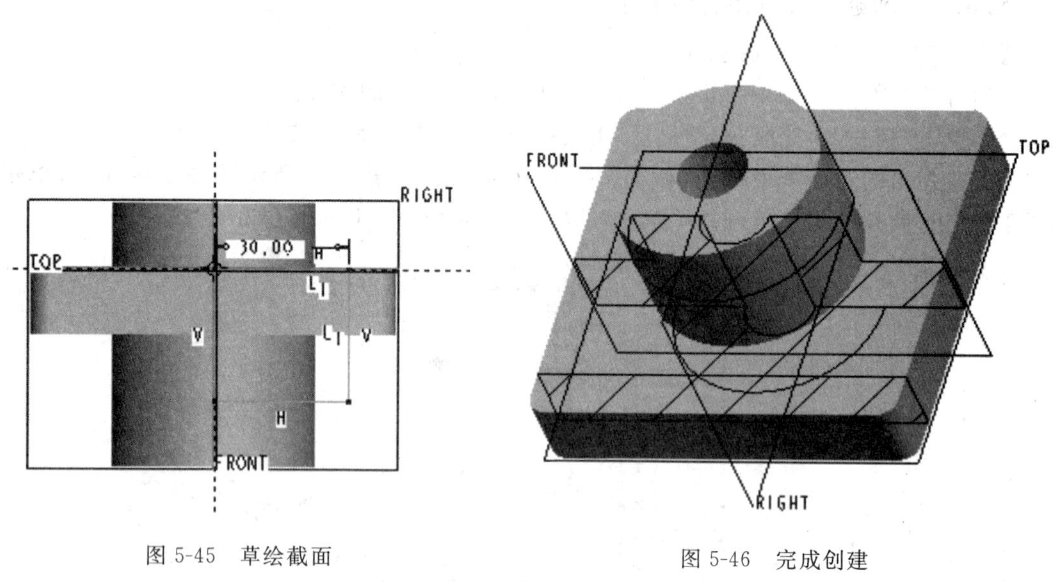

图 5-45 草绘截面　　图 5-46 完成创建

5.7 项目实现

电源插头的具体绘制步骤如下:

1. 新建文件

在“快速访问”工具栏中单击“新建”按钮,新建一个使用“mmns_part_solid”公制模板的实体零件文件,其文件名定为“chatou”。

2. 使用混合创建主体

(1)单击功能区“模型”选项卡“形状”面板的“混合”按钮,弹出“混合”操控板,单击操控板上的“截面”按钮，再单击“定义”按钮，如图 5-47 所示。弹出“草绘”对话框，选择“TOP”基准平面为草绘平面，参考方向保持默认。

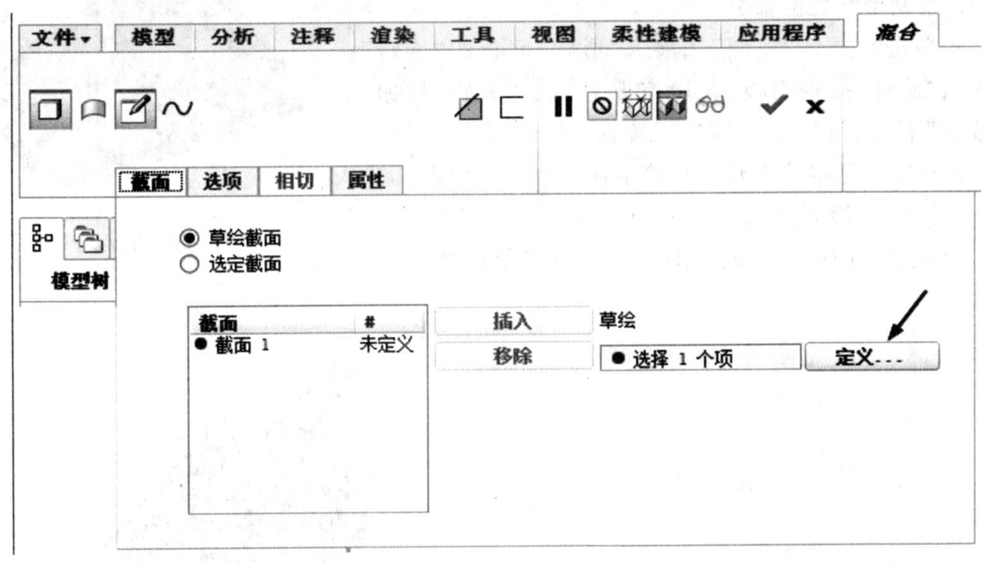

图 5-47 “截面”下拉面板

(2)在草绘设计环境，绘制如图 5-48 所示的截面，单击“确定”按钮退出草绘设计环境。返回混合操作界面，单击“截面”按钮，设置“偏移自”为截面 1 和 30，并进入草绘设计环境，绘制如图 5-49 所示的截面。单击“确定”按钮退出草绘设计环境。

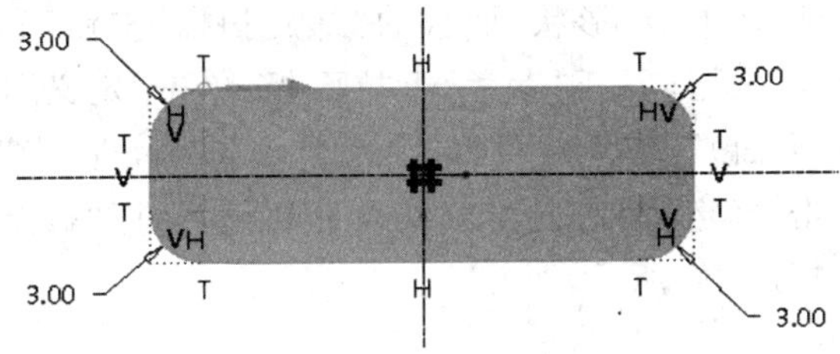

图 5-48 草绘截面

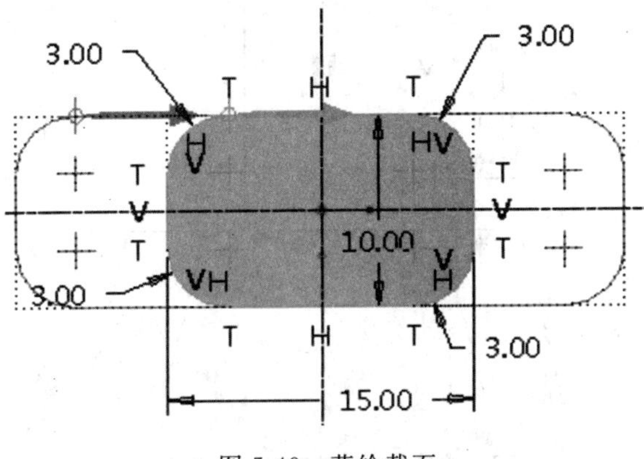

图 5-49 草绘截面

(3)返回混合操作界面,单击"确定"按钮,完成混合特征,如图 5-50 所示。

图 5-50　混合特征

3. 绘制带螺旋的部分

(1)单击功能区"模型"选项卡"形状"面板的"旋转"按钮,弹出"旋转"操控面板,在操控板上单击"放置"按钮,展开"放置"下拉面板,单击"定义"按钮,弹出"草绘"对话框,选择"RIGHT(基准平面)"为草绘平面,参考默认即可,进入草绘设计环境,绘制如图 5-51 所示的截面。单击"确定"按钮退出草绘设计环境,生成如图 5-52 所示的旋转特征。

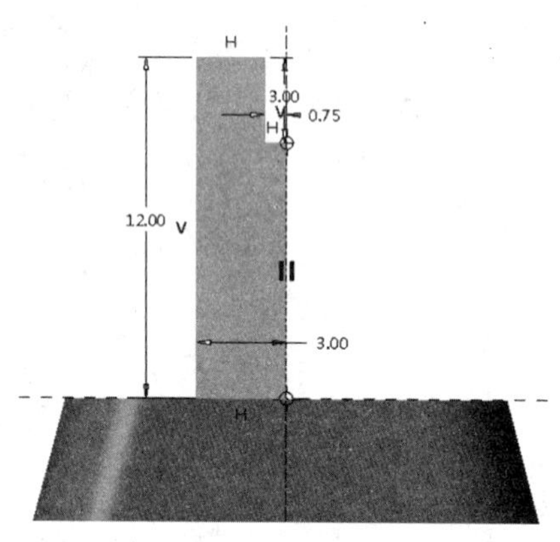

图 5-51　草绘截面

图 5-52　旋转特征

(2)单击功能区"模型"选项卡"形状"面板的"螺旋扫描"按钮,弹出"螺旋扫描"操控面板,在操控板上单击"参考"按钮,展开"参考"下拉面板,单击"定义"按钮,弹出"草绘"对话框,选择"FRONT(基准平面)"为草绘平面,参考默认即可,进入草绘设计环境,绘制如图 5-53所示的截面。单击"确定"按钮退出草绘设计环境,返回"螺旋扫描"选项卡,选中去除材料按钮,其他参数如图 5-54 所示。

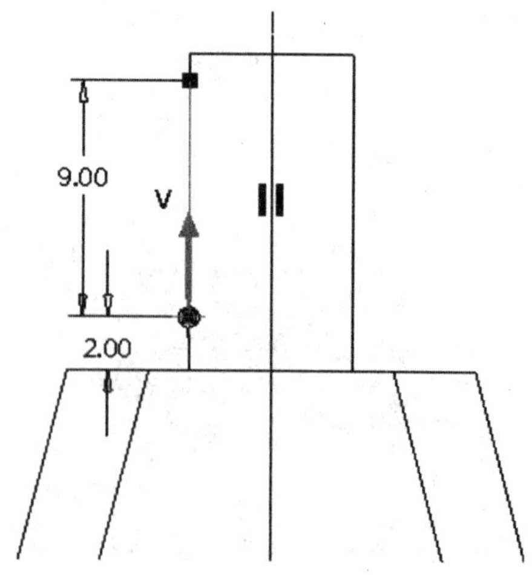

图 5-53　绘制螺旋扫描轮廓和旋转中心线

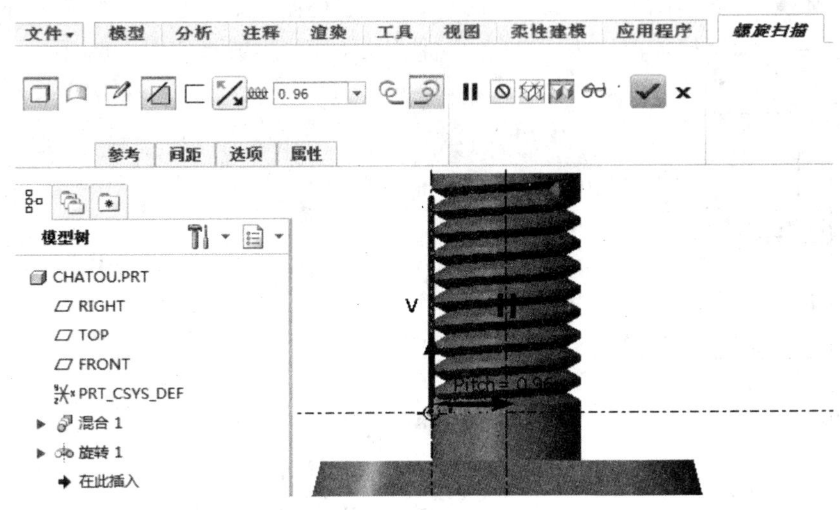

图 5-54　设置其他参数

4. 扫描电线

(1)单击功能区“模型”选项卡“形状”面板的“扫描”按钮，弹出“扫描”操控板，单击操控板的“基准”按钮，在弹出的“基准”下拉面板中单击“草绘”按钮，选择“RIGHT(基准平面)”为草绘平面，参考方向默认即可，进入草绘设计环境，绘制如图 5-55 所示的曲线(尺寸读者可自己确定)。

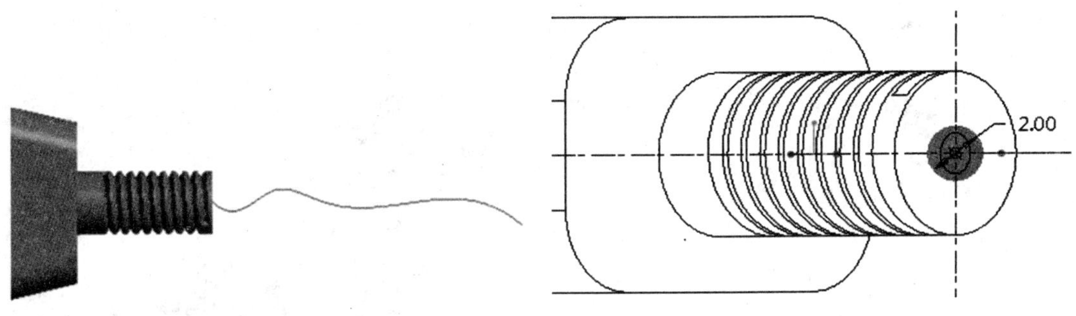

图 5-55　绘制扫描轨迹　　　　图 5-56　草绘截面

(2)单击“确定”按钮退出草绘设计环境。返回扫描操作界面，单击“创建或编辑草绘截面”按钮，绘制如图 5-56 所示的截面，单击“确定”按钮退出草绘设计环境，返回扫描操作界面，单击“确定”按钮完成扫描特征的创建，效果如图 5-57 所示。

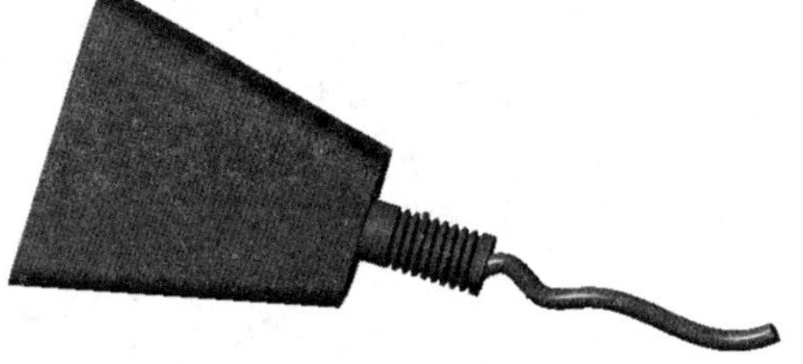

图 5-57　扫描特征

5. 拉伸创建其他部分

(1)单击功能区“模型”选项卡形状面板的“拉伸”按钮，弹出“拉伸”操控面板，在设计区单击选择混合特征的上顶面作为草绘平面，进入草绘设计环境，绘制如图 5-58 所示的截面。单击“确定”按钮退出草绘设计环境。返回“拉伸”操作界面，设置拉伸深度为 20，完成拉伸特征的创建，效果如图 5-59 所示。

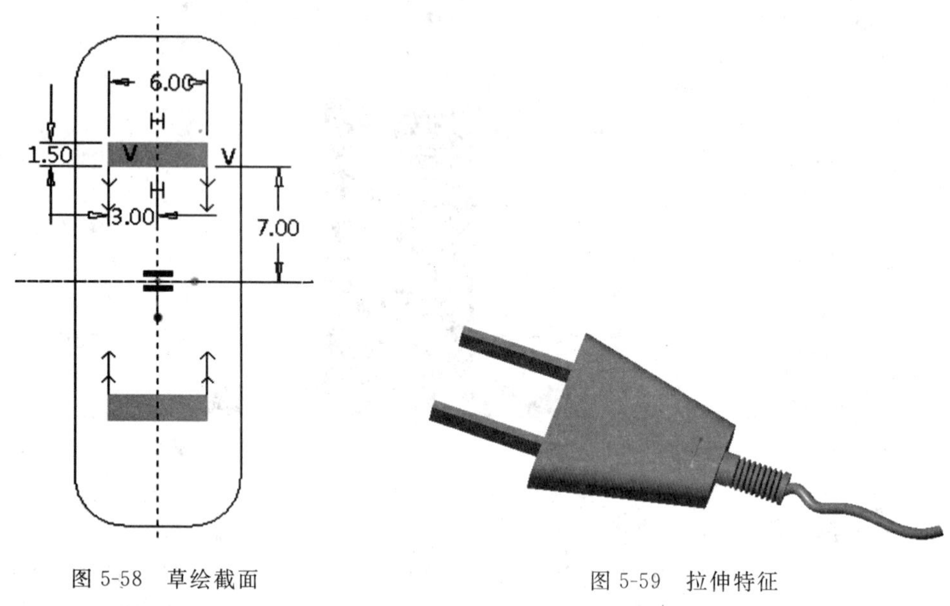

图 5-58　草绘截面　　　　图 5-59　拉伸特征

（2）单击功能区“模型”选项卡形状面板的“拉伸”按钮，弹出“拉伸”操控面板，在设计区单击选择刚创建的拉伸特征的侧面作为草绘平面进入内部草绘环境，绘制如图 5-60 所示的截面。单击“确定”按钮退出草绘设计环境。返回“拉伸”操作面板，设置正确的拉伸方向，移除材料，设置深度为 17。单击“确定”按钮完成拉伸特征的创建，效果如图 5-61 所示。

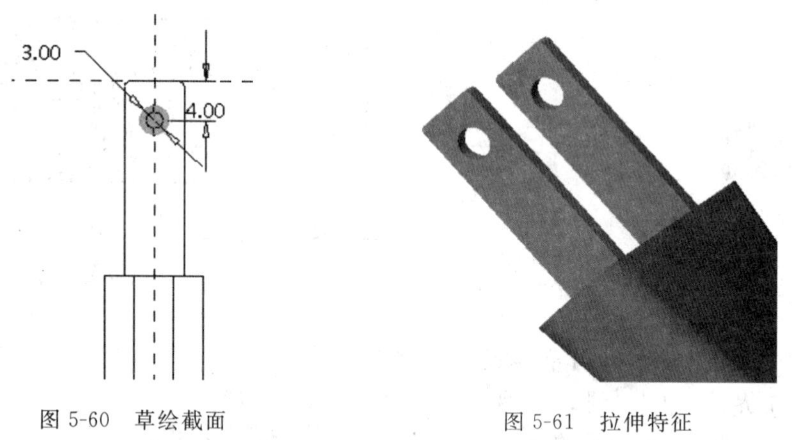

图 5-60　草绘截面　　　　图 5-61　拉伸特征

6. 创建完成，保存文件

5.8　拓展训练

本实例要创建的是如图 5-62 所示的吹风机本体。首先绘制本体手柄的截面，通过“拉伸"得到本体手柄。接着"倒圆角",然后选择绘制筒的截面曲线,通过"扫描混合"得到本体的筒,再倒圆角。然后对本体进行插入"壳"的操作,最后"拉伸"出开关槽。

图 5-62　吹风机本体

本模型的绘制过程如图 5-63 所示。

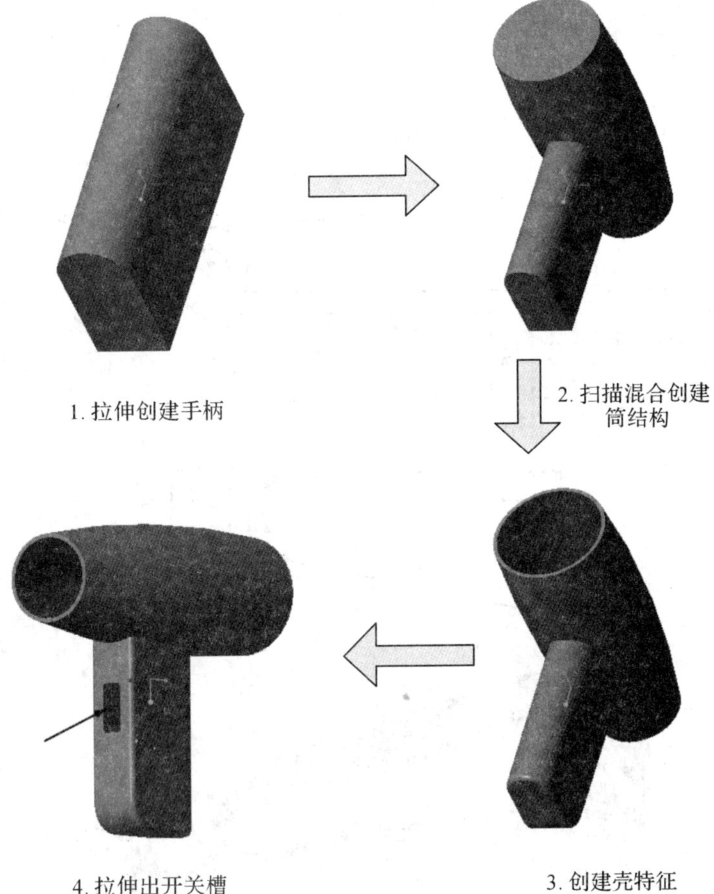

图 5-63　吹风机本体创建流程

5.9 思考与练习

1. 拔模特征的枢轴有什么作用？

2. 绘制混合特征时要遵循哪些原则？

3. 创建旋转特征的规则有哪些？

4. 旋转混合与一般混合有哪些异同点？

5. 扫描混合特征、混合特征和扫描特征各有什么特点？区别在哪里？

6. 平面剖截面和偏距剖截面有什么区别？

7. 在混合特征建立过程中，如何切换到不同的特征截面？如何保证各特征截面的“边数”相同？

8. 为什么在建立旋转混合特征与一般混合特征时都要建立相对坐标系？

9. 根据工程图的尺寸绘制如图 5-64 所示的实体模型。

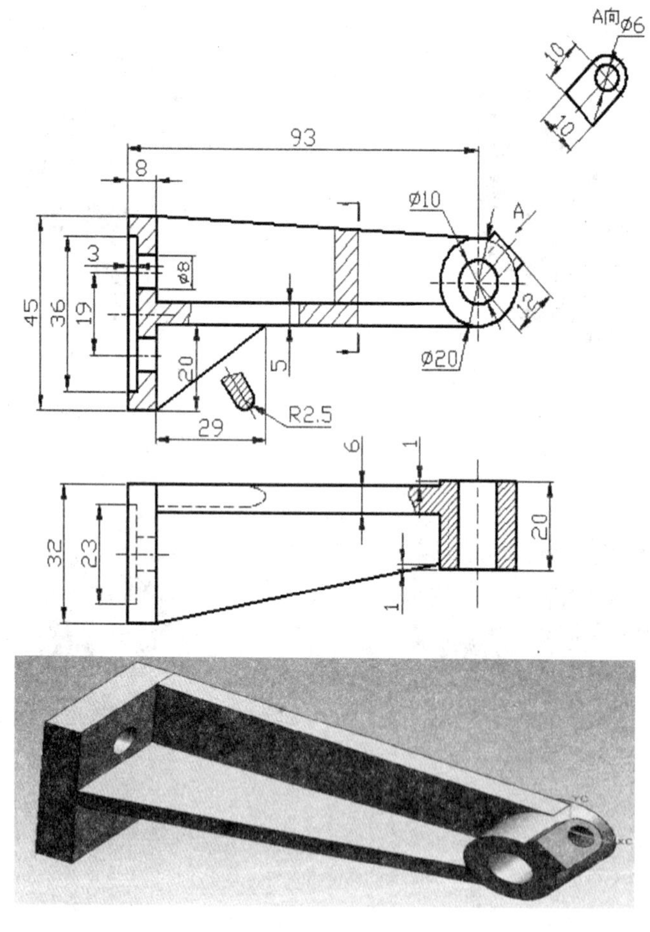

图 5-64　模型 1

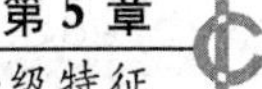

10. 根据工程图的尺寸绘制如图 5-65 所示的实体模型。

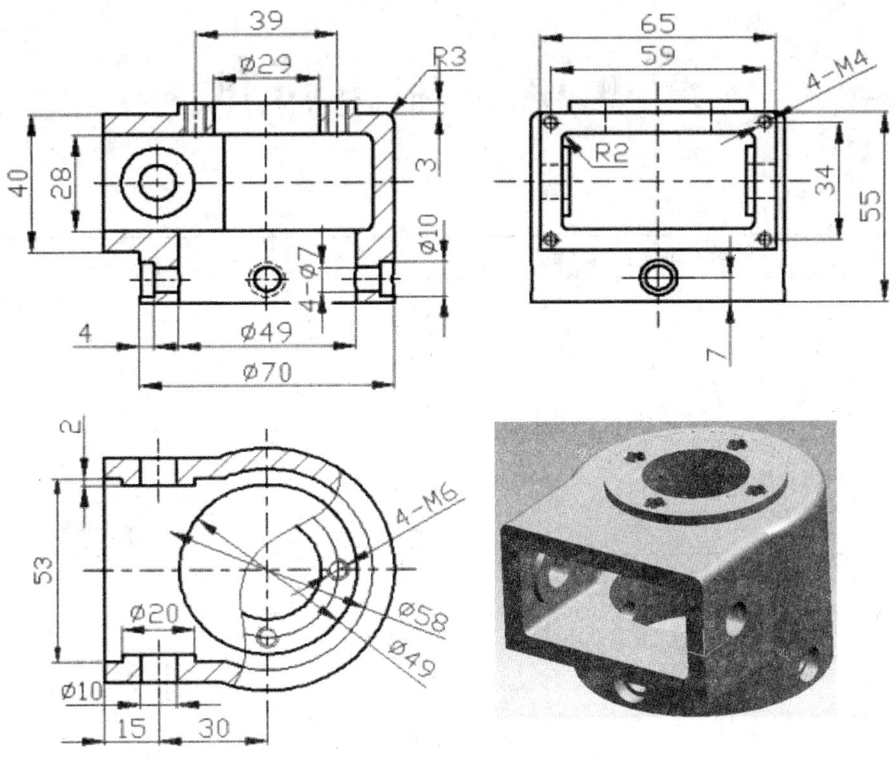

图 5-65　模型 2

第 6 章　编辑特征

<table>
<tr><td>学习单元：编辑特征</td><td>参考学时：7</td></tr>
<tr><td colspan="2">学习目标</td></tr>
<tr><td colspan="2">◆ 理解父子关系
◆ 掌握复制特征的操作方法
◆ 理解特征隐含、删除及内插的概念和用法
◆ 掌握阵列特征的操作方法
◆ 掌握组的概念和操作方法</td></tr>
<tr><td>学习内容</td><td>学习方法</td></tr>
<tr><td>★ 父子关系
★ 编辑特征的定义
★ 编辑特征的参照
★ 复制特征
★ 镜像特征
★ 阵列特征
★ 组的操作方法</td><td>◆ 理解概念，掌握方法
◆ 熟记操作，勤于练习</td></tr>
<tr><td>考核与评价</td><td>教师评价
（提问、演示、练习）</td></tr>
</table>

项目导入：

本章要完成的案例是如图 6-1 所示的某产品的连接零件，首先通过“拉伸”创建连接件的主体，接着用“填充阵列”的方式创建凹坑，然后应用“孔”特征创建沉孔，最后用“镜像”特征自动生成另一半的创建。

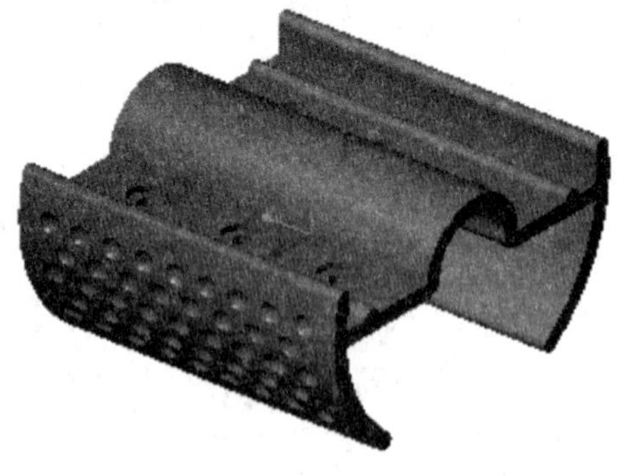

图 6-1　某产品的连接零件

6.1 特征父子关系

特征的创建是按顺序进行的，这就使特征之间有了父子关系。父子关系使变更变得复杂。因此在变更的时候必须考虑到特征之间的父子关系。

产生父子关系的来源一共有以下几种：

- 草绘平面：创建一个特征时，需要绘制此特征的二维截面草图。在绘制草图的时候，需要选取一个平面，作为草图的绘图平面，那么这个草绘平面所属的特征即成为基本特征的父特征。
- 参照平面：创建基本特征时，须由现有零件选取一个参照平面，以确立草图绘制时的方向，则此参照平面所属的特征成为此基本特征的父特征。
- 尺寸标注参照：创建基本特征的时候，需要绘制此特征的草图，若草图的几何线条是利用某个已存在特征的点、线、面、坐标系等做位置尺寸的标注，或选取某个已存在特征的点、线、面、坐标系等来设置约束条件，则这些点、线、面或者坐标系成为已存在特征的子特征。
- 放置特征的平面或者参照面：当创建一个工程特征时，需要选取一个或者几个面来放置此特征，那么这些面就是这些特征的父特征。
- 放置特征的边或者参照边：当创建一个工程特征时，需要选取一个或者几个边来放置此特征，那么这些边就是这些特征的父特征。
- 放置特征的点或者参照点：当创建一个工程特征时，需要选取一个或者几个点来放置此特征，那么这些点就是这些特征的父特征。
- 设置基准特征约束条件的参照：基准平面、基准点、基准轴、曲线或者基准坐标系的设立须依赖若干已存在的参照来指定其约束条件，因此这些参照所属的特征即成为这些基准点、基准轴、基准平面、曲线或者基准坐标系的父特征。

打开“工具”面板的“模型播放器”，如图 6-2 所示，可以看到零件的创建过程。

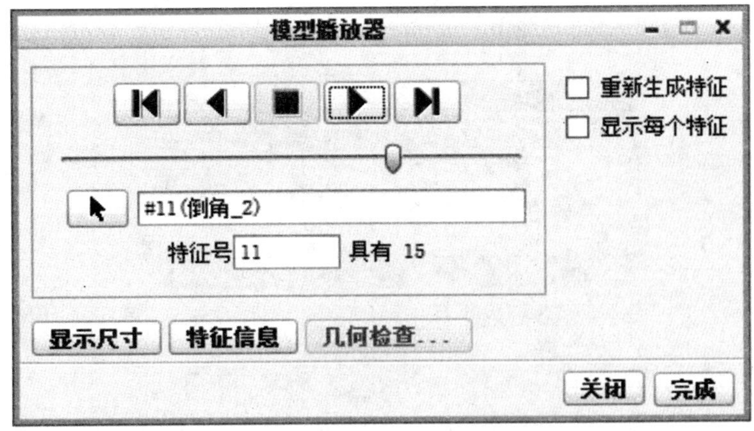

图 6-2 模型播放器

例如用“模型播放器”来查看一个实体特征的具体创建过程，如图 6-3 所示。

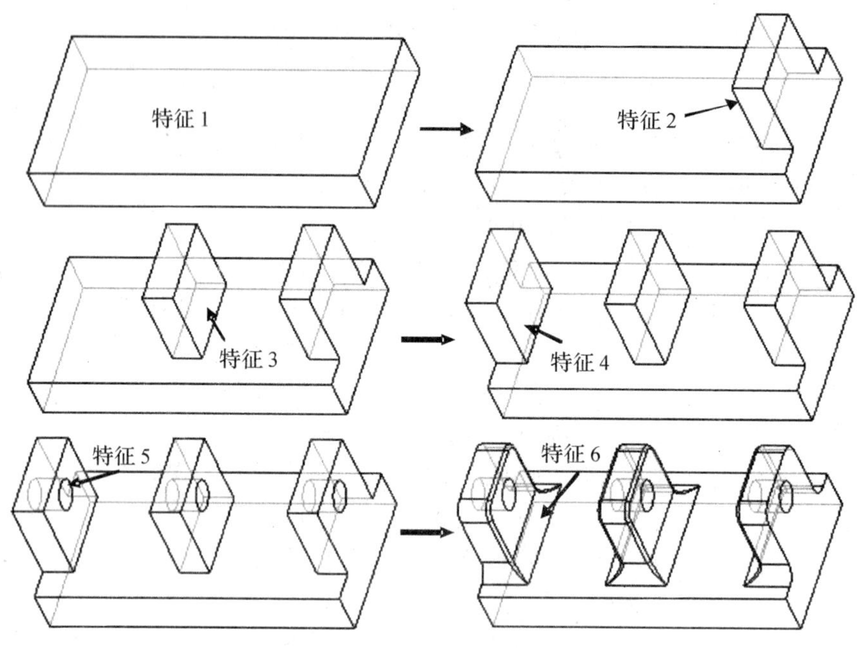

图 6-3　特征依次显示

可以单击“模型播放器”对话框中的“特征信息”来查看此特征的详细信息，如图 6-4 所示。

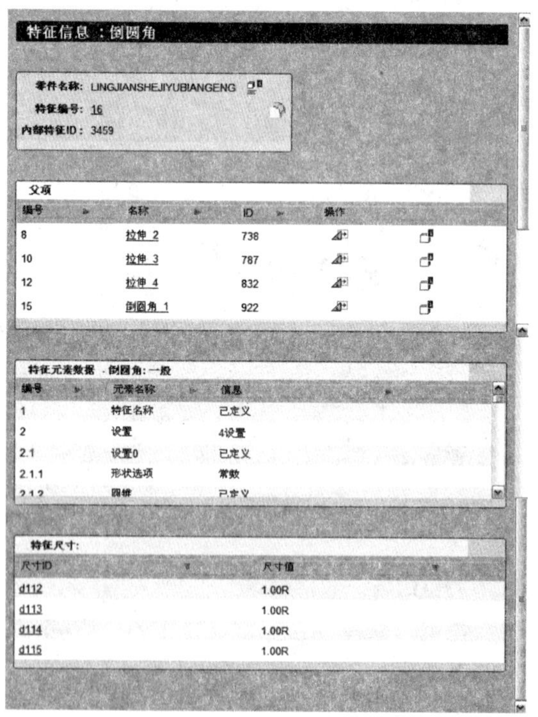

图 6-4　特征信息面板

6.2 编辑特征的参照

编辑特征参照的目的是选取新的草绘平面、新的参照平面或新的尺寸标注参照等来改变特征之间的父子关系，其操作步骤如下：

(1)进入编辑特征参照的模式。

1)在模型上点选特征，单击鼠标右键，然后选择“编辑参照”；或单击“操作”面板“编辑参照”。

2)当删除一个特征时，若此特征有子特征，则子特征会以绿色显示在屏幕上，且出现“删除”对话框，在此对话框中点击“选项”则出现“子项处理”对话框，在对话框里单击“子特征”，然后单击鼠标右键并选择“替换参照”。

(2)信息窗口会出现如下问题：“是否要反转此零件”，询问用户是否要使零件回到做完所选的特征时的几何形状，若按“否”则零件的所有特征都会显现出来，若按“是”，则所选特征的所有子特征将从屏幕上消失。一般点“否”即可。

(3)所选特征的参照用“绿色”的线条凸显出。

1)若所选的特征为基本特征，则其所使用的参照将以下列顺序一一列出：

- 一个草绘平面。
- 一个铅直或者水平的定向参照平面。
- 一个或者数个尺寸标注参照。

2)若所选的特征是工程特征，则将列出下列参照：

- 特征的放置面或者参照面。
- 特征的放置线或者参照线。
- 特征的放置点或者参照点。

3)若所选的特征为基准特征，则显示此基准特征所用的参照。

(4)对每一个凸显出来的参照，使用者可以做下列的选择。

- 替换：选取不同的参照。
- 相同参照：使用相同的参照。
- 参照信息：列出参照的信息。
- 完成：完成参照的编辑。
- 退出复位参照：放弃参照的编辑。

当某个参照需要使用替换来进行替换，但却无法找到适当的参照来进行此项替换工作，则此时可以使用退出复位参照，以放弃编辑参照的动作，改为使用编辑定义的选项，重新定义特征的参照。

(5)参照被一一编辑过以后，则系统会对整个模型自动进行几何计算，若几何计算成功，则新的父子关系将被创建，若几何计算失败，则此特征的所有参照将被还原。

(6)单击鼠标右键，由快捷菜单中选取“信息”|“参照查看器”，在得到的对话框的右侧显示出模型的子特征数据，左侧显示出模型的父特征数据。

【例 6-1】 如何编辑特征的参照。

(1)打开零件文件 canzhao. prt，如图 6-5 所示。

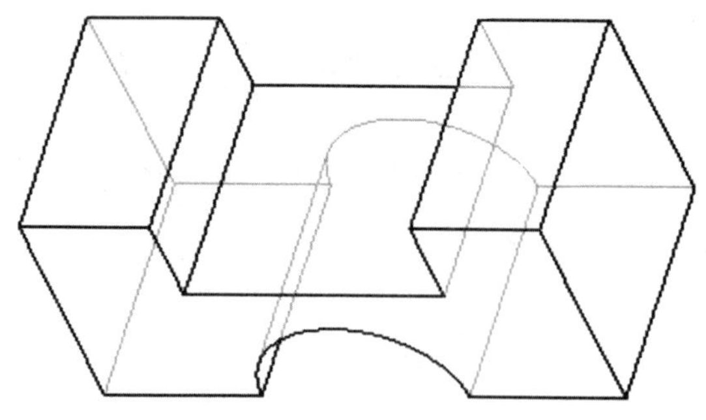

图 6-5 已有零件

(2)选取“工具”面板的“模型播放器”，如图 6-6 所示。

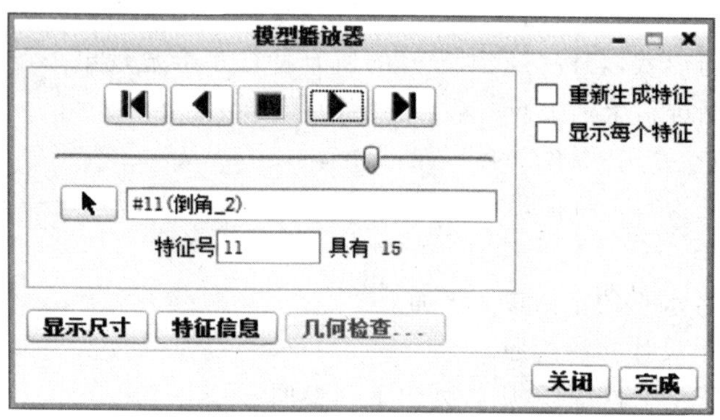

图 6-6 模型播放器

(3)点选第 11 个特征，单击鼠标右键，选取“编辑参照”，如图 6-7 所示。

(4)信息窗口提示“是否恢复模型”，选择否，出现第三个窗口的参照，如图 6-8 所示。

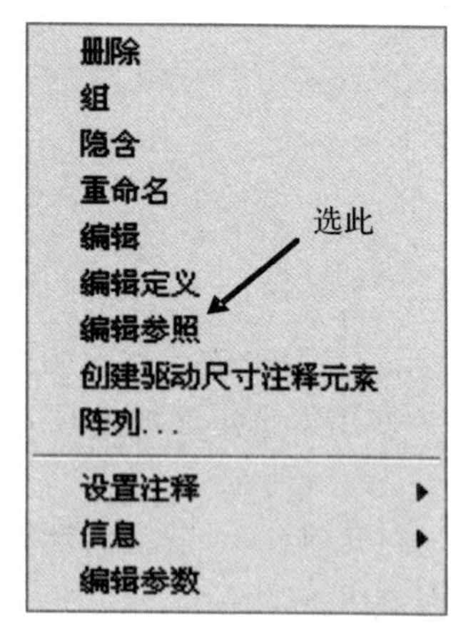

图 6-7 右键菜单

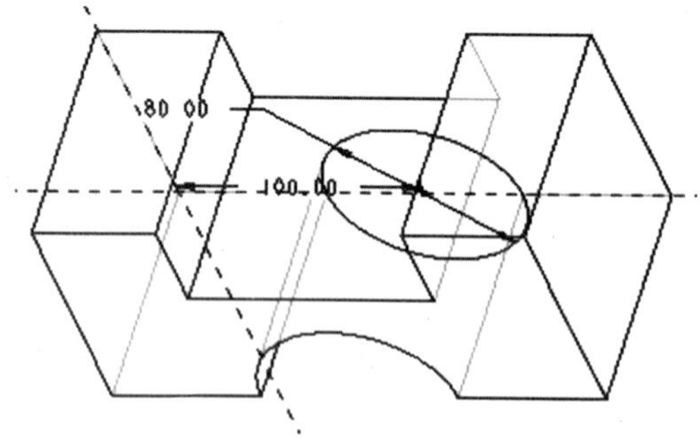

图 6-8 编辑参照

(5)信息窗口提示“选取替代草绘”。在左侧导航选项区中选取“草绘 3”，此时第 11 个特征的参照面已经从实体的背面更换成实体的前面，如图 6-9 所示。文件保存副本为 canzhao2.prt。

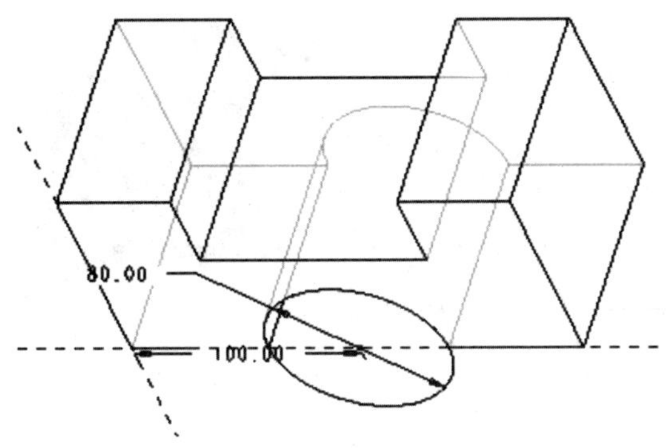

图 6-9　编辑参照后的结果

6.3　编辑特征的定义

编辑定义是用来重新定义特征的创建方式，包括特征的几何信息、草绘平面、方向参照平面、二维截面等，其操作步骤如下：

(1)在现有的模型上单击特征，单击鼠标右键，在快捷菜单中选取“编辑定义”，或者单击“操作”面板下“编辑定义”。

(2)编辑特征的定义方式随着特征种类的不同而有所差异。

1)欲编辑的特征为基本特征，则下列资料可被重新编辑：

- 特征的二维截面数据，包括草绘平面和方向参照平面的改变，二维截面的编辑等。
- 特征的创建方向。
- 加入材料或移除材料的方向。
- 特征的深度。

2)欲编辑的特征为工程特征，则特征的放置面、参考面、放置边、参考边、放置点、参考点可被重新编辑。例如圆孔的下列资料可被重新编辑：

- 钻孔平面。
- 圆孔的定位方式以及用到的参照。
- 草绘孔的二维截面。

3)欲编辑的特征为基准平面，则下列信息可被重新编辑：

- 创建基准平面时用到的参照。
- 基准平面的正负方向。
- 基准平面的大小。

【例 6-2】 编辑特征的定义。

(1)打开零件文件 dingyi. prt，如图 6-10 所示。

(2)点选特征，单击鼠标右键，选取“编辑定义”，如图 6-11 所示。

(3)进入草绘环境，修改如图 6-12 所示的圆弧，得到如图 6-13 所示的矩形。

(4)退出草绘环境，得到如图 6-14 所示的零件。文件保存副本为 dingyi2. prt。

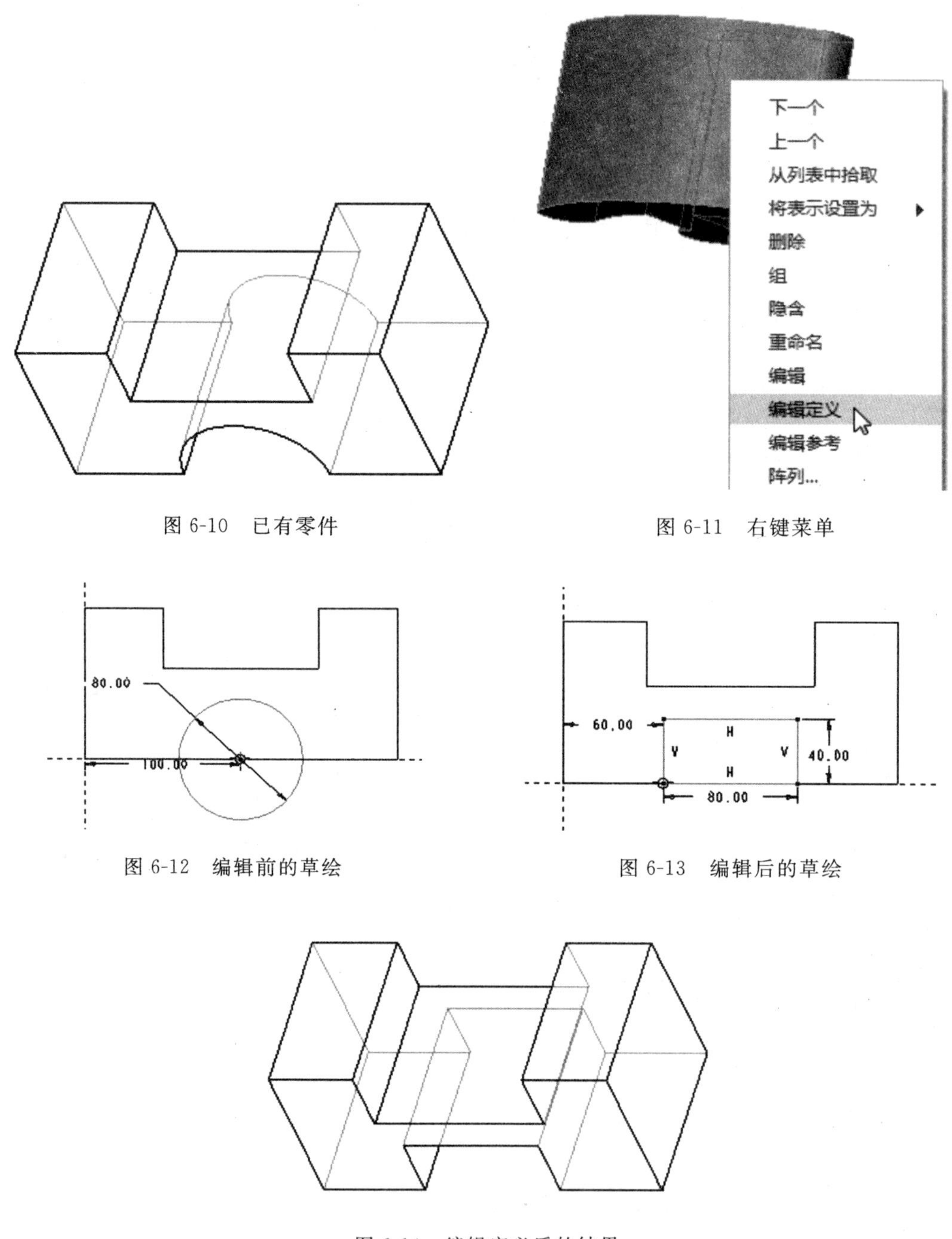

图 6-10　已有零件

图 6-11　右键菜单

图 6-12　编辑前的草绘

图 6-13　编辑后的草绘

图 6-14　编辑定义后的结果

6.4　调整特征的顺序

可以通过调整特征的顺序来改变零件的形状，但是注意有父子关系的两个特征是不能调整顺序的。有下列两种调整方式：

● 方式一：直接在模型树中将某个特征拖到其他的位置，从而改变特征的顺序。

● 方式二：按照下列流程来进行。

1)单击“模型”选项卡下“特征操作”。

2)选取欲调整顺序的特征，单击“完成”以完成特征的选取。

3)选“之前”、“之后”选项。

4)选特征号码。如果选“之前”，则将选取的特征调往此特征号码之前；如果选“之后”，则将选取的特征调往此特征号码之后。

图 6-15　已有特征

【例 6-3】　调整特征顺序。

(1)打开零件文件 shunxu. prt，如图 6-15 所示。

(2)在模型树中，选中“拉伸长方体”特征，拖到“拉伸圆柱”的下面，如图 6-16 所示。

(3)完成上述操作以后，得到如图 6-17 所示的图，文件保存副本为 shunxu2. prt。

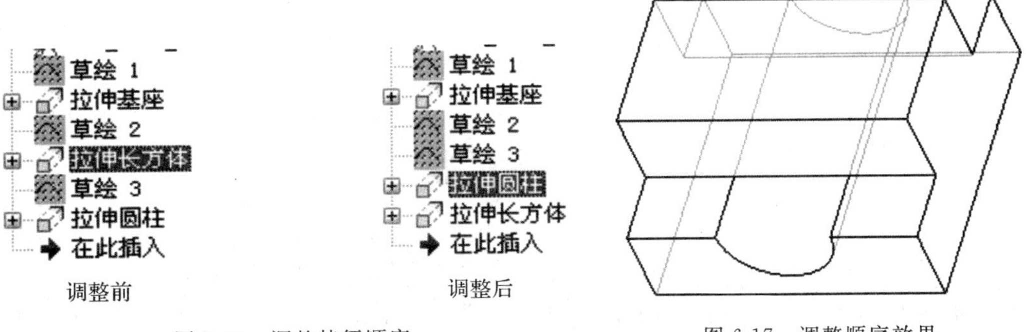

图 6-16　调整特征顺序

图 6-17　调整顺序效果

6.5　隐含特征

当一个特征与其他特征无关时，可以将此特征隐含，此特征将从屏幕上消失，且按重新生成时，此特征将不会纳入几何运算。隐含的作用就是减少整个零件重新计算、产生新几何造型的时间。

在现有的模型上点选特征，按住鼠标右键，在快捷菜单中选取“隐藏”，如图 6-18 所示。如果要恢复被隐含的特征，在功能区“模型”选项卡的“操作”面板下拉列表中单击“恢复”项，然后选择“恢复”、“恢复上一个集”或“恢复全部”。

也可以在模型树中进行“隐藏”与“恢复”，操作与上面基本相同。

图 6-18　右键菜单和“操作”下拉菜单

6.6　内插特征

在创建零件的过程，有时需要插入一个或者多个新的特征到零件的某一个位置，即内插特征。在模型树单击“在此插入”图标，将图标拖动到某个特征之后，此时图标后的所有特征被隐含，新加入的特征放在所选特征其后。新特征加入完毕之后，将“在此插入”图标拖动到模型树最末端即可。

【例 6-4】 用内插特征实现如图 6-19 所示结果。

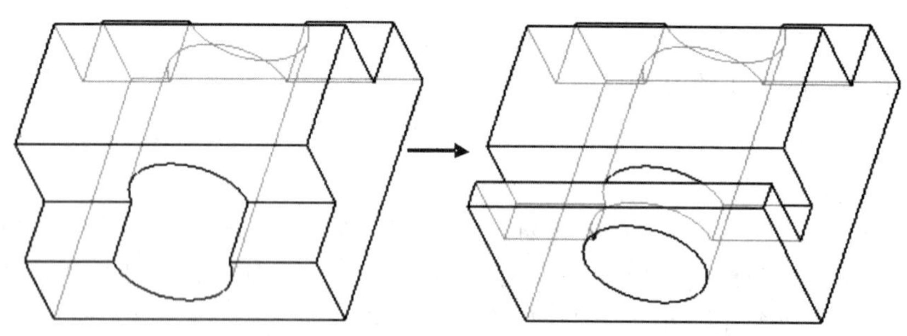

图 6-19　要实现的结果

(1)打开零件文件 neicha.prt。如图 6-20 所示。

(2)在“拉伸圆柱”特征前插入拉伸 1。

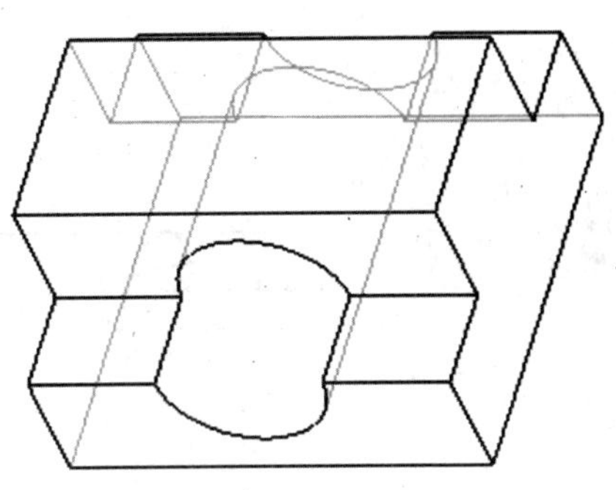

图 6-20　已有零件

1)将“在此插入”图标拖到“拉伸圆柱”特征前,此时“拉伸圆柱”特征被隐藏,如图 6-21 所示。

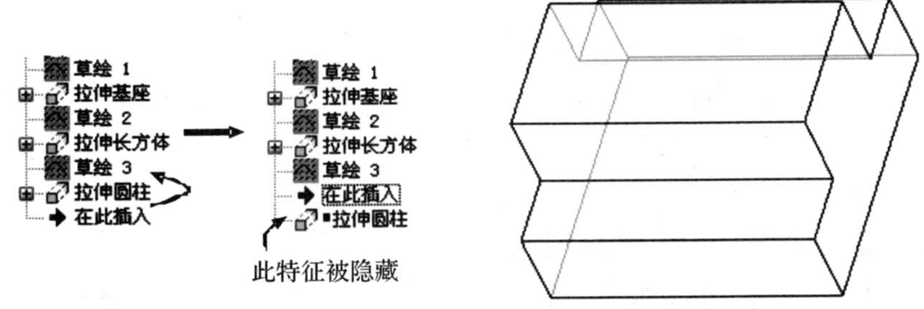

图 6-21　移动“在此插入”到某位置

2)创建“拉伸 1”特征,如图 6-22 所示。

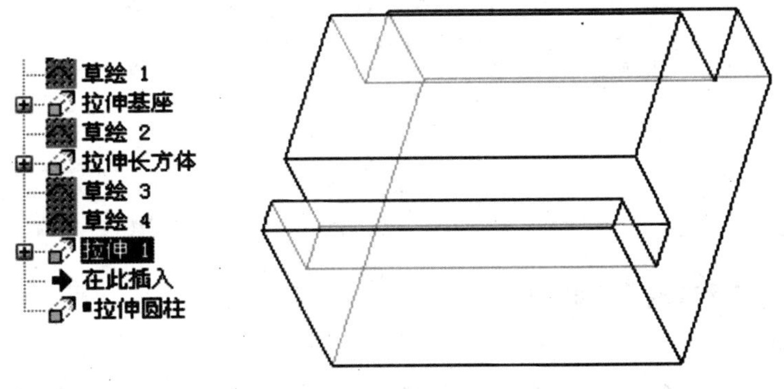

图 6-22　插入“拉伸 1”

(3)将“在此插入”图标重新拖到模型树的最后,如图 6-23 所示,文件保存副本为 neichao2. prt。

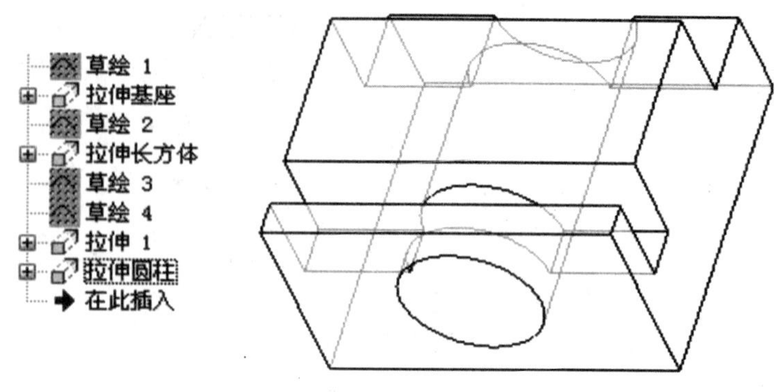

图 6-23　创建完成

6.7　特征复制与粘贴

复制特征就是根据已有的特征创建一个或多个特征的副本。由复制产生的特征与原特征的外形、尺寸可以相同，也可以不同。复制特征除了可以从当前的模型中选择外，还可以从其他的模型中选择。

6.7.1　熟悉复制和粘贴工具命令

复制粘贴工具命令包括“复制”、“粘贴”和“选择性粘贴”。用户可以在零件建模功能区的“操作”面板中访问它们，如图 6-24 所示。只有选择了要复制的特征，“复制”命令才可以用，只有当剪贴板中存在可用于粘贴的特征时，“粘贴”和“选择性粘贴”命令才可以使用。

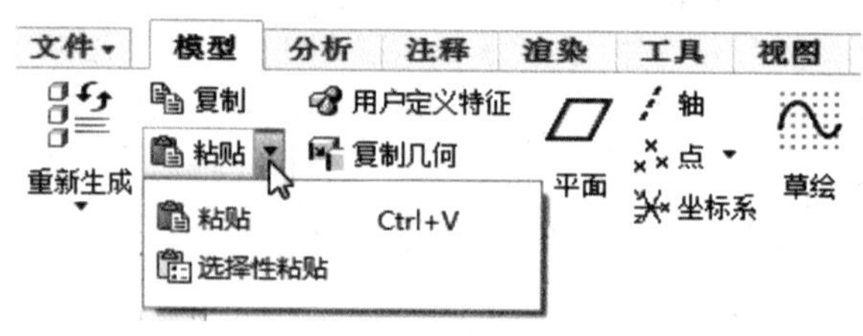

图 6-24　复制与粘贴

6.7.2　粘贴和选择性粘贴

1. 使用“编辑”|“粘贴”

使用此工作流程，将会打开要粘贴特征类型的创建工具，并且允许重定义复制的特征。例如，要粘贴旋转特征，那么将打开旋转创建工具；要粘贴某些基准特征，则将打开相应的基准创建对话框。

2. 使用“编辑”|“选择性粘贴”

使用此工作流程，可以进行如下主要操作。

(1)创建特征的完全从属副本，带有因原始特征的具体元素或属性(如尺寸、草绘、注释元素等)而异的从属关系。

(2)创建仅从属于尺寸或草绘(或两者)以及注释元素的特征的副本。

(3)保留原始特征的参照,或复制实例中的新参照以替换原始参照。

(4)对粘贴实例应用移动或旋转变换。

在功能区"模型"选项卡的"操作"面板中单击"选择性粘贴"按钮,系统弹出"选择性粘贴"对话框,如图 6-25 所示。

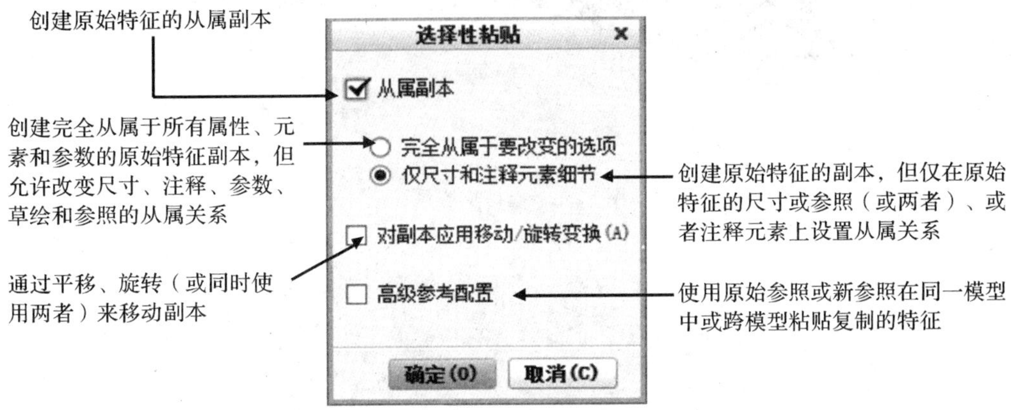

图 6-25 "选择性粘贴"对话框

6.7.3 复制粘贴的学习案例

【例 6-5】 利用复制、粘贴以及选择性粘贴快速创建模型。

本小节以案例的形式介绍各种复制粘贴的用法。特别要注意"粘贴"和"选择性粘贴"命令在操作和功能上的不同之处。

(1)"复制"|"粘贴"操作

1)在"快速访问"工具栏中单击"打开"按钮,弹出"文件打开"对话框,选择配套文件"zhantie.prt"并打开,该文件中已有的模型如图 6-26 所示。

图 6-26 已有模型

2)在绘图区或者模型树中选择圆柱拉伸特征。

3)在功能区"模型"选项卡的"操作"面板中单击"复制"按钮。

4)在功能区"模型"选项卡的"操作"面板中单击"粘贴"按钮,或者按【Ctrl+V】快捷键打开该特征的"拉伸"选项卡。

5)在"拉伸"选项卡中单击"放置"选项,打开"放置"面板,接着单击该面板中出现的"编辑"按钮,系统就弹出"草绘对话框"。

6)在模型中单击如图 6-27 所示的平面作为草绘平面,参考默认即可,然后单击"草绘"按钮,进入内部草绘器。

7)移动鼠标指针,在要放置复本的位置处单击,接着为新截面添加合适的几何约束和尺寸约束,然后修改尺寸,此时拉伸截面如图 6-28 所示。

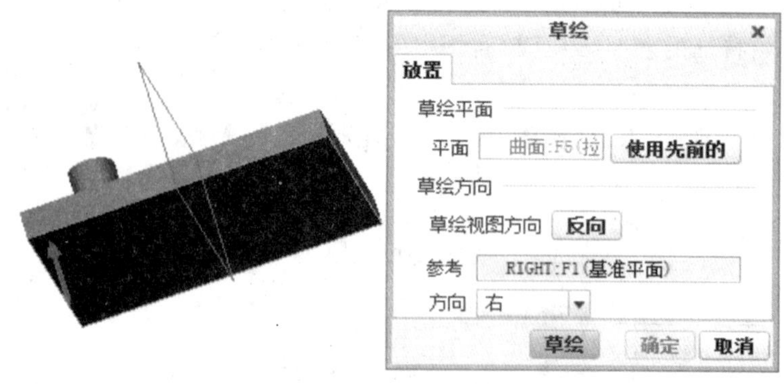

图 6-27　选择草绘平面

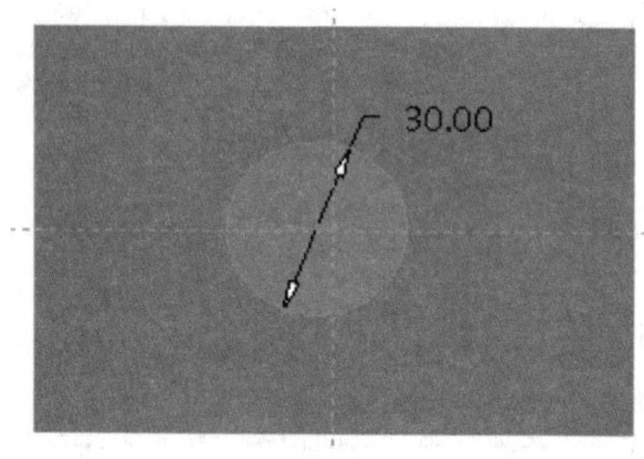

图 6-28　创建拉伸截面

8)单击"确定"按钮✔退出草绘模式。

9)"拉伸"选项卡中的其他设置和源拉伸特征一样。注意如果预览效果(如图 6-29 所示)是所需要的,单击"确定"按钮✔,此时模型如图 6-30 所示。

图 6-29　拉伸预览

图 6-30 创建完成

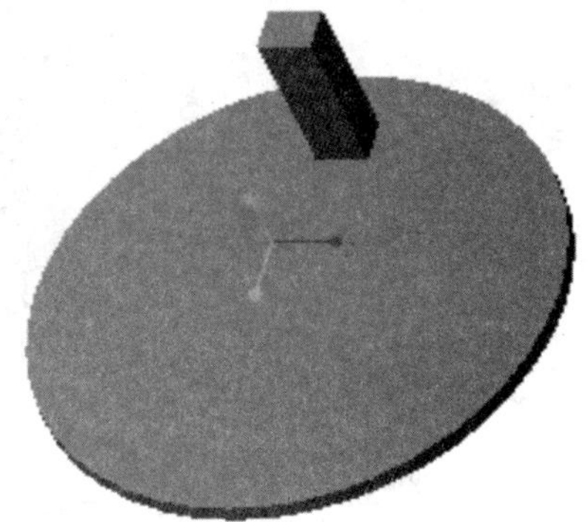
图 6-31 已有模型

(2)复制—选择性粘贴 1

1)在“快速访问”工具栏中单击“打开”按钮,弹出“文件打开”对话框,选择配套文件“xuanzexingzhantie1. prt”并打开,该文件中已有的模型如图 6-31 所示。

2)在功能区“模型”选项卡的“操作”面板中单击“选择性粘贴”按钮,系统弹出“选择性粘贴”对话框;在对话框中选中“从属副本”复选框,其他设置如图 6-32 所示,然后单击“确定”按钮。

3)功能区出现“拉伸”选项卡,在“拉伸”选项卡中打开“放置”面板,接着单击该面板中的“编辑”按钮。

4)系统弹出“草绘编辑”对话框,上面显示关于草绘编辑的相关警示信息,如图 6-33 所示,单击“是”按钮,则确定要继续此草绘。

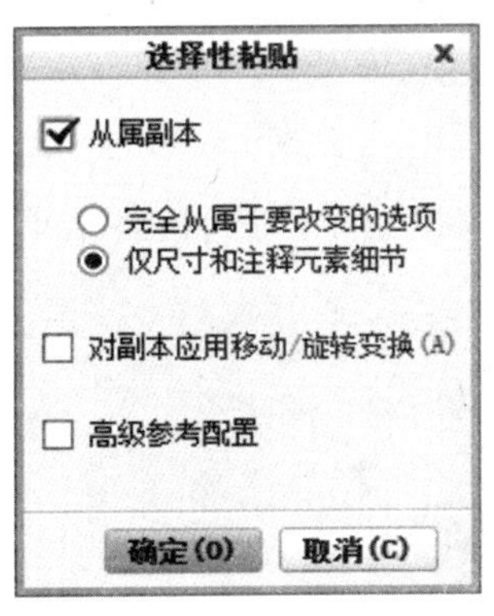

图 6-32 “选择性粘贴”对话框

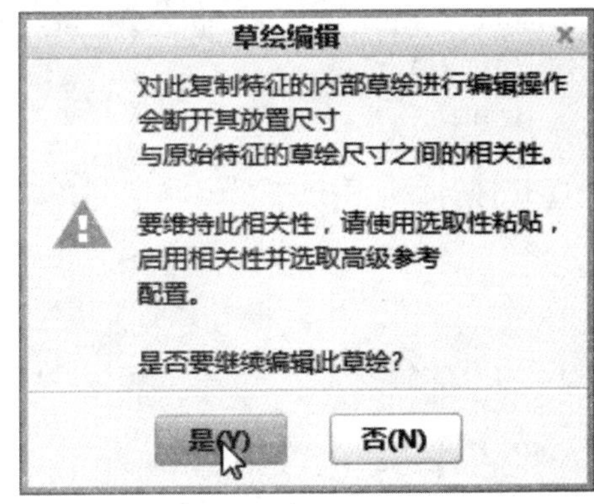

图 6-33 草绘编辑对话框

5)系统弹出“草绘”对话框,如图 6-34 所示。草绘平面选择下面的圆平面,参考默认即可。

6)单击“草绘”按钮,移动鼠标指针到要放置复本的位置放置截面,接着修改截面形状,修改后如图 6-35 所示。

7)单击“确定”按钮✔退出草绘模式。

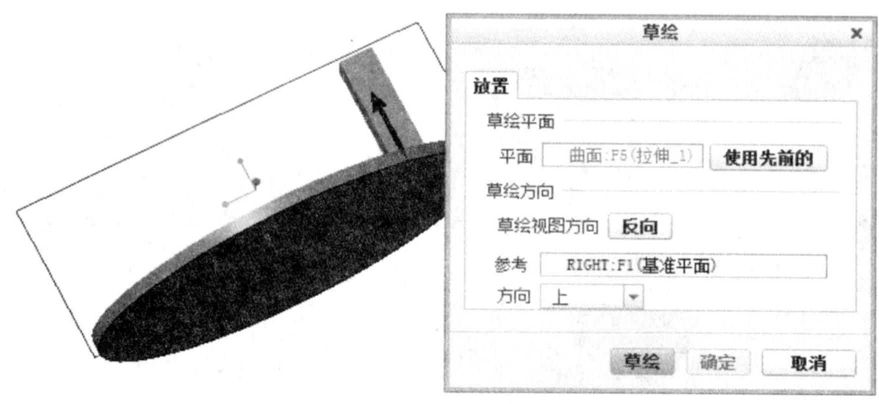

图 6-34 “草绘”对话框

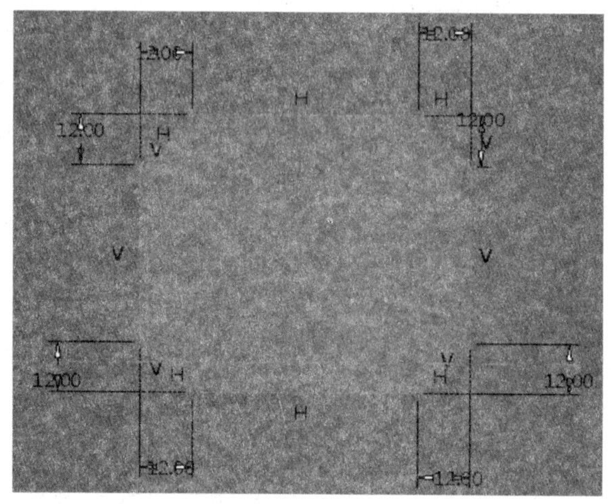

图 6-35 修改截面形状

8)在“拉伸”选项卡中,修改“深度”为 200,单击“确定”按钮✔,得到最终结果如图 6-36 所示。

图 6-36 创建完成

(3)复制—选择性粘贴 2

1)在“快速访问”工具栏中单击“打开”按钮，弹出“文件打开”对话框，选择配套文件“xuanzexingzhantie2.prt”并打开，该文件中已有的模型如图 6-37 所示。

2)在功能区“模型”选项卡的“操作”面板中单击“选择性粘贴”按钮，系统弹出“选择性粘贴”对话框；在对话框中选中“从属副本”复选框，并选择“完全从属于要改变的选项”按钮，接着选中“对副本应用移动/旋转变换”复选框，然后单击“确定”按钮，如图 6-38 所示，打开一个“移动(复制)”选项卡。

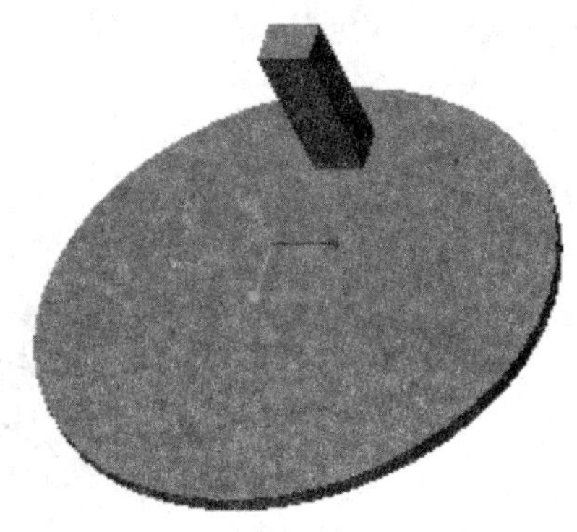

图 6-37　已有模型

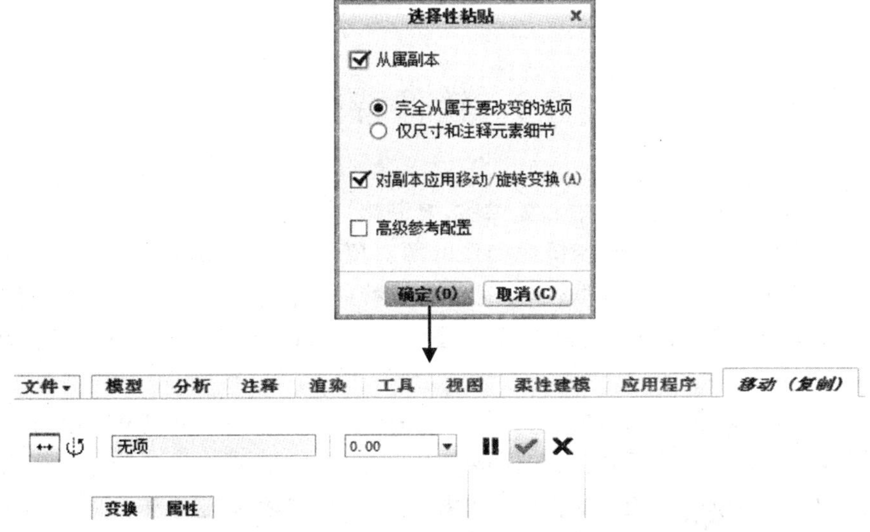

图 6-38　选择性粘贴

3)在“移动(复制)”选项卡中单击“沿选定参考平移特征”按钮，在模型中选择一条边作为平移参照(特征沿这条边的方向平移)，移动距离为 400，如图 6-39 所示。

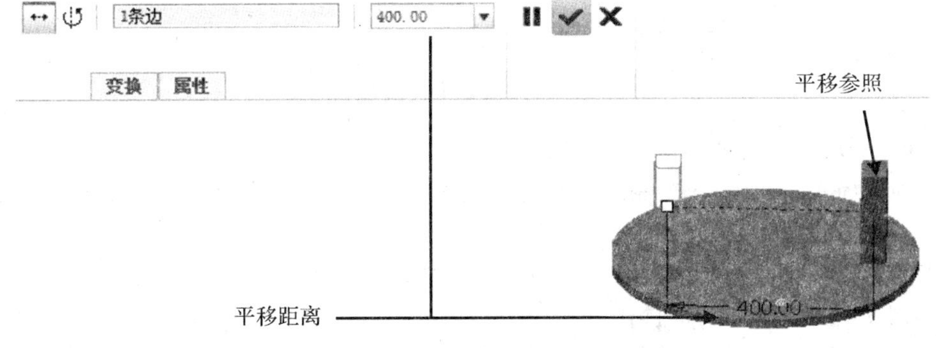

图 6-39　设置偏移距离

4)单击“确定”按钮✔,得到最终效果如图 6-40 所示。

图 6-40 创建完成

6.8 镜像特征

镜像特征是以参照面或对称中心为参照,复制出原对象的一个副本。镜像后的两部分实体之间具有关联关系,即若改变镜像操作的源对象,镜像生成的对象也会发生相应的改变。但镜像后特征零件之间的关联性,仅针对将源特征进行编辑或编辑定义等操作而言,对于给零件添加新的特征,镜像后的副本并不进行相应的改变(例如将源特征进行倒圆角操作,镜像特征并不改变)。

除了实例特征,镜像工具允许复制镜像平面周围的曲面、曲线、阵列和基准特征。

要启动镜像特征操作面板,需先在模型树中或者绘图区内选取需要镜像的特征,在功能区“模型”选项卡的“编辑”面板中单击“镜像”按钮,打开“镜像”选项卡如图 6-41 所示。

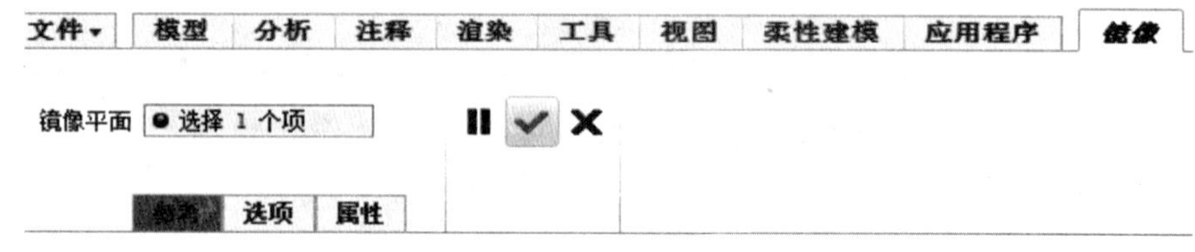

图 6-41 镜像特征操控面板

镜像特征的方法有两种:

(1)所有特征:此方法可复制特征并创建包含模型所有特征几何的合并特征,如图 6-42 所示。要使用此方法,必须在模型树中选取所有特征和零件节点。

(2)选定的特征:此方法仅复制选定的特征,如图 6-43 所示。

【实例 6-6】 镜像特征的操作。

下面以一个孔的镜像复制为例,介绍镜像特征的一般操作流程。本实例的任务是通过实体模型上一个已有的孔特征,镜像生成另外 3 个孔特征。

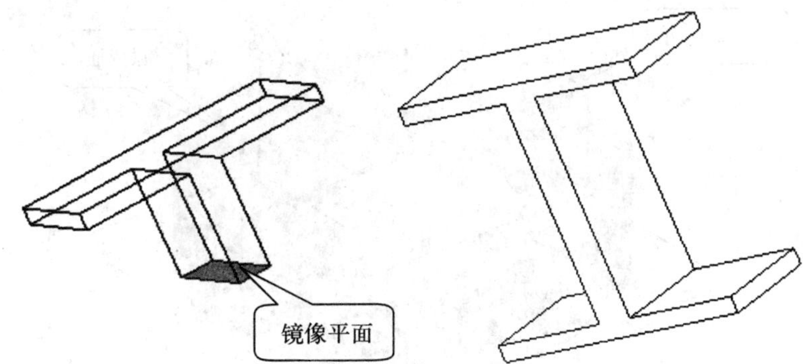

图 6-42　特征几何的合并特征

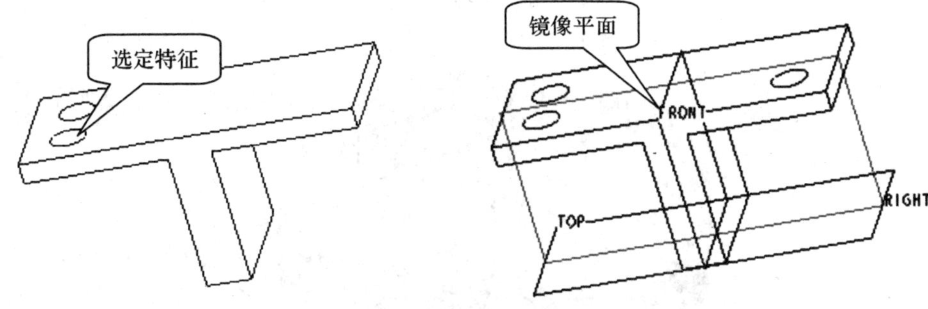

图 6-43　复制选定特征

(1)打开零件“jingxiang. prt”，如图 6-44 所示。

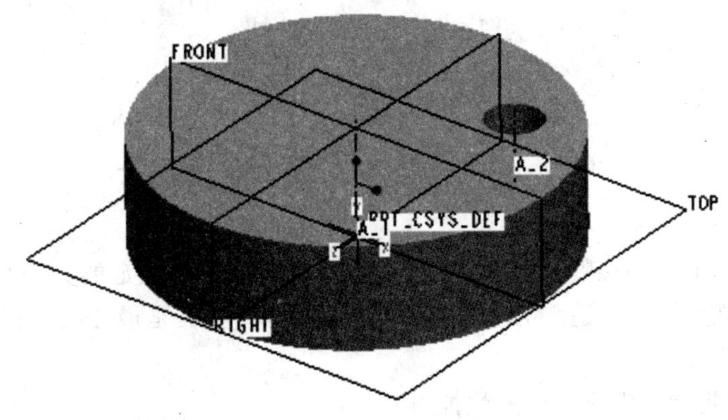

图 6-44　零件原始模型

(2)在绘图区选中孔，或者在模型树中选中相应的特征，在功能区“模型”选项卡的“编辑”面板中单击“镜像”按钮，打开“镜像”选项卡。选择 FRONT 基准面作为镜像平面，如图 6-45 所示。

(3)单击鼠标中键或操作面板中的按钮，完成镜像特征的操作。结果如图 6-46 所示。

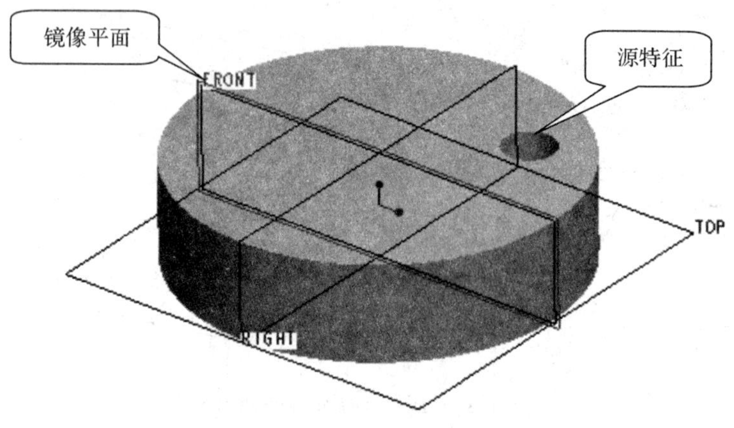

图 6-45　选择镜像平面

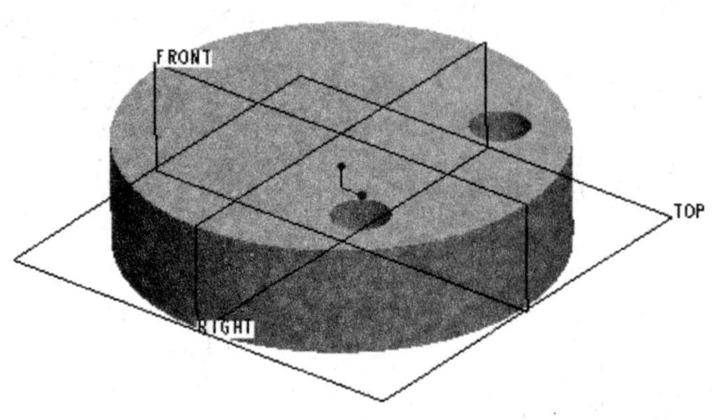

图 6-46　镜像特征模型

6.9　阵列特征

阵列特征实际上是一种特殊形式的复制特征，它可以按照规定的分布形式创建多个特征副本。当出现规则性重复造型且数量较多时，使用阵列特征是最佳的选择。

阵列有如下优点：

(1)创建阵列是重新生成特征的快捷方式；

(2)阵列是参数控制的，因此改变阵列参数即可修改阵列，比如改变实例数、实例之间的间距和原始特征尺寸等；

(3)修改阵列比分别修改特征更为有效。如改变原始特征尺寸，Creo 会自动更新整个阵列；

(4)对包含在一个阵列中的多个特征同时执行操作，比操作单独特征更为方便和高效，例如可方便地隐含阵列或将其添加到层。

选定用于阵列的特征或特征阵列称为阵列导引，特征副本称为实例。要复制、镜像和移动阵列，必须选取阵列标题而不是实例。

阵列特征的操作方法为：在工作区或模型树上选择特征，此时阵列命令被激活，单击“模型”选项卡的“阵列”按钮后，打开阵列特征操作面板，如图 6-47 所示。

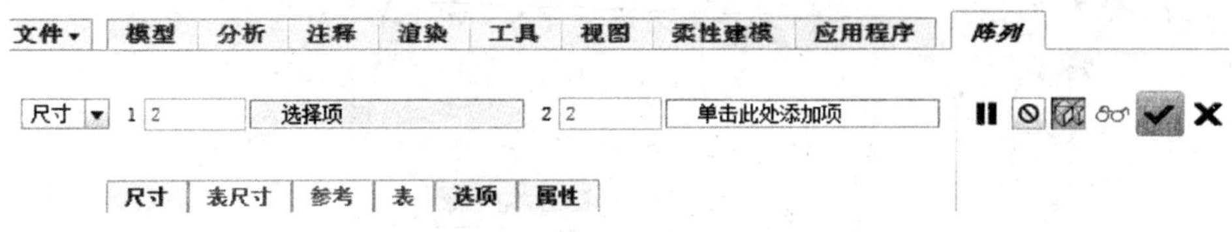

图 6-47　阵列特征操作面板

6.9.1　阵列特征的分类和方法

1. 阵列特征的分类

按照阵列特征的阵列方式，可以将其分为尺寸阵列、方向阵列、轴阵列、表阵列、参照阵列、填充阵列、曲线阵列和点阵列等八种类型。

- 尺寸：通过使用驱动尺寸并指定阵列的增量变化来控制阵列。尺寸阵列可以为单向或双向。
- 方向：通过指定方向并拖动控制滑块设置阵列增长的方向和增量来创建自由形式阵列。方向阵列可以为单向或双向。
- 轴：通过拖动控制滑块设置阵列的角增量和径向增量来创建自由形式径向阵列，也可将阵列拖动成为螺旋形。
- 表：通过使用阵列表并为每一阵列实例指定尺寸值来控制阵列。
- 参照：通过参照另一阵列来控制阵列。
- 填充：通过根据选定栅格用实例填充区域来控制阵列。
- 曲线：通过指定沿着曲线的阵列成员间的距离或阵列成员的数目来控制阵列。
- 点阵列：通过将陈列成员放置在点或坐标系上来创建一个阵列。

其中，尺寸阵列支持矩形和圆周两种阵列方式，是最为常用的一种阵列类型。

2. 阵列特征的生产方法

阵列特征有三种生成方法，分别是相同、可变和常规，如图 6-48 所示。

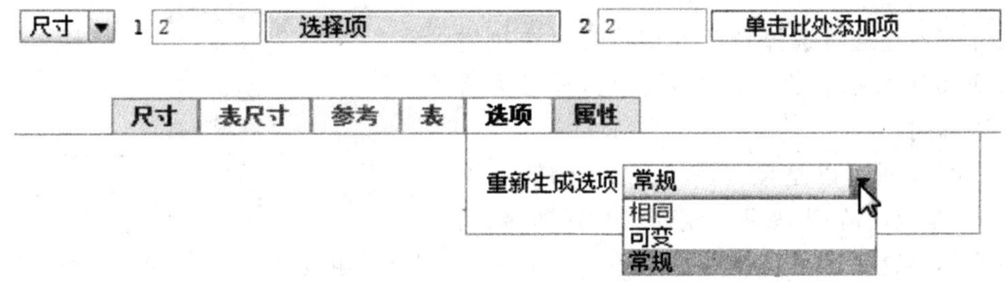

图 6-48　阵列特征选项操作面板

(1)相同阵列

最简单的陈列就是相同阵列,相同阵列再生最快。对于相同阵列,系统生成第一个特征,然后完全复制包括所有交截在内的特征,如图 6-49 所示。

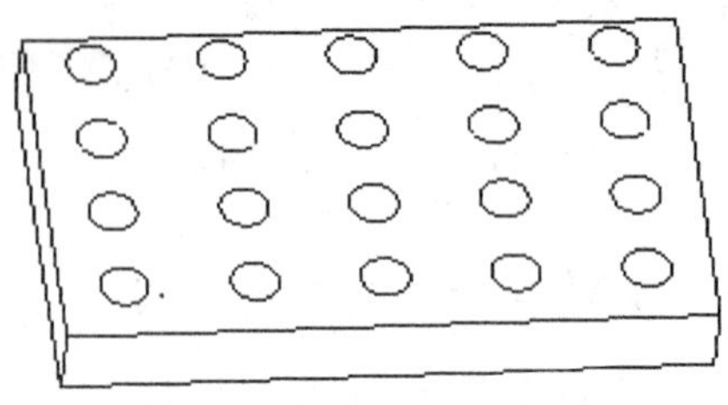

图 6-49 复制所有特征

相同阵列有如下限制条件:所有实例大小相同,所有实例放置在同一曲面上,没有与放置曲面边、任何其他实例边或放置曲面以外任何特征的边相交的实例。

(2)可变阵列

可变阵列比相同阵列要复杂得多。系统对可变阵列做如下假设:实例大小可变化,实例可放置在不同曲面上,没有实例与其他实例相交。

对于可变阵列,Creo 分别为每个特征生成几何,然后一次生成所有交截。

(3)常规阵列

常规阵列允许创建极复杂的阵列。

系统对一般特征的实例不做假设。因此 Creo 会计算每个单独实例的几何,并分别对每个特征求交。

3. 删除阵列

"删除阵列"是指删除阵列特征产生的特征群,原特征即阵列导引会保留下来,而"删除"命令会删除原特征和阵列特征产生的所有特征。

选中模型树中的阵列特征,单击鼠标右键,即可在弹出的快捷菜单中选择"删除"或"删除阵列"命令,如图 6-50 所示。

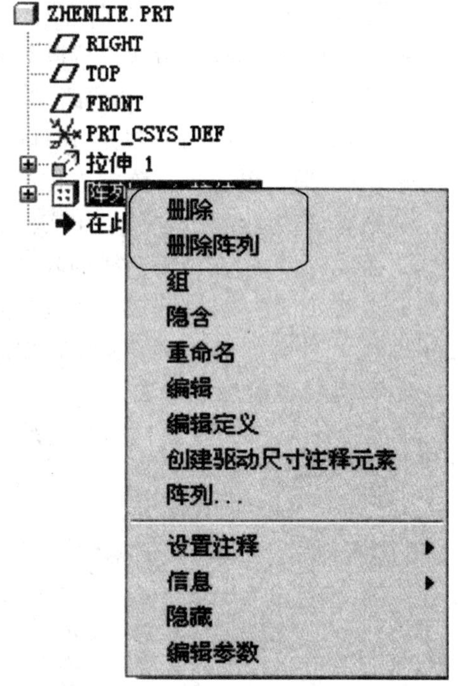

图 6-50 "删除"或"删除阵列"命令

6.9.2 尺寸阵列

尺寸阵列是通过选择特征的定位尺寸来决定阵列方向和阵列参数的一种阵列类型,是最为常用的一种阵列。

"尺寸"阵列可以是单向阵列,如孔的线性阵列;也可以是双向阵列,如孔的矩形阵列(即:双向阵列将实体放置在行和列中)。根据所选的尺寸,尺寸阵列可以是线性的或角度的。"尺寸"阵列还支持矩形和圆周两种常用阵列方法。

创建"尺寸"阵列时,应该选取特征尺寸,并指定这些尺寸的增量变化以及阵列中的特征实体数。

1. 矩形阵列

矩形阵列通过选择特征的定义尺寸来决定尺寸阵列的方向和阵列参数,因此尺寸形式的阵列操作的对象必须有清晰的定位尺寸。矩形阵列实际是在一个或两个方向(即单向或双向)复制生成特征的过程,如图 6-51 所示,就是利用圆柱的定位尺寸作为阵列方向,生成与这两个尺寸方向相同的特征阵列。

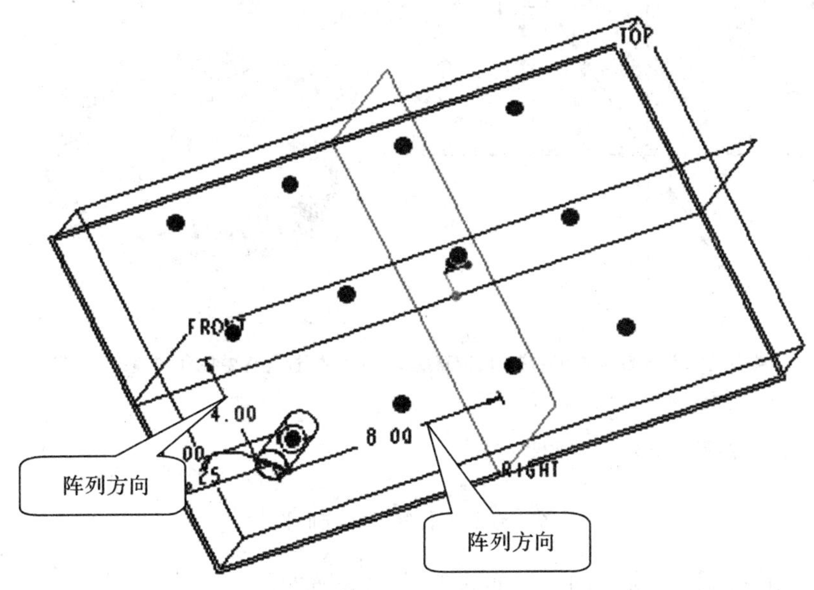

图 6-51　矩形阵列特征

启动阵列特征操作面板的方法:在工作区中或左侧模型树中选择想要生成阵列的特征,单击鼠标右键,从弹出的快捷菜单中选择“阵列”命令;或选中想要阵列的特征,单击“编辑”面板的“阵列”按钮;然后,在操作面板上打开“尺寸”下滑面板选择尺寸类型,如图 6-52 所示。

如果只需在一个方向上生成阵列,则只要选择相应的定位尺寸作为阵列方向,并在编辑区指定增量即可。如果要生成双向阵列,则还需激活“方向 2”的尺寸区。如果希望特征阵列方向相反,可以将增量设置为负值。

若需要修改阵列,可以在模型树上选择该特征并单击鼠标右键,从弹出的快捷菜单中选择“编辑定义”命令就可以进入阵列编辑环境,修改相关阵列参数;在上侧工具栏中单击“再生模型”按钮,即看到修改后的阵列。

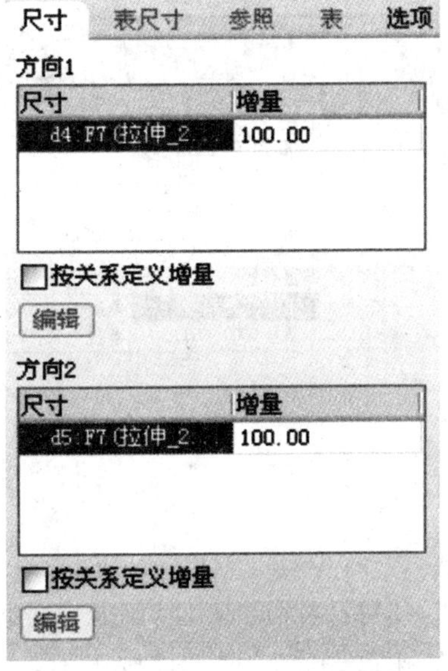

图 6-52　“尺寸”下滑面板

2. 圆周阵列

圆周阵列也属于尺寸阵列，不过这种阵列方式需要阵列导引具有一个圆周方向的角度定位尺寸。

下面介绍圆周阵列特征工具的使用方法和创建过程。

(1)新建一个零件文件，建立如图 6-53 所示的拉伸特征。

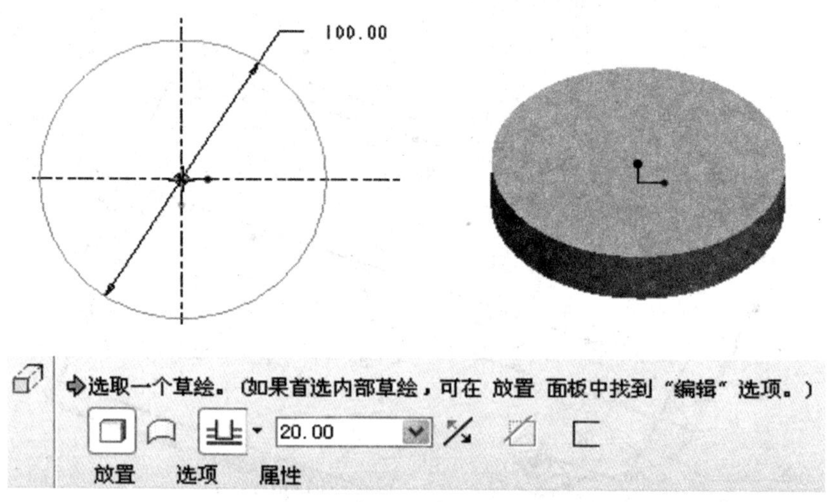

图 6-53　拉伸特征操控面板

(2)利用“孔”工具，以实体的上表面为参照，并设置“径向”形式，选取 FRONT 面和实体的轴线作为参照，设置相应参数，建立孔特征，如图 6-54 所示。

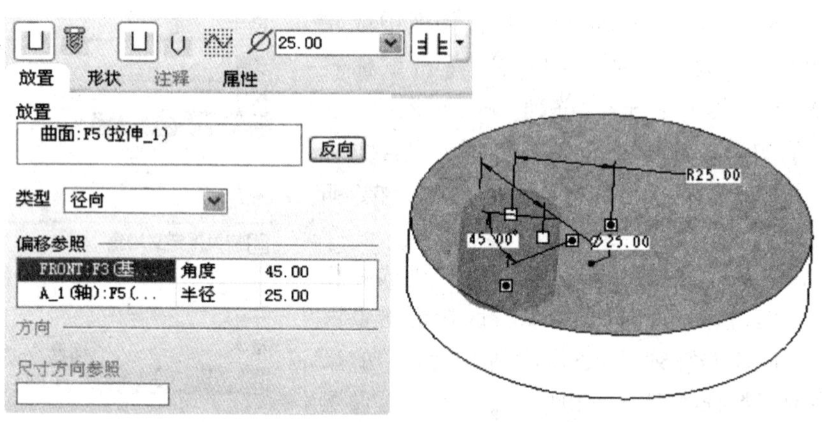

图 6-54　孔特征操控面板

(3)指定圆周阵列特征及定位尺寸：在模型树中选择孔特征，或者在绘图区单击需要阵列的孔；单击“阵列工具”按钮，打开“阵列”操控面板；选择“尺寸”下拉列表项，并在绘图区选取定位尺寸，如图 6-55 所示。

(4)设置圆周阵列参数：在绘图区选取阵列角度尺寸，并在“尺寸”下滑面板中将其修改

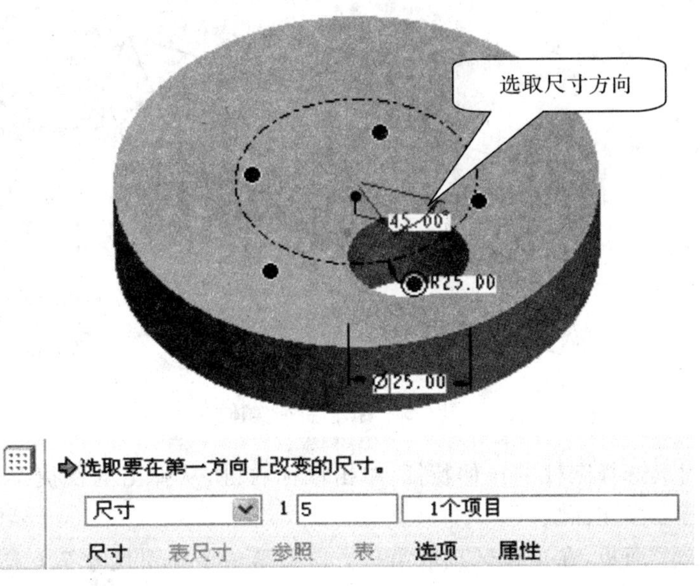

图 6-55 “阵列”操控面板

为合适的阵列尺寸，接着在操控面板中输入阵列数目，最后单击✔按钮，即可完成圆周阵列特征的创建，如图 6-56 所示。

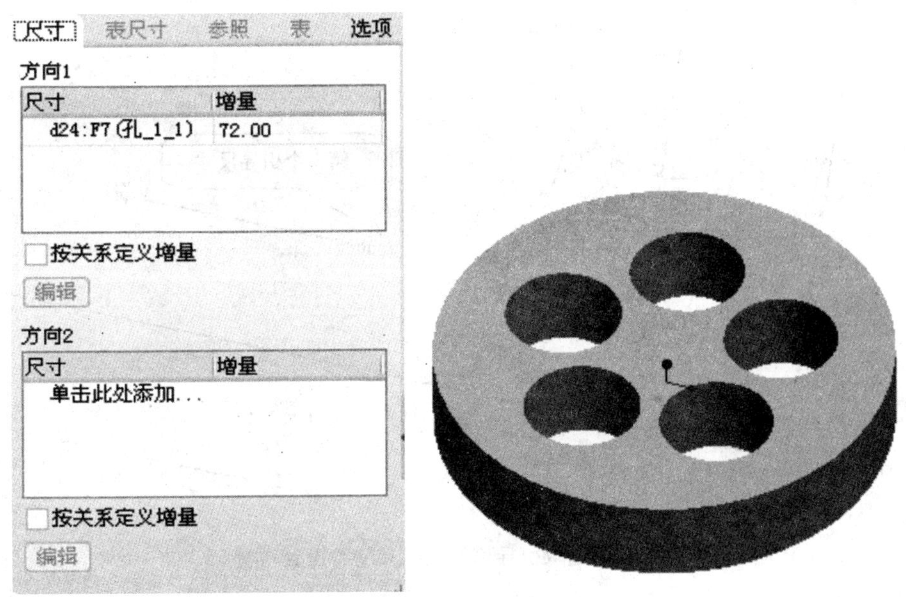

图 6-56 “尺寸”下滑面板

【实例 6-7】 尺寸变化阵列的操作。

“尺寸变化阵列”不仅可以通过阵列特征得到相同尺寸的特征，也可以得到不同尺寸的特征。

(1)新建零件文件,建立拉伸特征,如图 6-57 所示。

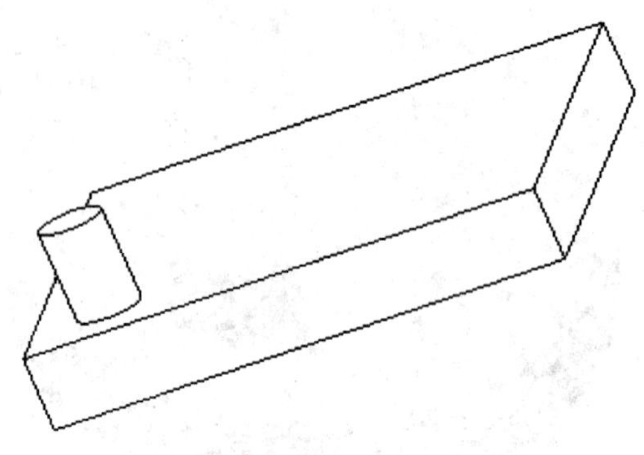

图 6-57　拉伸特征实体

(2)在模型树上选择圆柱的拉伸特征,单击鼠标右键,从弹出的快捷菜单中选择“阵列”命令,启动阵列特征操作面板。

(3)打开“尺寸”面板,在工作区选取第一方向的第一个导引尺寸 7.00,输入增量－6;然后按住【Ctrl】键,选取第一方向的第二个导引尺寸 3.75(即圆柱的高度),输入增量 3,如图 6-58 所示。

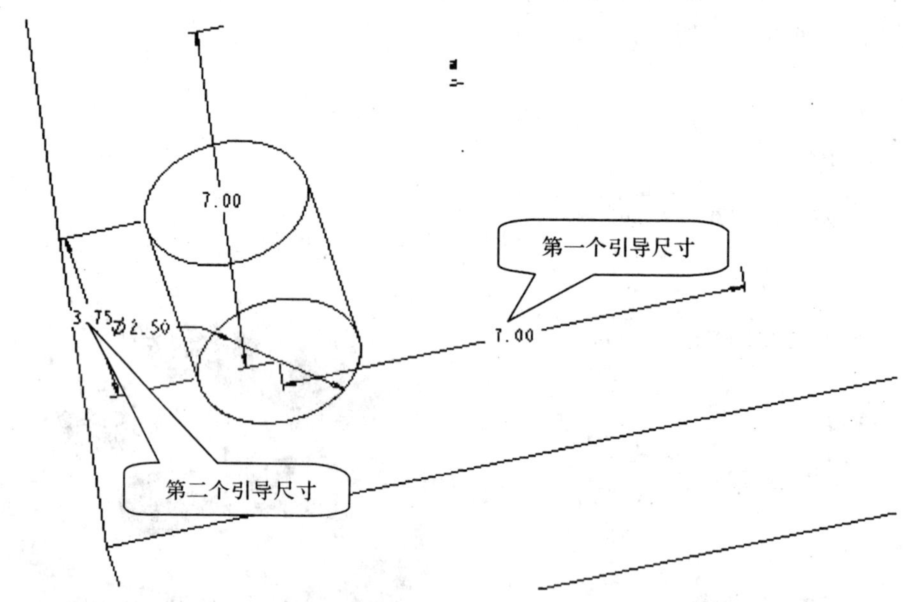

图 6-58　选取引导修改图名尺寸并设置增量

(4)激活“方向 2”尺寸收集器,用同样的方法,在工作区选取第二方向的第一个导引尺寸 7.00,输入增量－6。然后。按住 Ctrl 键,选取第二方向的第二个导引尺寸 2.50(即圆柱的直径),输入增量 1。

(5)在操作面板中给出第一方向和第二方向的实例个数,均为 3;设置完成后,单击操作面板中的按钮✔完成操作,如图 6-59 所示。

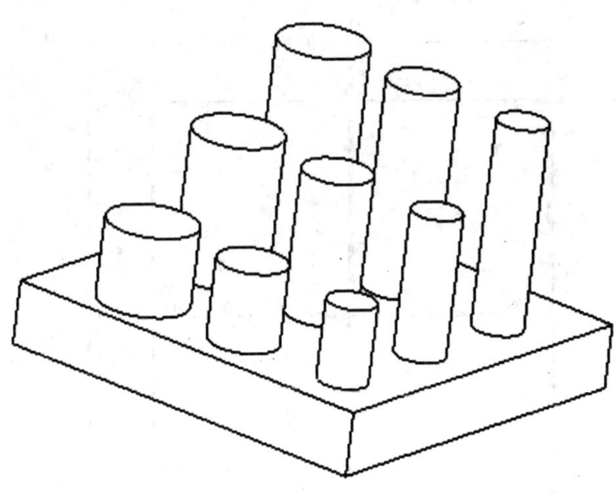

图 6-59　特征实体

6.9.3　方向阵列

方向阵列就是在一个或两个选定方向上添加阵列成员。在方向阵列中，可通过拖动每个方向的放置手柄来调整阵列成员之间的距离或反向阵列方向。

创建或重定义方向阵列时，可更改的项目如下：

- 每个方向上的间距：拖动每个放置手柄以调整间距，或在“阵列”操控面板的文本框中输入增量。
- 各个方向中的阵列成员：在操控面板文本框中键入成员数，或通过在图形窗口中双击进行编辑。
- 取消阵列成员：如果要取消该阵列成员，单击指示该阵列成员的黑点，黑点将变成白色。如果需要恢复该成员，单击白点即可。
- 阵列成员的方向：如果需要更改阵列的方向，可以向相反方向拖动放置控制滑块，也可以单击“反向”按钮，还可以在操控面板的文本框中输入负增量。

方向阵列类似于尺寸阵列，通过指定两个方向的增量、阵列的数量以及阵列特征之间的距离来设置阵列特征。

【例 6-8】 方向阵列操作。

(1)新建零件文件，单击“拉伸”按钮，以“TOP”面作为草绘平面，绘制如图 6-60 所示的拉伸截面。

输入拉伸深度后，单击完成按钮拉伸实体，如图 6-61 所示。

(2)单击“孔”工具；选取实体的上表面为主参照，单击“放置”下滑面板中的“偏移参照”区域，在绘图区选取实体的两个边作为次参照，以控制孔的位置，如图 6-62 所示。

在操控面板中设置孔的直径，并将孔的形式设置成为“穿透”的形式，然后单击✔按钮创建出孔特征，如图 6-63 所示。

(3)单击激活第一个方向参照，然后选取实体的一条边，设置在此参照面上的阵列数量和距离；接着激活第二个参照方向，然后选取另一条边，设置在此参照面上的阵列数量和距离，如图 6-64 和图 6-65 所示。

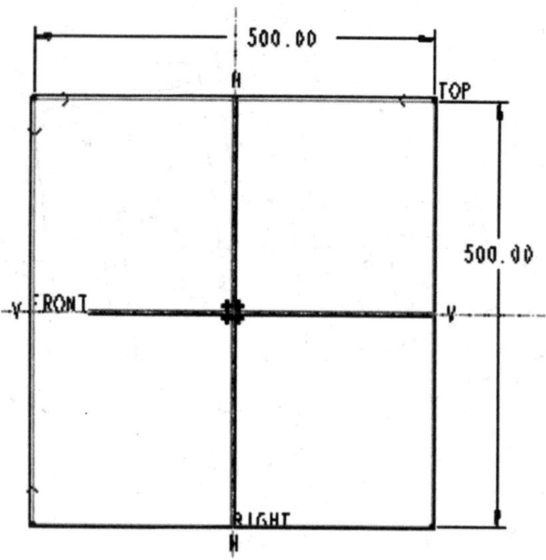

图 6-60　拉伸截面

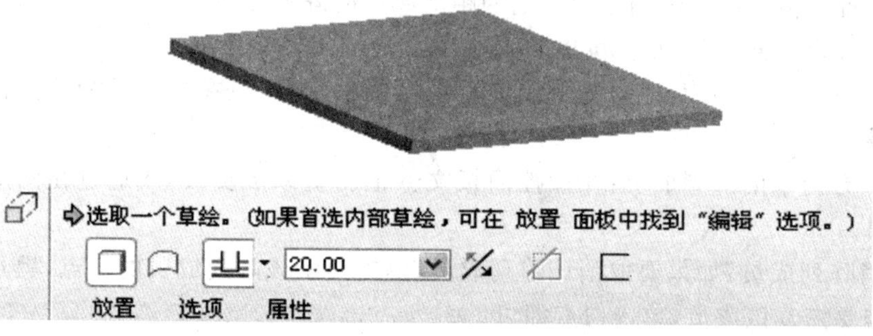

图 6-61　拉伸实体

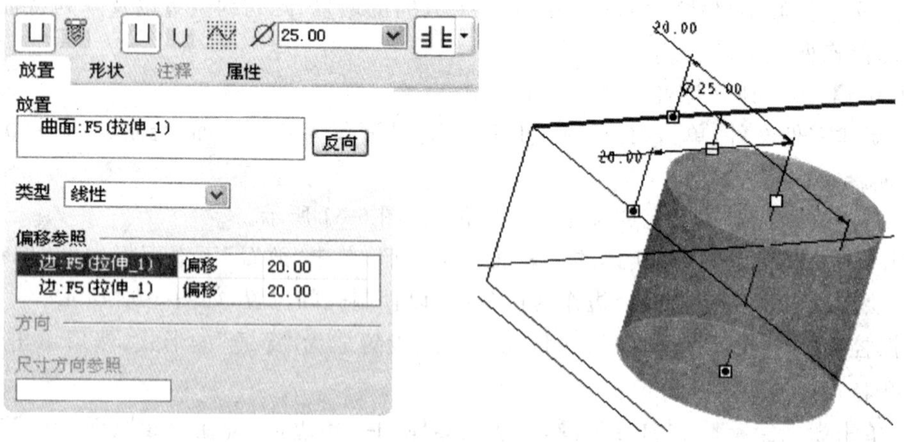

图 6-62　"放置"下滑面板

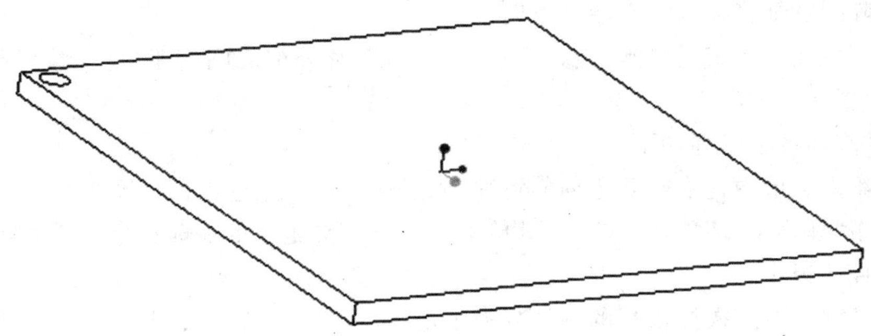

图 6-63　孔特征实体

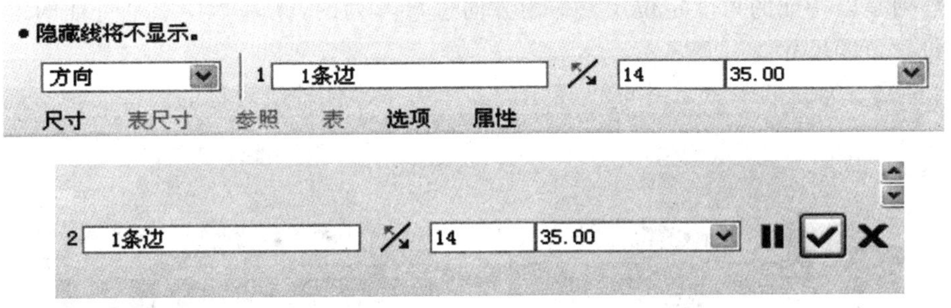

图 6-64　阵列特征操作面板

(4)最后单击✓按钮，完成阵列操作，即可创建出如图 6-66 所示散热板的效果。

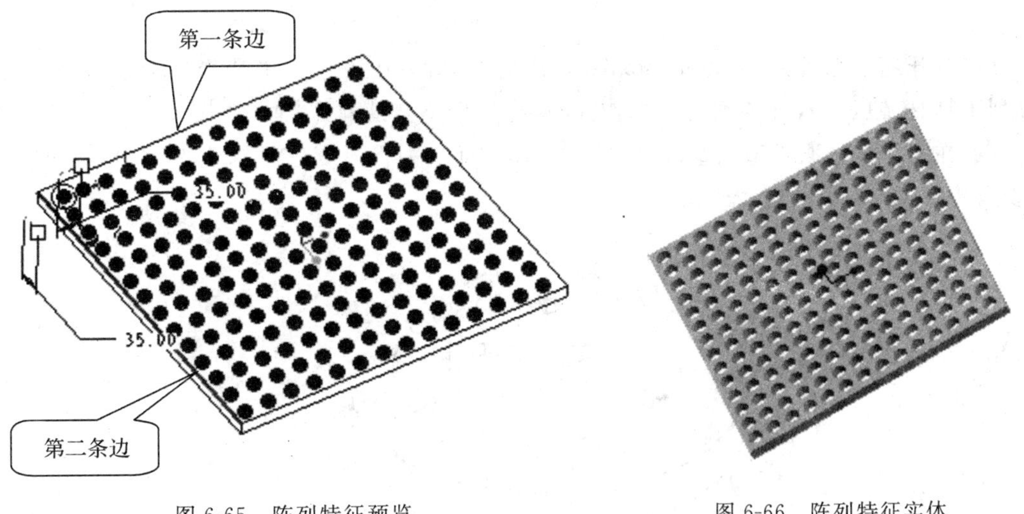

图 6-65　阵列特征预览

图 6-66　阵列特征实体

6.9.4　轴阵列

轴阵列特征是围绕一个选定的旋转轴(基准轴等)创建特征副本的特殊阵列方式。使用这种阵列方式时，系统允许在如下两个方向上进行阵列：

角度：阵列成员绕轴线旋转、缺省轴阵列按逆时针方向等间距放置特征。

径向:阵列特征将会添加在径向方向。

其中,可以通过指定成员数(包括第一个成员)以及成员之间的距离(增量)两种方法将阵列特征放置在角度方向。

创建轴阵列特征步骤如下:

(1)在绘图区域中选取需要阵列的特征,或者在模型树上选中该特征;

(2)单击"阵列工具"按钮,或者右键单击特征再从快捷菜单中选择"阵列"选项,打开"阵列特征"操控面板;

(3)在"阵列特征"操控面板的下拉列表中选择"轴"选项,并在绘图区中选择已存在的轴线作为参照;在操控面板上修改阵列特征之间的角度值与阵列数量;

(4)单击鼠标中键,或者单击✔按钮完成阵列操作。

轴阵列是以特征的角度定位尺寸作为方向进行阵列的,其基本要求是特征的定位尺寸中必须包含角度尺寸。

【例 6-9】 为圆盘添加如图 6-67 所示的 6 个关于零件轴线对称的筋特征。

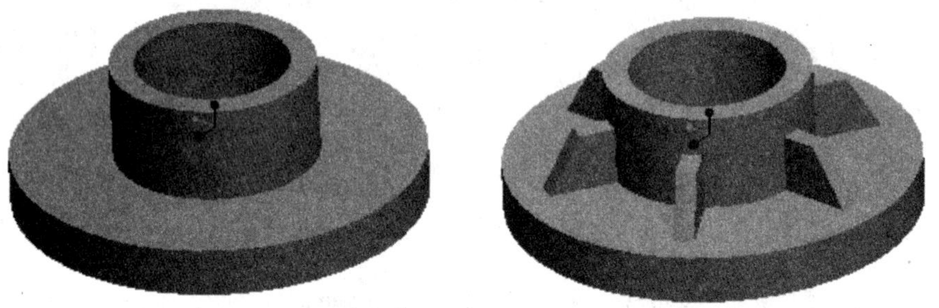

图 6-67 特征实体

(1)打开随书光盘中的"zhouzhenlie. prt"文件,然后在工作区中选择轮面上的筋,单击"阵列工具"按钮,打开阵列特征操作面板,将阵列类型设置为"轴"。

(2)在工作区选取模型的基准轴 A_2,在操作面板中将角度增量修改为 60,将阵列实例数设置为 6,如图 6-68 所示。

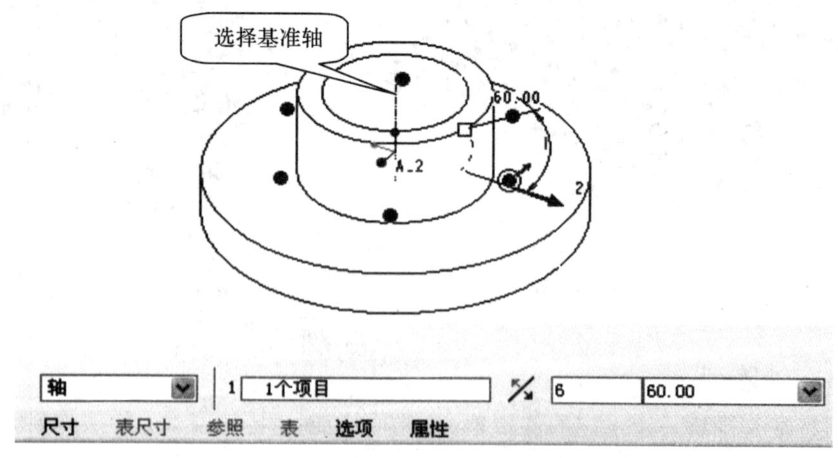

图 6-68 阵列特征操作面板

(3)设置完成后，单击鼠标中键或操作面板中的按钮✔，即可完成阵列特征的操作，如图 6-69 所示。

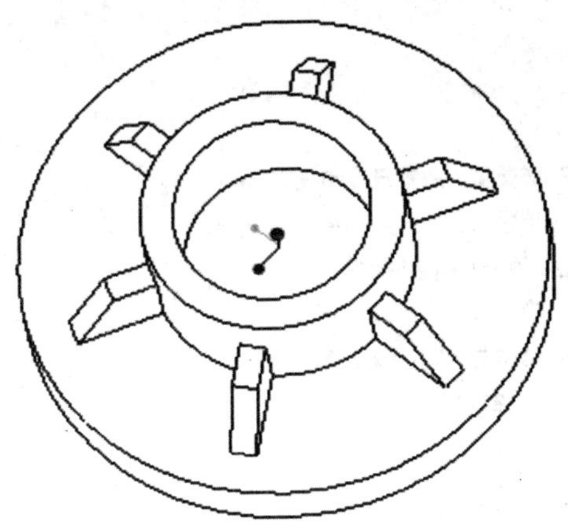

图 6-69　特征实体

6.9.5　表阵列

表阵列采用表格的形式来设定阵列特征的空间位置和本身尺寸，它通过一个可编辑表，为阵列的每个实例指定唯一的尺寸，可创建特征或组的复杂或不规则阵列。在创建阵列之后，可随时修改阵列表，隐含或删除表驱动阵列的同时也将隐含或删除该阵列导引。

【例 6-10】　表阵列的操作。

下面介绍表阵列的一般操作方法。

(1)打开文件“biaozhenlie. prt”后，在模型树上选择圆柱的拉伸特征，单击鼠标右键，从弹出的快捷菜单中选择“阵列”命令，启动阵列特征操作面板。

(2)在阵列特征操作面板中，设置阵列类型为“表”，按住【Ctrl】键在工作区中选择两个定位尺寸以及高度尺寸，单击“编辑”按钮，打开“Pro/TABLE”窗口，如图 6-70 所示。

图 6-70　阵列特征操作面板

(3)在打开的“Pro/TABLE”窗口输入实例参数(每一行代表一个实例)，如图 6-71 所示(也可导入先前保存的阵列表)。

(4)编辑完成后，关闭“Pro/TABLE”窗口，在阵列特征操作面板中单击完成按钮✔完成操作，如图 6-72 所示。

6.9.6　参照阵列

参照特征是借助已有阵列实现新特征的方法，可以使一个特征阵列复制在其他阵列特征上面，其操作对象必须是已有阵列的阵列导引，且实例之间具有定位的尺寸关系。

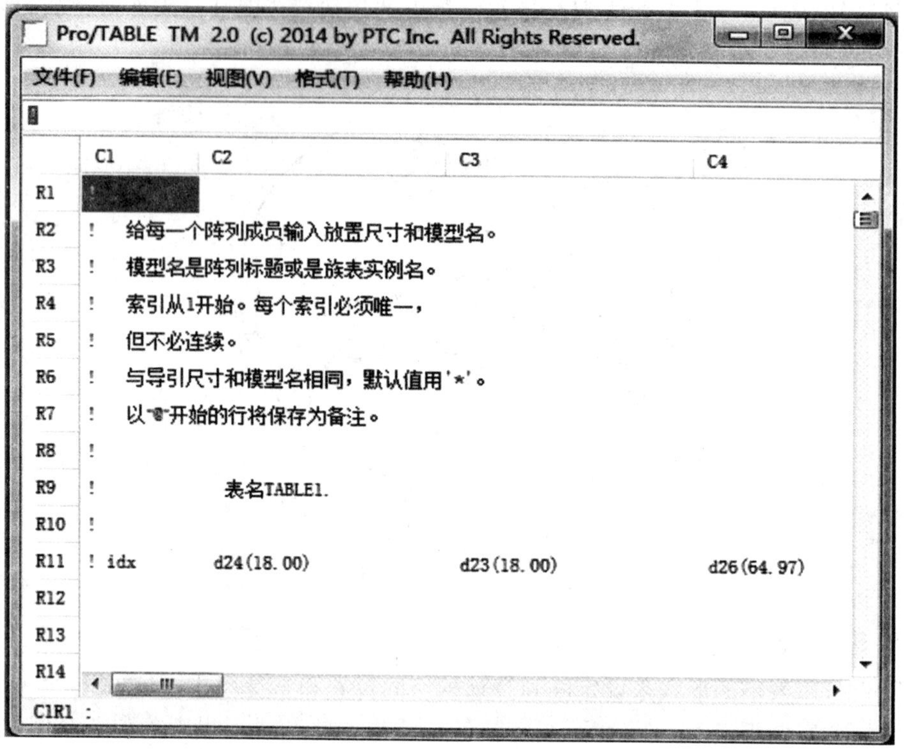

图 6-71 “Pro/TABLE”窗口

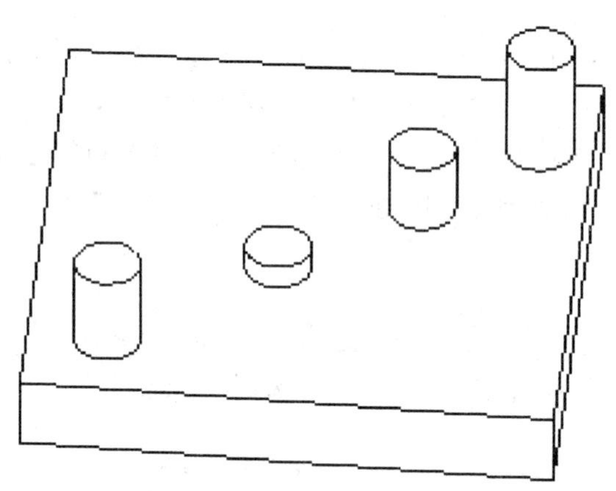

图 6-72 阵列特征实体

定位新参照阵列特征的参照，只能是对初始阵列特征的参照。实例号总是与初始阵列相同，因此阵列参数不用于控制该阵列。若增加的特征不使用初始阵列的特征来获得其几何参照，则新特征不能使用参照阵列。如图 6-73(左)所示的模型，该特征阵列的阵列导引上有倒角特征，选择此倒角特征后利用右键的快捷菜单执行“阵列”命令，立即会产生参照阵列复制。

使用参照阵列，会在两个特征之间形成父子关系，改变被参照的父项阵列会导致参照子

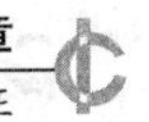

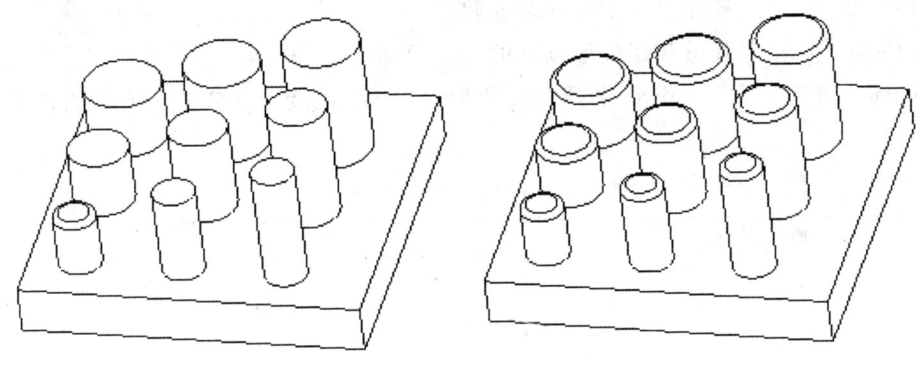

图 6-73 模型实体

项阵列的变化。在例 6-10 中，在工作区双击阵列导引的拉伸特征，进入该特征的编辑状态；然后将拉伸特征在长度方向上更改为 4，高度更改为 6，半径更改为 3.5；完成后执行“模型”选项卡中“操作”面板的“重新生成”命令，可以看到拉伸特征和倒圆角特征同时发生变化，如图 6-74 所示。

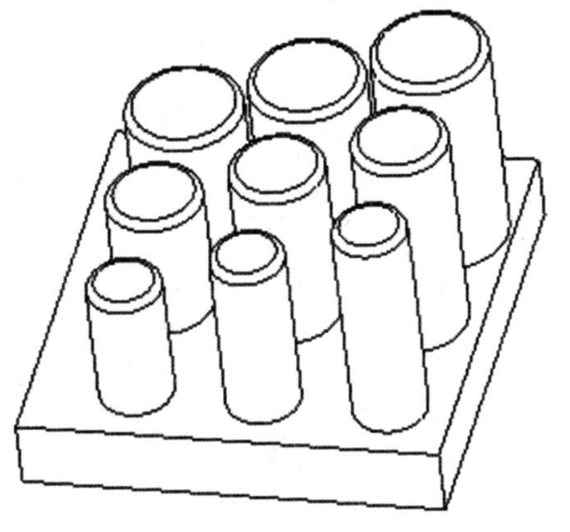

图 6-74 改变后的模型实体

当对与孔、圆台等关联的倒角、倒圆角等工程特征执行阵列操作时，如果孔或者圆台已经存在阵列，将直接生成参照阵列，而不会出现阵列特征操作面板。

6.9.7 填充阵列

填充阵列是在指定的物体表面或者部分表面区域生成均匀的阵列。使用这种阵列方式，可以以栅格定位的特征实例来填充整个区域。填充阵列有多种分布形式，可从几个栅格模板中选取一个模板（如正方形、菱形、圆形或三角形），并指定栅格参数（如阵列成员中心距、圆形和螺旋形栅格的径向间距、阵列成员中心与区域边界间的最小间距以及栅格围绕其原点的旋转等）。

操作的方法是以特征中心为一栅格，设置栅格并填满整个区域，最后将需要阵列的特征放置于规划好的栅格上。填充阵列的操作面板如图 6-75 所示。

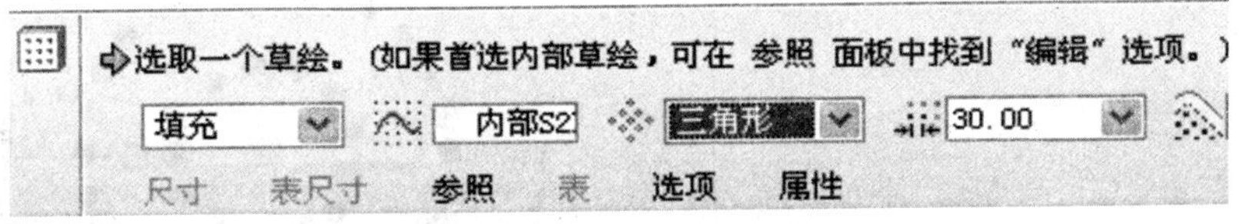

图 6-75 填充阵列的操作面板

操作面板中栅格参数的设置主要有：

间距 ：指定阵列成员间的间距值。

最小距离 ：指定阵列成员中心与草绘边界间的最小距离。

旋转角度：指定栅格绕原点的旋转角度。

径向间距：指定圆形和螺旋形栅格的径向间隔。

栅格模型可为正方形、菱形、圆形、三角形、曲线和螺旋等，各栅格模型图样如表 6-1 所示。

表 6-1　栅格模型图样

栅格模型	图　样
正方形	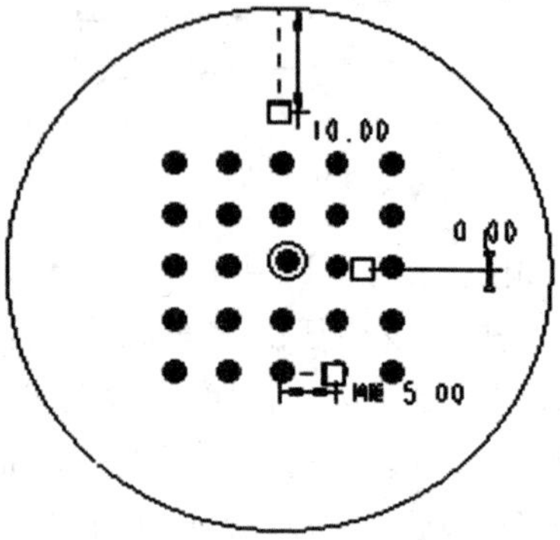 10.00 0.00 间距 5.00
菱形	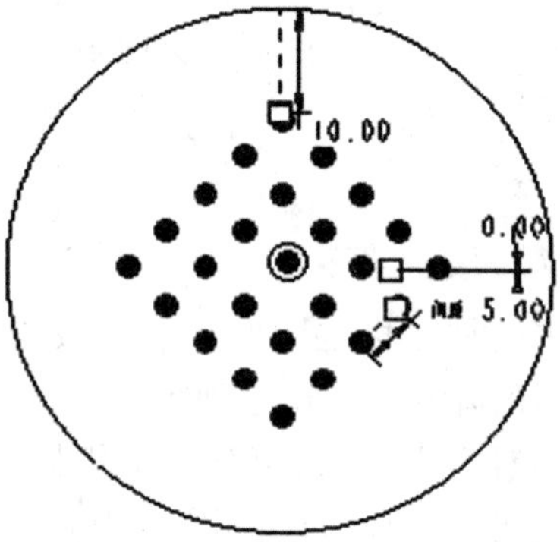 10.00 0.00 间距 5.00
圆形	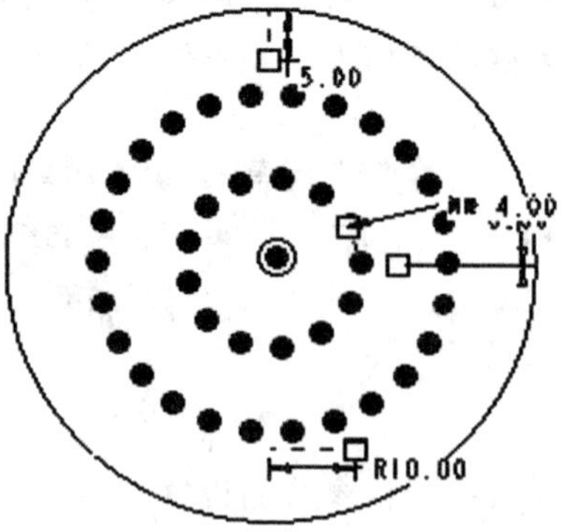 5.00 间距 4.00 R10.00

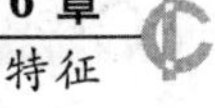

续表

栅格模型	图　样
三角形	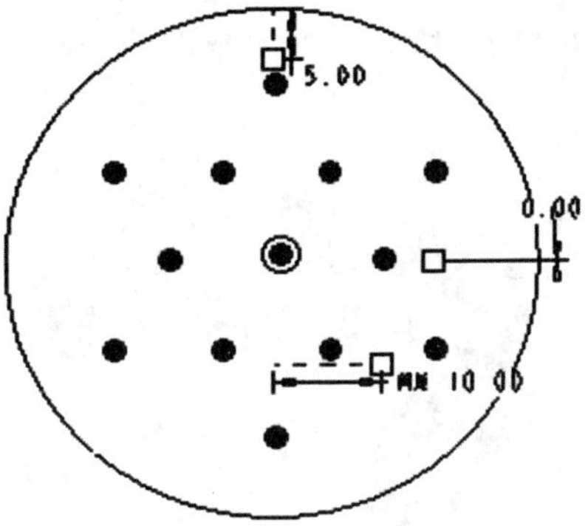
曲线	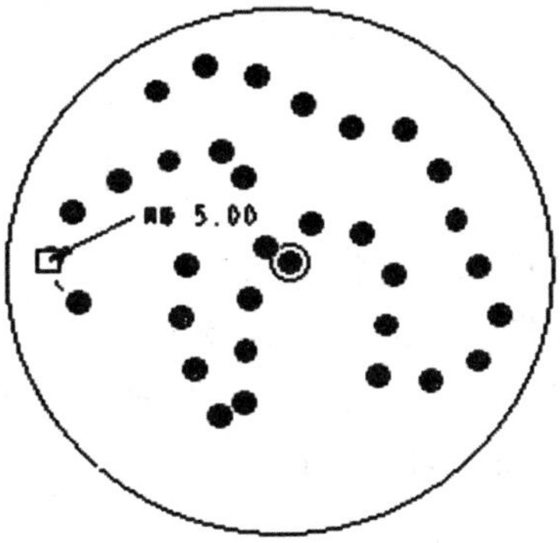
螺旋	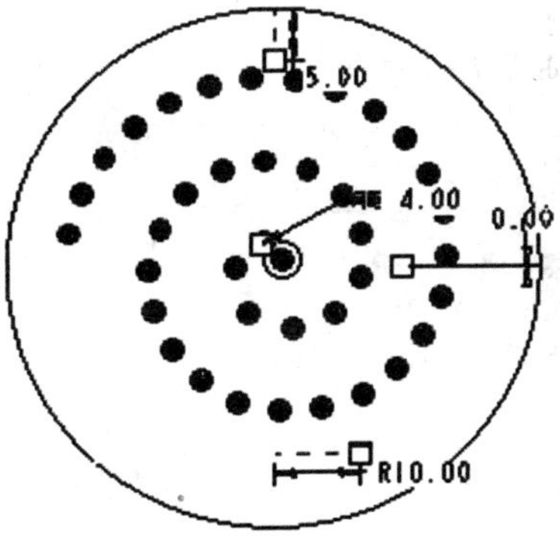
填充阵列的操作	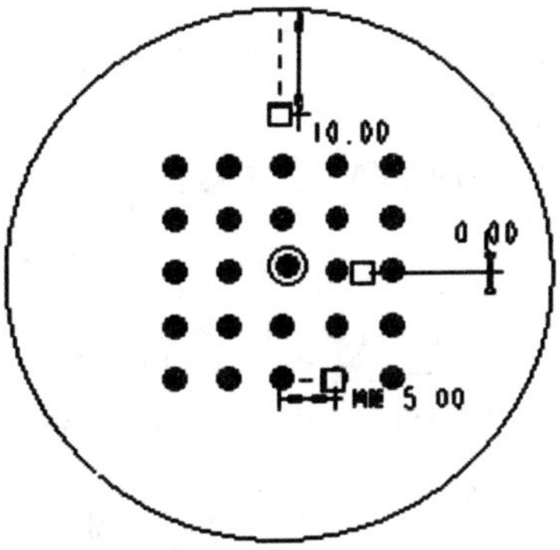

填充阵列一般用于工程领域的修饰性图形，例如绘制暗纹、防滑纹和均匀分布的小孔等。

【例 6-11】 填充阵列的操作。

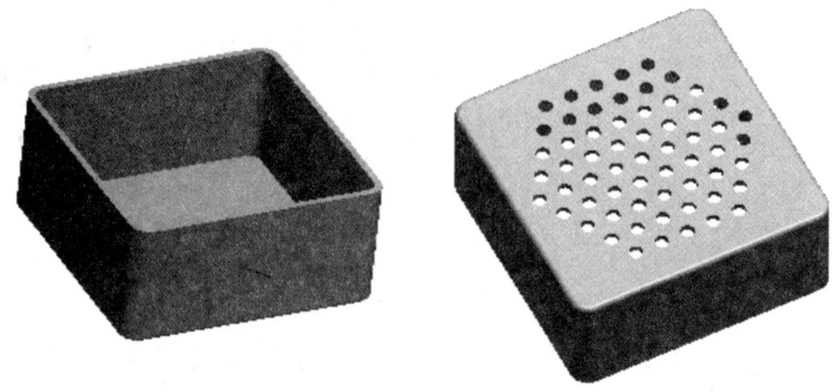

图 6-76 填充阵列实体模型

(1)打开随书光盘的“tianchongzhenlie.prt”文件，如图 6-76 左所示。本例的任务是在该模型上创建一个孔的三角均布填充阵列。

(2)利用“孔”工具，以实体的上表面为参照，并设置“径向”形式，选取实体表面和 FRONT 面和 RIGHT 面作为参照，如图 6-77 所示。

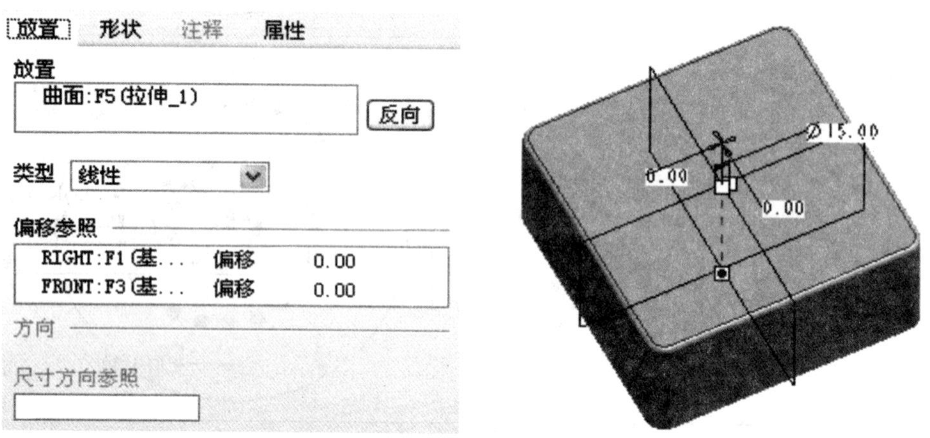

图 6-77 放置下滑面板

(3)设置相应参数，建立孔特征，如图 6-78 所示。

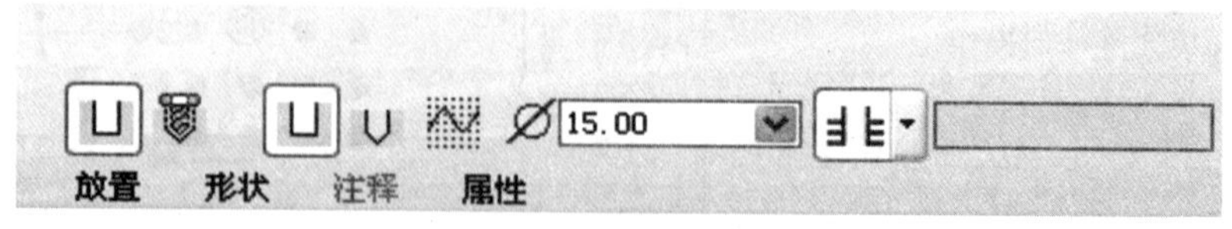

图 6-78 孔特征操控面板

(4)在阵列特征操作面板中将阵列类型设置为“填充”；单击“参照”按钮，在其面板中单击“定义”按钮，打开“草绘”对话框；在工作区中选取圆盘的上表面作为草绘平面，进入草绘环境；在草绘环境中，使用“圆”工具，在中心位置绘制圆形草图(此截面即是填充阵列特征的填充区域)，如图 6-79 所示；单击按钮退出草绘环境。

由于已设定阵列的填充区域，系统会显示缺省的预览效果，如图 6-80 所示。

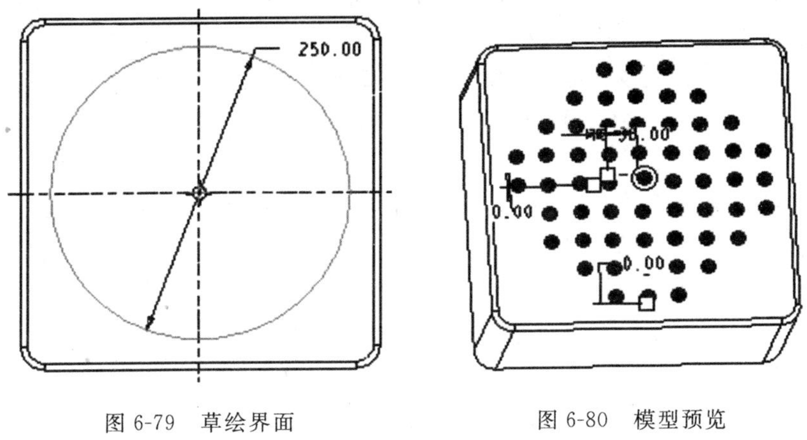

图 6-79　草绘界面　　　　图 6-80　模型预览

(5)在操作面板中设置栅格模型为“三角形”，间距为 30，其他设置接受系统默认的设置，如图 6-81 所示。

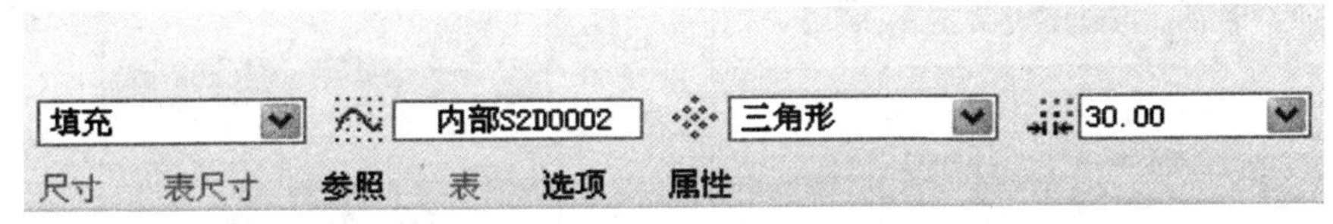

图 6-81　阵列操作面板

(6)设置完成后，单击鼠标中键或在操作面板中单击按钮完成操作，结果如图 6-82 所示。

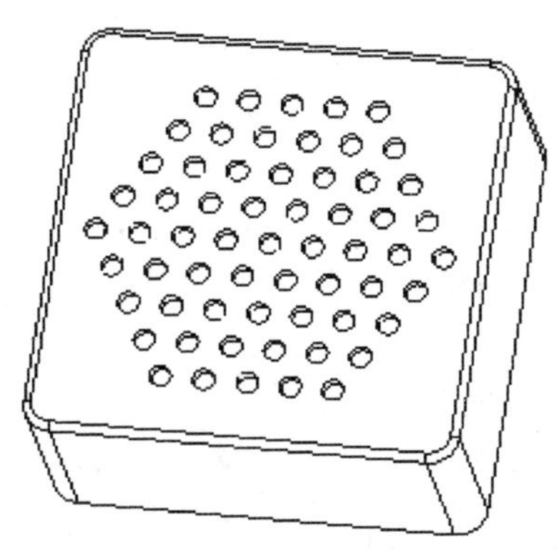

图 6-82　模型实体

6.10 组

在 Creo 中不能直接阵列多特征，但间接地提供了一种多特征的阵列方法，即先组合特征，然后再阵列。例如例 6-11 就需要先把圆柱拉伸及其倒圆角创建一个组，然后才能执行阵列，不然就会出错。

使用组可以同时阵列多个特征，组功能中的局部组可以从模型中挑选出某几个特征集合成一个组，并赋予组一个特定的名称，之后可对该组内的所有特征同时进行操作，包括复制和阵列。

组的创建可以通过两种方法，其一是在模型树或工作区中选取多个特征，选择“编辑”|“组”命令；其二是按住【Ctrl】键选取多个特征后，在模型树或工作区中单击鼠标右键，选择快捷菜单中的“组”命令，如图 6-83 所示。

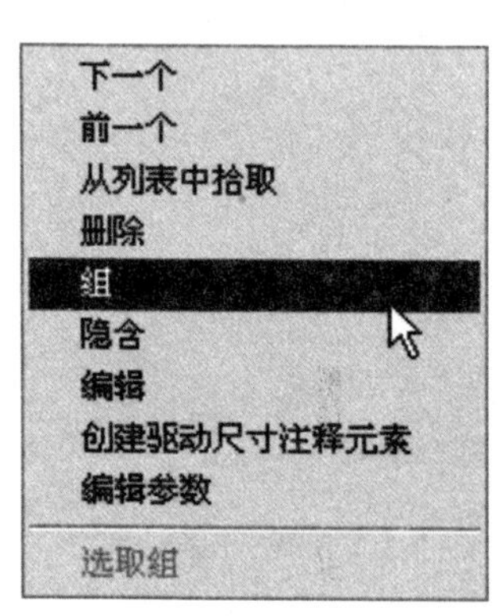

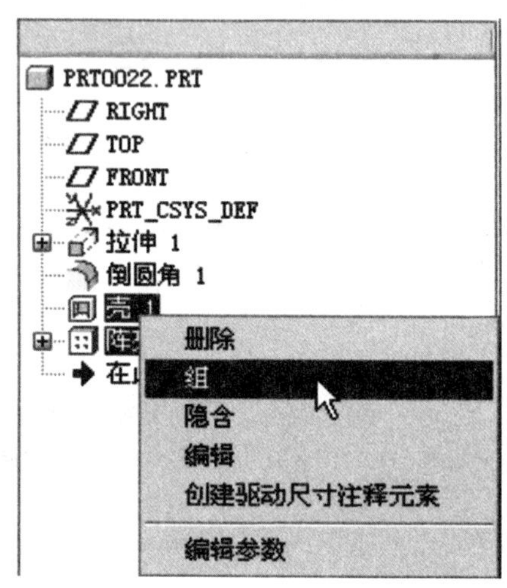

图 6-83　模型树

分解组的主要作用是将已形成组的多个特征分开还原。操作方法是在模型树上选中组选项并单击鼠标右键，从弹出的快捷菜单中选择“取消分组”命令，如图 6-84 所示。

创建组时，系统会自动为组添加一个组名，如组 LOCAL_GROUP 等。在模型树上选中组选项并单击鼠标右键，从弹出的快捷菜单中选择“重命名”命令，或者直接双击组选项，可以修改组的名称。

使用组和阵列时要注意下列规则：

(1)如果组特征参照一个阵列，则可以创建参照该基础阵列的组阵列(即组参照阵列)。

(2)如果阵列化的组被取消阵列，则每个组成员的行为都像一组复制特征。对于尺寸阵列，可变尺寸又变为可变尺寸并

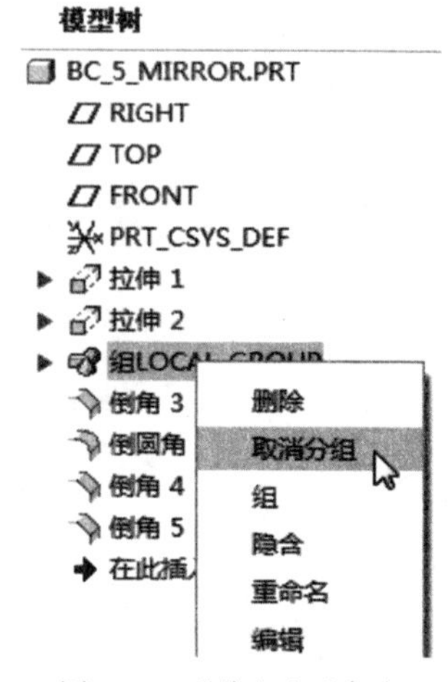

图 6-84　“分解组”命令

可对其进行分别修改。其他的尺寸仍由组共享,除非取消归组并用“使独立”选项使它们可独立修改。可以删除单个组来创建一个不规则阵列形状的设置。

(3)不能对阵列化的组进行取消组操作。首先必须对组取消阵列,然后才可以对它们取消归组。取消阵列特征和取消归组特征的过程中,系统不会自动赋予它们各自的尺寸,为组和阵列所选的原始父尺寸仍控制着所有的特征。要使得它们可独立修改,须使用“使独立”选项。

(4)不能阵列化一个属于组阵列的特征。工作区是将组成员数目修改为一,阵列化特征,然后再次阵列化该组。

(5)如果在组阵列中重定义特征,系统将重新创建阵列并为阵列实例分配新的标识。原始阵列成员的子项将会因失去参照而失败。

(6)当替换一个阵列化的组时,阵列就变为非活动状态。

6.11 项目实现

本章综合案例的具体操作步骤如下:

1. 新建零件文件

在“快速访问”工具栏中单击“新建”按钮,新建一个使用“mmns_part_solid”公制模板的实体零件文件,其文件名定为“lianjiejian”。

2. 创建拉伸实体特征

(1)在功能区“模型”选项卡的“形状”面板中单击“拉伸”按钮,打开“拉伸”选项卡。

(2)选择“FRONT(基准平面)”作为草绘平面,快速进入内部草绘器。在功能区“草绘”选项卡的“设置”面板中单击“草绘视图”按钮,使草绘平面与屏幕平行。

(3)绘制如图 6-85 所示的拉伸剖面,单击“确定”按钮✔退出草绘模式。

(4)在“拉伸”选项卡的“深度”文本框中输入侧 1 的深度值为 100。

(5)在“拉伸”选项卡中单击“完成”按钮✔,完成拉伸操作,完成创建的拉伸实体特征如图 6-86 所示。

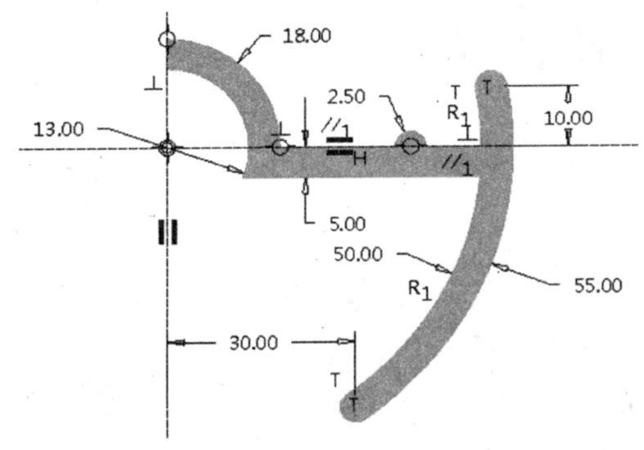

图 6-85 草绘拉伸剖面

图 6-86 创建拉伸实体特征

3. 创建用来阵列的原始特征

(1)在功能区“模型”选项卡的“形状”面板中单击“旋转”按钮，打开“旋转”选项卡。

(2)“旋转”选项卡中的“实体”按钮处于被选中状态，单击“去除材料”按钮。

(3)打开“放置”面板，单击“定义”按钮，弹出“草绘”对话框，选择“TOP(基准平面)”作为草绘平面，参考默认即可，单击“草绘”按钮，进入草绘模式。

(4)在功能区“草绘”选项卡的“设置”面板中单击“草绘视图”按钮，使草绘平面与屏幕平行。

(5)绘制如图 6-87 所示的旋转剖面和一条作为旋转轴的几何中心线，接着单击“确定”按钮✔退出草绘模式。

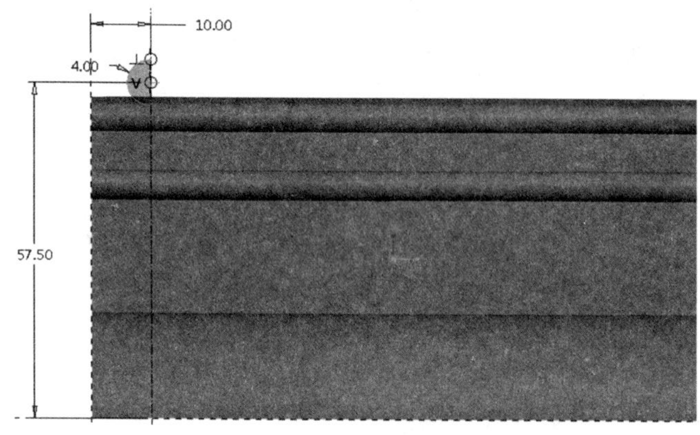

图 6-87　绘制旋转剖面及几何中心线

(6)默认的旋转角度是 360 度。预览满意后，单击“完成”按钮✔，创建的旋转切口如图 6-88 所示。

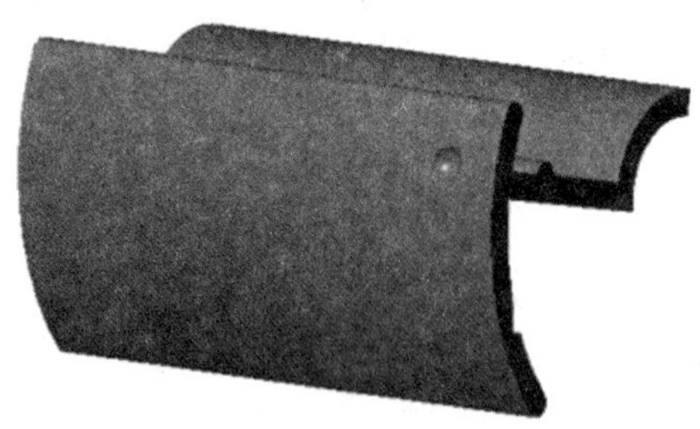

图 6-88　创建旋转切口的效果

4. 在指定曲面上创建填充阵列

(1)确保选中上步骤刚创建的旋转切口类型，单击“阵列”按钮。

(2)在“阵列”选项卡的“阵列类型”下拉列表中选择“填充”选项。

(3)单击“参考”选项标签，打开“参考”面板，接着单击该面板中的“定义”按钮，弹出“草绘”对话框。

(4)选择“RIGHT(基准平面)”作为草绘平面，参考默认即可，单击“草绘”按钮，进入草绘模式，在功能区“草绘”选项卡的“设置”面板中单击“草绘视图”按钮，使草绘平面与屏幕平行。

(5)绘制如图 6-89 所示的封闭的填充区域，单击“确定”按钮✔。

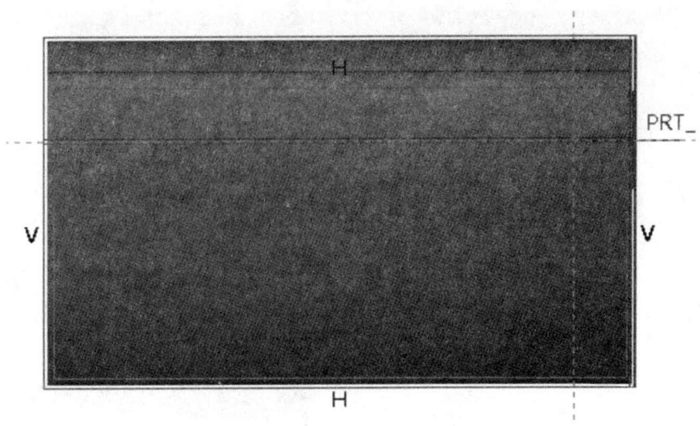

图 6-89 绘制封闭图形

(6)在“阵列”选项卡的“栅格模板”下拉列表中选择“正六边形”栅格模板选项，其他参数设置如图 6-90 所示。

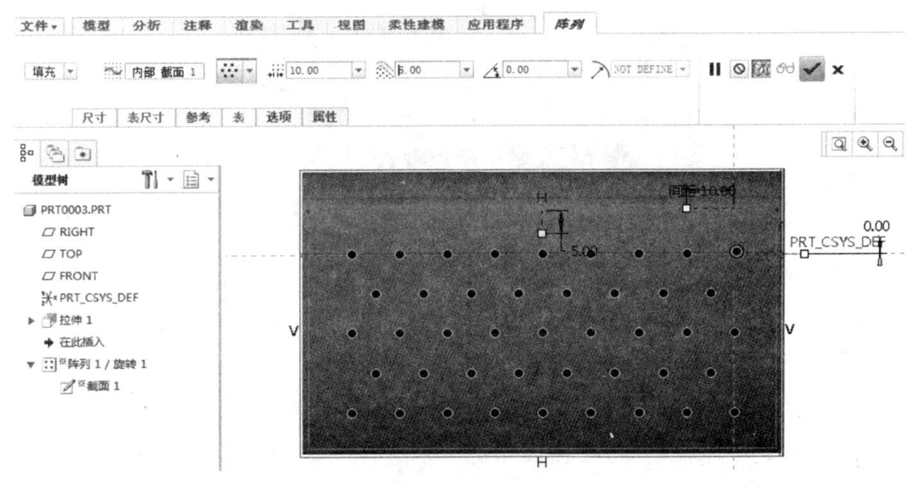

图 6-90 设置填充阵列参数

(7)在“阵列”选项卡中打开“选项”面板，从“重新生成选项”下拉列表中选择“常规”，默认选中“跟随引线位置”复选框，接着选中“跟随曲面形状”复选框和“跟随曲面方向”复选框，在模型中选择要在其上创建填充阵列的实体曲面，将间距选项设置为“映射到曲面空间”，如图 6-91 所示。

(8)单击“完成”按钮✔，在曲面上创建填充阵列的效果如图 6-92 所示。

5. 创建孔特征

(1)在功能区“模型”选项卡的“工程”面板中单击“孔”按钮。

(2)在“孔”选项卡中设置如图 6-93 所示的相关选项及参数，其中包含在“形状”面板中

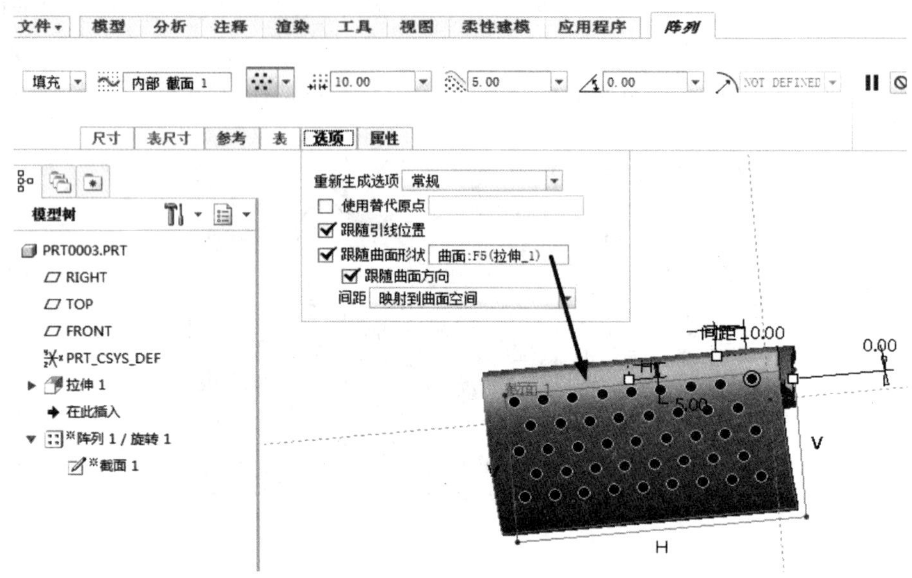

图 6-91　设置跟随曲面形状

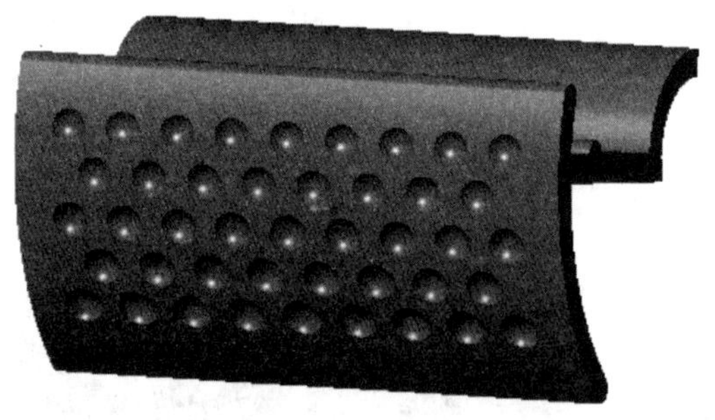

图 6-92　在曲面上进行填充阵列的完成效果

设置的形状尺寸，如沉孔台阶深度为 2 等。

(3)在“孔”选项卡中打开“放置”面板，选择孔特征的主放置面，将放置“类型”设置为“线性”，接着激活“偏移参考”收集器，按住回车键分别选择一条边和“RIGHT(基准平面)”作为偏移参照，然后在“偏移参考”收集器中设置它们的偏移距离，如图 6-94 所示。

(4)在“孔”选项卡中单击“完成”按钮✔，从而在模型中创建第一个孔特征。

6. 通过阵列工具来完成其他孔

(1)确保选中上步骤刚创建的孔特征，单击“阵列”按钮，打开“阵列”选项卡。

(2)在“阵列”选项卡的阵列“类型”下拉列表中选择“方向”选项。

(3)单击“反向第一方向”按钮，接着输入第一方向的成员数为“3”，输入第一方向的相邻成员间的间距为“30”，如图 6-95 所示。若打开“选项”面板，则可以看到默认的重新生成选项为“常规”。

(4)在“阵列”选项卡中单击“完成”按钮✔。

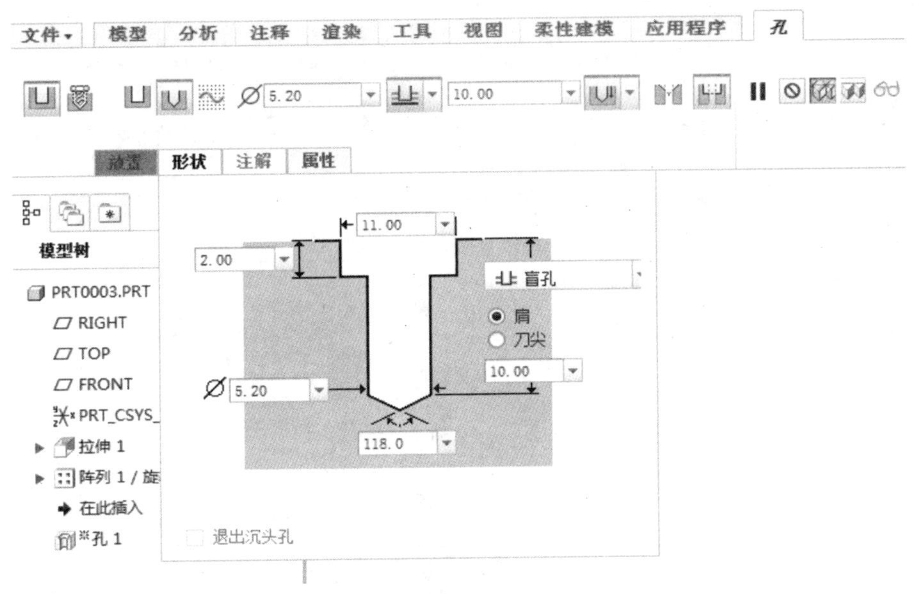

图 6-93　设置孔特征的相关选项及参数

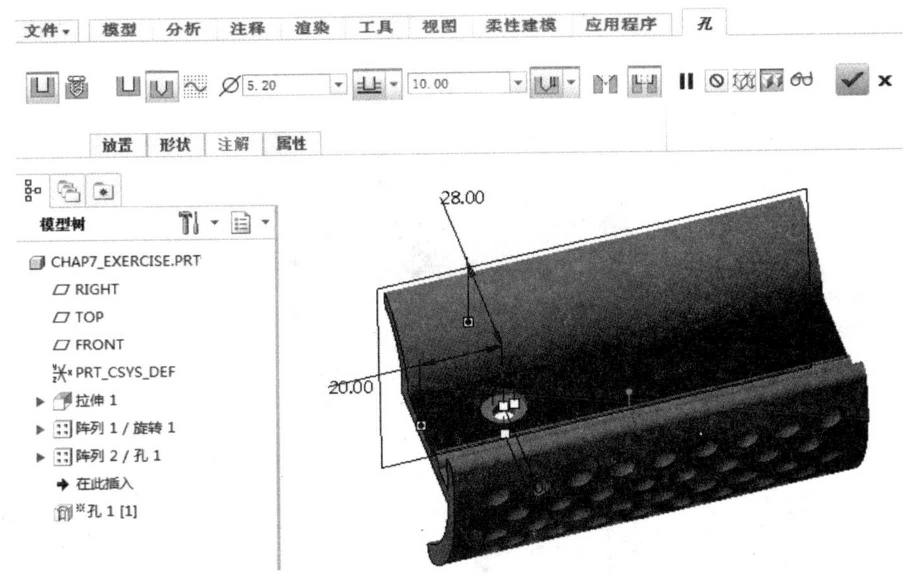

图 6-94　定义放置参考与偏移参考

7. 创建镜像特征

(1)在模型树上，选择“拉伸 1”特征，接着按住【Ctrl】键的同时选中“阵列 1/旋转 1”特征和“阵列 2/孔 1”特征。

(2)在功能区“模型”选项卡的“编辑”面板中单击“镜像”按钮，打开“镜像”选项卡。

(3)在模型窗口中选择“RIGHT(基准平面)”作为镜像平面。

(4)在“镜像”选项卡中单击“完成”按钮✔，完成镜像操作，结果如图 6-96 所示。

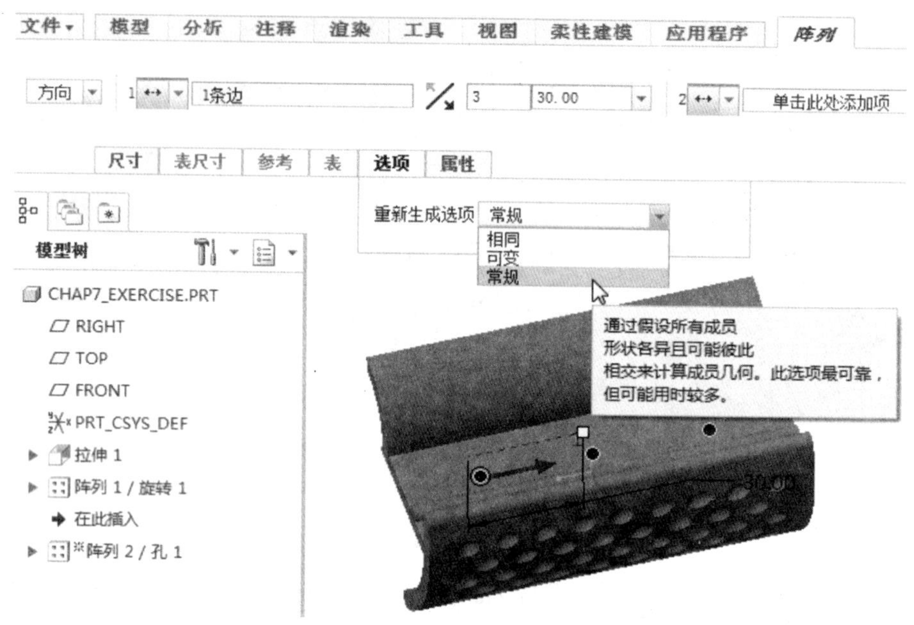

图 6-95　设置方向阵列的相关参数

图 6-96　镜像结果

8. 创建倒圆角特征

(1)在功能区"模型"选项卡的"工程"面板中单击"倒圆角"按钮，打开"倒圆角"选项卡。

(2)在"倒圆角"选项卡中设置当前倒圆角集的半径为 5。

(3)按住【Ctrl】键选择要倒圆角的两条边参照，如图 6-97 所示。所选的两条边参照被添加进同一个倒圆角集中。

(4)在"倒圆角"选项卡中单击"完成"按钮✔，完成倒圆角操作，最终模型如图 6-98 所示。

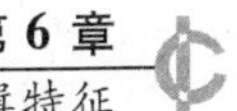

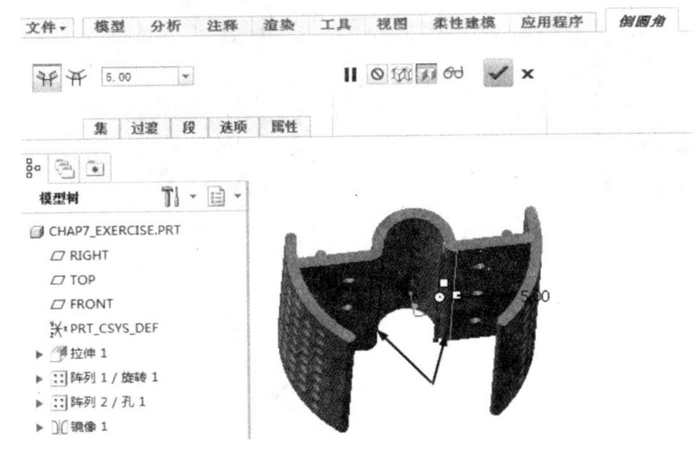

图 6-97　选择要倒圆角的边参照

图 6-98　最终模型

图 6-99　阀体的实体模型

6.12　拓展训练

创建如图 6-99 所示的阀体的实体模型，阀体模型大体上由底板及其上的腔体组成，腔体上连有进出导管。

思路：先利用旋转特征创建阀体的基本外形特征，然后创建阀体的腔体，最后创建倒圆角。在制作中主要使用“拉伸”特征、“旋转”特征、“孔”特征和“倒圆角”特征等工具完成模型的创建，如图 6-100 所示。

6.13　思考与练习

1. 特征父子关系产生的原因有哪些？
2. 如何编辑特征的参照？举例说明。

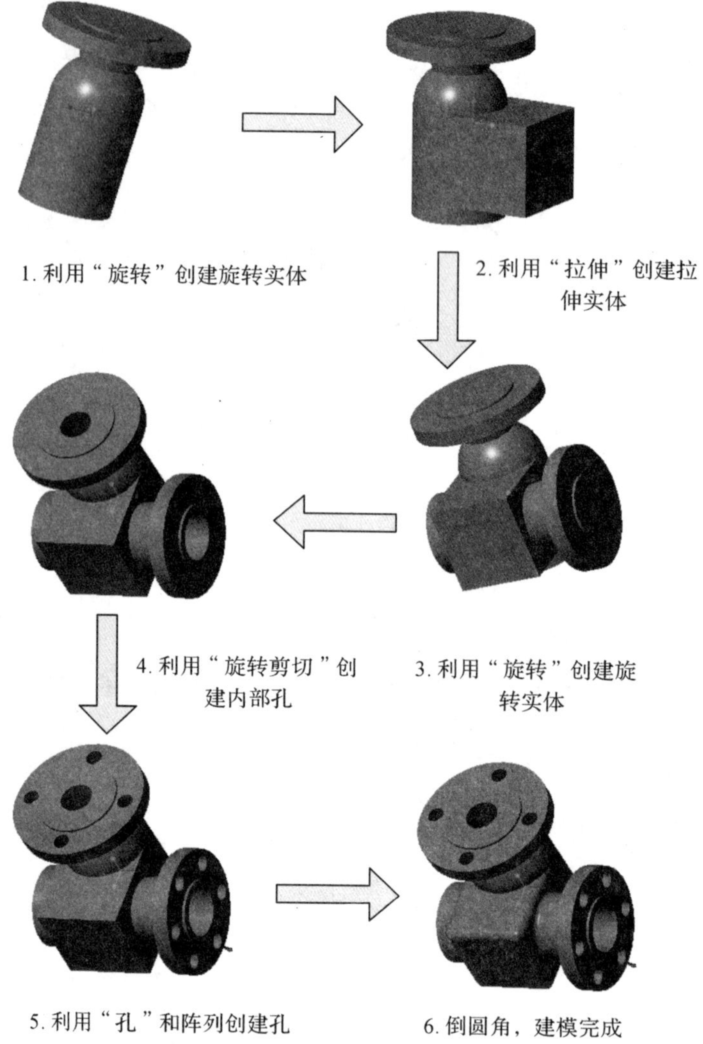

图 6-100　阀体模型创建流程

3. 如何编辑特征的定义，与编辑特征的参照有什么区别？

4. 如何调整特征的顺序，与调整前的结果有什么不同？举例说明。

5. 内插特征时，其后的特征有什么变化？

6. 复制特征的创建方法有几种？各自的操作方法是怎样的？

7. 镜像特征和阵列特征有什么区别？

8. 镜像特征的两种方法。

9. 如何创建和分解组？

10. 在 Creo 中阵列特征有何特点？什么是单向阵列与双向阵列？什么是线性阵列与旋转阵列？

11. 简述尺寸阵列和轴阵列的操作步骤。

12. 表阵列有何特点？简述建立表阵列的操作步骤。

13. 实现参照阵列有何条件？简述建立参照阵列的操作步骤。

14. 填充阵列有何特点？简述建立填充阵列的操作步骤。

15. 运用本章学习的特征操作方法创建如图6-101所示的直齿轮。（提示：先通过拉伸特征创建基本外形，然后综合运用孔、拉伸切除和阵列等特征工具创建轮齿、孔和键槽等实体，齿轮参数自定。）

图6-101 直齿轮模型

第 7 章　曲面和曲线特征

学习单元:曲面和曲线特征	参考学时:8
学习目标	
◆ 理解并掌握曲面特征的基本概念 ◆ 掌握曲面特征的创建方法 ◆ 掌握曲面编辑的方法 ◆ 掌握曲线特征的创建方法 ◆ 掌握曲线编辑的方法	
学习内容	学习方法
★ 曲面特征 ★ 曲面特征的创建 ★ 曲面特征的编辑 ★ 曲线特征 ★ 曲线特征的创建 ★ 曲线特征的编辑	◆ 理解概念,熟悉方法 ◆ 熟记操作,勤于实践
考核与评价	教师评价 (提问、演示、练习)

一般而言,实体特征用来创建较规则的模型,曲面特征则是用来创建复杂的几何造型。它可以将单一曲面合并成复杂曲面,最后再将复合曲面实体化,形成实体模型,还可以操作现有实体几何及在模具设计中创建分型曲面。

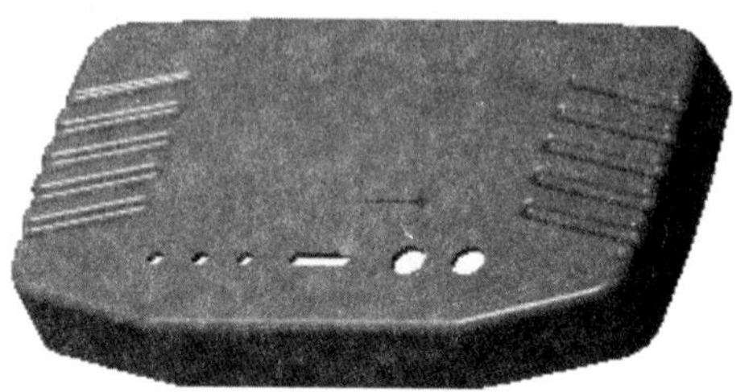

图 7-1　本章项目

项目导入:

本章要完成的项目是如图 7-1 所示的某控制器面壳零件,这是一个比较综合的实例,读者首先要掌握前面学习的【创建基准面】、【阵列】等基本操作,其次要熟练掌握本章将要讲述的【拉伸曲面】、【扫描曲面】、【合并曲面】以及【曲线投影】等相关操作。

7.1　创建曲面特征

7.1.1　曲面的基本概念

曲面是相对于实体而言的,它没有质量和体积。但是曲面可以看作是厚度为 0 的实体,

它可以用来做实体模型和分型面等复杂模型。

曲面的线条有两种颜色：淡紫色和深紫色。

- 淡紫色：代表了曲面的边界线，或者称为单侧边，此单侧边的一侧为一个曲面特征；另一侧则不属于此特征。
- 深紫色：代表曲面的内部线条或者棱线，或者称为双侧边，此深紫色边的两侧为同一个曲面特征。

曲面的默认显示方式为：

- 曲面可以被着色：此默认值由 config. pro 中的"shade_surface_feat"控制。yes：表示曲面可以被着色。
- 曲面的隐藏线以实线显现：由 config. pro 中的"hlr_for_quilts"控制。yes：表示曲面的显现方式是依 4 个工具栏的图标来设定，如图 7-2 所示。

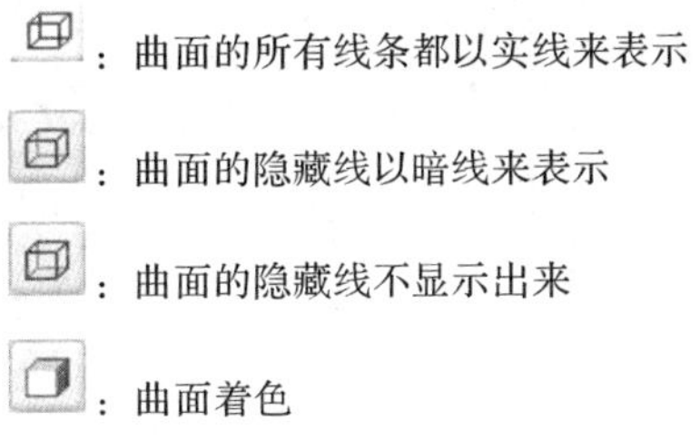

：曲面的所有线条都以实线来表示

：曲面的隐藏线以暗线来表示

：曲面的隐藏线不显示出来

：曲面着色

图 7-2　曲面的显现方式

7.1.2　创建拉伸曲面

拉伸曲面是在创建完二维截面的草图绘制后，垂直此截面长出曲面。

【例 7-1】　创建拉伸曲面。

(1)新建零件文件 qumian. prt，单击创建草绘。选取 TOP 基准面为草绘平面，RIGHT 为参照，方向为右。绘制的草图如图 7-3 所示。

(2)单击✔完成草图绘制。在功能区"模型"选项卡的"形状"面板中单击"拉伸"按钮，如图 7-4 所示。

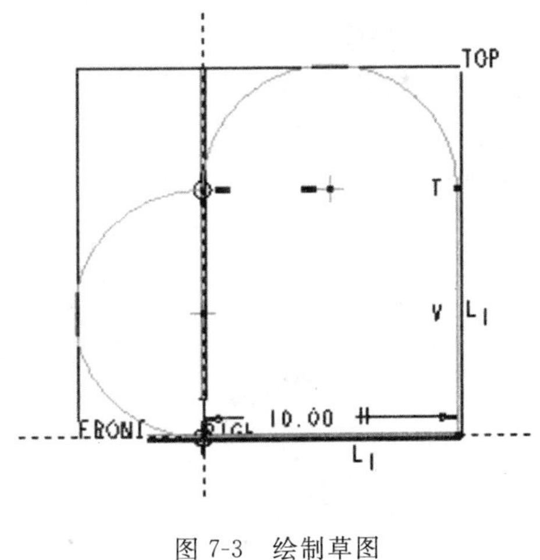

图 7-3　绘制草图

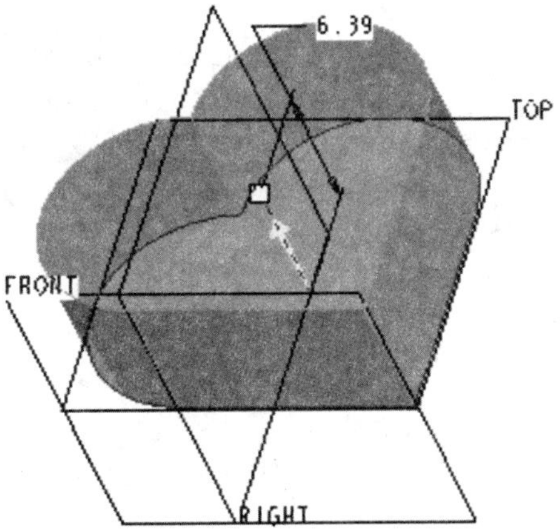

图 7-4　创建"拉伸"特征

(3)单击操控板上按钮，如图 7-5 所示。

(4)单击完成曲面拉伸。效果如图 7-6 所示。

【例 7-2】　将曲面的前后端封闭。

(1)选取曲面，单击鼠标右键，选取"编辑选定对象的定义"，如图 7-7 所示。

(2)单击操控板"选项"打开选项卡，勾选"封闭端"，如图 7-8 所示。

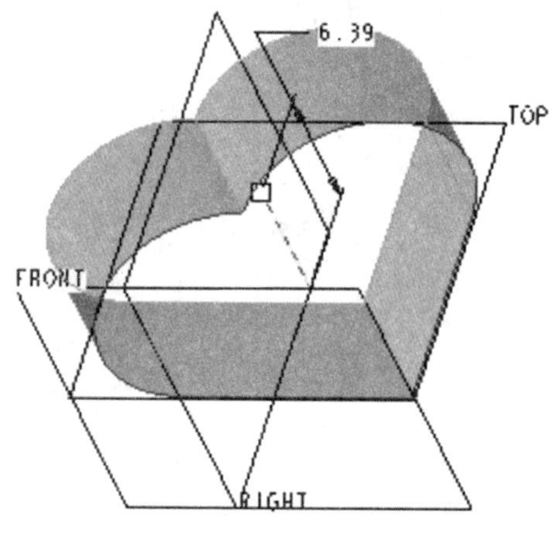

图 7-5　选择曲面

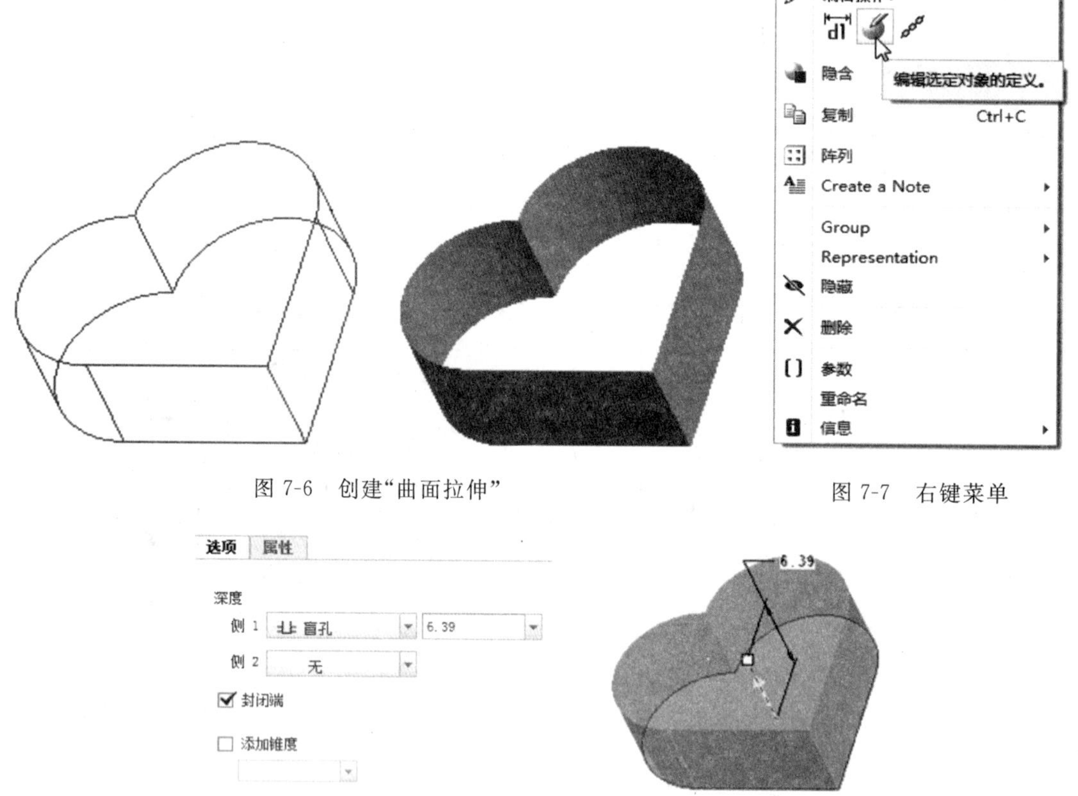

图 7-6　创建“曲面拉伸”

图 7-7　右键菜单

图 7-8　操控板“选项”界面

(3)结果如图 7-9 所示。

【例 7-3】 将封闭曲面转为实体。

选中曲面，在功能区“模型”选项卡的“编辑”面板中单击“实体化”按钮，结果如图 7-10 所示。

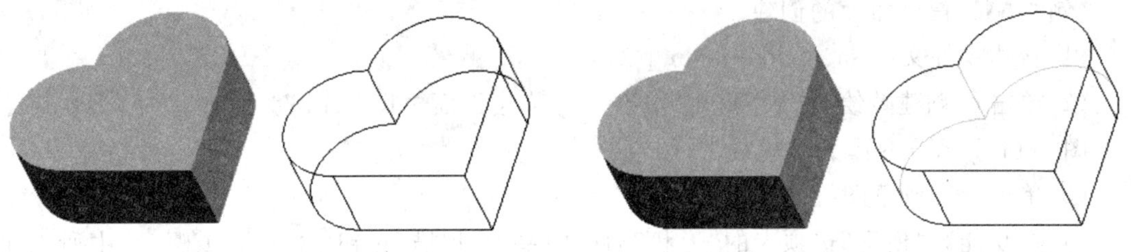

图 7-9　创建完成　　　　图 7-10　创建完成

7.1.3　创建旋转曲面

旋转曲面是将二维截面绕着一条中心线旋转而成的曲面。

【例 7-4】　旋转曲面的创建。

(1)新建零件文件 xuanzhaunqumain. prt。

(2)单击创建草绘，选取“FRONT”基准面为草绘平面，“RIGHT”为参照，方向为右，绘制如图 7-11 所示草图。

(3)单击✔完成草图绘制。

(4)选中草绘，在功能区“模型”选项卡的“形状”面板中单击“旋转”按钮，选取 A_1 作为旋转轴；单击操控板上按钮。结果如图 7-12 所示。

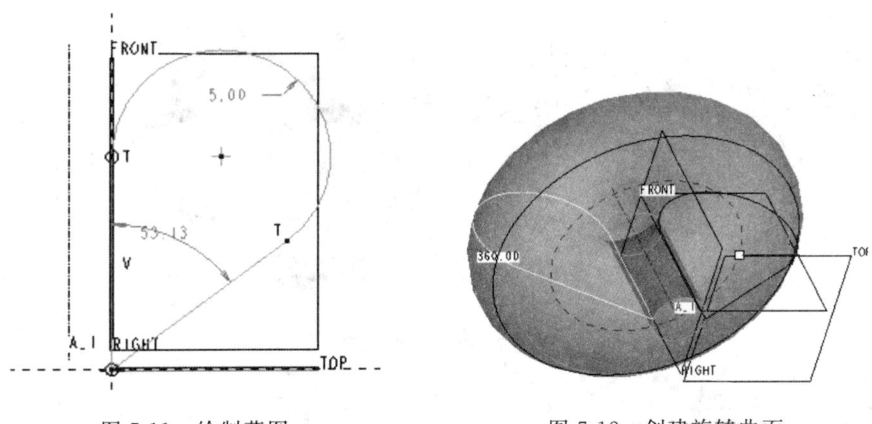

图 7-11　绘制草图　　　　图 7-12　创建旋转曲面

(5)单击✔完成曲面拉伸，效果如图 7-13 所示。

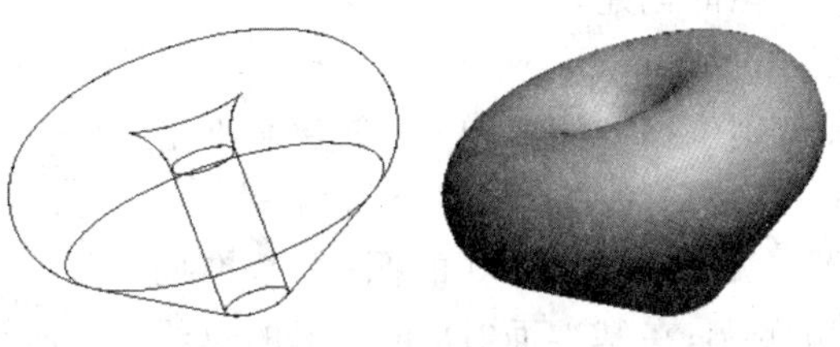

图 7-13　创建完成

7.1.4 创建扫描曲面

扫描曲面是二维截面沿着一条轨迹运动形成的曲面。

【例 7-5】 扫描曲面的创建。

(1)新建零件文件 saomiaoqumian. prt。

(2)单击创建草绘,选取"TOP"基准面为草绘平面,"RIGHT"为参照,方向为右。绘制如图 7-14 所示草图作为轨迹线。

(3)单击✔完成草图绘制;

(4)在功能区"模型"选项卡的"形状"面板中单击"扫描"按钮,选取步骤(2)中所创建的草绘为扫描轨迹;进入草绘环境,绘制截面如图 7-15 所示。

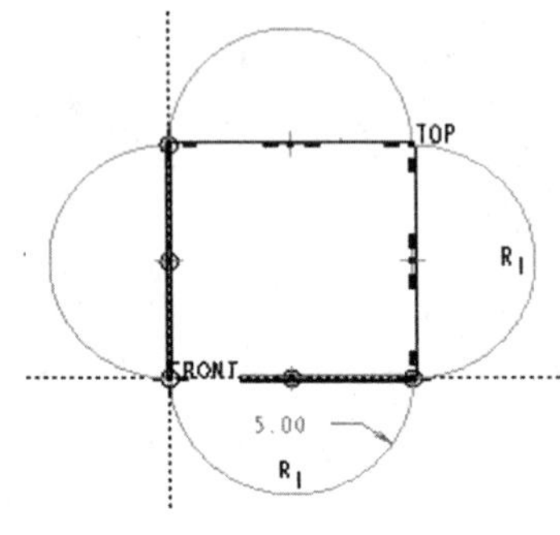

图 7-14 绘制轨迹线

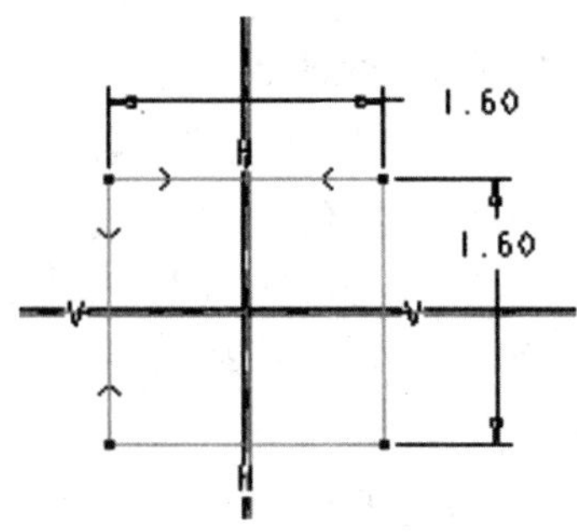

图 7-15 绘制截面

(5)完成草绘截面,单击✔完成曲面扫描。效果如图 7-16 所示。

图 7-16 创建完成

7.1.5 创建混合曲面

混合曲面是由数个截面混合而成的曲面。

【例 7-6】 说明混合曲面的创建。

(1)新建零件文件 hunhequmian. prt

(2)将"TOP"基准面分别偏移 20、40 和 60,创建基准平面"DTM1"、"DTM2"和"DTM3",如图 7-17 所示。

(3)在基准面"TOP"上草绘直径为 30 的圆;在基准面"DTM1"上草绘直径为 40 的圆;在基准面"DTM2"上的草绘

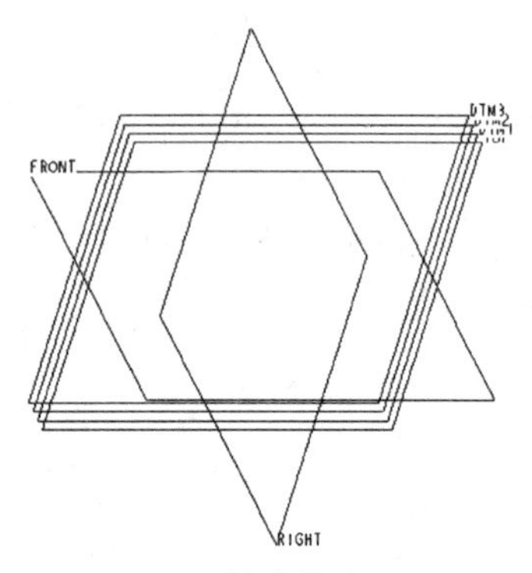

图 7-17 创建偏移基准面

直径为 30 的圆；在基准面“DTM3”上草绘如图 7-18 所示。四个草图绘制完成后，效果如图 7-19 所示。

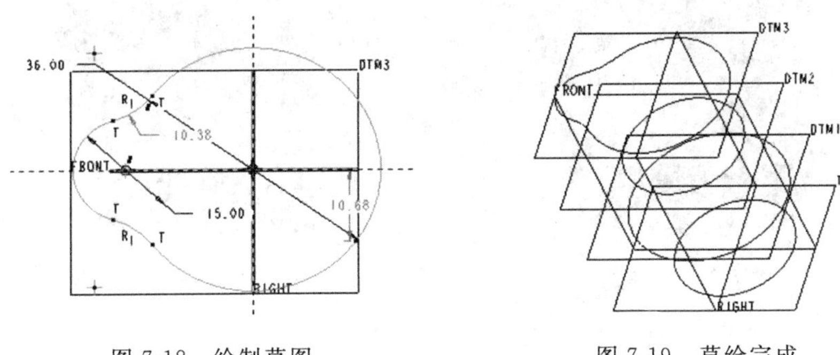

图 7-18　绘制草图　　　　图 7-19　草绘完成

(4)在功能区“模型”选项卡中依次单击“形状”面板溢出按钮和“混合”按钮，打开“混合”面板，接着打开“截面”选项卡，选择“选定截面”项，然后插入绘制的四个草绘截面，结果如图 7-20 所示。

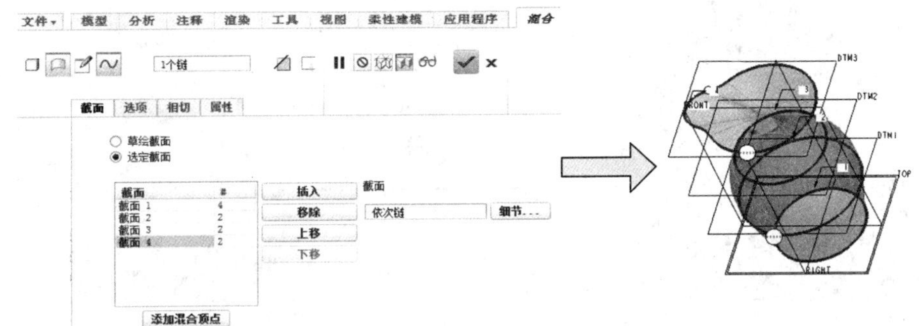

图 7-20　选取图形

(5)单击完成曲面混合。效果如图 7-21 所示。

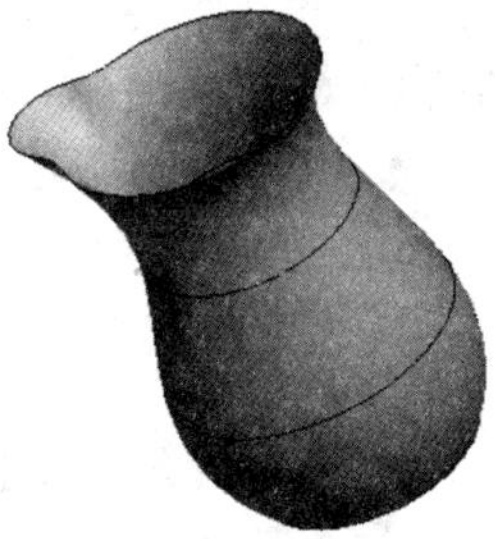

7.2　曲面编辑

图 7-21　创建完成

曲面编辑是使曲面通过编辑产生新的曲面特征，将该曲面删除后，则曲面会恢复为原来的状态。曲面编辑包括曲面复制、曲面偏移、曲面填充、曲面合并、曲面修剪、曲面延伸、曲面镜像和曲面平移或旋转。

7.2.1　曲面复制

曲面复制的功能就是将一个现有的曲面进行复制，以产生一个新的曲面。

【例 7-7】 说明如何进行曲面的复制。

(1)打开已有的 curve8-0. prt，如图 7-22 所示。

(2)按住【Ctrl】键，选取实体上的四个曲面，如图 7-23 所示。(提示：亦可选取曲面上的面，本例为实体上的面)

图 7-22　已有零件

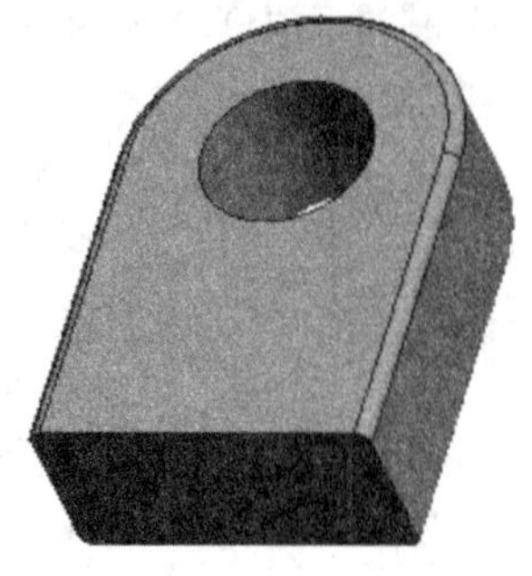

图 7-23　选取曲面

(3)在功能区“模型”选项卡的“操作”面板中单击“复制”按钮。

(4)在功能区“模型”选项卡的“操作”面板中单击“选择性粘贴”按钮，效果如图 7-24 所示。

(5)单击完成曲面复制。模型树以及复制曲面效果如图 7-25 所示。

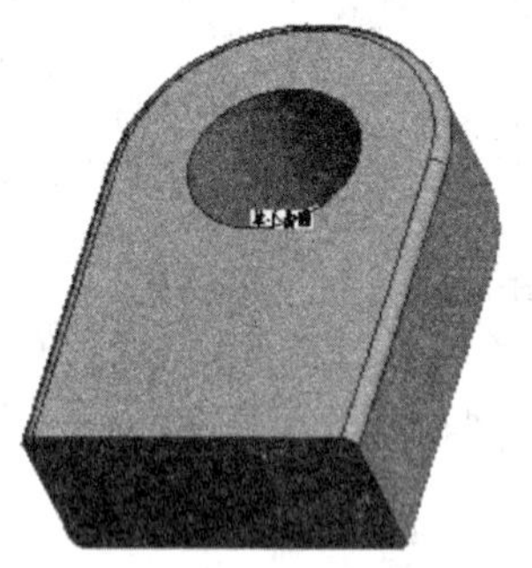

图 7-24　粘贴后的曲面

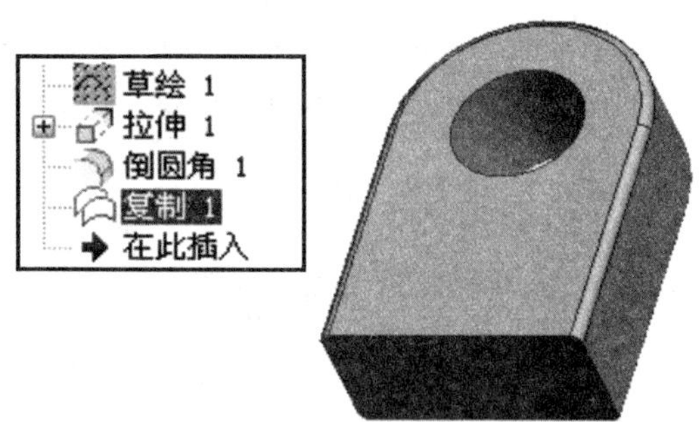

图 7-25　复制完成

(6)单击“编辑”|“复制”以后，在下方会出现“复制”操控板，具体介绍如图 7-26 所示。

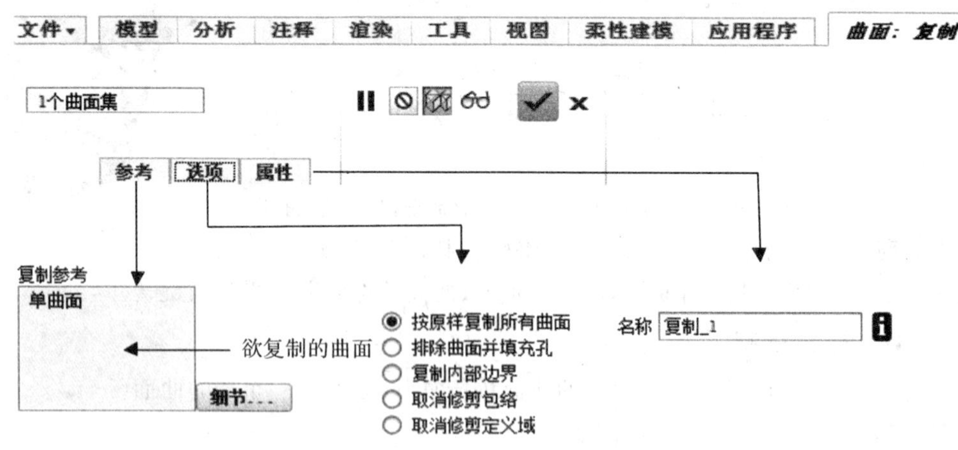

图 7-26　“曲面复制”操控板

复制的选项有以下几种：

● 按原样复制所有曲面：复制所选的所有曲面。此为默认选项。

● 排除曲面并填充孔：复制所选的所有曲面以后，用户可以排除某些曲面，并可将曲面内部的孔洞自动填补上曲面。

● 复制内部边界：如果仅需要选取部分曲面，则按此选项，点选所要的曲面的边线，形成封闭的环即可。

7.2.2 曲面偏移

曲面偏移的功能是将实体或曲面上现有的曲面偏移某个距离，产生曲面。

【例 7-8】 说明如何进行曲面的偏移。

(1)打开零件文件 pianyi. prt，如图 7-27 所示。

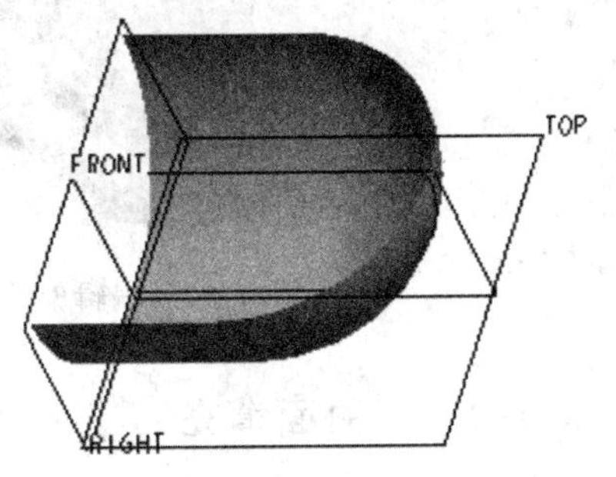

图 7-27 已有零件

(2)选取曲面特征后(此时选中的是曲面特征，曲面并没有被选取)，移动一下鼠标再点选曲面，这样可以选中曲面，如图 7-28 所示。

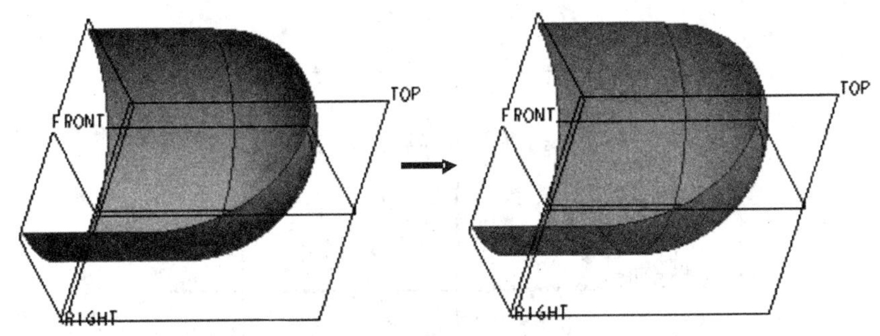

图 7-28 选中曲面

(3)选择该曲面，然后单击下拉菜单"编辑"|"偏移"，操控板如图 7-29 所示。

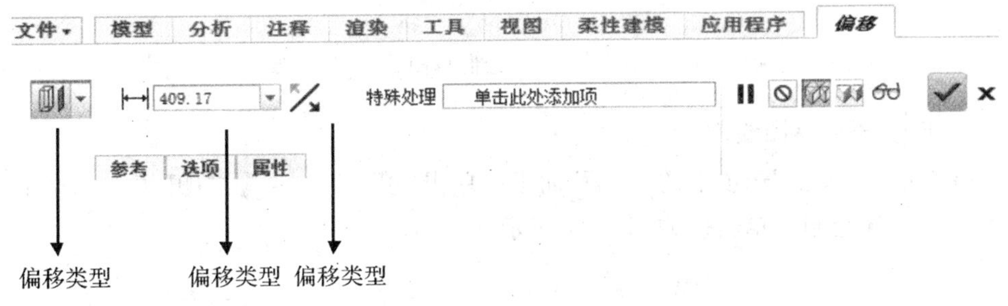

图 7-29 "曲面偏移"操控板

(4)用鼠标拖动图中白色小正方形，或直接在操控板中输入偏移数值 1.5，如图 7-30 所示。

(5)单击✔完成曲面偏移。曲面偏移效果如图 7-31 所示。

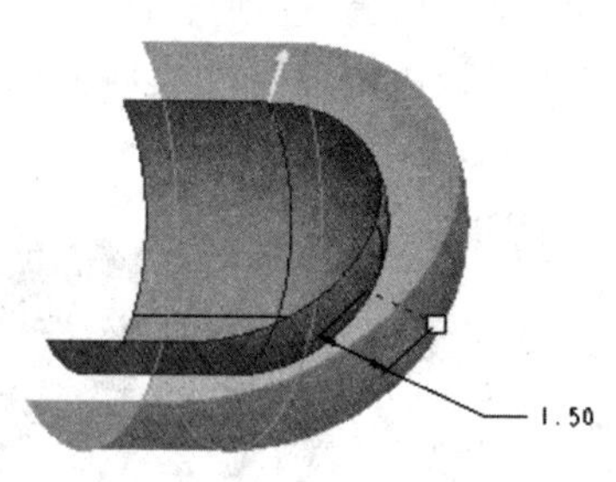

图 7-30　编辑偏移数值

图 7-31　偏移完成

7.2.3　曲面填充

【例 7-9】 创建曲面填充。

(1)新建零件文件 tianchong. prt。

(2)单击创建草绘。选取“TOP”基准面为草绘平面,“RIGHT”为参照,方向为右。绘制草图如图 7-32 所示。

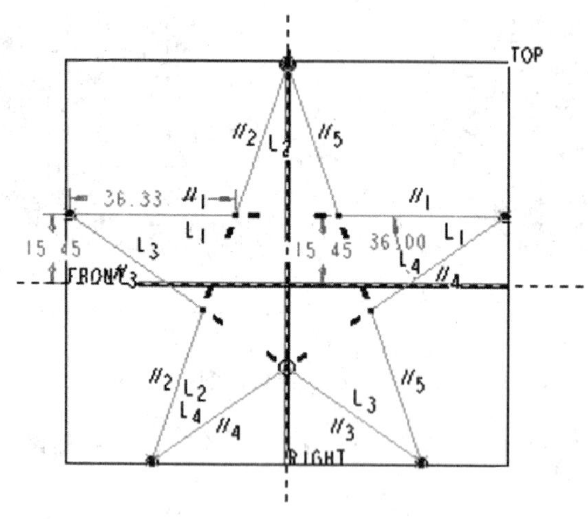

图 7-32　绘制草图

(4)单击完成草图绘制。

(5)在功能区“模型”选项卡的“曲面”面板中单击“填充”按钮,打开填充选型卡,激活“草绘”项,并选择绘制的草绘。如图 7-33 所示。

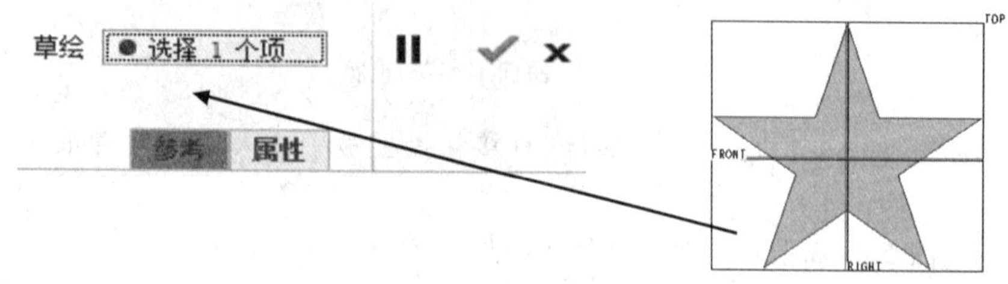

图 7-33　进行曲面填充

(6)单击完成曲面填充。效果如图 7-34 所示。

7.2.4 曲面合并

曲面合并是将两个曲面进行合并。

【例 7-10】 创建曲面合并。

(1)打开零件文件 hebing. prt,如图 7-35 所示。

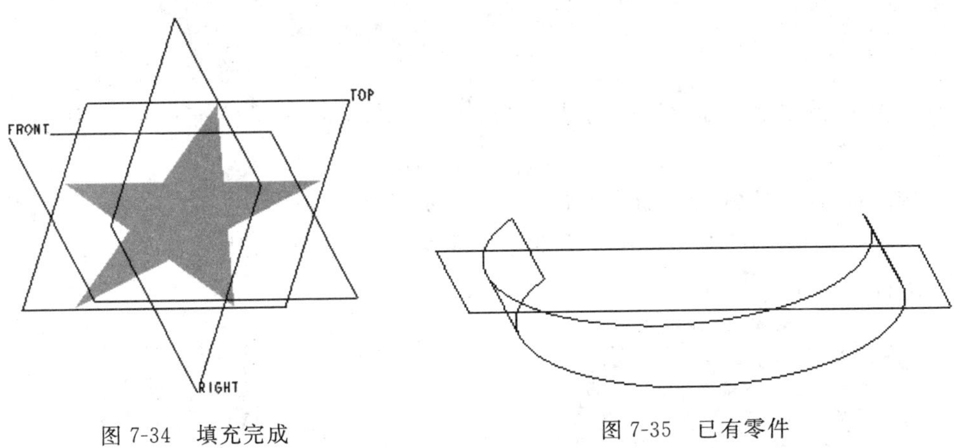

图 7-34 填充完成　　　　图 7-35 已有零件

(2)按住【Ctrl】键,选取两个曲面,然后单击工具栏按钮,如图 7-36 所示。

图 7-36 进行曲面合并

(3)单击完成曲面合并。模型树和曲面合并效果如图 7-37 所示。

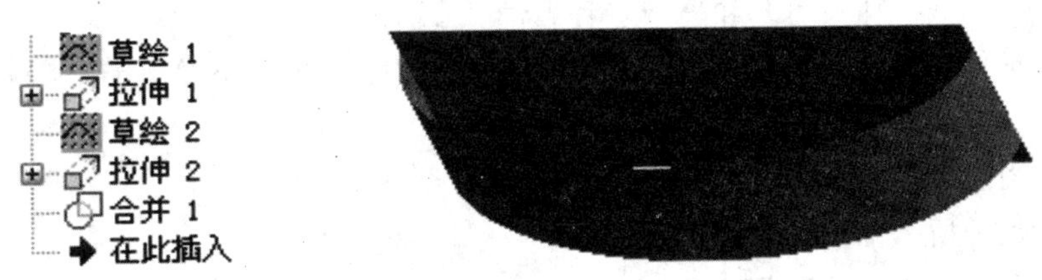

图 7-37 曲面合并效果

7.2.5 曲面修剪

曲面修剪的功能是利用一个修剪工具(曲线、平面或曲面)来修剪曲面。

【例 7-11】 创建曲面修剪。

(1)打开文件 curve8-3. prt,如图 7-38 所示。

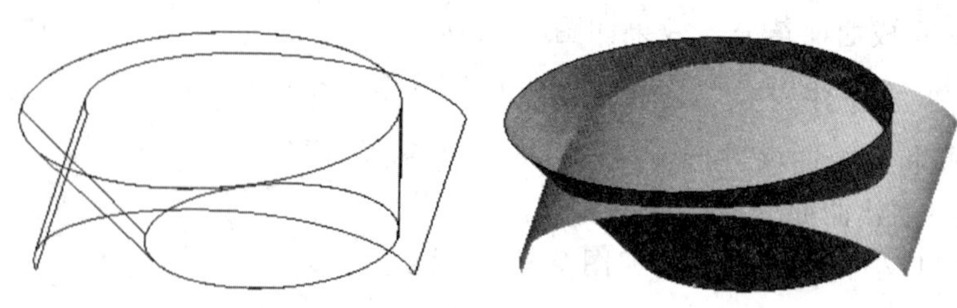

图 7-38　已有零件

(2)选取需要被修剪曲面，在功能区“模型”选项卡的“编辑”面板中单击“修剪”按钮 修剪。

(3)选取曲线、平面或者曲面作为修剪工具。如图 7-39 所示。

(4)单击如图 7-39 所示中箭头确定欲留下的曲面，打开操控板“选项”选项卡，取消选择“保留修剪曲面”，单击✓完成。如图 7-40 所示。

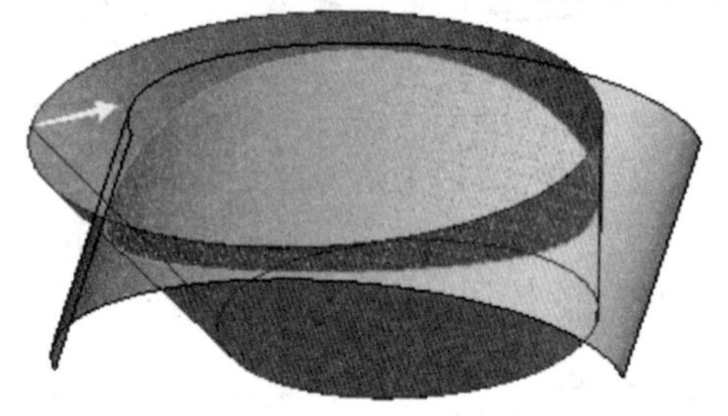

图 7-39　选取曲面

图 7-40　修剪完成

7.2.6　曲面延伸

曲面延伸的功能是将曲面沿着曲面的单侧边做曲面的延伸。

单击“编辑”|“延伸”，操控板如图 7-41 所示，包括延伸的方式、延伸距离为固定或者可变、延伸的方向和延伸距离的度量方法。

1. 延伸的方式

延伸的方式包括相同、切线和逼近三种。

- 相同：延伸所得曲面与原来的曲面同类型，例如原来是一个圆弧面，延伸后仍然是一个圆弧面。
- 逼近：用边界混合的方式延伸出曲面。
- 切线：延伸所得曲面与原来的曲面相切。

2. 延伸距离为固定或者可变

曲面延伸的时候，系统默认延伸距离固定，但是也可在要延伸的边上的数个点处指定不同的延伸距离，其距离的衡量方式如下：

- 沿边：延伸距离为“沿着侧边”来衡量。
- 垂直于曲面：延伸距离为“垂直延伸边”来衡量。

3. 延伸方向

用于指定延伸边的两个端点的延伸方向，其类型为：

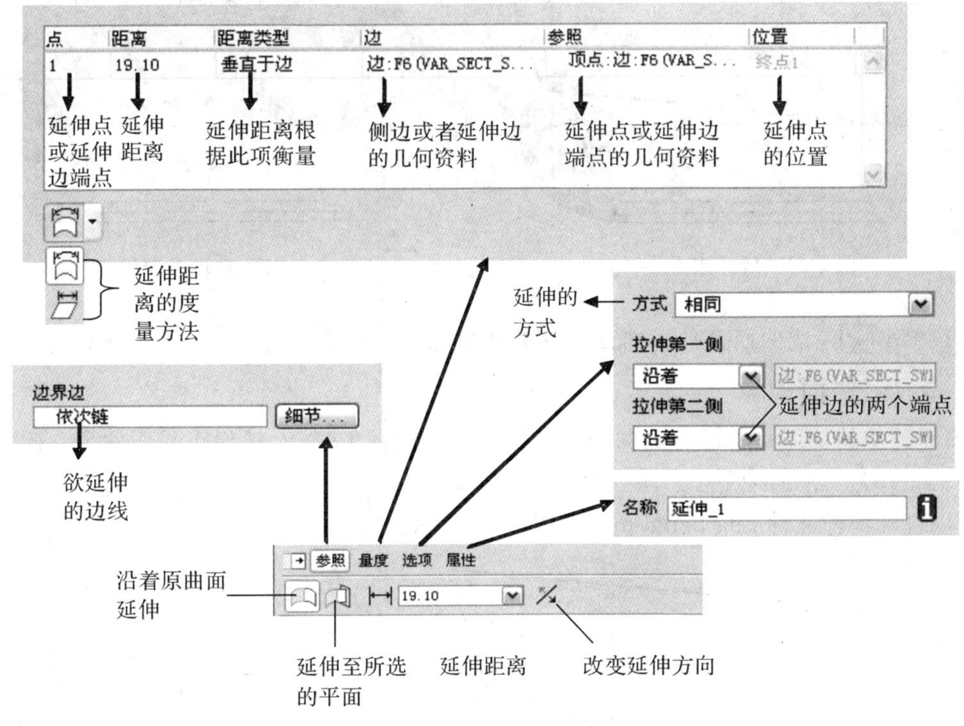

图 7-41 “曲面延伸”操控板

- 沿着：沿着侧边做延伸。
- 垂直于曲面：延伸的方向与延伸边垂直。

4. 延伸距离的度量方法

- 在曲面上▢：延伸距离的大小沿着延伸曲面来计算。
- 在平面上▢：延伸投影至所选的平面上，延伸距离的大小是以投影量来计算。

【例 7-12】 创建曲面延伸。

(1)打开零件文件 curve8-4.prt，如图 7-42 所示。

(2)选取曲面，然后选取需要延伸的边或边链，如图 7-43 所示。

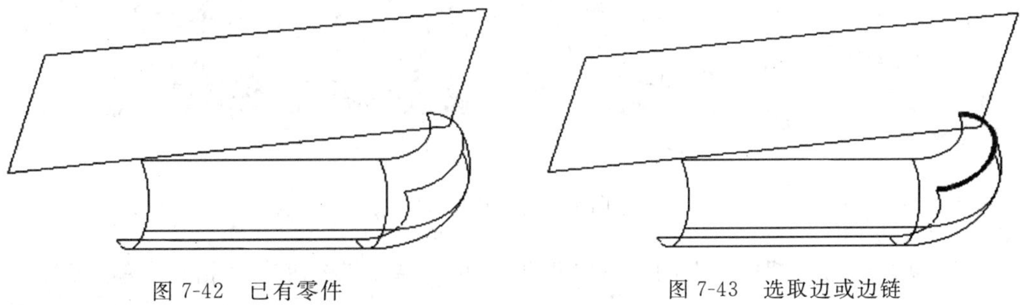

图 7-42 已有零件　　图 7-43 选取边或边链

(3)选择要延伸的曲面的边界，如图 7-44 所示。

(4)单击操控板上▢按钮，将曲面延伸到参照平面，选取参照平面，如图 7-45 所示。

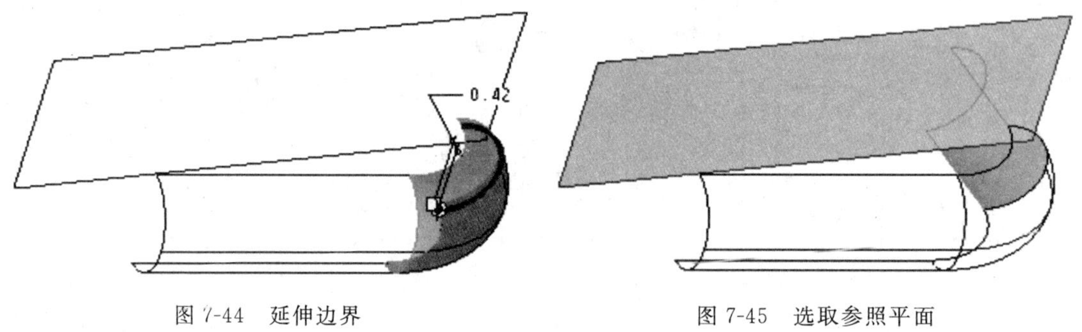

图 7-44　延伸边界　　图 7-45　选取参照平面

(5)单击✓完成曲面延伸。曲面延伸的效果如图 7-46 所示。

7.2.7　曲面镜像

曲面镜像的功能是将已有的曲面以一个平面作为镜像平面,镜像至平面的另一侧。

【例 7-13】 创建曲面镜像。

(1)打开零件文件 jingxiang. prt,如图 7-47 所示。

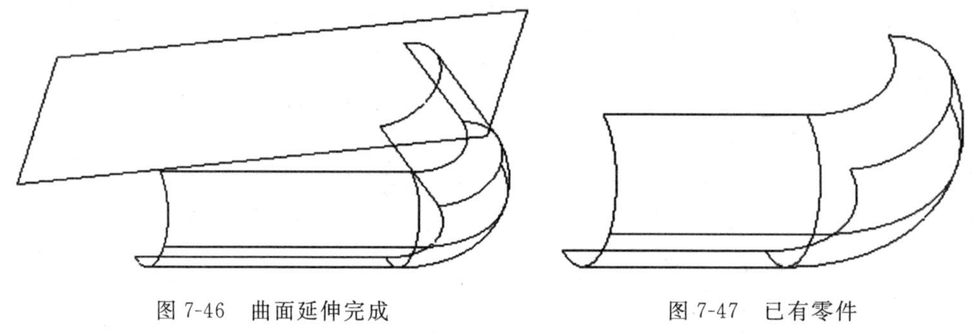

图 7-46　曲面延伸完成　　图 7-47　已有零件

(2)选取曲面特征后(此时选中的是曲面特征,曲面并没有被选取),移动一下鼠标再点选曲面一下,这样可以选中曲面,如图 7-48 所示。

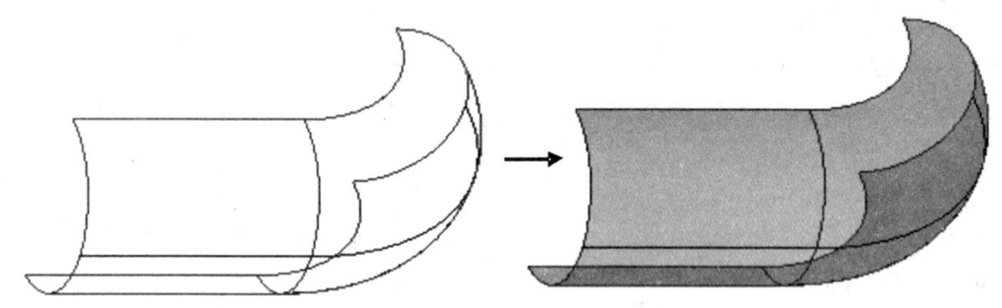

图 7-48　选中曲面

(3)在功能区"模型"选项卡的"编辑"面板中单击"镜像"按钮,"粘贴"操控板如图 7-53 所示。

(4)选取基准面"RIGHT"为镜像平面,如图 7-49 所示。

(5)单击✓完成曲面镜像。曲面镜像的效果如图 7-50 所示。

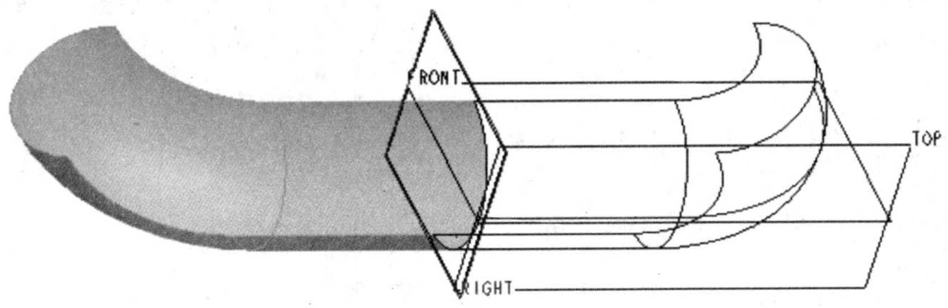

图 7-49　选取镜像平面

7.2.8　曲面平移或者旋转

曲面平移或者旋转是将曲面平移某个距离或者将曲面旋转某个角度，得到新的曲面。举例说明曲面是如何平移或者旋转的。

【例 7-14】　创建曲面平移。

(1)打开零件文件 pingyi. prt，如图 7-51 所示。

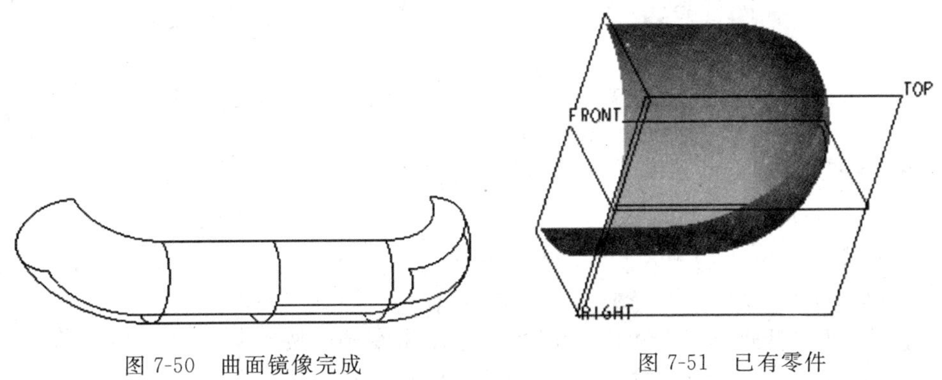

图 7-50　曲面镜像完成　　　　图 7-51　已有零件

(2)选取曲面特征后(此时选中的是曲面特征，曲面并没有被选取)，移动一下鼠标再点选曲面一下，这样可以选中曲面，如图 7-52 所示。

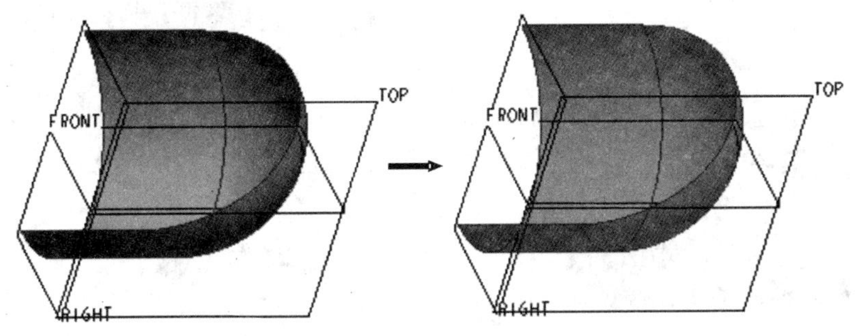

图 7-52　选中曲面

(3)在功能区“模型”选项卡的“操作”面板中单击“复制”按钮。

(4)在功能区"模型"选项卡的"操作"面板中单击"选择性粘贴"按钮,"粘贴"操控板如图 7-53 所示。

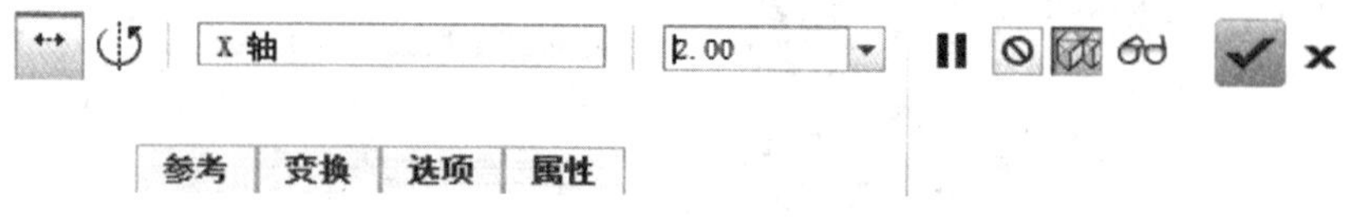

图 7-53 "粘贴"操控板

(5)默认选择按钮,在工作区选取一条边线作为平移的方向。输入平移距离 2。如图 7-54 所示。

(6)打开操控板"选项"选项卡,取消选择"隐藏原始几何",如图 7-55 所示。

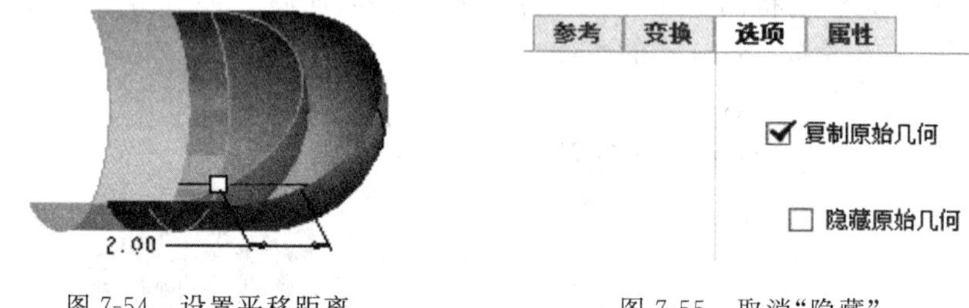

图 7-54 设置平移距离

图 7-55 取消"隐藏"

(7)单击完成曲面平移。曲面平移的效果如图 7-56 所示。

【例 7-15】 创建曲面旋转。

(1)打开零件文件 qumianxuanzhuan.prt。

(2)选取曲面特征后,稍微移动鼠标再点选曲面一下,选中曲面。

(3)在功能区"模型"选项卡的"操作"面板中单击"复制"按钮。

(4)在功能区"模型"选项卡的"操作"面板中单击"选择性粘贴"按钮。

(5)选择按钮,在工作区选取一条边线作为旋转轴。输入旋转角度 45。如图 7-57 所示。

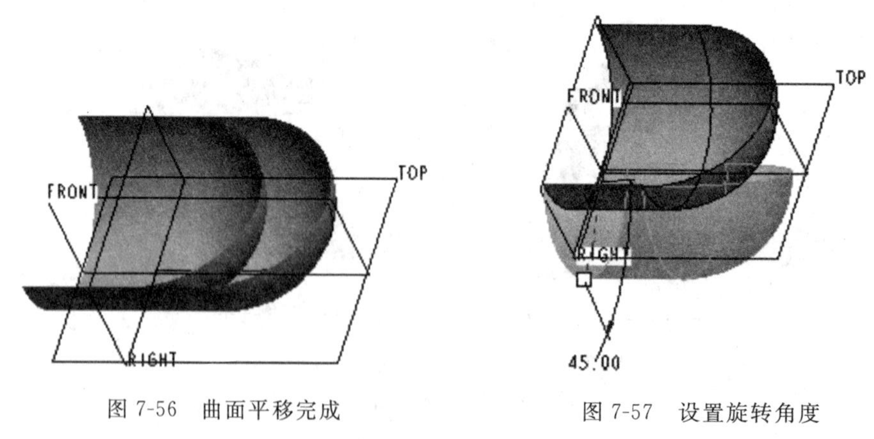

图 7-56 曲面平移完成

图 7-57 设置旋转角度

(6)单击完成曲面旋转。曲面旋转的效果如图 7-58 所示。

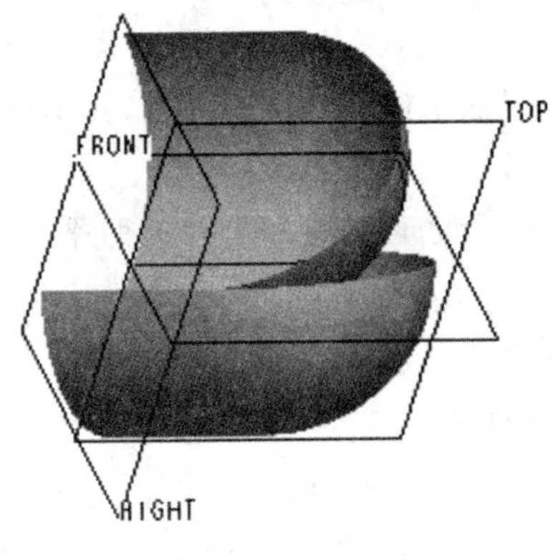

图 7-58 曲面旋转完成

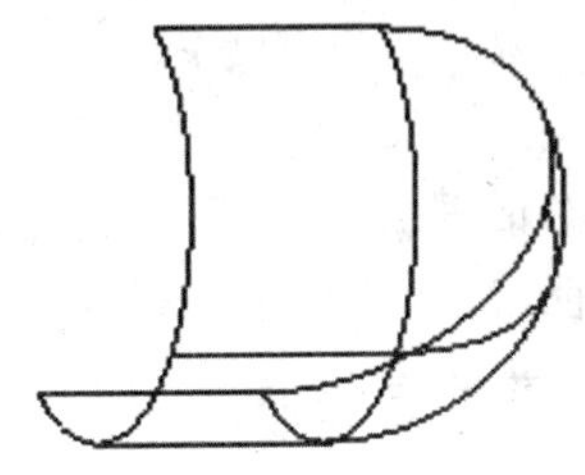

图 7-59 已有零件

7.2.9 曲面加厚

加厚特征使用预定的曲面特征或面组几何将薄材料部分添加到设计中，或从其中移除薄材料部分。

【例 7-16】 创建曲面加厚。

(1)打开零件文件 jiahou.prt，如图 7-59 所示。

(2)选取曲面特征后，移动一下鼠标再点选曲面一下，选中曲面。

(3)在功能区“模型”选项卡的“编辑”面板中单击“加厚”按钮。如图 7-60 所示。

(4)单击完成曲面加厚。曲面加厚的效果如图 7-61 所示。

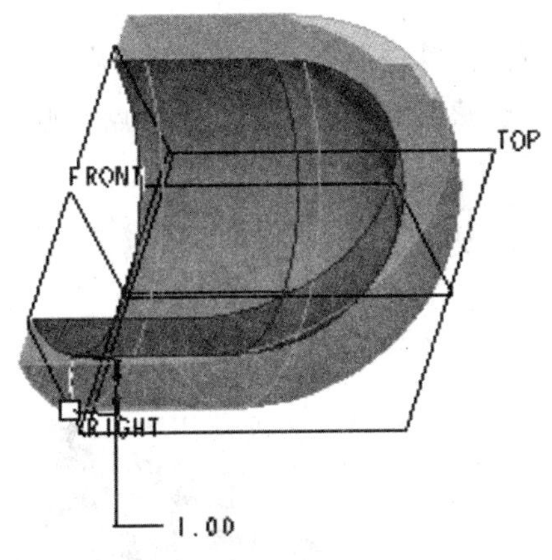

图 7-60 设置加厚厚度

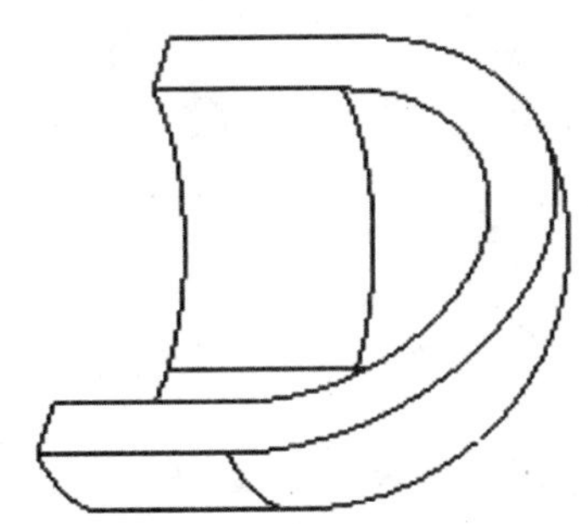

图 7-61 曲面加厚完成

7.3 创建曲线

曲线在图形区以深蓝色显示出来，创建曲线的方式有：草绘曲线、通过点创建曲线、由文件创建曲线、使用剖面来创建曲线和以方程式创建曲线。

7.3.1 草绘曲线

草绘曲线是指在一个零件的平面上或基准平面上绘制出二维曲线，其操作步骤如下：

(1)选取一个平面作为二维曲线的草绘平面。

(2)点击右侧工具栏的草绘工具图标，然后设定视图方向和参照平面，也可以采取默认。

(3)单击对话框的“草绘”按钮，进入草绘环境。

(4)绘制曲线，然后单击图标完成曲线的创建。

7.3.2 通过点的曲线

使用“通过点的曲线”命令，可以创建一个通过若干现有点的曲线，其一般操作方法和步骤如下。

(1)在功能区“模型”选项卡中单击“基准”面板溢出按钮，接着单击曲线旁边的“箭头”按钮，打开一个工具命令列表，从中选择“通过点的曲线”命令，打开“曲线：通过点”选项卡，如图 7-62 所示。

图 7-62 通过点的曲线

(2)在“曲线：通过点”选项卡中打开“放置”面板，单击激活“点”收集器，在图形窗口中选择一个现有点、顶点或曲线端点，接着确保处于 ➜添加点 状态，选择其他点到收集器中，如图 7-63 所示。

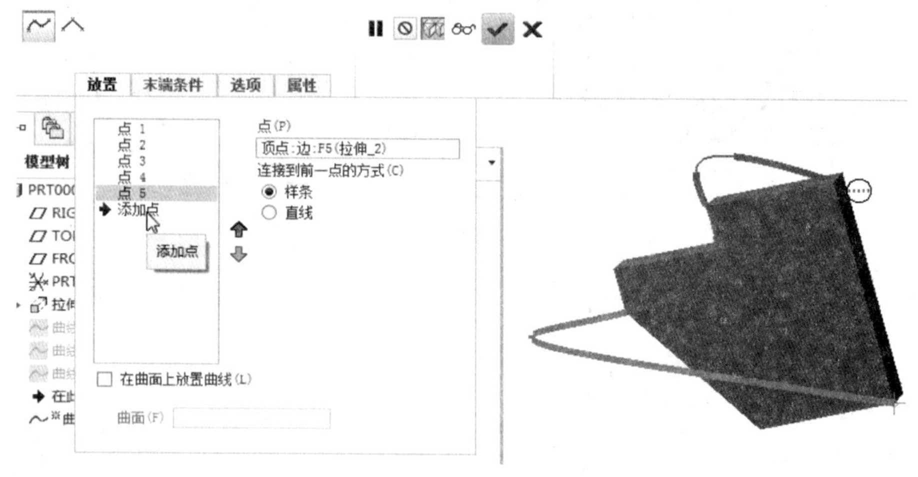

图 7-63 添加点操作

(3)定义一个点与前面相邻点的连接方式。在收集器中选中该点，接着在“连接到前一点的方式”中选择“样条”或“直线”。选择直线时，使用一条直线将该点连接到上一点，并可以根据实际要求选择“添加圆角”，如图 7-64 所示。

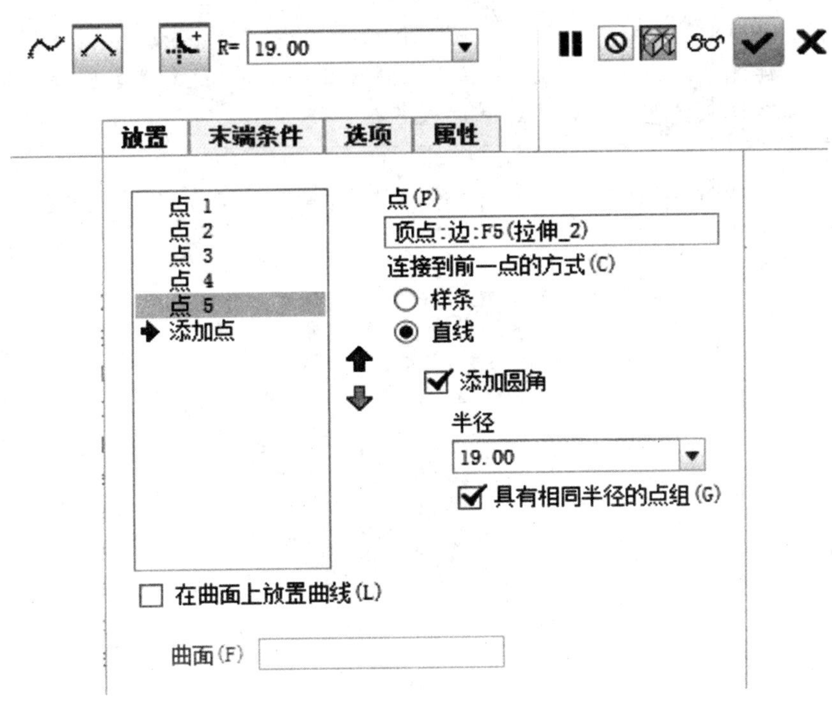

图 7-64 定义点的连接方式

(4)要在曲线的端点定义条件，那么在“曲线:通过点”选项卡中打开“末端条件”面板，在“曲线侧”列表框中选择曲线的“起点”或“终点”，接着在下拉列表中选择以下选项之一，如图 7-65 所示。

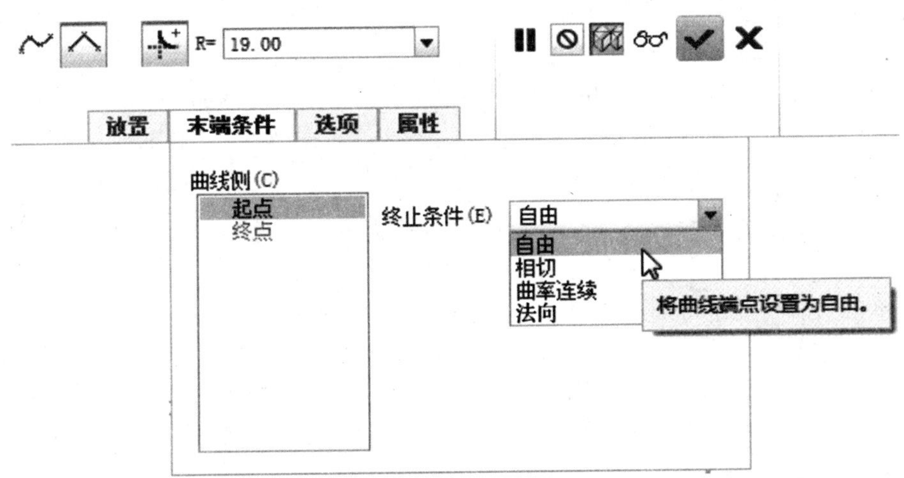

图 7-65 定义终止条件

说明：

(1)"自由"：在此端点使曲线无相切约束。

(2)"相切"：使曲线在该端点处与选定约束相切。

(3)"曲率连续"：使曲线在该端点处与选定参考相切，并将连续曲率条件应用于该点。

(4)"法向"：使曲线在该端点处与选定参考垂直。

(5)在"曲线：通过点"选项卡中单击"完成"按钮✔，完成通过点来创建基准曲线，如图 7-66 所示。

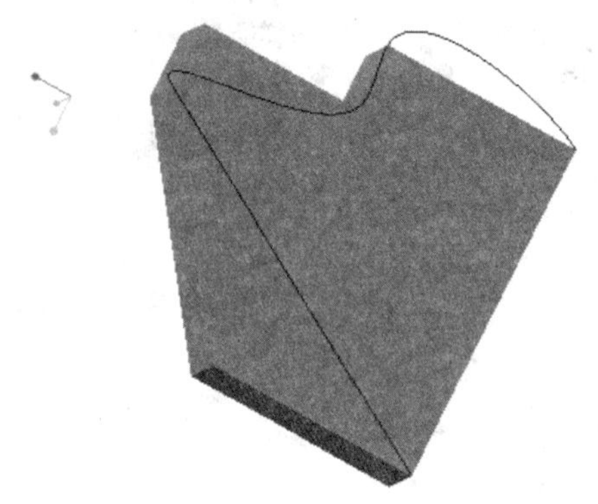

图 7-66　创建完成

7.3.3　以方程式创建曲线

用方程式创建曲线需要输入曲线方程式来创建曲线。

只要曲线不特殊自交，便可以通过"来自方程的曲线"命令由方程创建基准曲线，创建步骤如下。

(1)在功能区"模型"选项卡中单击"基准"面板溢出按钮，接着单击曲线旁边的"箭头"按钮，打开一个工具命令列表，从中选择"来自方程的曲线"命令，打开"曲线：通过点"选项卡。

(2)单击"参考"面板，激活"坐标系"项，在图形窗口或模型树中，选择一个基准坐标系或目的基准坐标系以表示方程的零点，此处选择 PRT_CSYS_DEF 坐标系。

(3)在旁的下拉列表中选择一个坐标系类型，如"笛卡尔"、"圆柱"、"球"，此处选择"笛卡尔"。如图 7-67 所示。

(4)在"自"下拉列表中默认独立变量的下限值为 0，在"至"下拉列表中默认其上限值为 1。

(5)单击"方程"按钮，打开方程对话框，输入螺旋线曲线方程如下：

x = 4 * cos (t * (5 * 360))

y = 4 * sin (t * (5 * 360))

z = 10 * t

如图 7-67 所示，单击确定按钮得到图中的螺旋线。

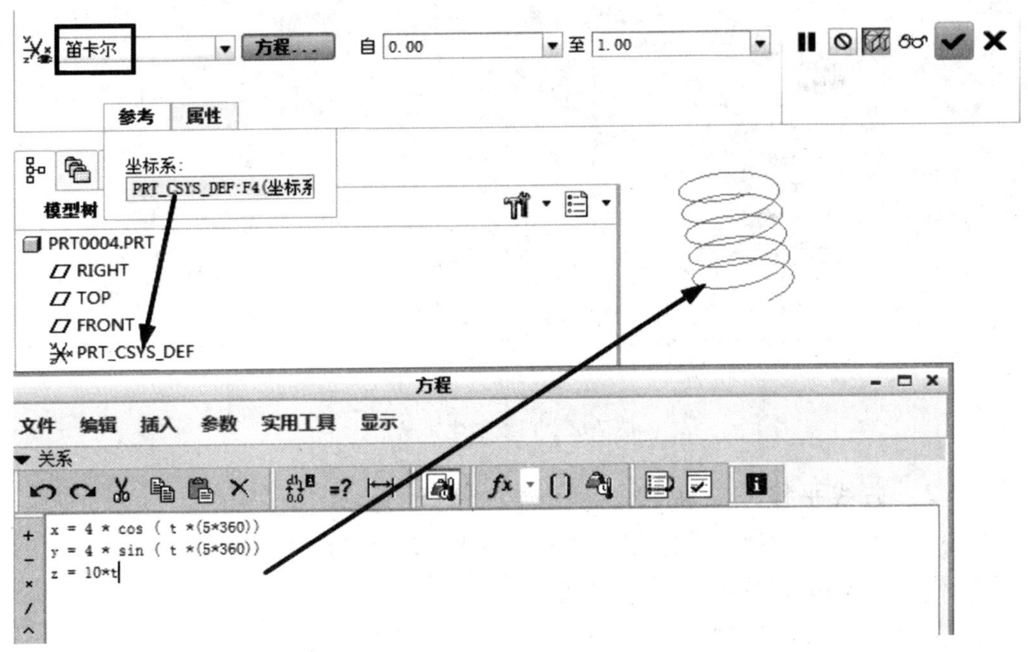

图 7-67　从方程创建曲线

7.4　曲线编辑

有 8 种方式可以对曲线进行编辑，同时产生新的曲线，包括曲线复制、曲线平移或旋转、曲线镜像、曲线修剪、曲线相交、曲线投影、曲线包络和曲线偏移。

7.4.1　曲线复制

曲线复制的作用是将曲线、实体上的边或曲线上的边进行复制，得到新的曲线。

【例 7-17】 创建曲线复制。

(1)打开文件 quxianfuzhi.prt，选取欲复制的曲线或边线，选中曲线(呈现绿色粗线)，如图 7-68 所示。

图 7-68　已有零件

(2)在功能区“模型”选项卡的“操作”面板中单击“复制”按钮。

(3)在功能区“模型”选项卡的“操作”面板中单击“粘贴”按钮。

(4)单击操控板的完成按钮，即产生新的曲线，如图 7-69 所示。

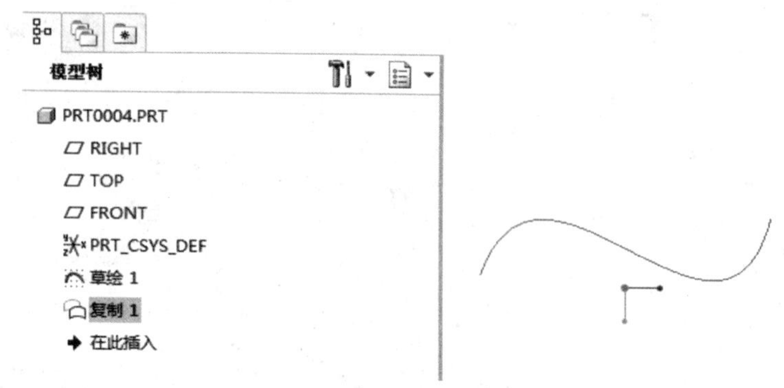

图 7-69 曲线创建完成

7.4.2 曲线平移或旋转

曲线平移或者旋转是将曲线平移某个距离或者旋转某个角度，得到新的曲线。

【例 7-18】 使用“曲线平移”方式创建曲线。

(1)打开零件文件 quxianpianyi. ping，如图 7-70 所示。

(2)点击鼠标，只是选取曲线特征，此时曲线并未选中(呈现绿色细线)，移动一下鼠标再点选曲线一下，这样可以选中曲线(呈现绿色粗线)。

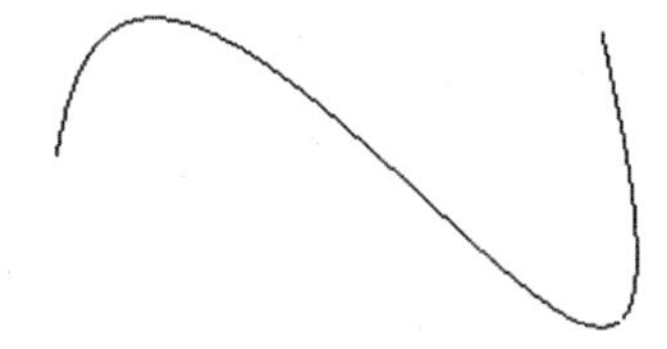

图 7-70 已有曲线

(3)在功能区“模型”选项卡的“操作”面板中单击“复制”按钮。

(4)在功能区“模型”选项卡的“操作”面板中单击“选择性粘贴”按钮，操控板如图 7-71 所示。

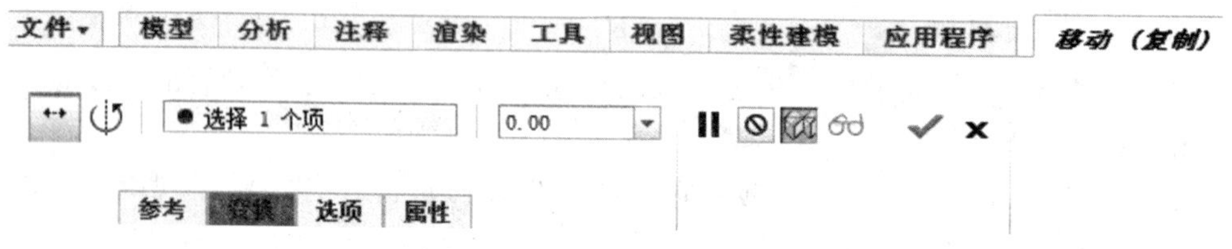

图 7-71 “平移或者旋转”操控板

(5)默认选择按钮，在工作区选取坐标系的 Y 轴作为平移的方向；输入平移距离 2。如图 7-72 所示。

(6)打开操控板“选项”选项卡，取消选择“隐藏原始几何”，如图 7-73 所示。

(7)单击完成曲面平移。效果如图 7-74 所示。

【例 7-19】 使用“曲线旋转”方式创建曲线。

(1)打开已有的文件 quxianxuanzhuan. prt，与曲线平移中使用的曲线相同。

(2)选中曲线。

(3)在功能区“模型”选项卡的“操作”面板中单击“复制”按钮。

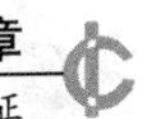

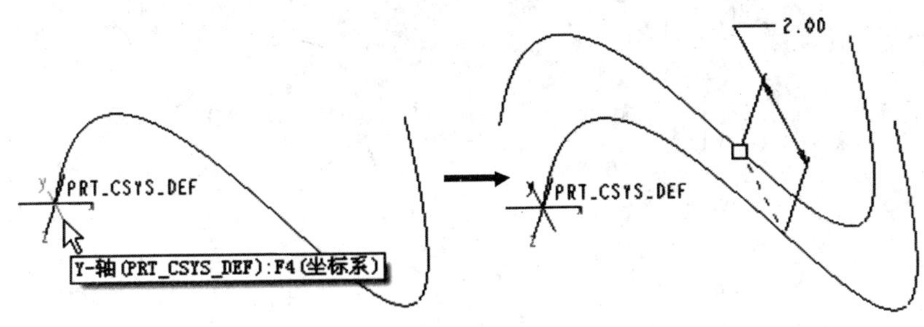

图 7-72　设置平移方向和参数

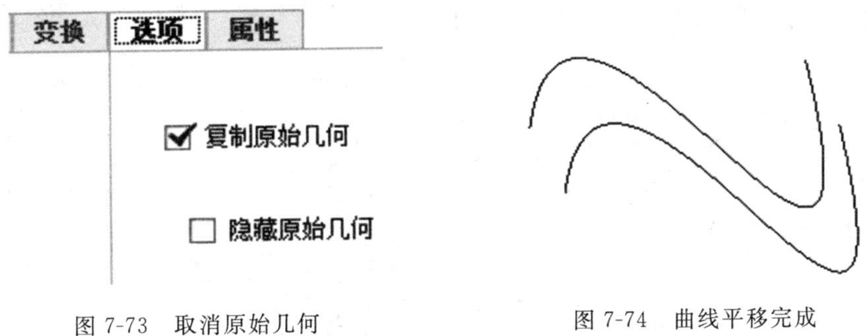

图 7-73　取消原始几何　　　　图 7-74　曲线平移完成

(4)在功能区“模型”选项卡的“操作”面板中单击“选择性粘贴”按钮，操控板如图 7-71 所示。

(5)选择按钮，在工作区选取坐标系的 X 轴作为旋转轴，输入旋转角度“180”。如图 7-75 所示。

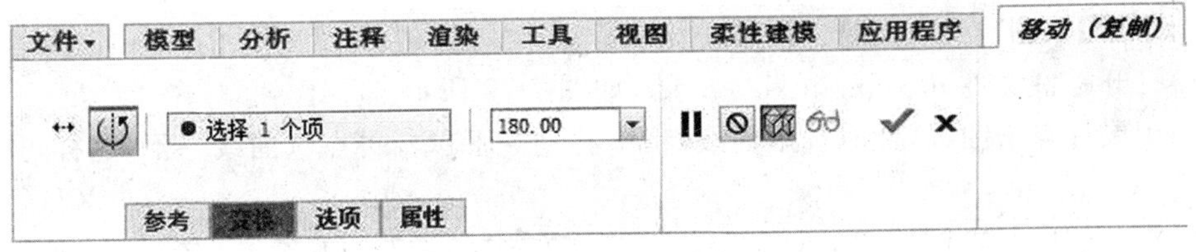

图 7-75　曲线旋转

(6)打开操控板“选项”选项卡，取消选择“隐藏原始几何”。

(7)单击完成曲线旋转。效果如图 7-76 所示。

单击工具栏中按钮来进行曲线的平移或旋转时，操控板如图 7-77 所示，包括如下选项：

- 参照：显示出欲平移或旋转的曲线几何。
- 变换：指定出动作为平移或者旋转；显示出共有几个平移及旋转的动作；显示平移的距离或者旋转的角度；显示“决定平移或者旋转方向的参照”。
- 选项：是否要保留原有的曲线。
- 属性：显示完成平移或者旋转后的曲线的特性，包括曲线的名称和其他信息。

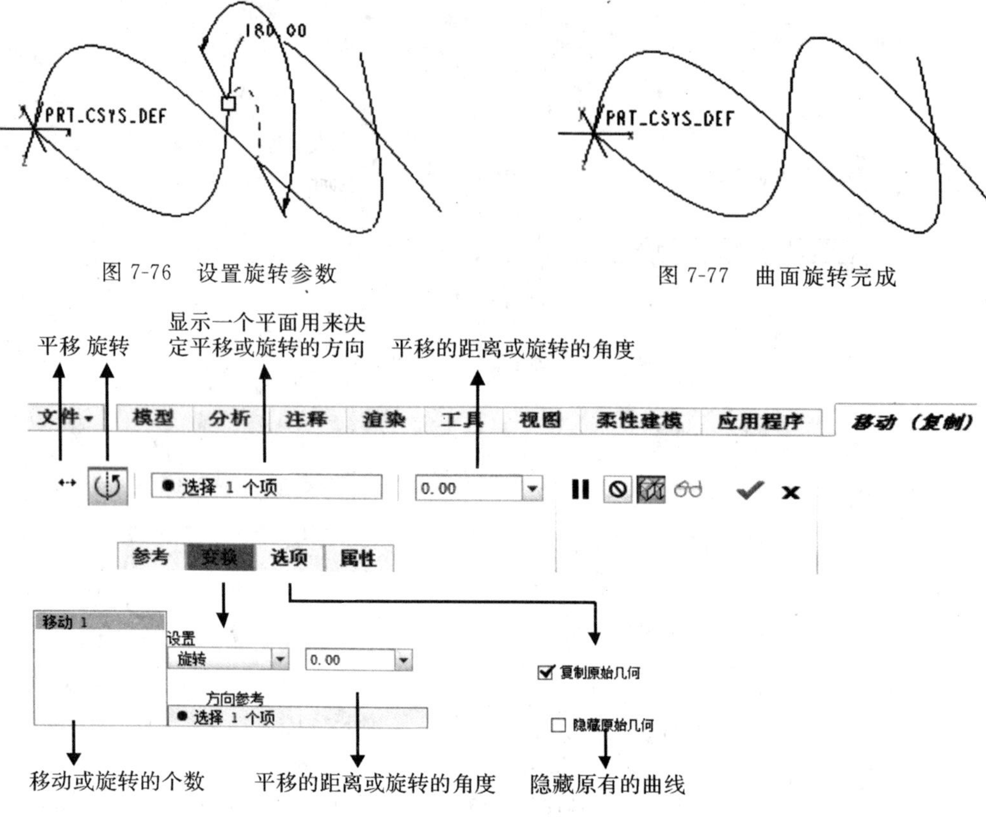

图 7-76　设置旋转参数

图 7-77　曲面旋转完成

图 7-78　“平移或者旋转”操控板

7.4.3　曲线镜像

曲面镜像是将现有的曲线，利用一个平面做镜像平面，镜像至平面的另一侧。

【例 7-20】 创建曲线镜像。

(1)打开零件文件 quxianjingxiang. prt，如图 7-79 所示。

(2)用鼠标点击曲线，此时选中曲线特征，移动一下鼠标再点选曲线一下，这样可以选中曲线。

(3)在功能区“模型”选项卡的“编辑”面板中单击“镜像”按钮。

(4)选取基准面“RIGHT”为镜像平面，如图 7-80 所示。

(5)单击✔完成曲线镜像。效果如图 7-81 所示。

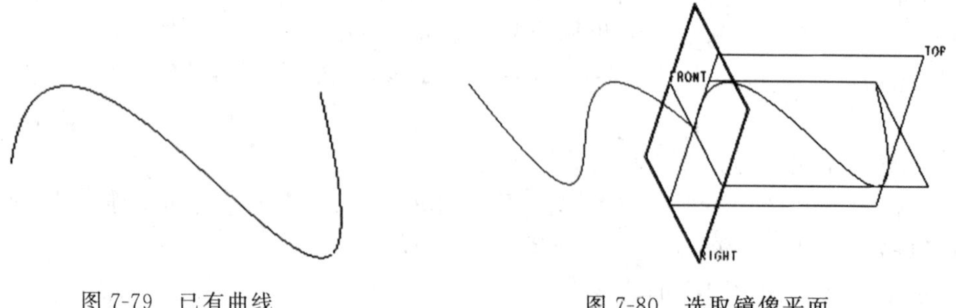

图 7-79　已有曲线

图 7-80　选取镜像平面

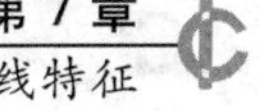

图 7-81　曲面镜像完成

7.4.4　曲线修剪

曲线修剪是将一条现有的曲线，利用一个修剪工具来修剪曲线，产生新的曲线。

【例 7-21】　创建曲线修剪。

(1)打开零件文件，如图 7-82 所示。

(2)选取曲线后，稍微移动鼠标再点选曲线一下，这样可以选中曲线。

(3)在功能区“模型”选项卡的“编辑”面板中单击“修剪”按钮。选取曲线、平面或者曲面作为修剪工具。如图 7-83 所示。

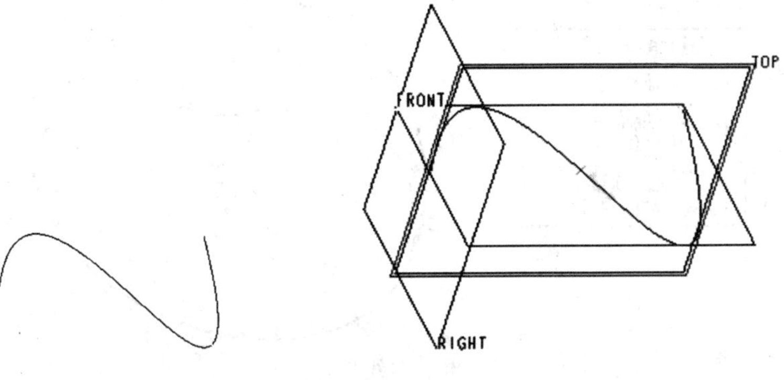

图 7-82　已有曲线　　　　图 7-83　选取修剪工具

(4)单击图中黄色箭头确定欲留下的曲线，打开操控板“选项”选项卡，取消选择“保留修剪曲面”，单击完成。如图 7-84 所示。

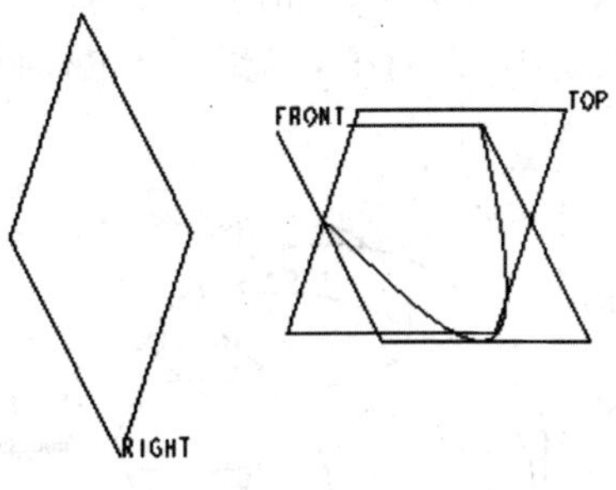

图 7-84　曲面修剪完成

7.4.5　曲线相交

曲线相交是指选取两个曲面，求其交线。

【例 7-22】　创建曲面的交线。

(1)打开零件文件 quxianxiangjiao. prt,如图 7-85 所示。

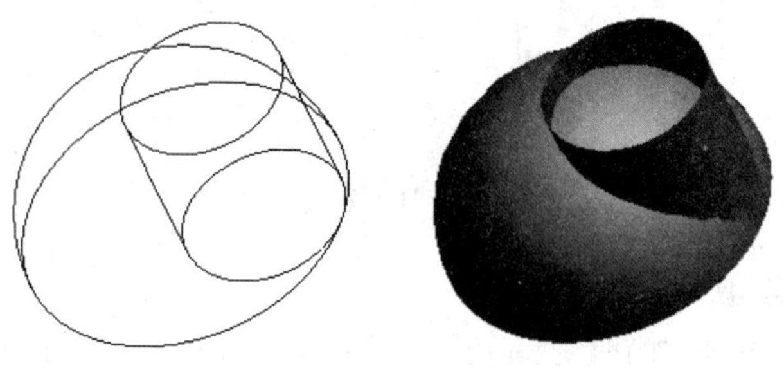

图 7-85　已有零件

(2)按住 Ctrl 选取圆柱曲面和半球曲面,在功能区“模型”选项卡的“编辑”面板中单击“相交”按钮。模型树和曲线相交结果如图 7-86 所示。

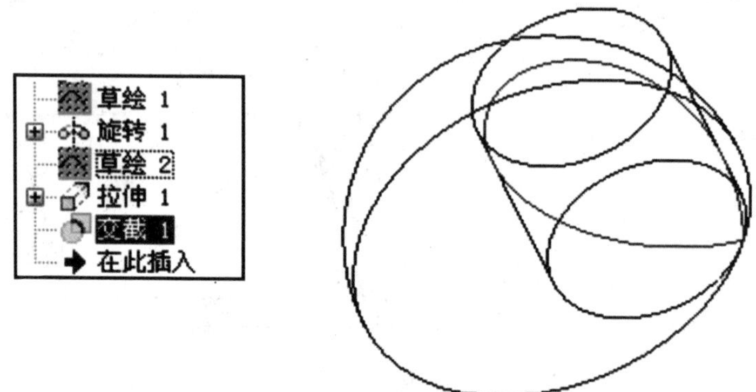

图 7-86　曲线相交完成

7.4.6　曲线投影

曲线投影是指将二维或者三维线条投影至一个曲面上,求得投影曲线。

【例 7-23】 创建曲线投影。

(1)打开零件文件 quxiantouying. prt,如图 7-87 所示。

(2)用鼠标点击曲线,此时选中曲线特征,移动一下鼠标再点选曲线一下,这样可以选中曲线。如图 7-88 所示。

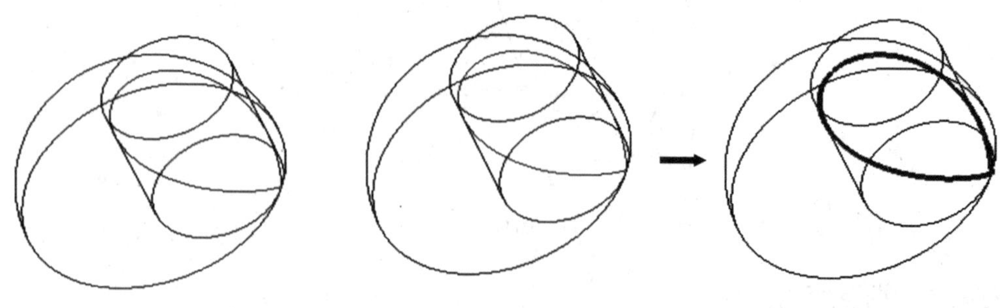

图 7-87　已有零件　　图 7-88　选中曲线

(3)在功能区“模型”选项卡的“编辑”面板中单击“投影”按钮，控制板如图 7-89 所示。

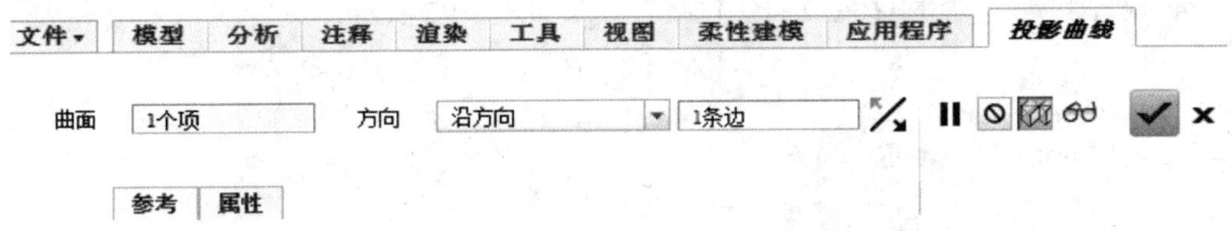

图 7-89 “曲线投影”操控板

(4)选取一组曲面，以将曲线投影到其上，此处选取基准面“RIGHT”；选取一个平面、轴、坐标系轴或直图元来指定投影方向，此处选基准面“RIGHT”右边为正方向。如图 7-90 所示。

(5)单击完成。如图 7-91 所示。

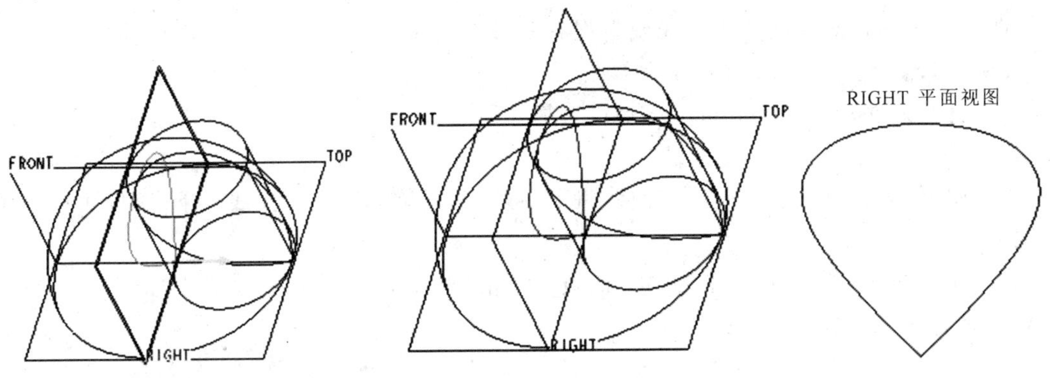

图 7-90 指定投影方向

图 7-91 曲线投影完成

7.4.7 曲线包络

曲线包络是指将一条草绘曲线包络在实体或曲面上，产生曲线。

【例 7-24】 创建曲线包络。

(1)打开零件文件 quxianbaoluo. prt，如图 7-92 所示。

(2)单击主窗体右侧工具栏，选取基准面“FRONT”为草绘平面，基准面“RIGHT”的右边为正方向，作草绘图如图 7-93 所示。

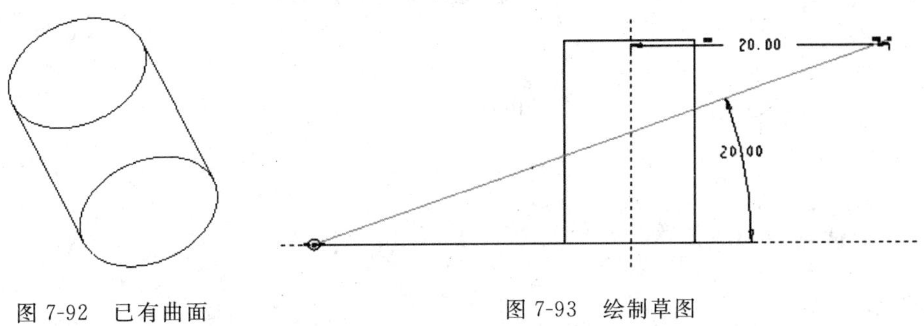

图 7-92 已有曲面

图 7-93 绘制草图

(3)选择该曲面,在功能区“模型”选项卡“编辑”面板的下拉列表中单击“包络”按钮,选取上步创建的草绘。如图 7-94 所示。

(4)输入距离后,单击完成曲线包络。效果如图 7-95 所示。

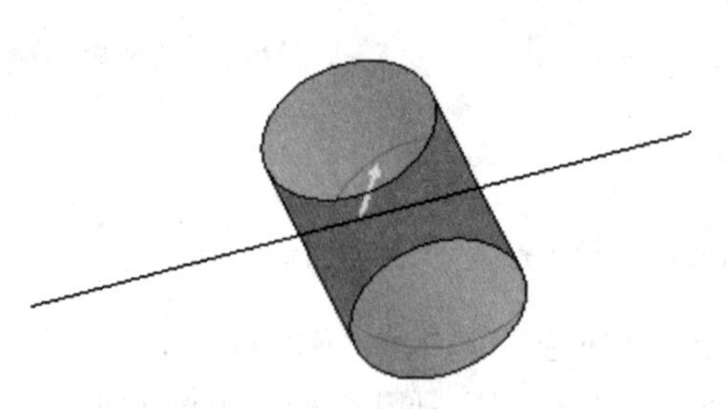
图 7-94 曲线包络

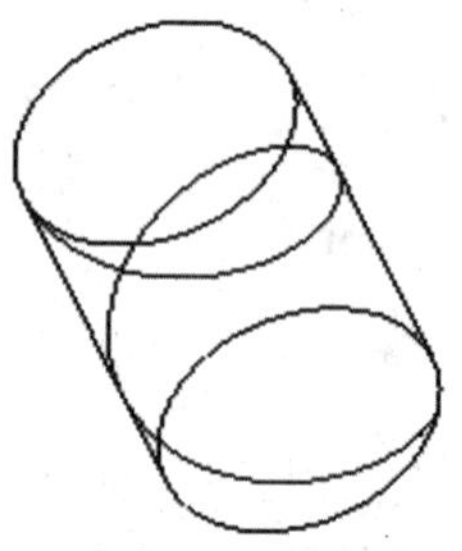
图 7-95 曲线包络完成

7.4.8 曲线偏移

曲线偏移是指对曲面的边界线或者现有零件上的曲线进行偏移,得到新的曲线。

【例 7-25】 创建曲线偏移。

(1)打开零件文件 quxianpianyi. prt,为基准面“FRONT”上的一段正弦曲线,如图 7-96 所示。

(2)用鼠标点击曲线,此时选中曲线特征,移动一下鼠标再点选曲线一下,这样可以选中曲线。

(3)在功能区“模型”选项卡“编辑”面板中单击“偏移”按钮,选取偏移参考方向,设置偏移距离为 0.1,如图 7-97 所示。

图 7-96 已有曲线

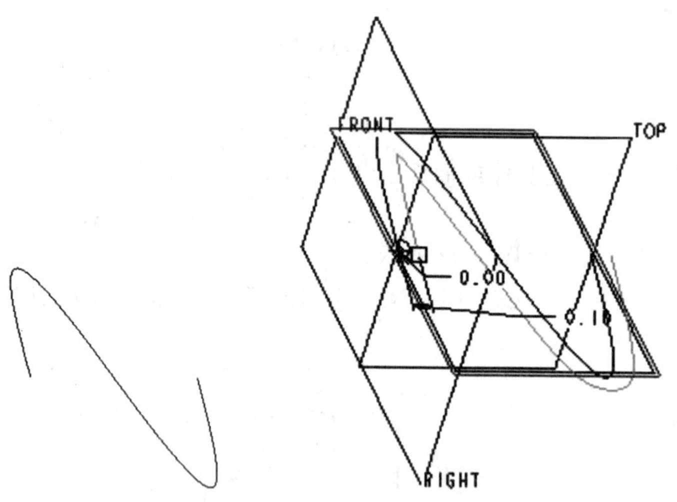

图 7-97 曲线偏移

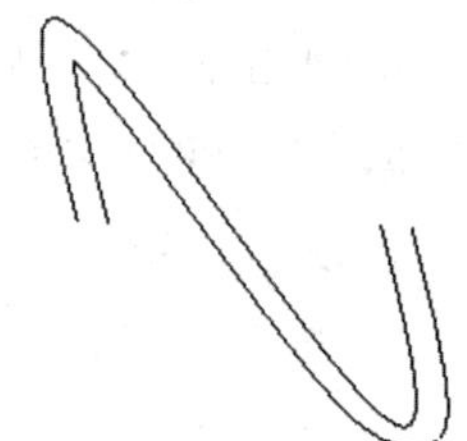
图 7-98 曲线偏移完成

(4)单击完成曲线偏移。效果如图 7-98 所示。

7.5 项目实现

本章项目的具体操作步骤如下：

1. 新建零件文件

新建一个使用“mmns_part_solid”公制模板的实体零件文件，将其文件名称设置为“kelingjian”。

2. 创建拉伸曲面

(1)在功能区“模型”选项卡的“形状”面板中单击“拉伸”按钮，打开拉伸选项卡。

(2)在“拉伸”选项卡中单击“曲面”按钮。

(3)在“拉伸”选项卡中打开“放置”面板，单击“定义”按钮，弹出“草绘”对话框。

(4)选择“TOP(基准平面)”作为草绘平面，参考默认即可，单击“草绘视图”按钮，使草绘平面与屏幕平行。

(5)绘制如图 7-99 所示的拉伸剖面，单击“确定”按钮✔。

(6)输入侧 1 的拉伸深度为“36”。

(7)单击“完成”按钮✔，创建的拉伸曲面如图 7-100 所示。

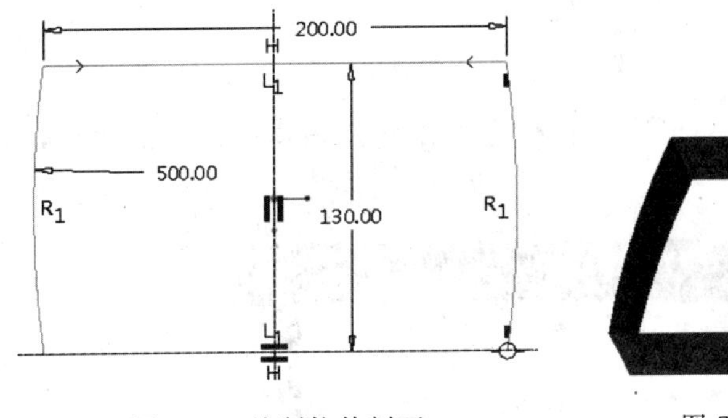

图 7-99 绘制拉伸剖面

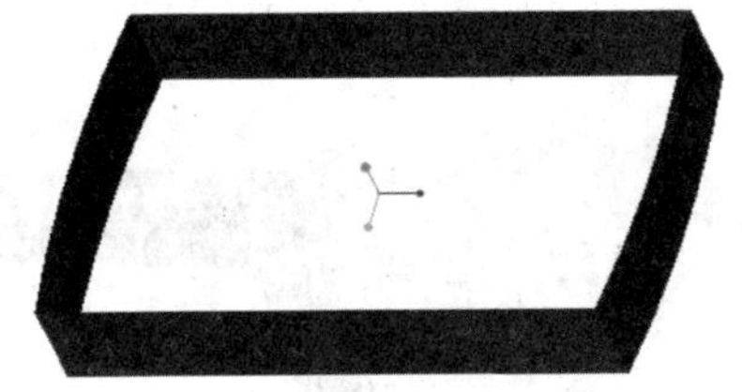

图 7-100 创建拉伸曲面

3. 创建“草绘 1”特征

(1)在功能区“模型”选项卡的“基准”面板中单击“草绘”按钮，弹出“草绘”对话框。

(2)在“草绘”对话框中单击“使用先前的”按钮，进入草绘模式。此时，单击“草绘视图”按钮，使草绘平面与屏幕平行。

(3)绘制如图 7-101 所示的圆弧。

(4)单击“确定”按钮✔。

4. 创建扫描曲面 1

(1)在功能区“模型”选项卡的“形状”面板中单击“扫描”按钮，打开“扫描”选项卡。

(2)在“扫描”选项卡中单击“曲面”按钮，并单击“恒定截面”按钮。

(3)选择“草绘 1”曲线作为原点轨迹。

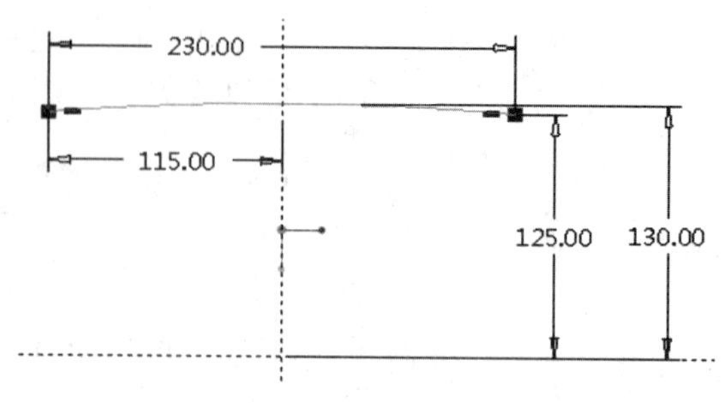

图 7-101　绘制圆弧

(4)在“扫描”选项卡中单击“创建或编辑扫描截面”按钮，接着单击“草绘视图”按钮，使草绘平面与屏幕平行。绘制如图 7-102 所示的圆弧(圆心位于水平参考线上)，然后单击“确定”按钮✔。

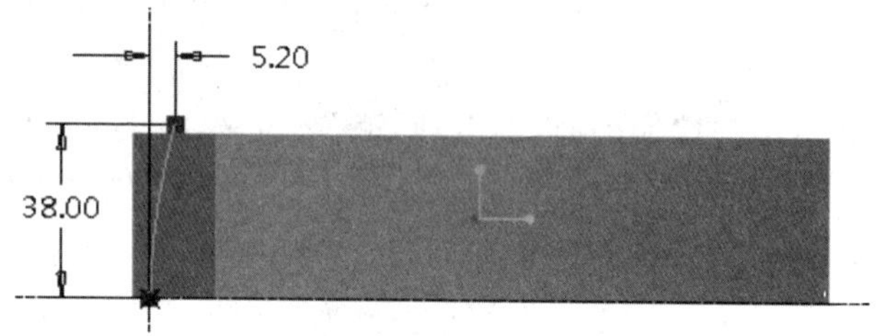

图 7-102　绘制图形

(5)在“扫描”选项卡中单击“完成”按钮✔，完成创建好扫描曲面 1 的效果，如图 7-103 所示。

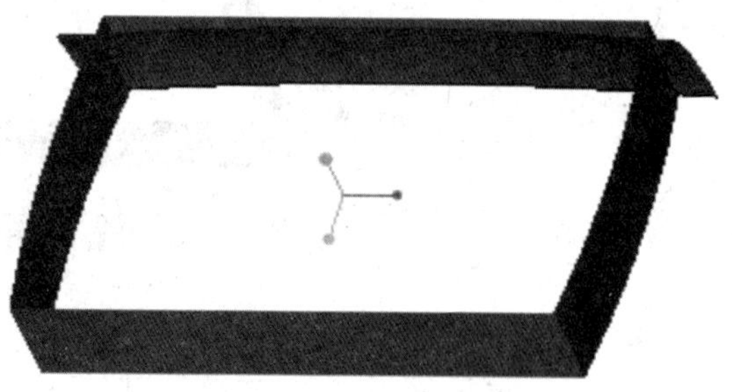

图 7-103　创建扫描曲面 1

5. 合并面组操作 1

(1)选择“拉伸 1”曲面，按住【Ctrl】键的同时选择扫描曲面 1。

(2)在“编辑”面板中单击“合并”按钮。

(3)确保要保留的面组侧为所需，然后在“合并”选项卡中单击“完成”按钮✔，完成的合并效果如图 7-104 所示。

6. 创建扫描曲面 1

(1)在功能区“模型”选项卡的“形状”面板中单击“扫描”按钮，打开“扫描”选项卡。

(2)在“扫描”选项卡中单击“曲面”按钮，并单击“恒定截面”按钮。

(3)选择“草绘 1”曲线作为原点轨迹，如图 7-105 所示。

图 7-104　合并 1　　　　图 7-105　指定原点轨迹

(4)在“扫描”选项卡中单击“创建或编辑扫描截面”按钮，接着单击“草绘视图”按钮，使草绘平面与屏幕平行。绘制如图 7-106 所示的图形，然后单击“确定”按钮✔。

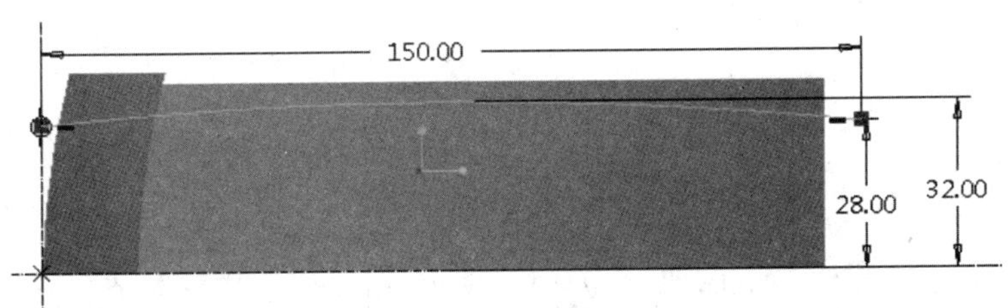

图 7-106　绘制扫描截面

(5)在“扫描”选项卡中单击“完成”按钮✔，完成创建好扫描曲面 2 的效果如图 7-107 所示。

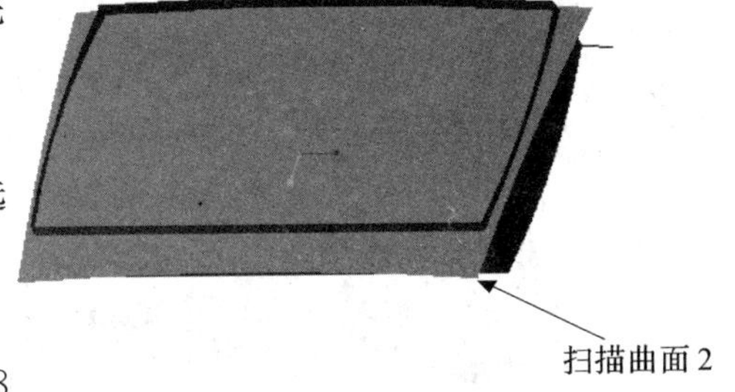

图 7-107　创建扫描曲面 2

7. 合并面组操作 2

(1)选择“拉伸 1”曲面，按住【Ctrl】键的同时选择扫描曲面 2。

(2)在“编辑”面板中单击“合并”按钮。

(3)确保要保留的面组侧为所需，如图 7-108 所示，然后在“合并”选项卡中单击“完成”按钮✔，完成的合并效果如图 7-109 所示。

8. 创建投影曲线 1

(1)在功能区“模型”选项卡的“编辑”面板中单击“投影”按钮，打开“投影曲线”选项卡。

(2)在“投影曲线”选项卡中打开“参考”面板，从一个下拉列表中框中选择“草绘投影”选项。接着在“参考”面板中单击“定义”按钮，弹出“草绘”对话框，选择“TOP(基准平面)”作为草绘平面，参考默认即可，单击“草绘视图”按钮，使草绘平面与屏幕平行。

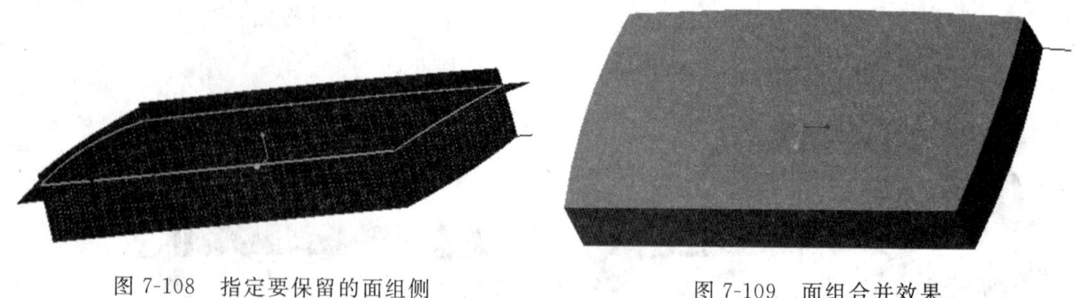

图 7-108　指定要保留的面组侧　　图 7-109　面组合并效果

(3)绘制如图 7-110 所示的一段圆弧,单击"确定"按钮✔。

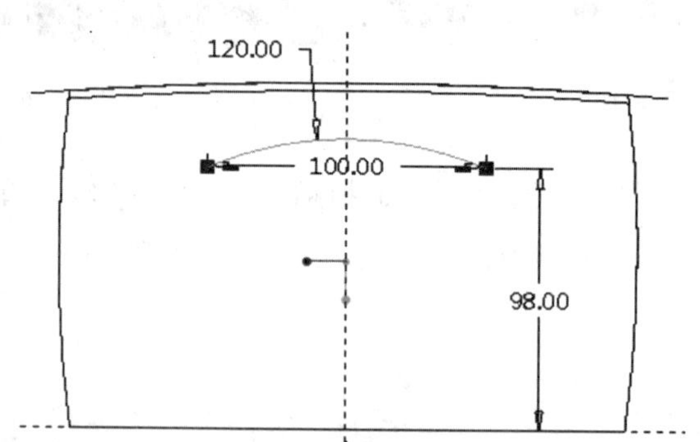

图 7-110　绘制圆弧

(4)选择要在其上投影曲线的曲面,方向选项为"沿方向",接着激活"方向参考"收集器,选择"TOP(基准平面)",如图 7-111 所示。

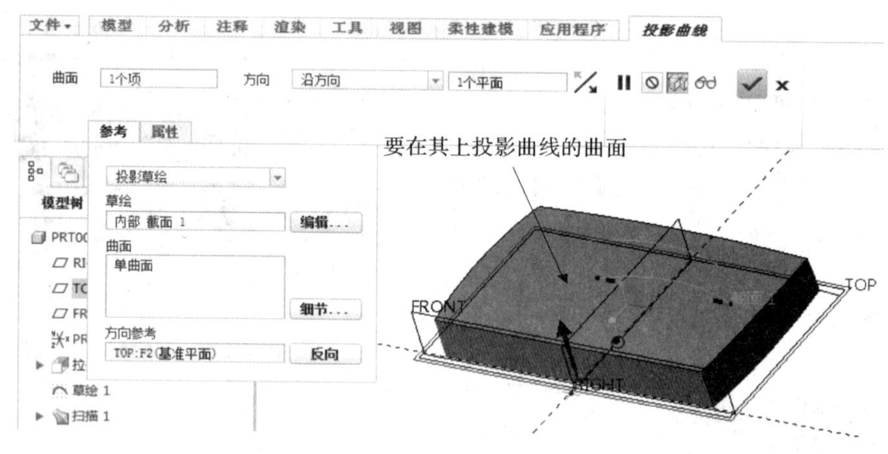

图 7-111　投影设置

(5)在"投影曲线"选项卡中单击"完成"按钮✔。

9. 创建投影曲线 2

使用和上步骤相同的方法,在顶曲面上投影曲线,用于投影的草绘曲线与投影结果如图 7-112 所示。

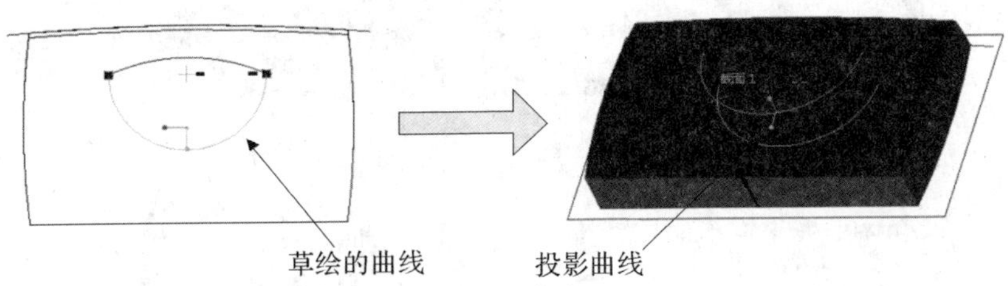

图 7-112　创建投影曲线 2

10. 创建基准点

(1)在功能区“模型”选项卡的“基准”面板中单击“基准点”按钮。

(2)分别选择参考来创建 2 个基准点(PNT0 和 PNT1),如图 7-113 所示。这两个基准点均是由相应的投影曲线和“RIGHT(基准平面)”求交得到的。

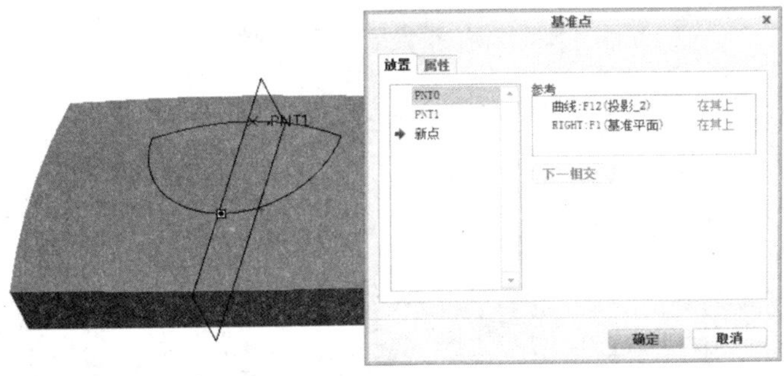

图 7-113　创建两个基准点

(3)在“基准点”对话框中单击“确定”按钮。

11. 创建“草绘 2”曲线

(1)单击“草绘”按钮,弹出“草绘”对话框。

(2)选择“RIGHT(基准平面)”作为草绘平面,参考默认即可,接着单击草绘按钮进入草绘模式。此时,单击“草绘视图”按钮,使草绘平面与屏幕平行。

(3)在功能区“草绘”选项卡的“设置”面板中单击“参考”按钮,打开“参考”对话框,选择 PNT0 和 PNT1 两个基准点作为绘图参考,然后关闭“参考”对话框,绘制如图 7-114 所示的圆弧

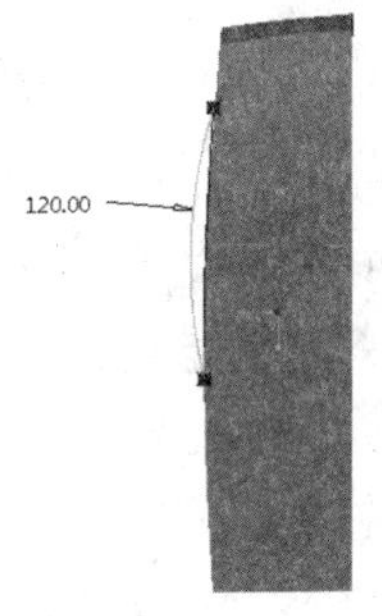

图 7-114　绘制圆弧

(4)单击“确定”按钮✔。

12. 创建边界混合曲面

(1)单击“边界混合”按钮。

(2)此时“边界混合”选项卡中“第一方向链收集器”处于被激活状态,在图形窗口中选择投影曲线 1,接着按住【Ctrl】键的同时选择投影曲线 2,如图 7-115 所示。

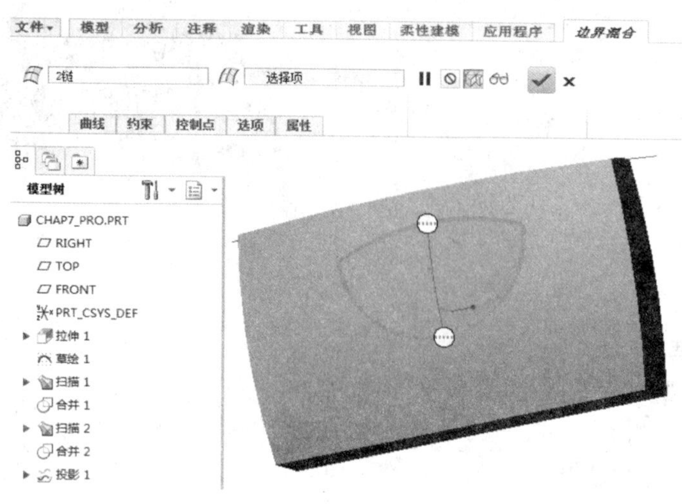

图 7-115　指定第一方向曲线

(3)在“边界混合”选项卡中单击“第二方向链收集器”的框将其激活，选择“草绘 2”曲线，如图 7-116 所示。

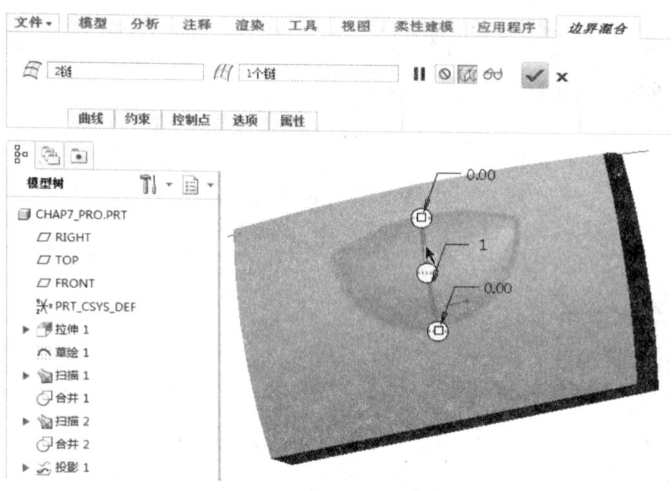

图 7-116　指定第二方向曲线

(4)在“边界混合”选项卡中单击“完成”按钮✔，完成该边界混合曲面的创建。

13. 面组合并 3

(1)确保选中边界混合曲面，按住【Ctrl】键选择主体曲面，单击“合并”按钮，打开“合并”选项卡。

(2)在“合并”选项卡的“选项”面板中选择“连接”单选按钮，确保设置箭头指示的保留侧如图 7-117 所示。

(3)在“合并”选项卡中单击“完成”按钮✔。

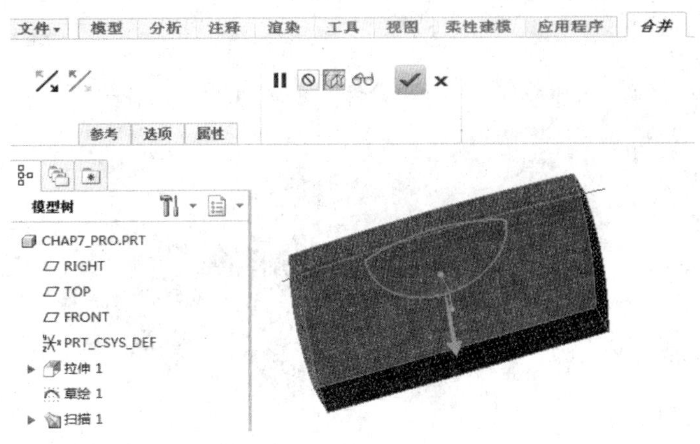

图 7-117　设置合并方法和面组保留侧

14. 在面组中进行倒圆角操作

(1)在功能区“模型”选项卡的“工程”面板中单击“倒圆角”按钮。

(2)在“倒圆角”选项卡中设置当前倒圆角集的半径为“12”。

(3)结合【Ctrl】键选择如图 7-118 所示的两条边作为参照。

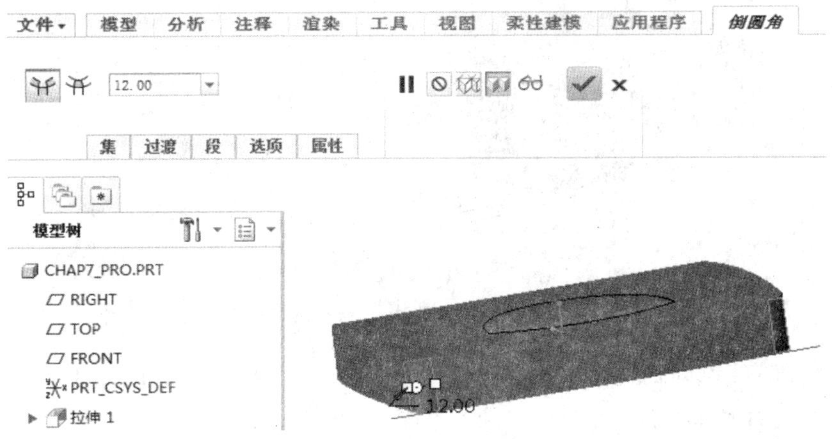

图 7-118　选择要倒圆角的边参考

(4)单击“完成”按钮✔。

15. 在面组中进行倒圆操作

(1)单击“倒角”按钮。

(2)结合【Ctrl】键选择如图 7-118 所示的两条边作为参照,在“边倒角”选项卡中选择边倒角的标注形式为“O1×O2”,并设置 O1 值为 50,O2 值为 20,如图 7-119 所示。

(3) 单击“完成”按钮✔,完成在面组中创建倒角特征。

16. 创建基准平面

(1)在“基准”面板中单击“平面”按钮,弹出“基准平面”对话框。

(2)选择“TOP(基准平面)”作为偏移参考,在“平移”文本框中输入偏移距离为 33,如图 7-120 所示。

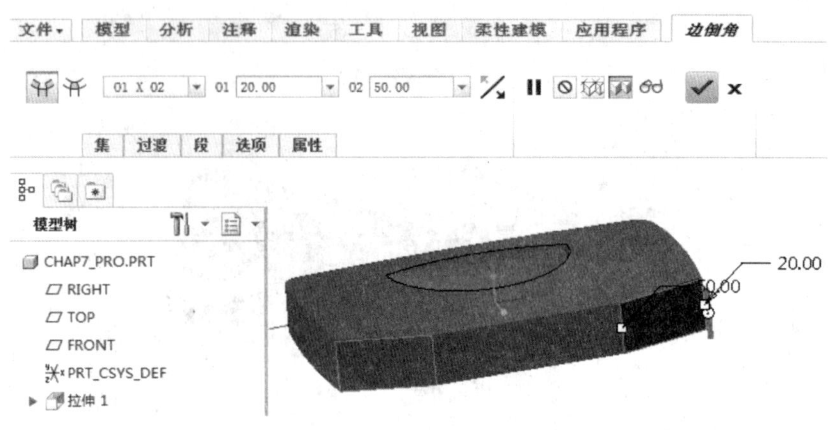

图 7-119　设置边倒角参数

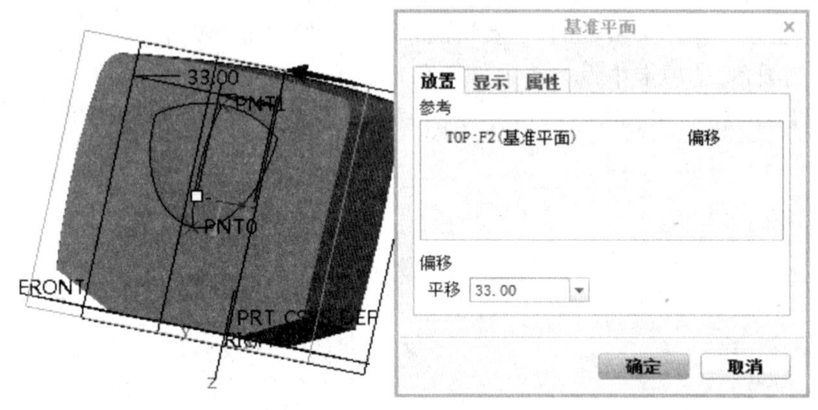

图 7-120　创建基准平面

(3)在“基准平面”对话框中单击“确定”按钮，完成创建基准平面 DTM1。

17. 创建旋转曲面

(1)单击“旋转”按钮，接着在打开的“旋转”选择项卡中单击“曲面”按钮。

(2)在“放置”面板，单击“定义”按钮，弹出“草绘”对话框。

(3)选择“DTM1(基准平面)”作为草绘平面，参考默认即可，依次单击“草绘”按钮和“草绘视图”按钮。

(4)在功能区“草绘”选项卡的“基准”面板中单击“中心线”按钮，先绘制一条倾斜的几何中心线作为旋转轴。接着绘制如图 7-121 所示的旋转剖面，然后单击“确定”按钮✔退出草绘模式。

(5)默认的旋转角度为 360 度，单击“完成”按钮✔，完成该旋转曲面的创建，效果如图 7-122 所示。

18. 阵列曲面特征

(1)选择旋转曲面，单击“阵列”按钮，打开“阵列”选项卡。

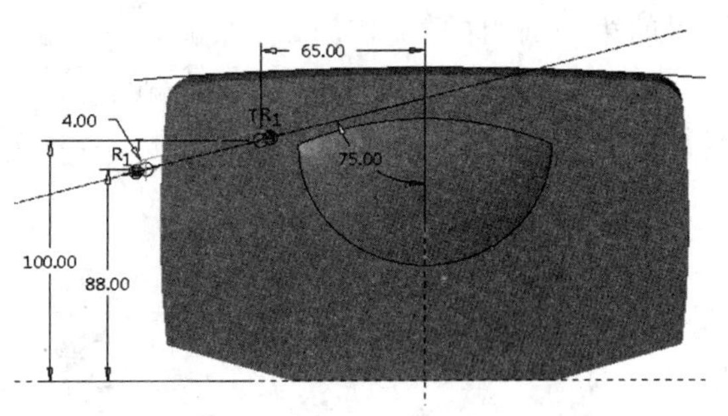

图 7-121　绘制几何基准中心线和旋转剖面　　　图 7-122　创建的旋转曲面

(2)在“阵列”选项卡中设置“阵列类型”选项为“方向”，选择“FRONT(基准平面)”作为方向 1 的参考。

(3)在“阵列”选项卡中输入第一方向的阵列成员数为“5”，输入第一方向的相邻阵列成员的间距为“13.5”，如图 7-123 所示。

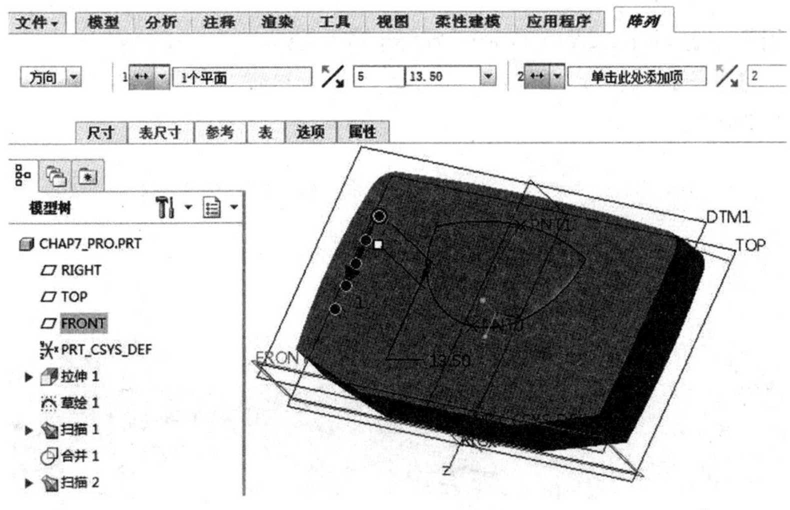

图 7-123　设置方向阵列选项及参数

(4)在“阵列”选项卡中单击“完成”按钮✔，创建的阵列特征如图 7-124 所示。

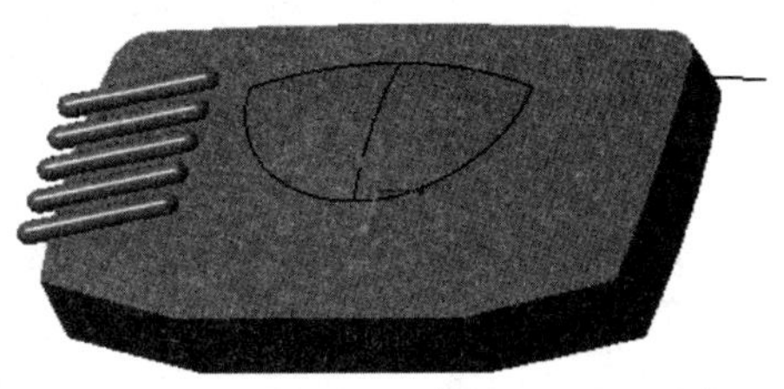

图 7-124　创建阵列特征

19. 镜像曲面

(1)确保刚创建的阵列特征处于被选中状态，单击“镜像”按钮，打开“镜像”选项卡。

(2)选择“RIGHT(基准平面)”作为镜像平面参照。

(3)在“镜像”选项卡中单击“完成”按钮✔，镜像结果如图 7-125 所示。

20. 面组合并

(1)选择主体面组，按住【Ctrl】键选择第一个旋转曲面，单击“合并”按钮，打开“合并”选项卡。

(2)在“合并”选项卡中单击“改变要保留的第一面组的侧”按钮，保证合并的正确性，可以使用预览查看。

(3)用同样的方法，将主体面组分别与其他旋转曲面合并，具体过程不再赘述，最终结果如图 7-126 所示。

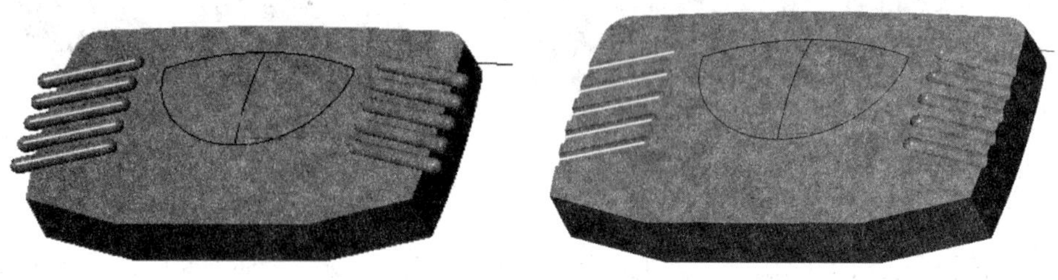

图 7-125　镜像结果　　　　图 7-126　曲面合并最终结果

21. 倒圆角

(1)单击“倒圆角”按钮。

(2)在“倒圆角”选项卡中设置当前倒圆角集的半径为“2”。

(3)按【Ctrl】键选择如图 7-127 所示的多条边作为参照。

(4)单击“完成”按钮。

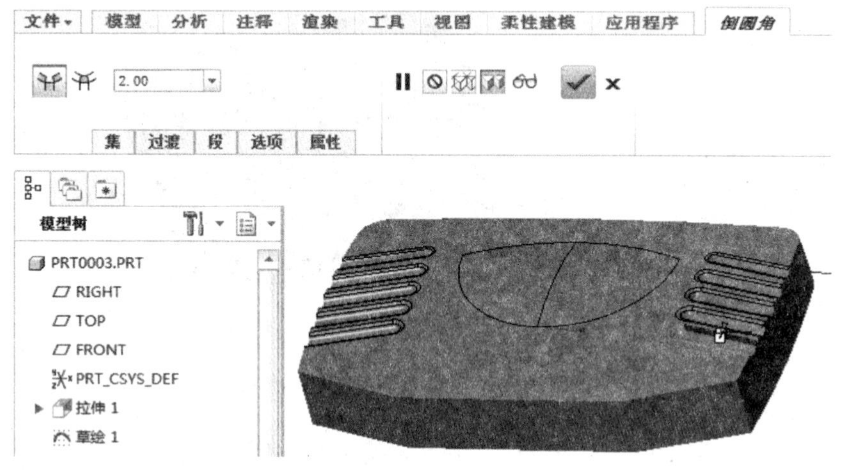

图 7-127　选择要倒圆角的多条边参照

(5)使用同样的方法，设置圆角半径为“12”，选择如图 7-128 所示的边参照来完成倒圆角。

(6)使用同样的方法，继续创建另外的两个半径不同的倒圆角特征，如图 7-129 所示，分别为“R3”和“R50”。

22. 面组加厚

(1)选择合并后的主体面组，在功能区“模型”选项卡的“编辑”面板中单击“加厚”按钮，打开“加厚”选项卡。

(2)在“加厚”选项卡中设置加厚的厚度值为“2.5”，默认的加厚方法选项为“垂直于曲面”，并通过单击“反转结果几何的方向”按钮直至切换到两侧加厚，如图 7-130 所示。

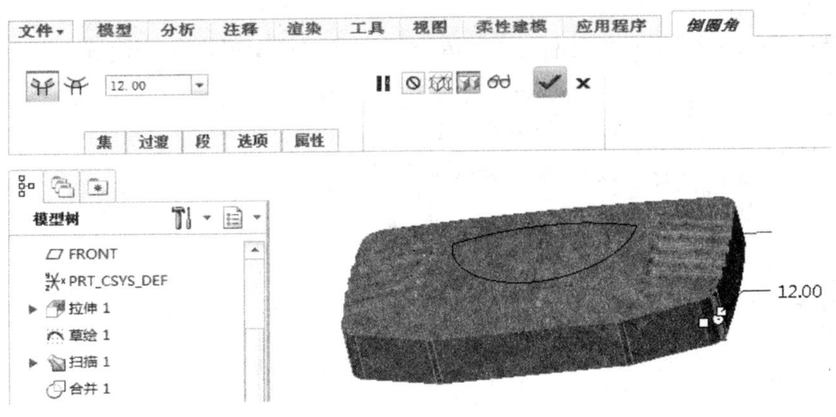

图 7-128　另一处倒圆角

图 7-129　另外两处倒圆角

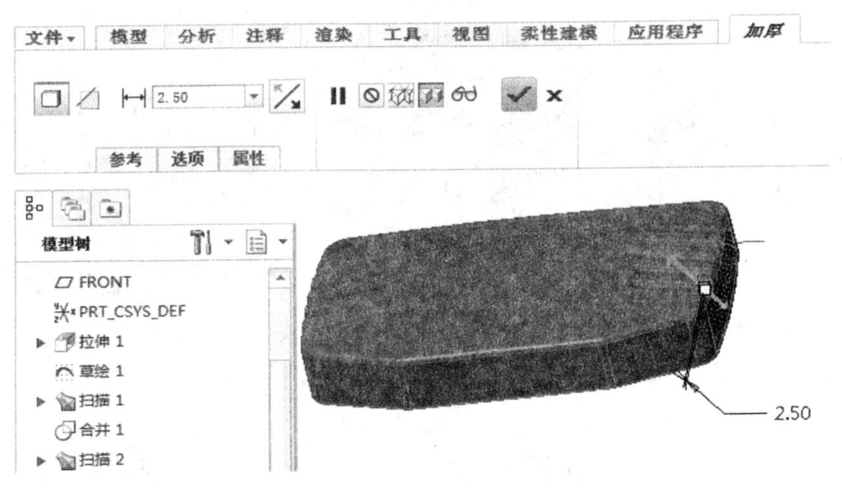

图 7-130　设置加厚选项及参数

(3)在“加厚”选项卡中单击“完成”按钮✔,从而将曲面经过加厚而获得实体模型。

23. 进行拉伸切除操作

(1)单击“拉伸”按钮,接着在打开的“拉伸”选项卡中单击“实体”按钮和去除材料按钮。

(2)选择“TOP(基准平面)”作为草绘平面,进入草绘模式,单击“草绘视图”按钮,使草绘平面与屏幕平行。

(3)绘制如图 7-131 所示的拉伸剖面,单击“确定”按钮✔退出草绘模式。

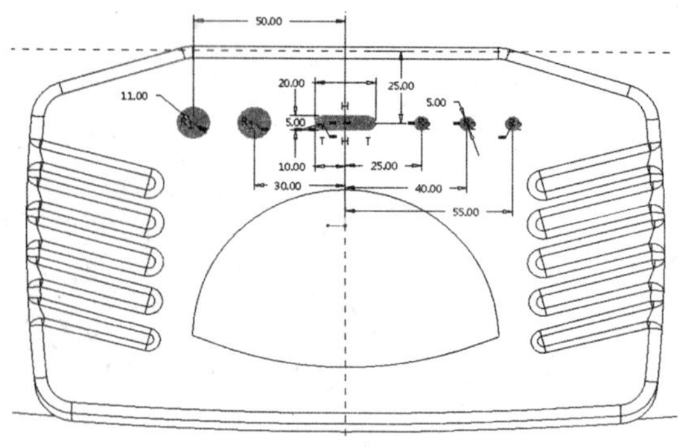

图 7-131　绘制拉伸剖面

(4)单击“将拉伸的深度方向更改草绘的另一侧”按钮,接着从“深度选项”下拉列表框中选择“穿透”按钮,如图 7-132 所示。

(5)在“拉伸”选项卡中单击“完成”按钮✔,从而完成该拉伸切除操作,最终模型如图 7-133 所示。

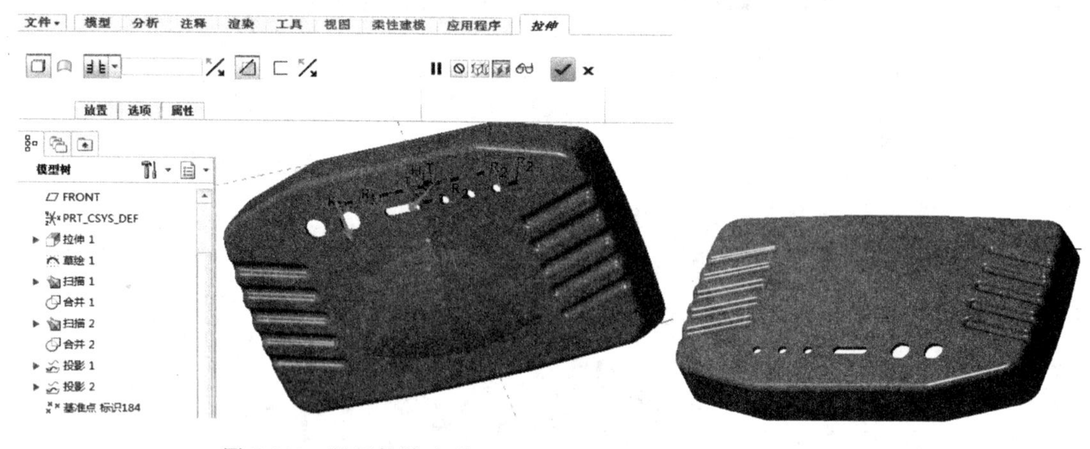

图 7-132　设置拉伸选项　　图 7-133　最终模型

7.6　拓展训练

图 7-134　塑料壶模型

本例绘制的模型是如图 7-134 所示的塑料壶,首先绘制主干曲线,然后通过截面扫描生成塑料壶的侧面,并镜像到另一侧,再将左右的曲面封闭起来,并生成上面的曲面,最后扫描生成塑料壶的手柄。(最终文件见配套光盘文件“第 07 章/suliaohu. prt”)

绘制流程如图 7-135 所示。

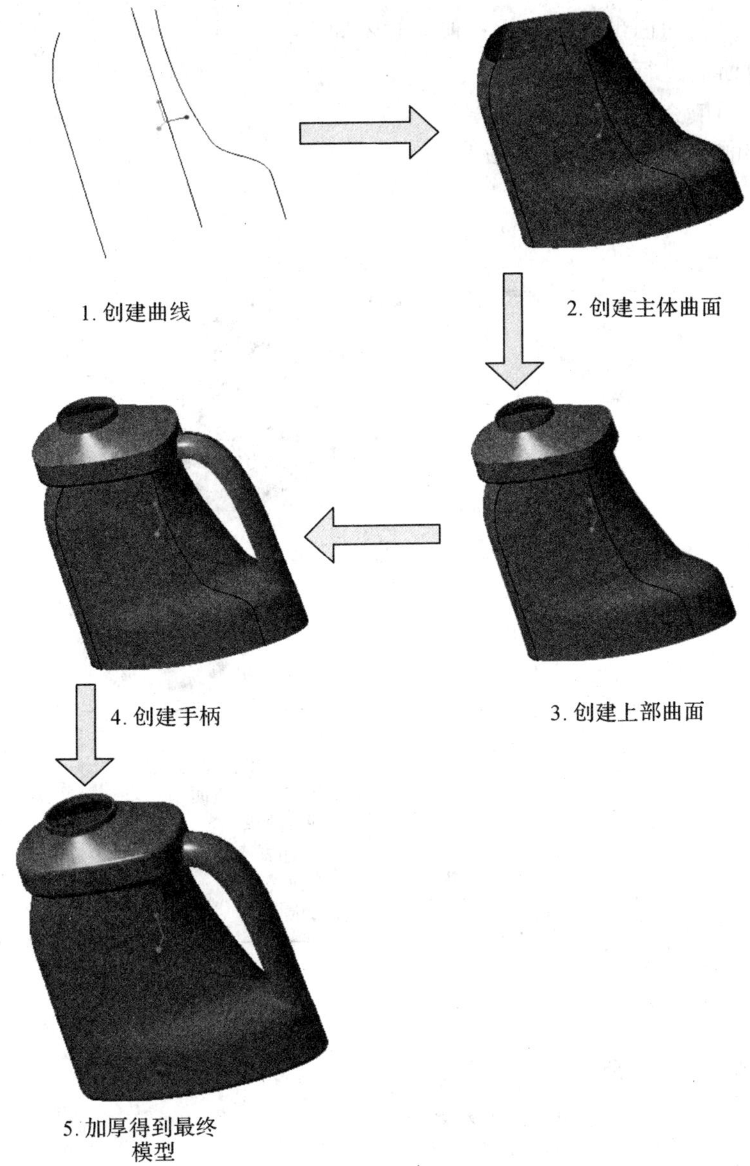

图 7-135　绘制流程

7.7　思考与练习

1. 曲面的显现方式有几种，各有什么特点？
2. 简述实体与曲面的不同之处。
3. 拉伸实体与拉伸曲面有哪些相似点和不同点？
4. 曲面编辑分哪几种？分别如何创建？
5. 曲面偏移和曲面平移有什么不同？

6. 简述创建曲线的方法。
7. 曲线编辑和曲面编辑有什么相似点和不同点？
8. 如何对曲面进行网格显示？
9. 能否利用填充曲面建立球面？
10. 设计如图 7-136 所示的模型。

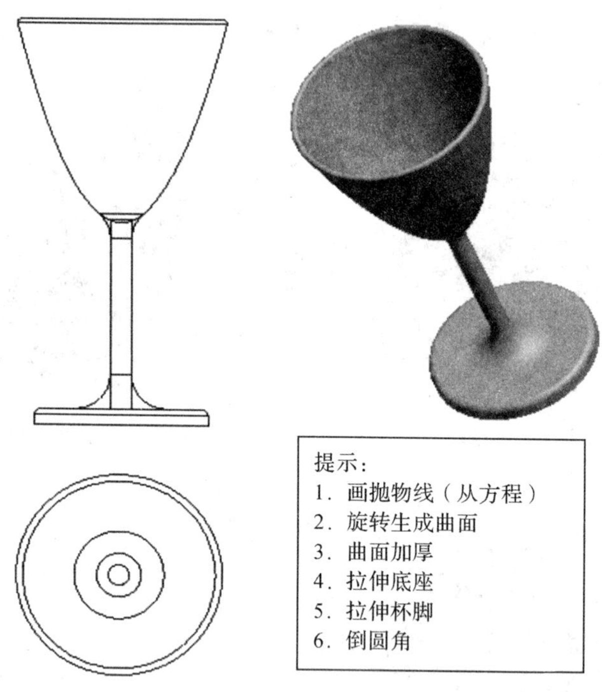

图 7-136　高脚杯

11. 绘制如图 7-137 所示的垫片模型。
12. 绘制如图 7-138 所示的风扇模型。

图 7-137　垫片

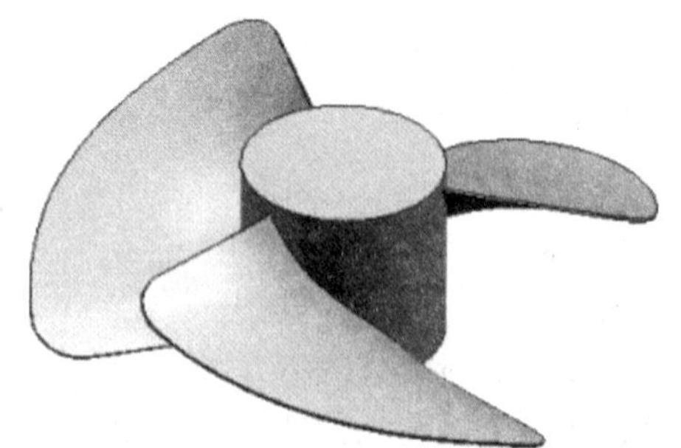

图 7-138　风扇

13. 绘制如图 7-139 所示的灯罩模型。
14. 绘制如图 7-140 所示的汽车模型。

图 7-139　灯罩

图 7-140　车身

15. 根据图纸文件 Mobile_Shell_Top.dwg，完成如图 7-141 所示的手机外壳上盖的建模。

16. 根据图纸文件 Electrical Case.dwg，完成如图 7-142 所示的机电外壳的建模。

17. 根据图纸文件 Fuel Tank Cap.dwg，完成如图 7-143 所示的油箱盖的建模。

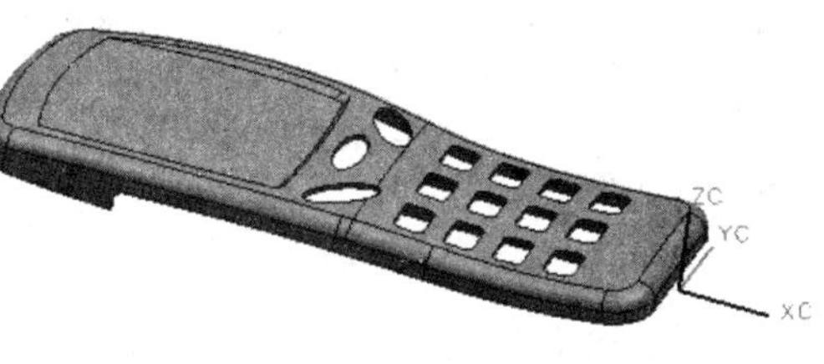

图 7-141　手机外壳上盖

图 7-142　机电外壳

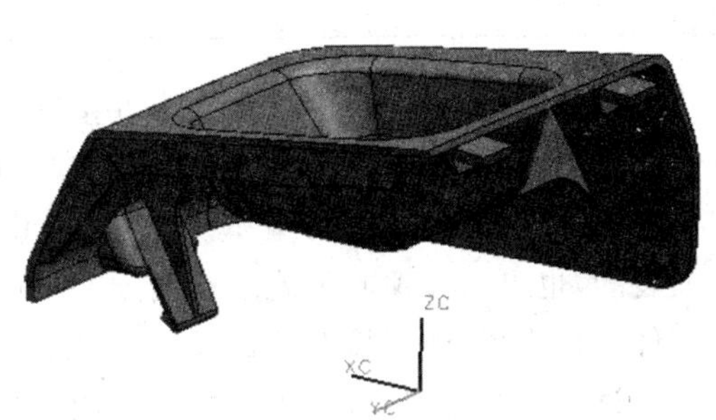

图 7-143　油箱盖

第 8 章　装配零件

<table>
<tr><th>学习单元:装配零件</th><th>参考学时:7</th></tr>
<tr><td colspan="2">学习目标</td></tr>
<tr><td colspan="2">◆ 掌握装配的基本步骤
◆ 理解并掌握各种装配约束的使用
◆ 掌握简单组件的装配
◆ 灵活运用各种装配视图、分解视图和剖面视图</td></tr>
<tr><td>学习内容</td><td>学习方法</td></tr>
<tr><td>★ 简单组件的装配
★ 装配约束
★ 元件的移动操作
★ 装配视图
★ 分解视图
★ 剖面视图</td><td>◆ 理解概念,掌握方法
◆ 熟记操作,勤于实践</td></tr>
<tr><td>考核与评价</td><td>教师评价
(提问、演示、练习)</td></tr>
</table>

在 Creo 的装配模块中将多个零件按其空间约束关系进行组装,还可以利用装配体查看设计的整体效果、检查设计是否合理、创建装配工程图,提供多种附加的功能。通过使用诸如简化表示、互换组件等功能强大的工具,组件支持大型和复杂组件的设计和管理。可自底向上装配,也可以自顶向下装配。由于 Creo 的单一数据库特性,在装配模块中,以组件形式对零件进行修改,能直接在数据库中改变数据,以后调用的零件是修改过的,提高了工作效率。通过本章的学习,可以了解如何使用各种装配约束进行简单组件的装配,包括放置约束和预定义约束集,以及如何进行元件的移动操作。最后,本章介绍了如何进行视图管理。

项目导入:

本实例创建一基座装配结构,如图 8-1 所示。该基座为机器上的固定装置,其结构主要由上下基座、轴、双头螺柱、垫片、螺母、带轮和支架构成。

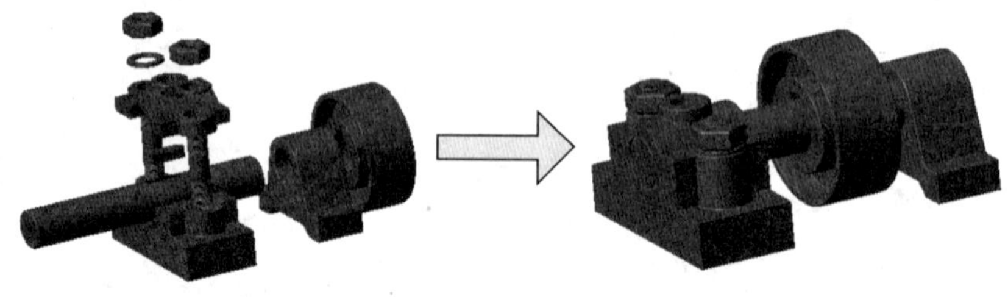

图 8-1　基座装配体

要创建该装配体，首先以下基座为基础模型，然后围绕该下基座依次装配轴、双头螺柱、上基座、垫片、螺母、带轮和支架等，主要用到“重合”、“角度偏移”和“距离”等约束。其中有两个难点：一是要要注意轴上键槽的装配方向，可以通过设置相应平面与下基座的偏移角度来确定；二是带轮上键槽与平键的装配，需要多次运用“重合”约束。另外还需要设置偏移距离来确定带轮的最终位置。

8.1 装配模块基础

8.1.1 常用术语

- 冻结元件：将其父元件删除或隐含时，其在组件中的放置仍固定不变的元件。
- 空元件：无几何形状的零件或子组件。
- 未放置元件：未装配也未封装的组件元件。
- 相交的元件：创建减料特征时，材料会被从中移除的组件元件。
- 元件：组件内的零件或子组件。元件是通过放置约束以确定相对位置的方式排列。
- 子组件：放置在较高层组件内的组件。
- 组件：一组通过约束集被放置在一起以构成模型的元件。
- 互换组件：含有零件或子组件的可交换组或表示的组件。
- 封装元件：未被完全约束的组件元件。所有移动组件元件均会被封装。
- 参数化组件：参照元件移动或改变时，其中的元件位置也随之更新的组件。
- 起始元件：可用来作为创建新零件或组件的模板的标准元件。
- 挠性元件：已准备好适应新的、不同的或不断变化的变量的元件。
- 符号表示：一种简化表示，其中的元件几何以基准点表示。
- 几何表示：组件的精简表示，其中包含元件几何的完整信息。
- 简化表示：一种可将数量较少的元件调入进程中的组件表示。
- 图形表示：只包含显示信息的组件表示。无法修改或参照该组件。
- 数据共享特征：允许将数据从一参照元件以相关方式传播到目标元件的特征。
- 合并特征：数据共享特征，可在两个元件放置到组件中后，将一个元件的材料添加到另一个元件中，或从另一个元件中减去此元件的材料。
- 继承特征：一种合并特征，可进行从一个零件到另一零件的单向几何和特征数据传播。
- 减料特征：为了移除材料而创建的特征，如孔。
- 发布几何特征：包含独立的局部几何参照的数据共享特征。可将此特征复制到其他模型。
- 快照：沿特定方向捕捉具有某种自由度的组件。
- 剖面：模型内部结构的视图（有一平面将组件或零件切开）。
- 区域：模型内一块已定义的区域。
- 包络：为了表示组件中预先确定的元件集而创建的零件。包络使用简单的几何形状以减少系统内存的使用量，看起来与它所代表的元件类似。

- 布局：驱动零件和组件的非参数性 2D 草绘。
- 分解视图：显示彼此分隔的组件元件的可定制视图。分解视图可用于说明模型的装配方式及所需使用的元件。
- 复制几何：数据共享特征，可从参照模型传达几何信息和用户定义参数。
- 骨架模型：预先确定的元件结构框架。
- 接近捕捉：放置处理过程中，可在拖动元件时标识可能放置的位置。释放鼠标键即可使元件捕捉至标识的位置。
- 元件放置：在组件中为零件或子组件定位。此定位是根据放置定义集而定，放置定义集决定元件与组件相关联的方式与位置。
- 实例研究：二维参数化布局，用于在设计零件之前测试机构中的运动限制和干涉。
- 收缩包络：表示模型外形的一组曲面和基准。
- 元件界面：用于自动化元件放置已存储约束、连接和其他信息。每次将元件放置到组件中时，即可使用已保存界面。
- 约束集：放置组件元件的一组规格。
- 主表示：组件的完整、详细表示。
- 仅限组件表示：排除子组件元件的简化表示。只包含组件级特征。
- 主体项目：不具备实体表示、必须显示在材料清单或"产品数据管理"程序中的组件对象。例如，黏结剂、涂漆、铆钉和螺丝。
- 自顶向下设计：先定出产品概念、再指定顶层设计标准的产品创建方式。这些标准接着会在创建和细节化零件和元件时，被传递到所有零件和元件。
- 重新构建：重新组织组件中的元件。
- 定向假设：放置元件时自动创建约束的基础。

8.1.2 装配约束

装配约束的作用是指定一个元件相对于装配体中的其他元件的放置方式和位置。约束类型包括自动、距离、角度偏移、平行、重合、法向、共面、居中、相切、默认和固定十种类型。装配前首先要创建基准特征或基本元件，然后才可创建或装配其他的组件到现有组件和基准特征中。当元件通过约束添加到装配体后，它的位置会随着其他元件的移动而发生变化，通过改变约束设置值，来改变与其他元件之间的关系，还可以与其他参数建立关系方程。装配也是一个参数化的过程。下面分别介绍各种约束。

注意：

建立装配约束前，应选取元件参照和组件参照。比如，将螺钉插入螺孔，螺钉的中心轴是元件参照，螺孔中心轴是组件参照。

一次只能放一个约束。

一次装配成功往往需要数个约束。

附加约束（非需要约束）限制在 10 个以内，系统最多指定 50 个约束。

---

1. 自动

元件参考相对于装配参考自动放置。

2. 距离

元件参考偏移至装配参考,需要设置元件参考和装配参考之间的距离值,以及它们之间的约束方向。

3. 角度偏移

元件参考与装配参考呈设定的角度。

4. 平行

元件参考定向至装配参考。

5. 重合

元件参考与装配参考重合,朝向相同或相反。

6. 法向

元件参考与装配参考垂直。

7. 共面

元件参考与装配参考共面。

8. 居中

元件参考与装配参考同心。

9. 相切

元件参考与装配参考相切。

10. 固定

将原件固定到当前位置。

11. 默认

在默认位置组装元件。

如图 8-2 给出了两种常见的放置约束类型,即"距离"和"重合",其中"重合"约束既可以使选定的两组面重合,也可以使选定的两组轴线重合。对于两组平面的"距离"约束或"重合"约束,还可以单击"元件放置"选项卡中的"更改约束方向"按钮来更改约束方向,从而使得选定的参照朝向相同或相反。另外,尤其要注意"重合"约束的参照类型必须相同(如平面对平面、点对点、轴对轴、坐标系对坐标系等)。

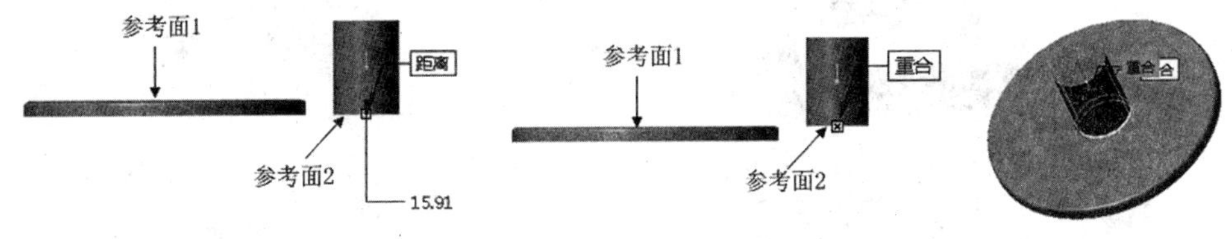

图 8-2 两种常见的放置约束类型

8.1.3 移动元件

对于简单的装配,直接放置约束即可,然而对于复杂的装配,还需要移动元件。单击元件放置操控板上的"移动"按钮,得到如图 8-3 所示的界面。

可以看到,运动类型包括定向模式、平移、旋转和调整四种类型。

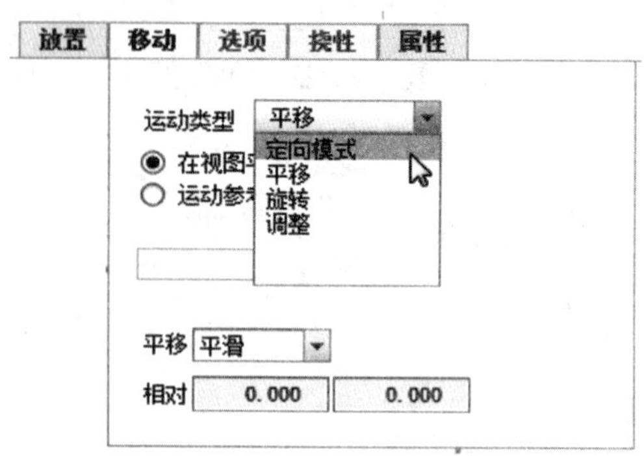

图 8-3　移动界面

1. 定向模式

定向模式可以提供除标准的旋转、平移和缩放之外的更多查看功能，可相对特定几何参考重定向视图，并可更改视图重定向样式，如动态、固定、延迟或速度，如图 8-4 所示。

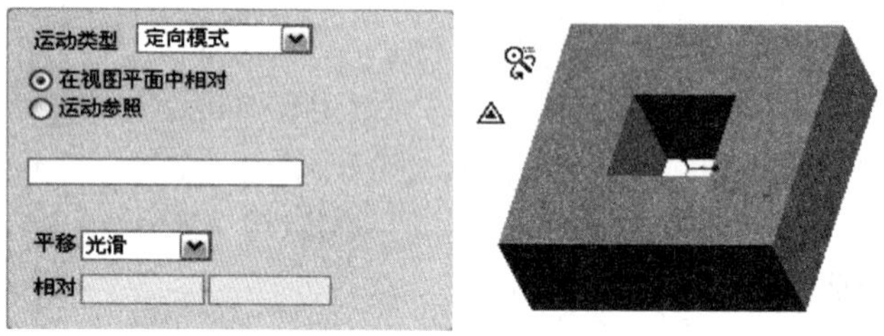

图 8-4　定向模式

单击"移动"界面中的下拉列表中的"定向模式"。在视图区中单击鼠标左键并按住中键拖动，可以控制元件在各个方向上进行旋转。在旋转时，同时按【Shift】键可以在视图平面上平移元件，按【Ctrl】键可以在视图平面上旋转元件，如图 8-5 所示。

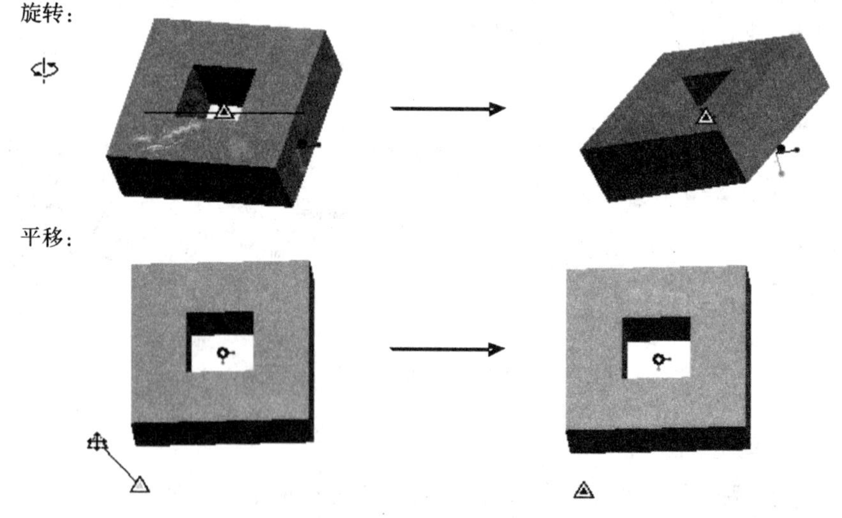

图 8-5　旋转和平移操作

对于新添加的元件，按下【Ctrl＋Shift】组合键并同时单击鼠标中键即可启用定向模式。在视图区单击鼠标右键不放，从右键的快捷菜单可以选择查看样式和退出定向模式，如图 8-6 所示。

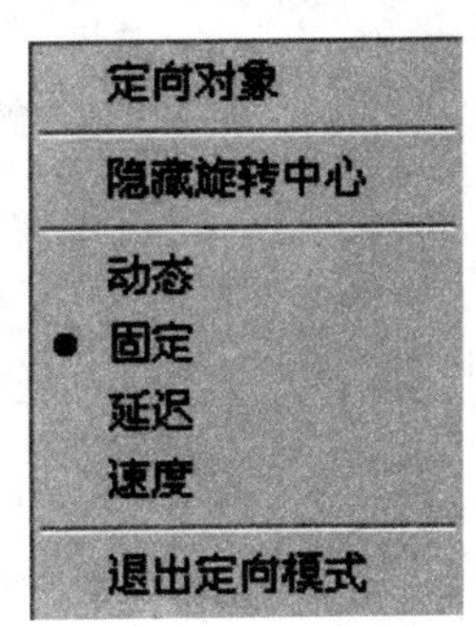

图 8-6　定向模式

样式有四种，分别是动态、固定、延迟和速度：

- 动态样式："方向中心"显示为▱，指针移动时方向更新，元件绕着"方向中心"自由旋转。
- 固定样式："方向中心"显示为△，指针移动时方向更新，元件的旋转由指针相对其初始位置移动的方向和距离控制。"方向中心"每转 90 度改变一种颜色，当光标返回到按下鼠标的起始位置时，视图回到起始的地方。
- 延迟样式："方向中心"显示为▣，指针移动时方向不更新，释放鼠标中键时，指针模型方向更新。
- 速度样式："方向中心"显示为⊙，指针移动时方向更新，速率要受到光标从起始位置所移动距离的影响，速率是指操作的速度。

2. 平移

在"移动"界面的"运动类型"下拉列表中选择"平移"，然后在视图区中单击鼠标左键平移元件，再次单击左键可以退出平移模式。平移的运动参照有两种："在视图平面中相对"和"运动参照"。选择"在视图平面中相对"复选框后，可以在视图平面上移动元件；选择"运动参照"复选框后，可以在视图中选择平面、点或者线作为运动参照进行移动，同时其右侧将出现"垂直"和"平行"单选按钮作为参照选项，如图 8-7 所示。

3. 旋转

旋转可以使元件绕选定的参照旋转，操作方法与平移类似。选择旋转参照后在元件上单击并移动可以旋转元件，再次单击可以退出旋转模式，在选择旋转参照时，可以在元件或者组件上选择两点作为旋转轴，也可以选择曲面作为旋转面，如图 8-8 所示。

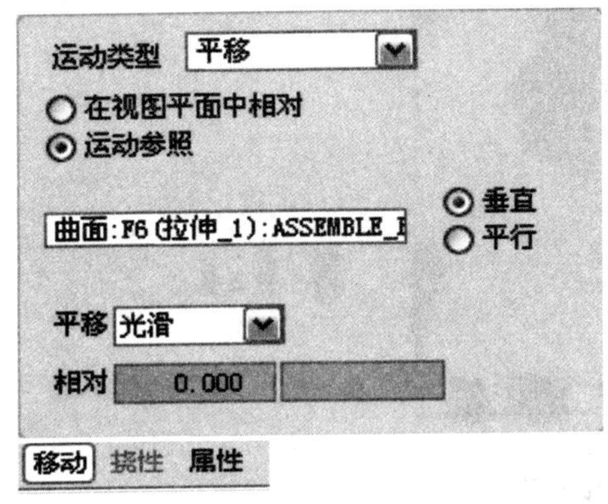

图 8-7　平移

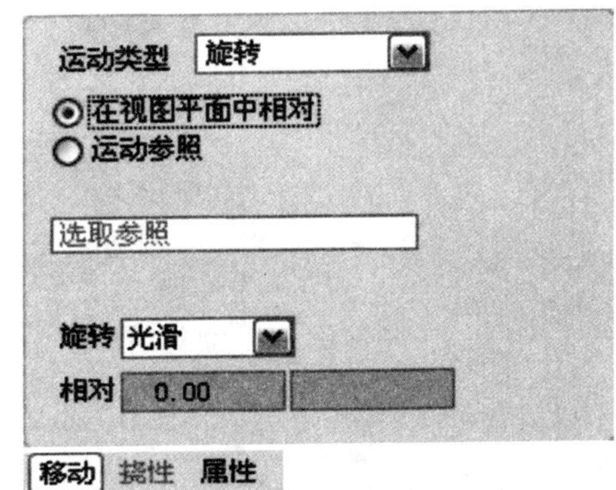

图 8-8　旋转

4. 调整

可以添加约束，并可以选择参照对元件进行移动。在"移动"界面的"运动类型"下拉列表中选择"调整"，如图 8-9 所示。

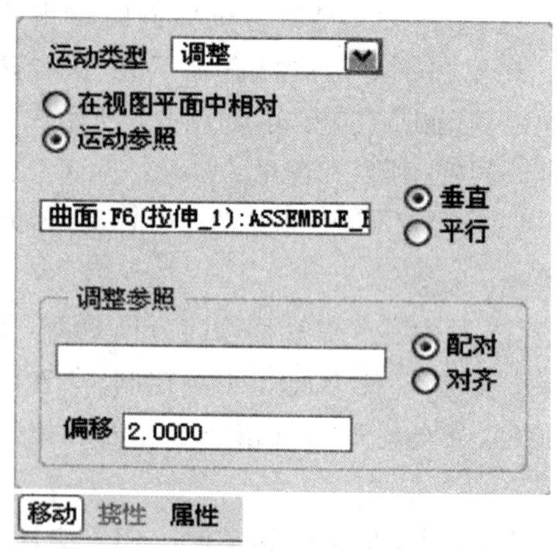

图 8-9 调整

8.2 装配模块的一般过程

8.2.1 进入装配环境

1. 单击“主页”面板的“选择工作目录”命令，将目录设置到用户指定位置。

2. 在“快速访问”工具栏中单击“新建”按钮，弹出如图 8-10 所示的对话框，“类型”选择“装配”，“子类型”选择“设计”，取消勾选“使用默认模板”。

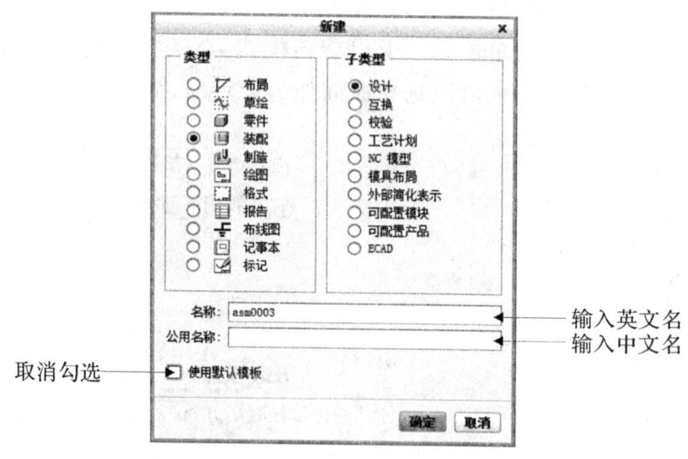

图 8-10 新建文件

3. 在弹出的如图 8-11 所示的对话框中，选择 mmns_asm_design 模板。

4. 单击“确定”按钮。系统进入装配环境，此时看到三个正交的装配基准平面，如图 8-12 所示。

图 8-11　选择模板

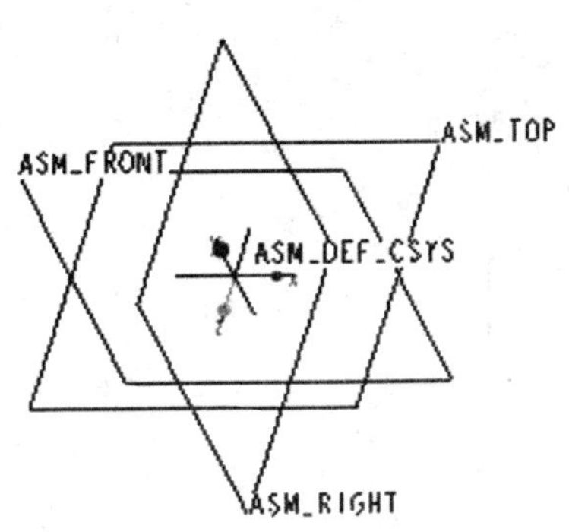

图 8-12　装配基准平面

8.2.2　引入第一个零件

引入元件常用以下几种方法：

1. 在组件中直接创建零件。

2. 单击“模型”选项卡“元件”面板下拉列表的“封装”命令来装配元件。将元件包括在组件中，然后用装配指令确定其位置。

3. 相对于装配中的基础元件或其他元件和(或)基准特征的位置，指定元件位置，可实现按参数方式装配该元件。

但是，为了方便某些操作的实现，比如重定义装配的第一个元件的放置约束，阵列添加的第一个元件，将后面的元件重新排列，使之排在第一个元件之前等，最好的办法是首先引入基准平面。由于选取mmns_asm_design模板，系统就会自动生成三个正交的装配基准平面，所以无须再创建装配基准平面。下面开始引入第一个零件。

(1)单击“模型”选项卡“元件”面板的“组装”按钮，得到如图 8-13 所示的界面。

(2)单击“装配”，弹出“打开文件”对话框，选择已有的模型文件，模型如图 8-14 所示，然后单击“打开”按钮。

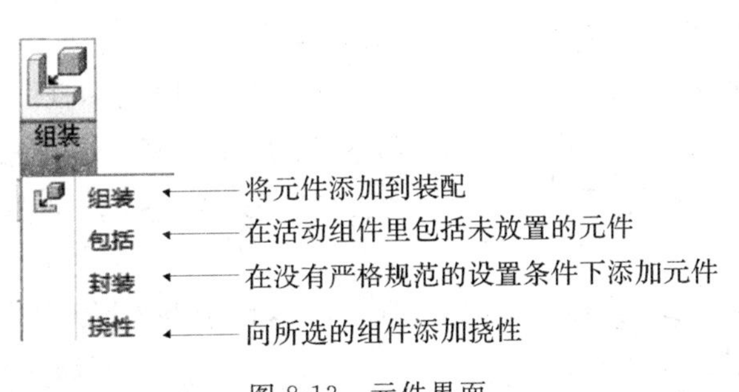

图 8-13　元件界面

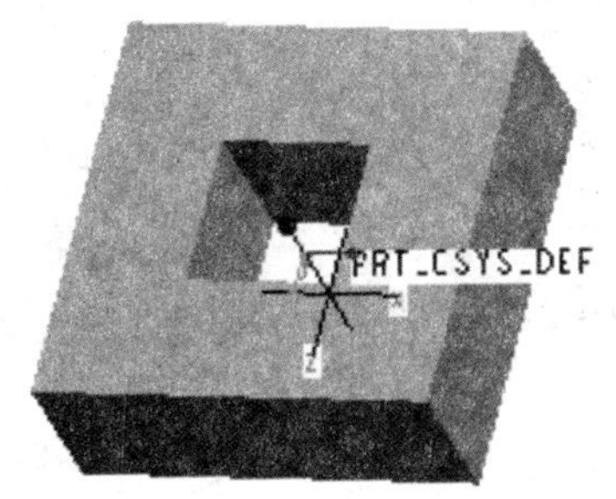

图 8-14　已有零件

(3)完全约束放置第一个零件。完成上述操作以后，弹出如图 8-15 所示的元件放置操控板，在该操控板中单击 放置 按钮，在“放置”界面的“约束类型”下拉列表框中选择

缺省 选项，将元件默认放置，此时“状态”为“完全约束”。单击操控板的完成按钮☑。

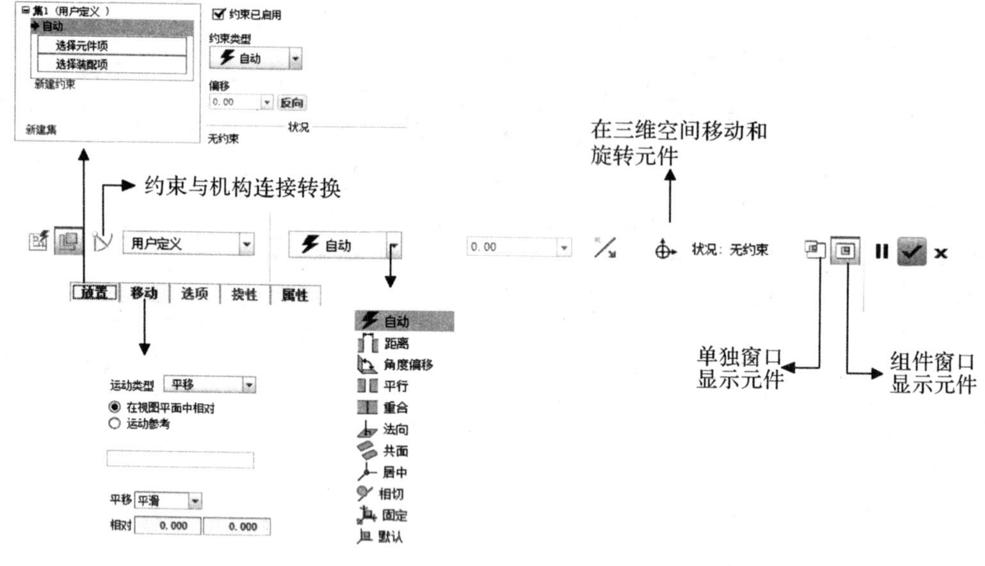

图 8-15　元件放置操控板

8.2.3　装配第二个零件

1. 单击“模型”选项卡“元件”面板的“组装”按钮，然后在弹出的文件“打开”对话框中选取零件文件，得到如图 8-16 所示图形，单击“打开”按钮。

图 8-16　引入第二个零件

2. 然后为便于装配，对零件进行移动操作，有两种方法。

第一种方法：

在元件“放置”操控板中，单击“移动”按钮，在“运动类型”下选择“平移”，选取“运动参照”，有两种选择方式。

- **⊙在视图平面中相对** 单选按钮：相对视图平面即屏幕平面移动元件。
- **⊙运动参照** 单选按钮：相对参照移动元件。此单选按钮会激活“参照文本框”，用来搜集参照。最多可搜集两个参照。选取参照后，会激活 **⊙垂直** 和 **○平行** 单选按钮。**⊙垂直** 是指垂直于选定参照来移动元件；**○平行** 是指平行于选定参照来移动元件。如图 8-17 所示。

另外，“平移”列表框指定了移动的方式，比如光滑，1，5，10。1，5，10 指网格数。“相对”区域显示出元件相对移动操作前的位置。

此处选择 **⊙在视图平面中相对** 单选按钮，在绘图区单击鼠标左键并移动鼠标，装配元件随着鼠标移动，将其平移到合适的位置，如图 8-18 所示。

在元件放置操作板中单击“放置”，弹出“放置”界面，对元件进行放置。

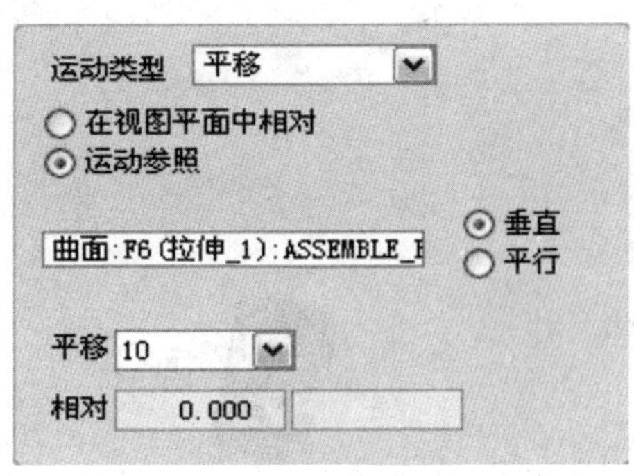

图 8-17　平移设置

图 8-18　单击鼠标移动元件

第二种方法：

在“元件放置”选项卡中，单击 3D 拖拽按钮，此时元件上会出现球形的拖拽方向显示(包括三个移动和三个转动)，如图 8-19 所示，鼠标左键单击箭头就可以对元件进行移动和旋转。

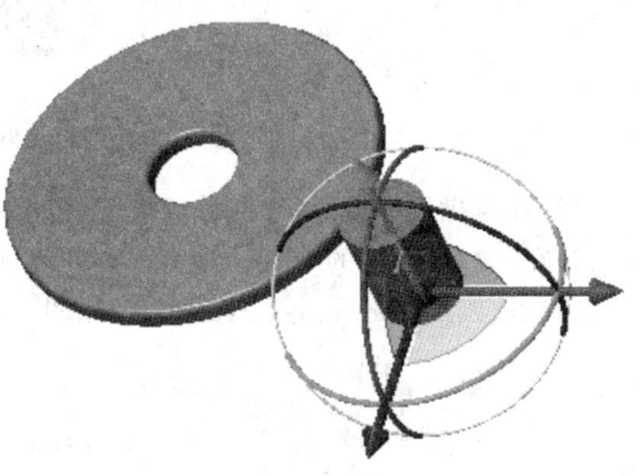

图 8-19　辅助窗口

3. 设置完全约束

当引入元件到装配件中时，系统将选择“自动”放置，从装配体和元件中选择一对有效参照，系统将自动选择适合指定参照的约束类型，极大地提高工作效率。但是在某些情况下，需要根据自己的意图重新选取。

(1)定义第一个装配约束。

1)在“放置”面板的“约束类型”下拉列表框中选择“重合”选项。

2)先选取新加入零件的一个面，如图 8-20 所示。

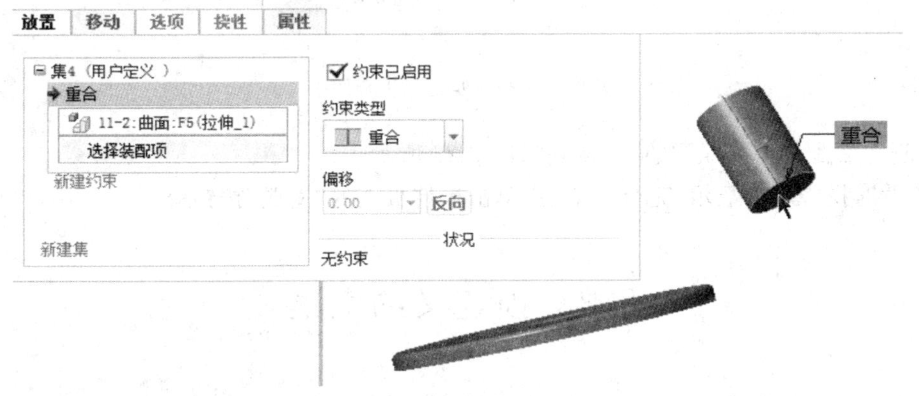

图 8-20　选择匹配和重合约束

3)选取装配体上要匹配的面,如图 8-21 所示。

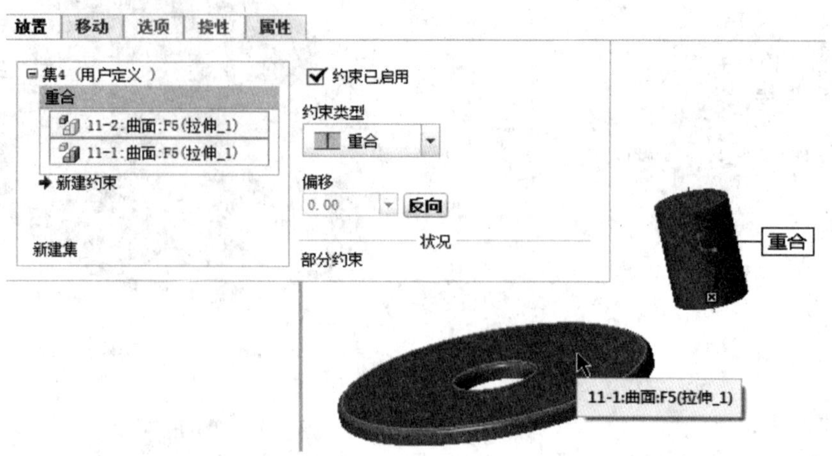

图 8-21　选取要匹配的面

(2)此时操控板上显示“部分约束”。需要定义第二个装配约束。

1)在“放置”面板的“约束类型”下拉列表框中选择“重合”选项。

2)选取刚加入的元件要匹配的面,如图 8-22 所示。

图 8-22　选择匹配和重合约束

3)选取装配体上要匹配的面,得到如图 8-23 所示。

4. 此时操控板上显示“完全约束”。单击操控板上的“完成”按钮✔。

8.3　预定义约束集

如果组件中包含可以运动的机构,为了保证机构的运动图形不被改变,同时也为了能对所设计的模型进行运动分析,需要在组件装配中使用预定义约束。

预定义约束的类型主要有“刚性”、“销”、“滑块(滑动杆)”、“圆柱”、“平面”、“球”、“焊

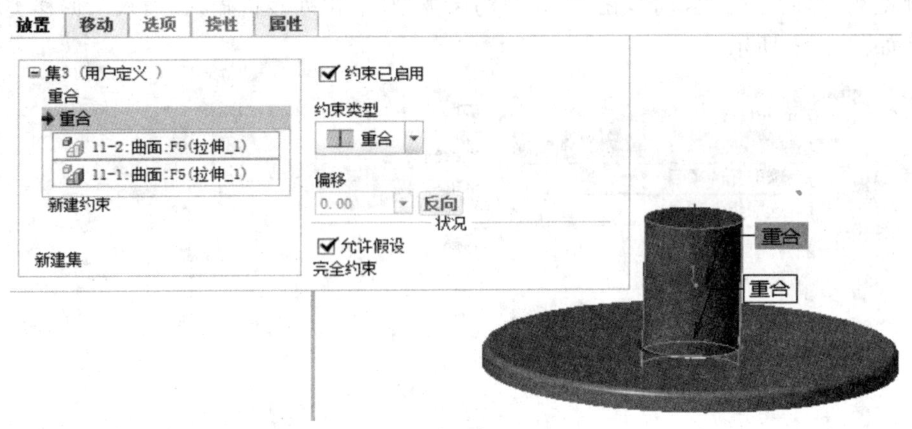

图 8-23　匹配约束的结果

缝”、“轴承”、“常规”、“6DOF”、“方向”和“槽”，如图 8-24 所示。预定义约束的定义和放置约束的定义非常相似，即在功能区的“元件放置”选项卡的“用户定义”约束集下拉列表框中选择所需要的连接类型选项，接着根据所选连接类型选项的特定约束要求，分别在组件中和要装配的元件中指定约束参照。

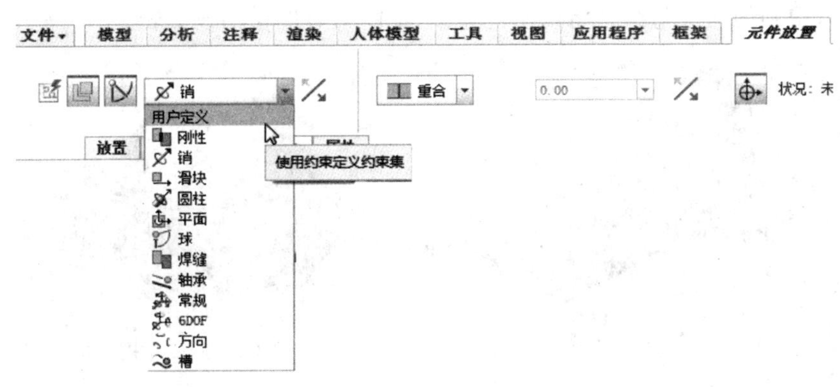

图 8-24　约束集操控板

8.3.1　刚性约束集

刚性约束集是指使用约束连接两个元件，使其无法相对移动。如此连接的元件将变为单个主体。刚性连接的自由度为 0，即连接元件间不可以作任何相对运动，一般用于定义机架。

【例 8-1】　添加刚性约束集。

(1)单击“模型”选项卡“元件”面板的“组装”按钮，弹出“打开文件”对话框，选择已有的零件 1，按“完成”按钮，然后插入另一个元件，零件如图 8-25 所示。

图 8-25　已有零件

(2)单击操控板中“放置”界面上的“集 1(用户定义)”，并在右侧的集的类型下拉列表中选择“刚性”。然后单击“自动”,在右侧的“约束类型”下拉列表框输入“插入”,偏移类型为禁用状态,如图 8-26 所示。

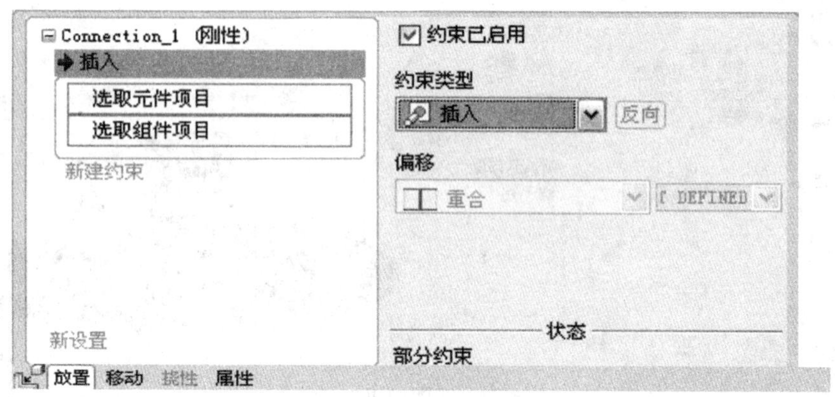

图 8-26　约束集操控板

(3)在视图中选择螺钉的圆柱面和螺帽的圆柱面,选择的两个面将插入约束,如图 8-27 所示,这样就在刚性集上给元件和组件添加了插入约束。

(4)操控板上显示为“部分约束”,因此添加第二个约束“匹配”,如图 8-28 所示。此时为“完全约束”,得到的元件与组件将以刚性连接,不能相对地移动或旋转。

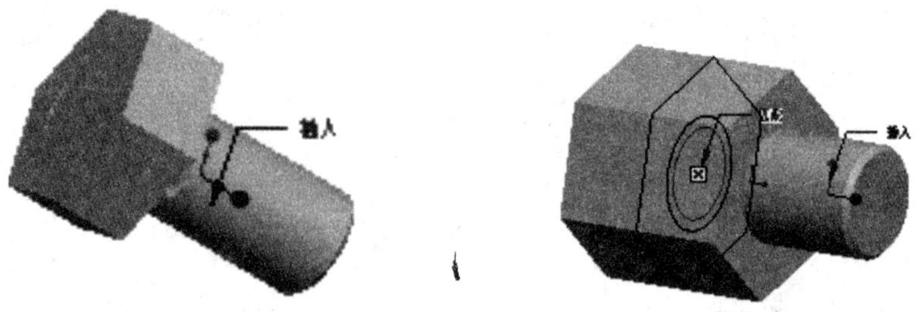

图 8-27　添加插入约束　　　　图 8-28　刚性约束结果

8.3.2　销钉约束集

销钉约束集使连接具有一个旋转自由度,允许元件沿指定轴旋转。可以选取轴、边、曲线或曲面作为轴参照,选取基准点、顶点或曲面作为平移参照。设计需要定义一个“轴对齐”和“平移对齐”。操作步骤和 8.3.1 相同,运用销钉约束集所得的结果如图 8-29 所示。

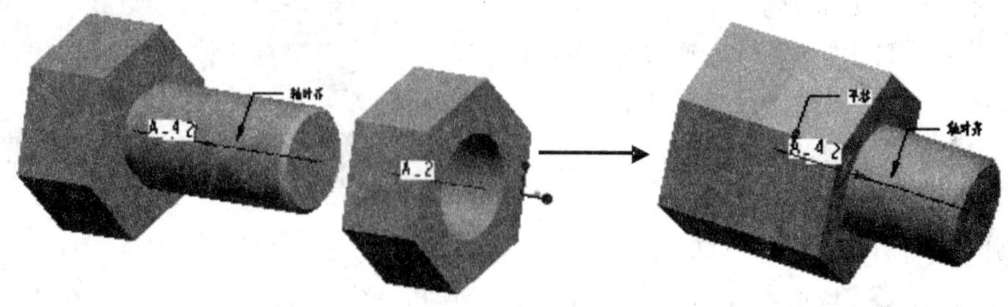

图 8-29　销钉约束集

8.3.3 滑动杆约束集

滑动杆约束集将元件连接至参照轴，滑动杆连接具有一个平移自由度，允许元件沿轴线方向平移，可以选取边或对齐轴作为对齐参照，选择曲面作为旋转参照。设计需要定义“轴对齐”和“平面匹配”约束以限制构件绕轴线旋转。操作步骤和 8.3.1 相同，运用滑动杆约束集所得的结果如图 8-30 所示。

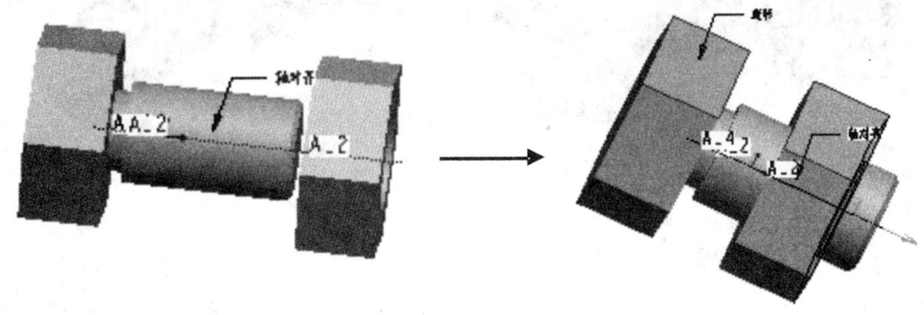

图 8-30 滑动杆约束集

8.3.4 圆柱约束集

使用圆柱约束集来连接元件时，具有一个平移自由度与一个旋转自由度，允许元件沿着指定的轴平移并相对于该轴旋转。为使其以两个自由度沿着指定轴移动并绕其旋转，可以选取轴、边或曲线作为轴对齐参照。设计需要定义一个“轴对齐”。操作步骤和 8.3.1 相同，运用圆柱约束集所得的结果如图 8-31 所示。

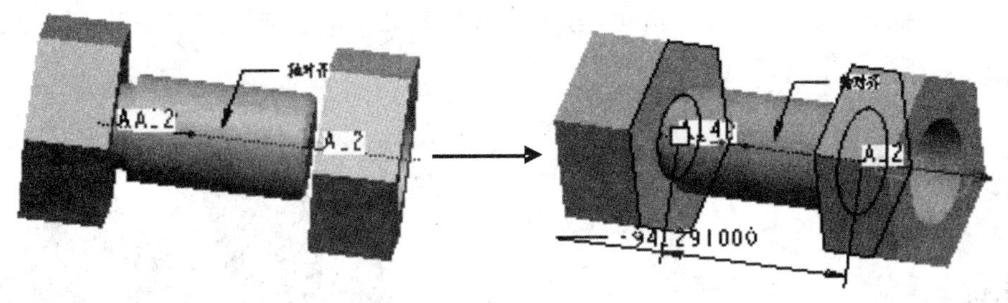

图 8-31 圆柱约束集

8.3.5 平面约束集

使用平面约束集来连接元时，为使其在一个平面内彼此相对移动，在该平面内有两个平移自由度，围绕与其正交的轴有一个旋转自由度，可以选取配对或对齐曲面参照。平面约束集具有单个平面配对或对齐约束，且配对或对齐约束可被反转或偏移。设计需要定义一个“平面对齐”，操作步骤和 8.3.1 相同，运用平面约束集所得的结果如图 8-32 所示。

8.3.6 球约束集

球约束连接元件，使其可以三个旋转自由度在任意方向上旋转(360°旋转)，但是没有平移自由度，可以选取点、顶点或曲线端点作为对齐参照。球约束集具有一个点对点对齐约束。装配后两元件具有一个公共旋转中心，可以绕该中心点做任意方向的旋转运动。操作步骤和 8.3.1 相同，运用球约束集所得的结果如图 8-33 所示。

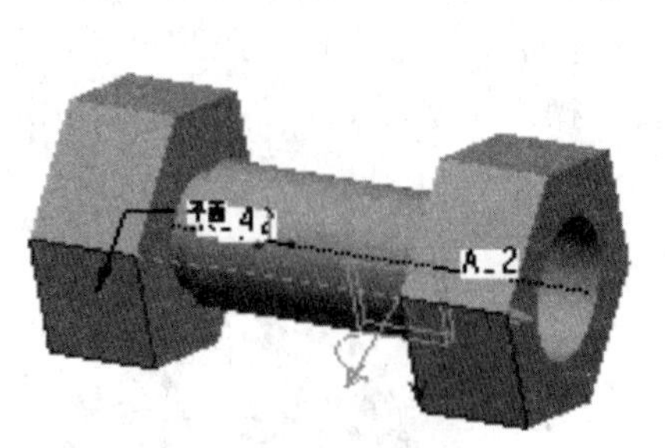

图 8-32　平面约束集

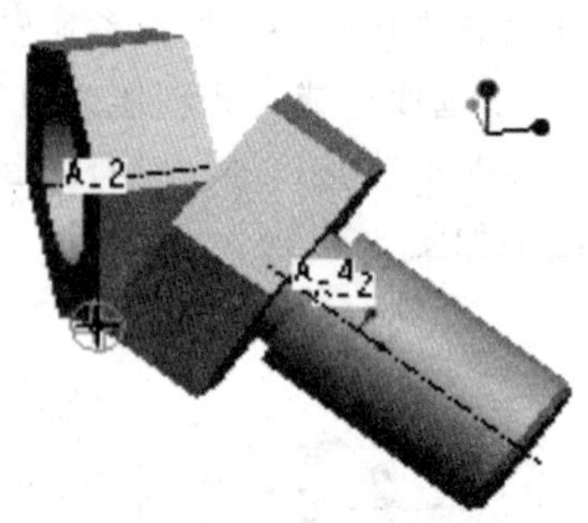

图 8-33　球约束集

8.3.7　焊接约束集

焊接约束将一个元件连接到另一个元件，使它们无法相对移动。焊接连接的自由度为 0，将两个元件永久连接在一起。通过将元件的坐标系与组件中的坐标系对齐而将元件放置在组件中，可在组件中用开放的自由度调整元件，设计需要定义"坐标系对齐"。操作步骤和 8.3.1 相同，运用焊接约束集所得的结果如图 8-34 所示。

8.3.8　轴承约束集

轴承约束是球约束和滑块约束连接的组合，具有四个自由度，即三个旋转自由度(360 度旋转)和沿参照轴平移自由度。对于第一个参照，在元件或组件上选择一点，对于第二个参照，在组件或元件上选择边、轴或曲线。轴承连接允许接头在连接点任意方向旋转，沿指定的轴平移。操作步骤和 8.3.1 相同，运用轴承约束集所得的结果如图 8-35 所示。

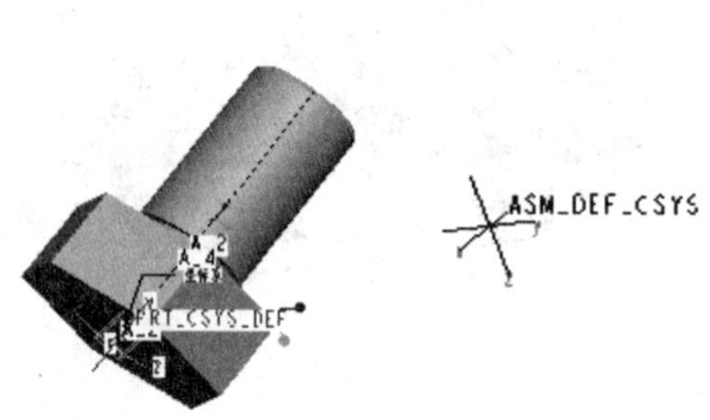

图 8-34　焊接约束集

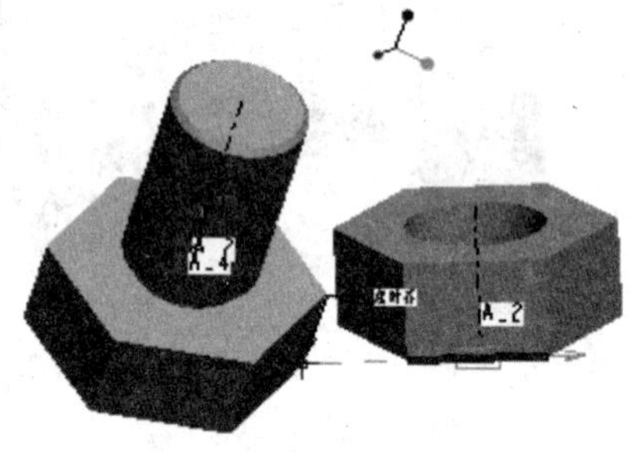

图 8-35　轴承约束集

8.3.9　常规约束集

常规约束可以在元件和组件之间添加一个或两个自定义约束，这些约束和用户定义集中的约束相同，该约束还提供了平移和旋转控制。比如利用旋转和曲面上的点约束来装配，操控板和装配结果分别如图 8-36 所示和如图 8-37 所示。

8.3.10　6DFO 约束集

6DFO 约束不影响元件与组件相关的运动，因为未应用任何约束。元件的坐标系与组件中的坐标系对齐。X、Y 和 Z 组件轴是允许旋转和平移的运动轴。6DOF 连接具有 6 个自

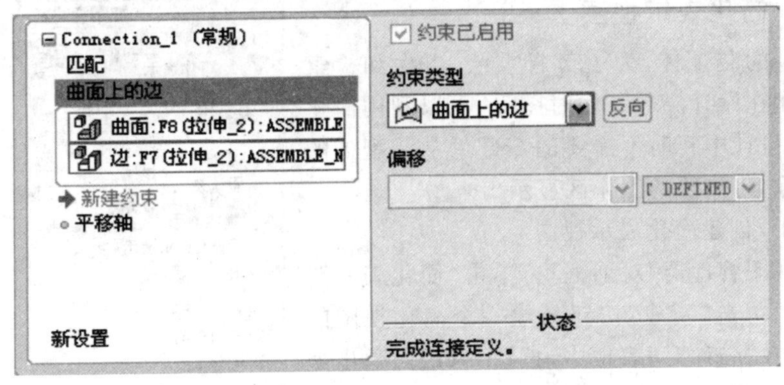

图 8-36　约束集操控板

由度,连接零件可以自由移动不受约束限制。操作步骤和 8.3.1 相同,运用 6DFO 约束集所得的结果如图 8-38 所示。

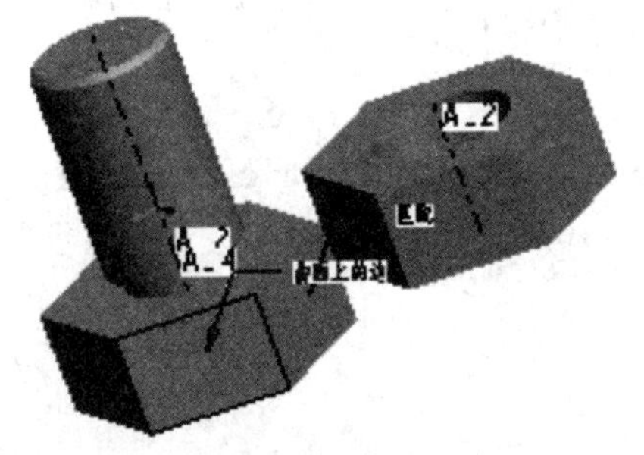

图 8-37　常规约束集

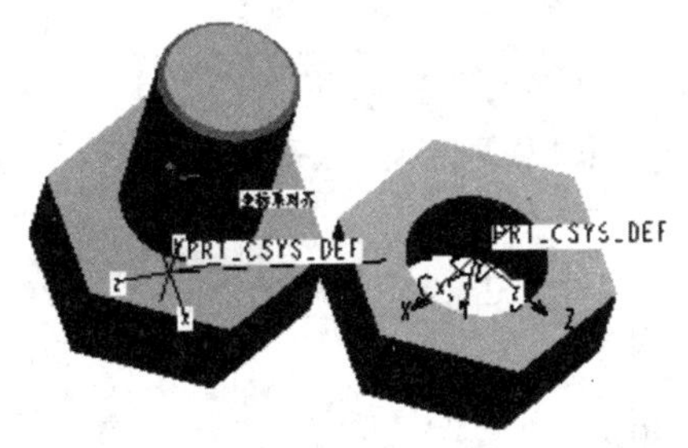

图 8-38　6DFO 约束集

8.3.11　槽约束集

槽约束可以将点约束到非直轨迹上的点。此连接有四个自由度,其中点在三个方向上遵循轨迹。对于第一个参照,在元件或组件上选择一点,所参照的点遵循非直参照轨迹,轨迹具有在配置连接时所设置的端点。槽约束具有单个"点与多条边或曲线对齐"约束。操作步骤和 8.3.1 相同,运用槽约束集所得的结果如图 8-39 所示。

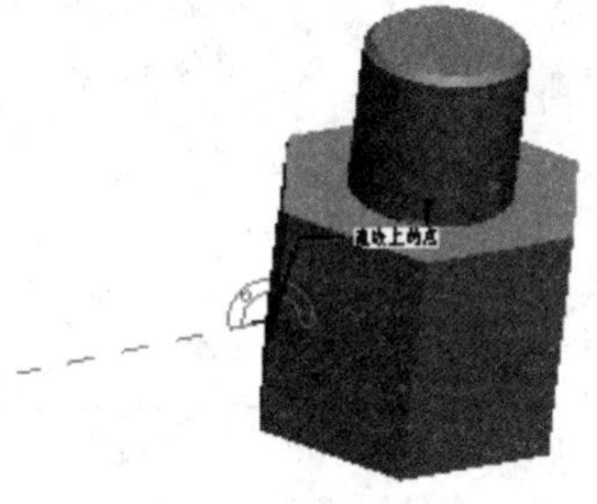

图 8-39　槽约束集

关于预定义约束集的具体应用,可参照后面第 12 章的运动仿真。

8.4　视图管理

为了观察模型的结构,可以建立视图进行管理。在"视图管理器"里管理简化表示视图、样式视图、分解视图、定向视图和截面视图。打开组件后,在功能区"视图"选项卡的"模型显示"面板中单击"管理视图"按钮,打开"视图管理器"对话框如图 8-40 所示。

8.4.1 简化表示视图

对于复杂的装配体，为了节省重绘、再生和检索的时间和简化在设计局部结构时图面，可以利用简化表示功能，将设计中暂时不需要的零部件从装配体的工作区中移除，将需要的工作区显示出来。

【例 8-2】 创建简化表示视图。

(1)在“视图管理器”对话框里，单击“简化表示”，然后在其界面单击“新建”按钮新建一个简化视图的名称，并显示在“名称”列表框中，按【Enter】键弹出如图 8-41 所示的“编辑”对话框。从中可以对简化显示的样式进行操作和重新定义。

- “排除”选项卡：从装配体中排除所选的元件，接受排除的元件将从工作区中移除，但是在模型树上还保留他们。

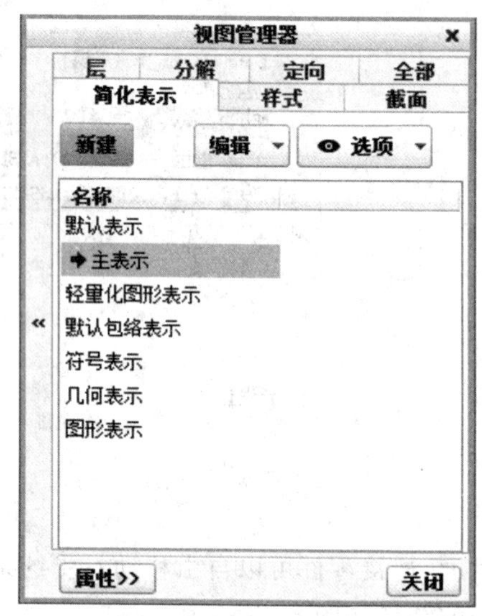

图 8-40 视图管理器

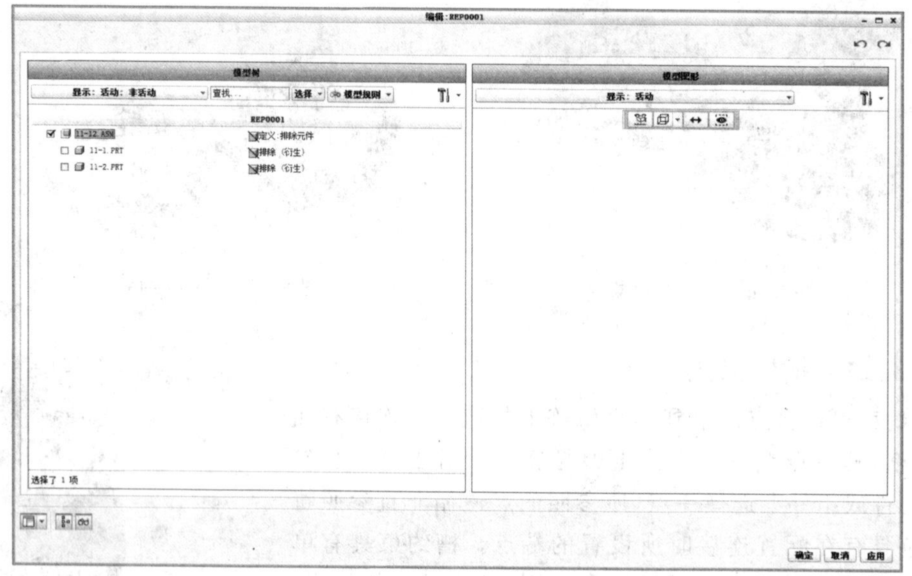

图 8-41 “编辑”对话框

- “替代”选项卡：将所选取的元件用其他简单的零件或包络替代。包络是一种通常由简单的几何形状创建的特殊零件，包络零件不出现在材料清单中。

(2)单击“视图管理器”面板上的“编辑”按钮，从下拉菜单中可以对选择的简化表示进行保存、重定义和移除等操作。如图 8-42 所示。

(3)单击“视图管理器”面板左下角的“属性”按钮属性>>可以切换到图标操作界面，单击按钮可以将视图区的元件隐藏起来，同时该元件会显示在“项目”列表框中，单击按钮可以恢复元件在视图区的显示。单击“移除”按钮可以将“项目”列表框中的项目删除，元件将恢复初始设置。如图 8-43 所示。

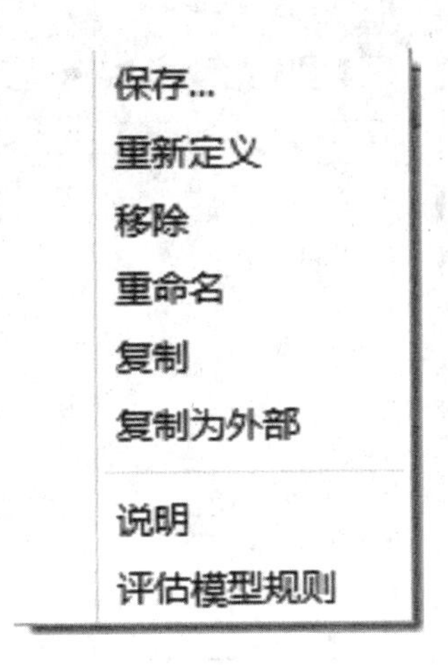

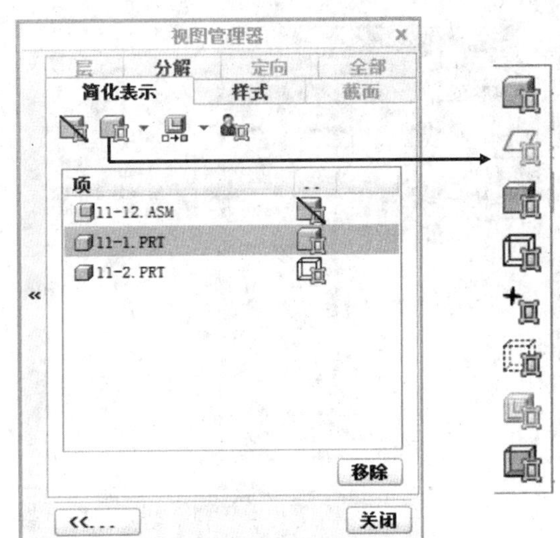

图 8-42 右键菜单

图 8-43 视图管理器

- (主表示)单选按钮:“主表示”元件和正常的元件一样,可以对其进行正常的操作。
- (仅组件表示)单选按钮:允许表示子装配件而不带有该子装配件中的任何元件,但是可以包括其中的所有装配特征。
- (几何表示)单选按钮:“几何表示”的元件不能被修改,但是它的几何元素可以保留,在操作元件时可以参照它们,与“主表示”相比,“几何表示”的元件检索时间较短、占用内存较少。
- (图形表示)单选按钮:“几何表示”的元件不能被修改,但是它不含有几何元素,因此在操作元件时不可以参照它们,常用于大型装配体的快速浏览,它与“几何表示”相比,元件检索时间更短、占用更少的内存。
- (符号表示)单选按钮:用简单的符号来表示所选取的元件。可保留参数、关系、质量属性和组表信息,并出现在材料清单中。

8.4.2 样式视图

样式视图可将指定的图元遮蔽起来或以线框、隐藏线等样式显示。有四种显示样式模式:着色、线框、隐藏线和无隐藏线。

【例 8-3】 创建样式视图。

(1)单击“视图管理器”的“样式”选项卡可以进入相应的面板,可以与简化表示视图一样先新建一个视图。然后按【Enter】键弹出如图 8-44 所示的“视图管理器”对话框。

(2)在图形区中选取要遮蔽的元件或者在模型树中选择,在视图管理器中点击按钮,部分遮蔽后的元件如图 8-45 所示。

(3)在“视图管理器”对话框中单击“显示”选项卡,在“方法”选项组中选中单选按钮,然后选取元件,结果如图 8-46 所示。

(4)在“方法”选项组中选中单选按钮,然后选取元件,结果如图 8-47 所示。

(5)在“方法”选项组中选中单选按钮,然后选取元件,结果如图 8-48 所示。

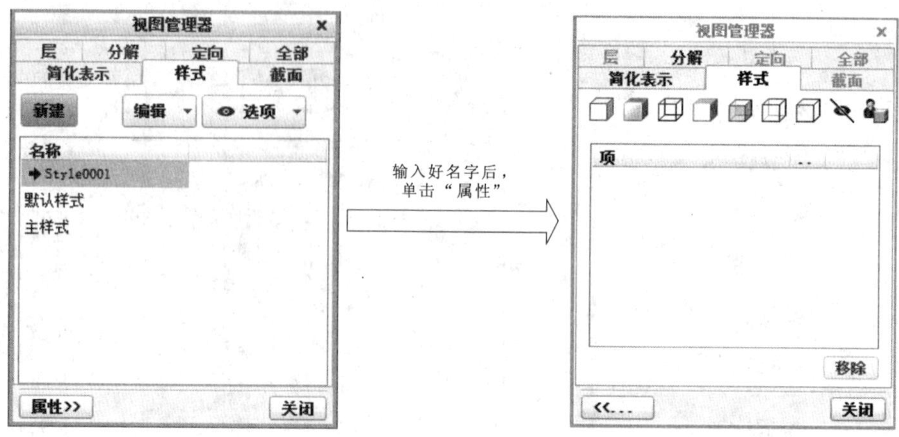

图 8-44 视图管理器

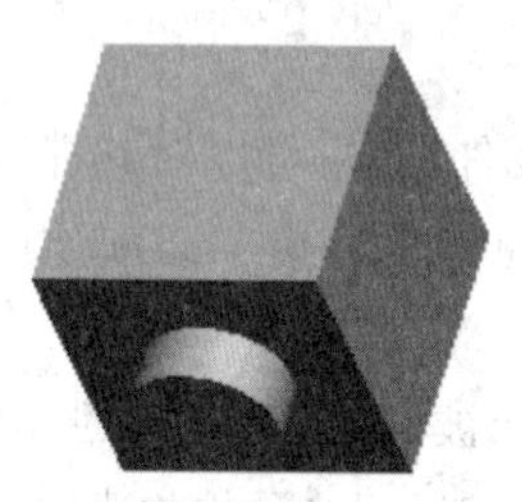

图 8-45 遮蔽后的效果

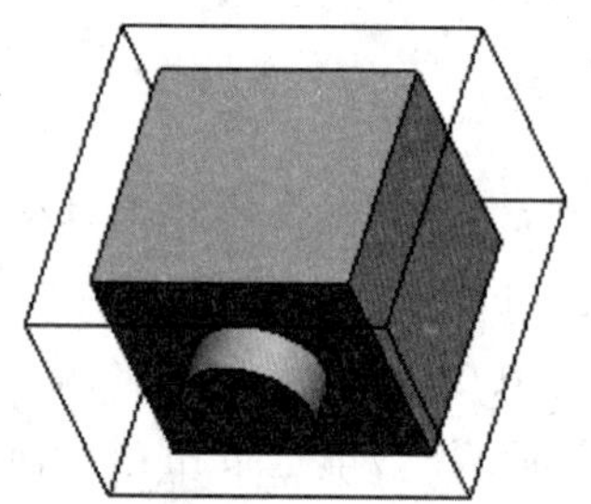

图 8-46 线框显示

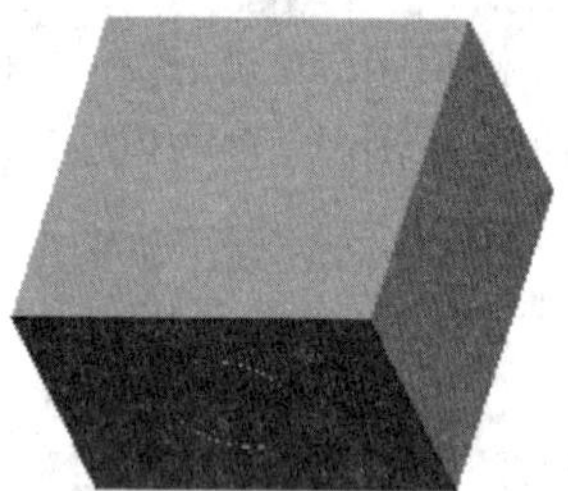

图 8-47 着色显示

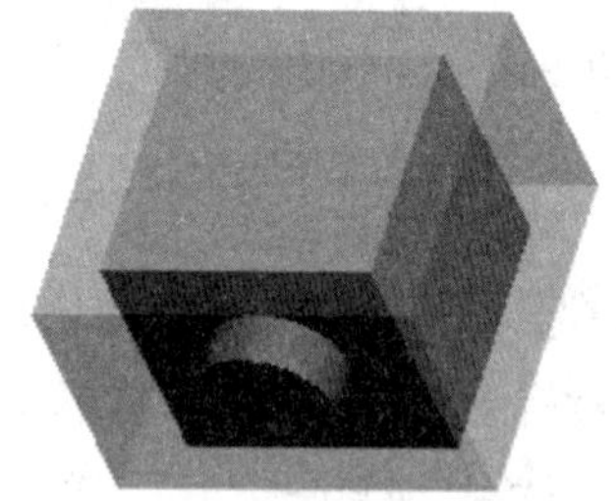

图 8-48 透明显示

(6)在“方法”选项组中选中☐单选按钮，然后选取元件，结果如图 8-49 所示。

(7)在“方法”选项组中选中☐单选按钮，然后选取元件，结果如图 8-50 所示。

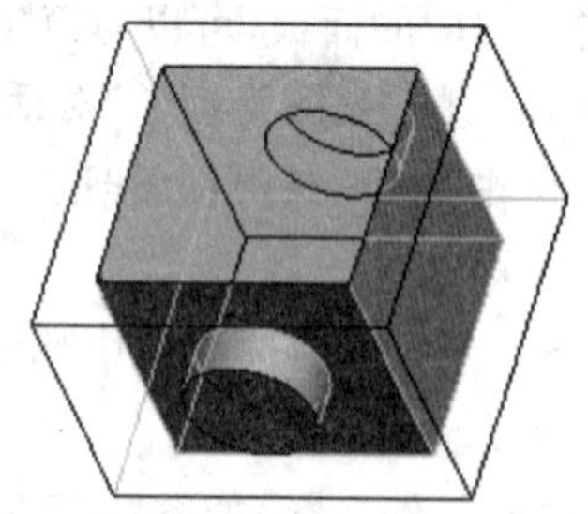

图 8-49 隐藏线显示

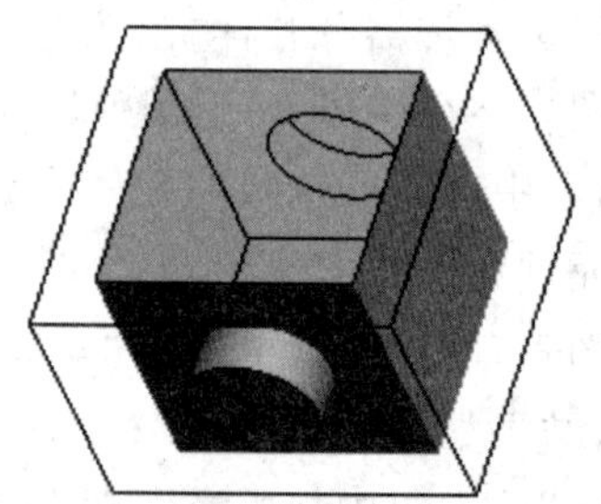

图 8-50 无隐藏线显示

(8)完成上述步骤后,单击"编辑"对话框中的完成按钮,完成视图的编辑,再单击"视图管理器"对话框中的"关闭"按钮。

注意:用户可以同时创建多个样式视图,打开"视图管理器"对话框中的"样式"选项卡中,选取相应的视图名称,双击,或者选中"选项"|"激活",此时当前视图名称前有一个绿色箭头,表示此视图为当前活动视图。

8.4.3 分解视图

装配体的分解视图也称爆炸视图,就是将装配体中的各元件沿着直线或坐标轴移动或旋转,使各个零件从装配体中分解出来,如图 8-51 所示。分解视图对于表达各元件的相对位置非常有帮助,因而常常用于表达装配体的装配过程、装配体的构成。

图 8-51 分解视图

【例 8-4】 创建样式视图。

(1)单击"视图管理器"的"分解"标签可以进入相应的面板,如图 8-52 所示。

(2)单击面板中的按钮对原装配图与分解视图进行切换,单击按钮使元件在原状态和分解状态之间进行切换。被设置的组件和元件出现在"项目"列表框中,并显示其状态,单击右下角的"移除"按钮可以删除指定的项目,项目恢复到原始状态。

(3)可以与简化表示视图一样先新建一个视图,然后按【Enter】键。

(4)单击"视图管理器"的"属性"对话框,得到的界面如图 8-53 所示。

(5)单击按钮,弹出如图 8-54 所示的"分解工具"选项卡。

(6)定义沿运动参照的平移运动。

在功能区的"分解工具"选项卡中单击"平移"按钮,接着选择要移动的元件,按住【Ctrl】键可多选,在图形窗口中出现拖动控制块,用鼠标左键选择所需要的一个轴,然后沿着该轴将元件拖动到合适的位置处释放即可。

(7)完成分解运动以后,单击"分解工具"对话框中的"确定"按钮。

(8)保存分解状态。在"视图管理器"对话框中选取按钮,然后单击"视图管理器"中的"编辑"|"保存"按钮,在弹出的如图 8-55 所示"保存显示元素"对话框中单击"确定"按钮。最后关闭"视图管理器"。

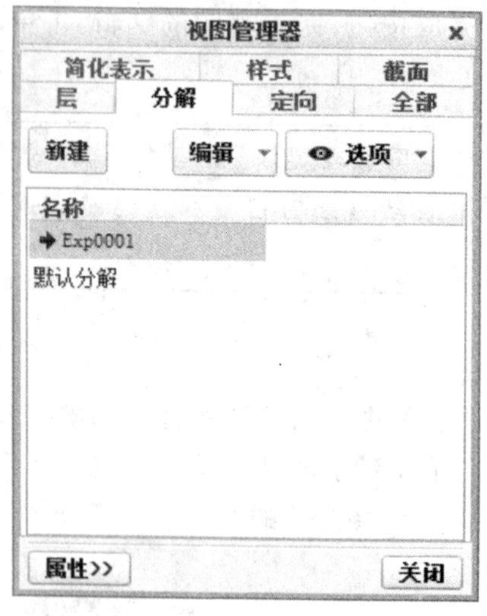

图 8-52 视图管理器

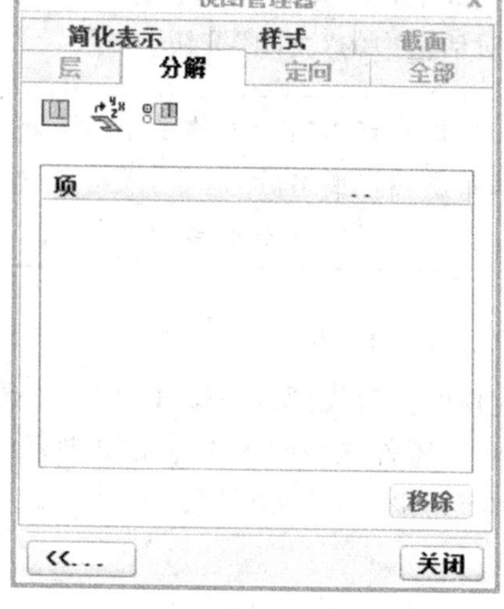

图 8-53 视图管理器

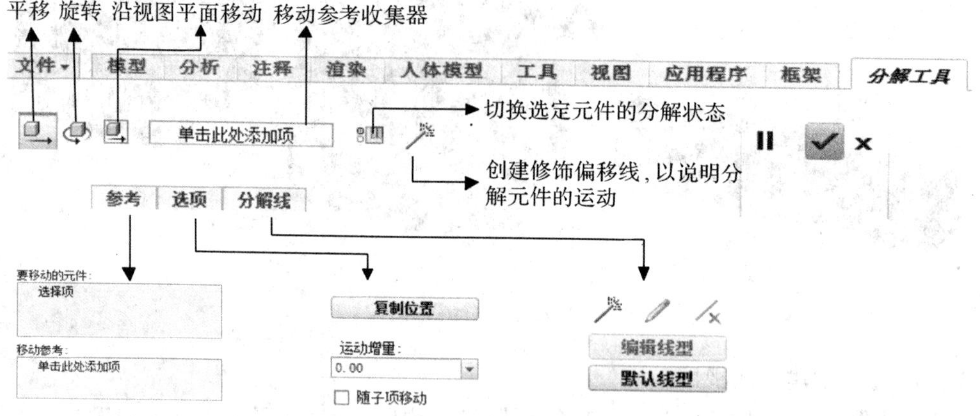

图 8-54 分解位置

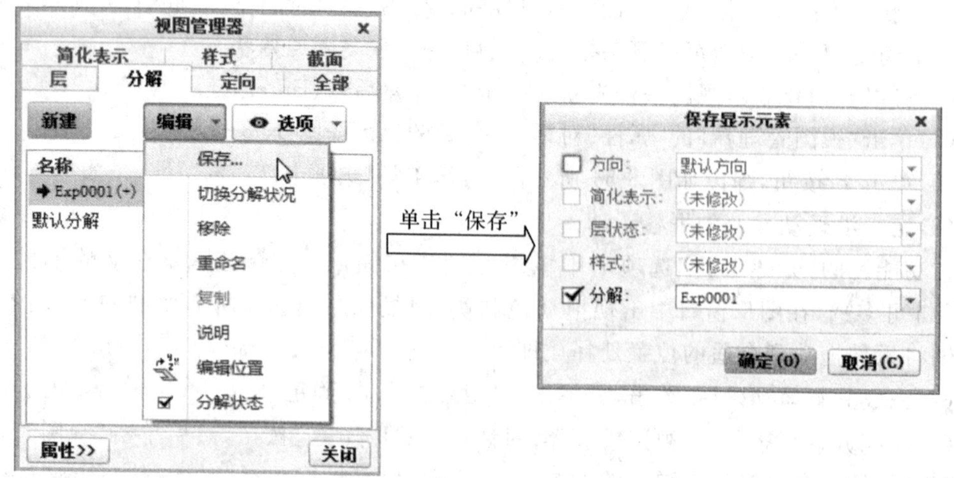

图 8-55 保存显示元素

图 8-55 说明：在“模型”选项卡的“模型显示”面板中单击“分解图”按钮，可以取消或显示分解视图的分解状态。

8.4.4 定向视图

定向视图功能可以将组件以指定的方位进行摆放，可便于观察或为将来生成工程图做准备。

【例 8-5】 创建定向视图。

(1)在功能区“模型”选项卡的“模型显示”面板中单击“管理视图”按钮，打开“视图管理器”对话框如图 8-56 所示。在“视图管理器”对话框中的“定向”选项卡中单击“新建”按钮，命名后按【Enter】键。

(2)选择“编辑”|“重定义”命令，弹出“方向”对话框，如图 8-57 所示。

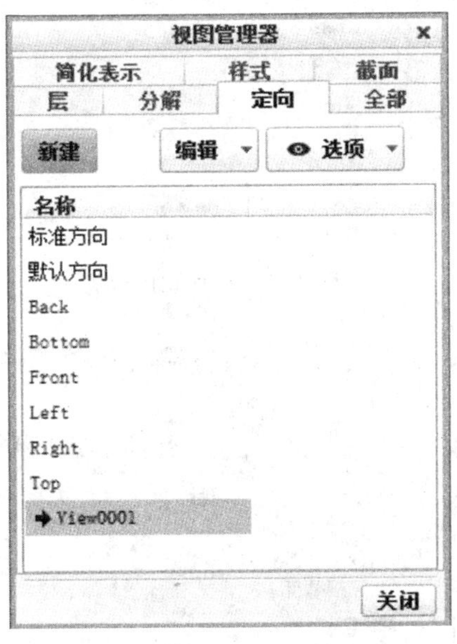

图 8-56 视图管理器

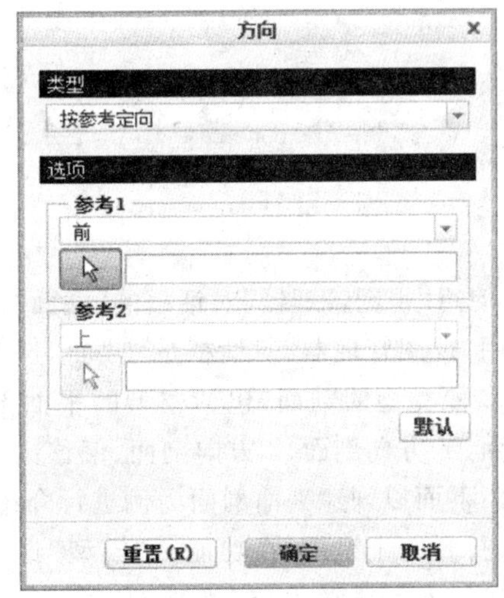

图 8-57 “方向”对话框

(3)在“类型”下拉列表框中选取“按参照定向”。在“选项”区域“参考 1”下的下拉列表框中选取“前”，再选择装配的基准平面 ASM_RIGHT 朝前，然后在“参考 2”下的下拉列表框中选取“右”，再选取模型表面，使得所选的表面朝向右侧。如果选择“动态定向”类型可以对所选视角进行重新定位，如图 8-58 所示。

(4)单击“确定”按钮，关闭“方向”对话框，再关闭“视图管理器”。

8.4.5 截面视图

在工业产品设计中，有时候要通过设置剖面来观察装配体中各元件的结构关系，以配合分析产品结构装配的合理性，以及研究产品内部结构的细节问题等。

在装配模式下，可以创建一个与整个组件或仅与一个选定零件相交的剖面，组件中每个零件的剖面线分别确定。

在 Creo 3.0 中，可以通过以下两种方式使用截面功能。

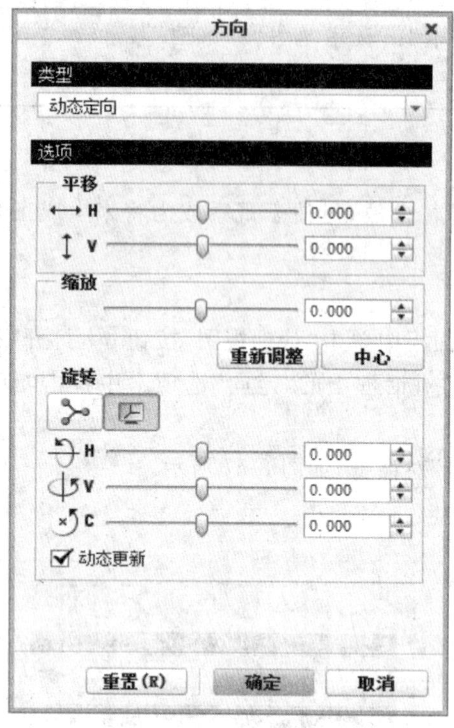

图 8-58 “方向”对话框

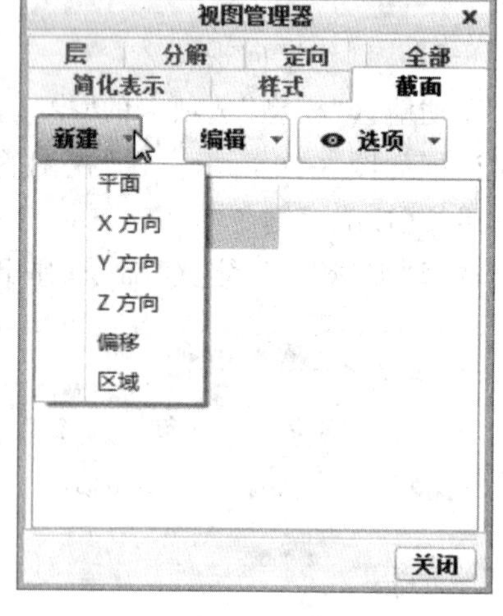

图 8-59 截面视图分类

1. 使用“视图管理器”对话框的“截面”选项卡

使用“视图管理器”对话框的“截面”选项卡可以创建多种类型的剖面，包括模型的平面剖面、X方向剖面、Y方向剖面、Z方向剖面、偏移剖面和区域剖面。下面以创建平面剖面为例进行介绍。

(1)打开一个组件，在功能区“模型”选项卡的“模型显示”面板中单击“管理视图”按钮，打开“视图管理器”对话框。

(2)在“视图管理器”对话框切换至“截面”选项卡，接着单击该选项卡中的“新建”按钮，打开一个下拉菜单，如图 8-59 所示，该下拉菜单提供了 6 个截面选项。

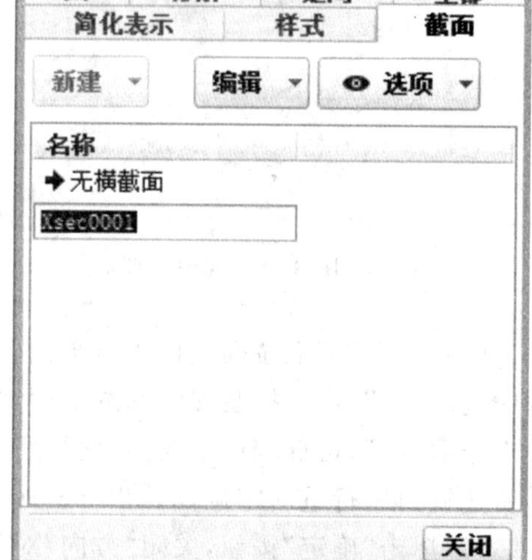

图 8-60 新建截面

- “平面”:通过选定的参考平面、坐标系或平整曲面来创建横截面。
- “X 方向”：通过参考默认坐标系的 X 轴创建平面截面。
- “Y 方向”：通过参考默认坐标系的 Y 轴创建平面截面。
- “Z 方向”：通过参考默认坐标系的 Z 轴创建平面截面。
- “偏移”:通过参考草绘来创建横截面。

● “区域”：创建一个 3D 横截面。

(3)在这里以选择“平面”截面为例。在出现的文本框中输入新的截面名称，如图 8-60 所示，或接受默认的截面名称，按【Enter】键确定。

(4)在功能区出现“截面”选项卡，此时选择平面、曲面、坐标系或坐标系轴来放置截面，如图 8-61 所示，注意可以单击“在横截面曲面上显示剖面线图案”按钮以在横截面曲面上显示剖面线图案。

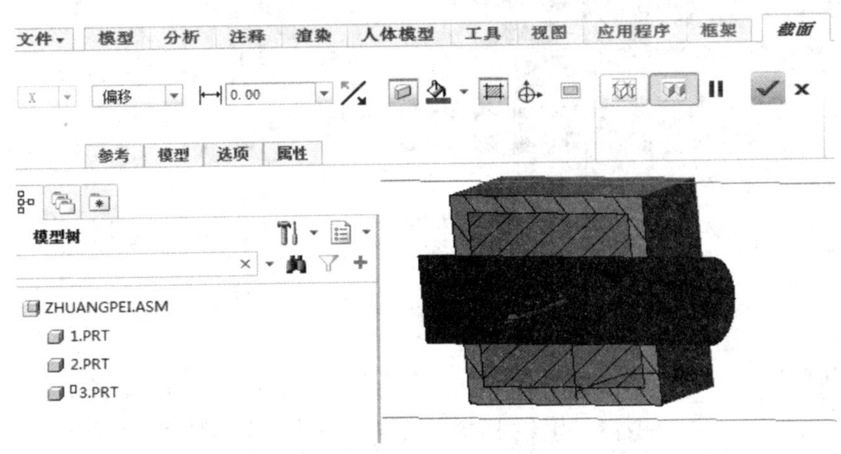

图 8-61　添加剖面线

(5)在“距离”文本框中中设置横截面与参考之间的距离，默认为“0”，用户可以自行设定。单击“反向横截面的修剪方向”可以反向横截面的修剪方向。

(6)在功能区的“截面”选项卡中打开“模型”面板，从中选择“创建整个装配的截面”选项，接着选择“排除选定的模型”按钮，并在图形窗口中选择要排除的模型，如图 8-62 所示。

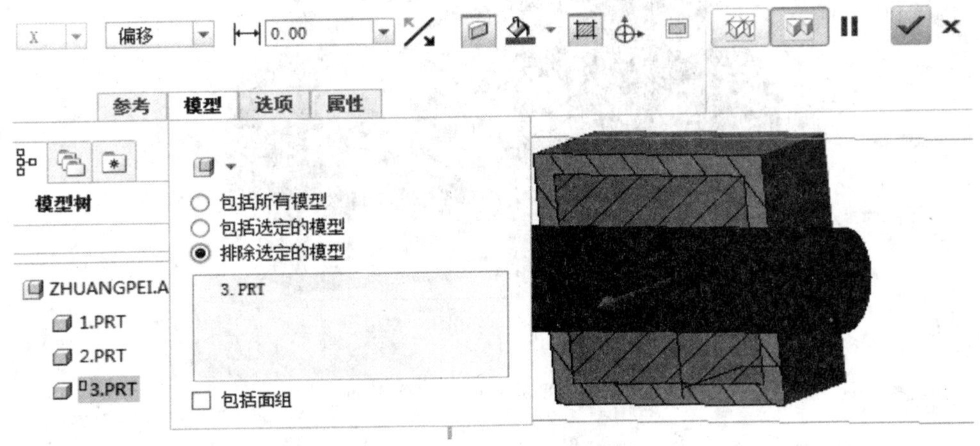

图 8-62　排除圆柱模型

(7)在功能区的“截面”选项卡中打开“选项”面板，从中可以设置“显示干涉”，以及从调色板中选择一种用于显示元件干涉的颜色，如图 8-63 所示。

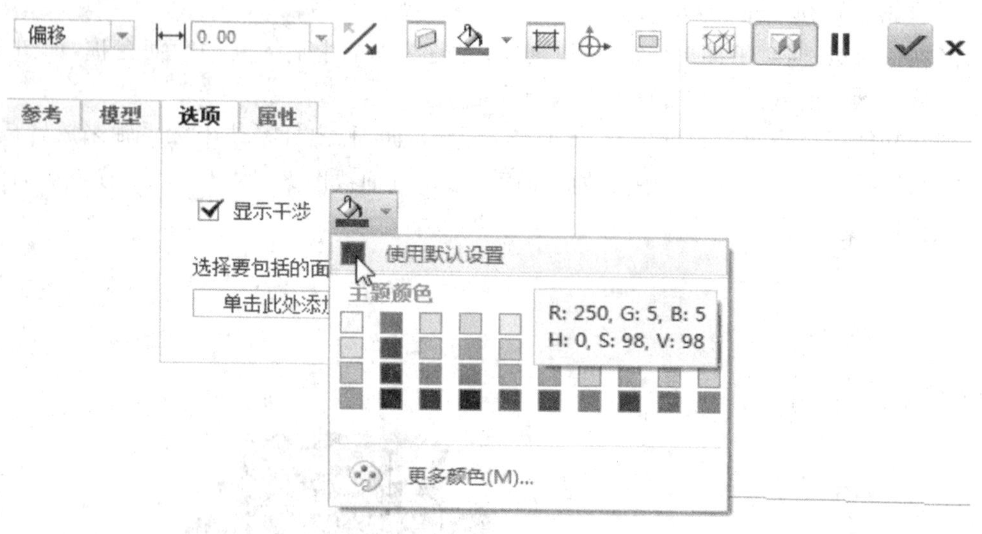

图 8-63 设置干涉及颜色

(8)在功能区的"截面"选项卡中单击选中"启用修剪平面的自由定位"按钮，则启用自由定位，此时在图形窗口的模型中显示一个拖动器，如图 8-64 所示，可以使用拖动器平移和旋转修剪平面的方向。

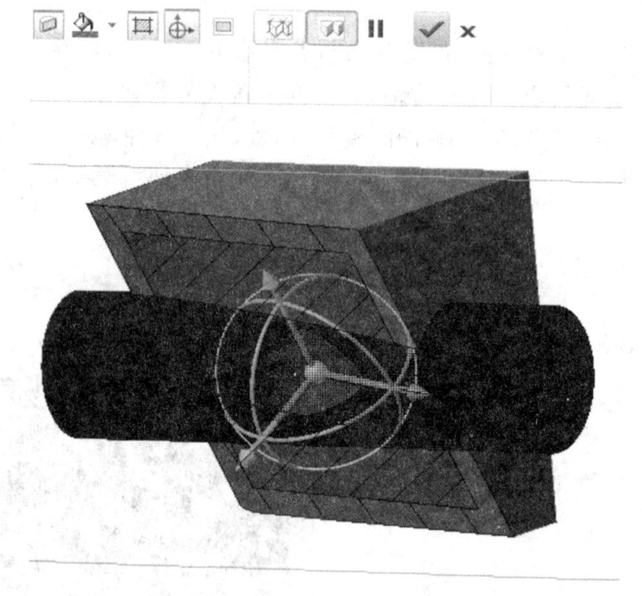

图 8-64 平移和旋转修剪平面

(9)在功能区的"截面"选项卡中单击选中"在单独的窗口中显示横截面的 2D 视图"按钮，此时系统弹出一个单独的窗口来显示截面的 2D 视图，如图 8-65 所示。弹出的窗口还提供了几个实用的图形工具，如"向右旋转"、"向左旋转"等。

(10)在功能区的"截面"选项卡中单击"确定"按钮，接着在"视图管理器"对话框中单

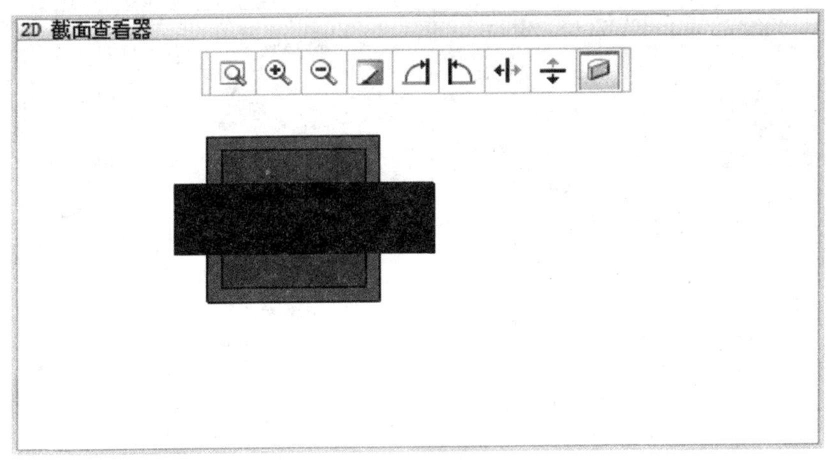

图 8-65　显示横截面的 2D 视图

击“关闭”按钮。

2. 使用“截面”工具按钮

在功能区“视图”选项卡的“模型显示”面板中提供了几个实用工具按钮，包括“平面”、“X 方向”等，如图 8-66 所示。这些工具按钮和“视图管理器”对话框中相应截面选项的应用是一样的，在此不再赘述。

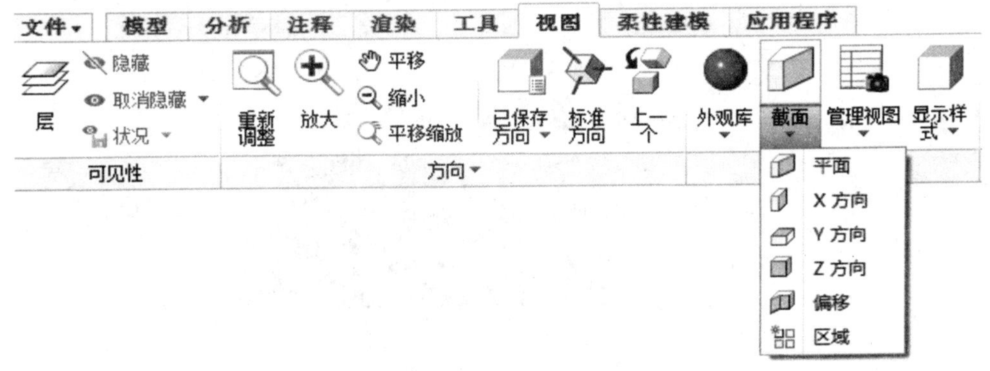

图 8-66　使用“截面”工具按钮

8.5　项目实现

1. 新建文件

在“快速访问”工具栏中单击“新建”按钮，新建一个使用公制模板的实体零件文件，文件命名为“foundation_seat.asm”，如图 8-67 所示。

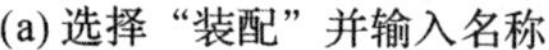
(a) 选择“装配”并输入名称

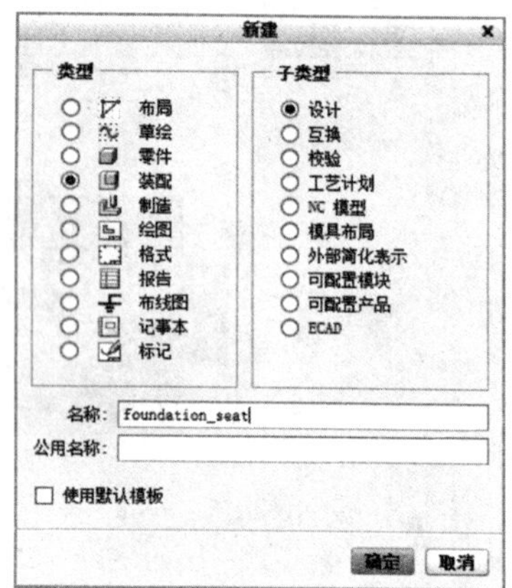

(b) 选择模板

图 8-67　新建装配文件

2. 添加第一个元件

单击“将元件添加到组件”按钮，打开配套光盘文件“down_seat. prt”。然后设置该元件的约束方式为“默认”，如图 8-68 所示。

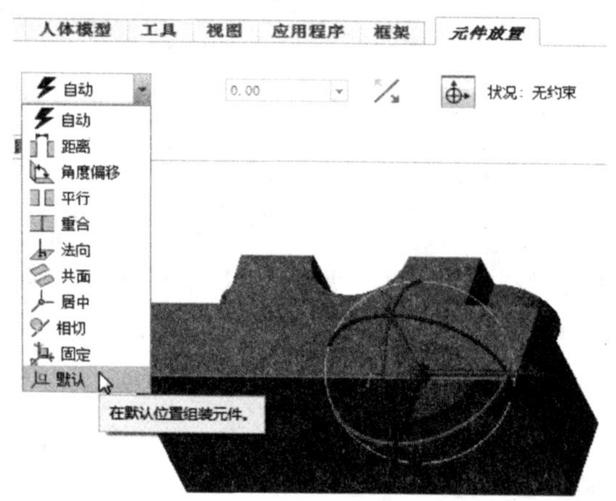

图 8-68　定位下基座

3. 装配轴

(1)按照上述方式打开配套光盘文件“shaft. prt”。然后在“约束类型”下拉列表中选择“重合”，依次选取轴的曲面和下基座的弧形凹面设置约束，如图 8-69 所示。

(2)选择“新建约束”选项，并在“约束类型”下拉列表选择“重合”约束，依次选择轴的端面和下基座的侧面设置对齐约束，效果如图 8-70 所示。

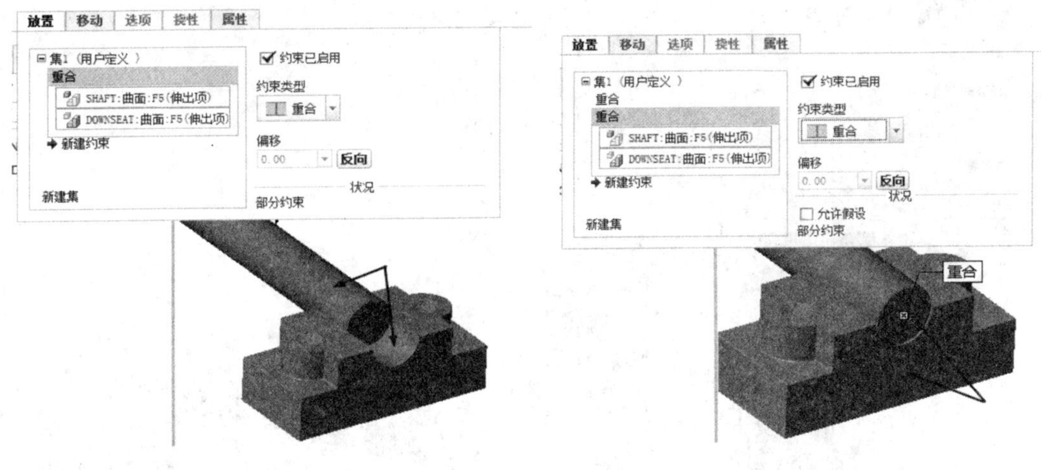

图 8-69　设置重合约束 1

图 8-70　设置重合约束 2

(3)继续选择“新建约束”选项，并在“约束类型”下拉列表中选择“角度偏移”选项。然后依次选取基准平面 FRONT 和下基座的顶面。输入角度数值为 90，如图 8-71 所示，至此零件完全约束。

4. 装配双头螺柱

(1)按照上述方式打开配套光盘文件“screw. prt”。然后在“约束类型”下拉列表中选择“重合”，依次选取双头螺柱轴线和下基座上螺孔的轴线设置约束，如图 8-72 所示。

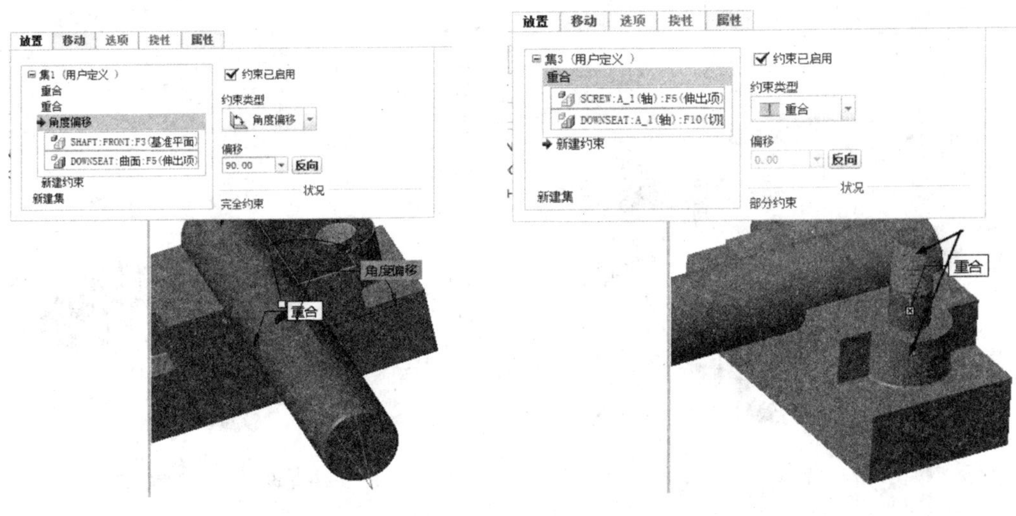

图 8-71　设置角度偏移

图 8-72　设置重合约束 1

(2)选择“新建约束”，并在“约束类型”下拉列表中选择“重合”。然后依次选取双头螺柱的基准平面和下基座的顶面设置约束，如图 8-73 所示，至此该双头螺柱完全约束。接着按照同样的方法将另一侧的双头螺柱定位，效果如图 8-74 所示。

5. 装配上基座

(1)按照上述方法打开光盘配套文件“up_seat. prt”。然后在“约束类型”下拉列表中选择“重合”选项，依次选取上基座底面和下基座顶面设置约束，如图 8-75 所示。

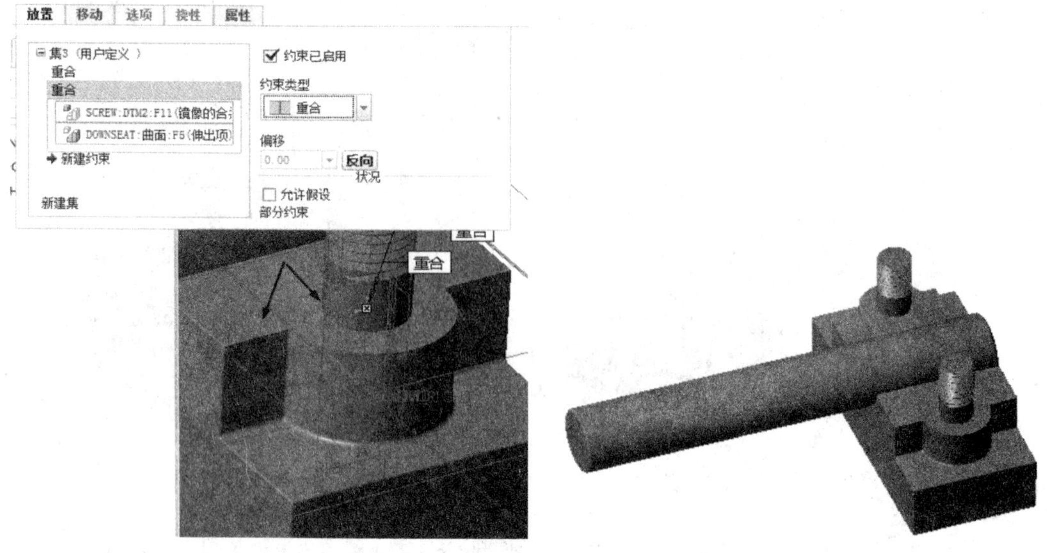

图 8-73　设置重合约束 2

图 8-74　装配完成

（2）选择“新建约束”选项，并在“约束类型”下拉列表中选择“重合”选项。然后依次选取上基座一侧的轴线和一双头螺柱的轴线，设置对齐约束，效果如图 8-76 所示。

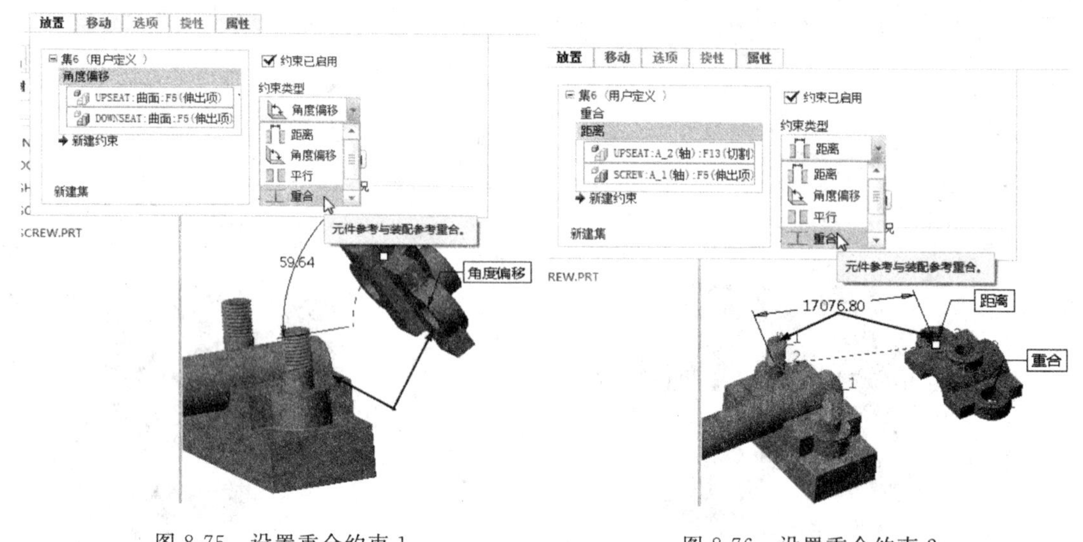

图 8-75　设置重合约束 1

图 8-76　设置重合约束 2

（3）继续选择“新建约束”选项，并在“约束类型”下拉列表选择“重合”选项。然后依次选取上基座另一侧的轴线和相应的双头螺柱的轴线，设置对齐约束，效果如图 8-77 所示。

6. 装配垫片

（1）按照上述方式打开配套光盘文件“mat. prt”。然后在“约束类型”下拉列表中选择“重合”选项，依次选取该垫片底面和上基座顶面设置配对约束，效果如图 8-78 所示。

（2）选择“新建约束”选项，并在“约束类型”下拉列表中选择“重合”选项，依次选取该垫片轴线和一双头螺柱的轴线，如图 8-79 所示，至此该垫片完全约束。

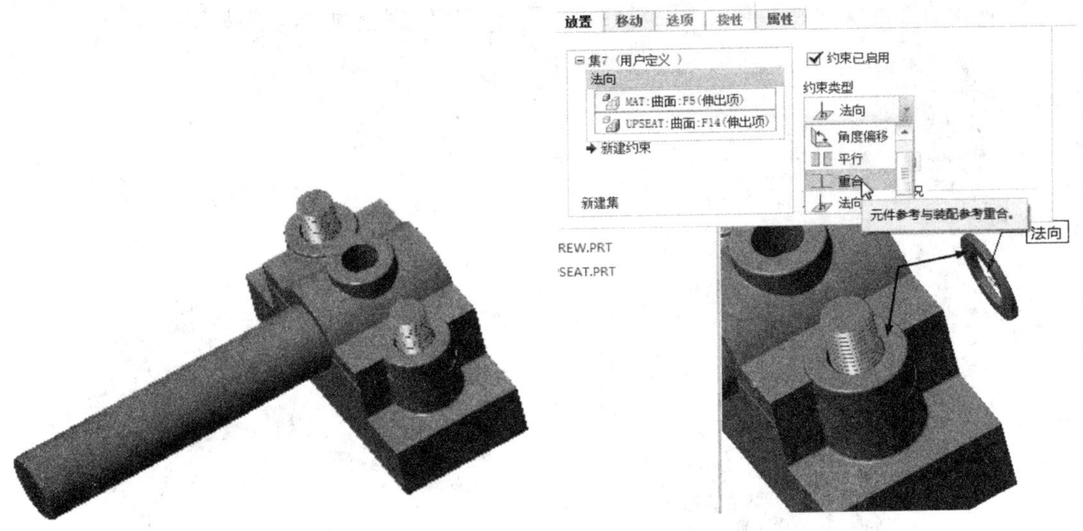

图 8-77　装配完成　　图 8-78　设置重合约束 1

7. 装配螺母

(1)按照上述方式打开配套光盘文件“nut. prt”。然后在“约束类型”下拉列表中选择“重合”选项，依次选取该螺母底面和垫片顶面设置约束，效果如图 8-80 所示。

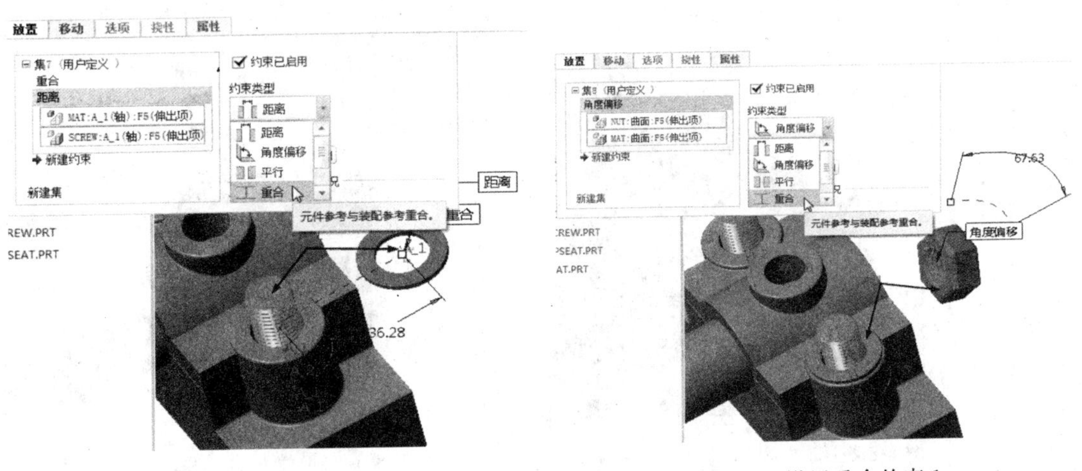

图 8-79　设置重合约束 2　　图 8-80　设置重合约束 1

(2)选择选择“新建约束”选项，并在“约束类型”下拉列表中选择“重合”选项，然后依次选择螺母轴线和一双头螺柱的轴线，设置重合约束，如图 8-81 所示。至此，该螺母完全约束。按照同样的方法定位另一侧的垫片与螺母，效果如图 8-82 所示。

8. 装配键

(1)按照上述方式打开配套光盘文件“bond. prt”。然后在“约束类型”下拉列表中选择“重合”选项，依次选取该平键底面和键槽底面设置配对约束，效果如图 8-83 所示。

（2）选择“新建约束”选项，并在“约束类型”下拉列表中选择“重合”选项，然后依次选取该平键圆弧和轴的键槽圆弧侧面设置配对约束。至此该平键完全约束，效果如图 8-84 所示。

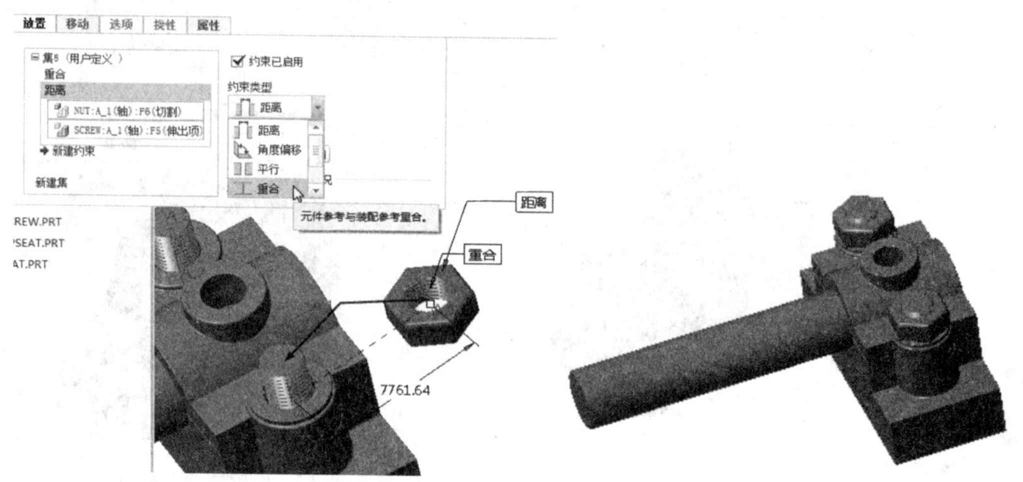

图 8-81　设置重合约束 2

图 8-82　装配完成

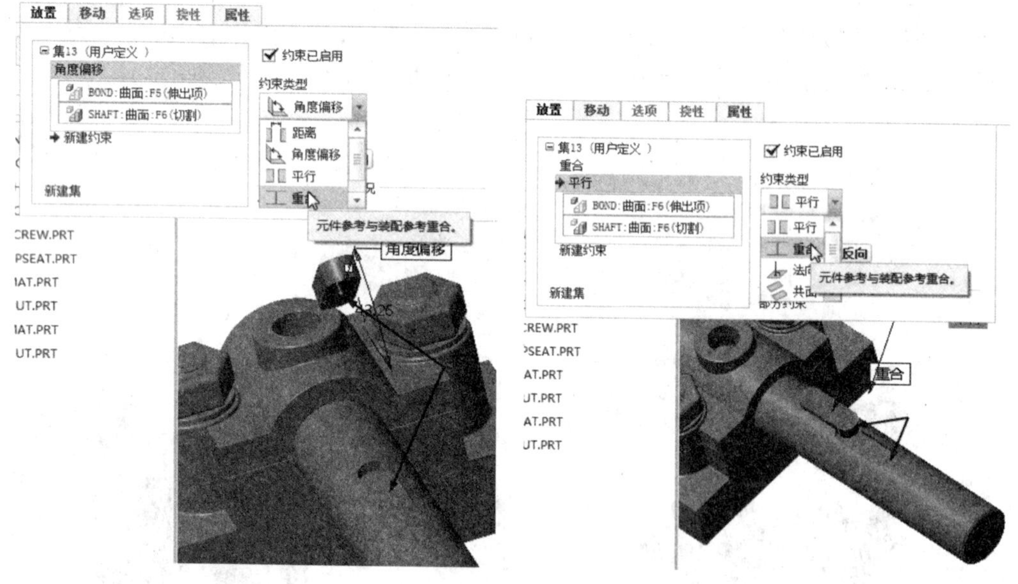

图 8-83　设置重合约束 1

图 8-84　设置重合约束 2

9. 装配带轮

（1）按照上述方式打开配套光盘文件“wheel.prt”。然后在“约束类型”下拉列表中选择“重合”选项，依次选取带轮轴线和轴的轴线设置重合约束，效果如图 8-85 所示。

（2）选择“新建约束”选项，并在“约束类型”下拉列表中选择“重合”选项，依次选取该带轮键槽的内侧面和平键的外侧面设置配对约束，效果如图 8-86 所示。

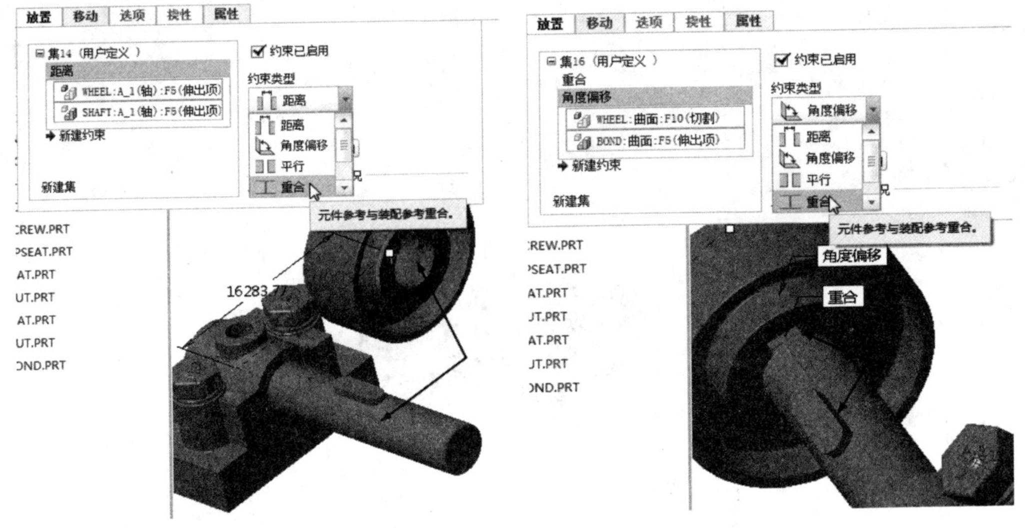

图 8-85　设置重合约束 1　　　　图 8-86　设置重合约束 2

(3)继续选择“新建约束”选项，并在“约束类型”下拉列表中选择“距离”选项，依次选取带轮侧面和下基座侧面，并在“偏移”文本框中输入 10160。至此，该带轮完全约束，效果如图 8-87 所示。

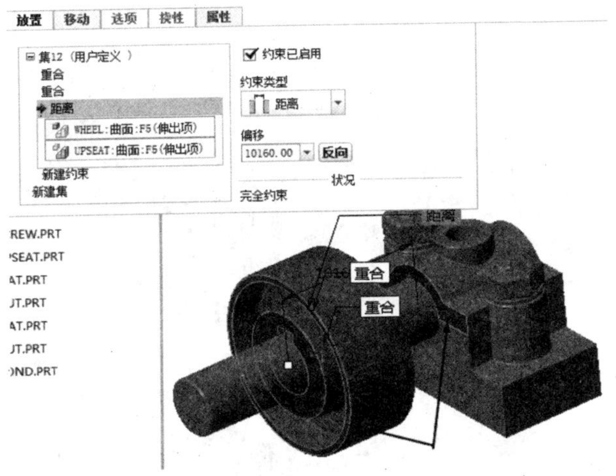

图 8-87　设置距离约束

10. 装配支架

(1)按照上述方式打开配套光盘文件“rear. prt”。然后在“约束类型”下拉列表中选择“重合”选项，依次选取带轮轴线和支架的轴线设置对齐约束，效果如图 8-88 所示。

(2)选择“新建约束”选项，并在“约束类型”下拉列表中选择“重合”选项，依次选取该支架侧面和轴的端面设置重合约束，如图 8-89 所示。至此，支架完全约束，效果如图 8-90 所示。

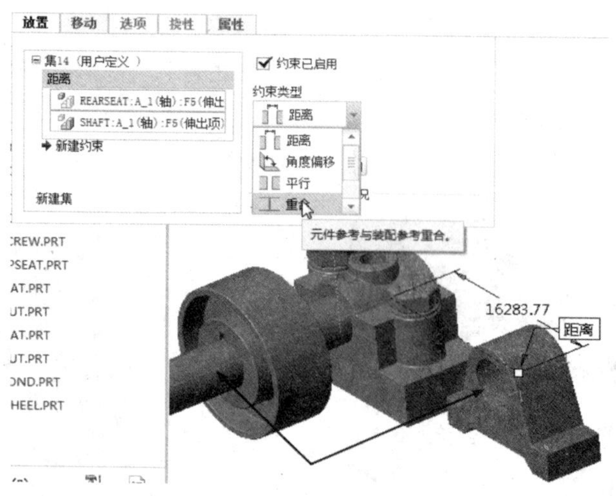

图 8-88　设置重合约束 1

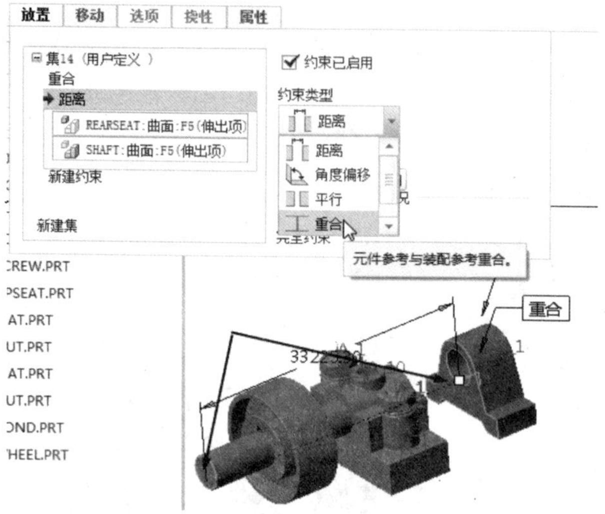

图 8-89　设置重合约束 2

图 8-90　基座装配完成

8.6 拓展训练

本例装配一油泵模型，如图 8-91 所示。该油泵主要由泵体、齿轮、齿轮轴、齿轮轴两侧的端盖定位销以及定位螺栓组成。

要创建该装配体，首先调入泵体为基础模型，接着调入前端盖、定位销轴，接着进行齿轮和齿轮轴的装配，最后进行后端盖和后端盖螺钉的装配。对于一些装配位置难以确定的组件，可通过设置装配距离的方式来完成其装配要求。

图 8-91 油泵模型

操作流程如图 8-92 所示。

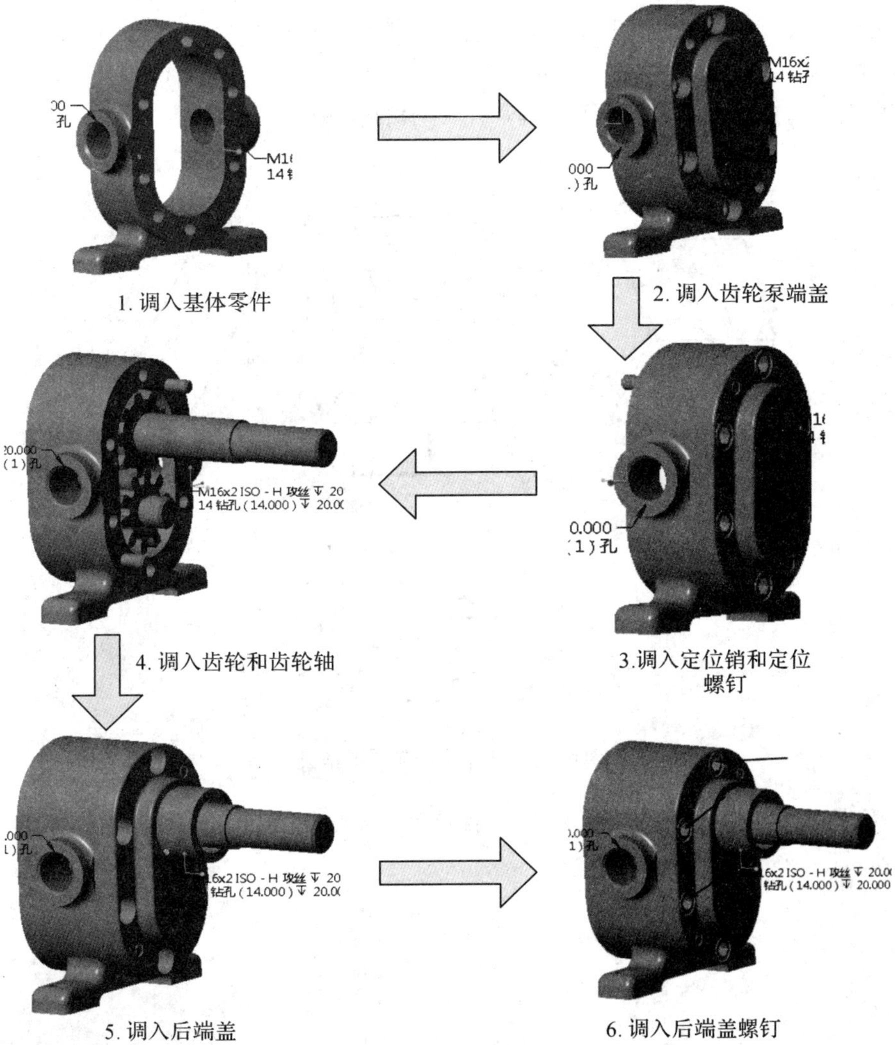

1. 调入基体零件

2. 调入齿轮泵端盖

3.调入定位销和定位螺钉

4. 调入齿轮和齿轮轴

5. 调入后端盖

6. 调入后端盖螺钉

图 8-92 油泵装配流程图

8.7 思考与练习

1. 装配约束有哪些,分别如何应用?

2. 装配约束时有哪些应注意的问题?

3. 在装配模式下,如何将元件添加到组件?

4. 运动类型包括几种类型,分别是如何定义的?

5. Creo 3.0 对于调节组件中元件的位置,包含几种运动类型,分别是什么?

6. 在进行零件装配的过程中,放置约束中的哪种约束可以一次性确定元件的位置?

7. 自定义约束集中的哪种约束将元件连接至参照轴,以使元件以一个自由度沿此轴旋转或移动,包括两种约束:轴对齐和平面配对或对齐?

8. 简述在组件环境下的零件装配过程。

9. 在制作 X 截面视图时,平面剖面的生成方式有哪几种?

10. 视图有几种创建方法?分别说明。

11. 根据提供的零件文件,进行如图 8-93 所示的装配。

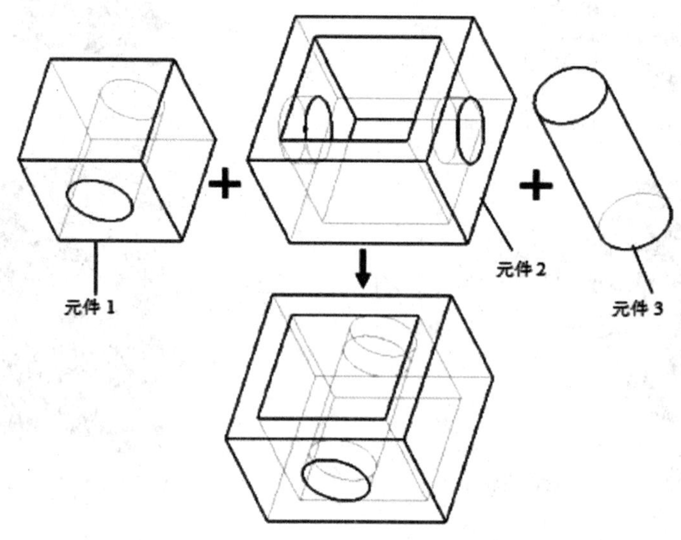

图 8-93 零件文件和装配结果

12. 根据提供的如图 8-94 所示的零件文件,装配一个低速滑轮装置,装配结果如图 8-95 所示。

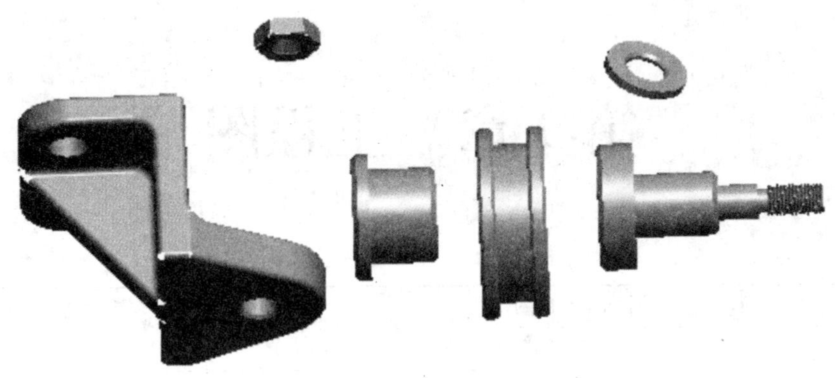

图 8-94　零件文件

图 8-95　装配结果

第 9 章　工程图

<table>
<tr><th>学习单元:工程图</th><th>参考学时:4</th></tr>
<tr><td colspan="2">学习目标</td></tr>
<tr><td colspan="2">◆ 掌握常用工程视图的创建方法
◆ 掌握图框格式的绘制
◆ 掌握尺寸标注的方法
◆ 掌握简单零件的工程图设计
◆ 掌握文件的导入与导出的方法</td></tr>
<tr><td>学习内容</td><td>学习方法</td></tr>
<tr><td>★ 工程图的基础知识
★ 调整实体的方法
★ 创建工程图视图的一般过程
★ 文件的导入与导出的方法
★ 尺寸标注
★ 其他注释,如公差、技术要求等</td><td>◆ 理解概念,掌握方法
◆ 熟悉应用,勤于练习</td></tr>
<tr><td>考核与评价</td><td>教师评价
(提问、演示、练习)</td></tr>
</table>

工程图是产品在研发、设计和制造过程中的重要工具,因此工程图的创建是零件设计过程中的重要环节,本章将对创建工程图视图的基本步骤、调整实体的方法、尺寸标注及其他注释做详细的介绍。重点是工程图视图的创建和修改以及尺寸的标注方法。

项目导入:

本章需要完成的是由一个轴类零件生成工程图文件,如图 9-1 所示。按照在 Creo 中生成工程图的一般步骤,用户需要首先新建一个工程图,接着进行工程图环境设置(如投影角),以确保工程图的正确性,然后生成基本视图并对其进行编辑,最后利用注释功能进行尺寸标注、公差标注和粗糙度标注等。

9.1　工程图基础

9.1.1　工程图菜单简介

和工程图相关的命令集中在“布局”、“表”和“注释”选项卡。

1.“布局”选项卡如图 9-2 所示。

2.“表”选项卡如图 9-3 所示。

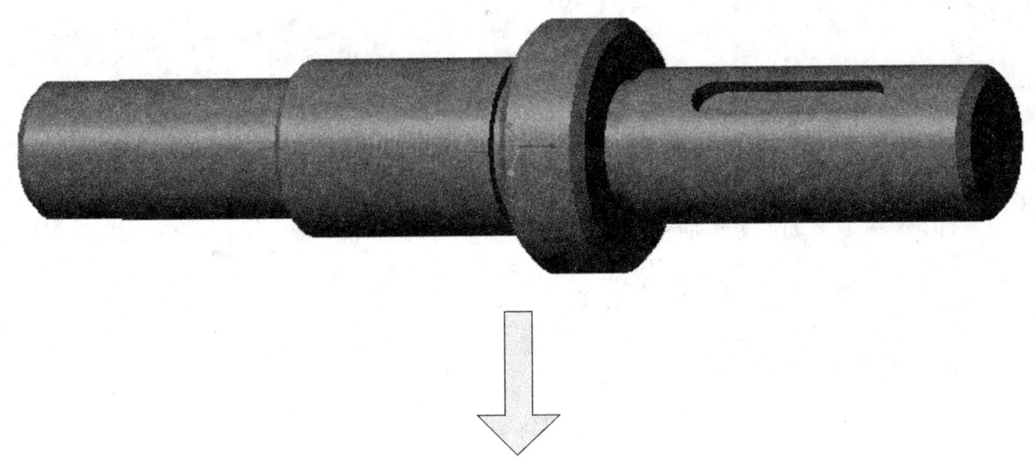

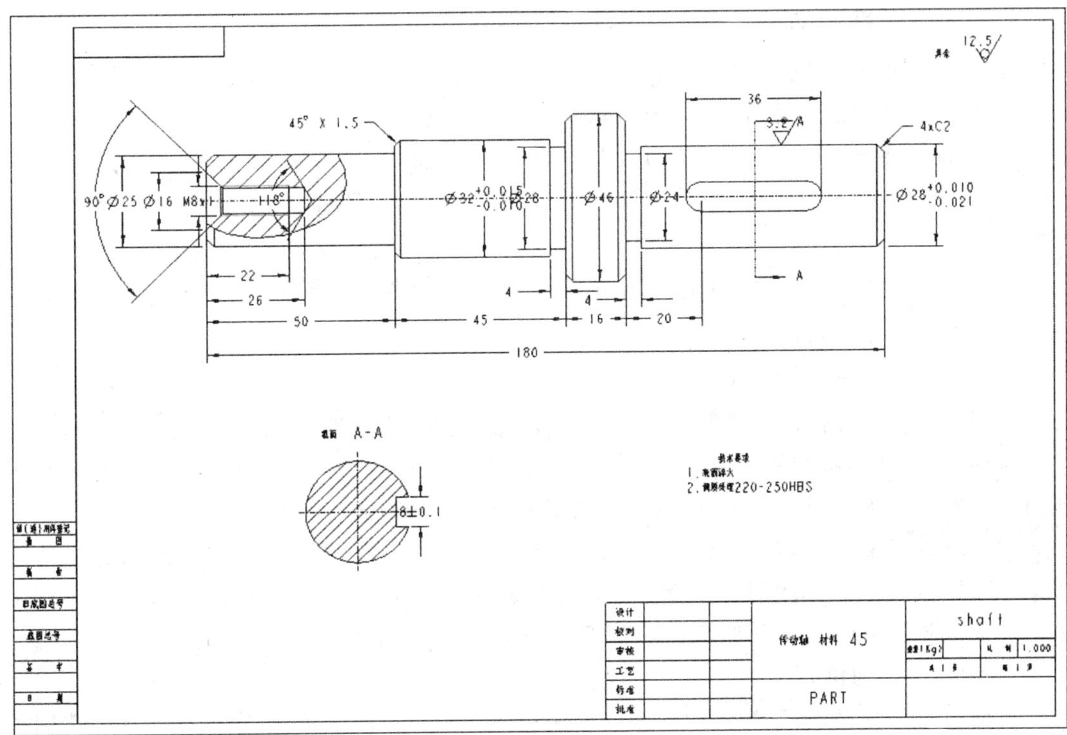

图 9-1 轴类零件的工程图

文件 布局 表 注释 草绘 继承迁移 分析 审阅 工具 视图 框架

锁定视图移动 新页面 页面设置 移动或复制页面 图形 叠加 对象 绘图模型 常规视图 投影视图 详细视图 辅助视图 旋转视图 复制并对齐视图 绘图视图 元件显示 边显示 箭头 剖面线/填充 转换为绘制组 移动到页面 拭除视图 恢复视图 显示已修改的边 文本样式 线型 箭头样式 重复上一格式 超链接

文档 插入 模型视图 编辑 显示 格式

图 9-2 “布局”选项卡

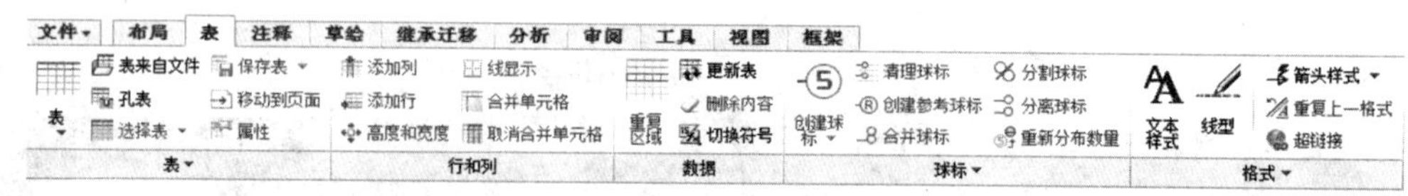

图 9-3 “表”选项卡

3.“注释”选项卡如图 9-4 所示。

图 9-4 “注释”选项卡

9.1.2 工程图的视图

在绘图模块中可以创建工程图的各种视图：

1. 按视图的复杂程度分，可分为基础视图和高级视图。

2. 按视图生成的顺序分，可分为一般视图和投影视图。

3. 按视图的不同特性分，可分为投影视图、辅助试图、旋转视图、详细视图、剖视图和剖面图等类型。

4. 按剖视种类分，可分为全剖、半剖、局部剖、旋转剖和断面视图等类型。

9.1.3 工程图设置文件

1. 什么是工程图设置文件

工程图的设置文件用来控制工程图中的尺寸高度、文本字形、文本方向、几何公差标准、字体属性、草绘的标准和箭头形状等要素。在设置文件中，每个要素对应一个参数选项，系统为这些参数选项赋予了默认值，用户可以根据需要进行定制。

需要配置的文件中，用选项 drawing_setup_file 指定某个特殊的工程图的设置文件的路径，这样系统将采用文件中的设置值，如果不设置，系统将采用默认值。还有一个工程图设置文件控制图框中的项目要素的设置，用 config. pro 中的选项 pro_format_dir 来设置。

2. 定制工程图投影法

目前，在三面投影体系中常用的投影方法有第一角投影法和第三角投影法，其中我国推荐采用第一角投影法，而国际上一些国家(如美国等)则采用第三角投影法，至于在 Creo 3.0 中采用何种投影法，则可由用户自行设置。步骤如下：

(1)进入工程图环境以后，选择下拉菜单“文件”|“准备”|“绘图属性”命令，如图 9-5 所示，在弹出的如图 9-6 所示“绘图属性”对话框中，选择“详细信息选项”区域的“更改”命令。

(2)单击“选项”对话框下的“查找”按钮[查找...]，在弹出的“查找选项”对话框中输入“type”，接着点击右边的“立即查找”按钮，在下面会显示包含“type”的设置选项，此处选择“projection_ type”，然后在“3. 设置值”下拉列表中选择“first _ angle”，最后单击[添加/更改(A)]按钮，再单击[关闭]按钮，回到“选项”对话框，单击“确定”按钮，回到“绘图属性”对话框，单击“关闭”按钮完成设置，如图 9-7 所示。

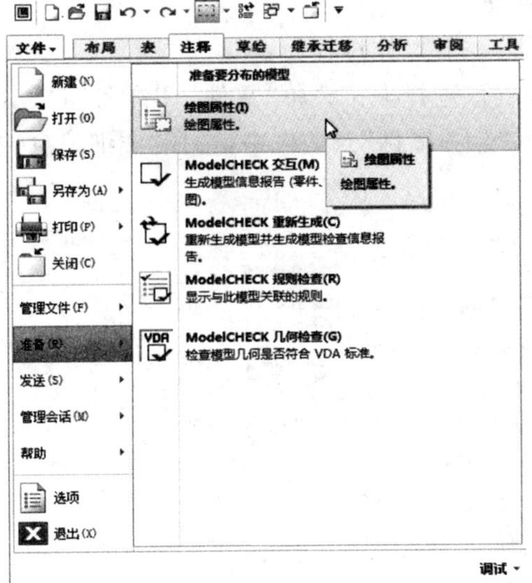

图 9-5 “绘图属性”命令

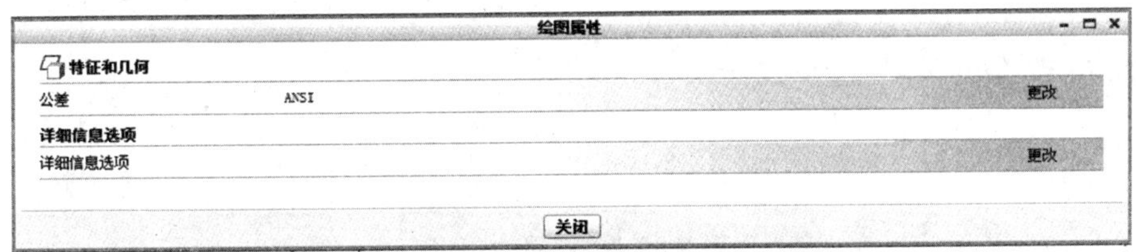

图 9-6 “绘图属性”对话框

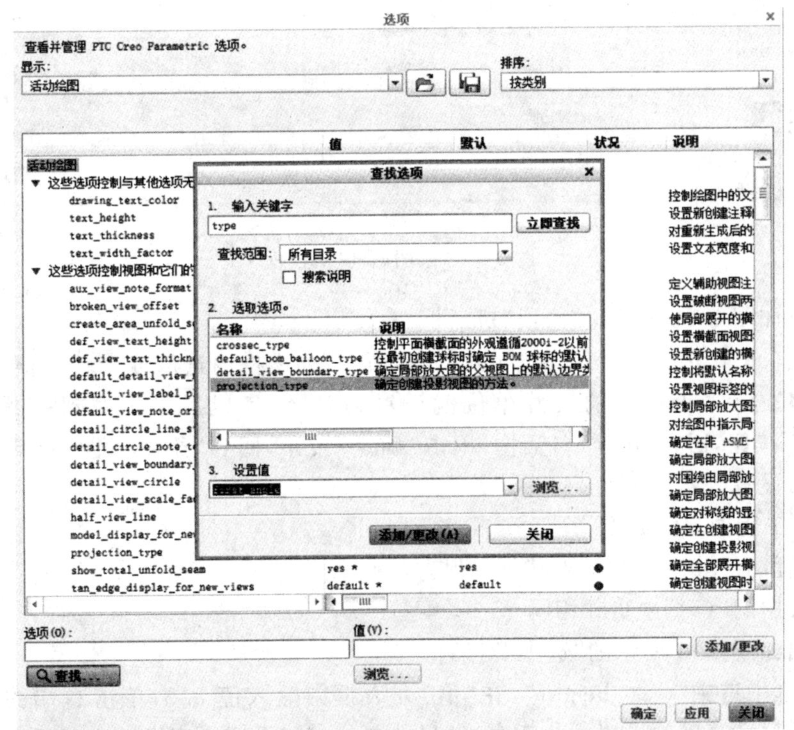

图 9-7 选项对话框

3. 定制工程图尺寸单位

修改工程图尺寸单位的一般操作过程为：

(1)进入工程图环境以后，选择下拉菜单“文件”|“准备”|“绘图属性”命令，如图 9-8 所示，在弹出的如图 9-9 所示“绘图属性”对话框中，选择“详细信息选项”区域的“更改”命令。

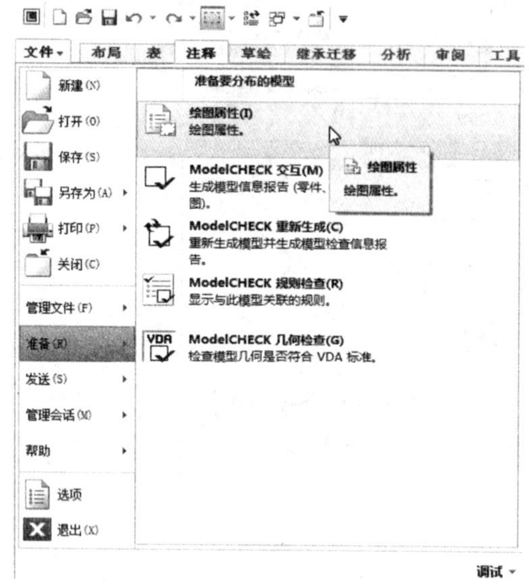

图 9-8 “绘图属性”命令

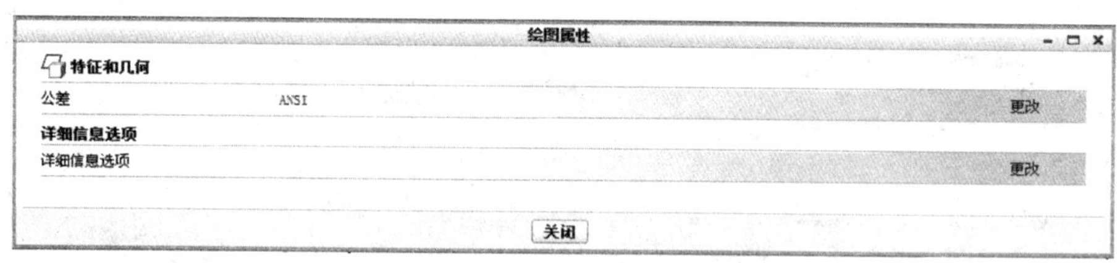

图 9-9 “绘图属性”对话框

(2)弹出如图 9-10 所示的“选项”对话框。

在“选项(O)”区内输入 drawing_units，在“值 Y”列表框内选取或者输入值 mm；单击右端的 添加/更改 按钮，工程图的尺寸单位就设置为毫米，完成后单击“应用”按钮，再单击 关闭 按钮，回到“选项”对话框，单击“确定”按钮，回到“绘图属性”对话框，单击“关闭”按钮完成设置。

4. 定制工程图尺寸高度

修改工程图尺寸高度的一般操作过程为：

(1)与 3 中的“(1)”中步骤相同。

(2)弹出如图 9-11 所示的“选项”对话框。

在对话框中选中“text_height”，在“值”列表框内输入值 3.5；单击右端的 查找... 按钮，工程图的尺寸高度就设置为 3.5 毫米(尺寸单位已经设置为毫米)，完成后单击“确定”按钮，再单击 关闭 按钮，回到“选项”对话框，单击“确定”按钮，回到“绘图属性”对话

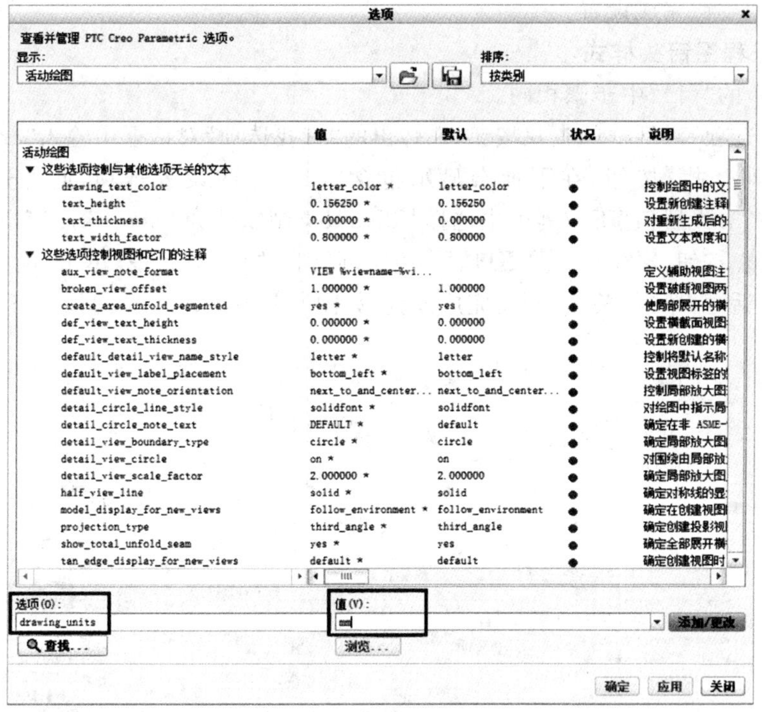

图 9-10　选项对话框

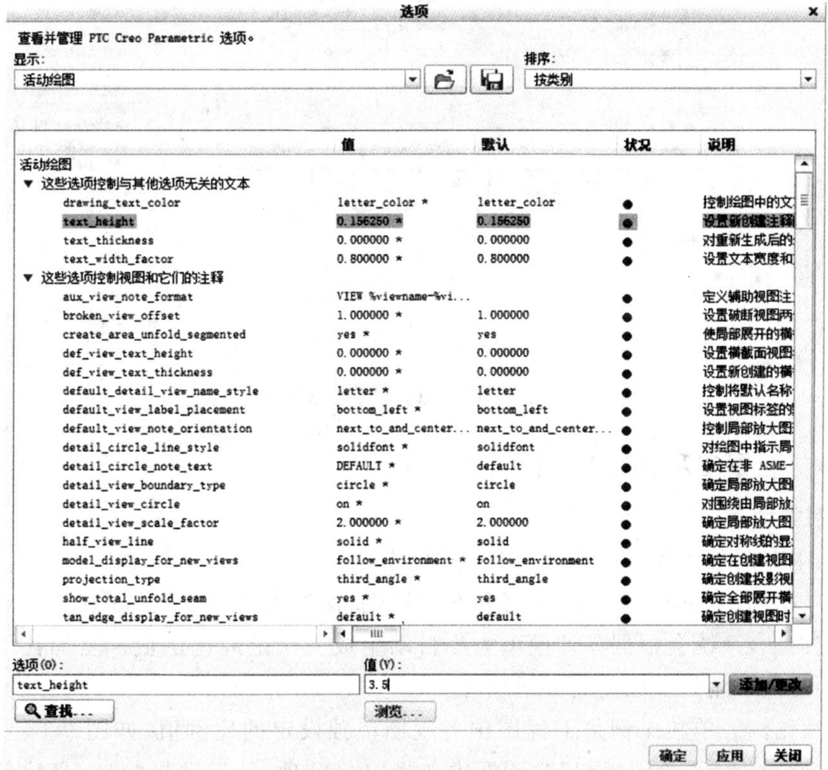

图 9-11　选项对话框

框，单击“关闭”按钮完成设置。

5. 定制工程图箭头样式

(1)与 3 中的“(1)”中步骤相同。

(2)单击“选项”对话框的查找按钮，在弹出的“查找选项”对话框中输入“arrow”，接着点击右边的“立即查找”按钮，在下面会显示包含“arrow”的设置选项，此处选择“arrow _ style”，然后在“3. 设置值”下拉列表中选择“filled”(英制默认为“closed”，即空心箭头)，最后单击 添加/更改(A) 按钮，再单击 关闭 按钮，回到“选项”对话框，单击“确定”按钮，回到“绘图属性”对话框，单击“关闭”按钮完成设置，如图 9-12 所示。

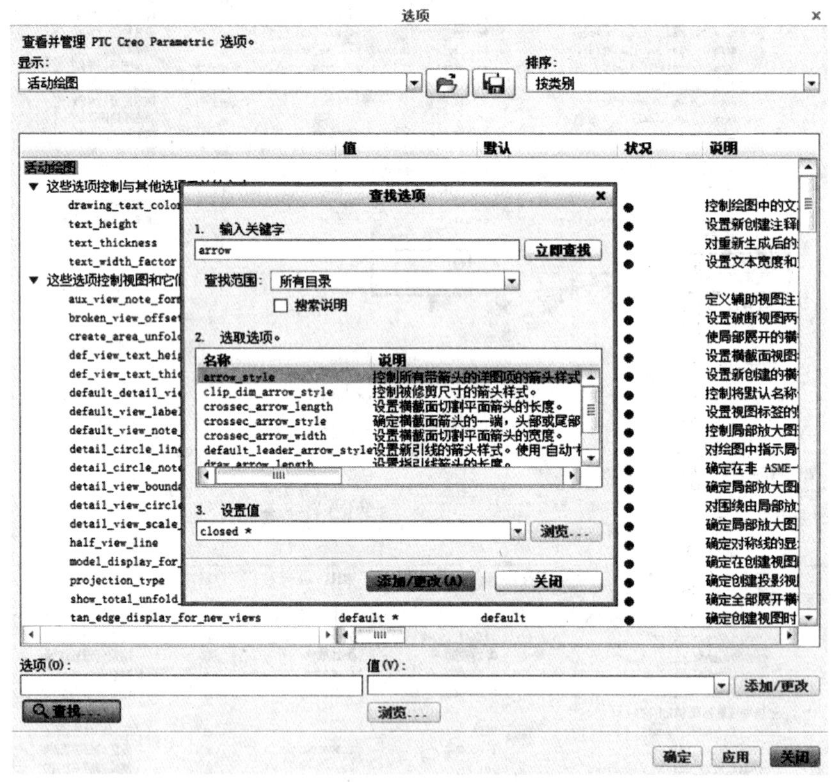

图 9-12 “选项”对话框

9.1.4 设置工程图的比例

1. 比例类型

工程图中有两种比例：全局比例和单独比例。

(1)全局比例。全局比例是整个工程图的比例，由配置文件中的 default_draw_scale 设定。不设定的话，系统会根据零件模型大小自动生成一个全局比例值。全局比例值位于工程图框外面的左下角处。如图 9-13 所示。

(2)单独比例。单独比例是工程图中各视图单独设定的比例值，如图 9-13 所示。用户可以在如图 9-14 所示“绘图视图”对话框中选择“比例”项，然后选择“自定义比例”，输入该视图的比例值，即该视图的单独比例。修改工程图的全局比例，不影响该单独比例的设置。

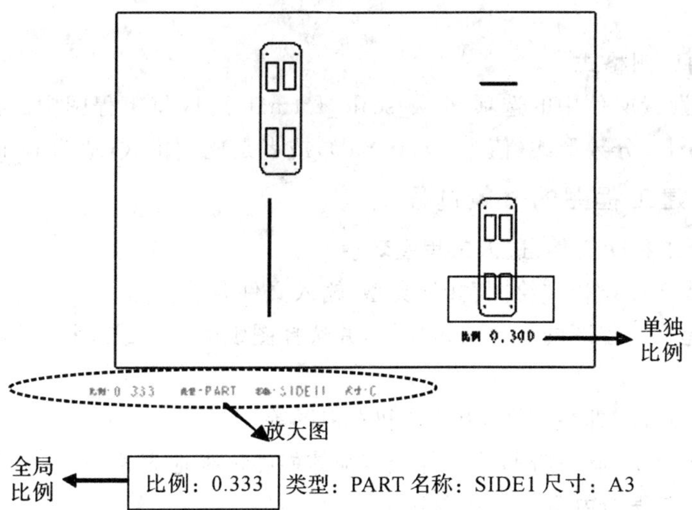

图 9-13　设置全局比例

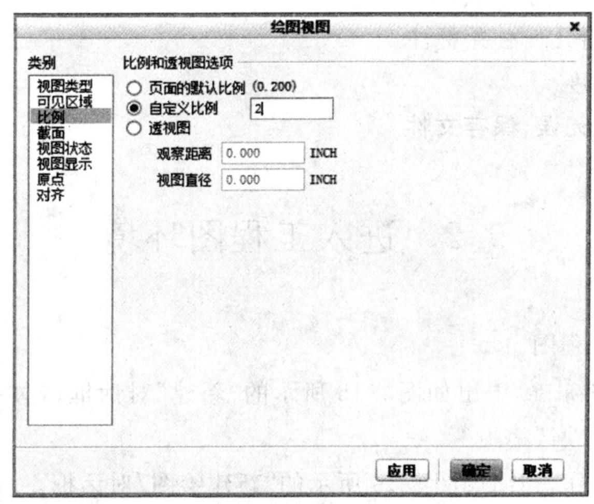

图 9-14　设置单独比例

2. 设置视图比例的方法

在 Creo 3.0 中可以有两种方法设置视图比例：

(1)用关系表达式驱动视图比例

用模型中的一个或者几个尺寸为参数建立一个关系式，当模型的尺寸发生变化时，视图的比例也发生变化。若用关系驱动的视图含有子视图，则系统会同时更新这些子视图。当视图没有设置单独比例时，关系表达式不能驱动。

(2)修改视图比例

Creo 3.0 中可以有以下几种修改比例值：

- 直接双击工程图的全局比例或单独比例进行修改。

● 在“绘图视图”对话框中的“类别”列表框里选择“比例”，然后输入比例值或者比例的关系表达式即可。

3. 工程图的比例格式

通过工程图设置文件中的选项 view_scale_format，可以将工程图中的比例设置为小数格式（值为 decimal）、分数形式（值为 fractional），或者是比例格式（值为 ratio_colon）。

9.1.5 创建工程图的一般过程

1. 新建一个工程图文件，进入工程图环境

（1）单击新建文件，选择“绘图”文件类型，输入文件名称。

（2）选择要建立工程图的零件或装配体，并选择图纸的格式或模板。

2. 产生视图

（1）创建基本视图，即主视图、俯视图和右视图等。

（2）修改或者添加其他视图，使零件或装配体能够清晰地表达。

3. 在生成的工程图中添加尺寸和标注

（1）显示模型尺寸，将多余的尺寸去除或者手动添加尺寸。

（2）添加必要的草绘尺寸。

（3）如有需要，添加尺寸公差。

（4）创建基准，进行几何公差标注。

（5）标注表面粗糙度。

4. 校核图纸，确认无误，保存文件

9.2 进入工程图环境

【例 9-1】 新建工程图。

（1）单击“新建”按钮，弹出如图 9-15 所示的“新建”对话框；选取文件类型为“绘图”，输入文件名，取消使用默认模板。

（2）单击“确定”按钮，弹出如图 9-16 所示的“新建绘图”对话框。

（3）“默认模型”：系统默认选取当前活动的模型，可以单击 浏览... 按钮选取其他文件。

（4）在“指定模板”选项组中选取工程图模板或图框模式，该区域有以下选项：

● “使用模板”：创建工程图时，使用某个工程图模板。

● “格式为空”：不使用模板，但是使用某个图框格式。

● “空”：不使用模板，也不使用图框模式。

如果选择“使用模板”，可以在“模板”栏中选取模板，如图 9-16 所示，或者单击 浏览... 按钮，选取模板并打开。

如果选择“格式为空”，如图 9-17 所示，需要在“格式”选项组中单击 浏览... 按钮，然后选取并打开某个格式文件。在实际工作中常选用此选项。

选用“空”选项，对话框如图 9-18 所示。如果选取图纸的幅面尺寸为标准尺寸，应先在“方向”选项组中，选择“纵向”或“横向”放置按钮，然后在“大小”选项组中选取图纸的幅面。

如果图纸的尺寸为非标准尺寸，则应该在“方向”选项组中，单击“可变”按钮，然后在“大小”选项组中输入图幅的高度和宽度数值及采用的单位。

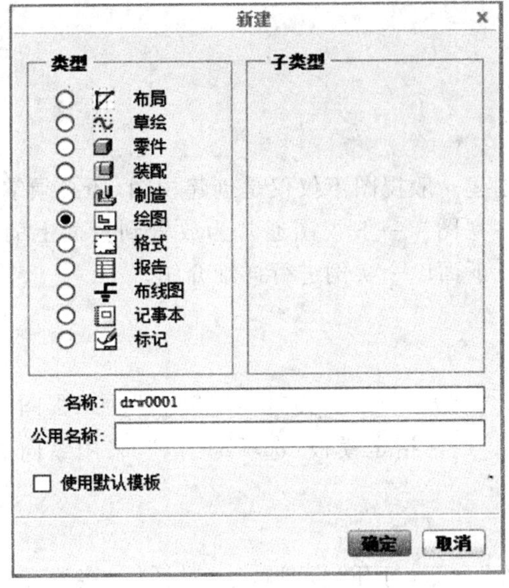

图 9-15 新建文件

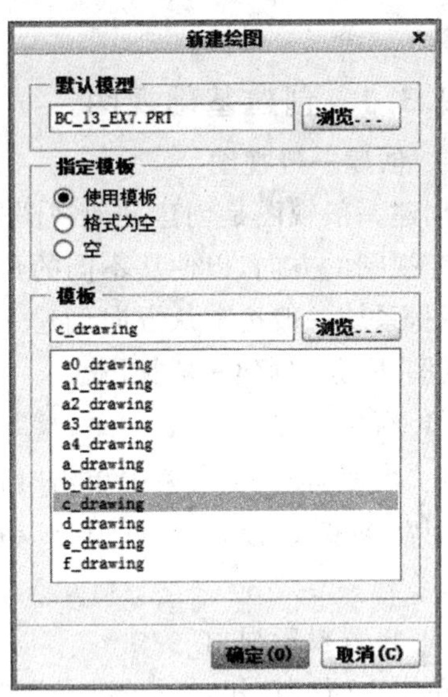

图 9-16 指定模板

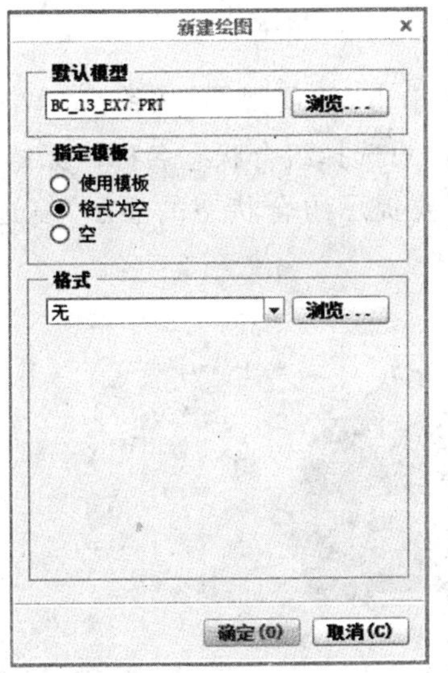

图 9-17 使用空模板

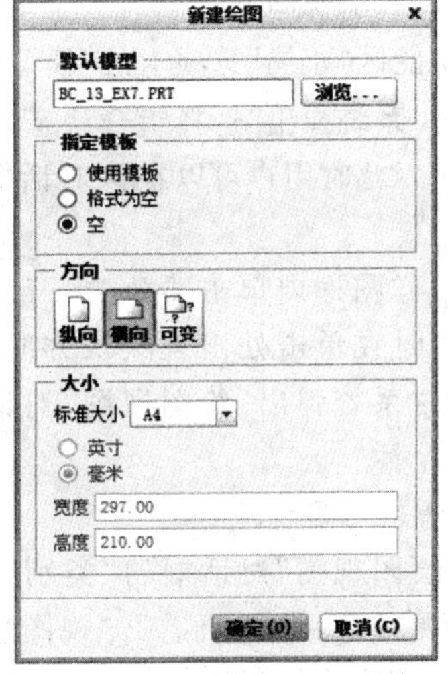

图 9-18 不使用模板

(5)单击“确定”按钮，进入工程图环境。

9.3 创建工程图视图

9.3.1 创建基础视图

1. 创建一般视图

创建一般视图是创建其他视图的前提，创建一般视图不仅仅是创建视图，还必须掌握如何改变视图的方向，以便从不同的角度来观察视图。一般视图通常为放置到页面上的第一个视图，系统一般按默认方向创建一般视图。下面以一实例进行详细介绍。

【例 9-2】 创建一般视图。

(1)新建文件

在"快速访问"工具栏中单击"新建"按钮，新建一个名为"bc10_3a_1"的工程图文件，不使用默认模板，设置"默认模型"为"bc10_3a_1"，"指定模板"选项为"空"，采用纵向的 A4 图纸。

(2)设置投影视角

单击"文件"按钮，选择"准备"|"绘图属性"命令，打开"绘图属性"对话框，接着在"绘图属性"对话框中单击"详细信息选项"右侧相应的"更改"选项，打开"选项"对话框，将绘图设置文件选项"projection_type"的选项值设置为"first_angle"。确定后关闭"选项"对话框和"绘图属性"对话框。

(3)创建一般视图

1)在功能区"布局"选项卡的"模型视图"面板中单击"常规视图"按钮。注意如果单击该按钮时，系统弹出"选择组合状态"对话框来让用户选择组合状态名称("无组合状态"或"全部默认")，此时用户可以在该对话框中选中"不要提示组合状态的显示"复选框并单击"确定"按钮。

2)在图样图框内单击要放置一般视图的位置。此时在单击处出现默认方向的一般视图，同时系统弹出"绘图视图"对话框，如图 9-19 所示。

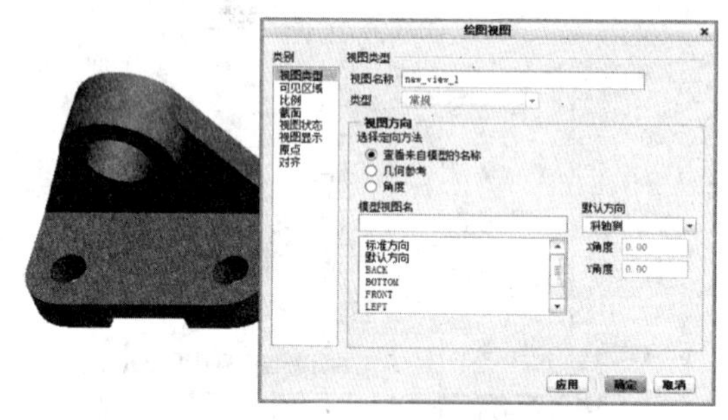

图 9-19 "绘图视图"对话框

(4)设置视图显示

1)在"绘图视图"对话框的"类别"列表框中选择"视图显示"，从而打开"视图显示"类别选项卡。接着从"显示样式"下拉列表中选择"消隐"选项，从"相切边显示样式"下拉列表中选择"无"选项，其他视图显示选项默认，然后单击"应用"按钮，如图 9-20 所示。

2)切换回"视图类型"类别选项卡，在"视图方向"选项组中选择视图定向方法为"查看来自模型的名称"，从"模型视图名"列表中选择"FRONT"，然后单击"应用"按钮。最后单击"绘图视图"对话框的"关闭"按钮，完成创建该一般视图，如图 9-21 所示。

另外，也可以选择已保存的视图方位进行定向。首先将零件文件打开，将零件先摆放

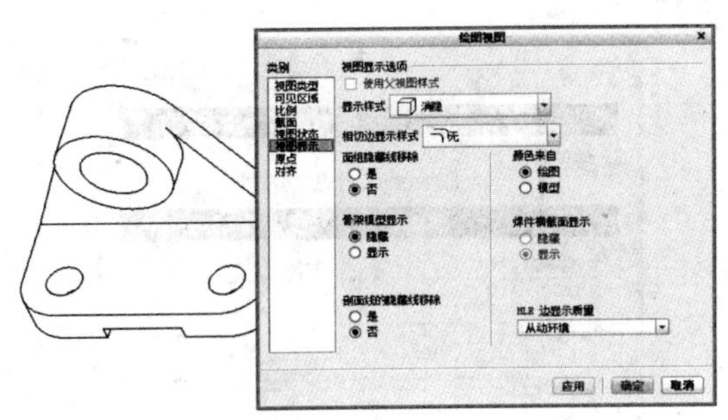

图 9-20　设置视图显示

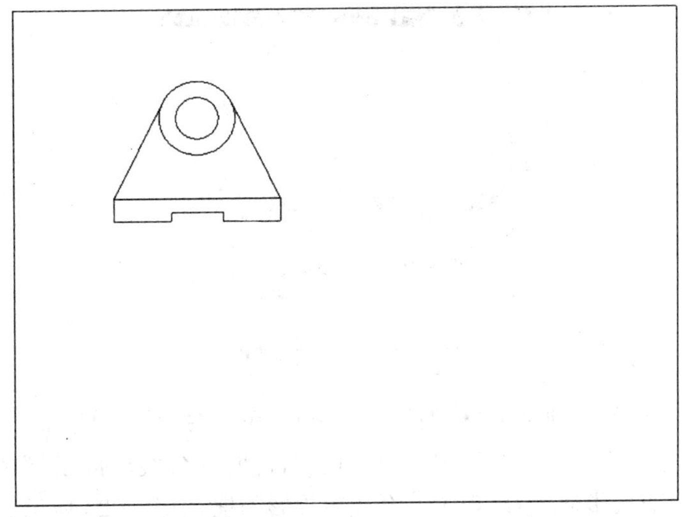

图 9-21　创建该一般视图

好，然后单击“视图”选项卡中的“已保存方向”按钮下的重定向按钮，打开如图 9-22 所示的对话框；单击“已保存的视图”，在名称栏定义一个名称，单击“保存”和“确定”按钮，完成视图保存。打开原来的绘图文件，在对话框中，模型视图中选择已保存的视图，然后单击“确定”按钮打开。

提示：

也可以通过右键操作创建一般视图：在绘图区放置一般视图的位置，单击右键，然后在快捷菜单中选取“插入普通视图”。

---

2. 创建投影视图

投影视图是一般视图沿水平或垂直方向的正交投影。投影视图放置在投影通道中，即位于父视图的正上方、正下方或正左方、正右方。下面举例说明。

【例 9-3】 创建投影视图。

(1)在“快速访问”工具栏中单击“打开”按钮，弹出“文件打开”对话框，选择配套文件“touyingshitu”并打开，文件中已经存在一个已经建立好的主视图。

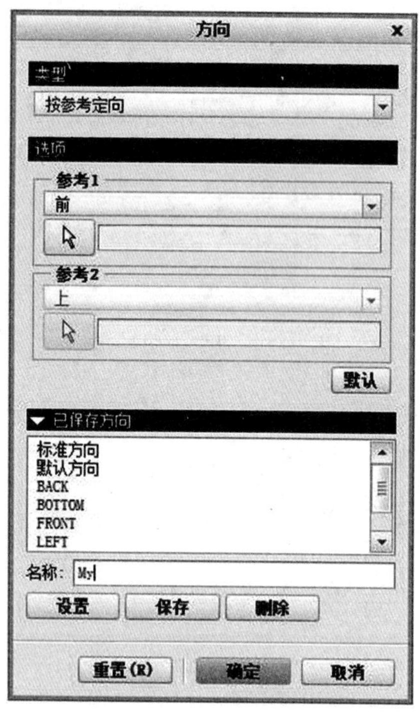

图 9-22 “方向”对话框

(2)在功能区“布局”选项卡的“模型视图”面板中单击“投影”按钮。

(3)系统默认选中唯一的一个视图作为父视图，此时在父视图的某投影通道中(鼠标光标位置指示了相应的投影通道)出现了一个代表投影的框，如图 9-23 所示。

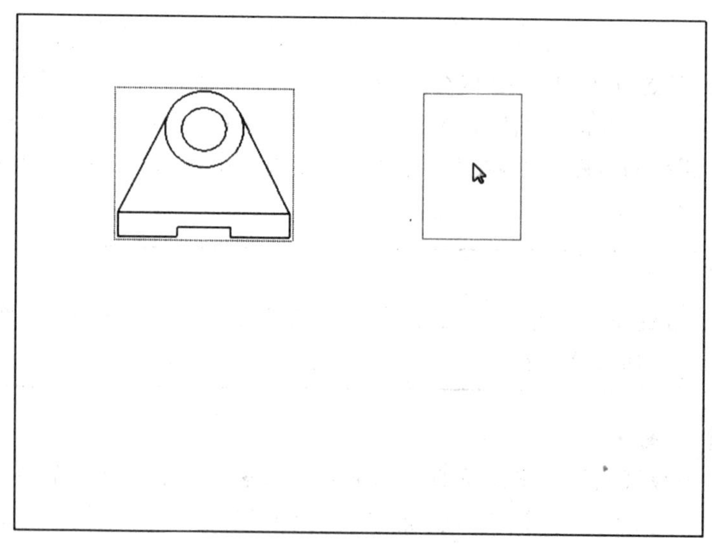

图 9-23 创建投影视图

(4)创建左视图

将投影框在主视图的水平投影通道中向右移动,在所需的位置处单击便可放置一个投影视图,如图 9-24 所示。

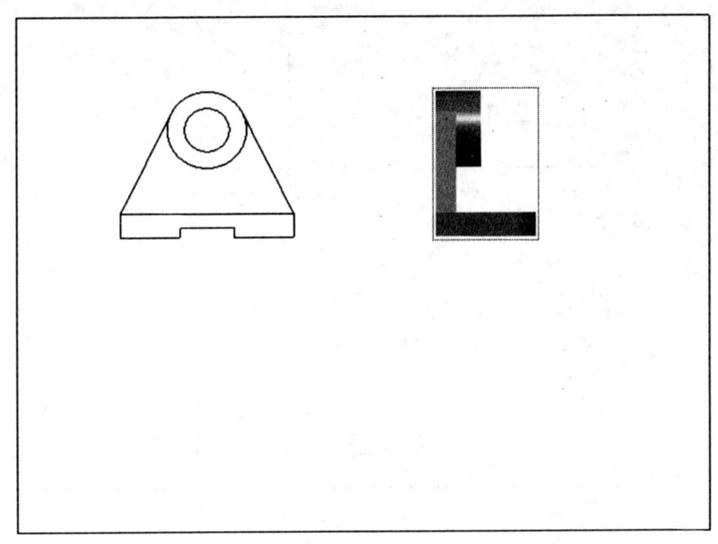

图 9-24 创建左视图

(5)设置视图显示

双击该投影视图,弹出“绘图视图”对话框,切换到“视图显示”类别选项卡,接着从“显示样式”下拉列表中选择“消隐”,从“相切边显示样式”下拉列表中选择“无”,单击“应用”按钮,如图 9-25 所示。然后单击“绘图视图”对话框的“关闭”按钮,关闭对话框。

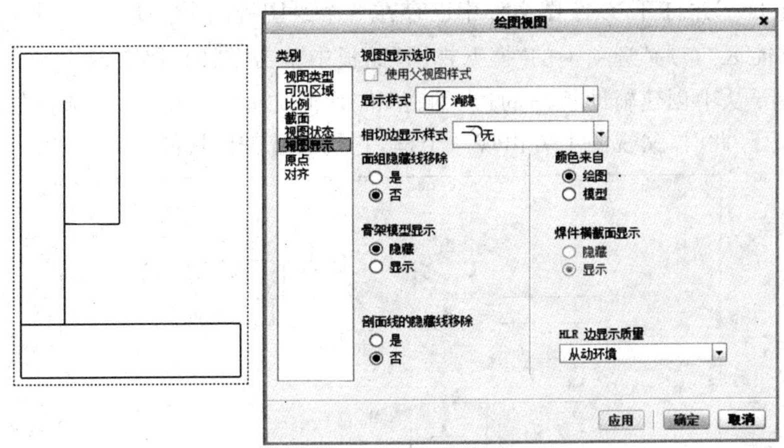

图 9-25 设置视图显示

(6)创建俯视图

1)在绘图区域的空白处单击,确保没有选中任何视图。接着单击“投影”按钮。

2)系统提示选择投影父视图。选择一般视图作为要投影的父视图。

3)在父视图的下方适当位置处单击以确定该投影视图的放置中心点。然后双击该投影视图,在弹出的“绘图视图”中设置“视图显示”,得到的效果如图 9-26 所示。

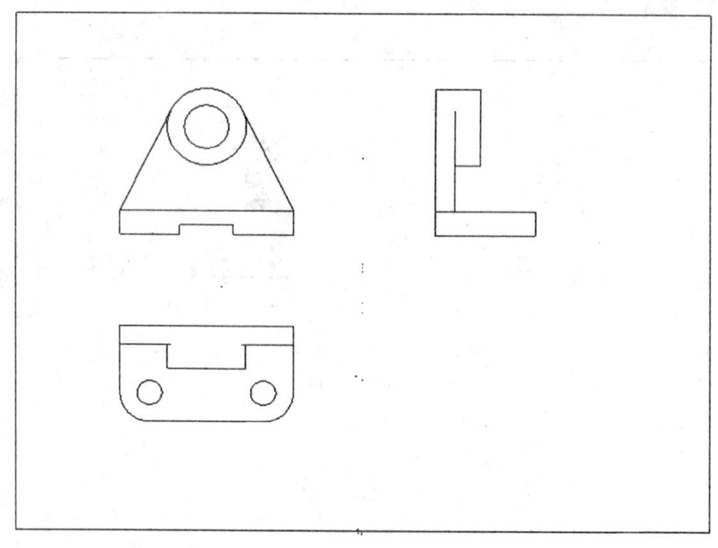

图 9-26 创建俯视图

3. 创建辅助视图

辅助视图也是一种投影视图,只是向选定曲面或轴进行投影。选定曲面的方向确定了投影通道,父视图中的参照必须垂直于屏幕平面。它主要用于辅助复杂的投影视图来表现模型特征。

【例 9-4】 创建辅助视图。

(1)在“快速访问”工具栏中单击“打开”按钮,弹出“文件打开”对话框,选择配套文件“fuzhushitu. drw”并打开,该绘图文件中已存在 3 个绘图视图。

(2)在功能区“布局”选项卡的“模型视图”面板中单击“辅助”按钮。

(3)选择要从中创建辅助视图的边、轴、基准平面或曲面。在这里,选择如图 9-27 所示的一条轮廓边。此时,父视图上方出现一个框,它代表着辅助视图。

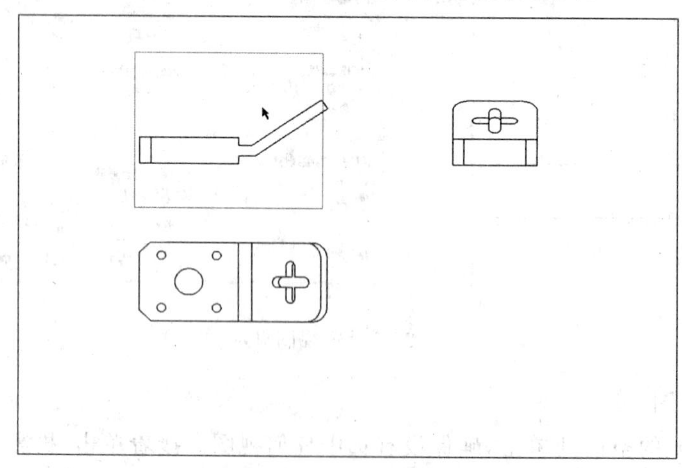

图 9-27 选择一条轮廓边

(4)拖拽投影框在投影通道中移动,在所需的放置位置处单击鼠标左键,则显示辅助视图,如图 9-28 所示。

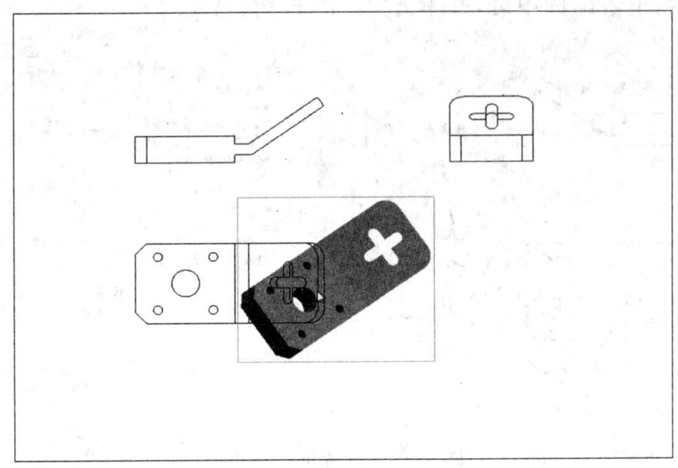

图 9-28　放置辅助视图

(5)设置视图显示。

双击该辅助视图,弹出“绘图视图”对话框,将视图名设置为“A”,从“辅助视图属性”选项组的“投影箭头”下选择“单箭头”,如图 9-29 所示,从而设置显示单箭头。

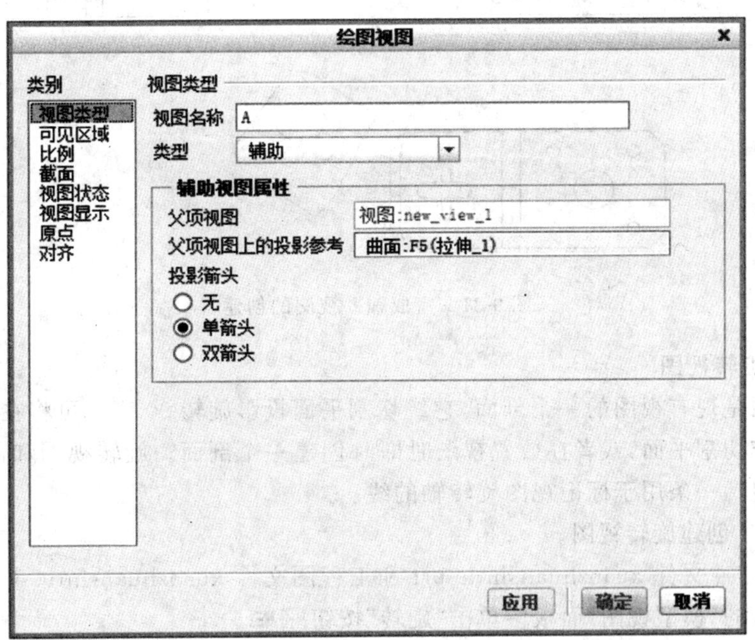

图 9-29　设置视图类型

切换到“视图显示”类别选项卡,接着从“显示样式”下拉列表中选择“消隐”,从“相切边显示样式”下拉列表框中选择“无”,单击“应用”按钮。

切换到“可见区域”类别选项卡，从“视图可见性”下拉列表中选择“局部视图”选项，接着在辅助视图中选择一个参考点，然后在当前视图上通过单击若干点草绘样条来定义外部边界，如图 9-30 所示，单击鼠标中键，并单击“应用”按钮。

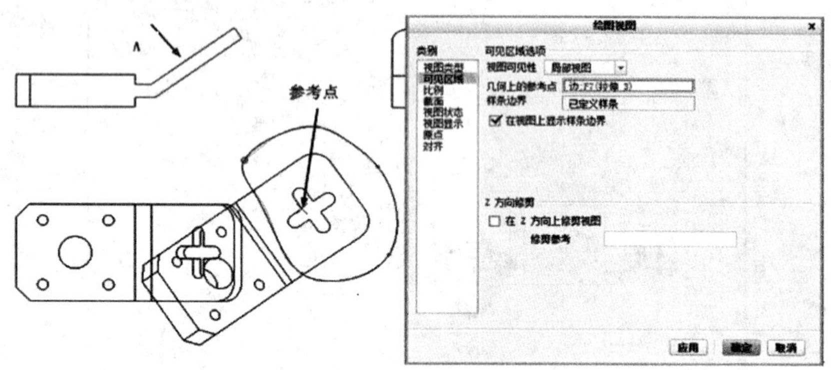

图 9-30　设置可见区域

(6)在“绘图视图”对话框中单击“关闭”按钮，定义了该绘图视图后的效果如图 9-31 所示。

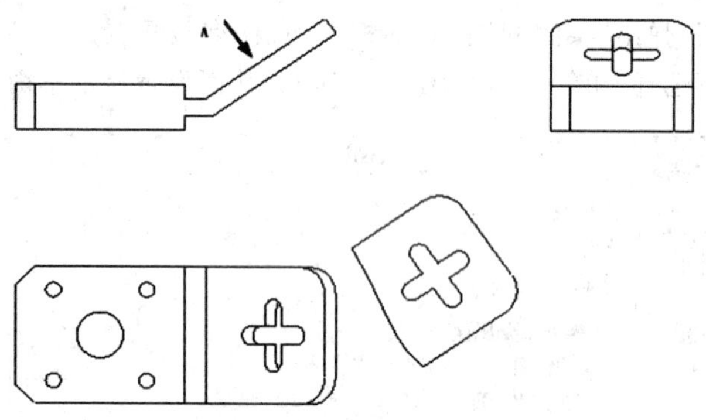

图 9-31　完成辅助视图的创建

4. 创建旋转视图

旋转视图是现有视图的一个剖面，它绕切割平面投影旋转 90 度。可将在 3D 模型中创建的剖面用作切割平面，或者在放置视图时即时创建一个剖面。旋转视图和剖视图的不同之处在于它包括一条用于标记视图旋转轴的线。

【例 9-5】 创建旋转视图。

(1)打开零件文件 xuanzhuanshitu. prt 和工程图文件 xuanzhuanshitu. drw。在功能区“布局”选项卡的“模型视图”面板中单击“旋转”按钮。

(2)系统提示选择旋转界面的父视图。在该提示下选择要显示剖面的视图。

(3)系统提示选择绘制视图的中心点。在图样页面上选择一个位置以显示旋转视图，近似地沿父视图中的切割平面投影。

(4)此时，弹出“绘图视图”对话框。在“视图类型”类别选项卡中，可以修改视图名称，但是不能修改视图类型。在“横截面”下拉列表中选择现有剖面，或者选择“新建”选项来创建

一个新剖面来定义旋转视图的位置，如图 9-32 所示，当选择“新建”选项时，弹出一个“横截面创建”菜单。使用“横截面创建”菜单可以创建所需的一个有效剖面，例如选择“平面”|“单一”|“完成”命令，接着输入截面名称，按【Enter】键，然后选择一个现有的参照（如平面曲面或基准平面）或创建一个新的参照来创建平行于屏幕的截面。

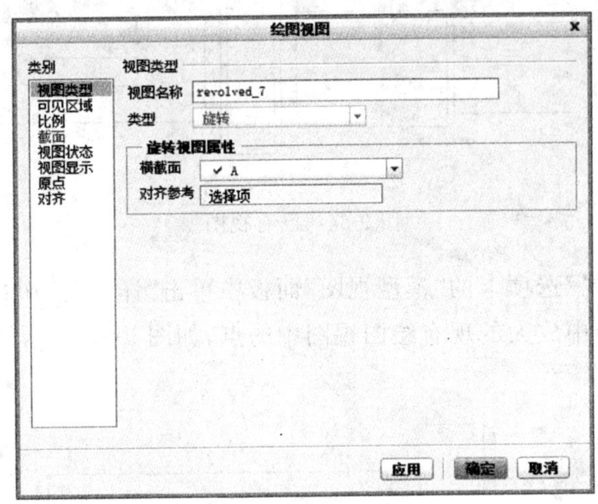

图 9-32　创建截面

(5)可以利用“绘图视图”对话框继续定义绘图视图的其他属性，然后关闭“绘图视图”对话框。创建的旋转视图如图 9-33 所示。最后保存文件。

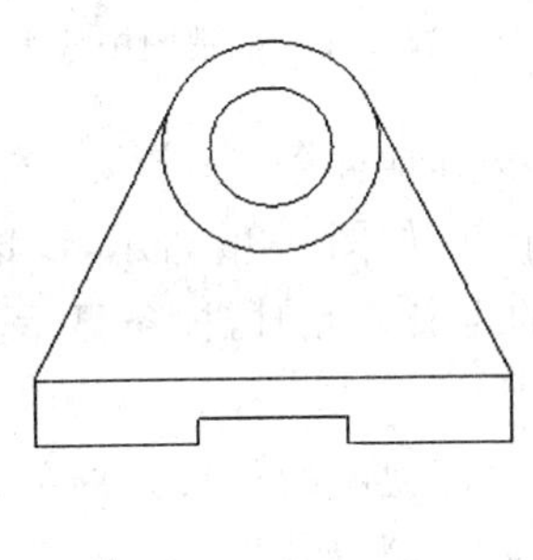

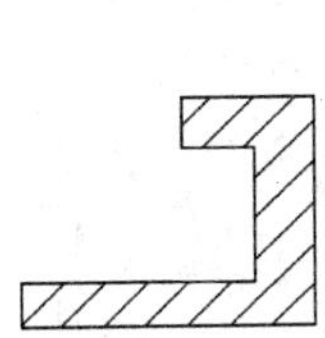

图 9-33　旋转视图

5．创建局部视图

局部放大图是一种细化特征的表达方式，它主要用于表达复杂零件图的某一部位的结构，也是一种常用的视图表现方法。

【例 9-6】 创建局部视图。

(1)在“快速访问”工具栏中单击“打开”按钮，弹出“文件打开”对话框，选择配套文件“jubushitu. drw”并打开，该绘图文件中存在一个主视图，如图 9-34 所示。

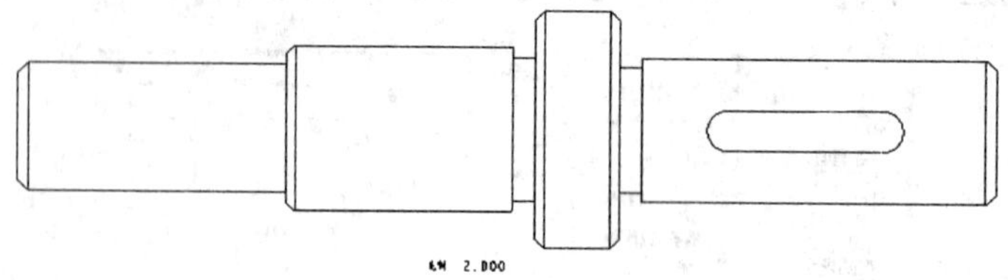

图 9-34 已有视图

(2)在功能区“布局”选项卡的“模型视图”面板中单击“详细”按钮。

(3)选择要在视图中放大的现有绘图视图中的点，如图 9-35 所示，系统以加亮的叉来显示所选的点。

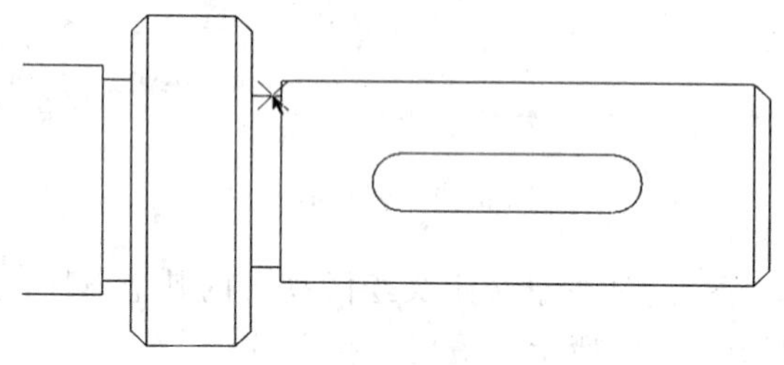

图 9-35 选择在局部视图中放大的点

(4)系统出现“草绘样条，不相交其他样条，来定义一轮廓线”的提示信息。使用鼠标左键围绕所选的中心点依次选择若干点，如图 9-36 所示，以草绘环绕要详细显示区域的样条。

(5)单击鼠标中键，完成样条的定义。此时，样条显示为一个圆和一个局部视图名称的注解。

(6)在图样页面中选择要放置局部视图的位置。局部视图显示样条范围内的父视图区域，并标注上局部视图的名称和缩放比例，如图 9-37 所示。

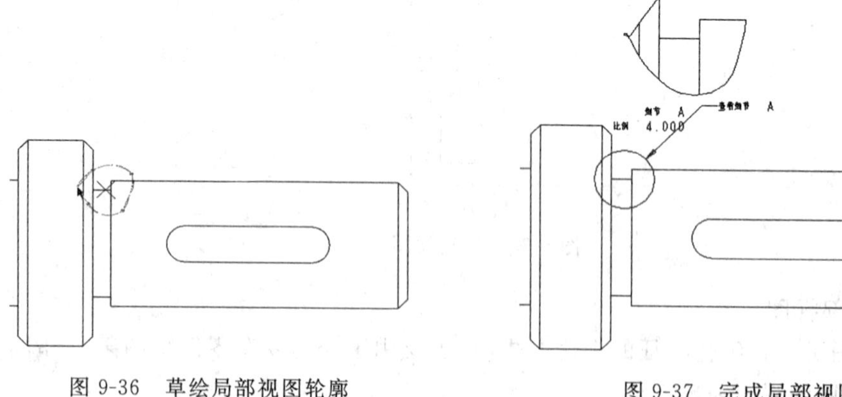

图 9-36 草绘局部视图轮廓

图 9-37 完成局部视图

（7）双击局部视图，弹出“绘图视图”对话框，可以对局部视图进行设置，然后关闭对话框并保存文件。

6. 创建剖面视图

剖面视图包括全剖视图、半剖视图和局部剖视图。

所谓全剖视图是对整个基础视图从头至尾切成两半，然后从水平或者垂直的投影角度去观察的剖面图。全剖视图是剖视图中最常见的一种方式，它一般应用于外形规则并且对称性较好的结构模型。

【例 9-7】 创建全剖视图。

（1）在“快速访问”工具栏中单击“打开”按钮，弹出“文件打开”对话框，选择配套文件“quanpoushitu. drw”并打开，在该工程图中已经存在如图 9-38 所示的三个工程视图。

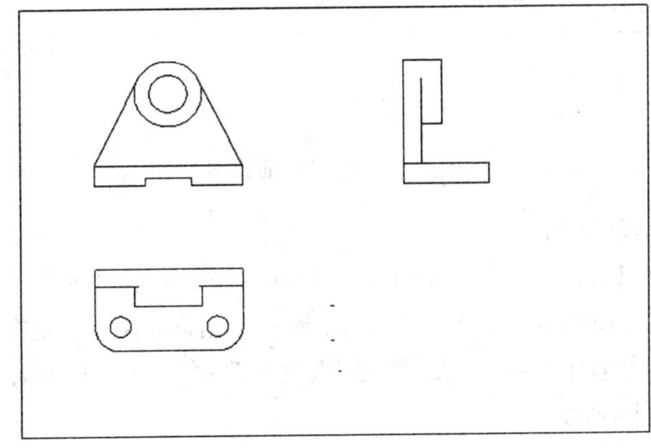

图 9-38　已有工程图

（2）双击左视图，弹出“绘图视图”对话框。

（3）切换到“截面”类别选项卡，选择“2D 横截面”单选按钮，接着单击“将横截面添加到视图”按钮，系统默认创建新的剖面横截面，此时弹出“横截面创建”菜单，如图 9-39 所示。

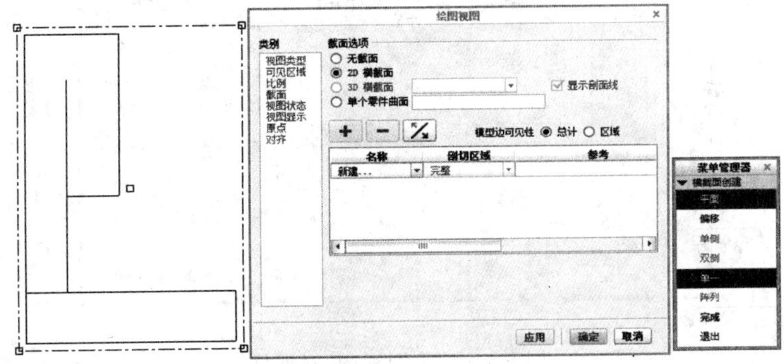

图 9-39　创建截面

（4）在菜单管理器的“横截面创建”菜单中选择“平面”、“单一”、“完成”命令。

（5）在出现的文本框中输入剖面名为“A”，按回车键，或单击“确定”按钮✔。

(6)选择“RIGHT 基准平面”，此时在“绘图视图”对话框的“截面”类别选项卡中会出现符号“√”，表示 A 剖面有效，剖切区域选项为“完全”。

(7)在“绘图视图”对话框中单击“确定”按钮，创建的全剖视图如图 9-40 所示。

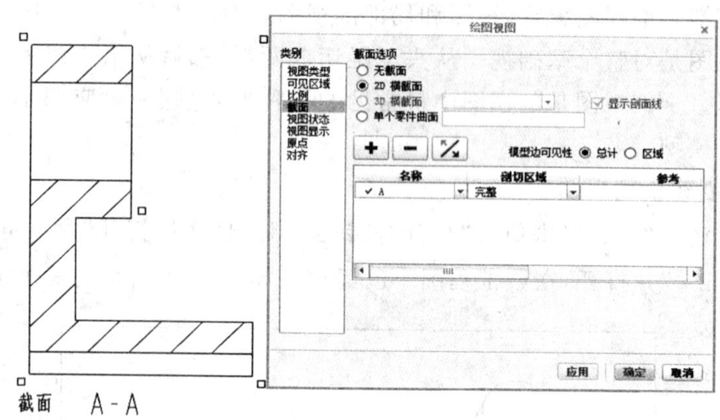

图 9-40　创建全剖视图

【例 9-8】 创建半剖视图。

(1)打开零件文件 base. prt 和工程图文件 base. drw。在该工程图上创建半剖视图。

半剖视图的创建同局部剖视图的创建方法基本上相同，不同的是在“绘图视图”对话框中的“剖切区域”选项中选择“半倍”，在“参考”选项中选择一个参照平面，然后指定要显示半剖的那一侧。如图 9-41 所示。

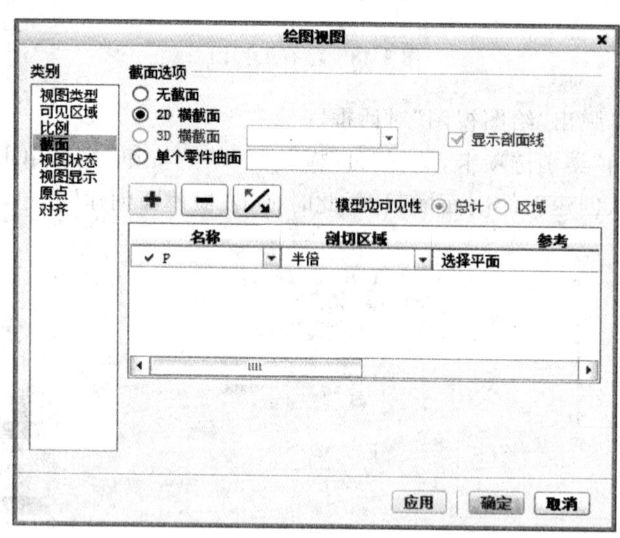

图 9-41　“绘图视图”对话框

(2)最后在“绘图视图”对话框中单击“确定”按钮完成操作，效果如图 9-42 所示。最后保存文件。

局部剖视图主要应用在外形不规则、结构比较复杂的几何模型中，在工程图的绘制中有

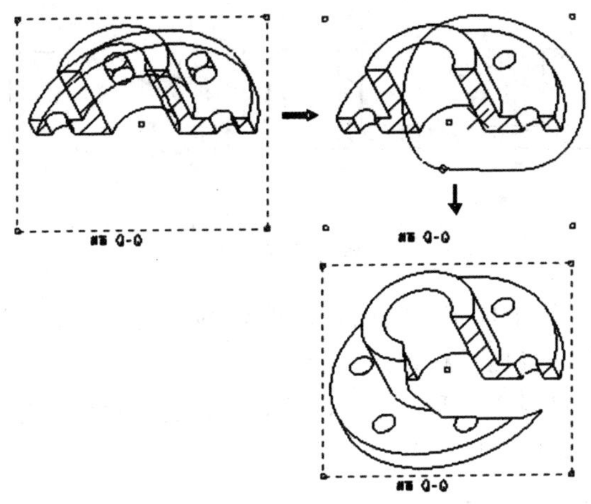

图 9-42　半剖面视图

着很重要的作用。局部剖视不同于局部放大图，尽管都是突出显示结构的某一细节特征，但由于局部剖视图是一种剖视图，因此它有显示局部结构内外特征的双重作用。

【例 9-9】 创建局部剖视图。

(1)打开工程图文件 jubushitu. drw。在该工程图上创建局部剖视图。局部剖视图的创建方法和局部放大图的创建方法基本相同，不同的是在“绘图视图”对话框中设置的选项不同，如图 9-43 所示。

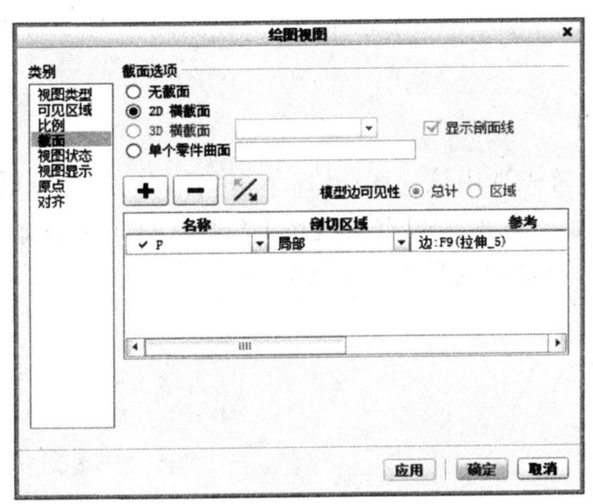

图 9-43　“绘图视图”对话框

(2)绘制局部边线时要建立一个由样条曲线构成的平面来切割局部视图，如图 9-44 所示。最后保存文件。

9.3.2　移动和锁定绘图视图

如果视图的位置放置不合适，可以移动视图，移动试图的方法有两种：

(1)直接选取要移动的视图，该视图轮廓加亮；通过拐角拖动句柄或中心点即可将该视图拖动到新位置。拖动模式激活时，光标变为十字形。

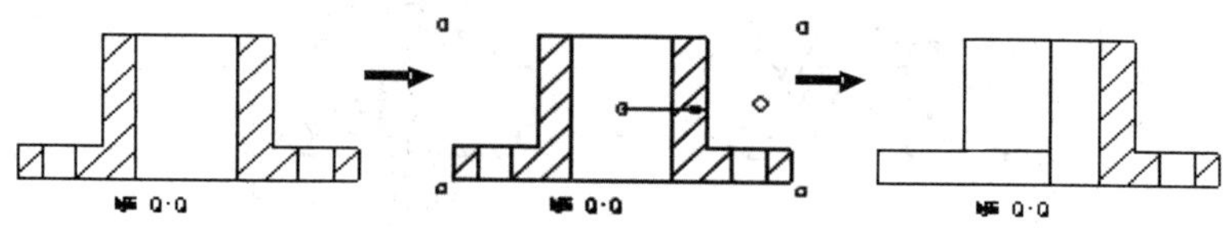

图 9-44 局部剖视图

(2)使用精确的 X 和 Y 坐标移动视图。选取要移动的视图,该视图轮廓加亮;选择“编辑”|“移动特殊”命令,系统将提示在选定项目上选取一点;在要使用的选定项目上,单击一点,作为移动原点,“移动特殊”对话框打开,如图 9-45 所示;使用鼠标选择点或在对话框中输入具体的 X 和 Y 坐标,单击“确定”结束。

图 9-45 “移动”对话框

如果视图被锁定了,选中视图,单击右键,在菜单中单击“锁定视图移动”,取消“锁定视图移动”的勾选状态。

如果视图位置已经调整好,可再次单击“锁定视图移动”,锁定视图的移动。如图 9-46 所示。

9.3.3 删除视图

要将某个视图删除,首先选中该视图,然后单击鼠标右键,在弹出的如图 9-47 所示的快捷菜单中选取“删除”。如果该视图带有子视图,该子视图同时被删除,此时会弹出一个如图 9-48所示的提示窗口,要求确认是否删除该视图。

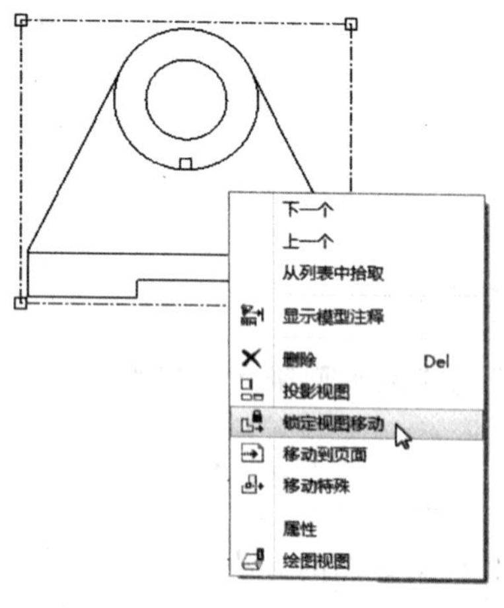

图 9-46 锁定视图移动

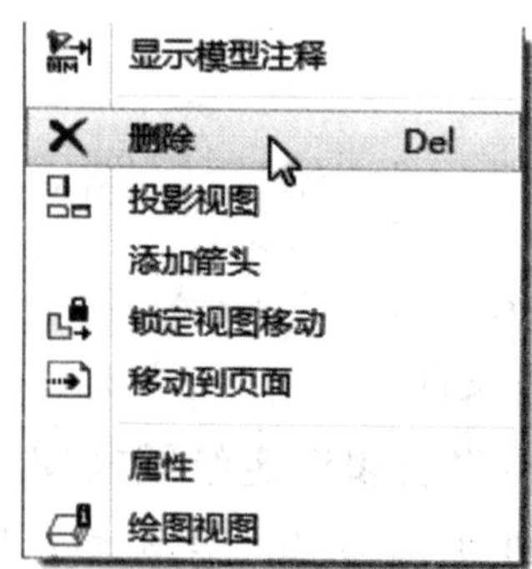

图 9-47 删除视图

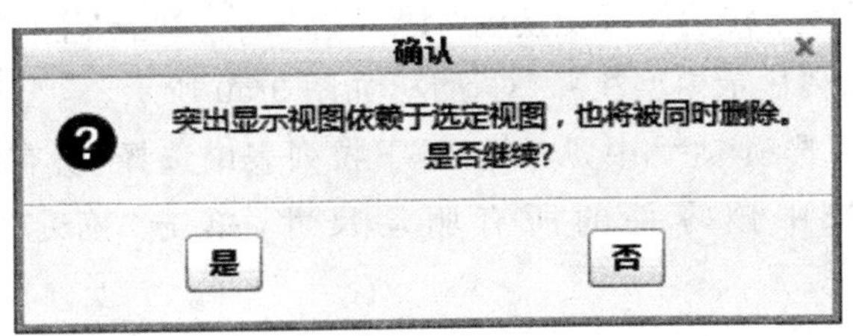

图 9-48 确认操作

9.3.4 显示视图

工程图中的视图可以在创建之前通过配置文件 config. pro 中的选项 hlr_for_quilts 来控制隐藏线删除过程中显示面组的方式。如果设置为 yes，则系统将在隐藏线删除过程中包括面组，否则不包括。

边显示的设置步骤为：在如图 9-49 所示的对话框中“显示样式”设置为其中的一项，然后单击“确定”按钮。

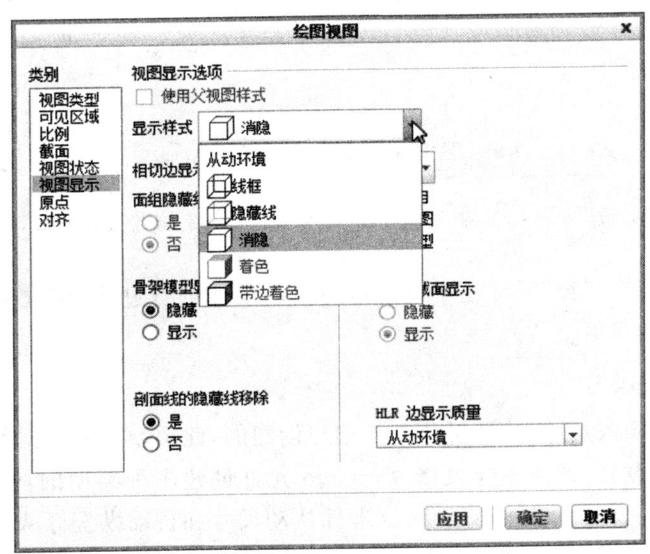

图 9-49 视图显示

边显示的方式有线框、隐藏线、消隐、着色和带边着色 5 种显示方式。相切边的显示样式有默认、无、实线、灰色、中心线和双点划线。

9.4 尺寸标注

9.4.1 显示驱动尺寸

已有特征的被驱动尺寸源于特征模型，因此当修改模型尺寸时，在工程图中该尺寸随之变化。下面介绍该尺寸在工程图中的显示和拭除两种操作。

要显示视图中的尺寸，在功能区切换到“注释”选项卡，单击“注释”面板中的“显示模型注释”按钮，系统弹出“显示模型注释”对话框，如图 9-50 所示。

在“显示模型尺寸”选项卡中，从“类型”下拉列表中选择“所有驱动尺寸”，然后单击“全选”按钮，以选中该零件的所有驱动尺寸，单击“确定”按钮，自动显示如图 9-51 所示的尺寸。

图 9-50　显示与拭除

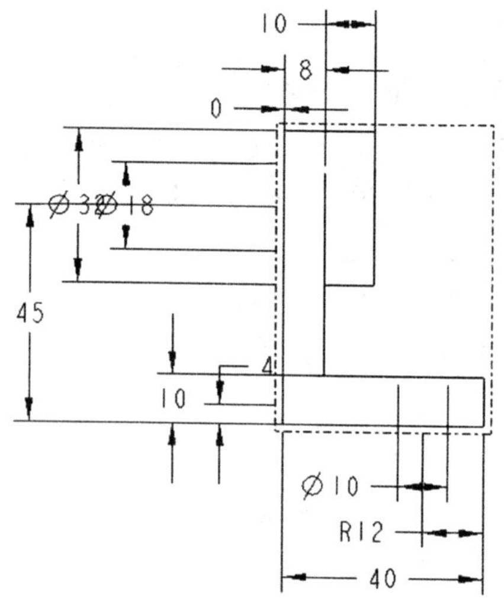

图 9-51　自动显示尺寸

可以在“显示模型注释”对话框中对显示的驱动尺寸进行过滤，用鼠标拖曳可以调整尺寸的位置，使画面效果更整洁。

9.4.2　标注尺寸

下面介绍手动插入尺寸，从动尺寸是由用户创建的，此类型尺寸根据创建尺寸时所选的参考来记录值。注意：它的值不能被修改。Creo 允许创建多种类型的从动尺寸，包括标准从动尺寸(新参考)、公共参考从动尺寸、纵坐标从动尺寸和自动纵坐标从动尺寸。

- 新参照：每次选取新的参照进行标注。
- 公共参照：使用某个参照进行标注后，可以以这个参照为公共参照，连续进行多个尺寸的标注。
- 纵坐标：创建单一方向的坐标表示的尺寸标注。
- 自动标注纵坐标：在模具设计和钣金件平整形态零件上自动创建纵坐标尺寸。

在这里，以插入标准从动尺寸为例进行介绍，其他类型的从动尺寸创建方法类似。操作方法和步骤如图 9-52 所示。

9.4.3　调整尺寸

1. 移动尺寸

选择要移动的尺寸，当尺寸加亮变红以后，当出现✥图标时，再用鼠标左键拖住尺寸，从而将其移动到所需的位置。如图 9-53 所示。

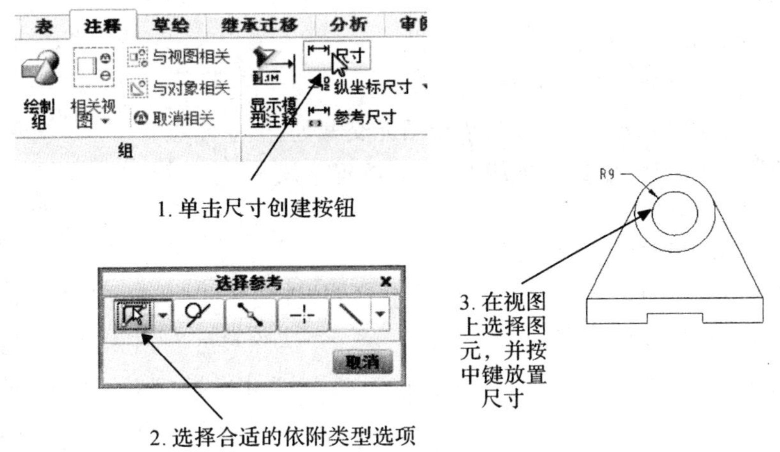

图 9-52　标注尺寸

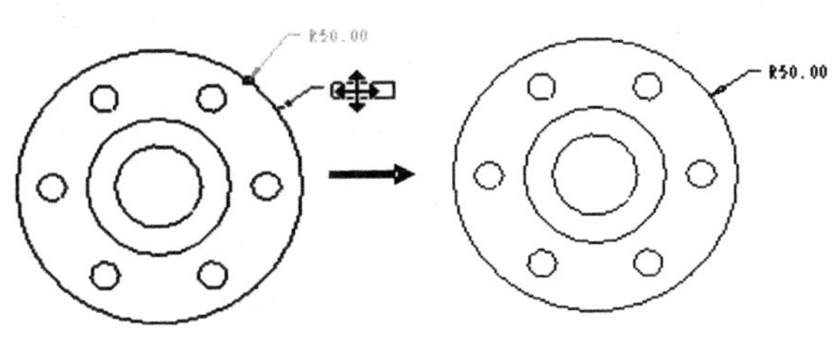

图 9-53　移动尺寸

2. 编辑尺寸

编辑尺寸包括删除尺寸、对齐尺寸或者设置属性等。具体方法是，选取某一尺寸，单击鼠标右键，从弹出的快捷菜单中选取相应的命令，从而对尺寸进行编辑，如图 9-54 所示。或者双击某一尺寸，可以打开"尺寸属性"对话框并修改尺寸，如图 9-55 所示。

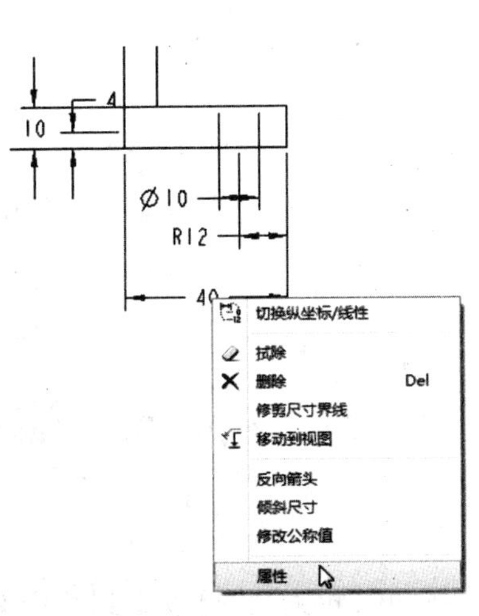

图 9-54　右键打开"属性对话框"

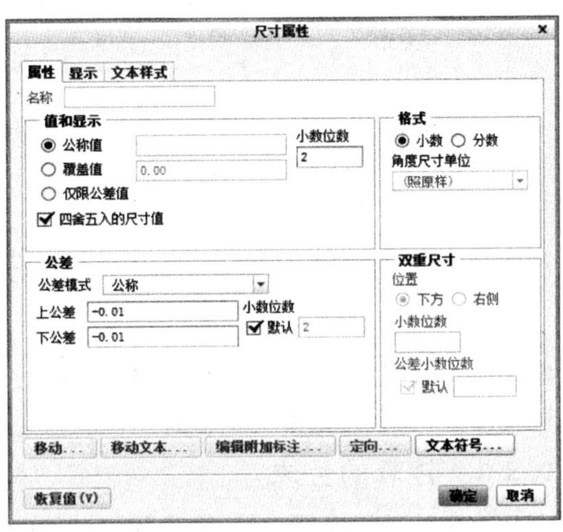

图 9-55　属性对话框

3. 整理尺寸

整理尺寸有以下几个方面：

- 在尺寸界线之间使尺寸居中。
- 在尺寸界线之间或尺寸界线与草绘图元交截处，创建断点。
- 在模型边、视图边、轴或捕捉线的一侧，放置该尺寸。
- 设置箭头方向。
- 将尺寸的间距调整到一致。

自动清理尺寸：在功能区“注释”选项卡的“注释”面板中提供了一个实用的“清除尺寸”按钮，它主要用于清理视图周围尺寸的位置。单击“清除尺寸”按钮，系统弹出“清除尺寸”对话框，接着选择单个或多个尺寸，或者整个视图，单击“选择”对话框的“确定”按钮，再分别在“放置”选项卡和“修饰”选项卡中设置所需的选项，如图 9-56 所示，然后单击“应用”按钮。

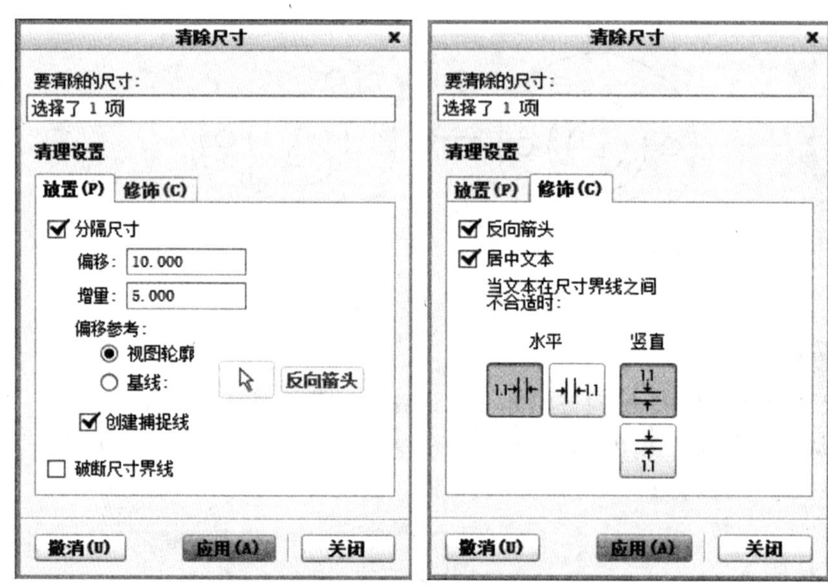

图 9-56 “清除尺寸”对话框

9.5 注 释

完整的工程图还需要有注释来对各个视图进行说明，特别是在一些模具零件、机床零件或装配视图上，都需要很多的文本说明。

9.5.1 注释的生成

在功能区“注释”选项卡的“注释”面板中单击“注解”按钮下拉列表，可以看到注释有独立注解等 6 种类型，如图 9-57 所示。

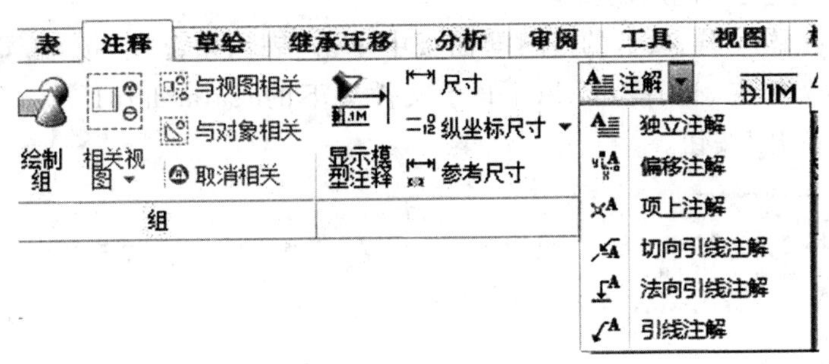

图 9-57　设置注释

在图 9-57 中，在注释类型下拉列表中选择“独立注解”，系统弹出“选择点”对话框，鼠标左键在绘图区单击可以确定注释的放置位置，如图 9-58 所示。此时，在功能区弹出“格式”选项卡，如图 9-59 所示。

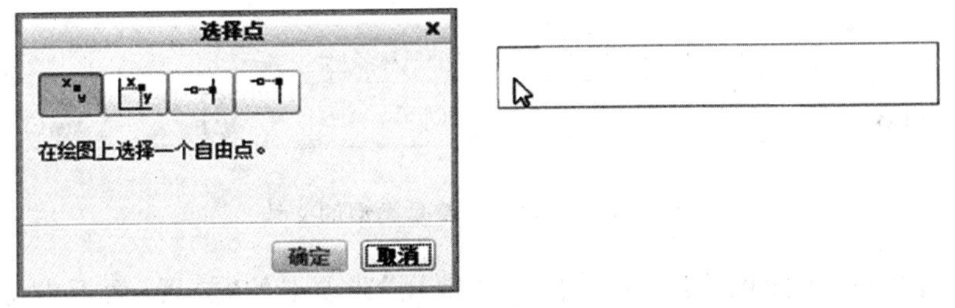

图 9-58　确定注释的放置位置

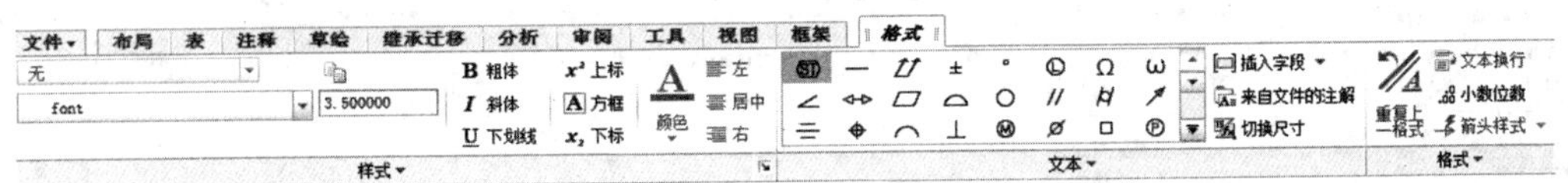

图 9-59　功能区弹出“格式”选项卡

9.5.2　注释的编辑

1. 注释的删除

选取某一注释文本，单击鼠标右键，从弹出的快捷菜单中选取“删除”，可以对注释删除。

2. 注释的修改

选择要编辑的注释，此时在功能区弹出“格式”选项卡，可以再次对注释进行修改。

9.6　表面粗糙度

平面上较小间距和峰谷所组成的微观几何形状特征成为表面粗糙度。在工程图中必须添加相应的粗糙度。

【例 9-10】 设置表面粗糙度。

(1)在功能区“注释”选项卡的“注释”面板中单击“表面粗糙度”按钮[查找...]。系统自动指向“Suffins”文件夹，选择“machined”子文件夹下的“satandard1. sym”文件，如图 9-60 所示，然后单击“打开”按钮。

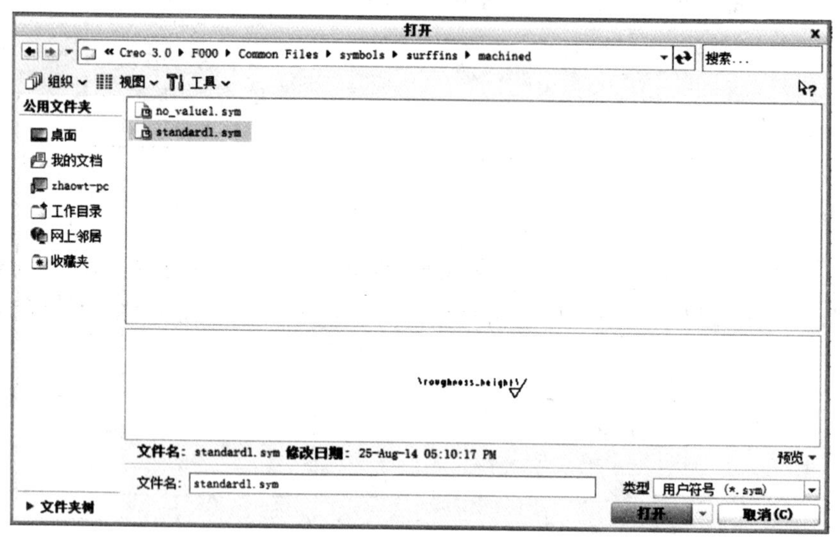

图 9-60 检索用户符号类型的文档

(2)系统弹出的“表面粗糙度”对话框，在“常规”选项卡的“放置”面板中将类型设置为“图元上”，此时可以将粗糙度符号放置到图元上，然后切换到“可见文本”选项卡，输入粗糙度数值 6.3，如图 9-61 所示。

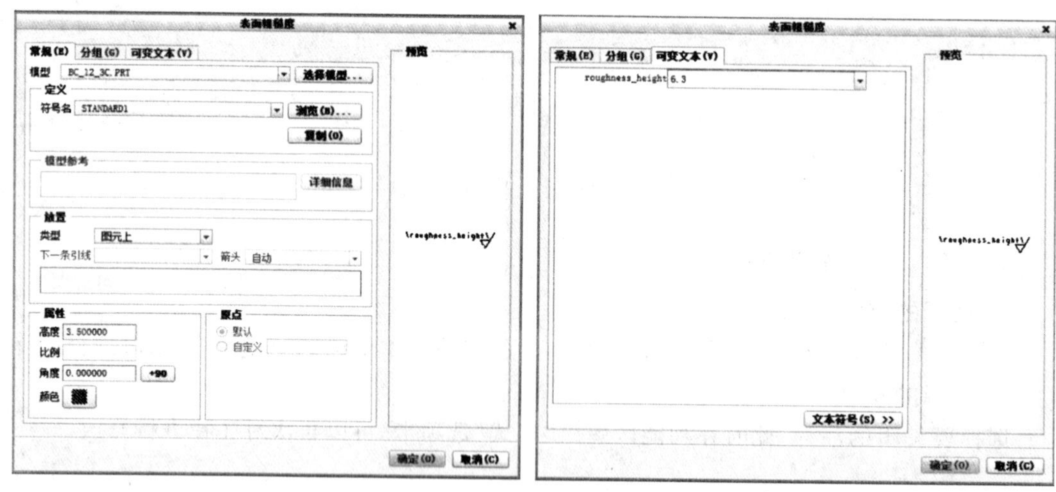

图 9-61 设置粗糙度数值

(3)鼠标左键单击一条边，如图 9-62 所示，然后按鼠标中键完成一个粗糙度符号的插入，此时可以连续插入，完成后，单击“表面粗糙度”对话框的“确定”按钮，最终效果如图 9-63 所示。

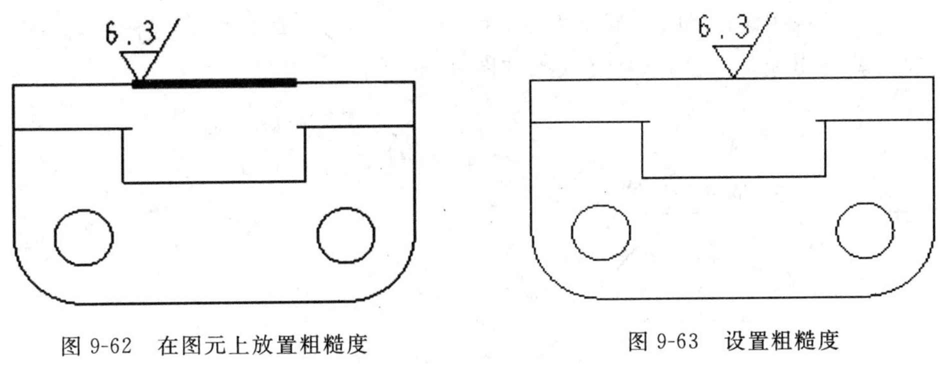

图 9-62　在图元上放置粗糙度　　　　图 9-63　设置粗糙度

9.7　尺寸公差和几何公差

9.7.1　尺寸公差

1. 进入工程图环境以后，选择下拉菜单“文件”|“准备”|“绘图属性”命令，在弹出的“绘图属性”对话框中，选择“详细信息选项”区域的“更改”命令。

2. 按照如图 9-64 所示的设置将尺寸公差设置为显示，即“yes”。

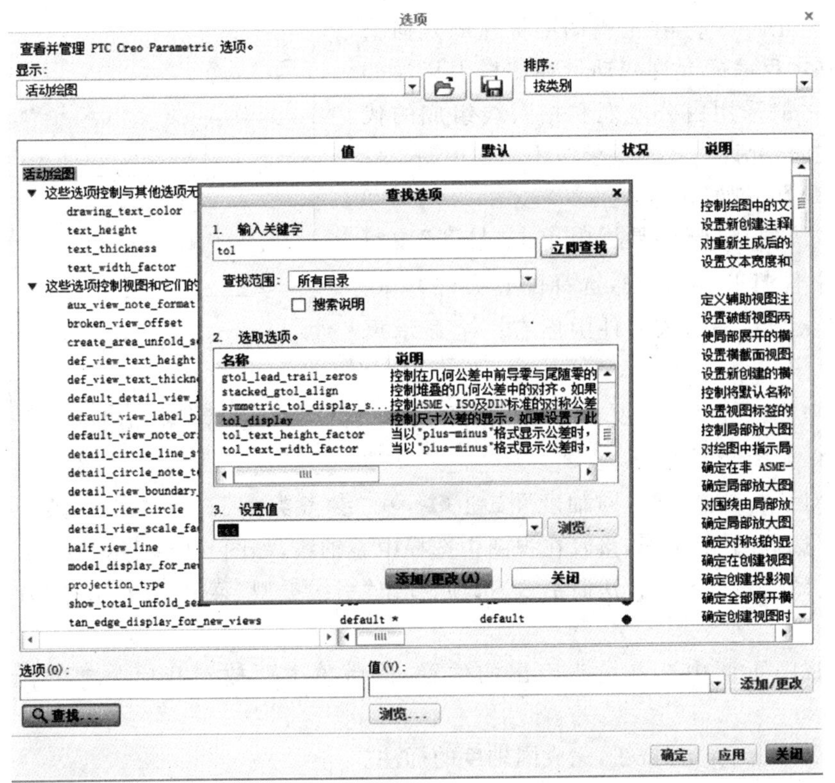

图 9-64　设置公差为显示

3. 双击工程图中的尺寸，然后如图 9-65 所示设置公差，单击“确定”按钮，则工程图上相应的尺寸就会出现尺寸公差，最终效果如图 9-66 所示。

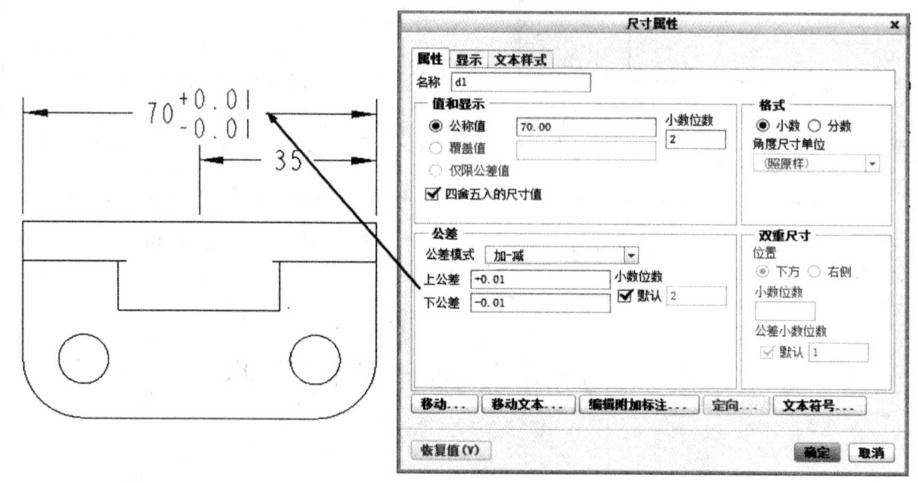

图 9-65　尺寸公差

9.7.2　几何公差

在加工过程中，还对几何形状和相对位置产生误差，称为几何公差，在工程图中标注的几何公差是表示基本尺寸的允许变动量在图样上标注的几何公差，一般采用由公差框和指引线组成的代号进行标注时，允许在技术要求中用文字说明。

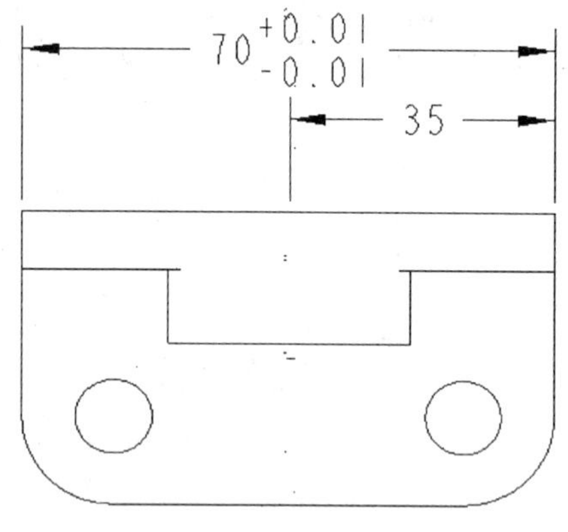

图 9-66　最终效果

【例 9-11】　创建几何公差。

(1)在“快速访问”工具栏中单击“打开”按钮，弹出“文件打开”对话框，选择配套文件“jihe-gongcha. drw”并打开，该文件中已有一个显示尺寸的绘图视图。

(2)在功能区“注释”选项卡的“注释”面板中单击“几何公差”按钮，系统弹出“几何公差”对话框如图 9-67 所示。

(3)在对话框中，单击“同轴度”按钮，在“参考类型”选项卡中，“类型”选项设为“轴”，单击“选择图元”按钮，接着在视图中选择中心轴线，如图 9-68 所示的虚线。

(4)选择“放置类型”为“法向引线”选项，弹出“引线类型”菜单，接着选择“箭头”选项，如图 9-69 所示。

(5)在视图页面中选择箭头引出的位置，然后单击要放置几何公差的位置，结果如图 9-70 所示。

(6)最后单击“确定”按钮，完成同轴度的标注。

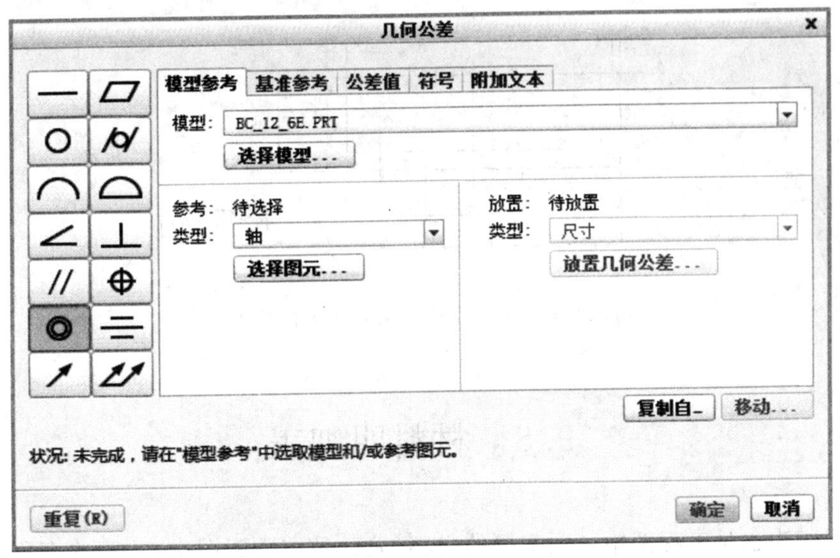

图 9-67 “几何公差”对话框

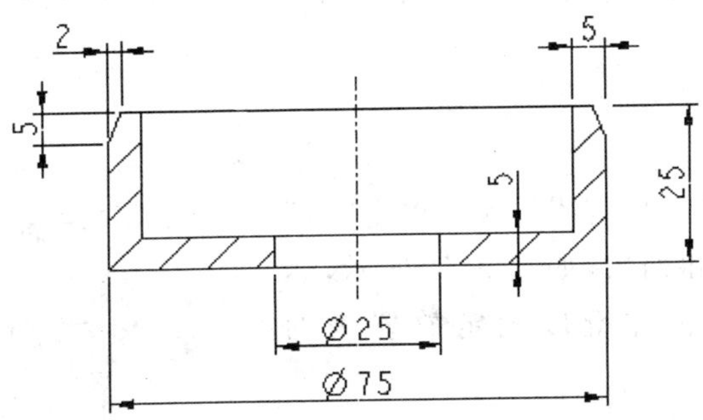

图 9-68 在视图中选择中心轴线

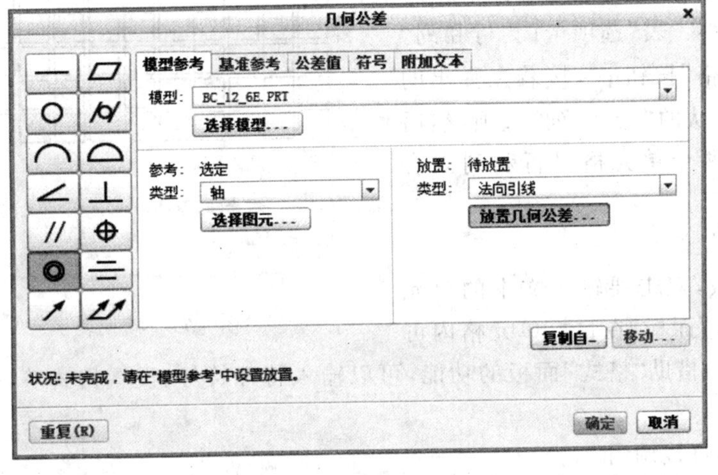

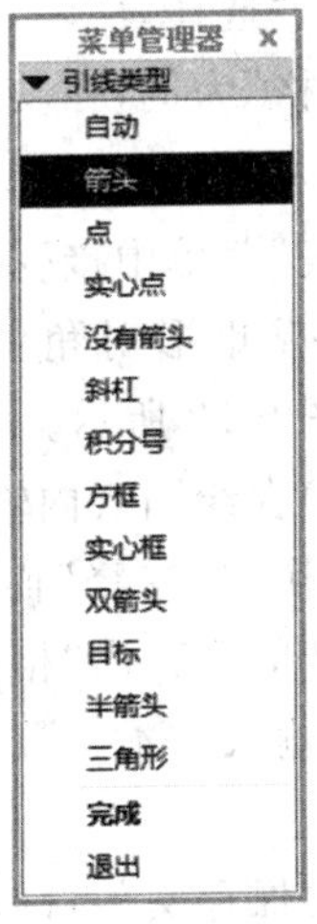

图 9-69 设置“放置类型”

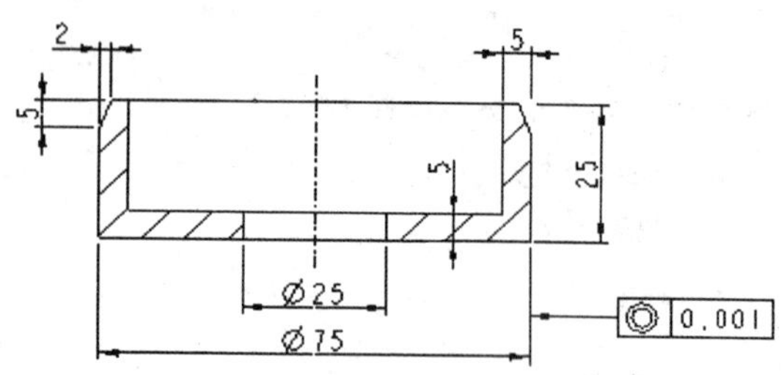

图 9-70　单击要放置几何公差的位置

9.8　材料明细表

材料明细表也是工程图中一项重要的内容，尤其是在装配图中，此表的应用比较常见，它是反映零件数量及材料的一种表达方式。该表的列出，使视图所表达的模型组成结构、零件材料属性或者其他相关的零件特征，都能一目了然。因此，材料明细表的创建在工程图中有重要的作用。

【例 9-12】 创建材料明细表。

(1)插入表

在功能区“表”选项卡的“表”面板中单击“表”按钮，并确定表的行数和列数，如图 9-71 所示，然后在绘图区中单击鼠标左键以确定放置表的位置。

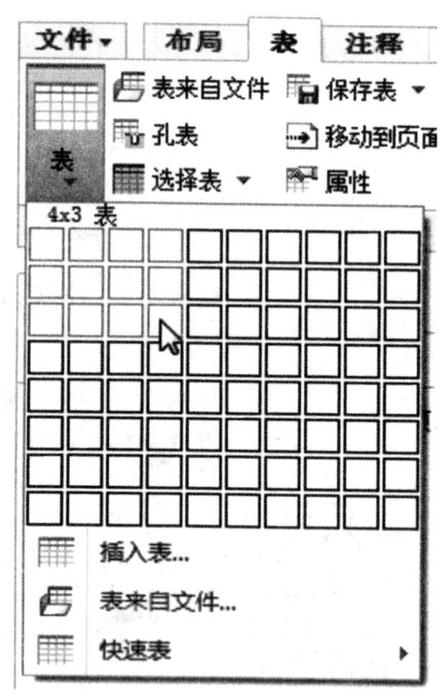

图 9-71　插入表

(2)编辑表

表的编辑功能按钮位于功能区的“表”选项卡中，包括“选择表”、“添加行”、“添加列”等。以“合并单元格”为例，在功能区“表”选项卡的“行和列”面板中单击“合并单元格”按钮，接着在弹出的“合并表”菜单中接受默认的“行 & 列”选项，然后选择构成矩形对角的两个单元格以行和列来合并，如图 9-72 所示。

(3)在绘图表内输入文本

切换到“注释”面板，双击要输入文本的单元格，在功能区弹出“格式”面板，在目标单元格内可以直接输入文本或数字，借助“格式”面板的功能，可以输入特殊符号、设置格式等，如图 9-73 所示。

(4)保存文件，以后直接调用。

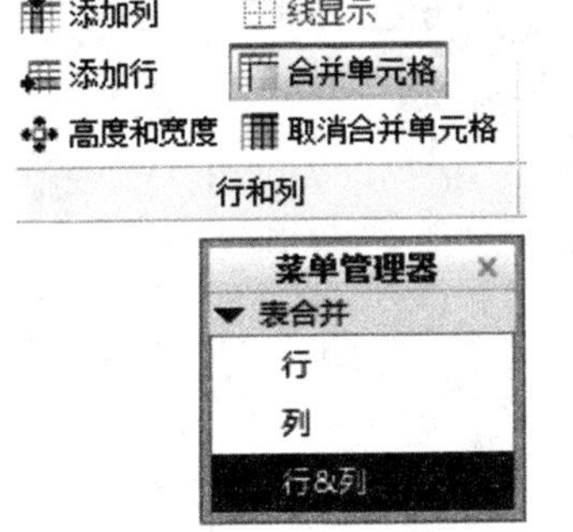

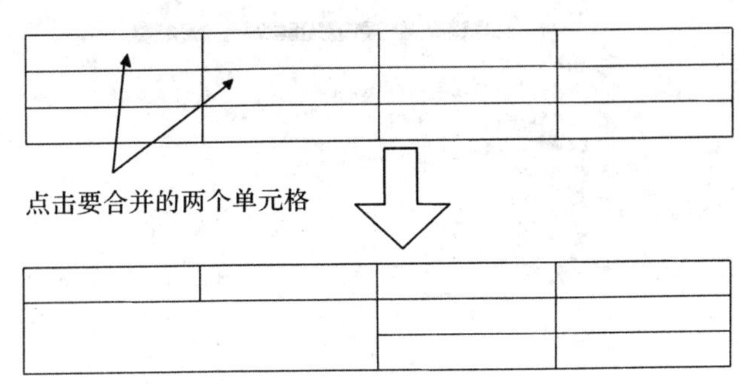

图 9-72　编辑表

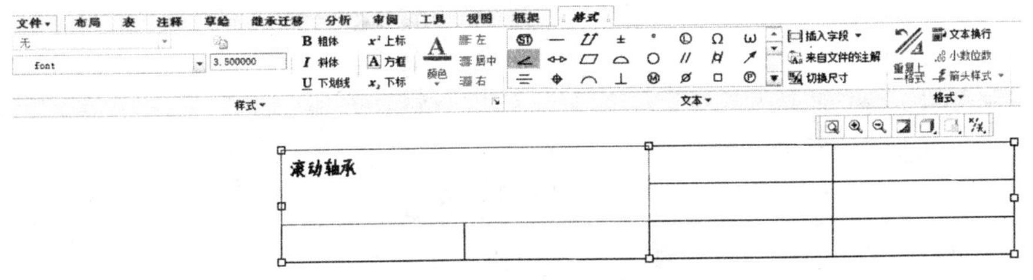

图 9-73　在绘图表内输入文本

9.9　文件的导入与导出

9.9.1　导入非 Creo 3.0 格式的文件

导入非 Creo 3.0 格式文件的方式有两种：

1. 单击工具栏上的图标打开文件，然后在“类型”下拉列表中选择文件的格式，包括 IGES、STEP、STL、DXF、Neutral、DWG、VDA、PDGS、CGM、ECAD、CATIA 等。选择文件后单击“打开”按钮，即可导入新的 Creo 3.0 文件。如图 9-74 所示。

2. 在现有零件中，选择“模型”选项卡下的“获取数据”|“导入”，在“类型”选框选择文件的格式，将 IGES、STEP、STL、DXF、Neutral、DWG、VDA、PDGS、CGM、ECAD、CATIA 等格式的文件输入 Creo 3.0 系统，并将输入的文件与现有的零件合并为新的三维几何模型，如图 9-75 所示。

9.9.2　导出 Creo 3.0 格式的文件

单击下拉菜单“文件”下的“另存为”|“保存副本”保存文件时，可在“类型”中选择想要保存文件的格式，如 IGES、STEP、STL、DXF、Neutral、DWG、VDA、PDGS、CGM、ECAD、CATIA 等，如图 9-76 所示。

1. IGES 格式：IGES 为一般的点、线、面资料转换格式。转换 IGES 对话框如图 9-77 所

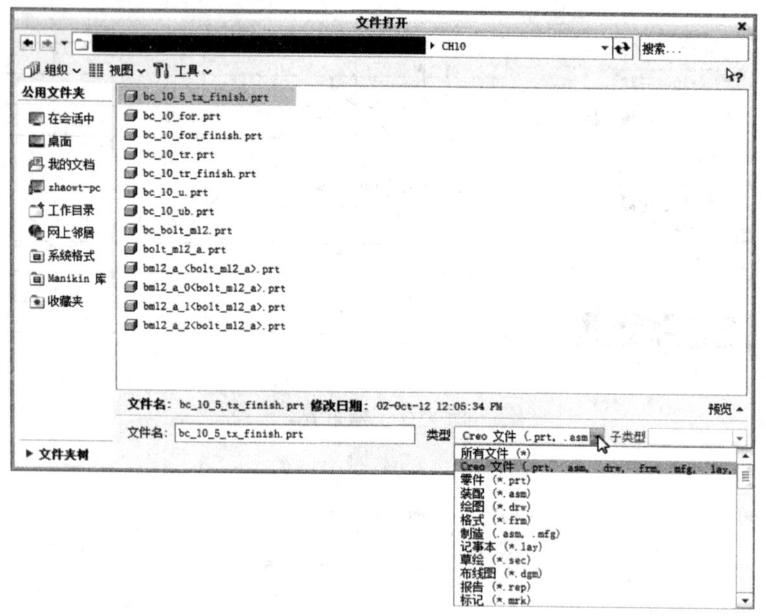

图 9-74　打开文件

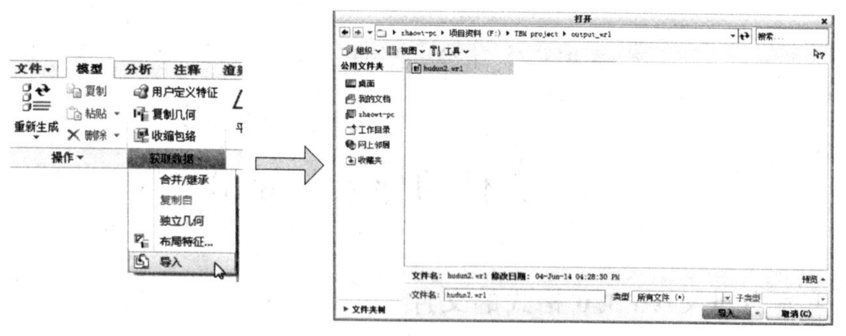

图 9-75　导入文件

示，可以输出基准曲线和点、实体、壳和多面等形式。系统默认为将零件的三维几何模型输出为曲面。也可以输出为线框边形式，即仅输出三维几何模型的边界线。

如果要输出模型的部分几何图形，有两种方式：

方法一：单击图 9-77 所示的对话框中的**面组...**，然后选取三维几何模型上的曲面，输出仅含有部分几何图形的资料；

方法二：将所要输出的几何图形的资料放入图层中，然后单击**自定义层...**，出现如图 9-78 所示的“选择层”的对话框，而图层的“输出状态”有“孤立”、“显示”、“遮蔽”、“排除内容”和“忽略”5 个选项。

- 排除内容：此图层内的几何信息将不会输出。
- 忽略：此图层内的几何信息将会输出为 IEGS 格式的信息，但是输出的 IGES 文件不包含此图层显示状态的设置。

图 9-76 “保存副本”对话框

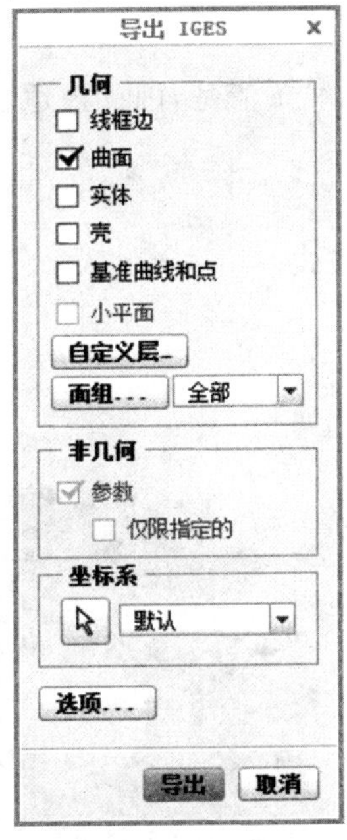

图 9-77 输出 IGES

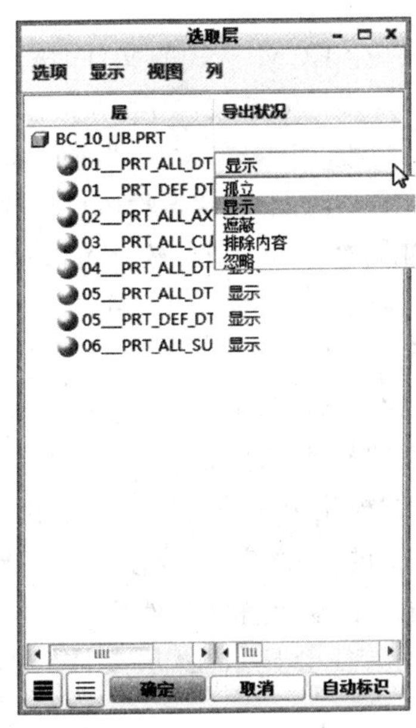

图 9-78 选择层显示状态

- 显示、遮蔽、孤立：此图层内的几何信息输出为 IEGS 格式，且输出的 IEGS 格式文件也包含在此图层显示状态的设置。另外，若图层的显示状态之前已设置为不显示，则在输出后，会自动产生一个默认名称为 INTF_BLANK 的图层，包含所有不显示的几何资料，并且不显示在画面上。也就是说只有在设置图层显示时 INTF-BLANK 起作用，在输出时没有差别。

2. 中性：产生一个不含任何特征，仅含最后零件的几何模型的三维几何信息。

3. STL：产生“快速原型制作”所需的三角网络数据，对话框如图 9-79 所示。

● 采用的坐标系统：若现有的零件没有坐标系统，可以直接采用默认的坐标系，也可以单击※自己创建坐标系。一般采用的是物体位于第一象限的坐标系统。

● 输出格式：输出的三角网格数据为“二进制格式”或者“文字格式”。

● 三角网格的法线向量：选择允许负号值或者不允许负号值。

● 弦高：定义为三角网格与三维几何模型的误差值。先输入 0 的弦高值，然后系统会提示最大与最小的弦高值，一般采用最小的弦高值。

图 9-79　输出 STL

● 角度控制：控制三角网格两条边线夹角大小。一般采用默认的 0.5。

4. DWG 或 DXF：AutoCAD 的二维文件或者 Inventor 的三维文件。

5. VRWL：产生可以制作 www 网页的文件。

6. PATRAN 或 COSMOS：产生 PATRAN 或 COSMOS 等 CAE 软件可以接受的文件格式。

7. CGM：产生 CGM 格式的文件，该文件很小，显示线条清楚，因此极适合将 CGM 文件贴图至 Microsoft Word 文件中。

8. STEP：三维实体模型文件转换的格式。

9. Photo Render：用以贴附物体材质或背景的文件格式。

10. CATIA：产生 CATIA 软件可以接受的文件格式。

11. TIFF 或 JPEG：位图的文件格式。

【例 9-13】 导出文件。

(1)打开已有零件 daochu. prt，零件如图 9-80 所示。

(2)将零件的特征加入图层中。单击工具栏上的“显示”图标下的“模型树”，使图层树显示在主窗口左侧的浏览区；单击“图层”|“新建层”，在如图 9-81 所示的“层属性”对话框输入图层名称“1”，然后选择拉伸、倒角和镜像特征，所选的特征会显示在“层属性”对话框中；单击“确定”按钮。

(3)同样，单击“图层”|“新建层”，在如图 9-82 所示的“层属性”对话框输入图层名称“2”，然后选择阵列特征，所选的特征会显示在“层属性”对话框中；单击“确定”按钮。

图 9-80　打开已有零件

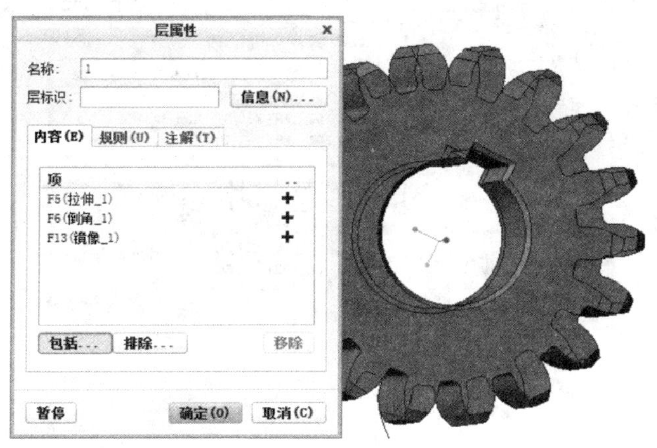

图 9-81　添加图层 1

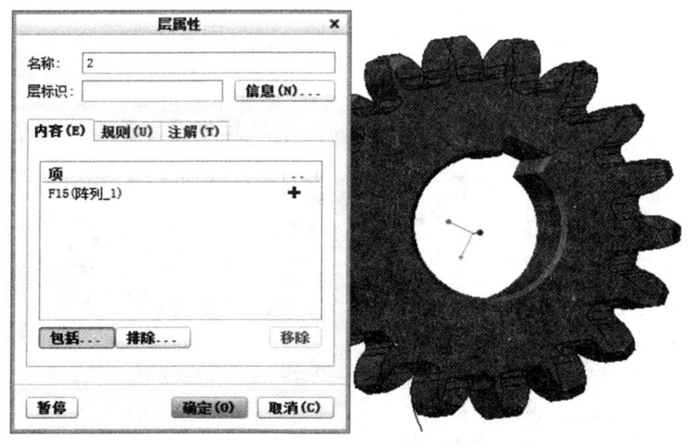

图 9-82　添加图层 2

(4)导出 IGES 文件。单击下拉菜单“文件”下的“另存为”|“保存副本”,然后在“类型”中选择“IGES(＊.igs)”,在“新名称”中输入文件名称:chilun;单击“导出 IGES”对话框中的“自定义层”;将图层 2 的输出状态设置为“遮蔽”,如图 9-83 所示;单击“确定”按钮完成文件导出操作。

9.9.3　零件打印

零件的三维模型或在二维工程图的打印步骤如下:

选取下拉式菜单“文件”下的“打印”,得到如图 9-84 所示的对话框,其中“目标”选框用以指定打印机,默认为 MS Printer Manager。

单击“添加打印机类型”按钮,则出现如图 9-85 所示的对话框,可以在对话框中选择合适的打印机。

单击“打印”对话框中的“配置”按钮 **配置...**,可以更改打印机的配置。配置之后单击“保存”按钮,可将配置保存到打印机设置文件(.pcf 格式)。

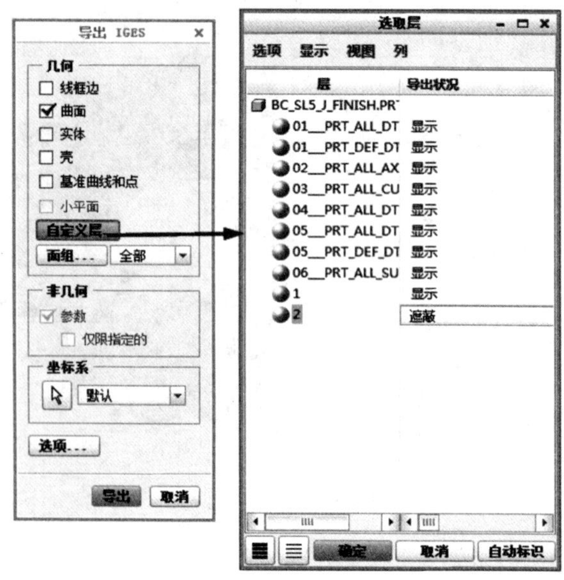

图 9-83　输出 IGES

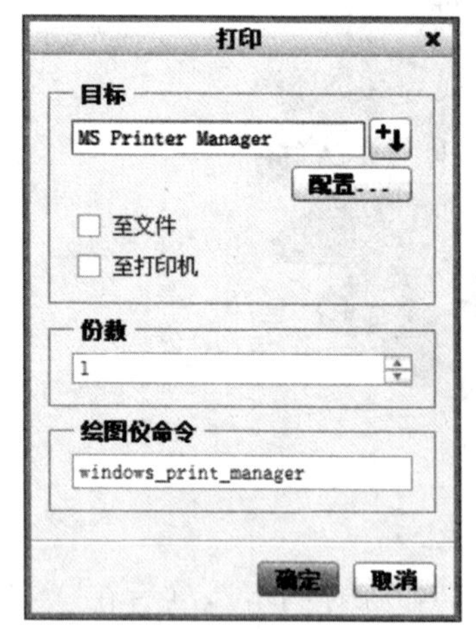

图 9-84　零件打印

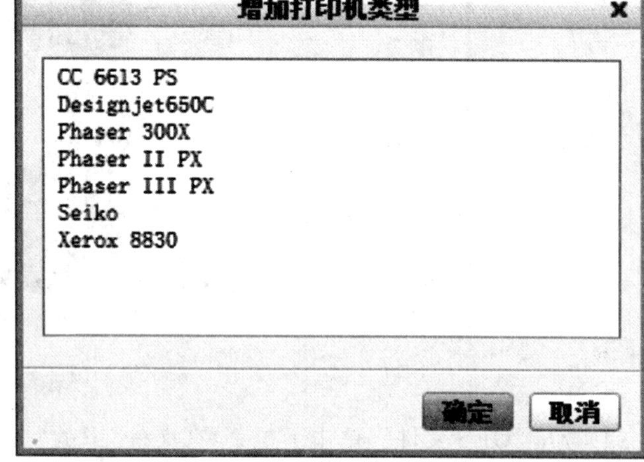

图 9-85　增加打印机类型

若要打印的零件为着色图时，选择下拉菜单“文件”|“保存副本”，保存为 TIFF、JPEG 等格式，单击“确定”，然后将图形文件贴至 Word 文件中，或者用一般图形处理软件做处理，或者直接出图。单击“打印”，然后单击“确定”按钮直接打印着色图。

9.10　项目实现

本章项目的具体实现步骤如下：

1. 新建工程图

(1)在“快速访问”工具栏中单击“新建”按钮，弹出“新建”对话框。

(2)在“类型”选项组中选择“绘图”按钮，在“名称”文本框内输入新文件的名称为“zhou”，取消选中“使用默认模板”复选框，然后单击“确定”按钮，弹出“新建绘图”对话框。

(3)在“新建绘图”对话框中选择“zhou”模型作为默认模型。

(4)在“指定模板”选项组中选择“格式为空”按钮，接着单击“格式”选项组中的“浏览”按钮，利用“打开”的对话框选择随书光盘提供的“zhou. frm”格式文件，然后单击打开对话框中的“打开”按钮。

(5)在“新建绘图”对话框中单击“确定”按钮，进入工程图模式，绘图区出现如图 9-86 所示的具有标题栏的 A3 图框。

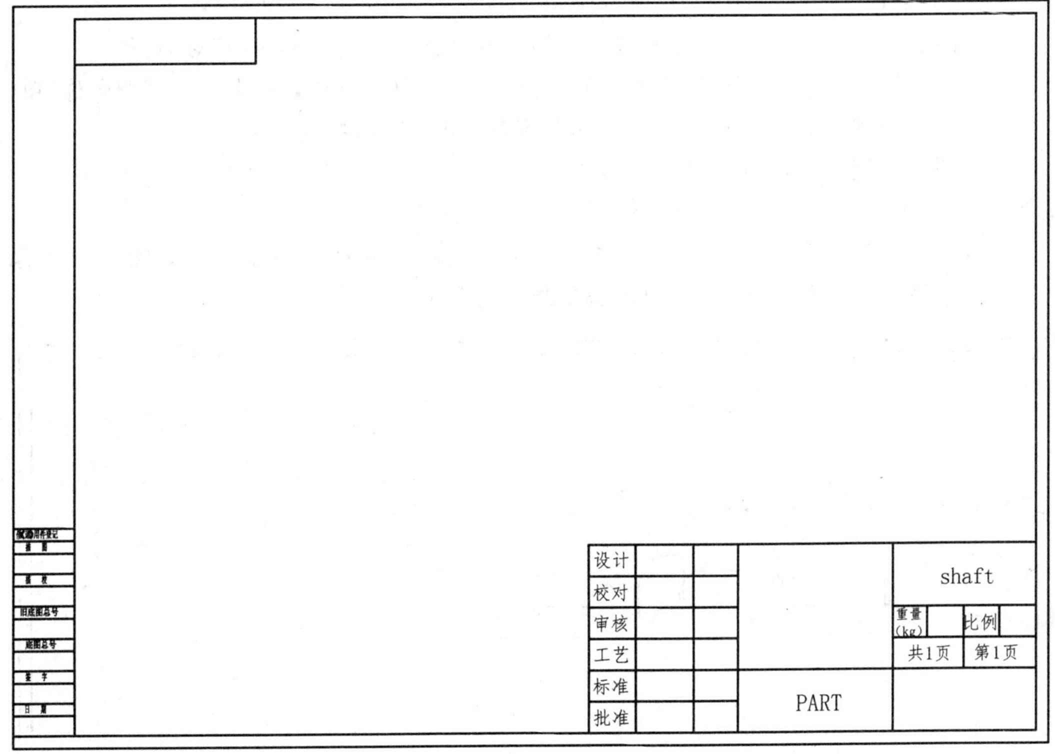

图 9-86　具有图框的空工程图

2. 工程图环境设置

(1)设置工程图为第一角投影法。

(2)更改公差标准。在“绘图属性对话框”中单击“公差”对应的“更改”选项，系统弹出一个菜单管理器。从该菜单管理器的“公差设置”菜单中选择“标准”命令，则菜单管理器出现“公差标准”菜单，从中选择“ISO/DIN”公差标准选项以将默认的公差标准“ANSI”更改为“ISO/DIN”，如图 9-87 所示，在“确认”对话框中单击“是”按钮，确认要重新生成公差标准。在菜单管理器的“公差设置”菜单中选择“完成/返回”命令。

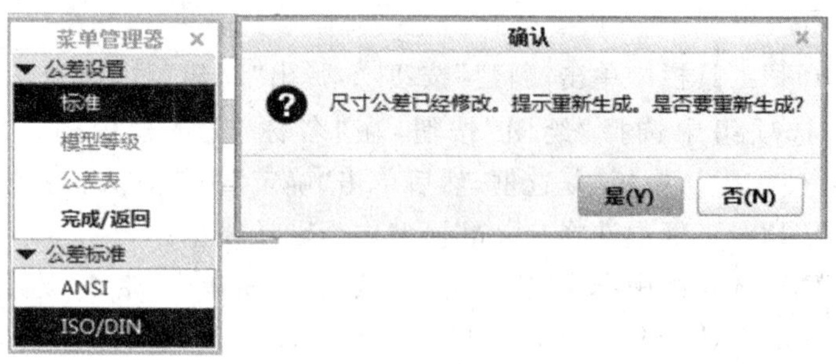

图 9-87 更改公差标准

3. 添加主视图并调整绘图比例

(1)在功能区"布局"选项卡的"模型视图"面板中单击"常规"按钮。

(2)在图样页面上图框内选择放置视图的位置,系统弹出"绘图视图"对话框。

(3)在"绘图视图"对话框的"视图类型"类别选项卡中,选择"查看来自模型的名称"单选按钮,并在"模型视图名"列表中选择"TOP",接着单击"应用"按钮。

(4)切换到"视图显示"类别选项卡,从"显示样式"下拉列表中选择"消隐",从"相切边显示样式"下拉列表中选择"无"选项,然后单击"应用"按钮。

(5)在"绘图视图"对话框中单击"关闭"按钮。此时放置的第一个视图如图 9-88 所示,视图相对于图框而言显得比较小,因此需要调整绘图比例。

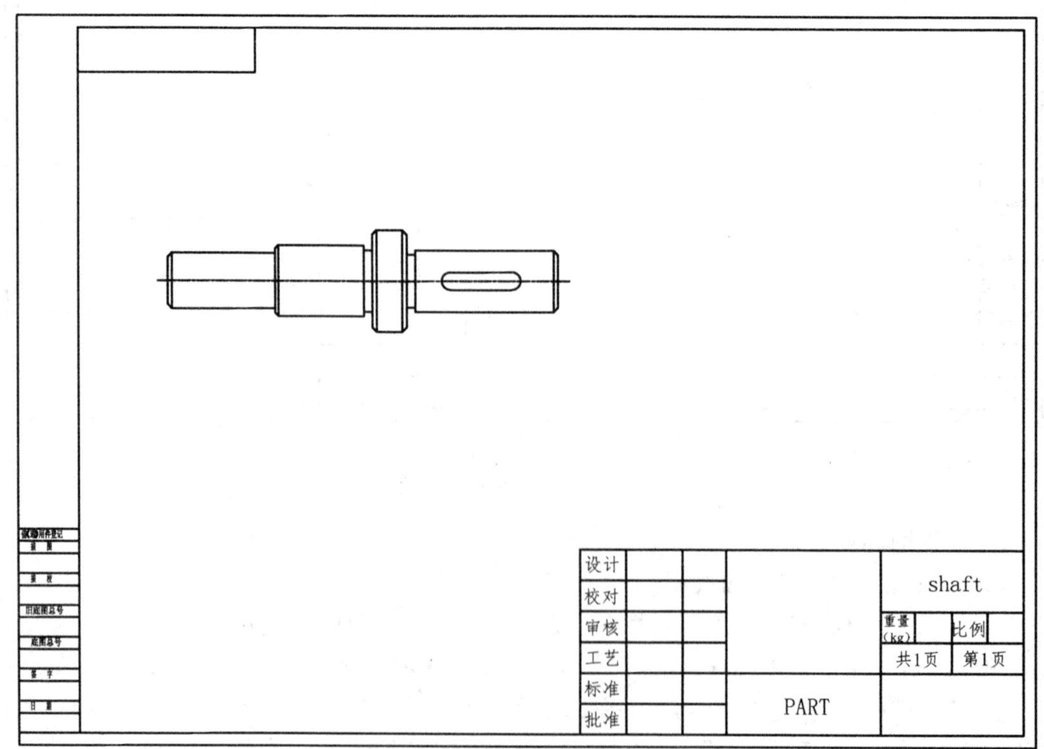

图 9-88 放置第一个视图

(6)在图形窗口的左下角，双击“比例:0.500”信息，如图 9-89 所示。

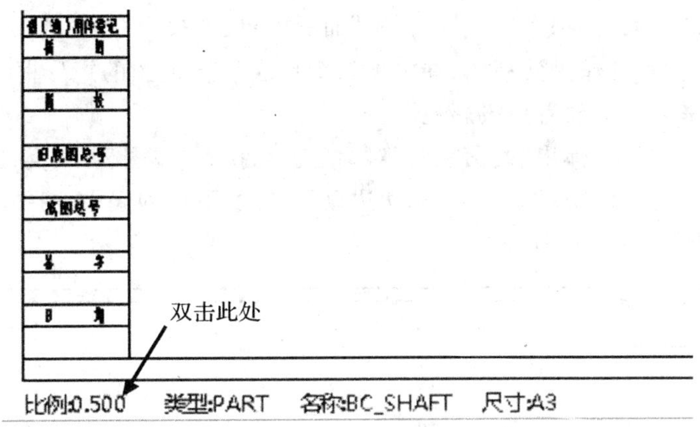

图 9-89　设置比例

(7)在出现的文本框中输入“1.5”，如图 9-90 所示，按【Enter】键确定。此时在标题栏中显示的比例值也随之自动更新为“1.500”。

图 9-90　输入比例的值

更改绘图比例后的工程图效果如图 9-91 所示，可根据放置情况适当调整主视图的放置位置。

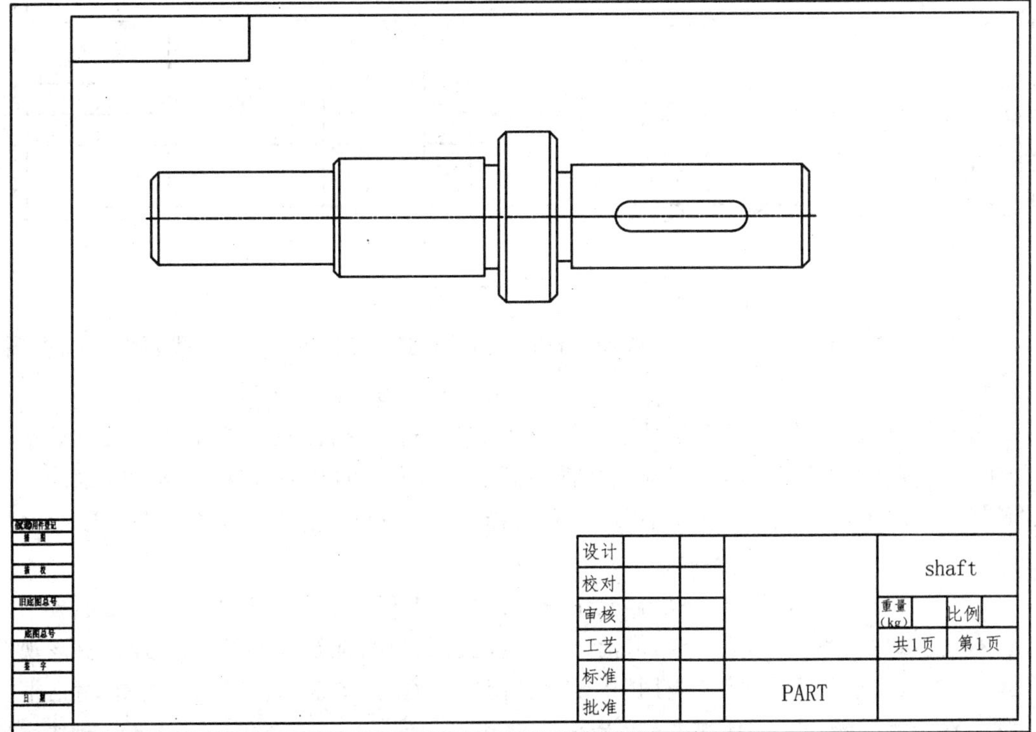

图 9-91　更改绘图比例后

4. 添加第二个视图

(1)在功能区“布局”选项卡的“模型视图”面板中单击“投影”按钮。

(2)此时默认主视图作为父视图，并出现一个代表投影视图的矩形框，利用鼠标指针在主视图右侧的水平方向上放置该投影视图。

(3)双击该投影视图，弹出“绘图视图”对话框。切换到“视图显示”类别选项卡，从“显示样式”下拉列表中选择“消隐”选项，从“相切边显示样式”下拉列表中选择“无”，然后单击“应用”按钮，此时视图如图 9-92 所示。

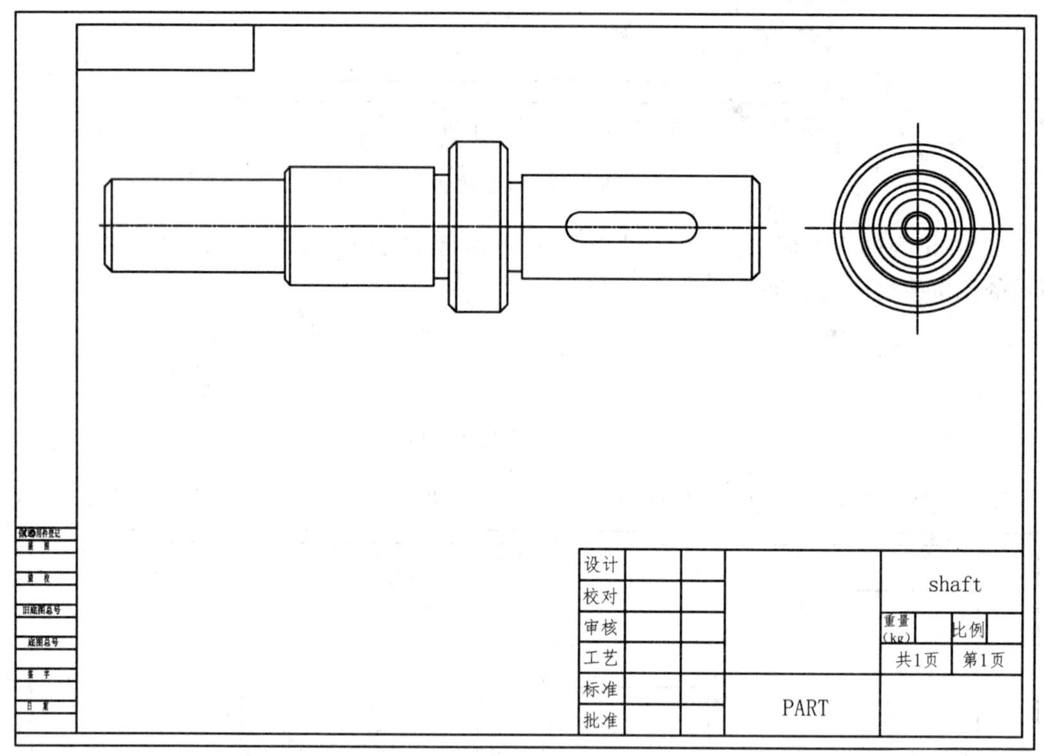

图 9-92 添加第二个视图

(4)切换到“截面”类别选项卡，选择“2D 横截面”单选按钮，单击“将横截面添加到视图”按钮 + 。

(5)选择 A 截面，在“截面”类别选项卡中，从“模型边可见性”选项组中选择“区域”单选按钮来定义模型边的可见性，即只显示横截面而不显示模型的其他可见边，接着在剖切表单击“箭头显示”单元格，然后在图样页面上选择第一个视图，此时“绘图视图”对话框如图 9-93 所示。

(6)在“绘图视图”对话框中单击“应用”按钮，此时工程图如图 9-94 所示。

(7)切换到“对齐”类别选项卡，取消选中“将此视图与其他视图对齐”复选框，使该视图与父视图脱离父子关系。单击“应用”按钮，然后单击“关闭”按钮，退出“绘图视图”对话框。

(8)在功能区的“布局”选项卡的“文档”面板中单击“锁定视图移动”按钮以取消该按钮的选中状态。然后将第二个视图拖拽到图样的适当位置，如图 9-95 所示，完成后，再次锁

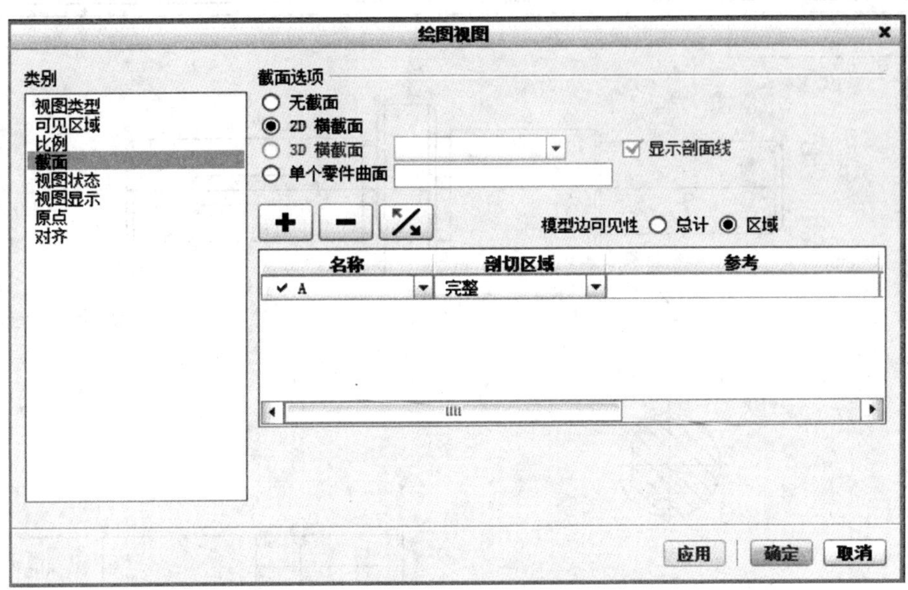

图 9-93 设置模型边可见性和箭头显示

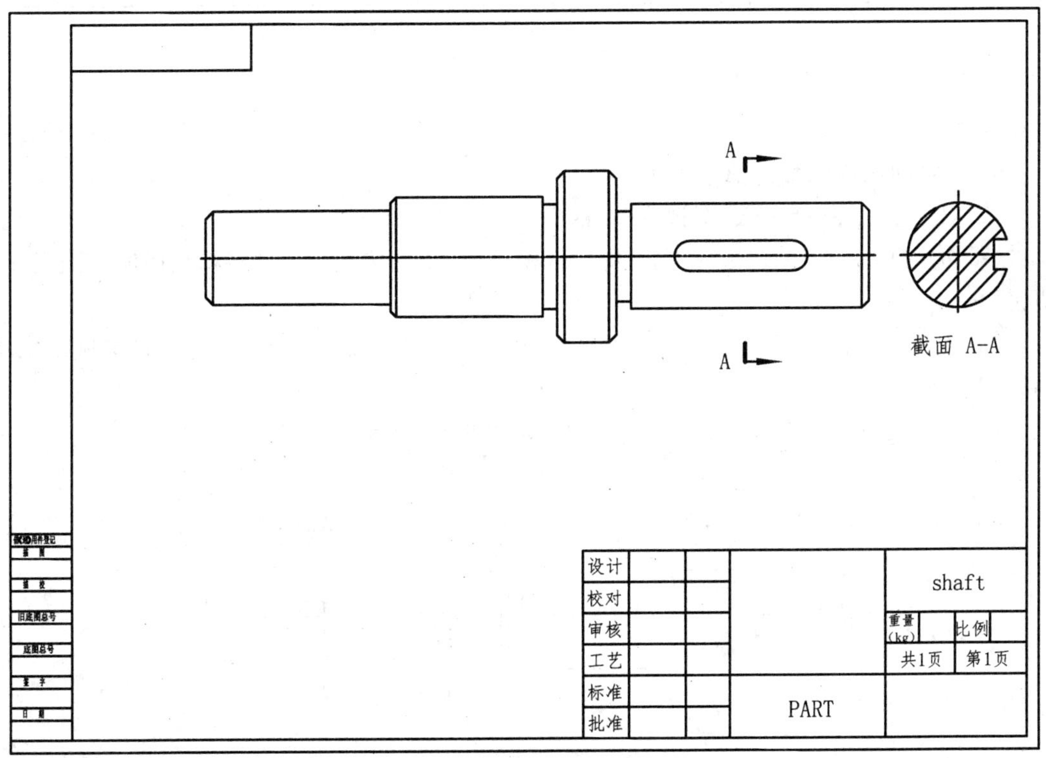

图 9-94 设置剖面后的效果

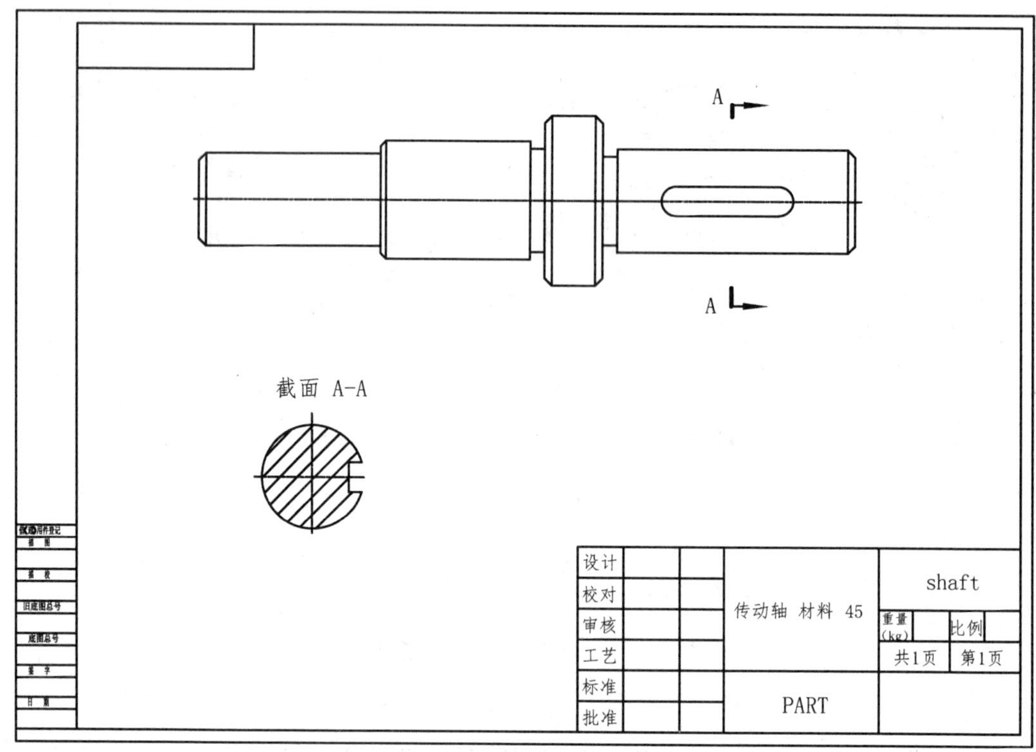

图 9-95 将第二个视图拖拽到适当的位置

定视图移动。

5. 在主视图中添加局部剖视图

(1)双击主视图,弹出"绘图视图"对话框。

(2)切换到"截面"类别选项卡,选择"2D 横截面"单选按钮,单击"将横截面添加到视图"按钮 + 。

(3)选择 B 截面,在模型树中选择"TOP(基准平面)"定义剖切面,在"剖切"区域中选择"局部"选项。

(4)在主视图中的合适位置处单击一点,如图 9-96 所示。

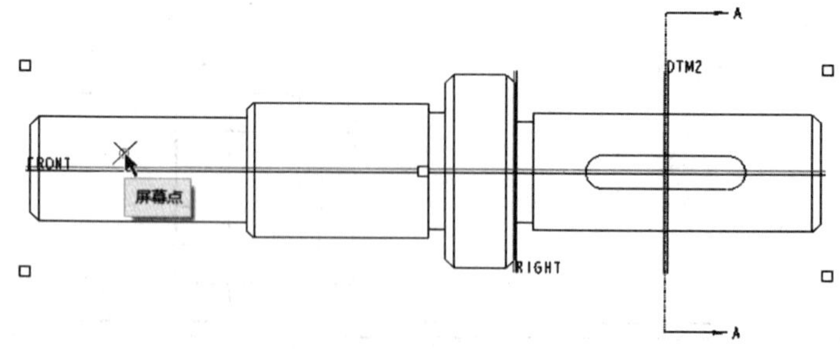

图 9-96 选取截面间断的中心点

(5)在该点周围按照一定的顺序依次单击若干点来产生边界样条,单击鼠标中键完成,然后在"绘图视图"对话框中单击"应用"按钮,效果如图 9-97 所示。

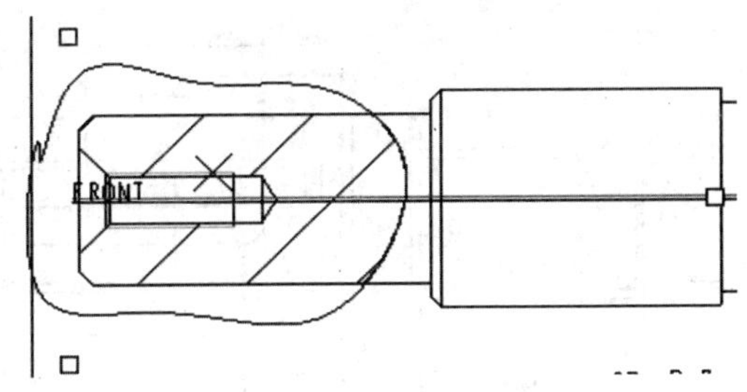

图 9-97 完成局部剖视图边界样条

(6)在"绘图视图"对话框中单击"关闭"按钮,在主视图中完成的局部剖视图如图 9-98 所示。

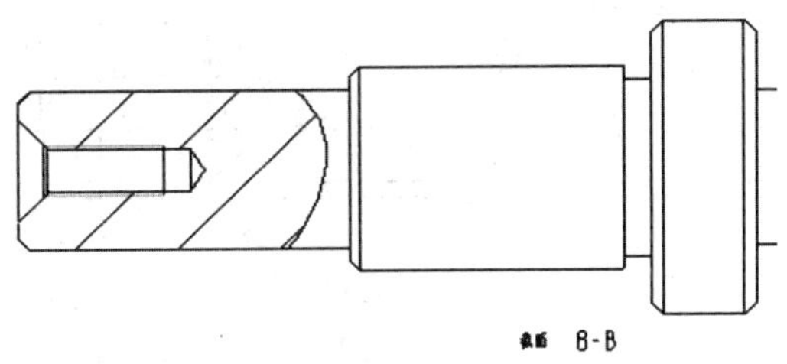

图 9-98 完成局部剖视图

6. 整理剖面注释与初步标注尺寸

(1)在功能区单击"注释"标签,打开"标签"选项卡。

(2)在图样页面中选择剖面注释文本"截面 B-B"并右击,接着从弹出的快捷菜单中选择"拭除"命令,从而将其拭除。

(3)在功能区"注释"选项卡的"注释"面板中单击"显示模型注释"按钮,弹出"显示模型注释"对话框。

(4)在"显示模型尺寸"选项卡中,设置"类型"选项为"全部",在模型树中选择轴零件名字,此时系统自动预览来自模型的所有尺寸,如图 9-99 所示。

(5)单击"全部"按钮,接着在图样页面上单击第二个视图中的 3 个尺寸(尺寸数值为"360"的两个尺寸和数值为"10"的一个尺寸),以将这 3 个尺寸从选择集中除去。另外,在第一个视图(主视图)中单击数值为"34"的一个尺寸(该尺寸测量的是剖切面到轴中间一个肩端面的距离)也可以删去。

(6)在"显示模型尺寸"对话框中单击"确定"按钮。

(7)在第一个视图(主视图)中,选择键槽宽度尺寸"8",单击鼠标右键,如图 9-100 所示.接着在弹出的快捷菜单中选择"移动到视图"命令,然后选择第二个视图,从而将该尺寸移动到剖切视图(第二个视图)显示。

(8)将在剖切视图中显示的键槽尺寸拖到合适的位置,并调整其尺寸界线的起始点位置,效果如图 9-101 所示。

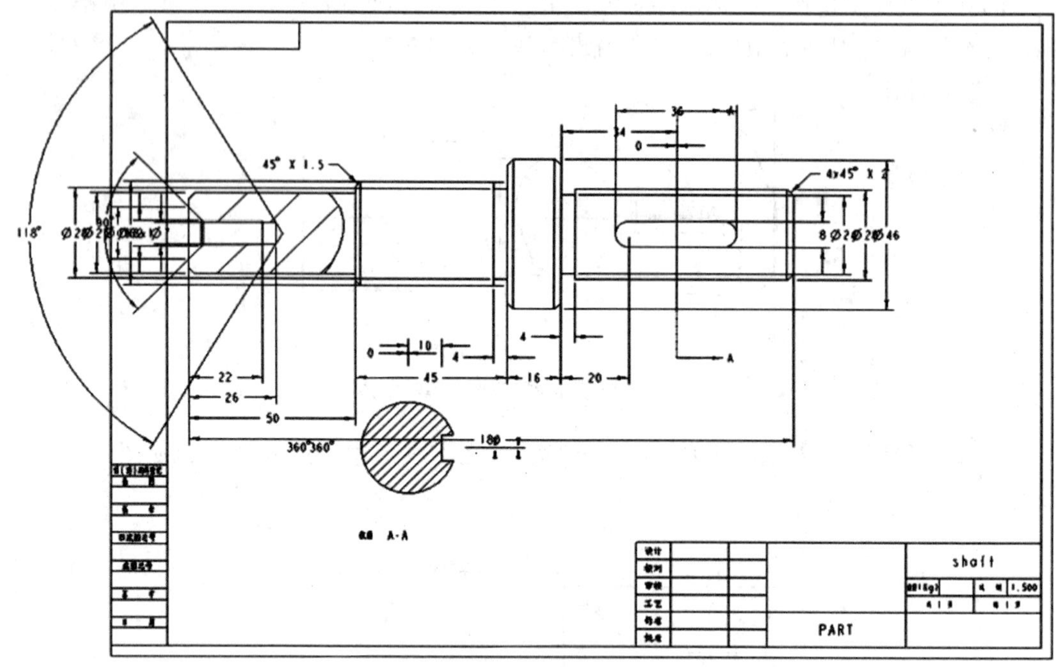

图 9-99　预览所有尺寸

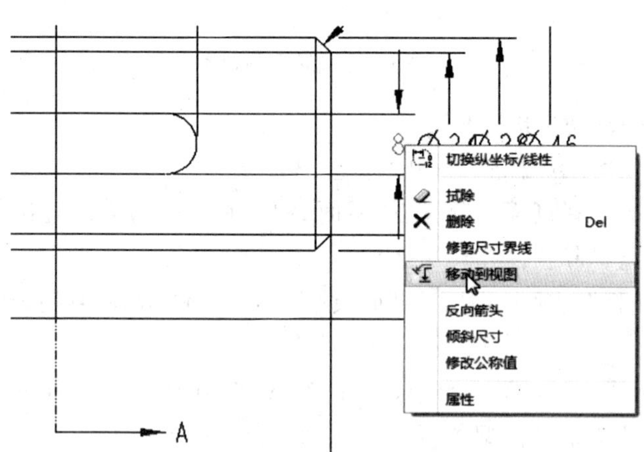

图 9-100　移动尺寸

(9)在主视图中选择孔特征的一个“ϕ7”尺寸，利用其右键菜单将其拭除，如图 9-102 所示。接着使用鼠标拖动的方式调整主视图中相关尺寸的放置位置，调整的参考结果如图 9-103 所示。

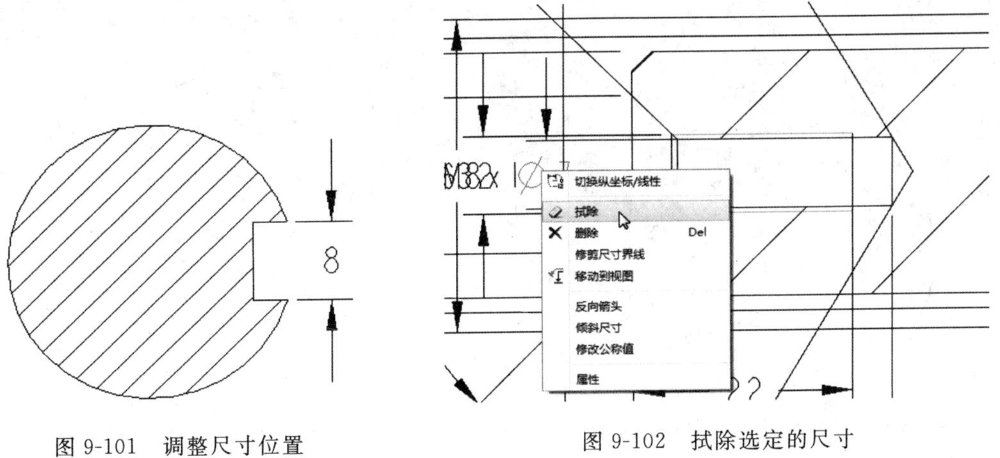

图 9-101　调整尺寸位置　　　　图 9-102　拭除选定的尺寸

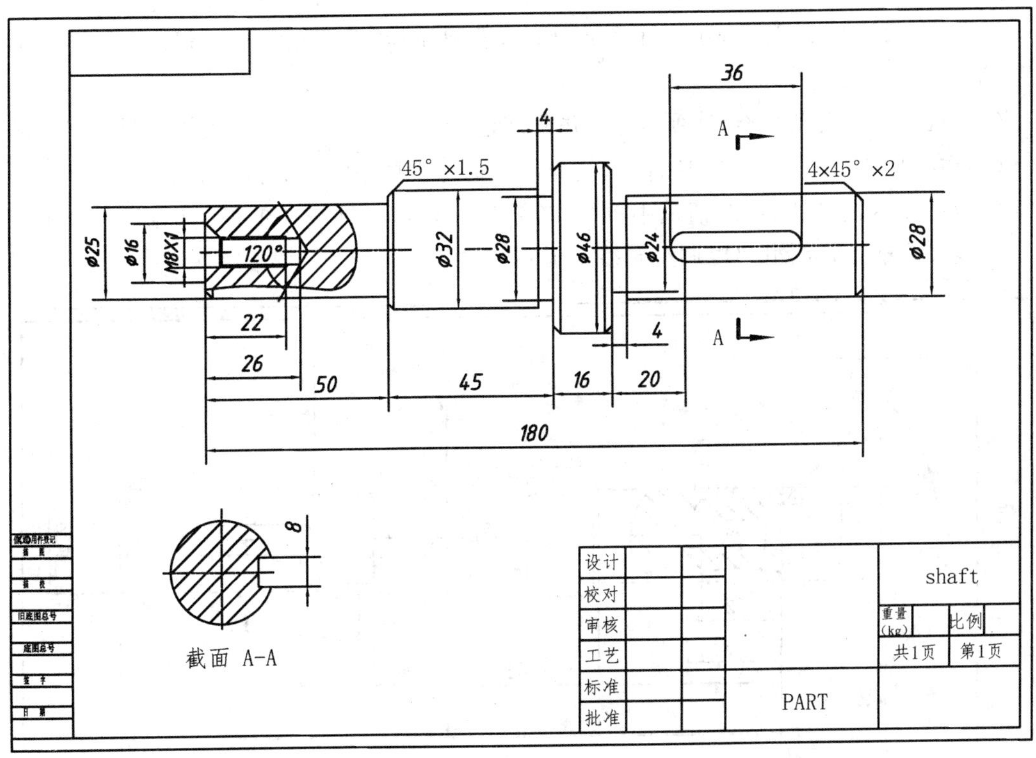

图 9-103　调整主视图尺寸放置位置

(10)选择剖切视图(第二个视图)处的注释文本“A-A”,使用鼠标将其拖动到该剖切视图上方的适当位置,如图 9-104 所示。

(11)在功能区“注释”选项卡的“注释”面板中单击“尺寸”按钮⟷,完成如图 9-105 所示的尺寸标注。

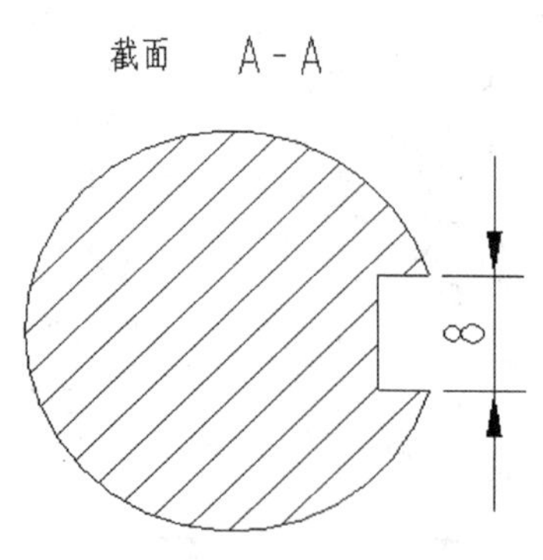

图 9-104　调整剖面注释文本的位置

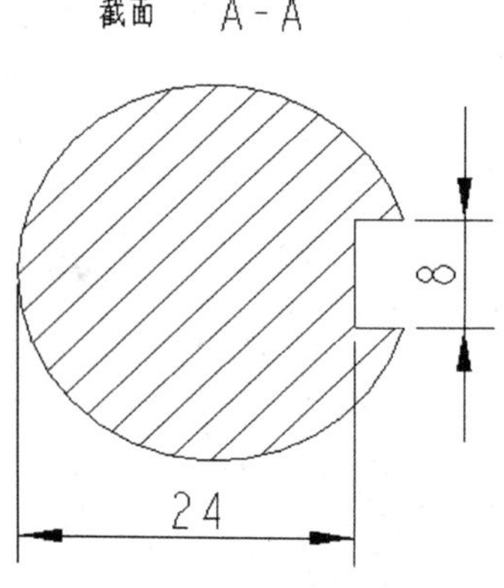

图 9-105　标注尺寸

7. 设置显示中心轴线

(1)在功能区的"注释"选项卡中单击"显示模型注释"按钮，系统弹出"显示模型注释"对话框。

(2)单击"显示模型基准"选项卡，并从该选项卡的"类型"下拉列表中选择"轴"选项。

(3)在模型树中单击"旋转 1"特征，接着在对话框中单击"全选"按钮。

(4)在"显示模型注释"对话框中单击"确定"按钮，显示轴线的工程图如图 9-106 所示，可以拖拽轴线端点控制滑块以调整轴线的显示长度。

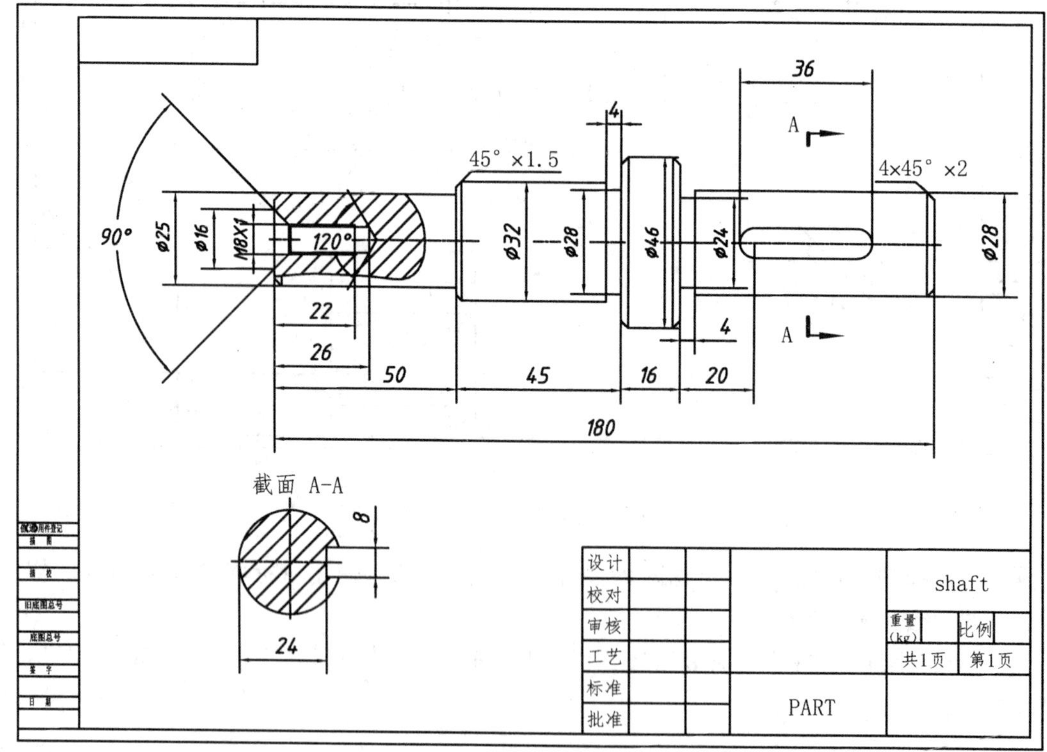

图 9-106　显示中心轴线

8. 为选定的单个尺寸插入尺寸公差

(1)设置配置文件,确保公差可以显示出来;确保绘图设置文件选项"default_tolerance_mode"的值默认为"nominal(公称)"。

(2)选择如图 9-107 所示的尺寸,单击鼠标右键,接着在出现的快捷菜单中选择"属性"命令,系统弹出"尺寸属性"对话框。

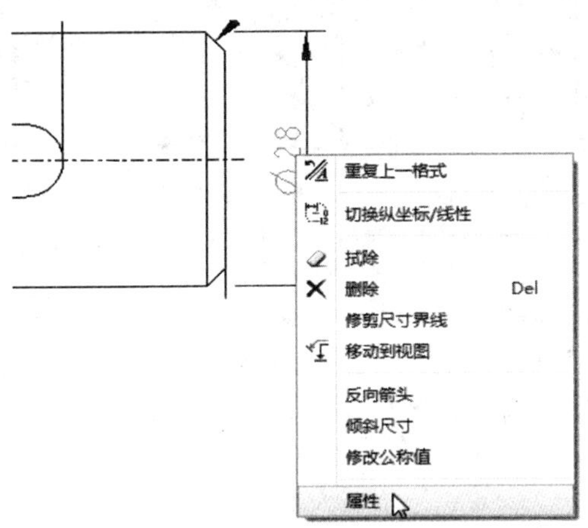

图 9-107　选择单个尺寸

(3)在"尺寸属性"对话框的"属性"选项卡中,将"值和显示"选项组中的"小数位数"设置为 3;在"公差"选项组,将"公差模式"设置为"加—减","上公差"为+0.010,"下公差"为"−0.021",取消选中公差"小数位数"的"默认"复选框,而将小数位数设置为"3",如图 9-108 所示,然后单击"确定"按钮。

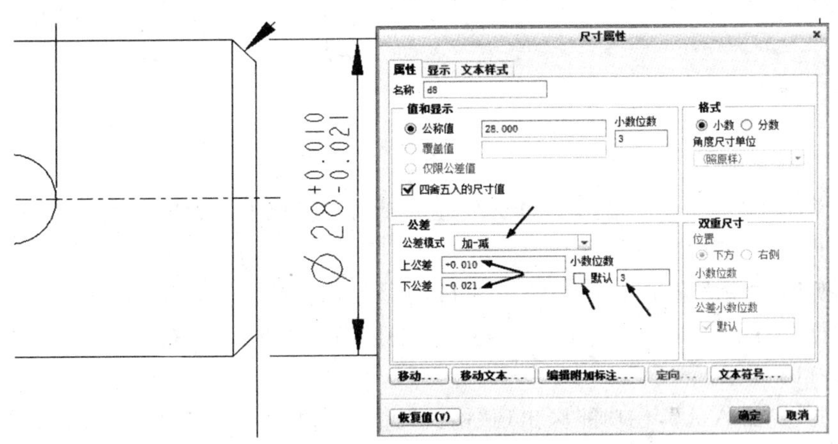

图 9-108　设置尺寸公差

(4)使用同样的方法,为图 9-109 中两个尺寸添加相应的公差。

9. 修改指定标注

(1)在主视图中选择螺纹孔特征的"M8"尺寸,单击鼠标右键,接着从出现的快捷菜单中

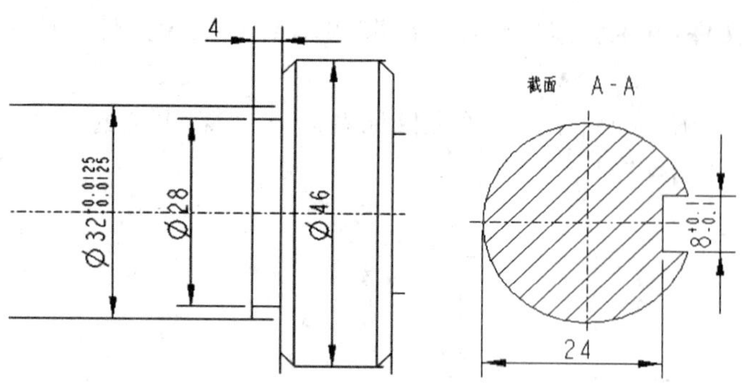

图 9-109 为另外两个尺寸添加公差

选择“属性”命令，打开“尺寸属性”对话框。

(2)切换到“尺寸属性”对话框的“显示”选项卡，在“扩展名”文本框中输入“×1”，单击“确定”按钮，从而将尺寸显示为“M8×1”，如图 9-110 所示。

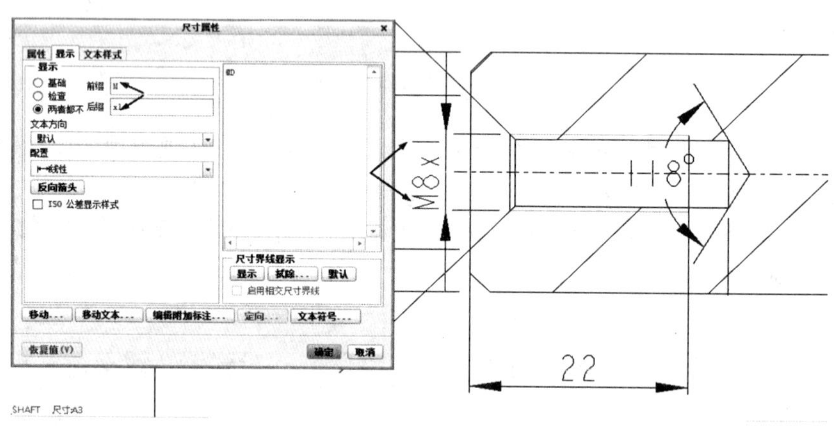

图 9-110 修改尺寸显示

(3)选择一处“45°×2”的倒角标注并右击，接着从打开的右键快捷菜单中选择“属性”命令，系统弹出“尺寸属性”对话框。

(4)切换到“显示”选项卡，进行如图 9-111 所示设置，然后单击“确定”按钮。

(5)用同样的方法，将“45°×1.5”倒角标注的倒角文本更改为“Cd”。完成该步骤后的工程图如图 9-112 所示。

(6)双击“截面 A-A”，在功能区出现“格式”选项卡，接着在“高度”文本框中输入“0.2”，如图 9-113 所示，双击绘图区空白处完成更改。

10. 插入表面粗糙度

(1)在功能区“注释”选项卡的“注释”面板中单击“表现粗糙度”按钮，弹出“表面粗糙度”对话框。

(2)插入“machined”|“standard1. sys”形式的粗糙度，放置形式为“图元”，粗糙度数值

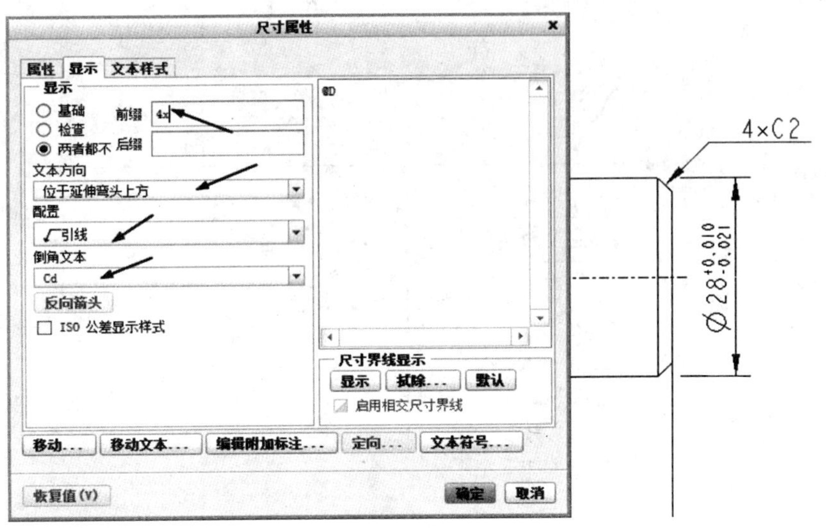

图 9-111　更改倒角参数及添加前缀

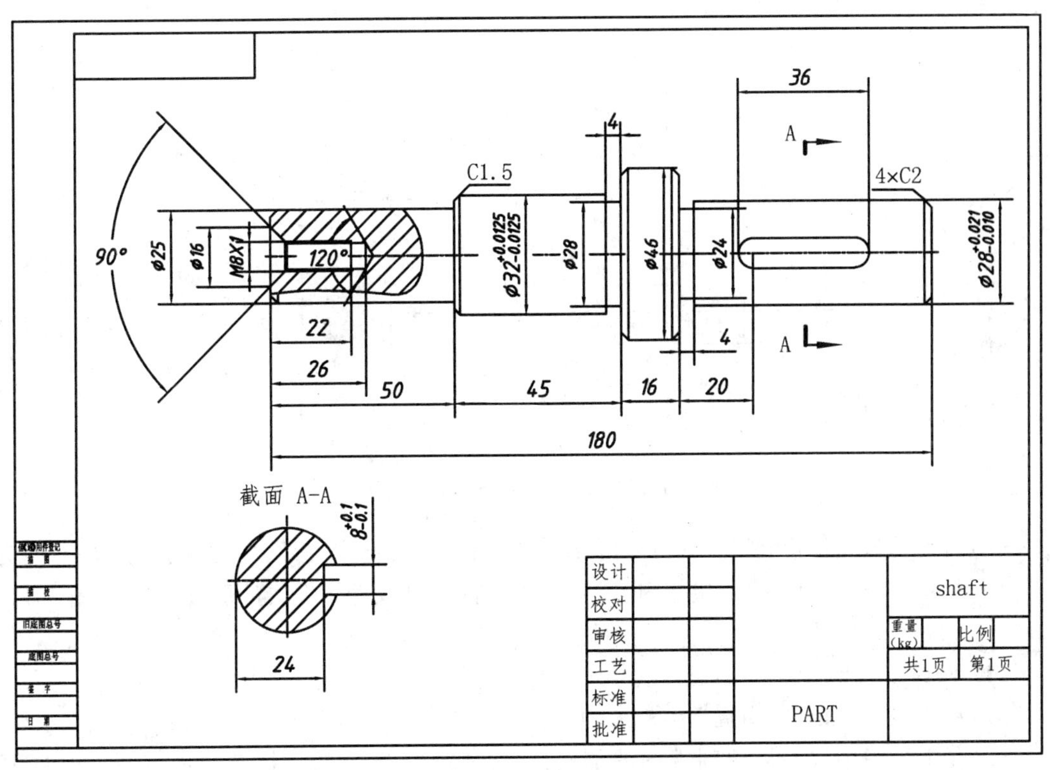

图 9-112　修改指定尺寸标注后的效果

为 3.2,完成后如图 9-114 所示。

(3)插入另外两个表面粗糙度,如图 9-115 所示。

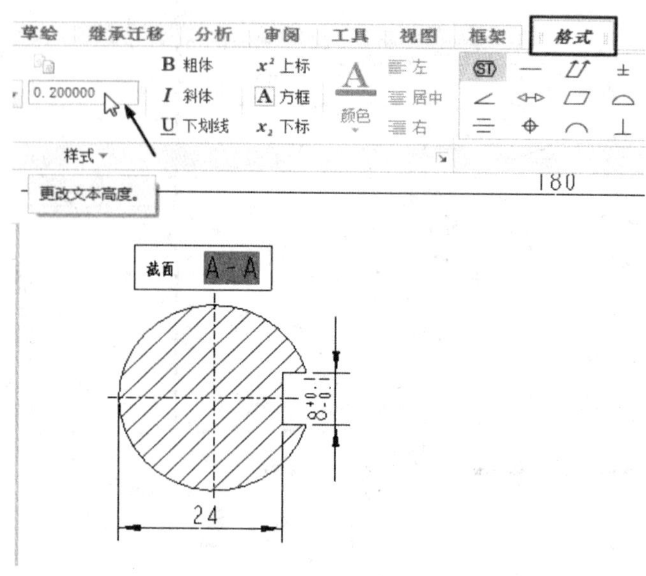

图 9-113 修改“截面 A-A 的高度”

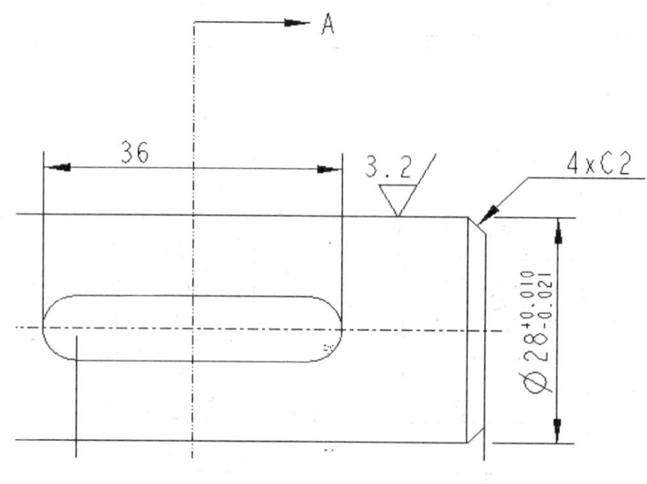

图 9-114 插入第一个表面粗糙度

(4)插入其他粗糙度，选择“unmachined”|“standard2.sys”文件，然后插入，放置类型为“自由”，粗糙度数值为 12.5，接着利用“注解”按钮添加文字“其余”，最终效果如图 9-116 所示。

11. 修改剖面线

(1)在功能区中单击“布局”标签，打开“布局”选项卡。

(2)在主视图中选择局部剖视图的剖面线并右击，从打开的快捷菜单中选择“属性”选项，系统弹出一个菜单管理器。

(3)在菜单管理器的“修改剖面线”菜单中，默认的选项为“X 元件”|“剖面线”。选择“间距”选项，接着在菜单管理器中出现的“修改模式”菜单中选择“值”选项，输入间距的值为“0.2”，按回车键确认。

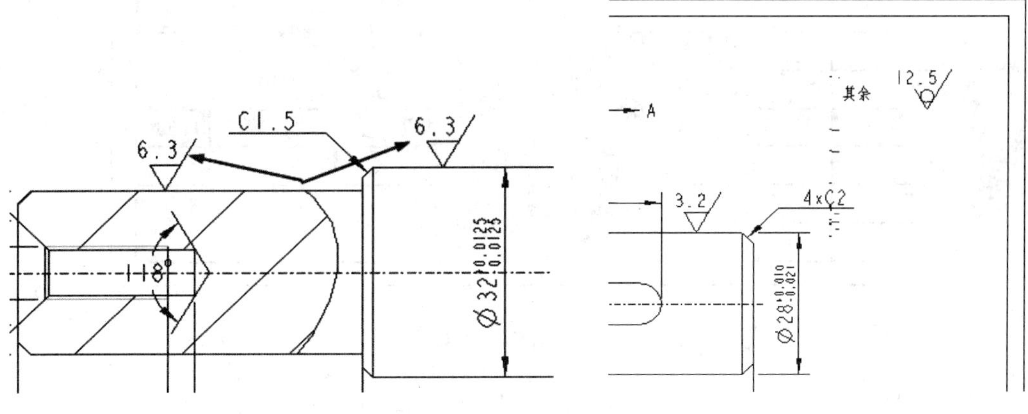

图 9-115　插入另外两处表面粗糙度　　　　图 9-116　添加其他粗糙度

(4)用同样的方法修改截面 A-A 中剖面线的间距。

最终结果如图 9-117 所示。

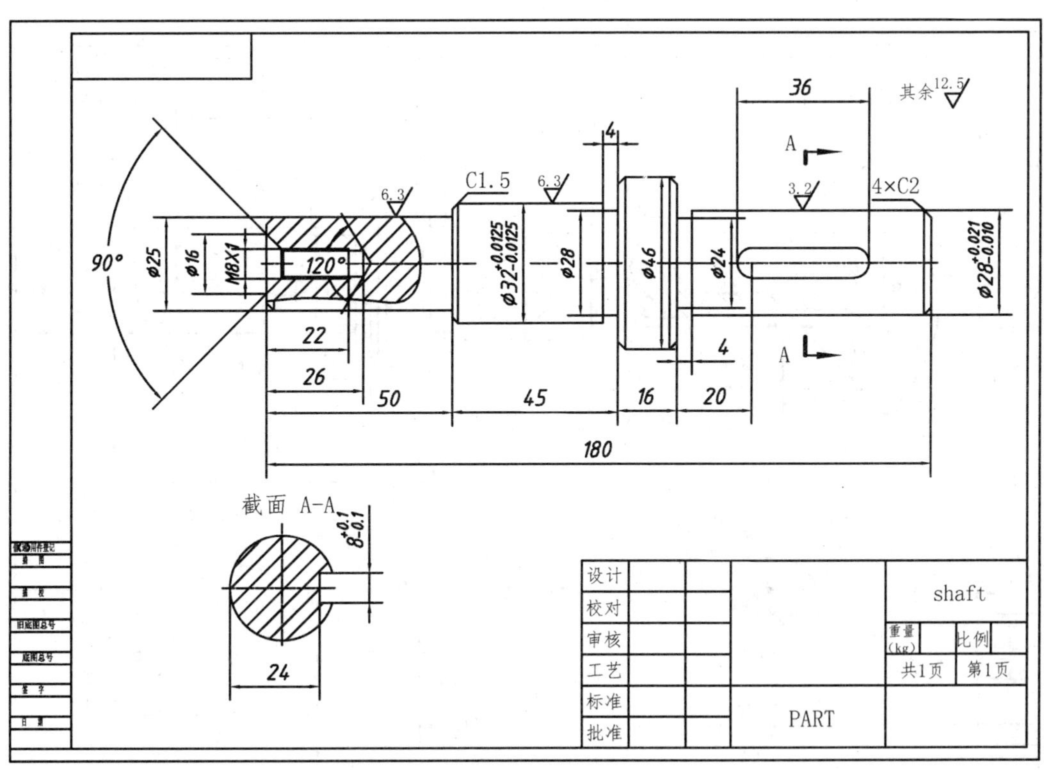

图 9-117　修改剖面线间距

12. 填写标题栏及添加技术要求等

(1)切换到功能区的“注释”选项卡，双击如图 9-118 所示的标题栏表格。

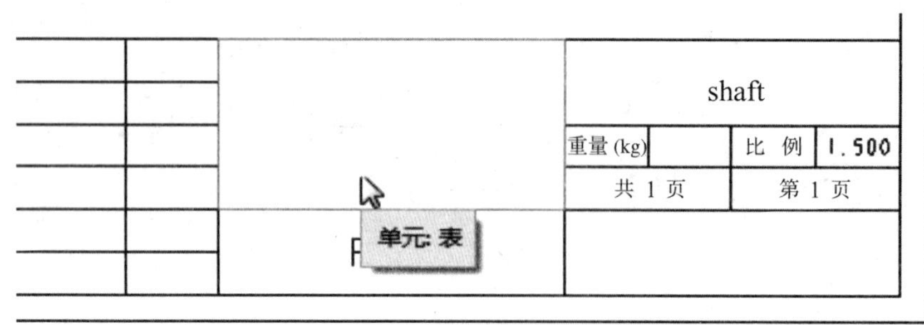

图 9-118 双击填写标题栏

(2)输入描述性文字为“传动轴　材料　45”,按回车键确认。

(3)在功能区“注释”选项卡的“注释”面板中单击“注解”按钮,在绘图区的空白处单击以确定技术要求放置位置。

(4)双击其他单元格进行填写,并对相关文字进行高度和位置的调整,最终结果如图 9-119 所示。

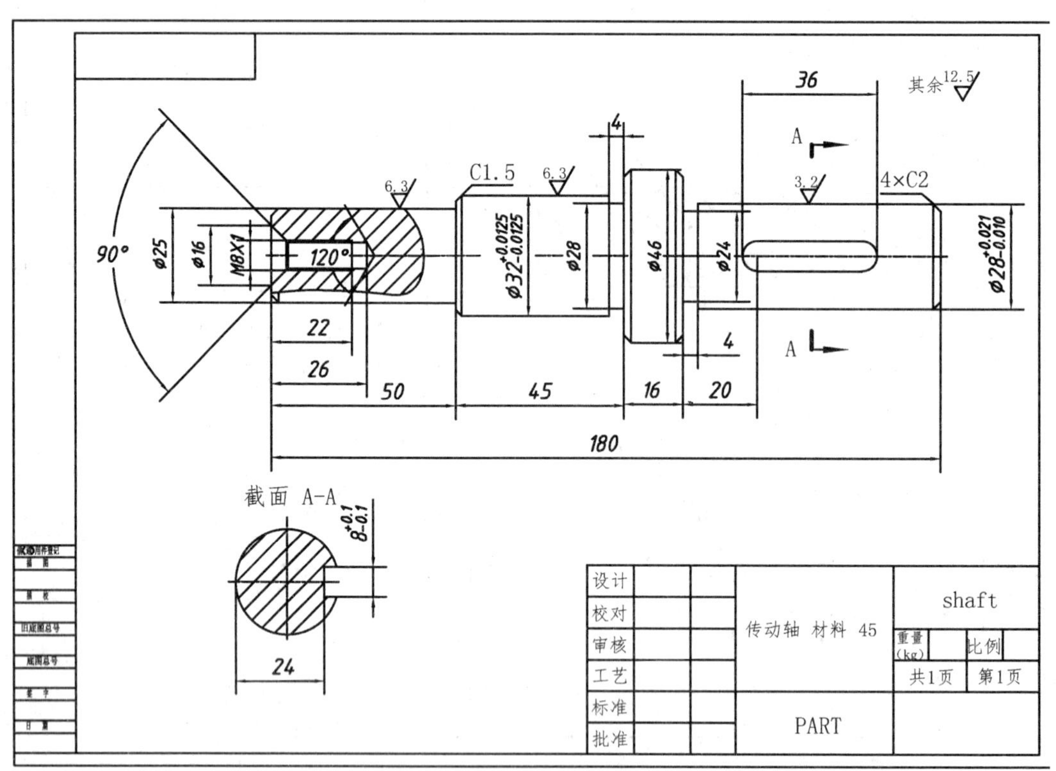

图 9-119 参考的工程图

9.11　拓展训练

本案例绘制通盖支座的工程图，如图 9-120 所示。首先绘制基本视图，然后绘制剖视图，对工程图进行尺寸标注，再对工程图进行粗糙度标注，最后添加文本技术要求。

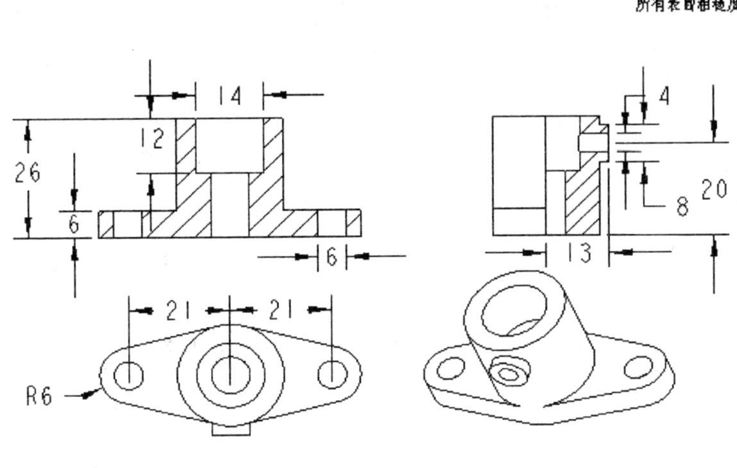

技术要求
1、未注工艺倒角R2-R4
2、所有表面喷漆。

图 9-120　通盖支座的工程图

该工程图的具体绘制步骤如图 9-121 所示。

9.12　思考与练习

1. 工程图共分哪几类？分别是什么？
2. 尺寸的删除和拭除有什么区别？
3. 如何创建剖面图和剖视图？
4. 自动创建的尺寸标注和手动创建的尺寸标注有什么不同？
5. 工程图模块中的草绘功能有什么作用？
6. 如何显示和拭除被驱动尺寸？
7. 举例说明几何公差的创建过程。
8. 如何修改工程图中的注释字体和字高？
9. 举例说明工程图的一般创建过程。
10. 根据第 4 章习题 26 建立的模型，创建工程图。

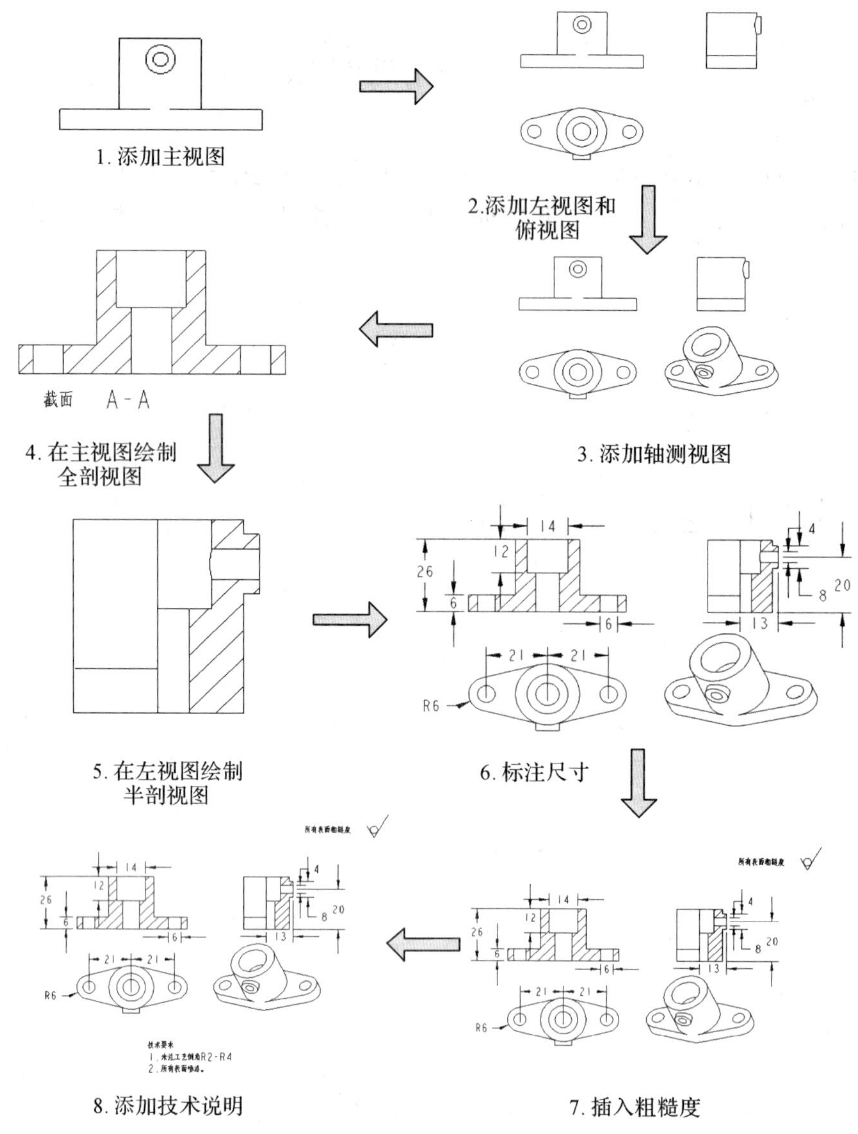

图 9-121 工程图绘制步骤

11. 根据第 4 章习题 27 建立的模型,创建工程图。
12. 根据第 4 章习题 28 建立的模型,创建工程图。
13. 根据第 4 章习题 29 建立的模型,创建工程图。
14. 根据第 4 章习题 30 建立的模型,创建工程图。
15. 根据第 4 章习题 31 建立的模型,创建工程图。
16. 根据第 5 章习题 9 建立的模型,创建工程图。
17. 根据第 5 章习题 10 建立的模型,创建工程图。

第 10 章　创建关系式和族表

<table>
<tr><th>学习单元:创建关系式和族表</th><th>参考学时:4</th></tr>
<tr><td colspan="2">学习目标</td></tr>
<tr><td colspan="2">◆ 理解关系式的选项
◆ 掌握创建关系式的基本步骤
◆ 理解关系式的两种格式
◆ 掌握创建族表的基本步骤</td></tr>
<tr><td>学习内容</td><td>学习方法</td></tr>
<tr><td>★ 关系式的选项
★ 创建关系式的基本步骤
★ 关系式的两种格式
★ 创建族表的基本步骤</td><td>◆ 理解概念,掌握方法
◆ 熟悉操作,勤于练习</td></tr>
<tr><td>考核与评价</td><td>教师评价
(提问、演示、练习)</td></tr>
</table>

参数化模型设计是 Creo Parametric 重点强调的设计理念。参数是参数化模型设计的核心概念,在一个模型中,参数是通过“尺寸”的形式来体现的。参数化模型设计的突出特点在于可以通过变更参数来方便地修改设计意图。关系式是参数化模型设计中的另一项重要内容,它体现了参数之间相互制约的“父子”关系。所以,首先要了解 Creo Parametric 中参数和关系的相关理论。

项目导入:

本案例应用关系式和族表来创建齿轮,如图 10-1 所示,建模过程中,首先添加几个基本参数,然后设置这几个参数之间的关系,齿轮的建模主要用到的特征工具有【拉伸】、【基准面】、【基准点】和【阵列】等。

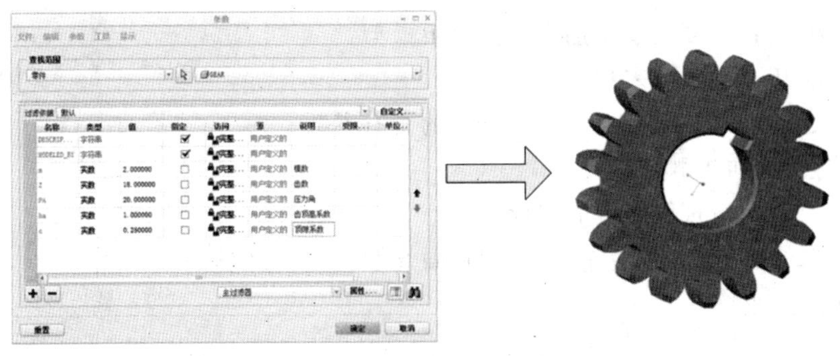

图 10-1　利用关系式和族表创建齿轮

10.1 使用关系式

参数有两个含义：一是参数可以提供设计对象的附加信息，是参数化设计的要素之一。参数和模型一起存储，参数可以标明不同模型的属性。例如在一个“族表”中创建参数“成本”后，对于该族表的不同实例可以设置不同的值，以示区别。二是参数可以配合关系式的使用来创建参数化模型，通过变更参数的数值来变更模型的形状和大小。

10.1.1 参数设置

进入“零件”模块，单击“模型”选项卡的“设计意图”展开按钮，选择“参数”选项，即可打开“参数”对话框，使用该对话框可添加或编辑一些参数，如图 10-2 所示。

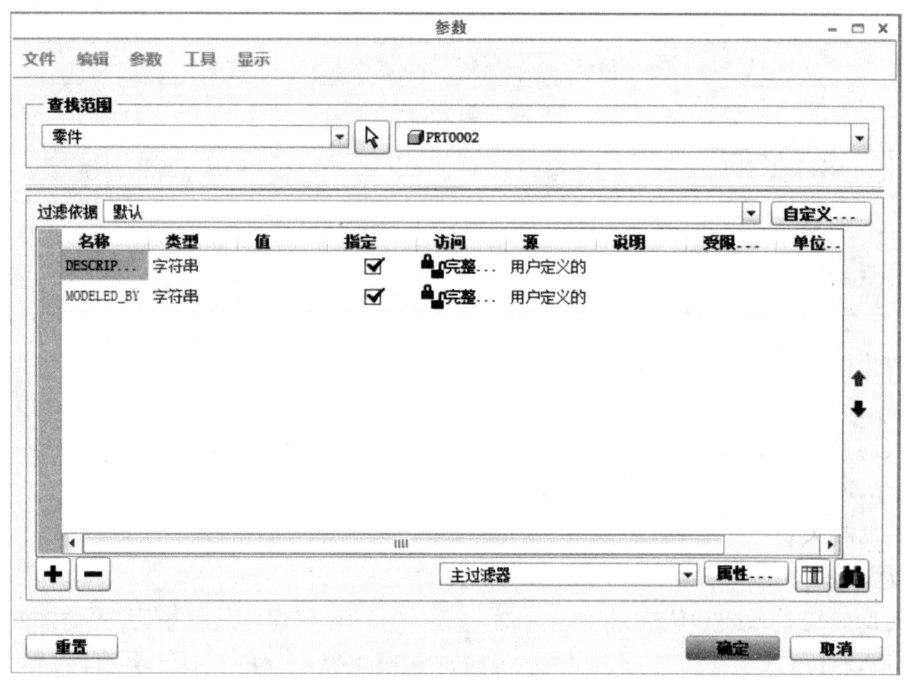

图 10-2 “参数”对话框

查找范围：设置想要向其添加参数的对象模型。

过滤依据：用于参数列表过滤设置。

参数列表选项区域：显示当前对象添加的所有参数。

+ − 按钮：添加或删除参数。

“属性”按钮：编辑选中参数的属性。

“设置局部参数列”工具按钮：设置所有参数的属性种类。

1. 参数的组成

（1）名称

参数的名称和标识，用于区分不同的参数，是引用参数的依据。

注意:用于关系式的参数必须以字母开头,不区分大小写,参数名称不能包含如下非法字符:!、"、@和#等。

(2)类型

指定参数的类型:

整数:整型数据。

实数:实数型数据。

字符型:字符型数据。

是否:布尔型数据。

(3)值

为参数设置一个初始值,该值可以在随后的设计中修改。

(4)指定

使参数在PDM(Product Data Management,产品数据管理)系统中可见。

(5)访问

为参数设置访问权限:

完全:无限制的访问权,用户可以随意访问参数。

限制:具有限制权限的参数。

锁定:锁定的参数,这些参数不能随意修改,通常由关系式确定。

(6)源

指定参数的来源:

用户定义的:用户定义的参数,其值可以随意修改。

关系:由关系式驱动的参数,其值不能随意修改。

(7)说明

关于参数含义和用途说明的注释文字。

(8)受限制的参数

创建其值受限制的参数。受限制参数的定义存在于模型中,与参数文件无关。

(9)单位

为参数指定单位。可以从其下拉列表中选择。

2. 增删参数的属性项目

可以根据实际需要增加或删除以上9项中除"名称"之外的参数的其他属性项项目,单击"设置局部参数列"工具按钮,弹出"参数表列"对话框,如图10-3所示。

10.1.2 关系

关系是参数化设计的另一个重要因素。关系是用户自定义的尺寸符号和参数之间的等式。关系捕获特征之间、参数之间或组件之间的设计关系。可以这样来理解,参数化模型建立好之后,参数可以确定一系列产品,通过更改参数即可生成不同尺寸的零件;而关系是确保在更改参数的过程中,该零件能够满足基本的形状要求。如参数化齿轮设计,可以通过更改模数和齿数生成不同系列、不同尺寸的多个模型,而关系则满足在更改参数的过程中齿轮不会变成其他的零件。

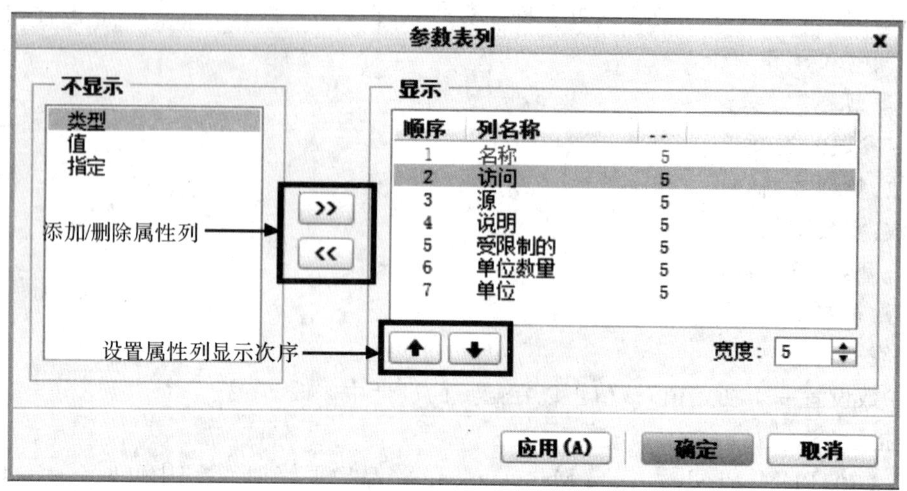

图 10-3 “参数表列”对话框

1. 关系式的组成

关系式的组成主要有:尺寸符号、数字、参数、保留字和注释等。

(1)符号类型

系统会为每一个尺寸数值创建一个独立的尺寸编号,在不同的模式下,给定的编号也不同。

1)尺寸符号

尺寸符号如表 10-1 所示,大小写视为相同。

表 10-1 尺寸符号

符号	说　明
sd#	草绘一般尺寸符号
rsd#	草绘的参考型尺寸符号
d#	零件与组件模式的尺寸符号
rd#	参考型尺寸符号
kd#	已知型尺寸符号
d#:#	在组件模式下,组件的尺寸符号
rd#:#	在组件模式下,组件的参考型尺寸符号

2)几何公差符号

几何公差符号如表 10-2 所示,大小写视为相同。

表 10-2 几何公差符号

符号	说　明
tpm#	上、下对称型公差符号
tp#	上公差符号
tm#	下公差符号

3)阵列复制符号，见表 10-3。

表 10-3 阵列复制符号

符号	说　明
p#	阵列的子特征(子组件)编号(正整数)
Lead_v	引导值，引导特征的位置尺寸，即想要阵列变化的尺寸值
Memd_v	阵列实例最终尺寸
Memd_i	阵列实例增量尺寸
Idx_1	第一方向的阵列索引
Idx_2	第二方向的阵列索引

4)自定义参数

用户自定义参数的规则是：

用户自定义参数必须以字母开头(若它们用于关系)。

不能使用 d#、kd#、rd#、tm#、tp#或 tpm#作为用户参数名，因为它们是为尺寸保留使用的。

用户自定义参数名不能包含非字母数字字符，诸如!、@、#和$等。

(2)系统内默认的常量

表 10-4 所列参数是由系统保留使用的(字母大小写视为相同)。

表 10-4 系统保留使用的参数

符号	说　明
Pi	圆周率
G	重力常数
C#	C1=1,C2=2,C3=3,C4=4

(3)运算符号

运算符号如表 10-5 所列，包括算数、比较和逻辑运算符号。

表 10-5 运算符号

<table>
<tr><td rowspan="8">算数</td><td>符号</td><td>说明</td><td rowspan="8">比较</td><td>符号</td><td>说明</td><td rowspan="8">逻辑</td><td>符号</td><td>说明</td></tr>
<tr><td>+</td><td>加</td><td>></td><td>大于</td><td>&</td><td>与</td></tr>
<tr><td>-</td><td>减</td><td><</td><td>小于</td><td>|</td><td>或</td></tr>
<tr><td>*</td><td>乘</td><td>=</td><td>等于</td><td>~、!</td><td>非</td></tr>
<tr><td>/</td><td>除</td><td>>=</td><td>大于或等于</td><td></td><td></td></tr>
<tr><td>^</td><td>指数</td><td><=</td><td>小于或等于</td><td></td><td></td></tr>
<tr><td>=</td><td>等于</td><td><>!=</td><td>不等于</td><td></td><td></td></tr>
<tr><td>()</td><td>括号</td><td></td><td></td><td></td><td></td></tr>
</table>

(4)数学函数

数学函数如表 10-6 所列，字母大小写视为相同。

下面简单介绍这些函数的用法：

1)sin()、cos()、tan()函数

这三个都是数学上的三角函数，分别使用角度的度数值来求得角度对应的正弦、余弦和

正切值，如：

A=sin(30) A=0.5

B=cos(30) B=0.866

C=tan(30) C=0.577

表 10-6 数学函数

符号	说明	符号	说明
sin()	正弦	log()	对数
cos()	余弦	ln()	自然对数
tan()	正切	exp()	e 的幂次
asin()	反正弦	abs()	绝对值
acos()	反余弦	max()	最大值
atan()	反正切	min()	最小值
sinh()	双曲正双	mod()	求余
cosh()	曲余弦弦	pow()	指数函数
tanh()	双曲正切	ceil()	不小于该值的最小整数
sqrt()	平方根	floor()	不大于该值的最大整数

2)asin()、acos()、atan()函数

这三个是上面三个三角函数的反函数，通过给定的实数值求得对应的角度值，如：

A=asin(0.5) A=30

B=acos(0.5) B=60

C=atan(0.5) C=26.6

3)sinh()、cosh()、tanh()函数

在数学中，双曲函数类似于常见的三角函数。基本双曲函数是双曲正弦 sinh()、双曲余弦 cosh()，可从它们导出双曲正切 tanh()。

双曲正弦：$\sinh(x)=[e^x-e^{(-x)}]/2$

双曲余弦：$\cosh(x)=[e^x+e^{(-x)}]/2$

双曲正切：$\tanh(x)=\sinh(x)/\cosh(x)=[e^x-e^{(-x)}]/[e^x+e^{(-x)}]$

函数使用实数作为输入值。

4)sqrt()函数

求平方根，如：

A=sqrt(100) A=10

B=sqrt(2) B=1.414…

5)log()函数

求以 10 为底的对数值，如：

A=log(1) A=0

B=log(100) B=10

C=log(5) C=0.6989…

6)ln()函数

求以自然对数 e 为底的对数值，e 是自然数，值为 2.7182…如：

A=ln(1) A=0

B=log(5) B=1.609…

7)exp()函数

求以自然对数 e 为底的乘方值,e 是自然数,值为 2.7182…如:

A=exp(2) A=e^2=7.387…

8)abs()函数

求给定参数的绝对值,如:

A=abs(-1.6) A=1.6

B=abs(3.14) B=3.14

9)max()、min()函数

求给定的两个参数中的最大值和最小值,如:

A=max(3.5,8) A=8

B=min(3.1,7.3) B=3.1

10)mod()函数

求第一个参数除以第二个参数得到的余数,如:

A=mod(20,6) A=2

B=mod(20.7,6.1) B=2.4

11)pow()

指数函数,如:

A=pow(20,2) A=400

B=mod(100,0.5) B=10

12)ceil()和 floor()函数

均可有一个附加参数,用它可指定舍去的小数位。

ceil(parameter_name or number,number_of_dec_places)

floor(parameter_name or number,number_of_dec_places)

- parameter_name or number:参数名或数值。
- number_of_dec_places:要保留的小数位(可省略),因它的取值不同可有不同的结果:

—可以为数值亦可为参数,若为实数则取整。

—若 number_of_dec_places>8,则不作任何处理,用原值。

—若 number_of_dec_places<8,则舍去其后的小数位,并进位。

例如:

ceil(10.2)→11 比 10.2 大的最小整数为 11。

floor(-10.2)→-11 比-10.2 小的最大整数为-11。

floor(10.2)→10 比 10.2 小的最大整数为 10。

ceil(10.255,2)→10.26 比 10.255 大的最小符合数。

ceil(10.255,0)→11 比 10.255 大的最小整数。

floor(10.255,1)→10.2 比 10.255 小的最大符合数。

len1= ceil(20.5)→len1=21。

len2= floor(－11.3)→len2=－12。

len = len1+ len2→len=9。

(5)其他函数

Creo Parametric 中提供的函数很多，除上述数学函数外，还有许多函数，在此介绍几个字符串函数。

1)string_length()

返回某字符串参数中字符的个数。

用法：string_length(参数名或字符串)

例如：

Strlen1= string_length("material")，则 Strlen1=8。

若 material="steel"，Strlen2= string_length(material)，则 Strlen2=5。

2)rel_model_name()

返回目前模型的名称。

用法：rel_model_name()，注意括号内为空。

例如：

当前模型为 part1，则

PartName= rel_model_name()→PartName="part1"

如在装配图中，则需加上进程号(session ID)，例如：

PartName= rel_model_name:2()

3)rel_model_type()

返回目前模型的类型。

用法：rel_model_type()，注意括号内为空。

例如：

当前模型为装配图，则

Parttype= rel_model_type()→Parttype="Assembly"

4)itos()

将整数转换成字符串。

用法：itos(integer)。

若为实数则舍去小数部分。

例如：

s1= itos(123)→s1="123"

s2= itos(123.57)→s2="123"

5)search()

查找字符串，返回位置值。

用法：search(string，substring)。

其中：

string 是原字符串；

substring 是要找的字符串，查到则返回位置，否则返回 0，第一个字符的位置值为 1，依次类推。

例如：

partstr=abcdef,则 where=search(partstr,“bcd”)→ where=2

where= search(partstr,“bed”) → where=0(没找到)

6)extract()

提取字符串。

用法:extract(string,position,length)。

其中：

string 是原字符串；

position 是提取位,其值大于 0 而小于字符串长度；

length 是提取字符数,其值不能大于字符串长度。

例如：

new=extract(“abcdef”,2,3)→new=“bcd”

其含义是:从“abcdef”串的第二个字符(b)开始取出 3 个字符。

7)exist()

测试项目是否存在。

用法:exist(item)。

其中:item 可以是参数或尺寸。

例如：

If exist(d5)检查零件内是否有 d5 尺寸。

If exist(“material”) 检查零件内是否有 material 参数。

8)evalgraph()

用法:evalgraph(graph_name,x_value)。

其中：

graph_name 是控制图表 graph 的名字,要用双引号括起来；

x_value 是 graph 中的横坐标值,函数返回 graph 中对应的 y 值。

例如：

sd5= evalgraph(“sec”,3)

evalgraph 只是 Creo Parametric 提供的一个用于计算图表 graph 中横坐标对应坐标值的一个函数,可以用于任何场合。

9)trajpar_of_pnt()

返回指定点在曲线中的位置比例。

用法:trajpar_of_pnt(curve_name,point_name)。

其中：

curve_name 是曲线的名字；

point_name 是点的名字；

trajpar 为 0～1 的变量。

两个参数都需要用引号括起来。函数返回的是点在曲线上的比例值,可能等于 trajpar,也可能等于 1－trajpar,视曲线的顶点而定。

例如：

```
ratio= trajpar_of_pnt("wire","pnt1")
```

ratio 的值等于点 pnt1 在曲线 wire 上的比例值。

(6)注释

"/ *"后的文字并不会参与关系式的运算,可用来描述关系式的意义。

如:

```
/ * Width is equal to 2 * height
d1=2 * d2
```

2. 关系式的分类

Creo Parametric 提供了为数不少的关系式,范围涵盖广泛,其中几种比较常用,以下列举三大类分别说明。

(1)简单式

该类型通常用于单纯的赋值。如:

```
m=2
d1=d2 * 2
```

(2)判断式

有时必须加上一些判断语句,以适应特定的情况,其语法如下:

```
if…endif
if…else…endif
```

如:

```
a)if…endif
if d2>=d3
length_A=100
endif
if volume==50&area<200
diameter=30
end if
b)if…else…endif
if A>10
type=1
if B>8
type=2
endif
else
type=0
endif
```

(3)解方程与联立解方程组

在设计时,有时需要借助系统求解一些方程。在 Creo Parametric 中,求解方程的语法是 solve…for。若解不只一组,系统也仅能返回一组结果。

例如:

```
    r_base=70
    radtodeg=180/pi
    A=0
    solve
      A * radtodeg-atan(A)=trajpar * 20
    for
      A
      d3=r_base * (1+A^2)^0.5
      area=100
      perimeter=50
solve
      d3 * d4=area
      2 * (d3+d4)= perimeter
      ford3,d4
```

3. 如何添加关系

在功能区中单击“工具”标签以切换到“工具”选项卡，在“模型意图”面板中单击“关系”按钮 d=，系统弹出“关系”对话框，如图 10-4 所示。在此对话框中输入关系式，单击“确定”按钮。当单击工具栏上的“再生模型”图标，系统会根据所给定的关系式进行几何计算。

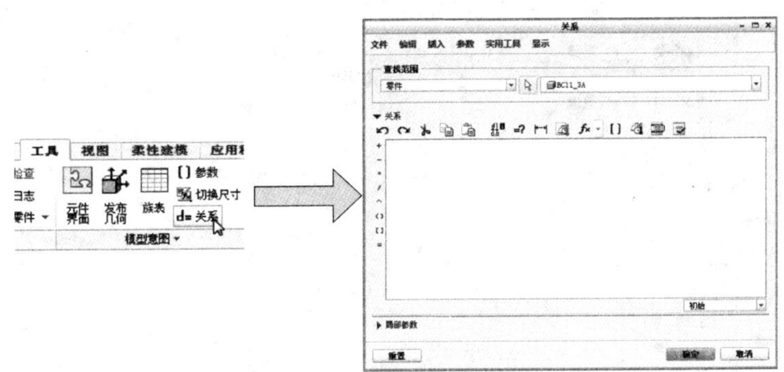

图 10-4 “关系”对话框

:切换尺寸的显示方式。显示方式为数值和符号两种方式。

=?:单击此按钮会弹出如图 10-5 所示的“评估表达式”对话框，在对话框中输入某个尺寸符号、参数符号或者数学式，系统可以计算出与此尺寸、参数或者数学式有关的关系式，以求得此尺寸、参数或数学式的值。

|⟷|:单击此按钮会出现如图 10-6 所示的“显示尺寸”对话框，使用者在此对话框中输入某个尺寸符号，然后系统会在零件或者组件的几何模型上显示出尺寸。

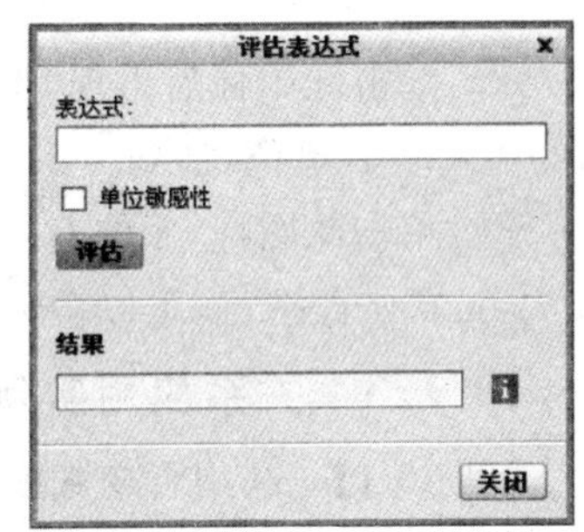

图 10-5 “评估表达式”对话框

:单击此按钮用以将关系式中参数或尺寸设置为不同的单位。

:单击此图标会出现“插入函数”对话框，如图 10-7 所示，可以选择数学函数并加到关系式中。

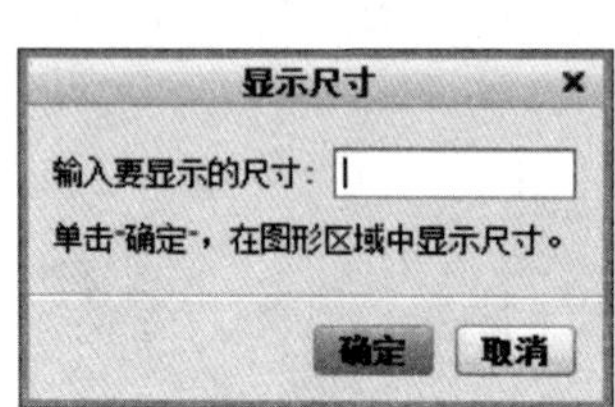

图 10-6 “显示尺寸”对话框

图 10-7 “插入函数”对话框

:单击此按钮会出现“选取参数”对话框，如图 10-8 所示。可以选择对话框中列出的在现有零件上已设置好的参数，加到关系式中。

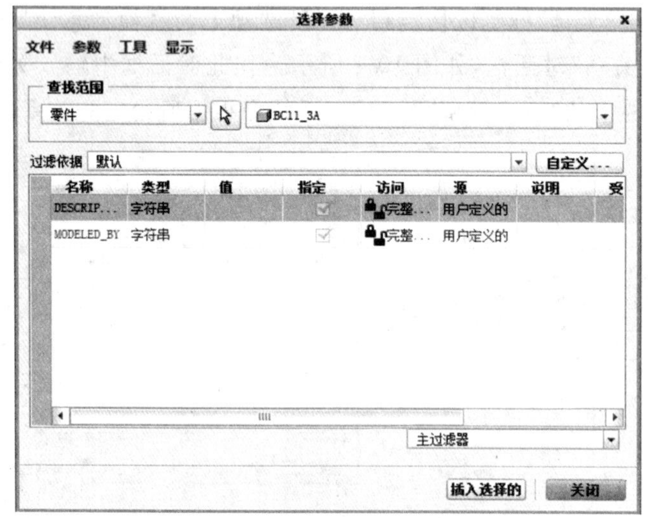

图 10-8 “选取参数”对话框

:单击此图标后出现“选择单位”对话框，如图 10-9 所示。可以在此对话框中选择所需的类型及其单位，加到关系式中。

:单击此图标，系统会自动重新排列所有关系式的先后顺序。

:单击此图标，可以验证目前的关系式是否有错误。

10.1.3 关系应用实例

【例 10-1】 利用可变截面扫描特征创建艺术式托盘。

(1)在“快速访问”工具栏中单击“打开”按钮，弹出“文件打开”对话框，选择配套文件“guanxi”并打开，该文件中已有的模型如图 10-10 所示。

(2)在功能区“模型”选项卡的“形状”面板中单击“扫描”按钮，打开“扫描”选项卡。

(3)在“扫描”选项卡中单击“实体”按钮，接着单击“创建薄板特征”按钮，并输入薄板的厚度值为“3”。

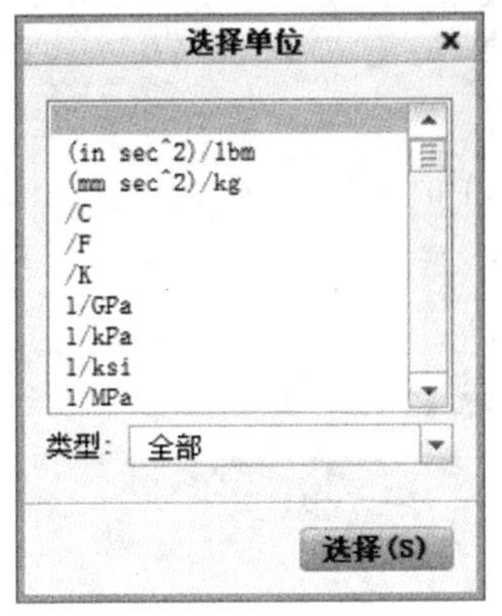

图 10-9 “选择单位”对话框

图 10-10 已有模型

(4)在“扫描”选项卡中单击“允许截面根据参数化参考或沿扫描的关系进行变化”按钮。

(5)选择原始模型上表面的一个轮廓边，接着按住【Shift】键并单击上面，从而选中整个上表面的轮廓边。此时，若打开“扫描”选项卡的“参考”面板，则可以看到默认的“截平面控制”选项为“垂直于轨迹”，“水平/垂直控制”选项为“垂直于曲面”。

(6)在“扫描”选项卡中单击“创建或编辑扫描剖面”按钮，进入草绘器。接着在功能区的“草绘”选项卡的“设置”面板中单击“草绘视图”按钮，以使草绘平面与屏幕平行。

(7)绘制如图 10-11 所示的扫描剖面。

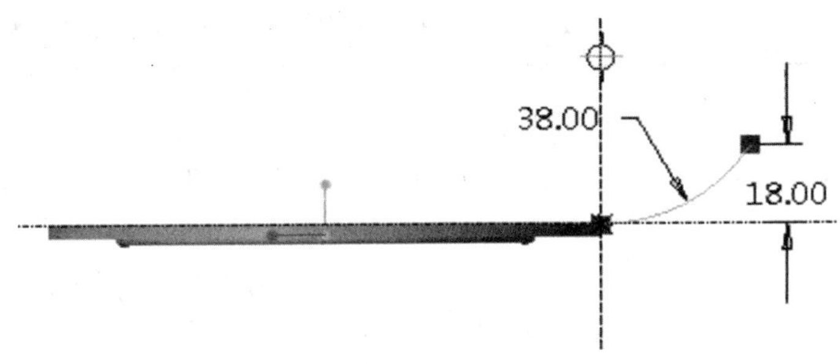

图 10-11 绘制扫描剖面

(8)在功能区中单击“工具”标签以切换到“工具”选项卡，如图 10-12 所示，在“模型意图”面板中单击“关系”按钮，系统弹出“关系”对话框。

(9)在“关系”对话框的关系文本框中输入带 trajpar 参数的剖面关系如下：

sd6＝18＋3.2 * sin(trajpar * 360 * 20)

如图 10-13 所示，可以单击“执行/校验关系并按关系创建新参数”按钮来校验关系，系统弹出“校验关系”对话框并提示“已成功校验了关系”，单击“校验关系”对话框中的“确定”按钮。

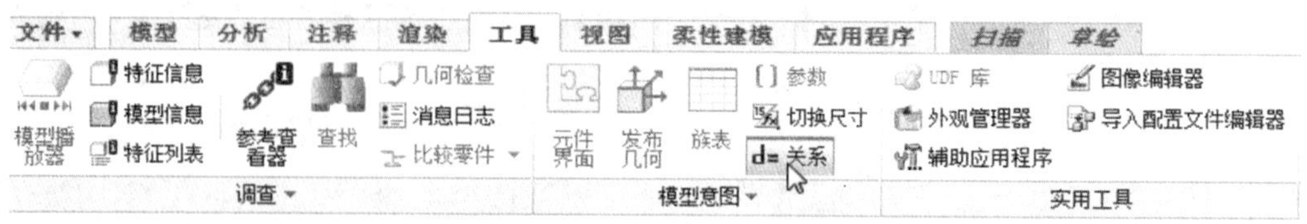

图 10-12　切换到“工具”选项卡并单击“关系”按钮

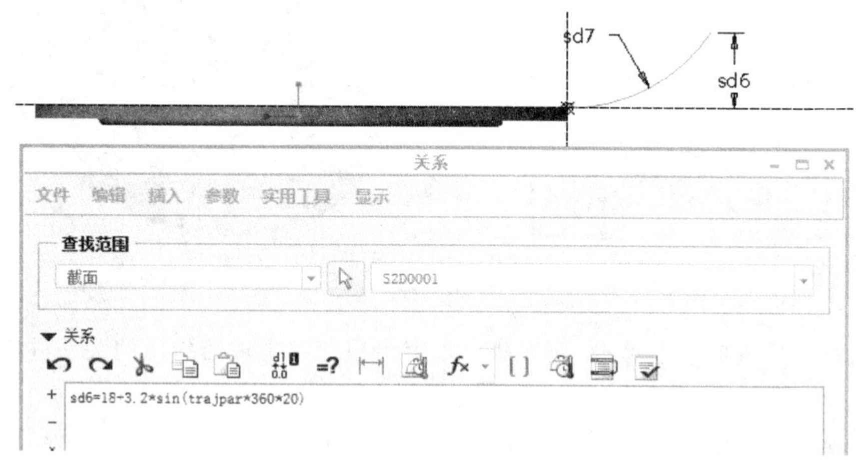

图 10-13　设置截面的关系式

说明：

在创建可变截面扫描特征的过程中，可使用带 trajpar 参数的截面关系来使草绘可变。草绘所约束到的参照可以改变截面形状。所述的 trajpar 可以说是一种轨迹参数，定义从轨迹起点到终点的变化，其参数值变化范围是 0～1，起点对应 0，终点对应 1。

（10）在“关系”对话框中单击“确定”按钮。

（11）在功能区中切换到“草绘”选项卡，单击“确定”按钮✔，完成截面草绘并退出草绘器。

（12）返回到“扫描”选项卡，在“扫描”选项卡中单击“在草绘的一侧、另一侧或两侧间更改加厚方向”按钮，使加厚的材料侧如图 10-14 所示。

（13）在“扫描”选项卡中单击“完成”按钮，最终模型如图 10-15 所示。

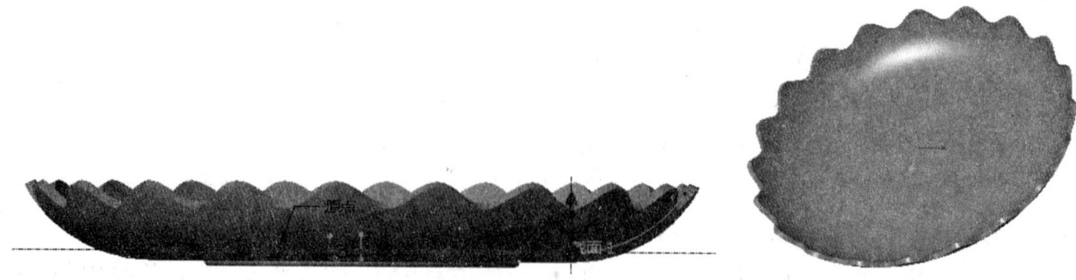

图 10-14　更改加厚的材料侧方向　　图 10-15　最终模型

10.2 族表的应用

10.2.1 概述

族表是具有相似特征的零件或装配的集合。族表中的零件通常有一个或多个可变的尺寸或参数。例如螺栓，虽然尺寸不同但外形相似、功能相同，因此可以把它们看成是一个零件“家族”。如图 10-16 所示的螺钉家族中，有一个母体零件称为类属零件，而由类属零件派生出来的零件称为实例。在一个组表中，类属零件必须有且只有一个，而实例可以有无限个。用户可以分别创建零件族表和装配族表，而在一个组表中不能同时存在零件和装配。

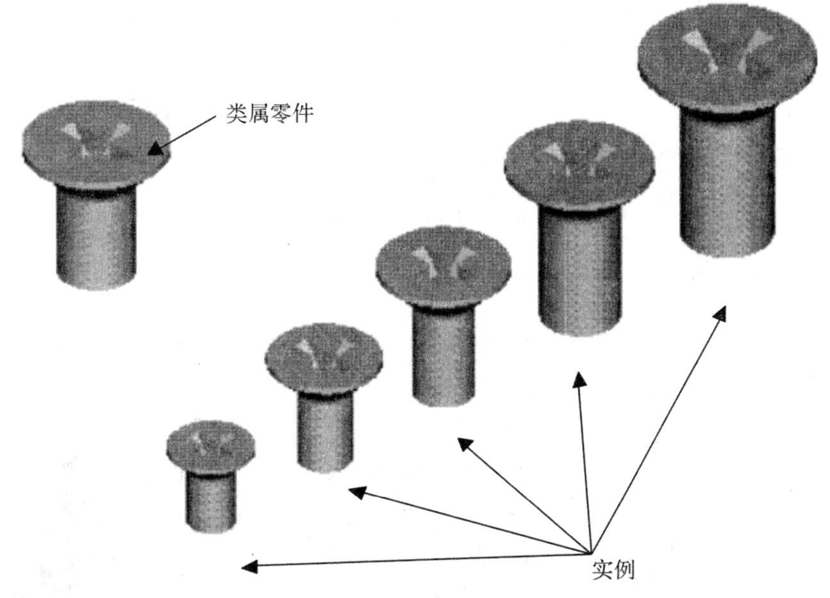

图 10-16　族零件

族表的作用：

- 产生和存储大量简单而细致的对象。
- 把零件的生成标准化，既省时又省力。
- 从零件文件中生成各种零件，而无须重新构造。
- 可以对零件进行细小的调整而无须用关系改变模型。
- 产生可以存储到打印文件并包含在零件目录中的零件表。
- 族表实现了零件的标准化，并且同一族表的实例之间可以自动互换。

10.2.2 族表的组成

族表的本质是用电子表格来管理模型数据，它的外观体现也是一个由行和列组成的电子表格。每一行显示零件的实例和相应的特征值，列则分别显示类型、实例名、尺寸参数、特征和用户定义参数名称等，族表的结构如图 10-17 所示。

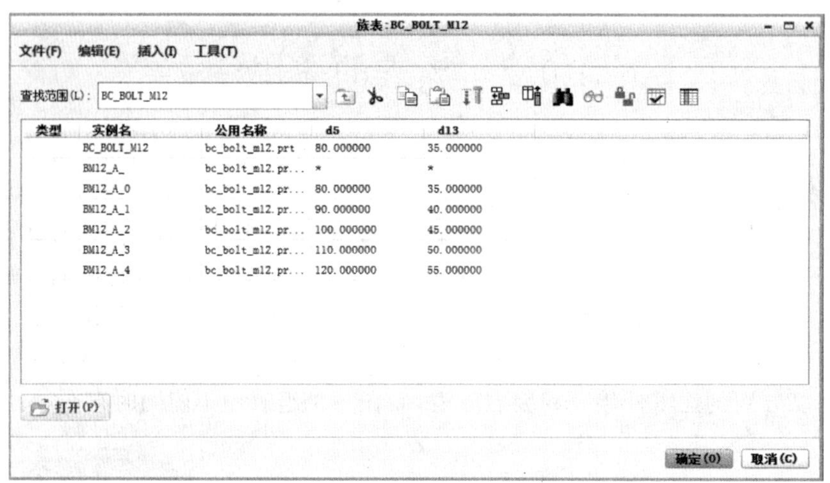

图 10-17 族表

10.2.3 族表的创建

【例 10-2】 下面通过一个范例来介绍如何建立零件族表和使用零件族表。

1. 创建 M12 螺栓的零件族表

(1)在“快速访问”工具栏中单击“打开”按钮，弹出“文件打开”对话框，选择配套文件“zubiao”并打开，该文件中已有的模型如图 10-18 所示。该 M12 螺栓将作为该零件族表的基对象(或称“基准模型”)。

(2)在功能区中单击“工具”标签以切换到“工具”选项卡，接着从该选项卡的“模型意图”面板中单击“族表”按钮，系统弹出如图 10-19 所示的“族表”对话框。也可以不用切换到功能区的“工具”选项卡，而是直接在功能区的“模型”选项卡中选择“模型意图”|“族表”命令来打开“族表”对话框。

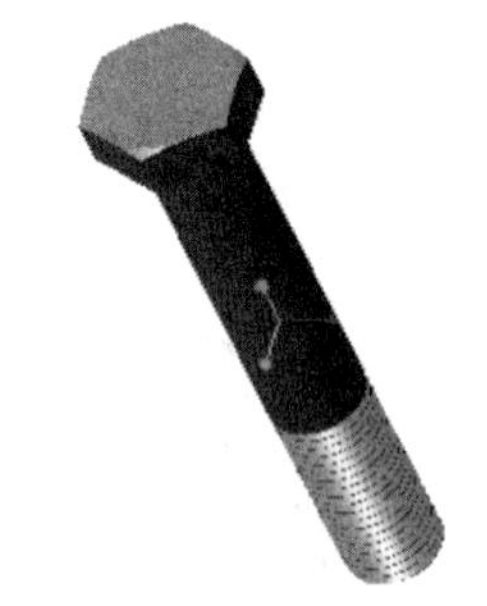

图 10-18 已有的 M12 螺栓

(3)在“族表”对话框中单击“添加/删除表列”按钮，系统弹出“组项，类属模型”对话框，以定义模型成员之间的差异。

(4)在“增加项”选项组中设置要添加到新变量的对象类型。在这里，选择“尺寸”单选按钮。

(5)在“图形窗口(或模型树)”选择“拉伸 2”特征和“螺旋扫描切割”特征。其中，当选择到“螺旋扫描切割”特征(模型树中倒数第二个特征)时，系统弹出一个菜单管理器，从中选中“轮廓”复选框，接着单击“完成”选项，以显示螺旋扫描特征的轮廓轨迹尺寸，如图 10-20 所示。

(6)分别在模型中选择如图 10-21 所示的两个尺寸(即数值分别为“80”和“35”的尺寸)，这两个尺寸可作为实例模型的可变尺寸参数。

(7)在“族项，类属模型”对话框中单击“确定”按钮，返回到“列表”对话框，如图 10-22 所示，在“族表”对话框中已添加了“主”行(包含原始对象)，所添加的每个项目都添加了新列。

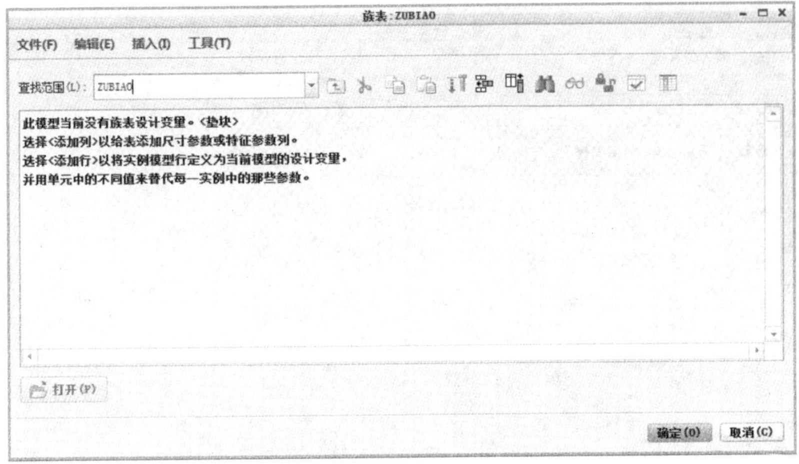

图 10-19　族表对话框

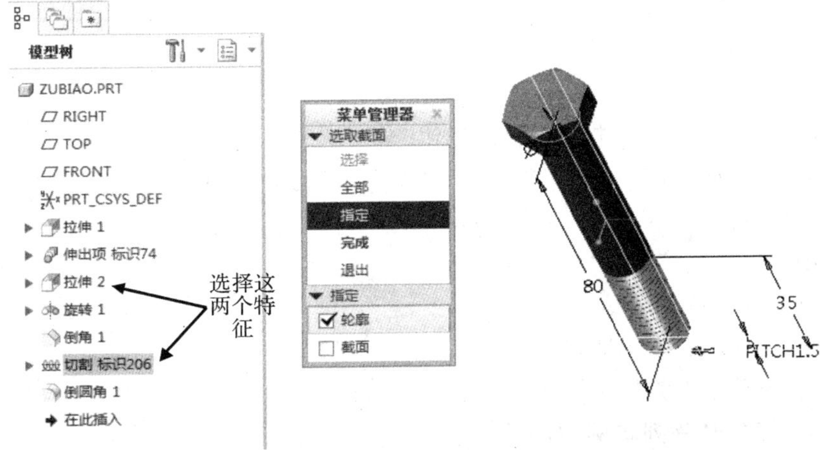

图 10-20　选择要添加的特定对象

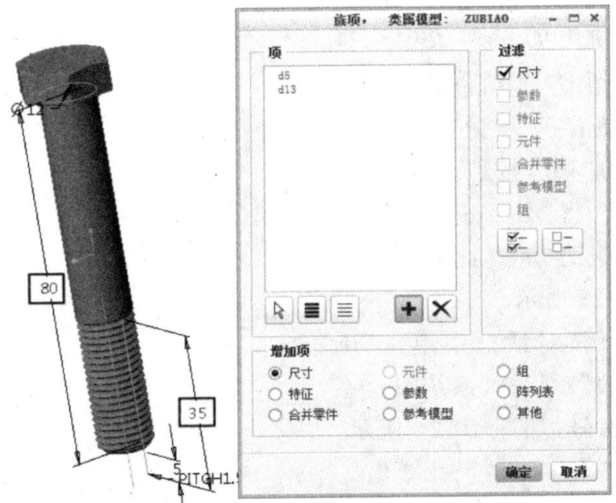

图 10-21　选择尺寸

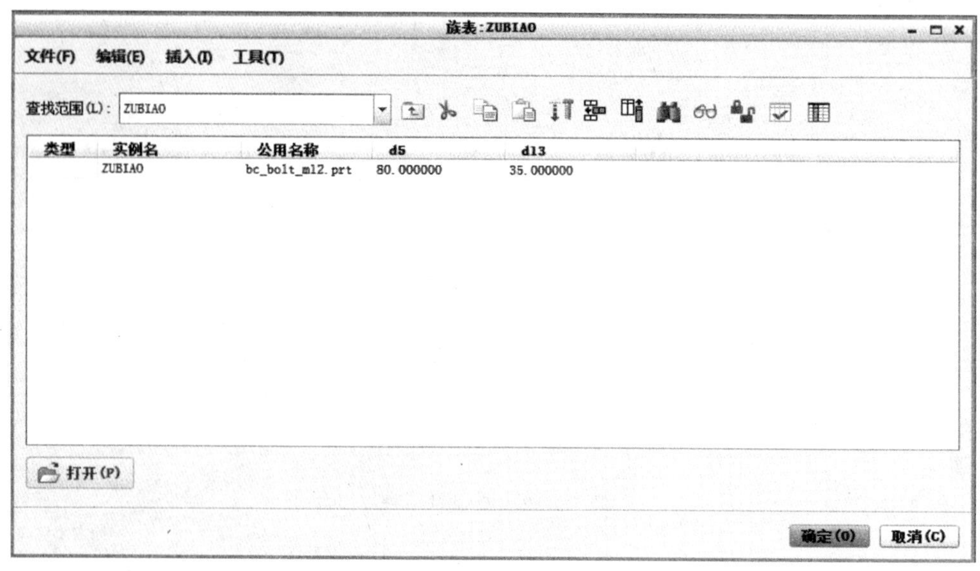

图 10-22　添加了族项目的“族表”对话框

(8)在“族表”对话框中单击“实例行”按钮 ，或者在“族表”对话框的“插入”菜单中选择“实例行”命令，从而添加一个新模型实例。该实例的默认名称为“ZUBIAO_INST”，尺寸参数列的单元格中出现“ * ”符号，表示该尺寸与基准模型的尺寸相等。在这里，将该新实例的名称改为“BM12_A_”。

(9)确保选中该实例“BM12_A_”，在“族表”对话框中单击“按增量复制所选实例”按钮 ，系统弹出“阵列实例”对话框。

(10)在“数量”选项组的文本框中输入数量“5”。

(11)在“项”选项组的左列表中选择“d5”，单击“添加”按钮 >> ，则将此尺寸变量项目移到右列表，接着在“增量”文本框中输入该尺寸的增量为“10”，按【Enter】键确认输入。同样的方法，将“d13”也添加到右列表，并设置尺寸增量为“5”。此时，“阵列实例”对话框如图 10-23 所示。

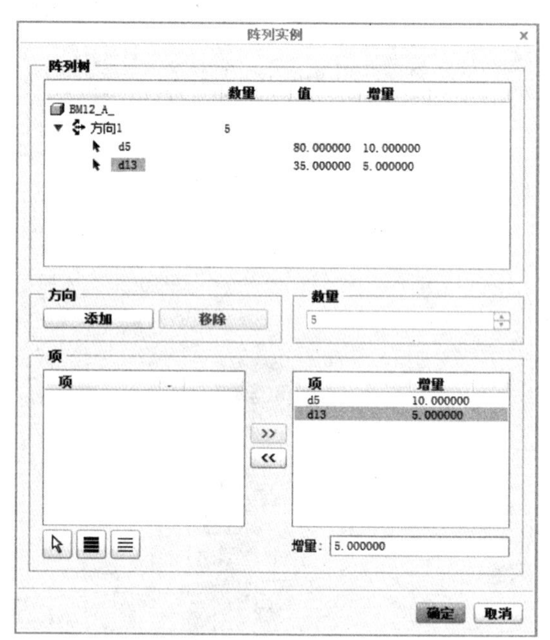

图 10-23　“阵列实例”对话框

(12)在“阵列实例”对话框中单击“确定”按钮，返回到“族表”对话框，系统对这系列的实例模型自动编号，如图 10-24 所示。从族表中可以看出 d5 和 d13 的尺寸变化规律。

2. 校验实例模型

(1)在“族表”对话框中单击“校验族的实例”按钮，系统弹出如图 10-25(a)所示的“族树”

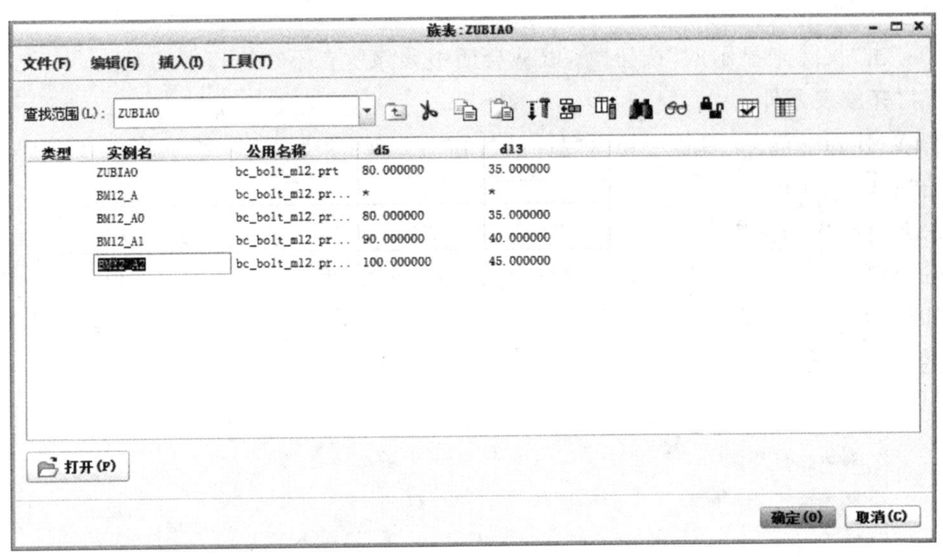

图 10-24 “族表”对话框

对话框，族树中所有的实例均显示在左侧，而实例的校验状态则显示在右侧。

(2)确保选中全部实例，单击“校验”按钮，校验结果如图 10-25(b)所示。

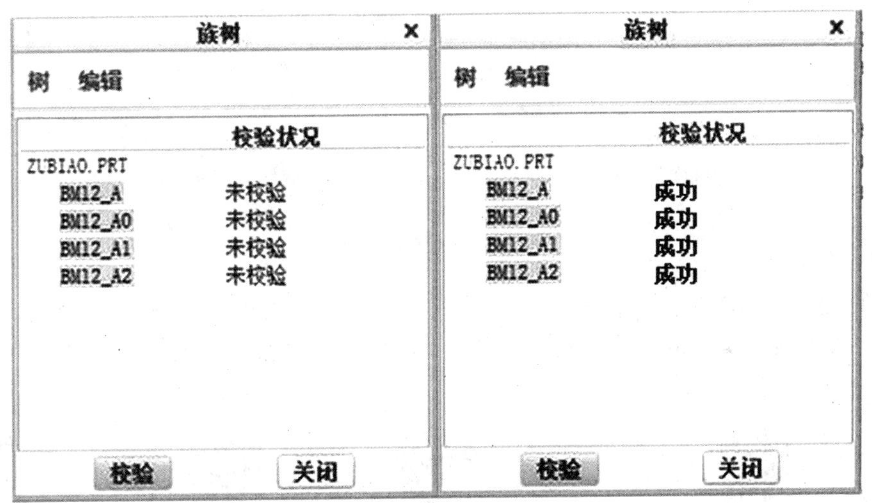

(a) 未校验时 (b) 校验成功

图 10-25 “族树”对话框

(3)单击“关闭”按钮，关闭“族树”对话框。

(4)在“族表”对话框中单击“确定”按钮。

3. 执行“另存为”、“拭除”操作

(1)选择“文件”|“另存为”|“保存副本”命令，弹出“保存副本”对话框。选择要保存到的目录，输入新名称为“zubiao_finished”，然后单击“确定”按钮，完成保存副本操作。

(2)在“快速访问”工具栏中单击“关闭”按钮，以关闭当前窗口模型并将对象留在会话中。

(3)单击“拭除未显示的”按钮，以从会话中移除所有不在窗口中的对象。

4. 打开族表零件

(1)在“快速访问”工具栏中单击“打开”按钮，弹出“文件打开”对话框，选择“zubiao_finished”文件并打开。

(2)系统弹出如图 10-26(a)所示的“选择实例”对话框。该对话框具有两个选项卡，即“按名称”选项卡和“按列”选项卡。在“按名称”选项卡中可以按名称来选择要打开的模型实例，例如选择“BM12_A_2”实例。也可以切换到“按列”选项卡，按照指定列的内容进行实例选择，如图 10-26(b)所示。

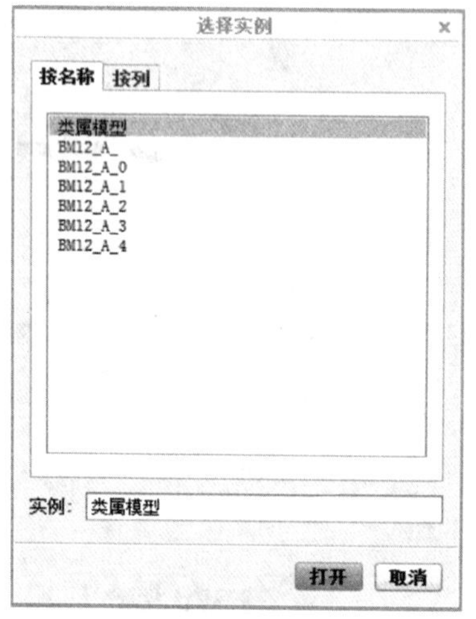

(a) 选择实例对话框

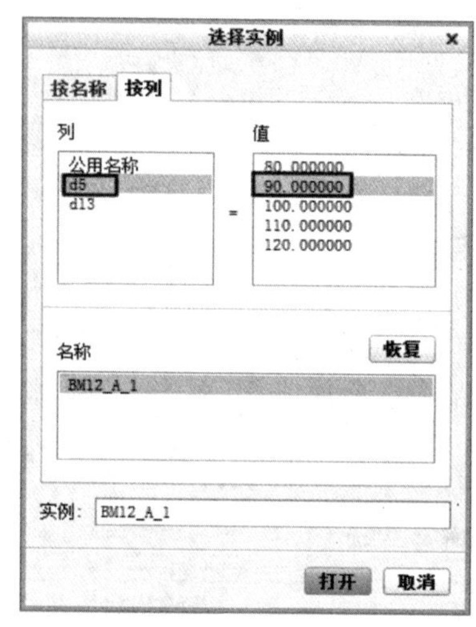

(b) 按列内容进行选择

图 10-26　实例选择对话框

(3)在“选择实例”对话框中单击“打开”按钮，打开的实例模型如图 10-27 所示。

说明：该族表中实例的外形结构是类似的，只是螺栓的螺杆长度和螺纹长度稍有不同，它们的三维效果对比如图 10-28 所示。

图 10-27　打开族表中的一个实例模型

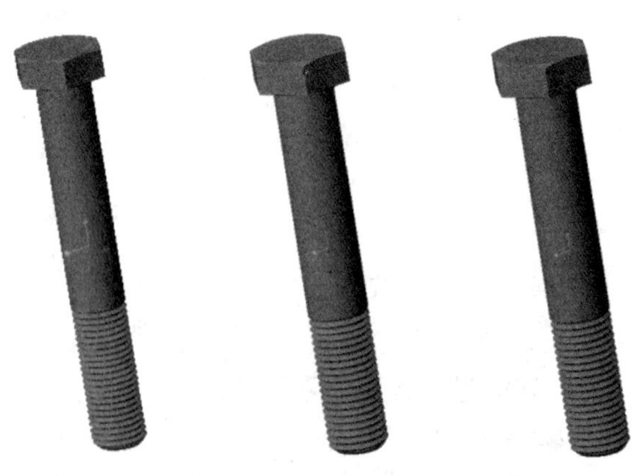

图 10-28　范例族表中的 3 个螺栓实例

10.3 项目实现

1. 打开文件

在“快速访问”工具栏中单击“打开”按钮，弹出“文件打开”对话框，选择配套“chilun. prt”文件并打开，该文件中已有的模型如图 10-29 所示。

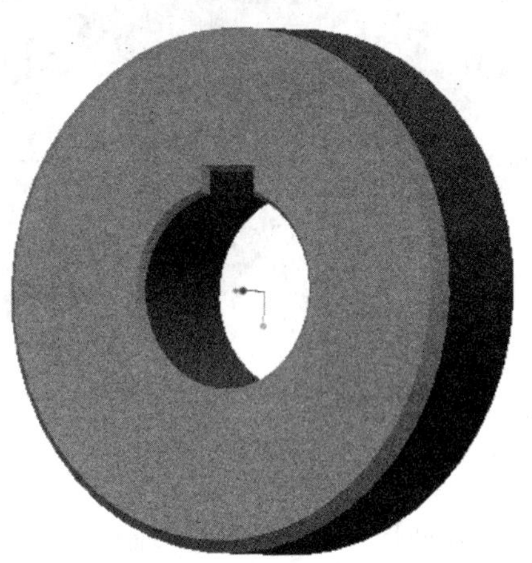

图 10-29 已有模型

2. 建立齿轮参数

(1)在功能区“模型”选项卡中单击“模型意图”|“参数”按钮，或者在功能区的“工具”选项卡的“模型意图”面板中单击“参数”按钮，打开“参数对话框”。

(2)在“参数”对话框中单击“添加新参数”按钮，添加一个新参数，重复此操作，共添加 5 个参数。

(3)分别修改新参数的名称、数值和说明，如图 10-30 所示。

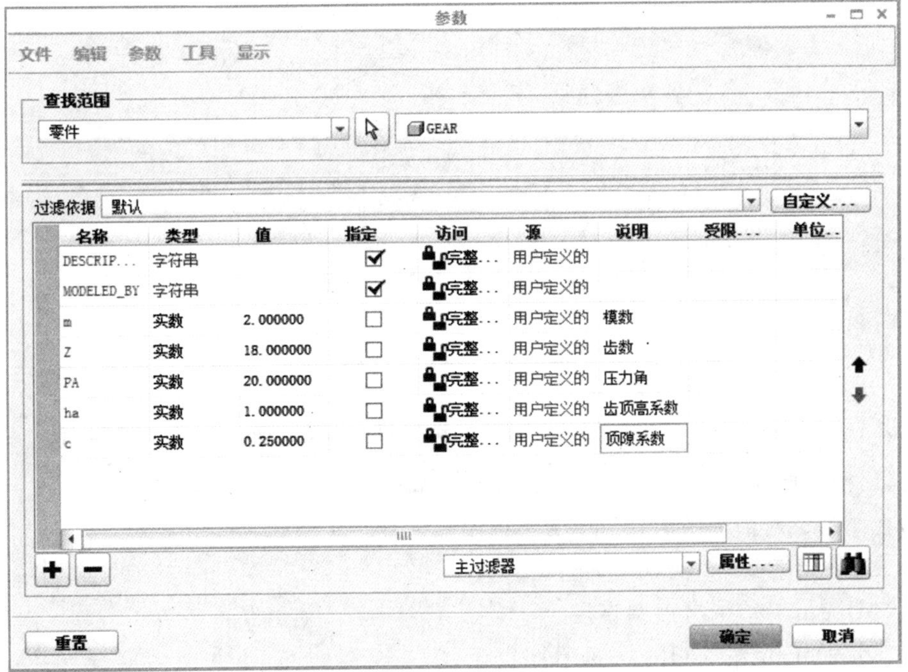

图 10-30 定义新参数

(4)在“参数”对话框中单击“确定”按钮，完成用户自定义参数的建立。

3. 草绘分度圆、基圆、齿顶圆和齿根圆

(1)在功能区“模型”选项卡的“基准”面板中单击“草绘”按钮，弹出草绘对话框。

(2)选择齿轮的侧面为草绘平面,参考默认即可,如图 10-31 所示。

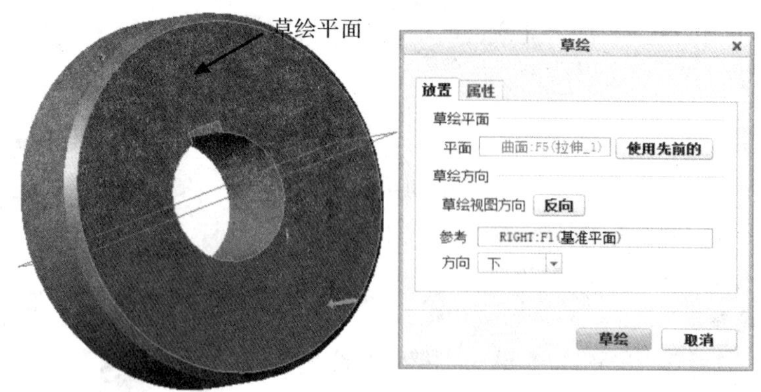

图 10-31 设置草绘平面

(3)单击草绘按钮,进入草绘环境,绘制如图 10-32 所示的 4 个同心圆。注意:不必修改圆的直径尺寸,因为接下来使用关系式来驱动这些直径尺寸。

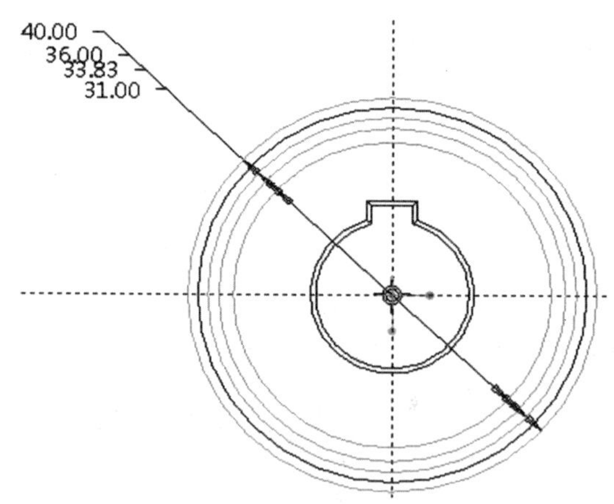

图 10-32 草绘 4 个圆

(4)在功能区中打开"工具"选项卡,从"模型意图"面板中单击"关系"按钮 **d=**,系统弹出"关系"对话框。此时,草绘截面的各尺寸以变量符号显示。

(5)在"关系"对话框中的"关系"文本框中输入如下关系式:

sd0=m＊(z+2＊ha) /＊齿顶圆直径

sd1=m＊z /＊分度圆直径

sd2=m＊z＊cos(PA) /＊基圆直径

sd3=m＊(z−2＊ha−2＊c) /＊齿根圆直径

DB=sd2

输入好关系的"关系"对话框如图 10-33 所示。

(6)在"关系"对话框中单击"确定"按钮。

(7)在功能区中切换到"草绘"选项卡,单击"确定"按钮 ✔,完成草绘并关闭"草绘"选

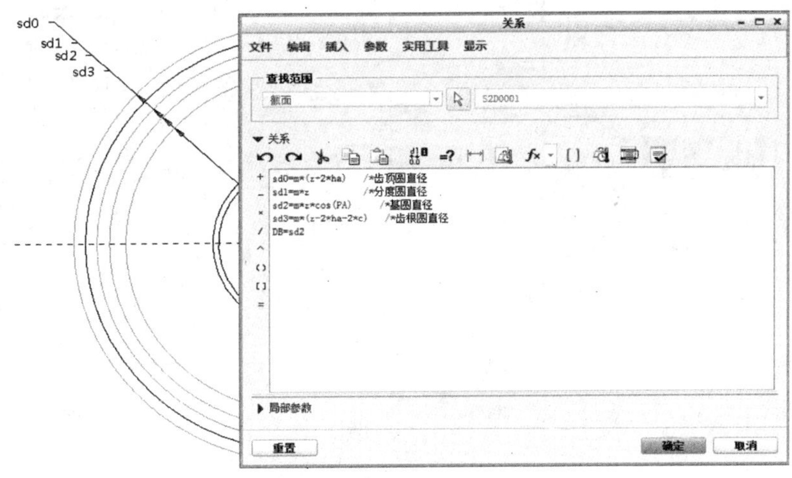

图 10-33　设置关系式

项卡。

4. 生成渐开线

(1)在功能区的“模型”选项卡中单击“基准”组溢出按钮，接着单击“曲线”命令旁的“三角展开按钮”，再从打开的命令列表中选择“来自方程的曲线”命令，打开“曲线，从方程”选项卡。

(2)从“坐标类型”下拉列表中选择“笛卡尔”选项，此时“参考”面板中的“坐标系”收集器处于活动状态，在图形窗口或模型树中选择 PRT_CSYS_DEF 基准坐标系。

(3)在“曲线，从方程”选项卡中单击“方程”按钮，系统弹出“方程”对话框。

(4)在“方程”对话框的“关系”文本框中输入下列函数方程。

```
r=DB/2 / * r 为基圆半径
theta=t * 45 / * 设置渐开线展角为 0 到 45 度
x=0
y=r * sin(theta)-r * (theta * pi/180) * cos(theta)
z=r * cos(theta)+r * (theta * pi/180) * sin(theta)
```

完成输入函数方程的“方程”对话框如图 10-34 所示。

(5)在“方程”对话框中单击“确定”按钮。

(6)在“曲线，从方程”选项卡中，设置“自”值为“0”，“至”值为“1”，然后单击“完成”按钮✔，完成创建的渐开线如图 10-35 所示。

5. 创建基准点

(1)在功能区的“模型”选项卡的“基准”面板中单击“基准点”按钮。打开“基准点”对话框。

(2)选择渐开线，按住【Ctrl】键的同时选择分度圆曲线。

(3)在“基准点”对话框中单击“确定”按钮，从而在所选两条曲线的交点处创建一个基准点 PNT0，如图 10-36 所示。

图 10-34　定义渐开线方程

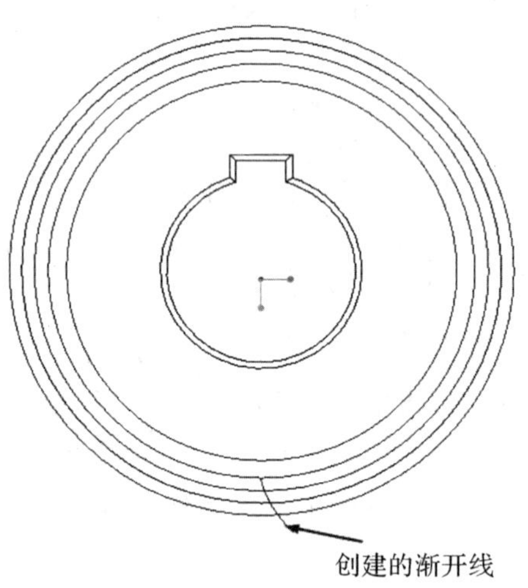

图 10-35　完成创建渐开线

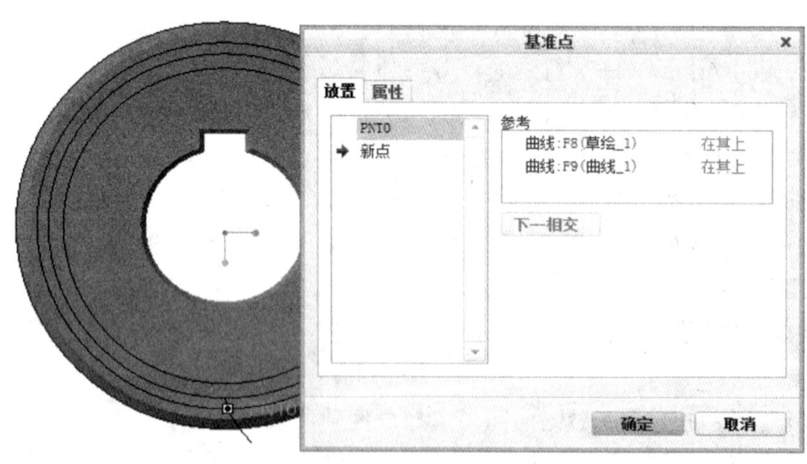

图 10-36　创建基准点 PNT0

6. 创建通过基准点与圆柱轴线的参考平面

(1)在功能区“模型”选项卡的“基准”面板中单击“基准平面”按钮▱,打开“基准平面”对话框。

(2)选择圆柱轴线,按住【Ctrl】键的同时选择基准点 PNT0,如图 10-37 所示。

(3)在“基准平面”对话框中单击“确定”按钮,完成创建基准平面 DTM1。

图 10-37 创建基准平面 DTM1

7. 创建基准平面 M_DTM

(1)单击“基准平面”按钮▱,打开“基准平面”对话框。

(2)确保选中“DTM2(基准平面)”按住【Ctrl】键的同时选择轴线 A_1,接着在“基准平面”对话框的“旋转”框中输入“360/(4 * Z)”,按【Enter】键后,系统弹出一个对话栏,如图 10-38 所示,单击“是”按钮以要添加“360/(4 * Z)”作为特征关系,系统开始计算该关系式。

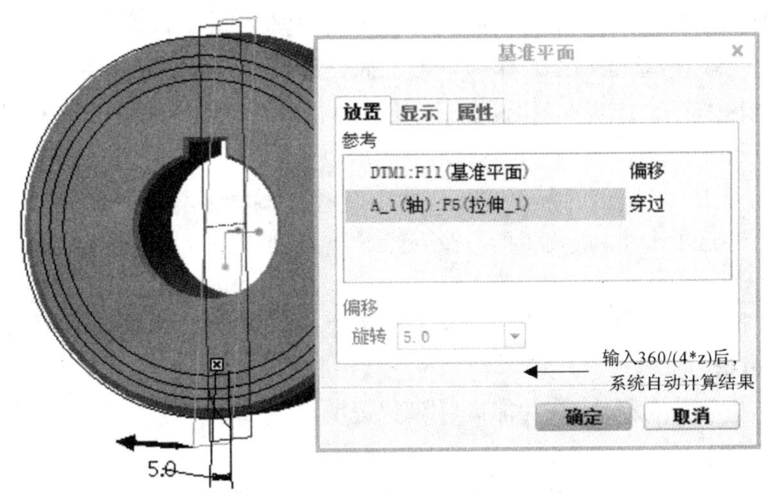

图 10-38 创建基准平面 M_DTM

(3)在“基准平面”对话框中,切换至“属性”选项卡,在“名称”文本框中将基准平面名称改为“M_DTM”。

(4)在“基准平面”对话框中单击“确定”按钮。

8. 镜像渐开线

(1)选择渐开线,在功能区“模型”选项卡的“编辑”面板中单击“镜像”按钮,打开“镜像”选项卡。

(2)选择“M_DTM(基准平面)”作为镜像平面参考。

(3)在“镜像”选项卡中单击“完成”按钮✔,镜像结果如图 10-39 所示。

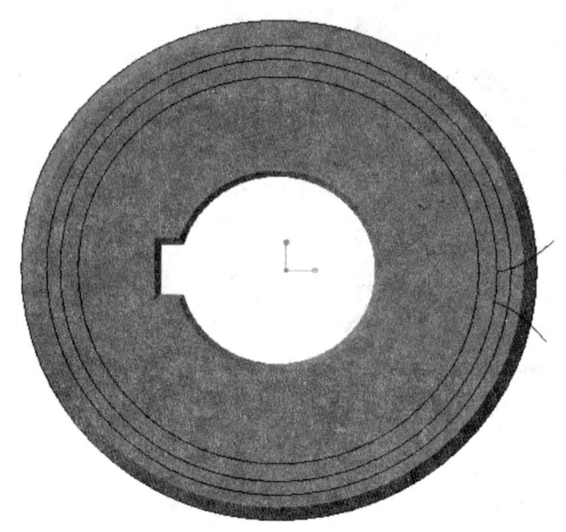

图 10-39 镜像渐开线

9. 以拉伸的方式切除出第一个齿槽

(1)在功能区“模型”选项卡的“形状”面板中单击“拉伸”按钮,打开“拉伸”选项卡。

(2)默认时,“拉伸”选项卡的“实体”按钮处于被选中状态,单击“去除材料”按钮。

(3)选择“RIGHT(基准平面)”作为草绘平面,进入内部草绘模式。

(4)在功能区“草绘”选项卡的“设置”面板中单击“草绘视图”按钮,使草绘平面与屏幕平行。

(5)绘制如图 10-40 所示的剖面,单击“确定”按钮 添加/更改(A) 退出草绘模式。

(6)在“拉伸”选项卡中,从侧 1 的“深度选项”下拉列表中选择,确保能有效切除出齿槽结构。

(7)在“拉伸”选项卡中单击“完成”按钮✔,创建的第一个齿槽如图 10-41 所示。

10. 阵列齿槽

(1)确保选中第一个齿槽,在功能区“模型”选项卡的“编辑”面板中单击“阵列”按钮,打开“阵列”选项卡。

(2)从“阵列”选项卡的“阵列类型”下拉列表中选择“轴”选项,然后在模型中选择中心轴线。

(3)在“阵列”选项卡中单击“设置阵列的角度范围”按钮,将阵列的角度范围设置为“360”,然后输入第一方向的阵列成员数为“18”。

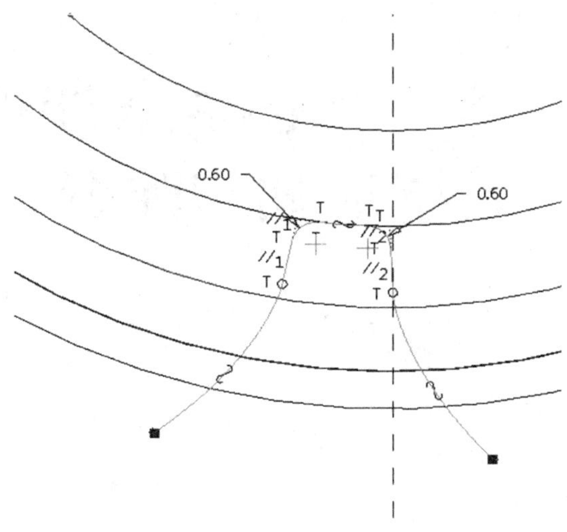

图 10-40　绘制用于拉伸切除的剖面

(4)在“阵列”选项卡中单击“完成”按钮✔,完成该阵列操作,结果如图 10-42 所示。

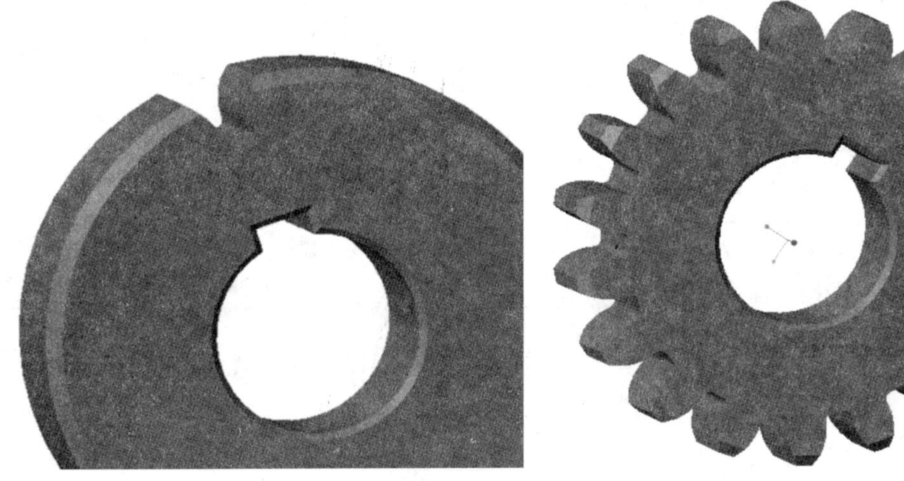

图 10-41　切除出第一个齿槽　　　　图 10-42　阵列出齿槽的结果

10.4　思考与练习

1. 关系式的格式有几种?分别是什么?
2. 创建零件族表的步骤是什么?
3. 如何在参数与参数之间建立联系?
4. 如何创建关系式?

第 11 章 Creo 3.0 软件的系统规划与配置

<table>
<tr><th>学习单元:Creo 3.0 软件的系统规划与配置</th><th>参考学时:4</th></tr>
<tr><td colspan="2">学习目标</td></tr>
<tr><td colspan="2">◆ 理解并掌握 Config. pro 文件的创建和修改方法
◆ 理解并掌握 Config. pro 文件的加载顺序
◆ 理解并掌握定制屏幕中各选项卡的用法
◆ 理解并掌握 Creo 零件模板的创建方法
◆ 了解材质库和 B. O. M 的生成方法</td></tr>
<tr><td>学习内容</td><td>学习方法</td></tr>
<tr><td>★ Creo 3.0 系统的主配置文件 Config. pro
★ 定制屏幕 Config. win 文件
★ 零件建模模板
★ 工程图模板
★ 组件模板
★ Creo 系统材质库的定义与应用
★ 系统库文件的配置和调用</td><td>◆ 理解概念,掌握应用
◆ 熟悉操作,勤于实践</td></tr>
<tr><td>考核与评价</td><td>教师评价
(提问、演示、练习)</td></tr>
</table>

11.1 系统规划与配置概述

Creo 3.0 是高端的 CAD 设计软件,系统庞大、功能强大,各种功能和设置在安装后的缺省状态并不能满足企业的使用要求,这就需要正确配置软件,才能充分发挥它的功能。例如 Creo 3.0 安装后缺省标准为 ANSI(美国国家标准),长度的单位是英寸,重量的单位是磅,三视图投影方向为第三象限,这些都与 GB(中国国家标准)有很大的不同。还有产品的制造采购清单(B. O. M)以前是靠人工统计的,工作繁琐,且容易出错。经过正确配置后的 Creo 系统可以全自动生成产品的制造采购清单,而且没有错误。企业在使用 Creo 系统之前,必须按照如下的说明进行配置,使 Creo 在正确的、标准一致的环境下运行,为高效使用软件做好准备,充分发挥 Creo 系统的效力。

11.1.1 系统规划与配置的主要内容

企业和个人都必须进行 Creo 3.0 系统的规划与配置。个人可以直接套用企业的规划配置,也可以在满足企业规划和配置的基础上,进一步发展自己的规划配置。Creo 系统规

划和配置的主要内容包括：

1. Creo 系统的首要配置

(1)Config. sup　Creo 系统受保护的系统配置文件，即强制执行的配置文件。其中设定的内容可以与 Config. pro 相同。任何其他的系统规划与配置不得与它冲突，在冲突时以 Config. sup 的设置为准，其他配置的设置无效。例如，可以设置中国 GB 的标准件库、设置公司的标准件库等，这样其他人和其他位置的国标库和公司标准件库都无效。

(2)Config. pro　设置项目级和个人级的 Creo 系统配置。Creo 一般类型的系统配置文件，通过设定其中选项的值，可以设置单位和各种库文件路径、色表文件位置和项目搜索路径等。

(3)Config. win　可以设置 Creo 系统的软件操作界面。其内容记录了软件的界面设置，比如菜单的内容和位置，自定义的快捷键的图标与使用，创建新的菜单和新的复合图标，各种功能图标的显示与否及显示的位置，满足专用化和高效使用要求。Creo 系统可以随时调用不同的 Config. win 文件，形成不同的 Creo 使用界面。

2. 模板文件

在创建新的项目时，Creo 会根据一个选定的模板文件开始创建新项目。通过模板文件生成的 Creo 数据文件将具有统一的界面、格式、符合相同的标准。如建模模板内有 Creo 单位设置、参数设置、视角设置、层的设置、关系式等，这些都将带入由模板创建的文件中。工程图模板内包含工程图的字体、尺寸标注样式、符号和图框等设置。

3. 工程图配置

工程图配置文件(. dtl 格式文件)用于设置工程图的工作环境，是对 Config. pro 文件在工程图中的补充和延伸。

工程图的格式文件(Format 文件)用于设定统一的图框、标题栏、明细栏、字体和尺寸格式等，用于在创建工程图的时候调用。

4. 库配置

库配置包括各种库的建立和调用。包括中国国标(GB)标准件库、通用件库、材料库、材质库、自定义特征库、工程图符号库、公差表库和钣金的折弯表等。安装 Creo 后，自带的某些库文件已可以基本满足我们的使用，如公差表库、材料库等；还有一些很重要但 Creo 没有提供的库文件，如国标标准件库、通用件库和企业内部库等。库的建立和配置是 Creo 系统规划与配置的主要工作之一，建立各种库的工作量很大，也很繁琐。它是企业使用和实施 Creo 系统中非常基础性的工作，因为会不断地重复调用各种库，所以配置齐备准确的库可以一劳永逸。企业在配置 Creo 库过程中，可以借用其他的技术成熟、功能齐备的库，在其基础上发展完善成为自身的 Creo 库。

5. 配置文件的安装位置

企业 Creo 系统的所有配置文件集中放在一个名为“pro_stds”的文件夹中，此文件夹的位置与 Creo 的安装路径平行。

Creo 的实施应用中，除了 Creo 软件和配置文件“pro_stds”外，还有就是 Creo 的数据文件，如零件模型、装配模型和工程图等。因此 Creo 相关的文件和数据按照位置分为 3 部分：Creo 软件、Creo 配置文件和 Creo 应用数据。

11.1.2 pro_stds 的组成与说明

Creo 系统实施应用的配置文件都集中放在名为“pro_stds”的文件夹中，“pro_stds”文件夹放在与 Creo 安装目录平行的位置。

对 pro_stds 的使用说明如下：

Mapkeys. htm 快捷键的使用说明。在键盘上输入 1～2 个字符，就可实现一连串菜单的单击的效果。使用 Mapkeys. htm 可以提高 Creo 的使用效率，减少鼠标和菜单的单击次数和时间。

PurgeProSubs 删除旧版文件的程序。它的功能比 Purge 强大，Purge 只能在当前目录下删除旧版的 Creo 文件，命令则可以在任何位置删除所有的 Creo 旧版文件，包括所有的子文件夹内的所有旧版文件。

Configs 基本配置文件库。主要包括：

1. Creo 系统的首要配置文件：Config. sup、Config. pro、Config. win。

2. 工程图配置文件：工程图的主配置文件（. dtl 格式文件）、工程图 Format 的配置文件（. dtl 格式文件）。

3. 色表文件（. map 格式文件）、B. O. M 格式文件（. fmt 格式文件）、Creo 系统的颜色配置及背景颜色文件（. scl 格式文件）和模型树的格式文件（. cfg 格式文件）等。

Start_files Creo 系统的模板库：普通零件模板、钣金件模板、装配模板、各种型号的零件图模板和装配图模板等。

Library Creo 系统的库文件：国标标准件库、通用件库、型材库和企业专用件库等。好的库可以使 Creo 实施应用事半功倍、一劳永逸。

Sections 常用截面（. sec 格式文件），如正六边形、正八边形等。对于企业常用的型材，也可以将其截面保存在此，以便于在此基础上修改调用。

Symbol_dir 工程图符号库。工程图中的各种符号是采用插入符号的方式插入工程图中的，因此，必须为 Creo 系统定义符号库后才能有效地使用工程图符号。Creo 系统自带一些基本符号，如果要使用的 Creo 系统没有的符号，就增加此新的符号进入符号库。当插入符号时，自动打开符号库，从中选择合适的符号插入工程图。

Format_dir 工程图标准格式库（Format 文件）。使工程图有统一的图框、标题栏、明细栏、字体和尺寸格式等。

Tol_tables 公差表库。通过配置 Creo 系统的工程表，在设计中直接选用公差配合，Creo 自动根据公差表确定尺寸的上下偏差数字，免去了查公差表的繁琐。

Group_dir 用户自定义特征的目录库。对于某些要经常重复用到的特征，可以定义为自定义特征，将它们集中放在一个文件夹内。配置 Creo 的自定义特征库路径指向此文件夹，就完成了自定义特征库的定义。下次建立类似的特征时，可以在此特征的基础上通过修改特征位置参考和尺寸完成。

Material_dir Creo 系统的材料库。不同的材料有不同的材料特性，如抗拉强度、抗剪强度、刚度、密度、泊松比、热膨胀系数和比热等。材料的性能会影响产品的性能。如不同密度材料制造的产品的重量会不同。为了在 Creo 中计算产品的性能，要赋予产品材料，因而必须定义好各种材料并配置好材料库。

Texture_dir Creo 系统的材质库。不同的材质有不同的特性，如表面光洁度、表面亮

度、材质的色彩、材质的透明度和反光率等，材质会影响产品的视觉效果。

Note_dir 注释和技术说明库。注释和技术说明是用在工程图中的文字型描述，对于某些通用的技术说明，可以定义成 note，将不同的 note 集中放在一个文件夹中，定义成为注释和技术说明库。这样就可以重复地调用，而不必每次人工输入，提高 Creo 的使用效率。

11.2 主配置文件(Config. pro)

Creo 最重要的配置文件是 Config. pro，它是整个 Creo 系统的灵魂，其他所有的配置文件都是围绕它展开的。正是由于 Config. pro 的设置和调用，它们才能够真正发挥自己的威力。一般在企业或公司中都把 Config. pro 定制为标准文件，作为大家共同的工作环境，在应用产品数据管理和协同设计过程中便于交流和数据共享。

11.2.1 Config. pro 说明

Config. pro 是一个文本文件，采用写字板、记事本等进行创建和修改，所包括的参数可以进行以下设置：单位的设置、库的设置、模板的设置、运行环境、运行界面的设置、工程图设置和打印设置等。Config. pro 有大量的选项，决定着系统运行的方方面面，各种选项都可以按照字母顺序排列，也可以按功能分类。Config. pro 文件只有在调用加载后才会发挥作用。Creo 系统可以有很多 Config. pro 文件，根据不同的项目和使用环境使用不同的 Config. pro 文件。项目不同，装配零部件的搜索路径就不同，必须为各个项目设置正确的搜索路径，才能保证打开装配时能找到它的零部件。项目不同，零件的精度、调用的色表、软件的配置环境、工程图的标注等可能改变，这也需要配置新的 Config. pro 文件。

Config. pro 的创建、调用修改等使用方法如下：

1. 创建 Config. pro

在 Creo 中，有上千个选项。如果用户非常熟悉这些选项，就可以自行创建 Config. pro。主要有两种创建方式：一种是通过记事本、写字板等文字编辑器来创建，只是保存时注意后缀；另一种是在“选项”对话框中编辑修改后另存为其他文件。

2. 修改 Config. pro

依次单击主菜单“文件”→“选项”，弹出“选项”对话框，如图 11-1 所示。

在对话框的最上边有“排序”下拉列表和“显示”下拉列表。其中“排序”下拉列表用于选取配置文件各选项的排序方法，其选项是由系统所提供的排序方法，共 3 种：按字母、按设置和按类别。“显示”下拉列表用于选取需要进行修改的配置文件，其选项是当前系统中所拥有的配置方案（配置文件）。

如果单击“查找”则弹出“查找选项”对话框，如图 11-2 所示，用于帮助查找需要修改的选项。

同样，单击“浏览”按钮可以帮助输入或选择选项的数值。

下面通过实例来介绍如何进行配置文件的修改，其操作过程如下：

1. 执行命令。启动 Creo，然后依次单击主菜单“文件”→“选项”，弹出“选项”对话框。

2. 配置文件。选择“配置编辑器”选项，系统将列出全部的配置选项，左侧列表框按种类列出所有选项，右侧列表框列出对应选项的值、状况和说明。

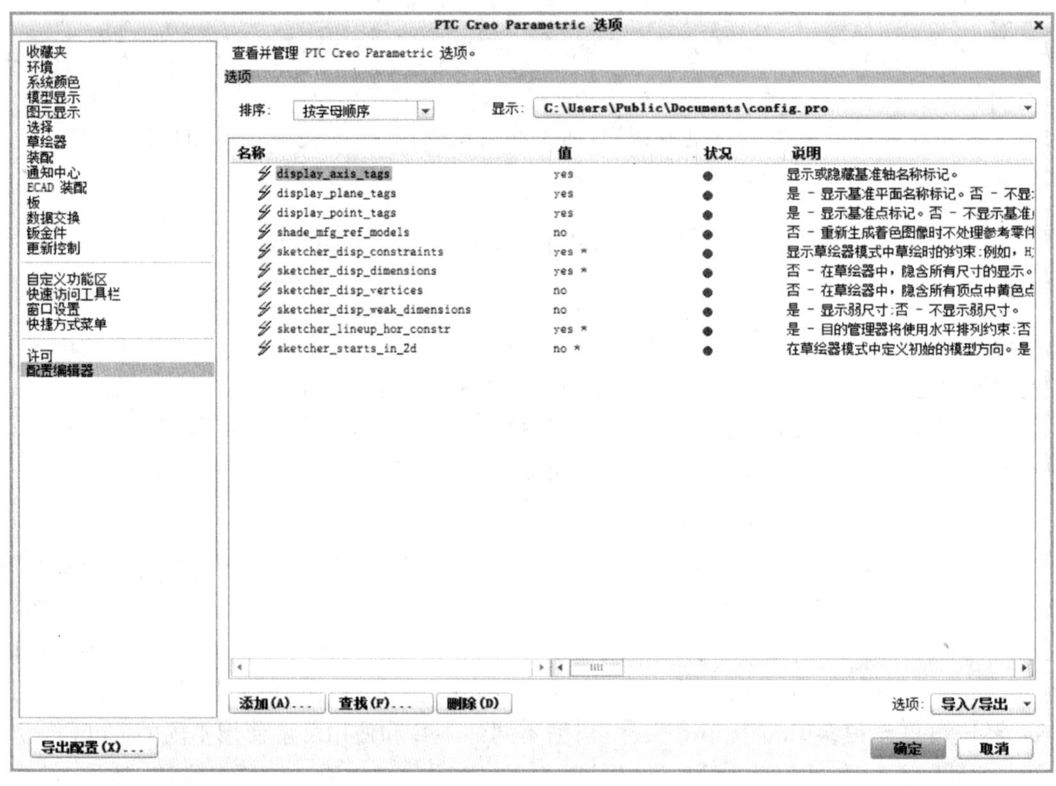

图 11-1 “选项”对话框

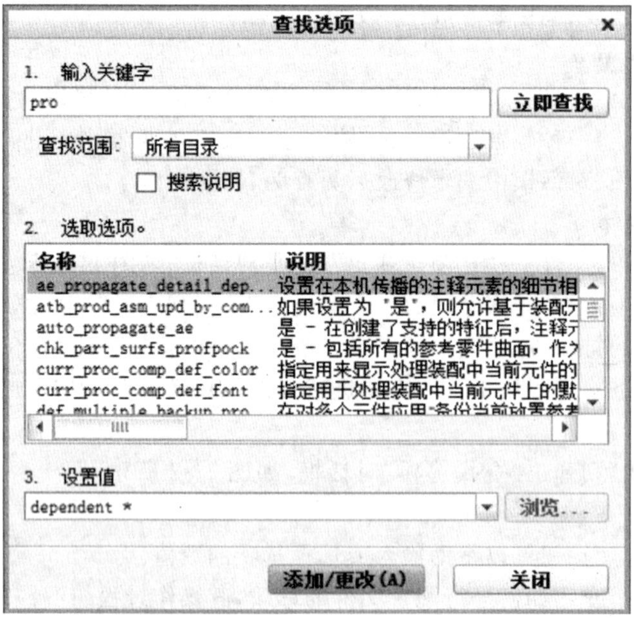

查找选项

1. 输入关键字

pro　立即查找

查找范围：所有目录

搜索说明

2. 选取选项。

名称	说明
ae_propagate_detail_dep...	设置在本机传播的注释元素的细节相
atb_prod_asm_upd_by_com...	如果设置为“是”，则允许基于装配元
auto_propagate_ae	是 - 在创建了支持的特征后，注释元
chk_part_surfs_profpock	是 - 包括所有的参考零件曲面，作为
curr_proc_comp_def_color	指定用来显示处理装配中当前元件的
curr_proc_comp_def_font	指定用于处理装配中当前元件上的默

3. 设置值

dependent *　浏览...

添加/更改(A)　关闭

图 11-2 “查找选项”对话框

3. 搜索文件。系统配置文件选项有几百个，单击“查找”按钮，打开“查找选项”对话框，在“输入关键字”文本框中输入要查找的选项名称，即可进行搜索。例如，要查找 layer 的相关选项，首先在文本框中输入“layer”，然后在“查找范围”下拉列表框中选择“所有目录”选项，单击“立即查找”按钮，系统将搜索出所有相关的选项供选择。

4. config. pro 文件中的选项通常由选项名和值组成，选项名为“create_drawing_dims_only”，选项值为 no * /yes，其中“ * ”的是系统默认值。

5. 当确定配置选项与值后，单击“添加/更改”按钮，将设置记录到配置文件中，然后单击“关闭”按钮加载到系统中，或者单击“确定”按钮完成设置。

11.2.2 Config. pro 重要配置选项说明

Creo 系统的 Config. pro 选项有上千个，每个选项都控制着特定的对象，有它特定的作用。各企业在实施和应用 Creo 系统的工程中，产品不同、加工工艺不同，使用的 Creo 模块也会有所不同，因此用到的配置选项和最终的 Config. pro 配置文件也会不同。但是 Creo 软件系统有一些最基本的、最重要的部分，是同工作环境息息相关的。下面将对文件中常用的、重要的配置选项进行说明。

1. 模板设置参数

Template_designasm 设置组件模板，如 inlbs_asm_design. asm。

Template_drawing 设置工程图模板，如 c_drawing. drw。

Template_solidpart 设置实体零件模板，如 inlbs_part_solid. prt。

2. 搜索零部件文件参数

Search_path 设置零部件的搜索路径。这个命令可以多次重复使用，把所需要的各种文件夹都添加进来，这样系统将可以找到多个目录下的文件。对于装配来说，这个设置尤其重要。用户这样设置，可以避免多次重复设置当前工作目录的麻烦。

Search_path_file 后面设置具体的搜索文件 search. pro，它是多个搜索路径的集合，一般用于固定的路径，如标准件库等。

3. 环境参数

Pro_unit_length 指定长度单位。

Pro_unit_mass 指定质量单位。

4. 公差设置参数

Tol_display 设置是否显示公差。如果选择 yes，则显示公差；如果选择 no，则不显示。

Tol_mode 设置公差显示模式。如果选择 limits，则显示上下极限公差；如果选择 nominal，则只显示名义尺寸，不显示公差；如果选择 plusminus，则显示带有正负公差值的尺寸；如果选择 plusminussym，则显示带有对称正负公差值的尺寸。

Tolerance_standard 设置公差标准，包括 ansi 和 iso 两种。

5. 用户界面参数

Allow_confirm_window 决定在退出 Creo 之前是否出现提示窗口。如果选择 Yes 则将显示确认对话框；如果选择 No，则将不显示。

Button_name_in_help 决定在按钮相关帮助菜单中显示选项名称的方式。如果选择 Yes，则将显示英文选项；如果选择 No，则将显示中文选项。

Default_font 设置文本字体，不包括菜单、菜单栏及其子项和弹出式菜单等。

Diglog_translation 决定对话框的显示方式。如果选择 Yes，则将显示简体中文对话框；如果选择 No，则将显示英文对话框。

11.2.3 Config 文件的加载顺序

当 Creo 启动时，会自动加载 Config. sup 和 Config. pro 文件。但是加载顺序有所不同，一般按照以下顺序加载：

1. 加载 Creo 安装目录下的 text 文件夹中的 Config. sup 文件。这个文件主要用于配置企业强制执行标准，属于绝对遵循的参数。

2. 加载 Creo 安装目录下的 text 文件夹中的 Config. pro 文件。这个文件主要用于配置常用库目录的路径。

3. 加载本地目录下的 Config. pro 文件。这个文件主要用于配置启动的常用目录的路径。本地目录是启动目录的上一级目录。

4. 加载启动目录下的 Config. pro 文件。这个文件主要用于配置环境变量和搜索本地目录的路径。

5. 对于在上述文件中没有配置的选项，取系统的默认值。

11.3 定制屏幕(Config. win)

Config. win 文件是 Creo 系统的软件界面文件，决定菜单的显示方式及其位置。功能图标的显示与否、显示方式、显示位置，模型树的显示，信息提示窗口的显示位置等，config. win 使得用户可以按照自己的需要配置 Creo 的界面。

屏幕定制的操作步骤如下：

1. 执行命令。选择“文件”|“选项”命令，系统将打开如图 11-3 所示的“Creo Parametric 选项”对话框。

2. 屏幕定制。在对话框中选择“自定义功能区”选项卡，进入“自定义功能区”设置界面，如图 11-4 所示。默认情况下，所有命令(包括适用于活动进程的命令)都将显示在对话框中。

“自定义功能区”设置界面主要包括两个部分。左侧部分用来控制命令在功能区中的显示。右侧部分用来控制选项卡在屏幕上的显示，如果在屏幕上显示该选项卡，就选中其前面的复选框；否则，就取消选中该选项卡前的复选框。

3. 在对话框中选择“快速访问工具栏”选项卡，进入“快速访问工具栏”设置界面，如图 11-5所示。在左侧列表中选择需要的命令，单击“添加”按钮，即可将其添加到右侧的自定义快速访问工具栏列表中，单击“确定”按钮后即可将选择的命令添加到屏幕上的快速访问工具栏中。

图 11-3 “Creo Parametric 选项”对话框

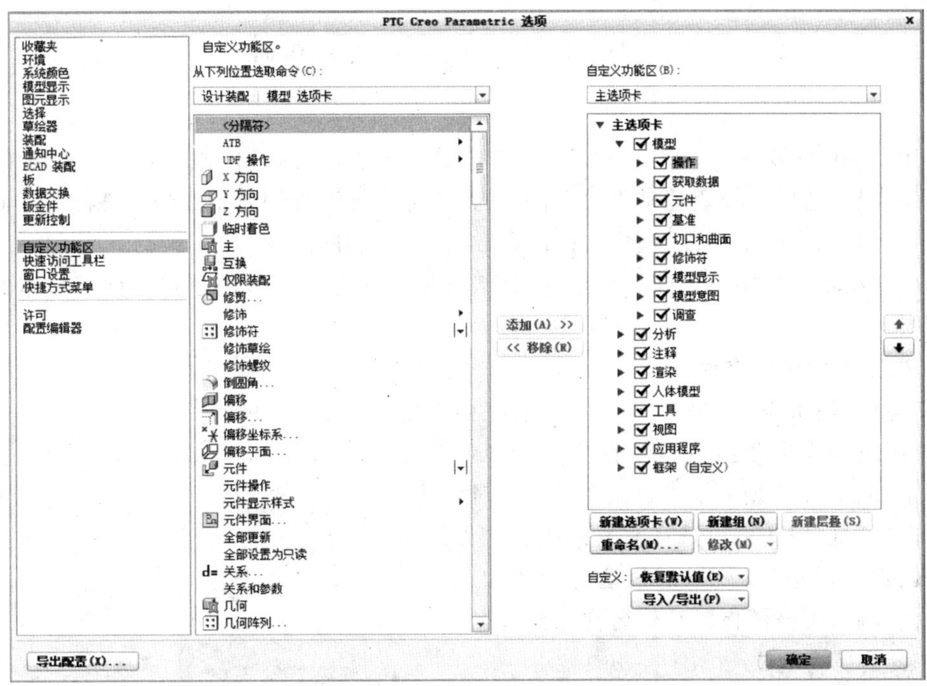

图 11-4 “自定义功能区”设置界面

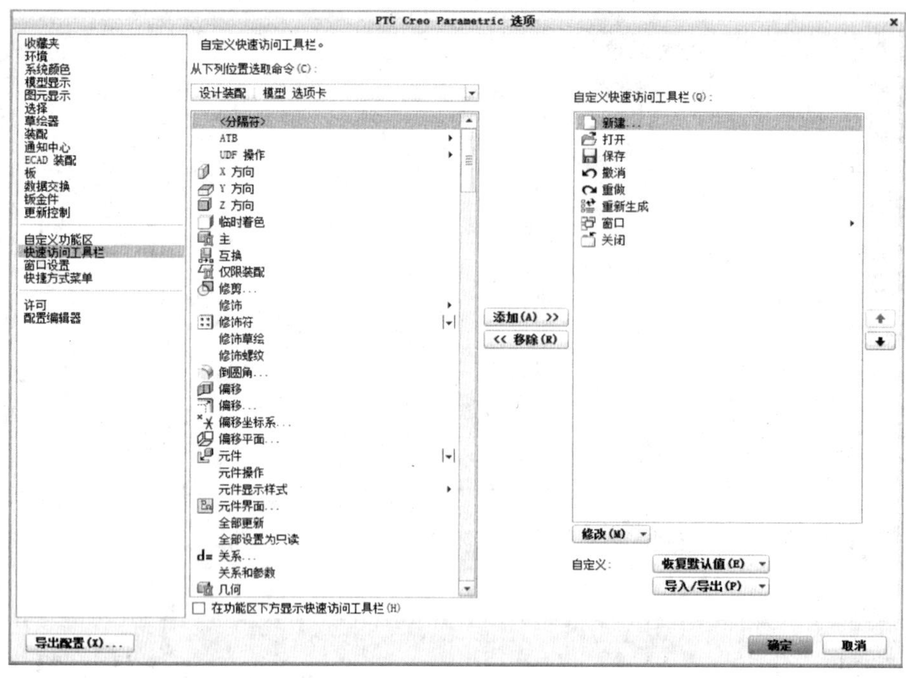

图 11-5 “快速访问工具栏”设置界面

11.4 Creo 3.0 模板创建

对于 Creo，很多情况下都是在同一个工作要求中进行工作，所以可以通过模板的方式建立通用模板，这样可以避免重复的操作，并且通过零件模板创建生成的零件都有相同的属性，如系统单位、零件的精度、模型文件的参数及参数值等。

下面介绍零件模板的创建和使用方法，组件模板和零件模板的创建一样。具体的创建步骤如下：

1. 建立零件模板文件

在“零件”模板下，如果在“新建”对话框中取消选中“使用缺省模板”复选项，则在单击“确定”按钮后将显示如图 11-6 所示的“新文件选项”对话框。通过单击“浏览”按钮可以选择需要的模板。如果用户已经创建了模板，就可以通过这个操作加载。选择某个模板后，将该模板以其他名称保存起来。

图 11-6 “新文件选项”对话框

2. 设置模板单位

(1)依次单击主菜单“文件”|“准备”|“模型属性”选项，如图 11-7 所示，弹出“模型属性”对话框，如图 11-8 所示。

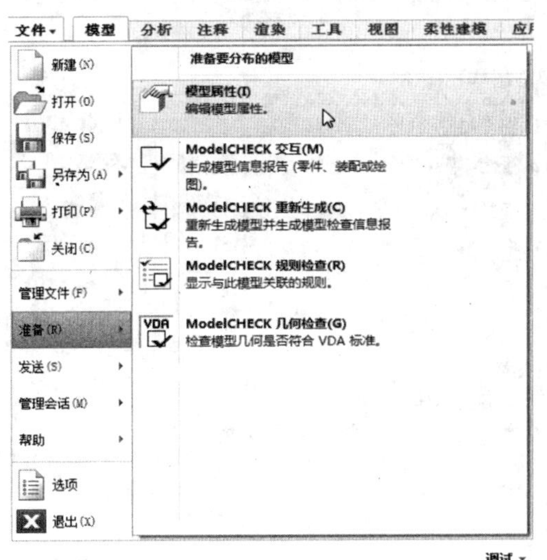

图 11-7 “模型属性”命令

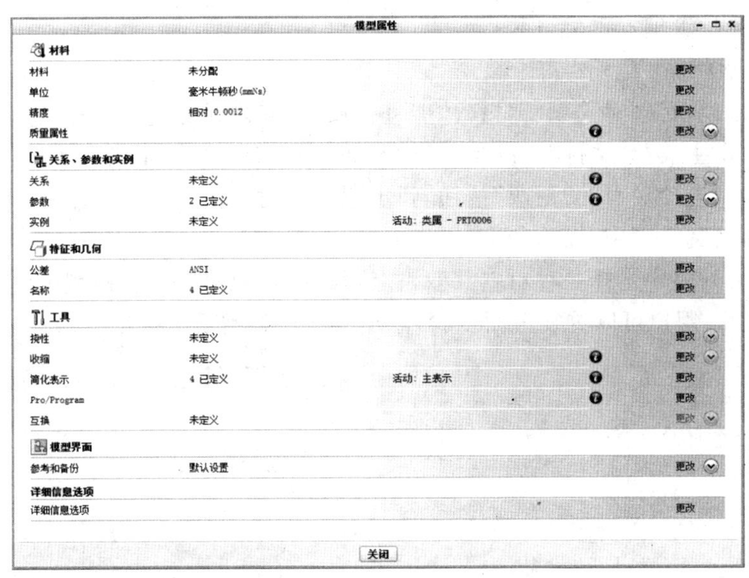

图 11-8 “模型属性”界面

(2)单击“材料”|“单位”选项后面的“更改”按钮，弹出“单位管理器”对话框，如图 11-9 所示。

(3)在“单位制”的列表中选择所需要的单位制，单击“设置”按钮令其生效。或者可以自己创建需要的单位制，单击“新建”按钮，弹出“单位制定义”对话框。从中可以选择需要的长度、质量、时间和温度参数。然后单击“确认”按钮即可。

(4)系统将设置新的单位制，弹出提示对话框，如果选中“转换尺寸”单选按钮并确定，则将进行单位转换。如果选中“解释尺寸”单选按钮，则保持尺寸值不变，只是单位发生改变。

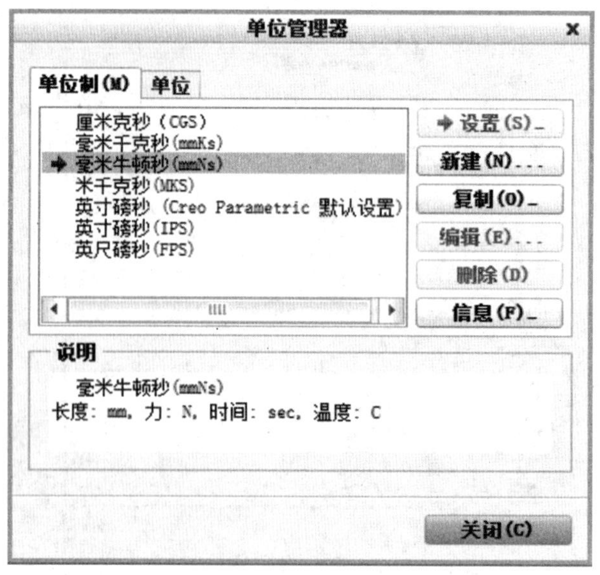

图 11-9 “单位管理器”对话框

(5)关闭“单位管理器”对话框。

3. 设置模板材料

对于零件来说,必须对其赋予材料才能进行质量、有限元分析等工作。

(1)依次单击主菜单“文件”|“准备”|“模型属性”选项,弹出“模型属性”对话框,接着单击“材料”|“材料”选项后面的“更改”按钮,弹出“材料”对话框。

(2)添加材料到模型中,操作如下:

从左侧材料列表中选择一种材料并双击,该材料将添加到右侧“模型中的材料”列表中,如图 11-10 所示。用户可以重复上面步骤,添加多个材料到模型中。

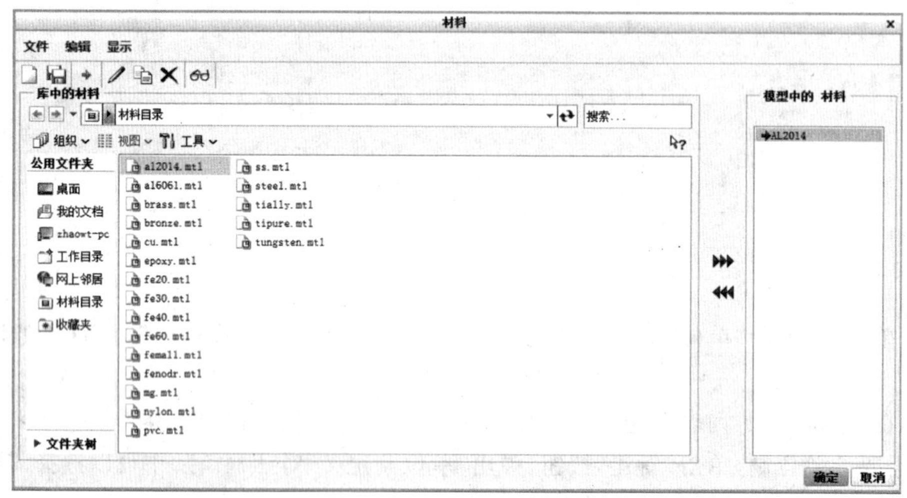

图 11-10 “材料”对话框

(3)创建新材料,步骤如下:

1)在“材料”对话框中单击“新建”按钮,弹出“材料定义”对话框,在此对话框中输入材料名称、密度。

2)在“结构”选项卡中输入泊松比、杨氏模量等。

3)在“热”选项卡中输入热导率,指定热容量。

4)在“杂项”选项卡中确定剖面线、折弯因子和硬度。

5)在“用户定义”选项卡中决定用户定义的材料参数值。

6)在“外观”选项卡中,单击“新建”按钮,可以通过“材料外观编辑器”对话框创建材料颜色等。也可以单击“选择者”按钮,通过“外观选择器”对话框来选择所需的外观状态。

(4)保存文件,并单击“材料”对话框中“确定”按钮。在 Config. pro 文件中,材料库也可以通过 pro_material_dir 设置。

4. 设置公差

(1)依次单击主菜单“文件”|“准备”|“模型属性”选项,弹出“模型属性”对话框,接着单击“特征和几何”|“公差”选项后面的“更改”按钮,弹出“菜单管理器”对话框。

(2)选择“公差设置”选项,弹出“公差设置”菜单,从中可以选用公差标准。

(3)选择“标准”选项,弹出“公差标准”菜单。有两种标准:ISO/DIN 标准和 ANSI 标准。

(4)选择“ISO/DIN 标准”,系统提示是否再生。

(5)单击“是”按钮,此时“公差标准”菜单所有选项可用。

(6)选择“公差表”选项,此时弹出“公差表操作”菜单。

(7)选择“检索”选项,打开系统默认的公差文件夹。

(8)选择需要的公差文件. ttl,单击“打开”按钮,然后确定即可。

系统将在 Config. pro 文件的 tolerance_table_dir 参数中设置公差表目录。按照这种方式,建立其他需要的参数。

5. 添加模板参数

在模板中可以添加一些必要的与零件设置有关的说明。具体操作步骤如下:

(1)依次单击主菜单“文件”|“准备”|“模型属性”选项,弹出“模型属性”对话框,接着单击“关系、参数和实例”|“参数”选项后面的“更改”按钮,弹出“参数”对话框。

(2)单击 + 按钮,输入新的参数、类型等,输入后确定即可,如图 11-11 所示。

11.5 材质库与自动生成 B. O. M

11.5.1 材质库

材质库提供模型的表面视觉属性,通过调用材质库进行渲染,实现设计产品的效果图,让设计的产品看起来跟真实的物体一样。材质库由很多种材质组成。材质的属性主要有:颜色、表面光洁度、表面光的反射率和光的透射率。可以用图片代替材质,图片的视觉效果作为渲染的效果。将最常用的颜色及其与颜色配套使用的材质配置好,保存为一个或者多个文件,通过配置文件 Config. pro 进行配置后调用。

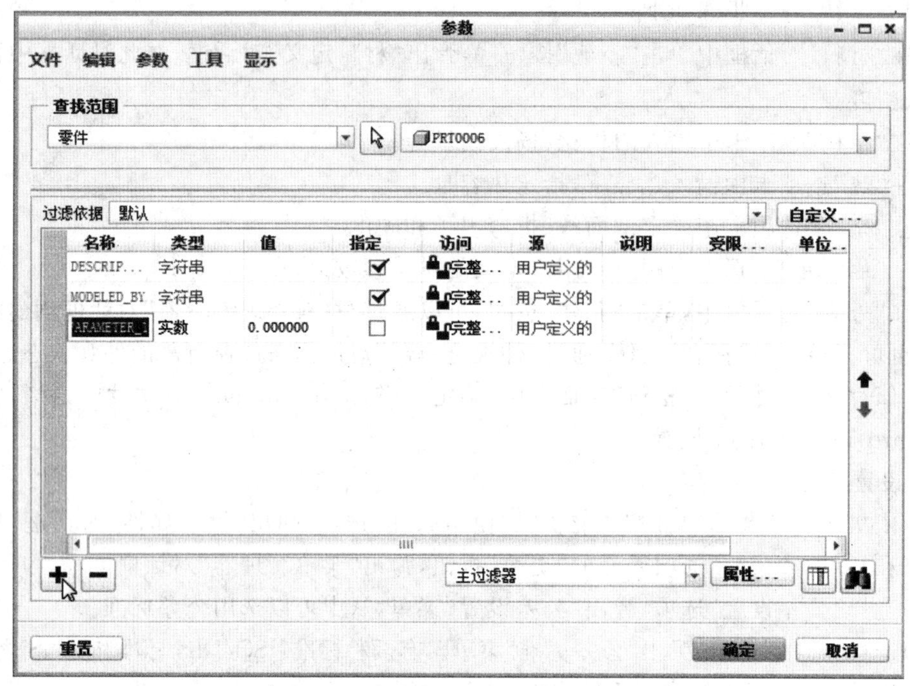

图 11-11 “参数”对话框

材质库可以分为软件自带材质库和用户自定义材质库两种。与 Creo 软件配套，有一个材质库光盘，包含各种色表、材质、渲染文件。将此材质库安装后，通过 Creo 系统配置文件 Config. pro 选项 pro_texture_dir，就完成了材质库的配置。设计中可调用此材质库，给模型赋予材质进行渲染，渲染中的色表是插入模型中，即下次打开时，即使这些色表丢失，模型的渲染效果也保持不变。

11.5.2 自动生成 B. O. M

B. O. M 是采购和制造用的材料清单。以前的设计中，B. O. M 都是通过人工统计汇总出来的，对于大型设计，B. O. M 的工作量很大，而且这个工作特别繁琐，很容易出错。Creo 通过对系统的合理配置，加上格式文件的规划设置，可以实现自动生成清单。可以直接交付采购与制造，不再需要设计人员去统计零件的个数，不再需要提标准件清单。

要实现 Creo 系统自动生成清单，有两个前提条件。第一个前提条件是零件和装配中定义了适当的参数并且为这些参数赋予了参数值。例如要自动生成，必须能够自动生成零部件的名称、重量、图号或者标准号等，在零部件中必须含有这些参数值。第二个前提条件是有正确的格式文件，能够提取零件和装配中的各种参数值，自动生成清单。

满足第一个前提条件是零件和装配的建模模板配置问题：在模板中建立哪些参数，通过模板生成零件和装配后，为文件输入哪些参数值，如零件的名称、零件的图号和零件的材料等，Creo 自动计算零件的重量并统计零件的数量。

11.6 思考与练习

1. 系统规划与配置的主要内容有哪些?
2. Creo 软件定制屏幕包括几个选项卡? 各有什么作用?
3. Creo 系统的首要配置包括几个文件? 分别有哪些特点?
4. 详细介绍 Config. pro 配置文件的创建和修改方法。
5. 说出 Config. pro 配置文件的加载顺序?
6. 详细介绍 Creo 零件模板的创建方法。
7. 材质库都有哪几类? 材质库的属性主要有几种?
8. 简要说明 B. O. M 的生成方法。

第 12 章　基于 Creo 3.0 的机构与结构分析

学习单元:机构分析	参考学时:6
学习目标	
◆ 建立动力学分析的机构模型和运动环境 ◆ 根据组件运动形态及其相对运动,设置合理连接 ◆ 熟悉对机构施加不同要素进行多工况分析 ◆ 熟练掌握机构的位置、运动学、动态、静态以及力平衡等分析 ◆ 理解有限元分析的原理 ◆ 熟悉用 Creo 进行结构分析的一般步骤 ◆ 掌握用 Creo 进行常见的结构分析	
学习内容	学习方法
★ 连接的创建及调节 ★ 设置运动环境,定义质量属性 ★ 机构分析及仿真 ★ 结构分析前处理及求解 ★ 结构分析结果后处理	◆ 理解概念,熟悉环境 ◆ 熟记方法,勤于操作
考核与评价	教师评价 (提问、演示、练习)

项目导入:

1. 机构分析

本章要进行机构分析的是如图 12-1 所示的四连杆机构,首先建立一个装配文件,在装配环境下完成机构的装配,接着进行机构设置(包括质量属性、重力和伺服电动机),然后进行运动分析(包括自由度、静态和动态分析),最后分析测量结果,如位置、速度和加速度等。

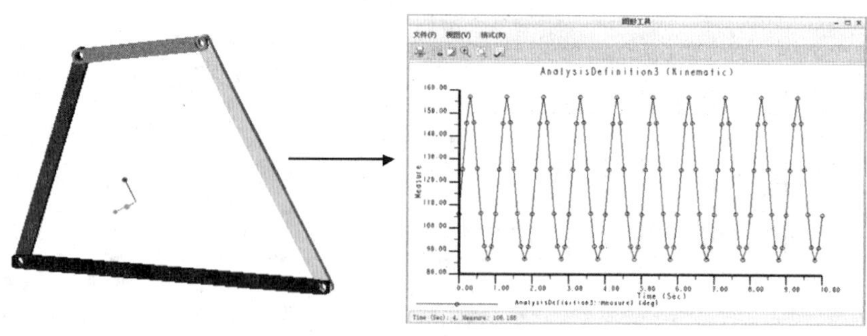

图 12-1　四连杆机构分析

2. 结构分析

本章要进行结构分析的是如图 12-2 所示的悬臂梁，材料为钢(Steel)，其左端面部位完全固定约束，上表面承受一个 100000N 的均布载荷力，分析其应力情况。

在 Creo 中进行结构分析的一般过程可以分为前处理、求解和后处理三个步骤。前处理就是零件几何模型的创建以及简化、有限元模型的创建；求解就是使用系统自带的求解器对有限元模型进行求解；后处理就是对前面求解计算的结果进行有目的的查看与分析。

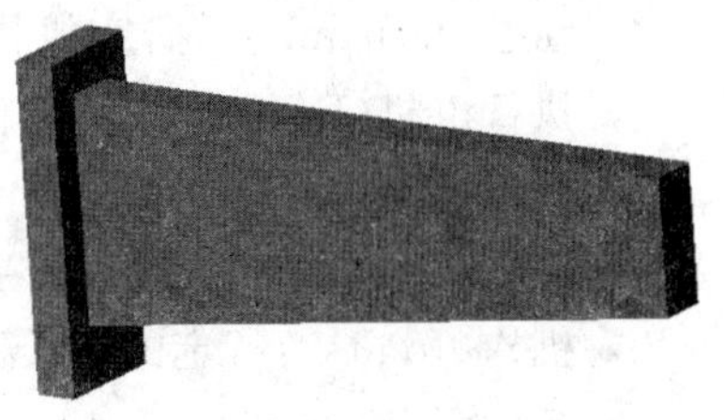

图 12-2　悬臂梁

12.1　机构分析

12.1.1　机构分析简介

1. 机构分析的功能

在 Creo Parametric 组件(装配)模式中，可以将组件创建为运动机构并分析其运动。它提供的方法涉及创建和使用机构模型，测量、观察和分析机构在不受力和受力情况下的运动，即可以分别完成运动分析和动力学分析两方面的功能。

运动分析是使用机械设计功能来创建机构，定义特定运动副，创建能够使其运动的伺服电动机，在满足伺服电动机轮廓和机构连接、凸轮从动机构、槽从动机构或齿轮副连接的要求的情况下，实现机构的运动模拟；可以观察并记录分析，或测量位置、速度或加速度等，然后用图形显示这些测量；也可以创建轨迹曲线和运动包络，用物理方法描述运动。运动分析不考虑受力，它模拟除质量和力之外运动的所有方面。因此，运动分析不使用执行电动机，也不必为机构指定质量属性。运动分析忽略模型中的所有动态图元，如弹簧、阻尼器、重力、力/扭矩以及执行电机等，所有动态图元都不影响运动分析效果。如果伺服电动机具有不连续轮廓，在运动分析前软件会尝试使其轮廓连续，如果不能使其轮廓连续，则此伺服电动机将不能用于分析。

动力学分析研究机构对施加的力作出反应产生的运动。因此，根据实际受力情况，使用机械动态功能在机构上定义重力、力/扭矩、弹簧和阻尼器等特征，并设置材料、密度等基本属性特征，可以根据电动机所施加的力及其位置、速度或加速度来定义电动机；除位置和运动分析外，还可以进行动态、静态和力平衡分析；也可以创建测量，以监测连接上的力，以及点、顶点或运动轴的速度或加速度；可确定在分析期间是否出现碰撞，并可使用脉冲测量定量由于碰撞而引起的动量变化。

2. 机构分析的常用术语

在创建机构前，用户应熟悉下列术语在 Creo 中的定义。

- 主体(Body)：一个元件或彼此无相对运动的一组元件，主体内自由度为 0。
- 连接(Connections)：定义并约束相对运动的主体之间的关系。
- 自由度(Degrees of Freedom)：允许的机械系统运动。连接的作用是约束主体之间的相对运动，减少系统可能的总自由度。

● 拖动(Dragging):在屏幕上用鼠标拾取并移动机构。

● 动态(Dynamics):研究机构在受力后的运动。

● 执行电机(Force Motor):作用于旋转轴或平移轴上(引起运动)的力。

● 齿轮副连接(Gear Pair Connection):应用到两连接轴的速度约束。

● 基础(Ground):不移动的主体。其他主体相对于基础运动。

● 机构(Joints):特定的连接类型(例如销钉机构、滑块机构和球机构)。

● 运动学(Kinematics):研究机构的运动,而不考虑移动机构所需要的力。

● 环连接(Loop Connection):添加到运动环中的最后一个连接。

● 运动(Motion):主体受电动机或负载作用时的移动方式。

● 放置约束(Placement Constraint):组件中放置元件并限制该元件在组件中运动的图元。

● 回放(Playback):记录并重放分析运行的结果。

● 伺服电动机(Servo Motor):定义一个主体相对于另一个主体运动的方式,可在机构或几何图元上放置电动机,并可指定主体间的位置、速度或加速度运动。

● LCS(Local Coordinate System):LCS 是与主体相关的局部坐标系,是与主体中定义的第一个零件相关的默认坐标系。

● UCS(User Coordinate System):用户坐标系。

● WCS(World Coordinate System):世界坐标系,即组件的全局坐标系,包括用于组件及该组件内所有主体的全局坐标系。

● 在此附加说明一下自由度与冗余约束。

自由度(DOF)是描述或确定一个系统(主体)的运动或状态(如位置)所必需的独立的参变量(或坐标数)。一个不受任何约束的自由体,在空间运动时,具有 6 个独立运动参数(自由度),即沿 X、Y、Z 3 个轴的独立移动和绕 X、Y、Z 3 个轴的独立转动,在平面运动时,只具有 3 个独立运动参数(自由度),即沿 X、Y、Z 3 个轴的独立移动。

主体收到约束后,某些独立运动参数不再存在,这些自由度也就相应地被消除。当 6 个自由度都被消除后,主体就被完全定位并且不可能再发生任何运动。如使用销钉后,主体沿 X、Y、Z 3 个轴的独立移动被限制,这 3 个平移自由度被消除,主体只能绕指定轴(如 X 轴)转动,不能饶其他两个轴(如 Y、Z 轴)转动,绕这两个轴旋转的自由度就被消除,结果只留下一个旋转自由度。

冗余约束指过多的约束。在空间里,要完全约束住一个主体,需要将 3 个独立移动和 3 个独立转动分别约束住,如果把一个主体的 6 个自由度都约束住了,再另加一个约束去限制它沿 X 轴的平移,这个约束就是冗余约束。

合理的冗余约束可用来分摊主体各部分受到的力,使主体受力均匀或减少摩擦、补偿误差,延长设备的使用寿命。冗余约束对主体的力状态产生影响,对主体的运动没有影响。因运动分析只分析主体的运动状况,不分析主体的受力状态,在运动分析时,可不考虑冗余约束的作用,而在涉及力状态的分析中,必须要适当地处理好冗余约束,以得到正确的分析结果。系统在每次运行分析时,都会对自由度进行计算,并可创建一个测量来计算机构有多少自由度、多少冗余。

3. 机构分析的流程

机构分析流程如下：

(1)建立运动模型

- 定义机构主体；
- 指定质量属性；
- 建立零件间连接；
- 设置连接轴属性；
- 添加运动副；
- 生成特殊连接。

(2)检查模型

在装配模型中，拖动可以移动的零部件，观察装配连接情况，检验所定义的连接是否能产生预期的运动。

(3)添加模型图素，设置运动环境

- 添加伺服电动机；
- 需要时，添加重力、执行电动机、弹簧、阻尼器和力/扭矩等影响运动要素；
- 设置初始条件，建立测量方式。

(4)分析模型

- 位置分析；
- 运动学分析；
- 静态分析；
- 动态分析；
- 力平衡分析；
- 重复的组件分析。

(5)获取结果

- 回放结果；
- 干涉检查；
- 定义要分析的相关度量；
- 创建追踪曲线和运动包络；
- 创建要转移到结构/热力学分析的载荷集。

4. 机构分析的主操作截面

在 Creo Parametric 3.0 主界面中，选择“文件”|“打开”菜单命令，打开模型装配文件后，在功能区的“应用程序”选项卡的“运动”组中会出现“机构”按钮。

单击“机构”按钮，会弹出如图 12-3 所示的机构分析的主操作界面，显示机构分析的主要工具。

12.1.2 建立运动模型

1. 定义质量属性

机构的质量属性由其密度、体积、质量、重心和惯性矩组成。质量属性将确定应用力时机构如何阻碍其速度或位置的变化。对于不需要考虑力的情况，可以不定义质量属性；而运

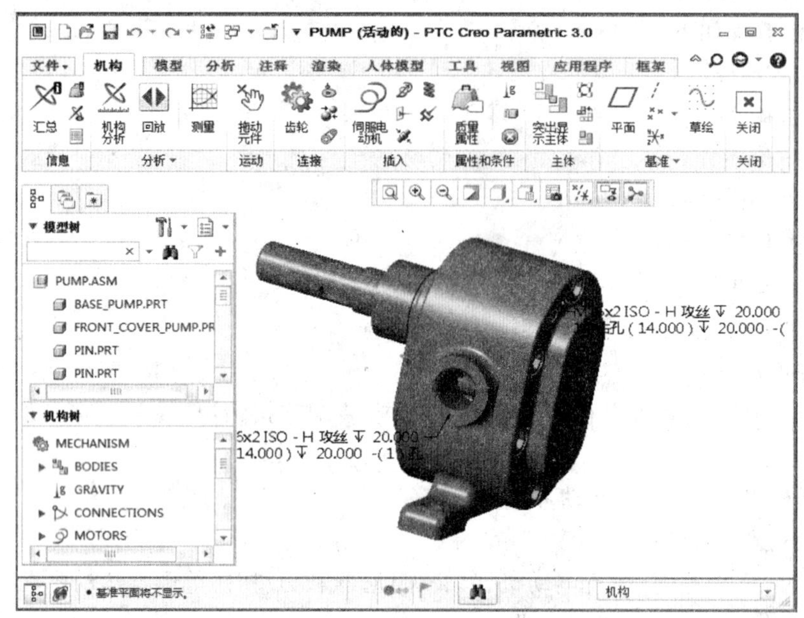

图 12-3　机构分析操作界面

行动态和静态分析时，必须为机构指定质量属性。

在机构分析主操作界面的“属性和条件”组中单击“质量属性”按钮，弹出“质量属性”对话框，通过该对话框可选取零件、组件或主体，以指定或查看其质量属性，如图 12-4 所示。

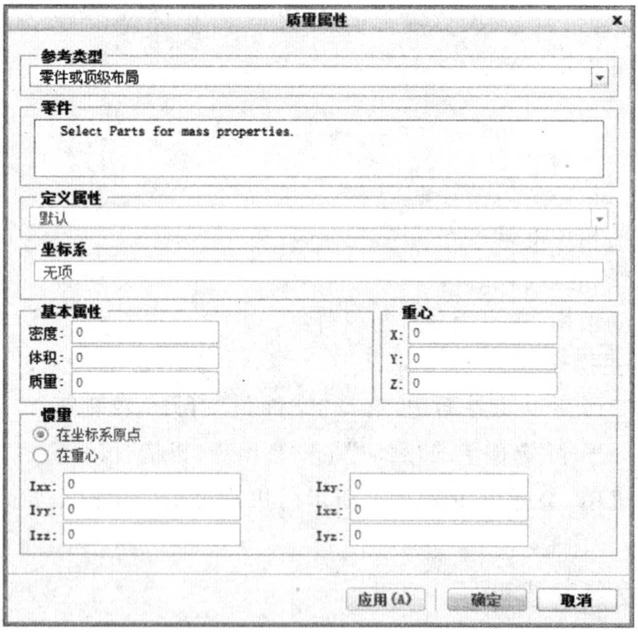

质量属性
参考类型
零件或顶级布局
零件
Select Parts for mass properties.
定义属性
默认
坐标系
无项
基本属性
密度：0
体积：0
质量：0
重心
X：0
Y：0
Z：0
惯量
在坐标系原点
在重心
Ixx：0　Ixy：0
Iyy：0　Ixz：0
Izz：0　Iyz：0
应用(A)　确定　取消

图 12-4　“质量属性”对话框

(1)参考类型

“参考类型”下拉列表用于选择定义质量属性的类型对象。

● 零件或顶级布局:在组件中选取任意零件(包括子组件的元件零件),以指定或查看其质量属性。

● 组件:在图形窗口或模型树中选取元件子组件或顶级组件。

● 主体:查看选定主体的质量属性,但不能对其进行编辑。

(2)定义属性

“定义属性”下拉列表用于选择定义质量属性的方法,所选的参考类型不同,其选项也有所不同。

● 默认:对于所有参考类型,此选项会使所有输入字段保持非活动状态,对话框会根据定义的密度或质量属性文件来显示质量属性值。如果没有为模型指定密度和质量属性,将显示默认值。

● 密度:如果已经选取一个零件或组件作为参考类型,则可以通过密度来定义质量属性。

● 质量属性:如果已经选取一个零件或组件作为参考类型,则可以定义质量、重心和惯性矩。

● 除此之外,“质量属性”对话框中还有一些其他选项。

● 坐标系:用于选取零件或主体的坐标系。如果选取组件作为参考类型,则此选项不可用。

● 密度:当用密度定义质量时,输入所选零件或组件的密度值。

● 体积块:不能编辑所选机构的体积。

● 质量:当用质量属性定义所选零件的质量时,输入该零件的质量值。

● 重心:定义相对于指定坐标系的重心位置。重心是为了便于某些计算而在机构中假想的一个点,可认为机构的全部质量都集中在此点上。

● 惯量:使用此区域计算惯性矩。惯性矩是对机构的转动惯量的定量测量,可选取坐标系原点或重心作为所选机构围绕其旋转的轴。

单击机构分析主操作界面的“信息”组中的“质量属性”按钮,可以查看顶级机构模型的质量属性信息。

2. 建立连接

连接能够限制主体的自由度,仅保留所需的自由度,以产生机构所需的运动类型。

连接在装配环境中建立,在装配环境中单击功能区的“模型”选项卡的“组装”按钮,弹出“打开”对话框,如图12-5所示。在选择零件之后,会打开“元件放置”操控面板,如图12-6所示。

连接在装配环境中建立,但与传统的装配元件方法中的约束不同。传统方法给元件加入各种固定约束,将元件的自由度减少到0,因元件的位置被完全固定,这样装配的元件不能用于运动分析(基体除外)。而连接是一种组合约束,如“销”、“圆柱”、“刚体”、“球”和“6DOF”等,使用一个或多个组合约束装配的元件,因自由度没有完全消除(刚体、焊接、常规除外),元件可以自由转动或移动,这样装配的元件可以用于运动分析。机构连接的目的是获得特定的运动,元件通常还有一个或多个自由度。

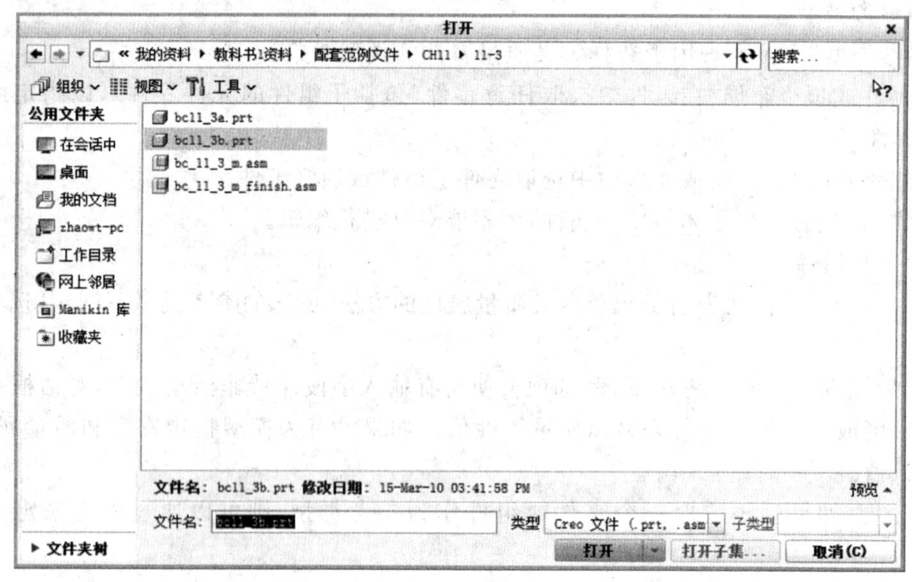

图 12-5　打开装配体所需的零件

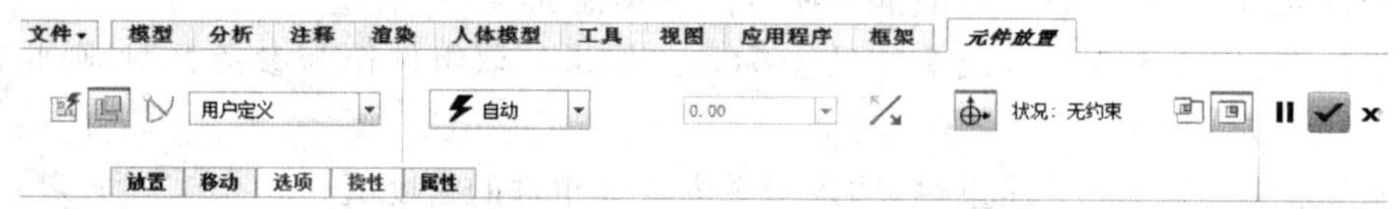

图 12-6　“元件放置”操控面板

在“元件放置”选项卡中，提供了多种预定义连接方式，连接的建立需要配合“约束”去限制主体的某些自由度，如图 12-7 所示。

具体含义可以查阅第 8 章 8.3 预定义约束集。

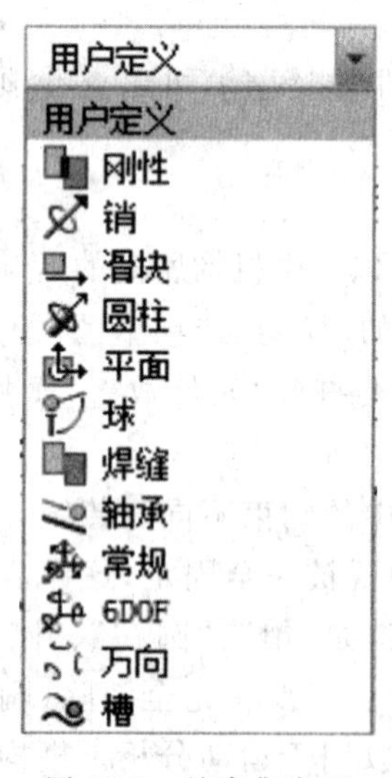

图 12-7　约束集类型

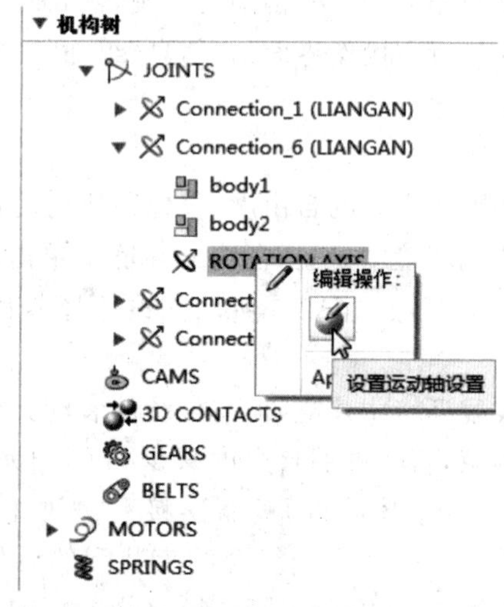

图 12-8　选择“编辑定义”命令

3. 运动轴设置

在对运动组件完成连接后，可以通过"运动轴"对话框对连接进行参数设置，控制机构中的运动轴。

在 Creo Parametric 3.0 的机构模式中，用户可在机构树的分支下看到所建立的连接。单击连接按钮，找到需要进行设置的连接轴，然后右击，在弹出的快捷菜单中选择"编辑定义"命令，如图 12-8 所示。

此时会弹出如图 12-9 所示的"运动轴"对话框。

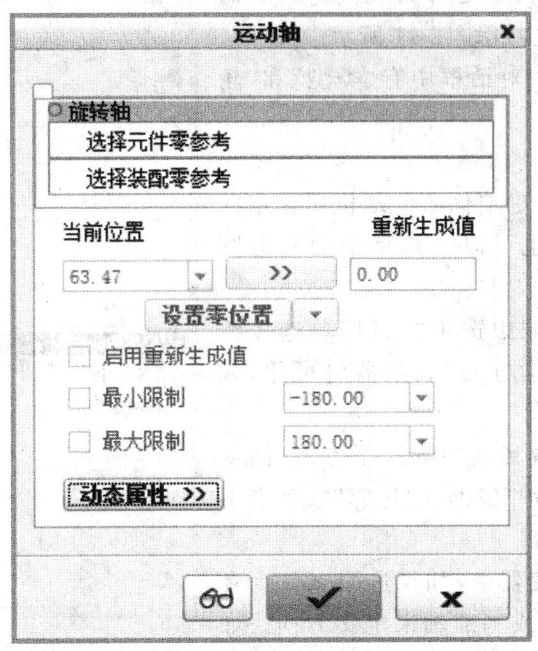

图 12-9 "运动轴"对话框

使用"运动轴"对话框中的选项可设置以下内容：

- 由运动轴连接所连接的几何参考；
- 定义运动轴零件位置的几何参考；
- 运动轴再生的位置；
- 运动轴所允许的运动限制；
- 阻碍轴运动的摩擦力。

但是该对话框并不能为球接头定义运动轴设置。此外，不能编辑属于多旋转 DOF 连接(例如 6DOF 连接或一般连接)的旋转运动轴。

4. 拖动与快照

定义完连接后，可以使用拖动功能在允许的运动范围内移动元组件来查看定义是否正确，连接轴是否按照设想方式运动；可以使用快照功能保存当前运动机构的位置状态。使用拖动和快照，能够验证运动关系是否正确，利于添加运动关系，并作为分析的起始点。

单击功能区的"机构"选项卡的"运动"面板中的"拖动元件"按钮，会弹出"拖动"对话框，如图 12-10 所示，根据需要进行设置即可。

5. 伺服电动机

伺服电动机可以为机构以特定方式提供驱动。通过伺服电动机可以实现旋转及平移运动，并且可以将位置、速度或加速度指定为时间的函数，如常数或线性函数，从而定义运动的轮廓。

在 Creo Parametric 3.0 的机构模式中，可在机构树的分支下右击“伺服电动机”按钮，从而新建或编辑伺服电动机，如图 12-11 所示。

“伺服电动机定义”对话框中有“类型”和“轮廓”两个选项卡。

(1)“类型”选项卡

选取从动图元能够确定伺服电动机所作用的主体，可以是运动轴，也可以是模型中的几何图元，如图 12-12 所示。

在“从动图元”区域中选中“几何”单选按钮后，“参考图元”和“运动方向”收集器将可用，如图 12-13 所示。

若在“参考图元”收集器中导入了参考，则从动图元将相对于该参考并根据在“轮廓”选项卡上所指定的信息进行运动。

在“运动方向”收集器中，如果选取点作为参考图元，则必须选取边或基准轴来定义方向。如果伺服电动机有旋转运动，则选取的图元应为旋

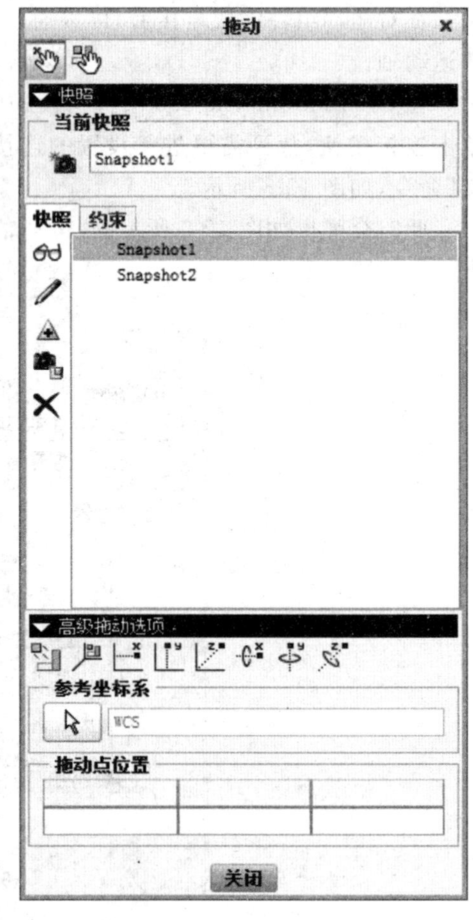

图 12-10 “拖动”对话框

图 12-11 “伺服电动机定义”对话框

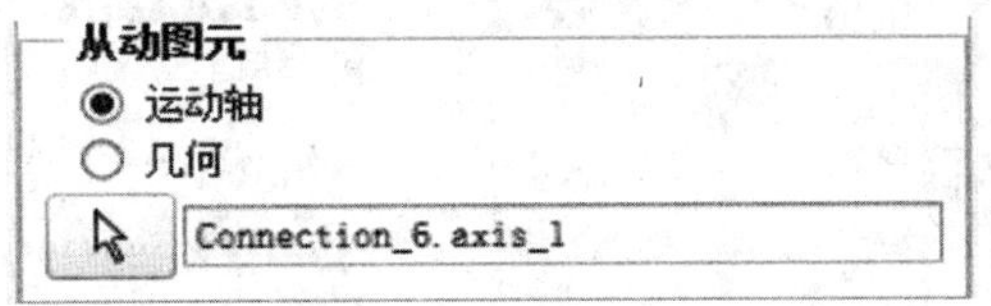

图 12-12 “从动图元”区域

转轴。

利用“反向”按钮，可更改伺服电动机的运动方向。正旋转方向使用右手定则确定，当大拇指和运动轴平行并指向运动轴箭头方向时，四指弯曲的方向即为正旋转方向。

在“运动类型”区域中，可以为图元的运动建立方向基础，包括平移和旋转两种方式。其中，平移指直线移动模型，不进行旋转；旋转指绕着某个轴移动模型。

(2)“轮廓”选项卡

利用伺服电动机的“轮廓”选项卡能够指定伺服电动机的位置、速度和加速度随时间变化的规律，如图 12-14 所示。

图 12-13 选中“几何”时的“类型”选项卡

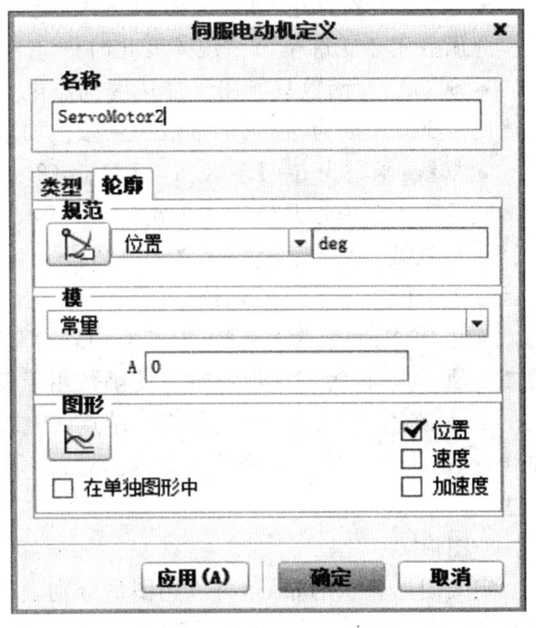

图 12-14 “轮廓”选项卡

1)规范

定义从伺服电动机获得的运动模型，在“规范”下拉列表中有位置、速度和加速度 3 个选项，如图 12-15 所示。

在该下拉列表中选取“加速度”，可以指定伺服电动机关于其加速度的运动，还可以为加速度伺服电动机输入“初始角”和“初始角速度”值。其中，“初始角”用于定义伺服电动机的起始位置。“初始角速度”用于定义分析开始时伺服电动机的速度，如图 12-16 所示。

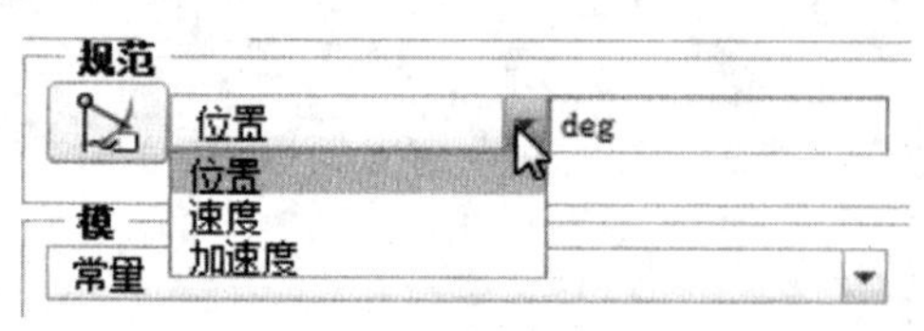

图 12-15 “规范”下拉列表

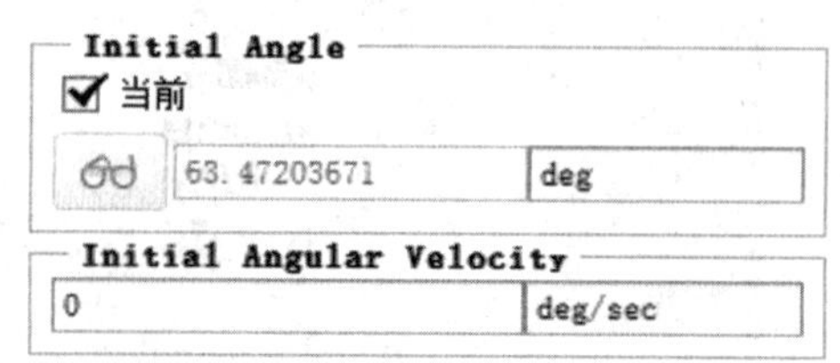

图 12-16 初始角速度

2)模

用于定义电动机的运动轮廓。定义模时，需要选定模函数并输入函数的系数值。对于伺服电动机，函数中的 X 为时间；对于执行电动机，函数中的 X 为时间或选取的测量参数。在其下拉列表中有 9 种模函数，即常量、斜坡、余弦、SCCA、摆线、抛物线、多项式、表和用户定义。

- 常量：函数为 q=A。其中，A 为常数。此函数用于需要恒定轮廓时。
- 斜坡：即线性，函数为 q=A+B×X。其中，A 为一常数，B 为斜率。此函数用于轮廓随时间做线性变化时。
- 余弦：函数为 q=A×cos(360×X/T+B)+C。其中，A 为幅值，B 为相位，C 为偏移量。此函数用于轮廓呈余弦规律变化时。
- SCCA：此函数只能用于加速度伺服电动机，不能用于执行电动机，用来模拟凸轮轮廓输出。SCCA 成为“正弦—常数—余弦—加速度”运动。
- 摆线：函数为 q=L×X/T−L×sin(2×pi×X/T)/2×pi。其中，L 为总高度，T 为周期。此函数用于模拟凸轮轮廓输出。
- 抛物线：函数为 $q=A\times X+(1/2)\times B\times X^2$。其中，A 为线性系数，B 为二次项系数。此函数用于模拟电动机的轨迹。
- 多项式：函数为 $q=A+B\times X+C\times X^2+D\times X^2$。其中，A 为常数，B 为线性系数，C 为二次项系数，D 为三次项系数。此函数用于模拟一般的电动机轨迹。
- 表：制定 N 个点，以这些点为结点，按线性或样条插值的方式构建一条通过所有点的曲线，这条曲线就是电动机的轮廓。注意：样条拟合构建的曲线比线性拟合构建的曲线平滑一些。

3)图形

定义图形显示的布局，可以用图形分别表示伺服电动机的位置分布、速度分布和加速度分布。

若选中“在单独图形中”复选框，表示在单独的图形中显示分布。单击“绘制选定电动机”按钮，会打开“图形工具”窗口，显示已定义的图形。

6. 运动副

在 Creo Parametric 3.0 的机构模式中，提供了齿轮、凸轮、带和 3D 接触等多种运动副形式。在功能区的“机构”选项卡的“连接”面板中单击相应的按钮即可进行相应的设置。

- “凸轮”按钮：用凸轮的轮廓去控制从动件的运动规律。
- “齿轮”按钮：用来控制两个旋转轴之间的速度关系。
- “带”按钮：通过两带轮曲面与带平面重合连接。

● “3D 接触”按钮：元件不做任何约束，只对三维模型进行空间点重合，从而使元件与组件发生关联。元件可以任意旋转和平移，具有 3 个旋转自由度和 3 个平移自由度，总自由度为 6。

12.1.3 设置运动环境

如果要进行机构动力学分析，例如动态、静态和力平衡分析，则要增加重力、弹簧、阻尼器和力或扭矩等建模图元。

1. 重力

单击功能区的“机构”选项卡的“属性和条件”组中的“重力”按钮，弹出“重力”对话框，如图 12-17 所示。为模型定义重力加速度数值及方向来模拟重力对组件运动的影响，组件中的主体（除基础主体外）将沿指定的重力加速度的方向移动。

在一般情况下，重力并未被启用，在分析过程中要使组件模拟真实的重力环境，单击“分析”组中的“机构分析”按钮，弹出“分析定义”对话框，如图 12-18 所示。在“外部载荷”选项卡中选中“启用重力”复选框。

图 12-17 “重力”对话框

2. 执行电动机

使用执行电动机可以为运动机构施加特定的载荷。执行电动机通过以单个自由度施加力（沿着平移或旋转运动轴或槽轴）来产生运动。如果执行电动机沿着曲线而行，则称为槽电动机。

执行电动机通过对平移或旋转连接轴施加力而引起运动，用户可根据需要在机构的运动轴上放置任意数目的执行电动机，以准备进行动态分析，可以在每个动态分析的定义中打开或关闭一个、多个或所有执行电动机。

单击功能区的“机构”选项卡的“插入”面板中的“执行电动机”按钮，可弹出“执行电动机定义”对话框，创建或编辑执行电动机，如图 12-19 所示。

“执行电动机定义”对话框中包含以下选项：

● 运动轴：执行电动机需要选取连接轴以施加作用。

● 模：指定执行电动机的模，可以是一个常量，也可以由所选的函数来定义，如图 12-20 所示。

● Variable：在定义模的函数中，指定用 X 表示的独立变量。当模为常量时，该区域不可用。当以分析的时间函数定义模时，函数表达式中的所有 X 变量都替换为时间。当以之前创建的任何位置或速度测量函数定义模时，在函数表达式中将所有 X 变量都替换为测量值。

● “绘制选定电动机”按钮：单击该按钮会打开“图形工具”窗口，如图 12-21 所示。使用此窗口能够以图形方式查看执行电机的模，它是时间或测量的函数。

图 12-18 “分析定义”对话框

图 12-19 “执行电动机定义”对话框

3. 弹簧

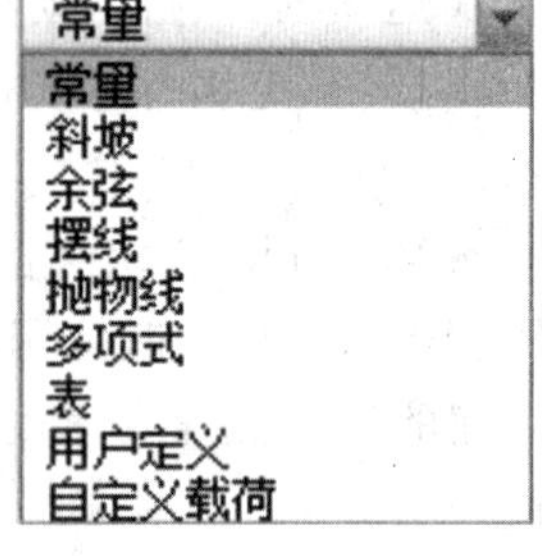

图 12-20 模类型

通过弹簧，可以在机构中生成平移或旋转弹力。弹簧被拉伸或压缩时将产生线性弹力，在旋转时将产生扭转力，这种力能使弹簧返回平衡位置。用户可以沿着平移轴或在不同主体的两点间创建一个拉伸弹簧，也可以沿着旋转轴创建一个扭矩弹簧。

单击功能区的“机构”选项卡的“插入”组中的“弹簧”按钮，会打开“弹簧”操控面板，如图 12-22 所示。

“弹簧”操控面板中含有以下选项：

- ：将弹簧类型设置为延伸或压缩。
- ：将弹簧类型设置为扭转。

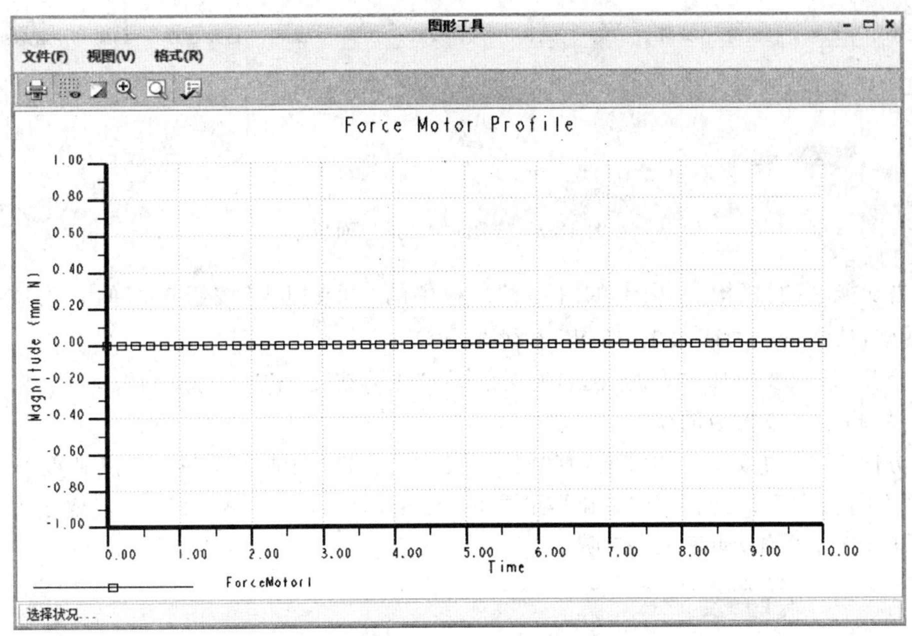

图 12-21 “图形工具”窗口

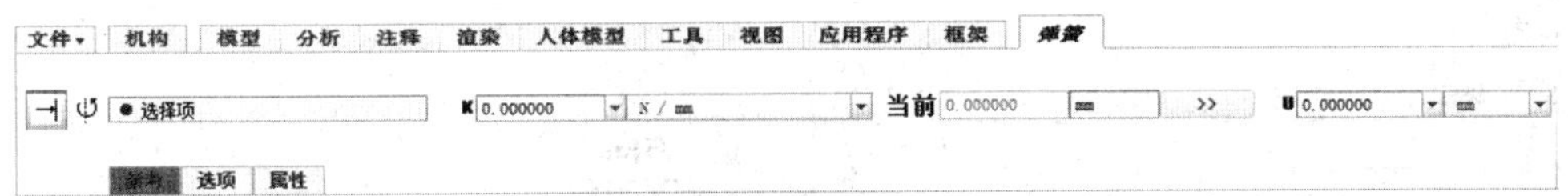

图 12-22 “弹簧”操控面板

- **K**:设置弹簧刚度系数。
- 当前:显示弹簧参考点与运动轴参考(平移)或角(旋转运动轴)之间的当前距离。
- **U**:设置弹簧未拉伸时的长度。

创建完成后,如需编辑弹簧,可在机构树内找到弹簧,然后右击,从弹出的快捷菜单中选择“编辑定义”命令来进行重定义。

4. 阻尼器

阻尼器是一种负荷类型,可用来模拟机构上真实的力。阻尼器产生的力会消耗运动机构的能量并阻碍其运动。例如,可使用阻尼器代表将液体推入柱腔的活塞做减慢运动的黏性力。阻尼器始终和应用该阻尼器的图元的速度成比例,且运动方向相反。

单击功能区的“机构”选项卡的“插入”组中的“阻尼器”按钮,打开“阻尼器”操控面板,创建阻尼器模拟机构上的力,如图 12-23 所示。

- :将阻尼器类型设置为延伸或压缩。
- :将阻尼器类型设置为扭转。
- **C**:设置阻尼系数。

5. 力或扭矩

用户可以通过定义力或扭矩来模拟机构运动的外部环境。

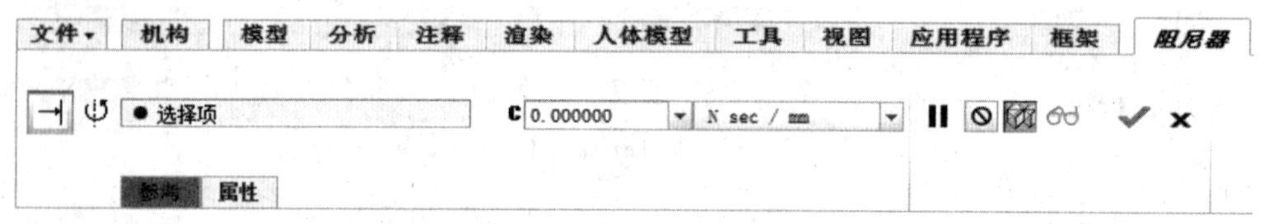

图 12-23 “阻尼器”操控面板

单击功能区的“机构”选项卡的“插入”面板中的“力或扭矩”按钮，弹出“力或扭矩定义”对话框，从而创建力或扭矩，如图 12-24 所示。

- 类型：选取要施加的力的类型，有“点力”、“主体扭矩”和“点对点力”3 种类型。
- 模：指定力或扭矩的模。
- 方向：指定力或扭矩的方向，有“键入的矢量”、“直边、曲线或轴”和“点到点”3 个可选项。在“方向相对于”区域中有“基础”和“主体”两个选项，用户在定义时一定要明确方向是相对于基础还是主体，如图 12-25 所示。

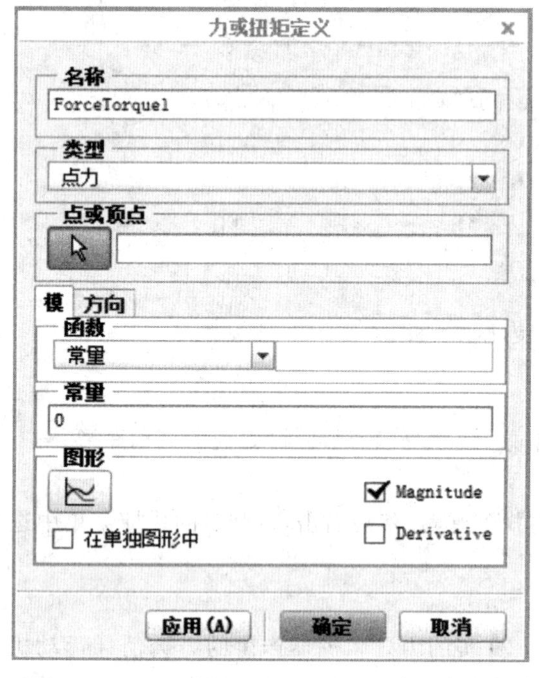

图 12-24 “力或扭矩定义”对话框

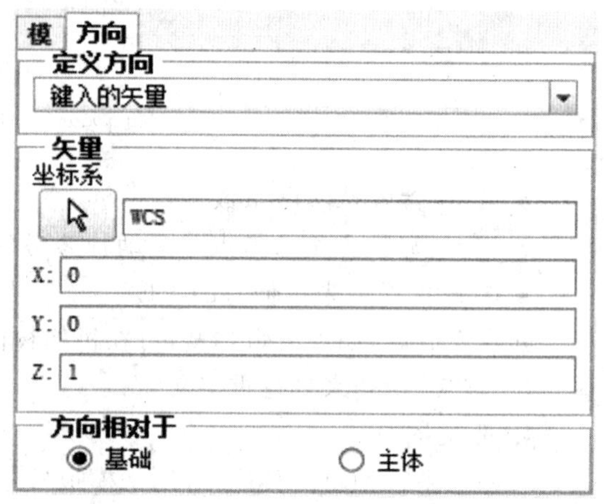

图 12-25 “方向”选项卡

(1)键入的矢量：指在可用一组笛卡尔轴 X、Y、Z 来指定的三维空间中以向量定义方向。通过选择一个主体并输入坐标来指示方向向量，方向是相对于选定主体坐标系的原点的，可选取 WCS 或主体坐标系。

(2)直边、曲线或轴：在组件中选取一条直边、曲线或基准轴来定义速度向量的方向。

(3)点到点：选取两个主体点或顶点，一个作为向量的原点，另一个用来指示方向。

6. 初始条件

初始条件定义初始位置和初始速度，是定义机构动力学分析的初始条件。

单击功能区的“机构”选项卡的“属性和条件”面板中的“初始条件”按钮，会弹出“初始条件定义”对话框，如图 12-26 所示。

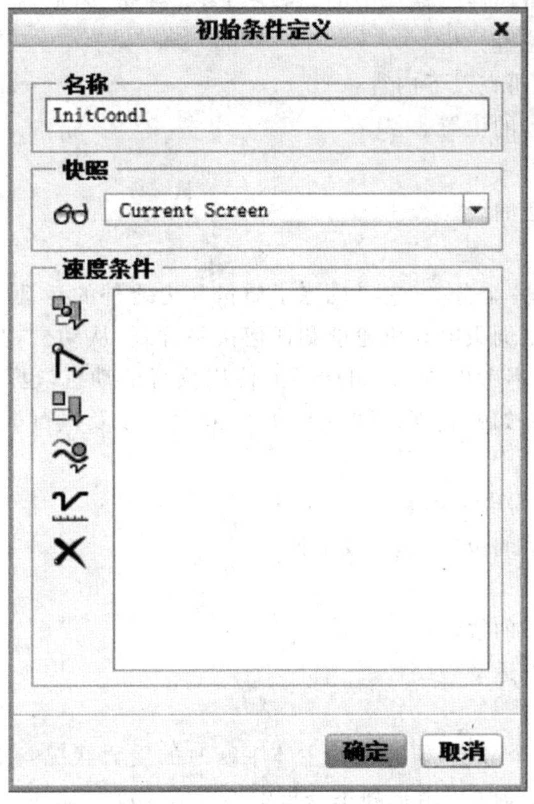

图 12-26 “初始条件定义”对话框

- 快照：通过选择主体的定位方式来确定装配模型中所有体的位置初始条件。
- 速度条件：根据相应按钮建立相应的速度初始条件。

(1)点速度：定义机构模型中某点或顶点处的线速度。

(2)连接轴速度：定义运动轴的旋转或平移速度。

(3)角速度：定义主体沿已定义向量的角速度。

(4)相对于槽的切线速度：定义从动机构点相对于槽曲线的初始切向速度。

(5)评估：使用转速约束条件估算模型。

(6)删除：删除加亮显示的速度条件。

选取参考图元后，展开“初始条件定义”对话框，显示“模”和“方向”区域，其中，“方向”用于选择速度向量的方向。

12.1.4 分析

1. 位置分析

位置分析可评估机构在伺服电动机驱动下的运动，可以使用任何具有一定轮廓、能产生有限加速度的运动轴伺服电动机，只有运动轴或几何伺服电动机才能包含在位置分析中。

位置分析模拟机构运动，满足伺服电动机轮廓和任何接头、凸轮从动机构、槽从动机构或齿轮副连接的要求，并记录机构中各元件的位置数据，在进行分析时不考虑力和质量。因此，不必为机构指定质量属性。模型中的动态图元，如弹簧、阻尼器、重力、力或扭矩以及执行电动机等，不会影响位置分析。

使用位置分析可以研究以下内容：

(1)元件随时间运动的位置。

(2)元件间的干涉。

(3)机构运动的轨迹曲线。

2. 运动分析

运动学是动力学的一个分支，它考虑除了质量和力之外的运动的所有方面。运动分析会模拟机构的运动，满足伺服电动机轮廓和任何接头、凸轮从动机构、槽从动机构或齿轮副连接的要求。运动分析不考虑受力，因此不能使用执行电动机，也不必为机构指定质量属性。模型中的动态图元，如弹簧、阻尼器、重力、力或扭矩以及执行电动机等，不会影响运动分析。

使用运动分析可获得以下消息：

(1)几何图元和连接的位置、速度及加速度。

(2)元件间的干涉。

(3)机构运动的轨迹曲线。

(4)捕获机构运动的运动包络。

3. 静态分析

静态学是力学的一个分支，研究机构主体平衡时的受力状况。机构中的所有负荷和力处于平衡状态，并且势能为0。由于静态分析中不考虑速度及惯性，所以能比运动分析更快地找到平衡状态，在其分析定义对话框中无须对起止时间进行设置。

虽然静态分析的结果是稳态配置，用户在运动行静态分析时应切记以下几点：

(1)如不指定初始位置，单击"运行"按钮时，系统将从当前显示的模型位置开始静态分析。

(2)进行静态分析时，会出现加速度对迭代数的图形，显示机构图元的最大加速度。随着分析的进行，图形显示和模型显示都会变化，以反映计算过程中达到的中间位置。当机构的最大加速度为0时，表明机构已达到稳态。

(3)通过修改"分析定义"对话框的"首选项"选项卡中的"最大步距因子"，可以调整静态分析中各迭代之间的最大步长。减小此值会减小各迭代之间的位置变化，且在分析具有较大加速度的机构时会很有帮助。

(4)如果找不到机构的静态配置，则分析结束，机构停留在分析期间到达的最后配置中。

(5)计算出的任何测量尺寸都是最终时间和位置的尺寸，而不是处理进程的时间历程的尺寸。

4. 动态分析

动态分析是力学的一个分支，主要研究主体运动(有时也研究平衡)时的受力情况以及力之间的关系。

在进行动态分析时，用户应切记以下几点：

(1)基于运动轴的伺服电动机在动态分析期间都处于活动状态,因此,不能为伺服电动机指定起止时间,而只能指定运动时间。

(2)运行动态分析,可添加伺服电动机和执行电动机。

(3)如果伺服电动机或执行电动机具有不连续轮廓,在运行动态分析前会使其轮廓连续。

(4)运行动态分析时,可使用“外部载荷”选项卡添加力或扭矩。

(5)运行动态分析时,可考虑或忽略重力和摩擦力。

在开始动态分析时,通过指定持续时间为0并照常运行,可计算位置、速度、加速度和反作用力,系统会自动确定用于计算的合适的时间间隔。如果用图形表示分析的测量结果,则图形将只包含一条线。

5. 力平衡分析

力平衡分析作用于分析机构处于某一形态时,为保证其静平衡所需施加的外力。力平衡分析需要使机构保持零自由度,且进行自由度检测,输入力的方向后,即可按照所需方向计算出保持平衡状态的力的大小。

12.1.5 获取结果

分析结果是机构分析的主要目的。在使用机构分析工具对创建的机构模型进行分析后,用本节介绍的回放、测量、轨迹曲线等工具将分析结果表达出来,有利于对机构进行直观分析,对设计结果进行优化。

1. 回放

回放用来查看机构中零件的运动干涉情况,创建运动包络,并可将分析的不同部分组合成一段影片,显示力或扭矩对机构的影响,以及在分析期间跟踪测量的值。

单击功能区的“机构”选项卡的“分析”组中的“回放”按钮,弹出“回放”对话框,如图12-27所示。

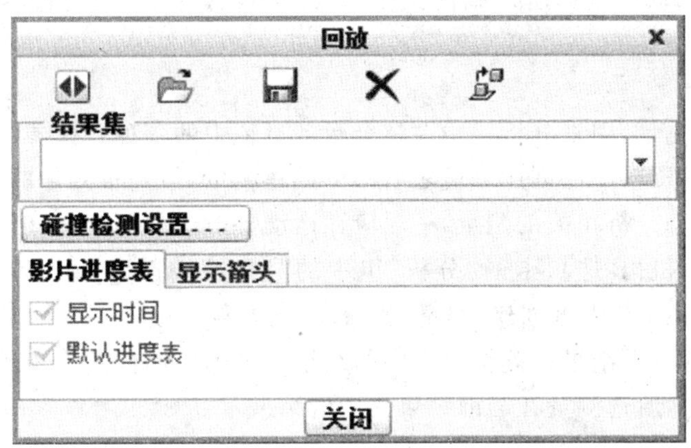

图12-27 “回放”对话框

- :回放分析并打开“动画”对话框,使用其中选项可控制回放速度和方向。
- :恢复结果集,同时打开一个对话框,其中列出了之前保存的结果文件集,可以浏览并从磁盘中选取一个已保存的结果集,如图12-28所示。

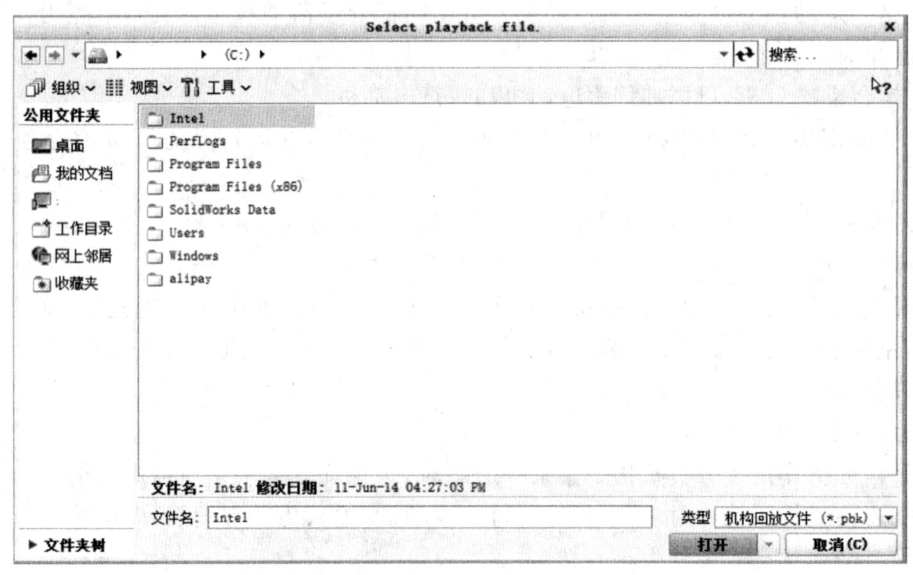

图 12-28　选取已保存的结果集

- ：将文件保存到磁盘上。
- ：从进程中移除当前结果。
- ：输出结果集。当前结果集被保存为带有.fra 扩展名的帧文件。
- 结果集：在当前进程中显示分析结果和已保存的回放文件。
- 碰撞检测设置：指定结果集回放中是否包含冲突检测，包含多少以及如何显示冲突检测。
- 影片进度表：为回放指定开始时间和终止时间。
- 显示箭头：选取测量和输入载荷。在回放期间，软件将所选测量和负荷以三角箭头显示。

2. 测量

用户可以创建测量，用来分析机构在整个运动过程中的各种具体参数，如位置、速度、力等，为改进设计提供资料。在创建分析之后即可创建测量，但查看测量的结果必须有一个分析的结果集。与动态分析相关的测量，一般应在运动分析之前创建。

单击功能区的“机构”选项卡的“分析”组中的“测量”按钮，会弹出“测量结果”对话框，如图 12-29 所示，在其中可创建、编辑、删除、复制测量。载入一个结果集后，选择此结果集，可查看所创建的测量结果在此结果集中的结果。单击对话框左上角的“绘制图形”按钮，将出现曲线图来表示所选测量在当前结果集中的结果。

3. 轨迹曲线

轨迹曲线用来表示机构中的某一点、边或曲线相对于另一零件的运动，分为“轨迹曲线”和“凸轮合成曲线”两种。“轨迹曲线”表示机构中的某一点或顶点相对于另一零件的运动。“凸轮合成曲线”表示机构中的某曲线或边相对于另一零件的运动。

单击功能区的“机构”选项卡的“分析”组中的“轨迹曲线”按钮，弹出“轨迹曲线”对话框，如图 12-30 所示。

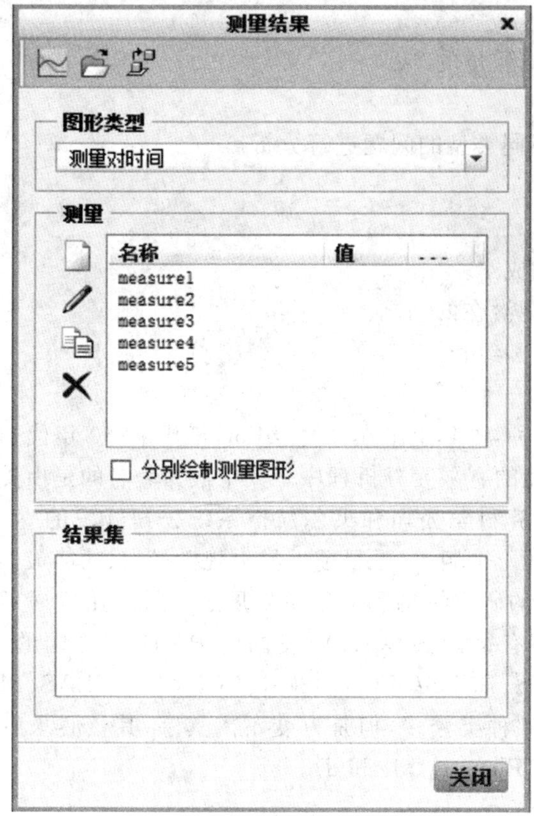

图 12-29 “测量结果”对话框

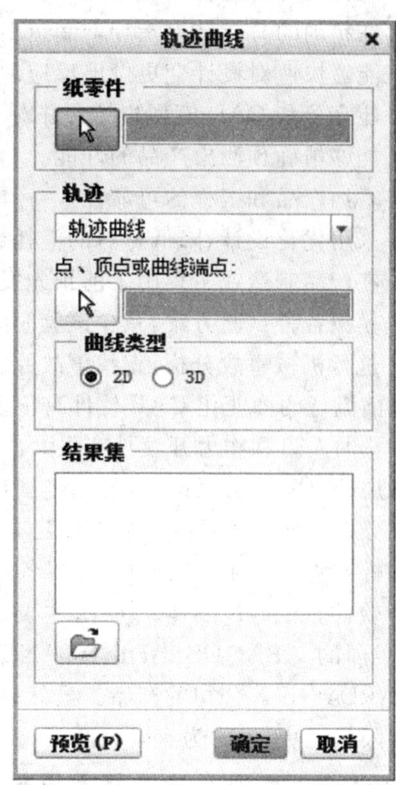

图 12-30 “轨迹曲线”对话框

用户必须先从分析运行创建一个结果集,然后才能生成这些曲线。使用当前进程中的结果集,或通过装载之前进程中的结果文件,可生成轨迹曲线或凸轮合成曲线。

12.2 结构分析

12.2.1 CAE 功能简介

近三十年来,计算机计算能力飞速提高,数值计算技术取得了长足进步,诞生了商业化的有限元数值分析软件,并发展成为一门专门的学科——计算机辅助工程 CAE(Computer Aided Engineering)。这些商品化的 CAE 软件具有越来越人性化的操作界面和易用性,使得这一工具的使用者由学校或研究所的专业人员逐步扩展到企业的产品设计人员或分析人员,CAE 在各个工业领域的应用也得到不断普及并逐步向纵深发展,CAE 工程仿真在工业设计中的作用变得日益重要。许多行业中已经将 CAE 分析方法和计算要求设置在产品研发流程中,作为产品上市前必不可少的环节。CAE 仿真在产品开发、研制与设计及科学研究中已显示出明显的优越性:

- CAE 仿真可有效缩短新产品的开发研究周期。
- 虚拟样机的引入减少了实物样机的试验次数。

- 大幅度地降低产品研发成本。
- 在精确的分析结果指导下制造出高质量的产品。
- 能够快速对设计变更做出反应。
- 能充分和 CAD 模型相结合并对不同类型的问题进行分析。
- 能够精确预测出产品的性能。
- 增加产品和工程的可靠性。
- 采用优化设计，降低材料的消耗或成本。
- 在产品制造或工程施工前预先发现潜在的问题。
- 模拟各种试验方案，减少试验时间和经费。
- 进行机械事故分析，查找事故原因。

当前流行的商业化 CAE 软件有很多种，国际上早在 20 世纪 50 年代末、60 年代初就投入了大量的人力和物力开发具有强大功能的有限元分析程序。其中最为著名的是由美国国家宇航局(NASA)在 1965 年委托美国计算科学公司和贝尔航空系统公司开发的 Nastran 有限元分析系统。该系统发展至今已有几十个版本，是目前世界上规模最大、功能最强的有限元分析系统。从那时到现在，世界各地的研究机构和大学也发展了一批专用或通用有限元分析软件，除了 Nastran 以外，主要还有德国的 ASKA、英国的 PAFEC、法国的 SYSTUS、美国的 ABAQUS、ADINA、ANSYS、BERSAFE、BOSOR、COSMOS、ELAS、MARC 和 STARDYNE 等公司的产品。虽然软件种类繁多，但是万变不离其宗，其核心求解方法都是有限单元法，也称为有限元法(Finite Element Method)。

12.2.2 有限元法的基本思想

有限元法的基本思路可以归结为：将连续系统分割成有限个分区或单元，对每个单元提出一个近似解，再将所有单元按标准方法加以组合，从而形成原有系统的一个数值近似系统，也就是形成相应的数值模型。

下面用在自重作用下的等截面直杆来说明有限元法的思路。

受自重作用的等截面直杆如图 12-31 所示，杆的长度为 L，截面积为 A，弹性模量为 E，单位长度的重量为 q，杆的内力为 N。试求：杆的位移分布、杆的应变和应力。

$$
\begin{aligned}
N(x) &= q(L-x) \\
\mathrm{d}L(x) &= \frac{N(x)\mathrm{d}x}{EA} = \frac{q(L-x)\mathrm{d}x}{EA} \\
u(x) &= \int_0^x \frac{N(x)\mathrm{d}x}{EA} = \frac{q}{EA}\left(Lx - \frac{x^2}{2}\right) \\
\varepsilon_x &= \frac{\mathrm{d}u}{\mathrm{d}x} = \frac{q}{EA}(L-x) \\
\sigma_x &= E\varepsilon_x = \frac{q}{A}(L-x)
\end{aligned}
\tag{12-1}
$$

等截面直杆在自重作用下的有限元法解答：

1. 连续系统离散化

如图 12-32 所示，将直杆划分成 n 个有限段，有限段之间通过公共点相连接。在有限元法中将两段之间的公共连接点称为节点，将每个有限段称为单元。节点和单元组成的离散模型就称为对应于连续系统的“有限元模型”。

有限元模型中的第 i 个单元，其长度为 L_i，包含第 $i,i+1$ 节点。

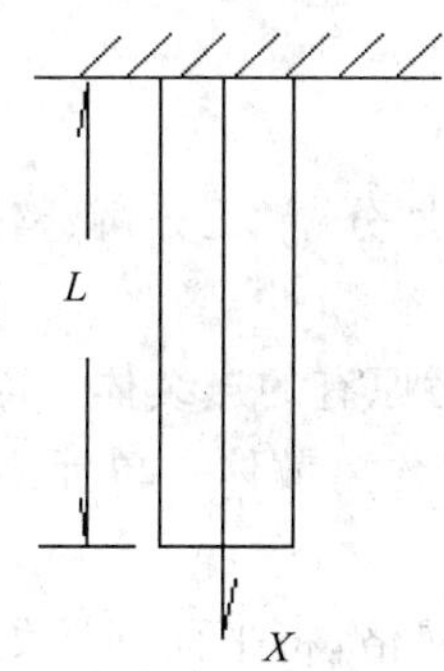

图 12-31　受自重作用的等截面直杆

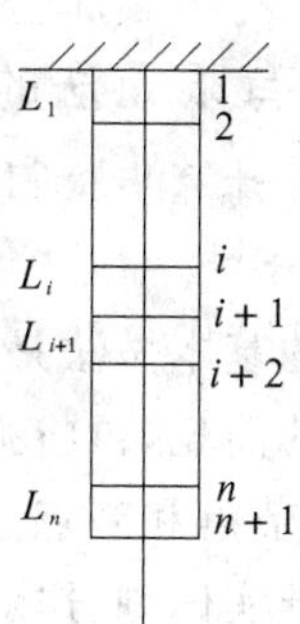

图 12-32　离散后的直杆

2. 用单元节点位移表示单元内部位移

第 i 个单元中的位移用所包含的节点位移来表示：

$$u(x)=u_i+\frac{u_{i+1}-u_i}{L_i}(x-x_i) \tag{12-2}$$

其中，u_i 为第 i 节点的位移，x_i 为第 i 节点的坐标。

第 i 个单元的应变为 ε_i，应力为 σ_i，内力为 N：

$$\varepsilon_i=\frac{\mathrm{d}u}{\mathrm{d}x}=\frac{u_{i+1}-u_i}{L_i} \tag{12-3}$$

$$\sigma_i=E\varepsilon_i=\frac{E(u_{i+1}-u_i)}{L_i} \tag{12-4}$$

$$N=A\sigma_i=\frac{EA(u_{i+1}-u_i)}{L_i} \tag{12-5}$$

3. 把外载荷归集到节点上

把第 i 单元和第 $i+1$ 单元重量的一半 $\frac{q(L_i+L_{i+1})}{2}$，归集到第 $i+1$ 节点上，如图 12-33 所示。

4. 建立节点的力平衡方程

对于第 $i+1$ 节点，由力的平衡方程可得：

$$N_i-N_{i+1}=\frac{q(L_i+L_{i+1})}{2} \tag{12-6}$$

令 $\lambda_i=\frac{L_i}{L_{i+1}}$，并将(9-5)代入得：

$$-u_i+(1+\lambda_i)u_{i+1}-\lambda_i u_{i+2}=\frac{q}{2EA}(1+\frac{1}{\lambda_1})L_i^2 \tag{12-7}$$

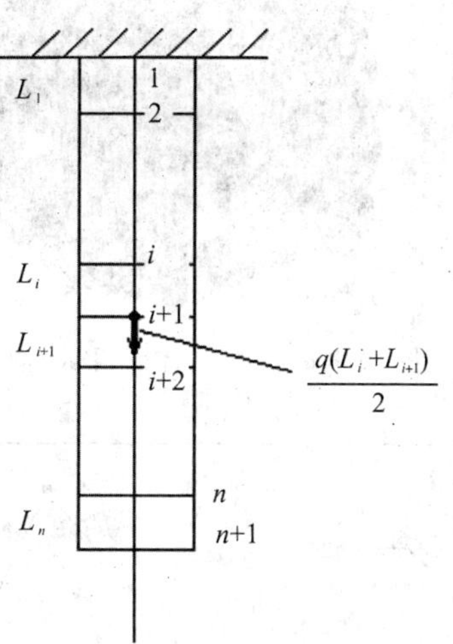

图 12-33　集中单元重量

根据约束条件，$u_1=0$。

对于第 $n+1$ 个节点，

$$N_n=\frac{qL_n}{2}-u_n+u_{n+1}=\frac{qL_n^2}{2EA} \tag{12-8}$$

建立所有节点的力平衡方程，可以得到由 $n+1$ 个方程构成的方程组，可解出 $n+1$ 个未知的节点位移。

12.2.3 有限元法的基本方法

有限元法的计算步骤归纳为以下 3 个基本步骤：网格划分、单元分析、整体分析。

1. 网格划分

有限元法的基本做法是用有限个单元体的集合来代替原有的连续体。因此首先要对弹性体进行必要的简化，再将弹性体划分为有限个单元组成的离散体。单元之间通过节点相连接。由单元、节点和节点连线构成的集合称为网格。

通常把三维实体划分成四面体或六面体单元的实体网格，将平面问题划分成三角形或四边形单元的面网格，如图 12-34～图 12-42 所示。

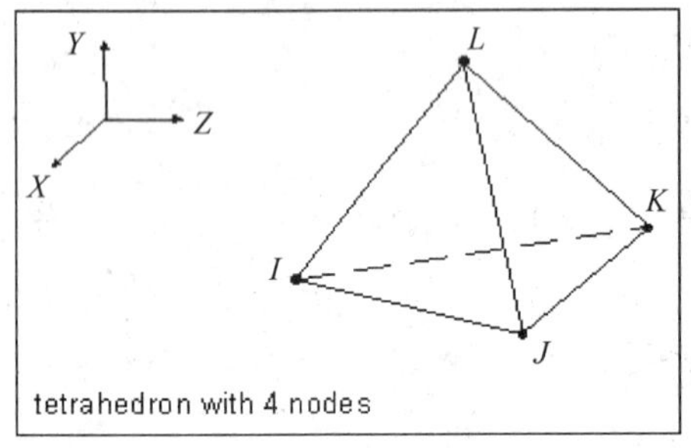

图 12-34 四面体四节点单元

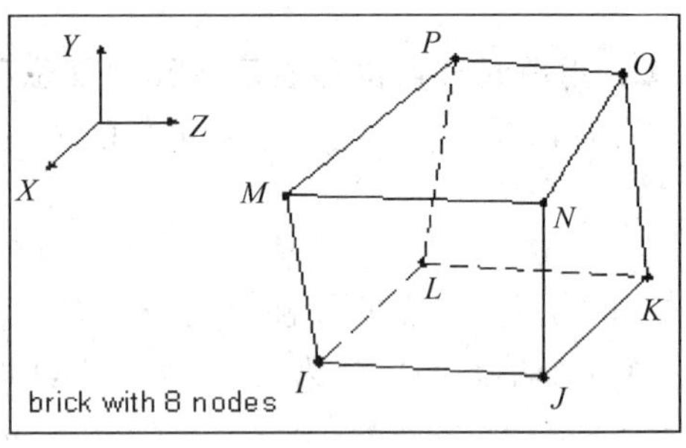

图 12-35 六面体八节点单元

图 12-36 三维实体的四面体单元划分

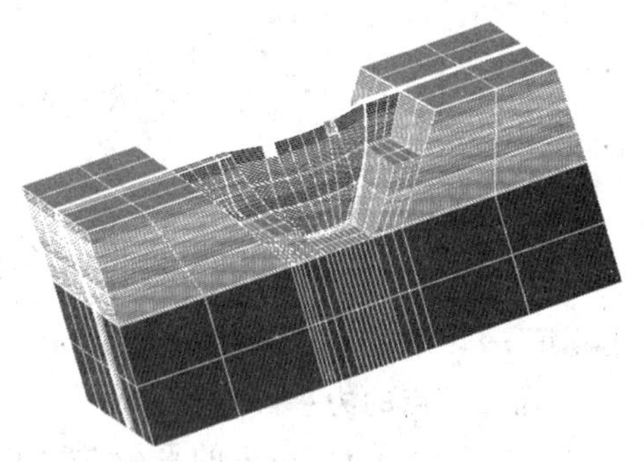

图 12-37 三维实体的六面体单元划分

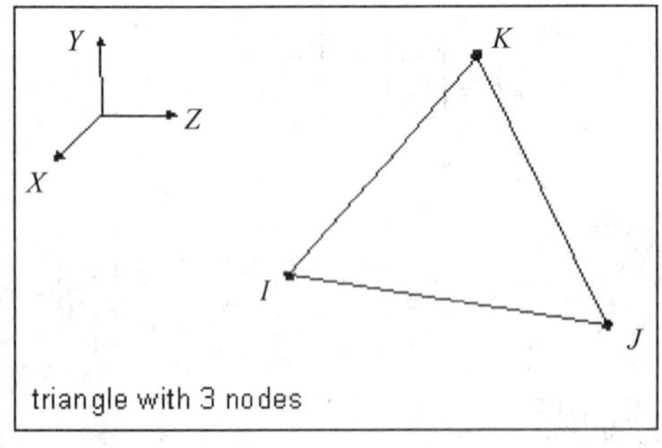

图 12-38 三角形三节点单元

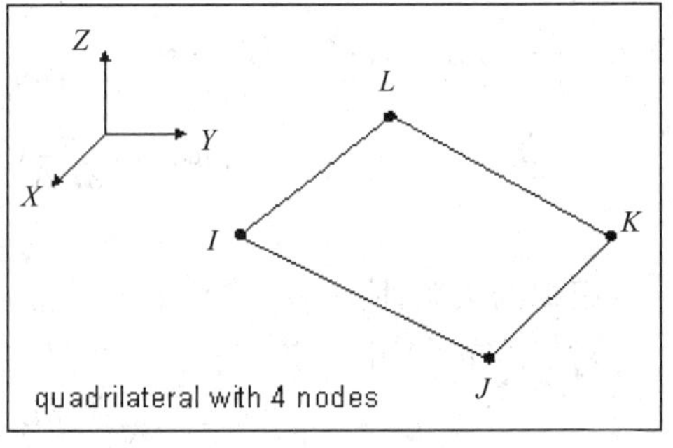

图 12-39 四边形四节点单元

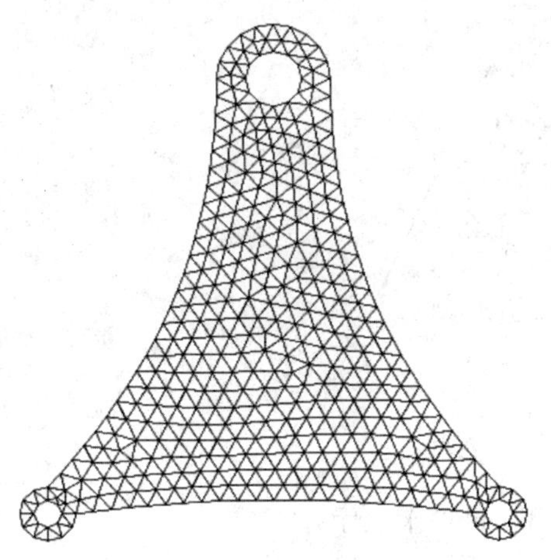

图 12-40 平面问题的三角形单元划分

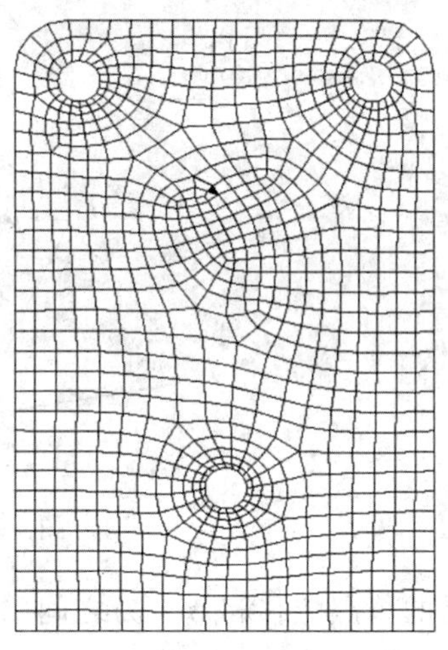

图 12-41 平面问题的四边形单元划分

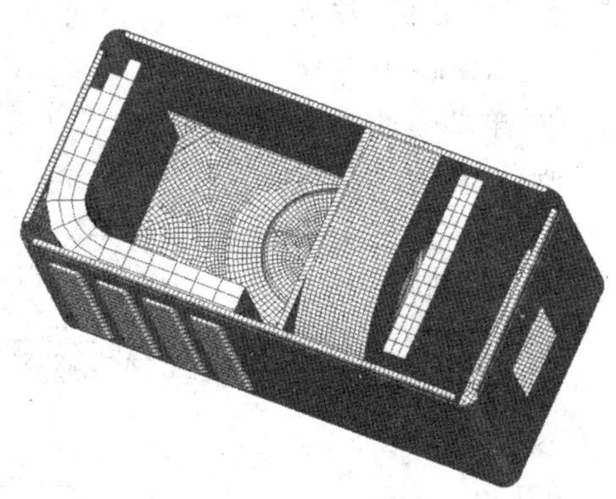

图 12-42 二维及三维混合网格划分

2. 单元分析

对于弹性力学问题，单元分析就是建立各个单元的节点位移和节点力之间的关系式。

由于将单元的节点位移作为基本变量，进行单元分析首先要为单元内部的位移确定一个近似表达式，然后计算单元的应变、应力，再建立单元中节点力与节点位移的关系式。

以平面问题的三角形三节点单元为例。如图 12-43 所示，单元有三个节点 I、J、M，每个节点有两个位移 u、v 和两个节点力 U、V。

单元的所有节点位移、节点力，可以表示为节点位移向量(Vector)：

$$\{\delta\}^e=\begin{Bmatrix} u_i \\ v_i \\ u_j \\ v_j \\ u_m \\ v_m \end{Bmatrix} \qquad \{F\}^e=\begin{Bmatrix} U_i \\ V_i \\ U_j \\ V_j \\ U_m \\ V_m \end{Bmatrix}$$

节点位移　　　　节点力

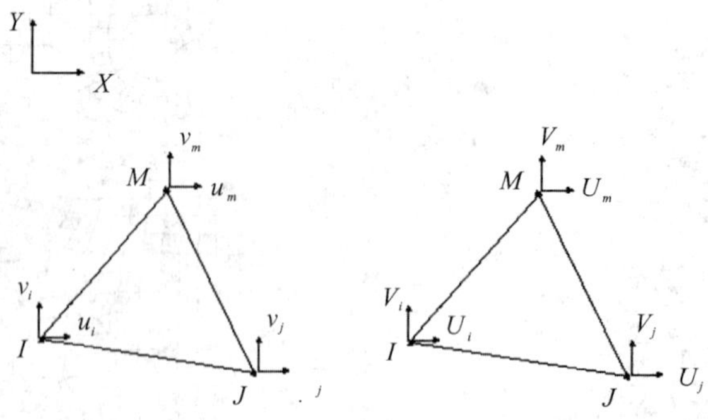

图 12-43　三角形三节点单元

单元的节点位移和节点力之间的关系用张量(Tensor)来表示,

$$\{F\}^e=[K]^e\{\delta\}^e \tag{12-9}$$

3. 整体分析

对由各个单元组成的整体进行分析,建立节点外载荷与节点位移的关系,以解出节点位移,这个过程称为整体分析。同样以弹性力学的平面问题为例,如图 12-44 所示,在边界节点 i 上受到集中力 P_x^i,P_y^i 作用。节点 i 是三个单元的结合点,因此要把这三个单元在同一节点上的节点力汇集在一起建立平衡方程。

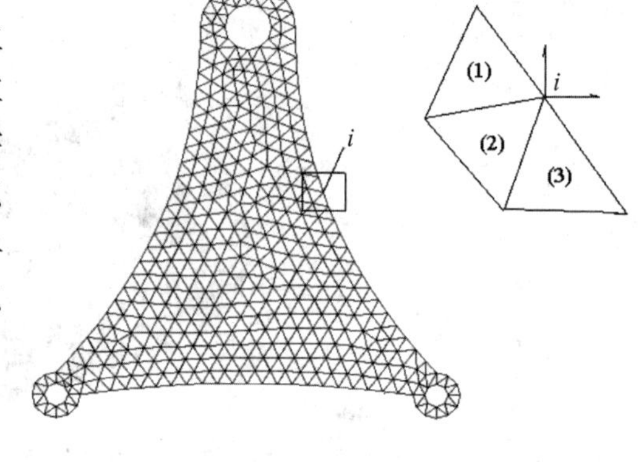

图 12-44　整体分析

i 节点的节点力:

$$U_i^{(1)}+U_i^{(2)}+U_i^{(3)}=\sum_e U_i^{(e)}$$

$$V_i^{(1)}+V_i^{(2)}+V_i^{(3)}=\sum_e V_i^{(e)}$$

i 节点的平衡方程:

$$\sum_e U_i^{(e)}=P_x^i$$

$$\sum_e V_i^{(e)}=P_y^i$$

12.2.4　Creo Simulate 分析任务

Creo 是集 CAD/CAE/CAM 于一体的三维参数化软件,其强大的 CAE 功能被大多数工程师用于仿真分析。下面介绍 Creo/CAE(Computer Aided Engineering)模块的结构有限元分析功能。

在 Creo Simulate 中,将每一项能够完成的工作称之为设计研究。所谓设计研究是指针对特定模型用户定义的一个或一系列需要解决的问题。Creo Simulate 的设计研究种类主要分为两种类型:一是标准分析,二是灵敏度分析和优化设计。此处只介绍标准分析。

12.2.5　标准分析

标准分析:最基本,最简单的设计研究类型,至少一个分析任务。在此种设计研究中,用户需要指定几何模型,划分网格,定义材料,定义载荷和约束条件,定义分析类型和计算收敛

方法，计算并显示结果图解。

可以将此类分析称之为验证设计，或者称之为设计校核，例如进行设计模型的应力和应变检验，这也是其他有限元分析软件可以完成的工作，在 Creo Simulate 中，完成这种工作的一般流程如下：

(1)创建几何模型；

(2)简化模型；

(3)设定单位和材料属性；

(4)定义约束条件；

(5)定义载荷条件；

(6)定义分析任务；

(7)运行分析；

(8)显示、评价计算结果。

12.3 项目实现

12.3.1 连杆机构运动分析

1. 组装四连杆机构

(1)选择功能区的"文件"|"管理会话"|"选择工作目录"命令，系统弹出"选择工作目录"对话框，选择四连杆零部件所在的文件夹，单击"确定"按钮。

(2)选择功能区中的"文件"|"新建"命令，系统弹出"新建"对话框，在对话框中点选"装配"单选按钮，在"名称"文本框输入"liangan"，取消"使用默认模板"复选框，单击"确定"按钮，系统弹出"新文件夹"对话框，选中"mmns_asm_design"模板选项，单击"确定"按钮装配工作平台。

(3)选择功能区中的"模型"选项卡"元件"面板的"组装"命令，在系统弹出的"打开"对话框中，选择 a. prt 加载到当前工作台中。

(4)在连接下拉列表框中选择"用户自定义"选项，在其后的约束下拉列表框中选择"固定"选项。

(5)单击"完成"按钮✔，完成主体的固定。

(6)选择功能区中的"模型"选项卡"元件"面板的"组装"命令，在系统弹出的"打开"对话框中，选择 b. prt 加载到当前工作台中。

(7)选择连接类型为"销"，单击"放置"下滑按钮，系统弹出"放置"下滑面板，在销连接下自动添加"轴对齐"、"平移"选项。

(8)选中"轴对齐"约束选项，在 3D 模型中选择 a. prt 的孔轴线和元件 b. prt 的孔轴线，如图 12-45 所示。

(9)选中"平移"选项，在 3D 模型中选择 a. prt 和 b. prt 的结合面。

(10)使用同样的方法，在元件 c. prt 和元件 b. prt 之间，元件 d. prt 和元件 c. prt 之间，元件 d. prt 和元件 a. prt 之间均建立"销连接"。

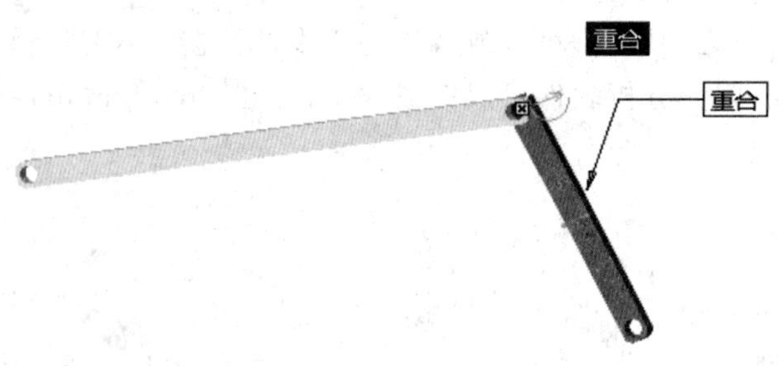

图 12-45 销约束

2. 机构设置

(1)选择功能区“应用程序”选项卡“运动”面板的“机构”按钮,系统自动进入机构设计平台。

(2)选择功能区中的“机构”选项卡“属性和条件”面板的“质量属性”按钮,系统弹出“质量属性”对话框,在“参考类型”下拉列表中选择“装配”选项,如图 12-46 所示。

(3)在 3D 模型中选择装配 liangan. asm。

(4)在“质量属性”对话框的“定义属性”下拉列表中选择“密度”选项,在“零件密度”文本框中键入“7. 85”,单击“确定”按钮,完成质量属性的设置。

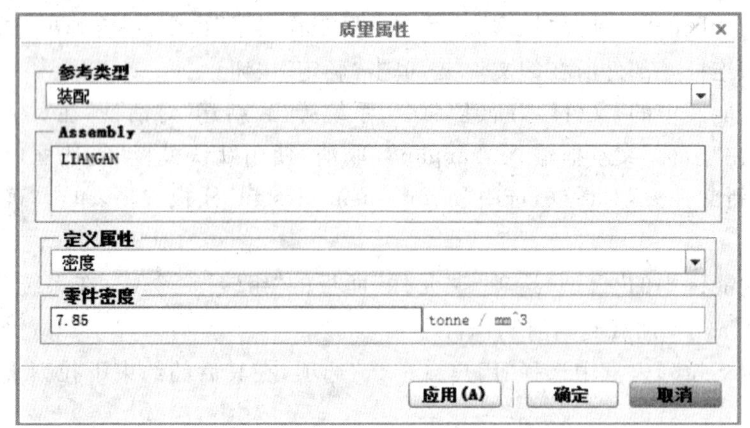

图 12-46 “质量属性”对话框

(5)选择功能区中的“机构”选项卡“属性和条件”面板的“重力”命令,系统弹出“重力”对话框,在“方向”选项组中的“X”文本框键入 1,“Y”文本框键入 0,“Z”文本框键入 0,单击“确定”按钮,完成机构重力方向的设置。

(6)选择功能区的“机构”选项卡“插入”面板的“伺服电动机”命令,系统弹出“伺服电动机定义”对话框,如图 12-47 所示。

(7)单击“类型”选项卡的“从动元件”选项组中“选取”按钮,在 3D 模型中选择运动轴,如图 12-48 所示。

(8)在“伺服电动机定义”对话框中,单击“轮廓”按钮,选择“规范”下拉列表中的“速度”

图 12-47 “伺服电动机定义”对话框

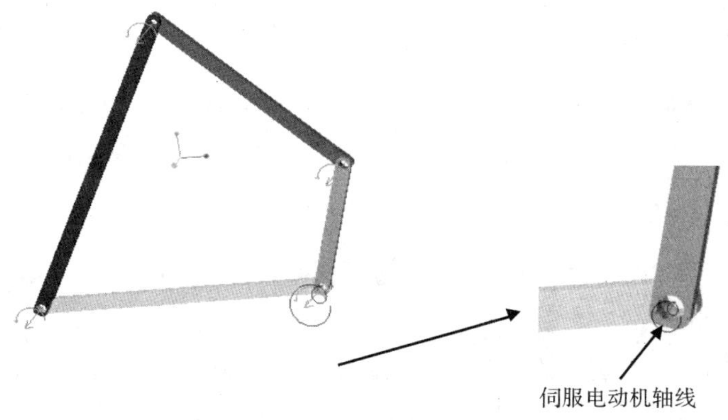

图 12-48 伺服电动机轴线

选项,选择“模”下拉列表框中的“常量”选项,在“A”文本框中键入 360,对话框设置如图 12-49 所示,单击“确定”按钮,完成伺服电动机的创建。

3. 运动分析

(1)自由度分析

1)选择功能区“机构”选项卡“分析”面板中的“机构分析”命令,系统弹出“分析定义”对话框。

2)在“分析定义”对话框中,选择“类型”下拉列表中的“力平衡”选项,单击“自由度”选项组中“DOF”右侧的“评估”按钮,在“DOF”文本框中显示为 0,表示模型系统的自由度为 0,如图 12-50 所示。

图 12-49 “伺服电机定义”对话框

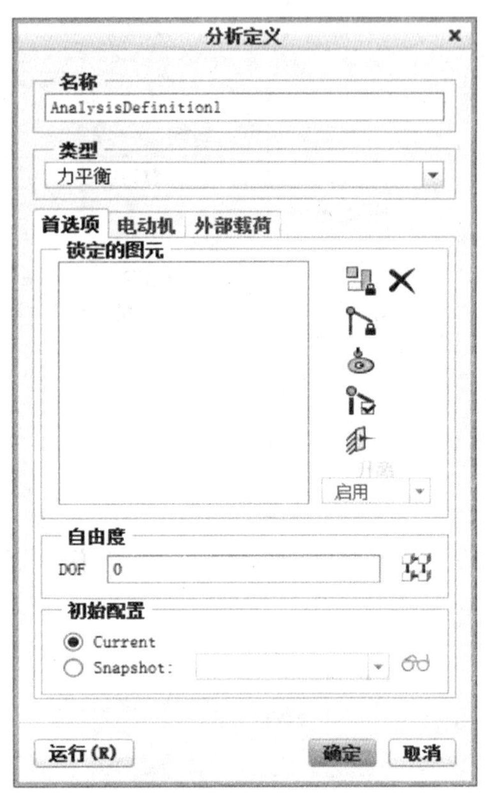

图 12-50 “分析定义”对话框

3)单击“确定”按钮,完成自由度分析。

(2)静态分析

1)选择功能区中的“机构”选项卡中“分析”面板中的“机构分析”命令,系统弹出“分析定义”对话框。

2)在“分析定义”对话框中,“类型”下拉列表中选择“静态”选项。

3)单击“外部载荷”选项卡,勾选“启动重力”复选框,单击“运行”按钮,四连杆机构从初始状态运动到平衡状态停止,如图 12-51 所示。

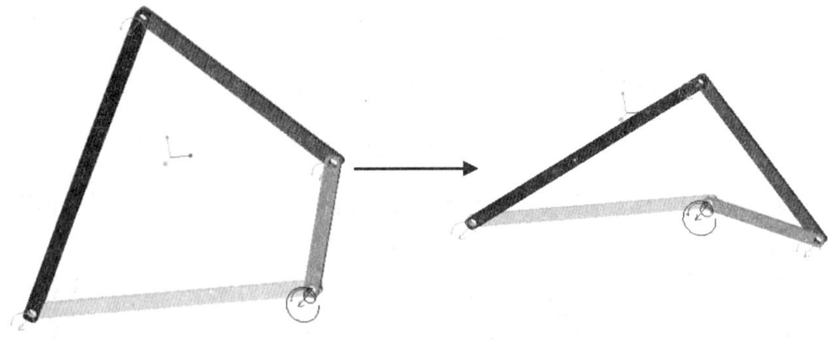

图 12-51 分析前后

4)同时,系统弹出四连杆加速度曲线图,如图 12-52 所示。

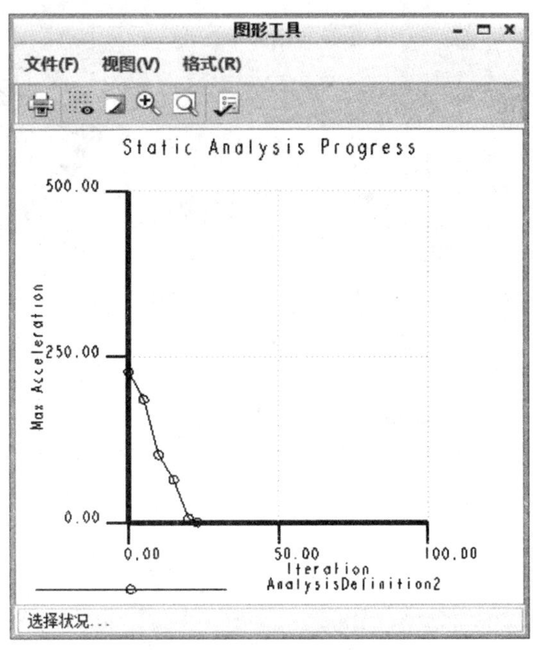

图 12-52 最大加速度曲线

5)关闭“图形工具”对话框,返回“分析定义”对话框,单击“确定”按钮,完成四连杆机构的静态分析。

(3)动态分析(运动仿真)

1)选择功能区“机构”选项卡“分析”面板中的“机构分析”命令,系统弹出“分析定义”对话框。

2)在“分析定义”对话框的“类型”下拉列表框中选择“运动学”选项,在“持续时间”文本框中键入 10,其他参数默认即可。

3)单击“外部载荷”选项卡,勾选“启动重力”复选框,单击“运行”按钮,模型就开始运动,效果参见目录下的 liangan. avi。

(4)分析测量结果

1)选择功能区中“机构”选项卡“分析”面板中的“测量”命令,系统弹出“测量结果”对话框,单击“创建新测量”工具按钮,系统弹出“测量定义”对话框,如图 12-53 所示。

2)在“测量定义”对话框中,选择“类型”下拉列表中的“位置”选项,单击“点或运动轴”选项组中的“选取”按钮,在 3D 模型中选择旋转轴,如图 12-54 所示。

3)在“测量定义”对话框中,单击“确定”按钮,返回“测量结果”对话框,选中“测量”列表框中的“measure1”选项,选中“结果集”列表框中的“AnalysisDefinition1”选项,单击工具栏的按钮,系统弹出“图形工具”对话框显示结果,如图 12-55 所示。

4)退出图形工具窗口,保存分析结果,完成模型的分析。

5)使用同样的方法创建该旋转轴的速度曲线,如图 12-56 所示。

6)使用同样的方法创建该旋转轴的加速度曲线,如图 12-57 所示。

图 12-53 “测量定义”对话框

图 12-54 选择的测量轴

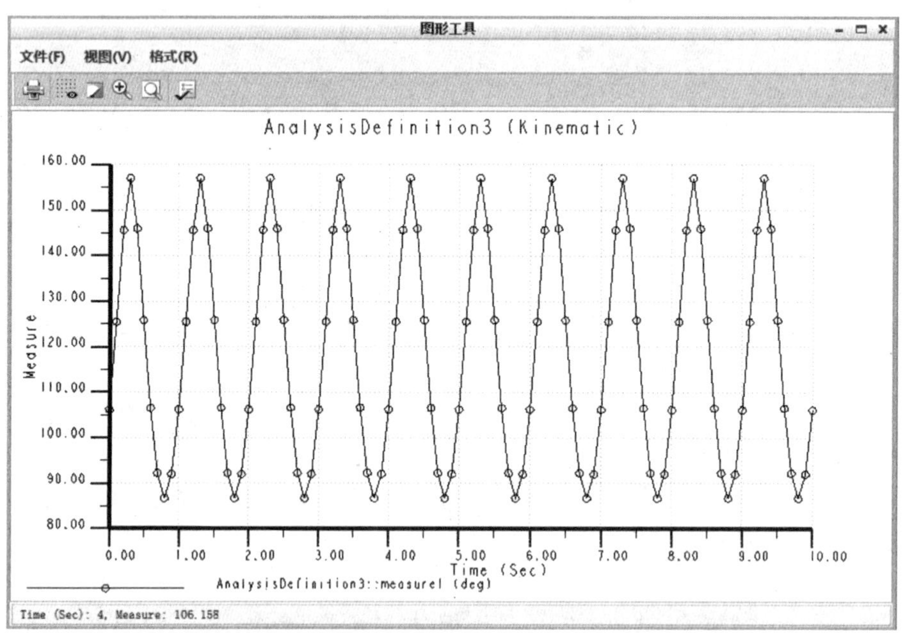

图 12-55 旋转轴位置曲线

7)关闭图形工具窗口,返回测量结果窗口,单击“关闭”按钮,完成四连杆机构的运动分析。

12.3.2 悬臂梁结构分析的步骤

1. 进入有限元分析模块

(1)打开光盘配套文件“第 12 章/悬臂梁/jiegoufenxi.prt”。

(2)单击“应用程序”选项卡“模拟”区域中的“Simulate”按钮,系统进入有限元分析模块。

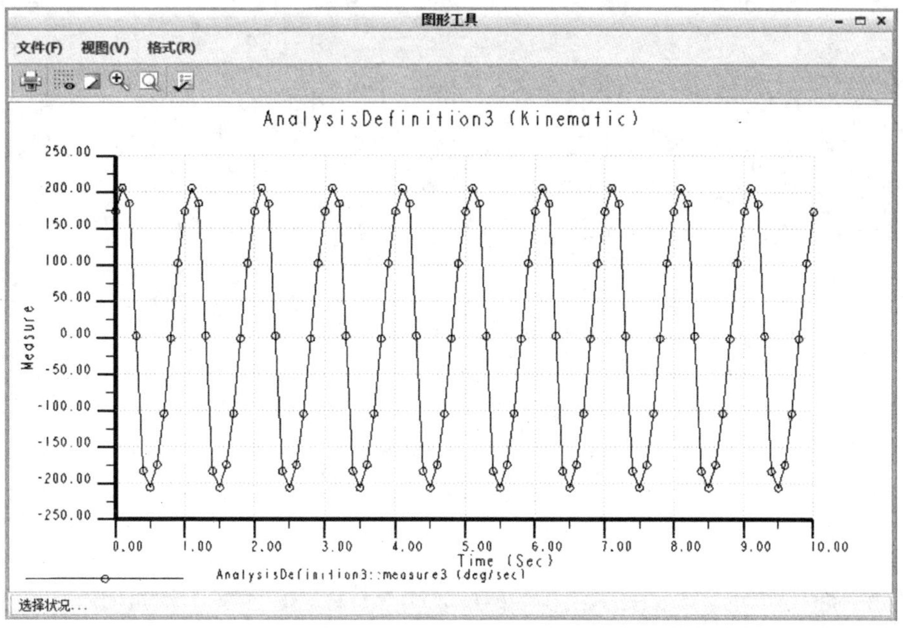

图 12-56 旋转轴的速度曲线

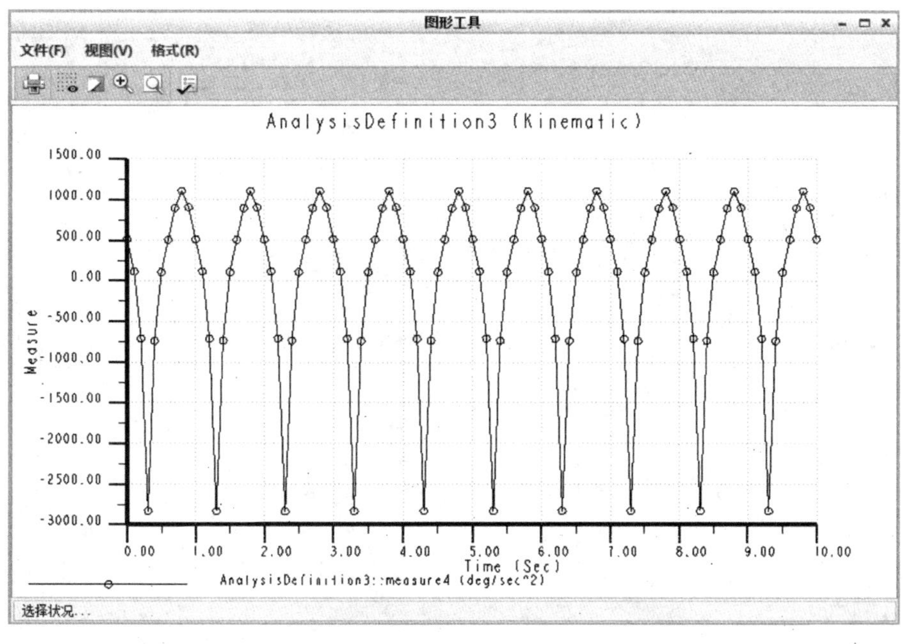

图 12-57 旋转轴的加速度曲线

2. 定义有限元分析

(1)选择材料。单击“主页”选项卡“材料”区域中的“材料”按钮，系统弹出如图 12-58 所示的“材料”对话框。在对话框中双击选中 steel.mtl，然后单击“确定”按钮 确定 。

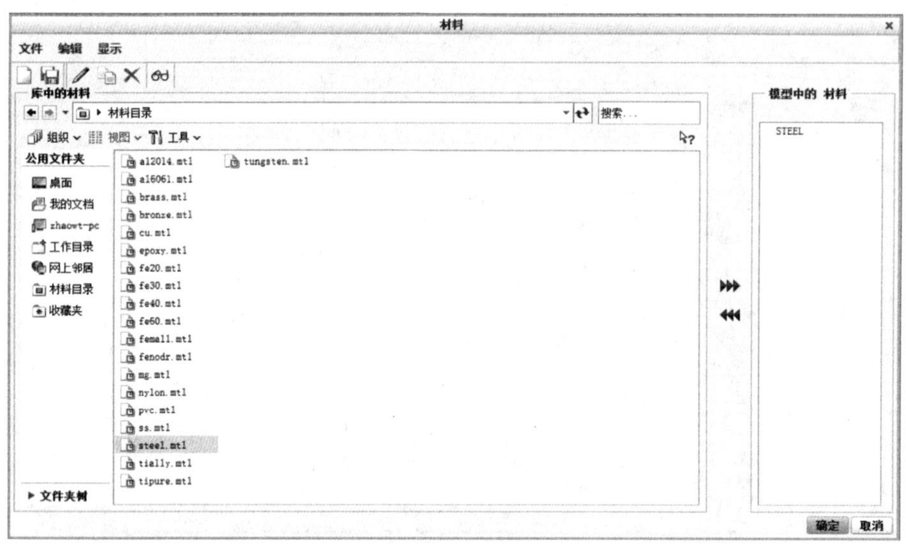

图 12-58 “材料”对话框

(2)分配材料。单击“主页”选项卡“材料”区域中的“材料分配”按钮，系统弹出如图 12-59所示的“材料分配”对话框。采用系统默认设置，单击对话框中的“确定”按钮**确定**，完成材料分配。

图 12-59 “材料分配”对话框

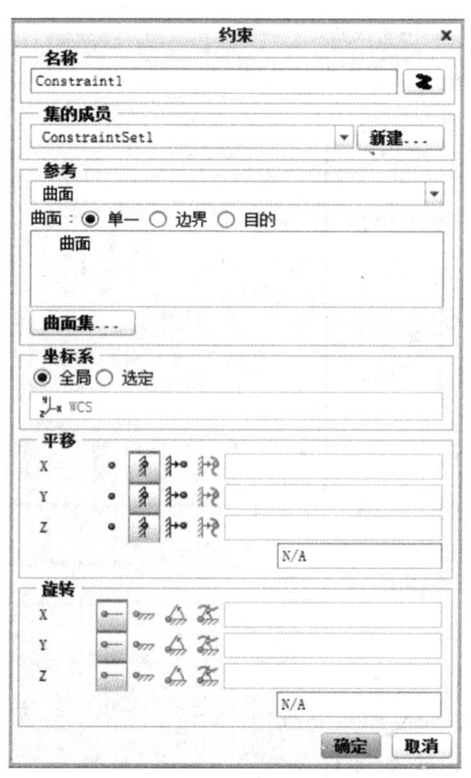

图 12-60 “约束”对话框

(3)添加约束。单击“主页”选项卡“约束”区域中的“位移”按钮，系统弹出如图 12-60 所示的“约束”对话框。选取如图 12-61 所示的模型表面为约束面，在对话框的“平移”区域分别单击 X、Y、Z 后的“固定”按钮，将选中曲面的 X、Y、Z 三个方向的平移自由度完全限制，使其固定，然后单击对话框的“确定”按钮确定。

(4)添加载荷。单击“主页”选项卡“载荷”区域中的“力/力矩”按钮，系统弹出如图 12-62所示的“力/力矩载荷”对话框。选取如图 12-63 所示的模型表面为载荷面，在对话框中的“力”区域的“Z”文本框中输入“100000”，单击对话框中的“确定”按钮确定。

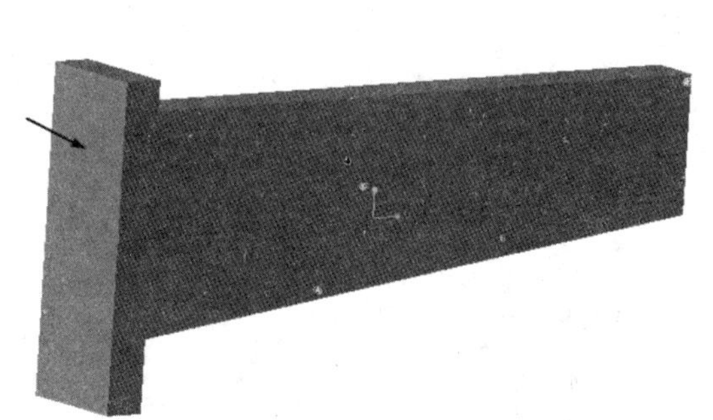

图 12-61 选择约束面

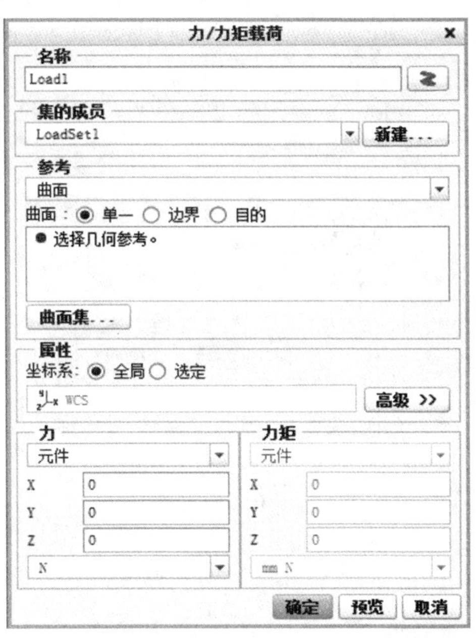

图 12-62 “力/力矩载荷”对话框

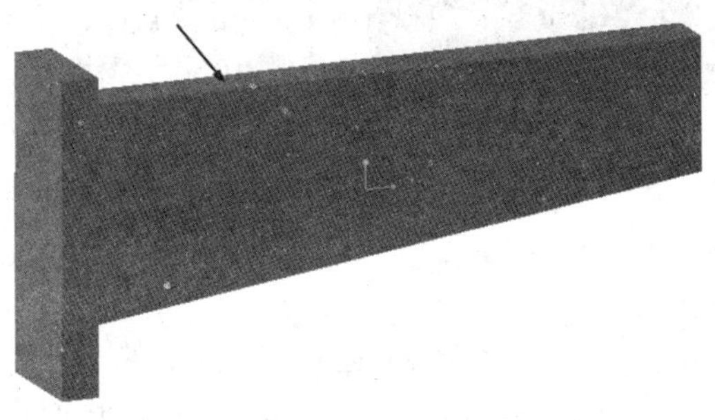

图 12-63 选取载荷面

(5)设置网格参数。单击“精细模型”选项卡“AutoGEM”区域中的“控制”按钮，系统弹出如图 12-64 所示的“最大元素尺寸控制”对话框。在对话框中的“参考”区域下拉列表中选择“分量”选项；在“元素尺寸”区域中的文本框中输入元素尺寸值 10，单击对话框中的“确定”按钮确定。

(6)划分网格。单击“精细模型”选项卡“AutoGEM”区域中的“AutoGEM”按钮，系统弹出如图 12-65 所示的“AutoGEM”对话框。单击对话框中的“创建”按钮，系统开始划分网格，划分结果如图 12-66 所示。同时，系统弹出如图 12-67 所示的“AutoGEM 摘要”对话框，对话框中显示网格划分的相关参数；单击对话框中的“关闭”按钮，系统弹出如图 12-68 所示的“AutoGEM”对话框，提示是否保存网格划分结果，单击“是”按钮。

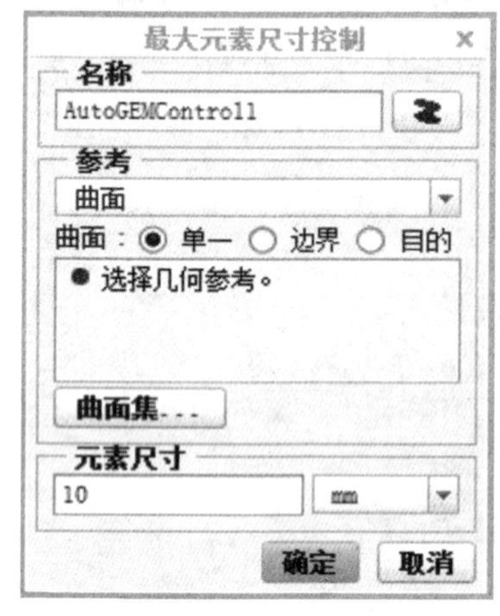

图 12-64 “最大元素尺寸控制”对话框

图 12-65 “AutoGEM”对话框

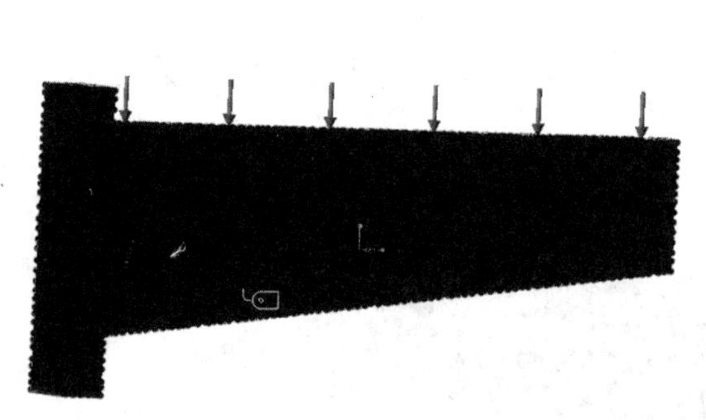

图 12-66 网格划分结果

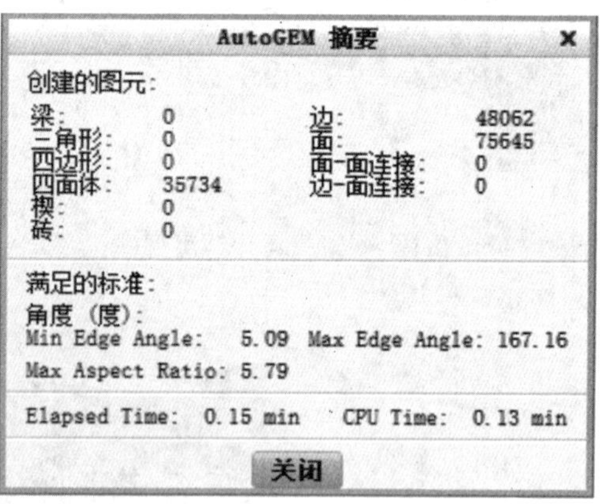

图 12-67 “AutoGEM 摘要”对话框

(7)定义分析研究。单击“主页”选项卡“运行”区域中的“分析和研究”按钮，系统弹出“分析和设计研究”对话框，如图 12-69 所示。选择对话框中的下拉菜单“文件|新建静态分析”命令，系统弹出如图 12-70 所示的“静态分析定义”对话框，在对话框中单击“收敛”选项卡，在“方法”区域的下拉列表中选择“单通道自适应”选项，其他选项默认即可，单击对话框中的“确定”按钮；单击“分析和设计研究”对话框中的“开始运行”按钮，系统弹出如图 12-71 所示的“问题”对话框和图 12-72 所示的“诊断”对话框，单击“是”按钮，系统开始运行求解，求解完成后如图 12-73 所示。

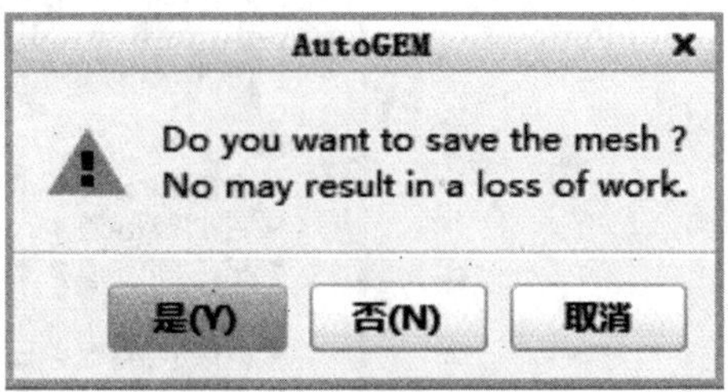

图 12-68 "AutoGEM"对话框

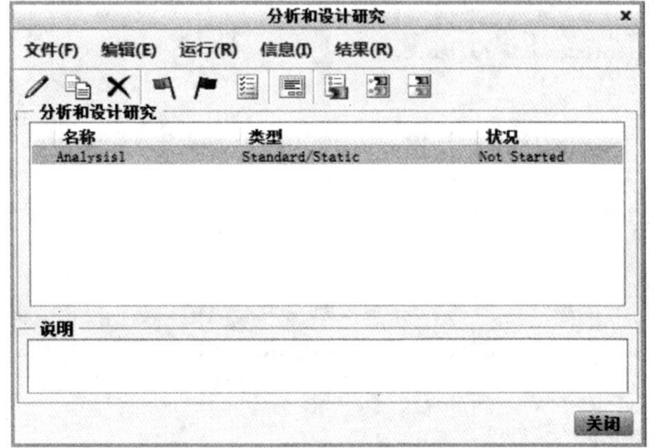

图 12-69 "分析和设计研究"对话框

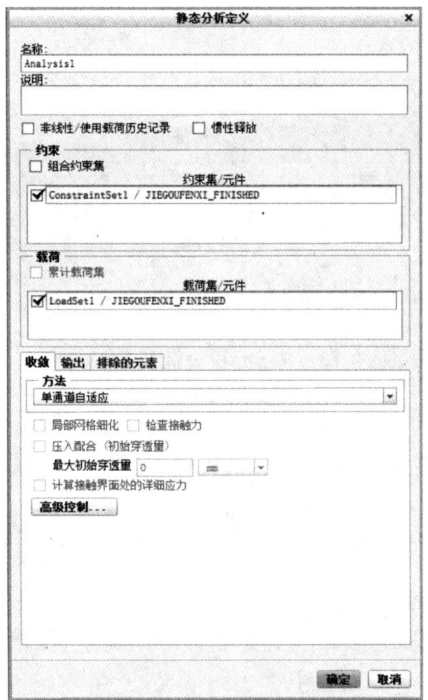

图 12-70 "静态分析定义"对话框

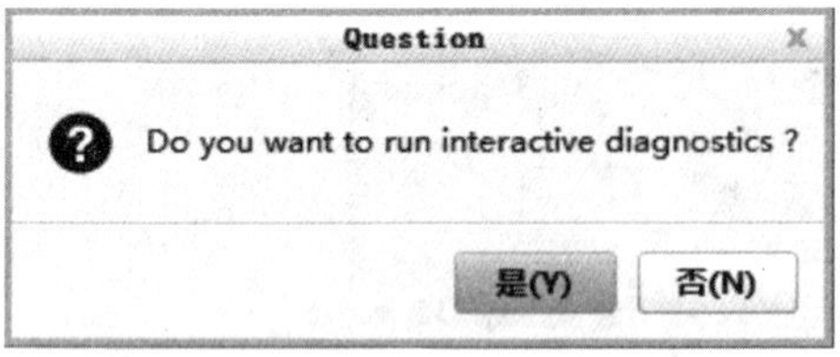

图 12-71 “问题(Question)”对话框

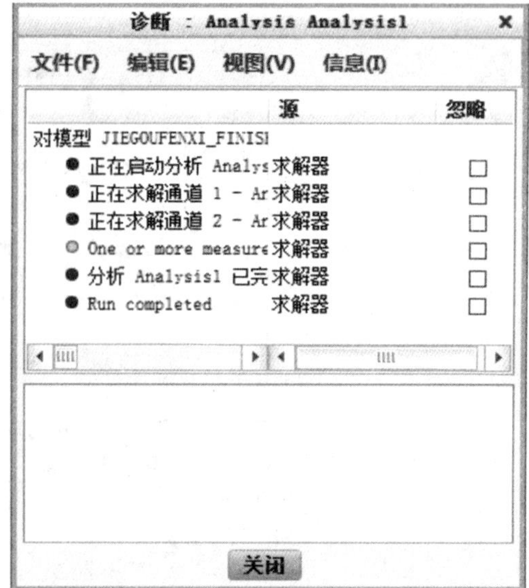

图 12-72 “诊断”对话框

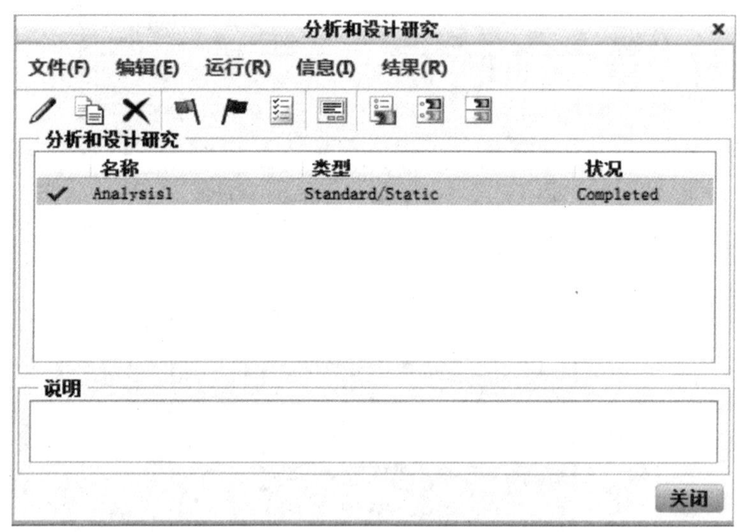

图 12-73 “分析和设计研究”对话框

3. 结构分析结果后处理

(1)在“分析和设计研究”对话框中单击“结果”按钮，系统进入“Simulate 结果”界面，同时弹出“结果窗口定义”对话框，如图 12-74 所示。

(2)查看应力结果图解。在“结果窗口定义”窗口的“显示类型”下拉列表中选择“条纹(Fringe)”选项；单击“数量”选项卡，在应力下拉列表中选择“应力(Stress)”选项，在“分量”下拉列表中选择“von Mises”选项；单击对话框中的“确定并显示”按钮，系统显示其应力结果图，如图 12-75 所示。

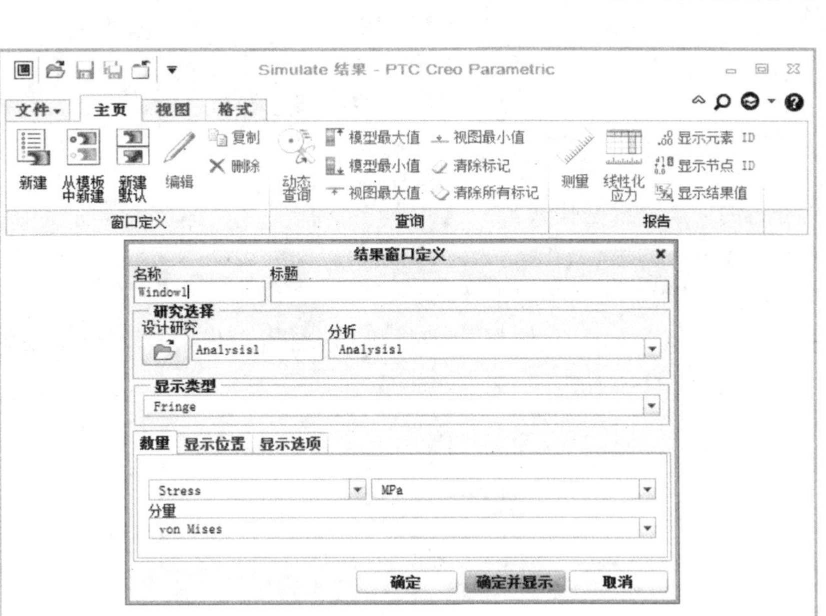

图 12-74 “Simulate 结果”界面和“结果窗口定义”对话框

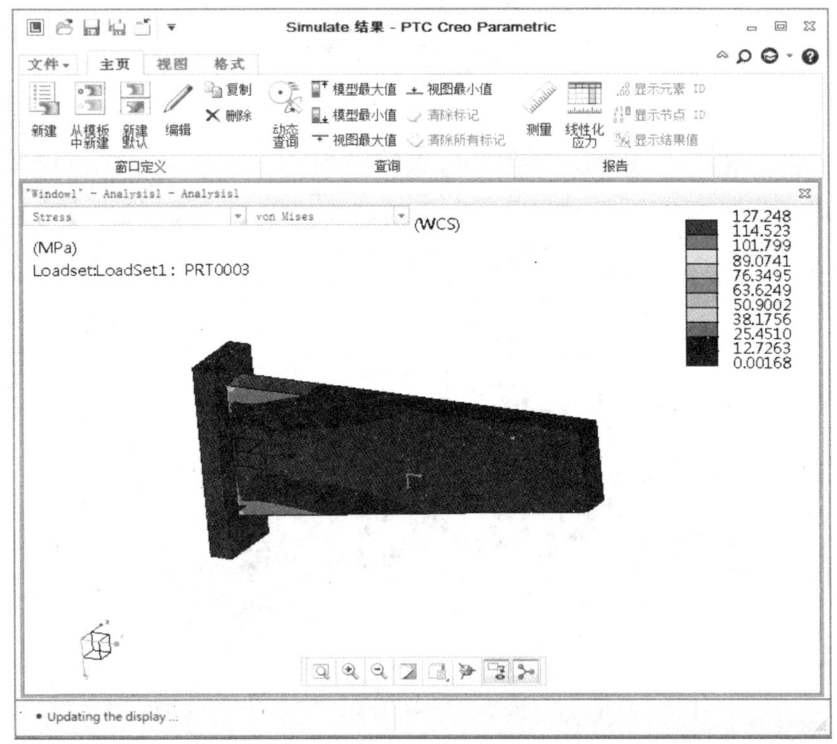

图 12-75 应力结果图解

12.4 思考与练习

1. 机构分析的一般流程是什么？

2. 简述有限元分析的思想。

3. 用 Creo 进行结构分析的步骤是什么？

4. 针对如图 12-76 所示的凸轮机构进行机构分析，得出滑杆和凸轮接触点的速度曲线。

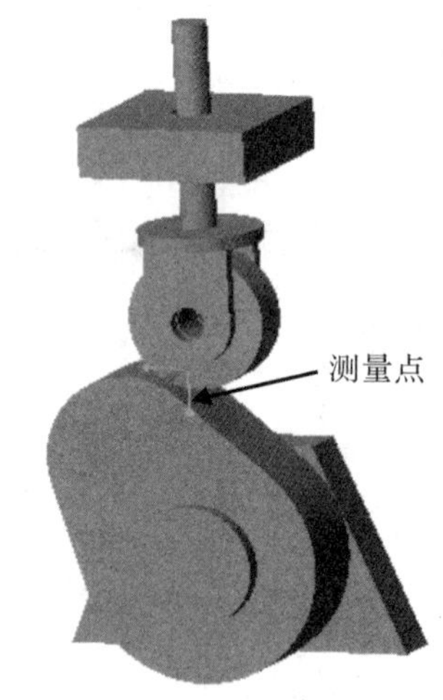

图 12-76 凸轮机构

5. 对如图 12-77 所示的钣金零件进行结构分析，材料为 Steel，零件厚度为 20mm，零件上的 4 个小孔完全约束固定，上表面承受一个大小为 500000N 的均布载荷的作用，分析其应力分布情况。

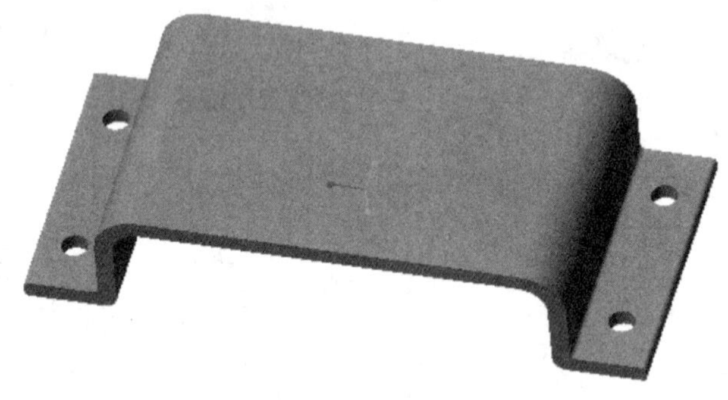

图 12-77 钣金零件

配套教学资源与服务

一、教学资源简介

本教材通过 www.51cax.com 网站配套提供两种配套教学资源：

■ 新型立体教学资源库：**立体词典**。“立体”是指资源多样性，包括视频、电子教材、PPT、练习库、试题库、教学计划、资源库管理软件等等。“词典”则是指资源管理方式，即将一个个知识点（好比词典中的单词）作为独立单元来存放教学资源，以方便教师灵活组合出各种个性化的教学资源。

■ 网上试题库及组卷系统。教师可灵活地设定题型、题量、难度、知识点等条件，由系统自动生成符合要求的试卷及配套答案，并自动排版、打包、下载，大大提升了组卷的效率、灵活性和方便性。

二、如何获得立体词典？

立体词典安装包中有：1)立体资源库。2)资源库管理软件。3)海海全能播放器。

■ 院校用户（任课教师）

请直接致电索取立体词典（教师版）、51cax 网站教师专用账号、密码。其中部分视频已加密，需要通过海海全能播放器播放，并使用教师专用账号、密码解密。

■ 普通用户（含学生）

可通过以下步骤获得立体词典（学习版）：1) 在 www.51cax.com 网站“请输入序列号”文本框中输入教材封底提供的序列号，单击“兑换”按钮，即可进入下载页面；2)下载本教材配套的立体词典压缩包，解压缩并双击 Setup.exe 安装。

三、教师如何使用网上试题库及组卷系统？

网上试题库及组卷系统仅供采用本教材授课的教师使用，步骤如下：

1)利用教师专用账号、密码（可来电索取）登录 51CAX 网站 http://www.51cax.com；2)单击“进入组卷系统”键，即可进入“组卷系统”进行组卷。

四、我们的服务

提供优质教学资源库、教学软件及教材的开发服务，热忱欢迎院校教师、出版社前来洽谈合作。

电话：0571－28811226，28852522

邮箱：market01@sunnytech.cn，book@51cax.com

机械精品课程系列教材

序号	教材名称	第一作者	所属系列
1	AUTOCAD 2010 立体词典:机械制图(第二版)	吴立军	机械工程系列规划教材
2	UG NX 6.0 立体词典:产品建模(第二版)	单　岩	机械工程系列规划教材
3	UG NX 6.0 立体词典:数控编程(第二版)	王卫兵	机械工程系列规划教材
4	立体词典:UG NX6.0 注塑模具设计	吴中林	机械工程系列规划教材
5	UG NX 8.0 产品设计基础	金　杰	机械工程系列规划教材
6	CAD 技术基础与 UG NX 6.0 实践	甘树坤	机械工程系列规划教材
7	ProE Wildfire 5.0 立体词典:产品建模(第二版)	门茂琛	机械工程系列规划教材
8	机械制图	邹凤楼	机械工程系列规划教材
9	冷冲模设计与制造(第二版)	丁友生	机械工程系列规划教材
10	机械综合实训教程	陈　强	机械工程系列规划教材
11	数控车加工与项目实践	王新国	机械工程系列规划教材
12	数控加工技术及工艺	纪东伟	机械工程系列规划教材
13	数控铣床综合实训教程	林　峰	机械工程系列规划教材
14	机械制造基础——公差配合与工程材料	黄丽娟	机械工程系列规划教材
15	机械检测技术与实训教程	罗晓晔	机械工程系列规划教材
16	Creo 3.0 产品设计与项目实践	金　杰	机械工程系列规划教材
17	UG NX 10 产品设计基础	郭志中	机械工程系列规划教材
18	UG NX 8.0 立体词典:产品建模	单　岩	机械工程系列规划教材
19	机械 CAD(第二版)	戴乃昌	浙江省重点教材
20	机械制造基础(及金工实习)	陈长生	浙江省重点教材
21	机械制图	吴百中	浙江省重点教材
22	机械检测技术(第二版)	罗晓晔	“十二五”职业教育国家规划教材
23	逆向工程项目实践	潘常春	“十二五”职业教育国家规划教材
24	机械专业英语	陈加明	“十二五”职业教育国家规划教材
25	UG NX 产品建模项目实践	吴立军	“十二五”职业教育国家规划教材
26	模具拆装及成型实训	单　岩	“十二五”职业教育国家规划教材
27	MoldFlow 塑料模具分析及项目实践	郑道友	“十二五”职业教育国家规划教材
28	冷冲模具设计与项目实践	丁友生	“十二五”职业教育国家规划教材
29	塑料模设计基础及项目实践	褚建忠	“十二五”职业教育国家规划教材
30	机械设计基础	李银海	“十二五”职业教育国家规划教材
31	过程控制及仪表	金文兵	“十二五”职业教育国家规划教材